# 國際財務管理

## Global Corporate Finance

譯者 ： 謝棟梁・蘇秀雅
校閱 ： 陳勝源

弘智文化事業有限公司

Suk H. Kim & Seung H. Kim

# Global Corporate Finance :
Text and Cases

Chinese edition copyright© 2000
By Hurng –Chih Book Co.,Ltd..
For sales in Worldwide.

ISBN   957-0453-14-1
Printed in Taiwan, Republic of China

# 〔企管系列叢書〕－主編的話

　　弘智文化事業有限公司一直以出版優質的教科書與增長智慧的軟性書為其使命，並以心理諮商、企管、調查研究方法、及促進跨文化瞭解等領域的教科書與工具書為主，其中較為人熟知的，是由中央研究院調查工作室前主任章英華先生與前副主任齊力先生規劃翻譯的〔應用性社會科學調查研究方法〕系列叢書，以及《社會心理學》、《教學心理學》、《健康心理學》、《組織變格心理學》、《生涯諮商》、《追求未來與過去》等心理諮商叢書。

　　弘智出版社的出版品以翻譯為主，文字品質優良，字裡行間處處為讀者是否能順暢閱讀、是否能掌握內文真義而花費極大心力求其信雅達，相信採用過的老師教授應都有同感。

　　有鑑於此，加上有感於近年來全球企業競爭激烈，科技上進展迅速，我國又即將加入世界貿易組織，為了能在當前的環境下保持競爭優勢與持續繁榮，企業人才的培育與養成，實屬扎根的重要課題，因此本人與一群教授好友(簡介於下)樂於為該出版社規劃翻譯一套企管系列叢書，在知識傳播上略盡棉薄之力。

　　在選書方面，我們廣泛搜尋各國的優良書籍，包括歐洲、加拿大、印度，以博採各國的精華觀點，並不以美國書為主。在範圍方面，除了傳統的五管之外，為了加強學子的軟性技能，亦選了一些與企管極相關的軟性書籍，包括《如何創造影響力》、《新白領階級》、《平衡演出》，以及國際企業的相關書籍，都是極值得精讀的好書。目前已選取的書目如下所示(將陸續擴充，以涵蓋各校的選修課程)：

## 〔企業管理系列叢書〕

**生產管理與作業管理類**

　1.《生產與作業管理》

**財務管理類**

　1.《財務管理：理論與實務》

2.《國際財務管理：理論與實務》

**行銷管理類**

1.《行銷策略》

2.《認識顧客：顧客價值與顧客滿意的新取向》

3.《服務業的行銷與管理》

4.《服務管理：理論與實務》

5.《行銷量表》

**人力資源管理類**

1.《策略性人力資源管理》

2.《人力資源策略》

3.《全面品質管理與人力資源管理》

4.《新白領階級》

**一般管理類**

1.《管理概論：全面品質管理取向》

2.《如何創造影響力》

3.《平衡演出》

4.《國際企業與社會》

5.《策略管理》

6.《全面品質管理》

7.《組織行為管理》

**國際企業管理類**

1.《國際企業管理》

2.《國際企業與社會》

3.《全球化與企業實務》


我們認為一本好的教科書，不應只是專有名詞的堆積，作者也不應只是紙上談兵、欠缺實務經驗的花拳秀才，因此在選書方面，我們極為重視理論與實務的銜接，務使學子閱讀一章有一章的領悟，對實務現況有更深刻的體認及產生濃厚的興趣。以本系列叢書的《生產與作業管理》一書為例，該書為英國五位頂尖教授精心之作，除了架構完整、邏輯綿密之外，全書並處處穿插圖例說明及 140 餘篇引人入勝的專欄故事，包括傢俱業巨擘 IKEA、推動環保理念不遺力的 BODY SHOP、俄羅斯眼科怪傑的手術奇觀、美國旅館業巨人 Formule1的經營手法、全球運輸大王 TNT、荷蘭阿姆斯特丹花卉拍賣場的作業流程、世界著名的巧克力製造商 Godia、全歐洲最大的零售商 Aldi 、德國窗戶製造商 Veka 、英國路華汽車（Rover）的振興史，讀來極易使人對於生產與作業管理留下深刻印象及產生濃厚興趣。

　　我們希望教科書能像小說那般緊湊與充滿趣味性，也衷心感謝你(妳)的採用。任何意見，請不吝斧正。

　　我們的審稿委員謹簡介如下(按姓氏筆劃)：

## *1.*尚榮安　　　　助理教授

主修：國立台灣大學商學研究所　資訊管理博士
專長：資訊管理、策略管理、研究方法、組織理論
現職：東吳大學企業管理系助理教授
經歷：屏東科技大學資訊管理系助理教授、電算中心教學資訊組組長
　　　*(1997-1999)*

## *2.*吳學良　　　　博　士

主修：英國伯明翰大學　商學博士
專長：產業政策、策略管理、科技管理、政府與企業等相關領域
現職：行政院經濟建設委員會，部門計劃處，技正
經歷：英國伯明翰大學，產業策略研究中心兼任研究員*(1995-1996)*
　　　行政院經濟建設委員會，薦任技士*(1989-1994)*
　　　工業技術研究院工業材料研究所，副研究員*(1989)*

## *3.*林曾祥　　　　副教授

主修：國立清華大學工業工程與工程管理研究所　資訊與作業研究博士
專長：統計學、作業研究、管理科學、績效評估、專案管理、商業自
　　　動化
現職：國立中央警察大學資訊管理研究所副教授
經歷：國立屏東商業技術學院企業管理副教授兼科主任*(1994-1997)*
　　　國立雲林科技大學工業管理研究所兼任副教授
　　　元智大學會計學系兼任副教授

## 4.林家五　　　助理教授

主修：國立台灣大學商學研究所　商學博士

現職：國立東華大學企業管理系助理教授

## 5.侯嘉政　　　副教授

主修：國立台灣大學商學研究所　策略管理博士

現職：國立嘉義大學企業管理系副教授

## 6.高俊雄　　　副教授

主修：美國印第安那大學　博士

專長：企業管理、運動產業分析、休閒管理、服務業管理

現職：國立體育學院體育管理系副教授、體育管理系主任

## 7.孫遜　　　助理教授

主修：澳洲新南威爾斯大學　作業研究博士（1992-1996）

專長：作業研究、生產／作業管理、行銷管理、物流管理、工程經
　　　濟、統計學

現職：國防管理學院企管系暨後勤管理研究所助理教授（1998）

經歷：文化大學企管系兼任助理教授（1999）

　　　明新技術學院企管系兼任助理教授（1998）

　　　國防管理學院企管系講師（1997－1998）

　　　聯勤總部計劃署外事聯絡官（1996－1997）

　　　聯勤總部計劃署系統分系官（1990－1992）

　　　聯勤總部計劃署人力管理官（1988－1990）

## 8.黃志典　　　副教授

主修：美國威斯康辛大學麥迪遜校區　經濟學博士

專長：國際金融、金融市場與機構、貨幣銀行

現職：國立台灣大學國際企業管理系副教授

## 9.黃家齊　　　助理教授

主修：國立台灣大學商學研究所　商學博士
專長：人力資源管理、組織理論、組織行為
現職：東吳大學企業管理系助理教授、副主任，東吳企管文教基金會
　　　執行長
經歷：東吳企管文教基金會副執行長(1999)
　　　國立台灣大學工商管理系兼任講師
　　　元智大學資訊管理系兼任講師
　　　中原大學資訊管理系兼任講師

## 10.黃雲龍　助理教授

主修：國立台灣大學商學研究所　資訊管理博士
專長：資訊管理、人力資源管理、資訊檢索、虛擬組織、知識管理、
　　　電子商務
現職：國立體育學院體育管理系助理教授，兼任教務處註冊組、課務
　　　組主任
經歷：國立政治大學圖書資訊學研究所博士後研究(1997-1998)
　　　景文技術學院資訊管理系助理教授、電子計算機中心主任
　　　(1998-1999)
　　　台灣大學資訊管理學系兼任助理教授(1997-1999)

## 11.連雅慧　助理教授

現職：國立中正大學企業管理系助理教授

## 12.許碧芬　副教授

現職：靜宜大學企業管理系副教授

## 13.陳勝源　副教授

主修：國立臺灣大學商學研究所　財務管理博士
專長：國際財務管理、投資學、選擇權理論與實務、期貨理論、金融
　　　機構與市場
現職：銘傳大學管理學院金融研究所副教授

經歷：銘傳管理學院金融研究所副教授兼研究發展室主任(1995-
　　　1996)

　　　銘傳管理學院金融研究所副教授兼保險系主任(1994-1995)

　　　國立中央大學財務管理系所兼任副教授(1994-1995)

　　　世界新聞傳播學院傳播管理學系副教授(1993-1994)

　　　國立臺灣大學財務金融學系兼任講師、副教授(1990-2000)

## 14.劉念琪　助理教授

現職：國立中央大學人力資源管理研究所助理教授

## 15.謝棟梁　博士

主修：國立台灣大學商學研究所　資訊管理博士

專長：資訊管理、策略管理、財務管理、組織理論

現職：行政院經濟建設委員會

經歷：農民銀行行員

　　　中油公司資訊處軟體工程師

　　　證期會測驗中心主任

　　　國立台灣大學兼任助理教授

　　　文化大學兼任助理教授

## 16.謝智謀　助理教授

主修：美國印地安納大學　休閒管理博士

專長：休閒遊憩管理、行銷管理、組織行為、研究方法、統計學

現職：國立體育學院體育管理系助理教授、國際學術交流中心執行秘書

黃雲龍　謹致　89/ 08/ 20

# 代序言：論亞洲金融風暴

## ▓ 亞洲金融風暴 ..............

　　金融風暴常以三種形式產生：匯兌危機、銀行危機或二者同時發生（Kaminsky and Reinhard, 1997）。匯兌危機主要是因為某貨幣大幅貶值而遭受投機客攻擊；銀行危機則是因銀行自身經營不善或因其他事件導致倒閉、合併、購併。偶爾，銀行危機與匯兌危機會同時發生，形成所謂的「雙生危機」。1997 年的亞洲金融風暴就是近年來雙生危機的例子。五個東亞國家：印尼、南韓、馬來西亞、菲律賓、和泰國，經歷了因嚴重的銀行問題隨之而來的匯兌危機。較早一點的雙生危機例子發生在阿根廷（1981）、烏拉圭（1982）和智利（1982）。近一點的例子為墨西哥（1994）、阿根廷（1995）、巴西（1998）和俄羅斯（1998）。

## ▓ 泰國的經濟危機如何擴展到全世界 ..............

　　國際資金的流動造成泰國經濟「粉身碎骨」。開發中國家如泰國是如何將其經濟危機蔓延到全世界呢？在 1997 年初之前，泰國經濟有大幅成長，因為其可以用較泰銖利率更低之美元利率借入海外的資金。在 1996 年末，國外的投資者開始將資金移出泰國，因為他們開始擔心泰國的償債能力。在 1997 年 2 月，國外的投資者及泰國國內公司急於將他們的泰銖轉為美元。此時，泰國央行為此開始買進泰銖以支應美元的兌換，並調昇利率。

　　利率調昇的動作造成股價及土地價格滑落。這樣一個動態的情境引起國際間注意到泰國嚴重的經濟問題，包括：大量的國外負債，貿易衰退，被沉重逾期放款壓垮的銀行系統。泰國央行已用盡美元以支應泰銖。同年 7

月 2 日，央行停止捍衛泰銖與美元間的固定匯兌關係。之後，泰銖於當天貶值了 16%。

　　在菲律賓、馬來西亞、印尼、南韓的投資者及法人，了解到他們的經濟與泰國有同樣的問題。因此，他們亦趕緊將當地的貨幣轉換爲美元。

　　此次金融風暴主要原因在於泰國經濟的基本面不佳、經常帳長期逆差，加上匯率釘住美元，銀行受房地產泡沫影響以至於呆帳激增等。而其餘的東協三國─菲律賓、印尼、馬來西亞也有類似問題，故迅速由泰國波及其他三國，影響所及，連基本面良好的新加坡、臺灣亦頻頻遭受投機客的攻擊，而使匯率、股價連帶下跌。香港雖然大體上守住了港幣對美金之連繫匯率，但也付出了股價、房地產價格大幅滑落的代價。在東北亞方面，韓國財團由於擴張太快，生產過剩，在景氣低迷中，不少財團宣告倒閉，金融機構也因呆帳而問題頻傳，導致韓圜大貶、股市重挫。而日本則因在東南亞地區大幅投資、放款，加上東南亞亦爲日本產品的重要出口地區，預期將受到重大衝擊，加上泡沫經濟的影響，不少大型銀行及證券業倒閉，使股價亦受挫。而對於積極拓展亞洲出口市場的美國也有相當不利的影響。因爲在亞洲各國幣值大貶、股價滑落、資產大幅縮水之際，勢必將影響美國的出口景氣。

　　基本上，東南亞和墨西哥的金融危機有其相似之處，其中包括：（1）國際資金的大舉湧入，造成過度支出；（2）經常帳逆差，短期外債激增；（3）金融體系缺乏紀律及適當的監督機制；以及（4）幣值大貶。

## 國際資金流進及流出亞洲

　　新興市場與國際資金的結合越多，對接受者而言，會帶進同樣多的壞處與益處。一方面而言，國外資金的流入可幫助當地的經濟發展；另一面而言，在資金流出的時候，則當地經濟將遭遇到更嚴重的衝擊。1997 年的亞洲金融危機正標出這類問題的嚴重性。

　　在亞洲金融風暴發生的數年前，遭受最嚴重金融風暴衝擊的國家如泰國等，都享受著大量國外資金匯入的甜頭（且主要是來自於私人的資金來源）。這些私人資金多來自於私人信用的借款，如商業銀行或非銀行類借款者。事實

上，這些流入資金自 1994 年的 25.8 億美金躍昇到 1996 年的 83.5 億。外資
使這些國家能對他們的金融帳虧損進行融資動作。舉例而言，1995 年 81.5 億
美金流入這些國家，其中有 41 億美金被用來作爲金融帳上的融資，26.5 億美
金被用來作爲非股票類的海外資產投資。剩下的 14 億才列爲這些國家的外匯
準備。

在 1995 到 1996 年，多數的資金流入是來自於私人。正式的資金－－負
債、其他國際組織的融資（如世界銀行及 IMF），和其他國家的協助就顯得
微不足道，甚至是負數。然而，1997 下半年通往亞洲的資金突然間地回流，
對這五國的外部融資從 1996 年的 106.6 億美金跌落至 1997 年的 28.8 億美
金，此已無法應付當期的金融赤字。私人資金從 1996 年的流入 100.6 億元轉
爲 1997 年的流出 1.1 億美元。這 101.7 億美金的轉變（正確而言是六個月）
相當於這五個國家 GDP 總合的 10%。他們花了近 33 億美金來維持匯率及保住
公司。官方資金同時也急劇地上昇來支應不足之處及改善危機。

試比較墨西哥和東南亞的金融危機，其中仍有其相異之處：

一、 資金的流向不同，墨國的舉債主要用於過度消費，而東南亞則係過度
　　　投資的結果。墨西哥的過度消費可以經由貨幣貶值、較高的稅率及實
　　　質所得的下跌來調整，在貨幣貶值使出口改善後容易迅速反彈。但東
　　　南亞的過度投資則造成產能過剩，必須大幅刪減不具生產力的投資，
　　　如房地產、股票等，經由金融機構的重整及房地產公司倒閉後，市場
　　　才能起死回生。

二、 影響的廣度及獲得的支援有所不同：墨西哥金融危機雖曾一度影響中
　　　南美洲，但基本上是屬於單一國家而且獲得美國的大力支援。美國不
　　　但大幅吸收墨國出口品，扮演提供出口市場的角色，同時也提供直
　　　接、間接的財務支援。在墨西哥的金融危機中，美國和 IMF 大概花了
　　　300 多億美元才加以解決。相較之下，東南亞金融危機的影響範圍較
　　　大，由泰國蔓延及於東協其他三國，又擴散至東北亞。據資料顯示，
　　　泰國、印尼兩國已向 IMF 借貸了 600 多億美元，韓國估計需要近千億
　　　美元。而韓圜一旦貶值幅度太大，會影響到香港、臺灣、日本，甚至

大陸等形成另一波的骨牌效應，問題更形複雜。而亞洲第一經濟強國一日本，其體質在泡沫經濟瓦解後仍然虛弱，無力擔任類似美國的火車頭角色。同時，日本銀行體系的呆帳問題也是此次東南亞金融風暴中的一個重要環節。韓國則因產能過剩，在半導體、電子產品、石化、鋼鐵上的大幅殺價、傾銷，將使亞洲的經濟情況更形惡化。

三、 政府面對危機的態度不同：墨西哥政府由於經常發生通貨膨脹、幣值大貶的危機，因此經驗豐富、態度明快，迅速且坦然地面對美國、IMF 的協助及採取相關的配合措施，但東協四國政府，在長期經濟的榮景下，缺乏危機意識，政治反應遲緩且不足，未能及時提出重建信心的措施，以致危機進一步擴大。雖然 IMF 已提供必要的財務支援，不過，金額似乎有所不足，且未能遏止國家幣值進一步下挫的危機。而且接受援助的國家擔心 IMF 的援助必將伴隨著體制的調整（尤其是政治上的改革），除了造成經濟上的衰退外，政治實力的削弱也是重要的顧慮。以韓國為例，韓國在一個月前遲遲不願放下身段接受 IMF 的協助，其中一個重要的顧慮即是總統大選在即。而馬來西亞也因政治、經濟上的顧慮，不敢提高利率來壓制過剩的產能。泰國、印尼則因政商勾結嚴重，IMF 的介入將切斷政商掛勾的臍帶，所以對 IMF 的配合屢屢出現遲疑的態度。

除此之外，亞洲金融風暴比當年墨西哥金融危機存有相當多的變數，首先要注意的是，日本經濟會不會受其金融體系的連累而進一步惡化？一旦惡化，日本會不會拋售它在美國的債券以挽救國內的經濟？果真如此，將對美國及全球經濟帶來更深遠的影響。其次則應加強觀察人民幣會不會貶值，及其可能貶值的幅度，會不會引發骨牌效應，造成另一波的貶值？會不會對在大陸投資的臺灣廠商有所影響，進而波及到臺灣的出口景氣。

## 小 結 ．．．．．．．．．．．．．

在亞洲金融風暴連番襲擊下，凸顯了全球國際化所衍生出的種種現象，可謂牽一髮而動全身。對於一個多國籍企業，如何維持其在國際市場上的競爭優勢，面對瞬息萬變的市場及政治局勢的變化，更須比以往投注大量的心力與研究。從許多例子可以看出國際市場對個別企業重要性的增加，美孚(Mobil Oil)、可口可樂 (Coca Cola) 和美國運通(American Express)等的國際業務收益佔總收益的一半以上；許多多國籍公司像英國石油(British Petroleum)、通用汽車(General Motor)和新力(Sony)在世界一百多個國家都有業務；雀巢(Nestle)、飛利浦(Phillips Electronic)、福特(Ford)和 IBM 在國外的員工比在國內多。

相同的，全球財務亦因有國際貿易和海外投資而變得更加重要。就如美國銀行(BankAmerica)賺到的一半以上的資產都來自海外；花旗銀行(Citibank)也經常性的在全世界 100 多個國家維持 300 個以上的海外分行。簡單來說，每個國家，都能藉由國際貿易、海外投資和國際借貸所構成的複雜網路，而與其他國家在經濟上相關連，這從亞洲金融危機引發一連串的骨牌效應可見一斑。商管學院的畢業生如果能了解國際財管，那麼在推動公司的成長方面將會比別人較具有優勢。而撇開工作考量，對於希望開闊個人國際視野及增進對世界的進一步了解的人，如果他沒有對國際經濟動態或財務、貿易和跨國投資的政策議題有一定的認知，也將會產生很大的進入障礙。

在 21 世紀網路 E 世代的來臨之際，全球在網際網路的帶領下，形成地球村的願景已不再遙不可及。在網際網路的世界中，個人或企業可以在極短的時間內，取得最有效的第一手資訊，能夠充分掌握全球資訊而作最有利決策，就將是這世紀最大的贏家。

# 本書簡介

隨著經濟自由化與國際化的腳步,跨國企業的經營管理日益重要。本書針對多國際企業在面臨複雜的國際環境下,如何進行長短期融資、投資與風險管理等作一初步的介紹。

本書分成五個重要部份,第一個部份(第一章到第四章)提供全球環境的總覽,如海外貿易和投資的動機、國際收支帳和國際貨幣系統的沿革。這部份提出一多國際企業的基本目標及國際財務管理的架構。

第二部份(第五章到第九章)則針對在國際市場上會影響匯率變動的幾個因素作介紹,並簡介新金融商品,包括期貨、遠期合約、選擇權等,重點放在它們和外匯風險管理的相關性。

第三部份(第十章到第十三章)描述可運用於國際財務管理的資源。多國籍企業的財務經理最主要的工作在於以最優惠的條件籌措資金,而這通常會牽涉到可用來融資世界貿易及海外投資的資金來源。在1980年代及1990年代早期,資金流向的整合有四個主要趨勢。第一,資金規模快速擴大;第二,世界上大多數國家解除對資金的控制以及自由化刺激了競爭,並且帶動國內及海外市場的整合;第三,工業化國家利用私有資金融資鉅額經常帳與財政上不均衡;第四,在1980年間,工業化國家間資金大量的移動,但是私有資金,如銀行借款、債券及證券,從1990年代早期卻逐漸流向開發中國家。多國籍企業在融資其國際貿易時應考量這四個趨勢,因為這四個趨勢不但增加全球資金市場的效率,同時也因為資產-價格的變動增大,而創造了新的系統性風險。

第四部份(第十四章到十九章)包含資產的管理及在不同資產間資金的有效分配。這個部分描述對流動資產、金融資產、資本預算和外匯投資相關政治風險的管理。流動資產管理的目的在於保護資產的購買力和最大化投資報酬,因此對多國籍企業而言,流動資產管理非常地重要。國內資本市場近來已經隨著整合的國際資本市場變動著,因此,投資人開始瞭解到國際債券的驚人潛力。資本預算在過去十年來已經快速地發展,因此對於如何決定外匯投資相對複雜的技術就產生了。投資決策藉由影響利潤規模和公司的風險兩者來影響一家公司的股票價值,在外匯營運中,投資決策的風險開始了一個重要的向度,此在非多國籍企業的營運中是很少遭遇到的。

第五部份(第二十章到第二十二章)則提出控制多國籍企業營運的技巧,因為海外營運是遠距離操控的,正確的財務資料對國際企業特別重要。稅制是國際財務管理相當重要的部份,因為它影響多國籍營運每個層面。一旦企業決定國際化,則國際移轉定價就成為定價策略中相當重要的一環。

本書針對商管學院及經濟系的國際財務管理課程所設計,更可作為國際投資、國際財務市場等的重要教材。希望透過簡單明瞭的陳述及章節後附加的個案研究,以實際的例子引導學生進一步地去思考,而更了解全球財務問題及多國籍企業的因應之道。

# 目錄

# 第一章

簡介

　　貨物、服務和金融市場經濟整合的增加所帶來的全球化，爲政府、企業與個人帶來無限的商機與挑戰。雖然全球各國間的商業行爲已經存在幾個世紀，但世界才剛剛邁入史無前例的全球化生產和配銷。全球化生產和配銷對於具有生產能力，並從中賺取利潤的**多國籍公司**（multinational corporation, MNC）的永續經營是相當重要的。但是國際財務管理是整個管理中相當重要的一環，因爲它是跨功能的，並且能以貨幣的形式把輸入、輸出、過程和結果表現出來。

　　本書主要針對多國籍公司的財務決策而寫，並且不論多國籍公司是大是小。因此，基本上這兩種公司基礎的財務原則是一樣的。在總論的第一章，我們先把整個章節分成六個不同的小節。第一個小節先解釋爲何要研讀國際財務管理；第二個則提出多國籍公司的最低目標，以及財務經理應具備何種功能才能完成目標；第三小節則分析多國籍公司和他們的表現；第四小節則討論相對於本土企業，較有利於多國籍公司的財務原則；第五則討論妨礙多國籍公司達成目標的兩大限制：巨額的**代理成本**（agency cost）和環境上的不同；最後一節則將回顧整章內容。

## 1.1 研讀國際財務的原因

　　一個大學生，假設就是你，都應該研讀國際財務，但或許你會問：我又不是主修國際財務，爲何我要念國際財務呢？這問題問的很合理，大部分的讀者以後未必都能在如奇異電器（General Electric）般的大公司的國際財務部門或像大通銀行（Chase Manhattan）的外匯交易部門工作，所有關於商業和經濟的教科書也都很少提到國際財務管理，但是爲了節省你的寶貴時間，因此我們只列出幾個爲何你一定要讀國際財務的原因。

### 1.1.1 了解國際經濟

　　在90年代，世界面臨著經濟上的變化，沒有人可以否認這些改變將會對我們追求和平與繁榮的願望產生影響：蘇聯的解體；東歐經濟與政治上的自主；亞洲市場導向經濟體的崛起；單一歐洲市場的出現和地區性貿易障礙的自由化，如北美貿易協定（North American Free Trade Agreement），和世界性的聯合機構如世界貿易組織（World Trade Organization）的出現。

世界總貿易額在 1996 年已突破＄5.2兆，美國的進出口額在最近十年成長了2.5倍。而當世界越加整合、國際競爭越激烈，美國、歐洲與日本將帶領世界邁向自由市場和自由貿易。

這三個變化——冷戰的結束、東亞與拉丁美洲開發中國家的興起和國際經濟的全球化——對國際財務環境有著深遠的影響。了解這些變化，能讓你預知世界經濟未來的走向，而讓你能更有效的回應挑戰，完成你的責任並且利用機會。

## 1.1.2 冷戰的結束

1989年蘇聯放鬆對主導40年之久的東歐國家的控制，同時那些國家也趕緊抓住機會推翻了共產政府；兩年後，蘇聯本身也面臨了政治與理念上的動亂，分裂成 15 個獨立國家，而大部分獨立國協的國家和原本實行中央計劃經濟的經濟體，都參與了從中央計劃和國有制，轉變到市場經濟與私有化的變革。

## 1.1.3 發展中國家的快速成長和工業化

在最近幾年中，第二大的變化為世界幾個區域的國家的快速工業化和經濟成長。最早的幾個新興市場便是所謂的亞洲四小龍：香港、台灣、新加坡和南韓，馬來西亞、泰國和其他亞洲國家則緊追在後。但是 1997 年的亞洲金融風暴卻對其中幾個國家未來的經濟成長投下了變數，這些國家如南韓、印尼與泰國等，但是拉丁美洲的有些國家－阿根廷、墨西哥、智利、巴西與委內瑞拉，在經過了 1980 年代的金融風暴和隨後的經濟與政治上的重整，預期將會有較持久且較快的成長。

### 1.1.4 國際化趨勢

　　第三個國際財務環境的轉變則比前兩項更具影響力。國家間的經濟變得更加密切結合，運輸和通訊成本的減少降低了技術上的障礙。而從二次大戰後舉行的一連串相互協定也使人為障礙隨著關稅和非關稅障礙的減低而減少。

　　數字也顯示了國家間經濟上時空距離的縮短。如美國若以90年的幣值來看，運輸技術的進步使平均的遠洋貨運費從1920年的$95跌到1990年的$29；而在1930到1990年，平均的飛航收益也從$0.68每人每哩（per passenger-mile）到$0.11每人每哩；從紐約到倫敦的三分鐘長途電話費用也從$244.65跌到$3.32。

　　世界貿易的成長在二次大戰後比產出來得快。1960年世界貿易總額，如以1995年的幣值計算為629百萬美元，但到1996年，卻成長至$5.2兆美元；也就是說從1960年，世界貿易以平均每年6.1%成長，但總產出卻只有3.8%的成長率，這也意味著競爭更加激烈，同時允許國家從其比較利益中獲利，並能使各地的生活品質上升。

　　隨著國際貿易重要性漸增，海外投資也有著對等的成長。國際資本市場的財務工具－公債、股票和其他財務工具－也從1992年的$610億成長到1992年的$1592億，亦即每年平均成長27%。海外直接投資（FDI）也從1985年的$58億成長到1995年的$215億，平均每年成長14%。海外直接投資是幾個在已開發和開發中國家間建立連結的方式之一。海外直接投資在1990年代在開發中國家成長了四倍，每天的外匯交易額也從1989年的$718億到1995年的$1572億，平均每年成長14%，如果你拿這些成長率和世界總產出的成長率（3.8%）或美國的經濟成長率（4.5%）比較，可以很容易確信貨品，服務和投資國際化的趨勢。

### 1.1.5 了解國際財務對企業的影響

　　有許多例子可以看出國際業務對個別企業重要性的增加，美孚（Mobil Oil）、道化學（Dow Chemical）、可口可樂（Coca Cola）和美國運通（American Express）的國際業務收益佔總收益的一半以上；多國籍公司像英國石油（British Petroleum）、通用汽車（General Motor）和新力（Sony）在世界一百多個國家都有業務；雀巢（Nestle）、飛利浦（Phillips Electronic）、福特（Ford）和IBM在國外的員工比在國內多。舉例來說，雀巢在海外有203100的員工，而在它的本國，瑞士，只有6700位員工。

相同的，全球財務亦因有國際貿易和海外投資而變得更加重要。就如美國銀行（BankAmerica）一半以上的資產都來自海外；花旗銀行（Citibank）也經常性的在全世界100多個國家維持300個以上的海外分行。簡單來說，每個國家，都能藉由國際貿易、海外投資和國際借貸所構成的複雜網路，而與其他國家在經濟產生關連。

在美國，大部分的大型或中型企業都有國際業務。近幾年，我們可以了解就算沒有國際事務的公司也深受國際事務的影響。商學院畢業生如果能了解國際財管，那麼在推動公司的成長方面會比別人較有優勢，而撇開工作考量，一個想要對世界有更進一步了解的人，如果他沒有對經濟動態或財務、貿易和跨國投資的政策議題有一定的認知，將會產生很大的進入障礙。

## 睿智的個人決策

當你從商學院畢業，要找工作時，你可能會比較兩個工作的優勢：一個是美林證券（Merrill Lynch），一個是野村證券（Nomura Securities）；而當你要買車時，欲比較克萊斯勒和福斯所提供的最新車型，就要比較美元和歐元之間的匯率；當你進入職場，開始為退休存錢時，你可能要在美國證券或外國證券間作抉擇；當你決定去渡假時，就要考慮要去東京迪士尼或歐洲迪士尼。雖然這些並不全是國際財管範圍，但是都需要有一定程度的國際財管知識才能作出睿智的個人決策，而最重要的一點，在所有的案例中，你要熟悉的不只是美國的經濟，還有全球經濟。

# 1.2 公司目標與財務管理的功能

## 1.2.1 多國籍公司的目標

　　管理者會被要求達成幾個目的，但有些目的卻互相衝突。類似的衝突是因企業內部有不同組成份子而產生的，如股東、員工、顧客、供應商與債權人，他們的願望並不一定能完全符合，而管理者的責任，亦即需滿足不同的需求。面對相衝突的結果，優先順序的問題是管理者所需面對的；此外，對管理階層來說，決定優先順序對有效地運用公司的有限資源也是相當重要的。一個多國籍企業如何決定其優先順序是相對的重要和困難，因為它在不同的國家有許多高度分散的組成份子。

　　使股東財富最大化是一般多國籍企業的目標，而這通常反映在股價上。股價反映了企業的利潤、所擔負的風險、股利政策與公司的未來情形。未來情形則包括有企業的穩定性、多角化經營和銷售額的成長。

## 1.2.2 國際財務經理的職責

　　企業為了要達成股東財富最大化的基本目標，財務經理有三種職責：

1. 財務的規劃和控制 （支援工具）
2. 資金在不同資產間的有效分配 （投資決策）
3. 以較有利的條件取得資金 （財務決策）

　　**財務規劃及控制**　　財務的規劃和控制必須要同時進行，而為了達到控制的目的，財務經理必須建立標準，如比較實際表現和預期表現的預算。準備預算屬於規劃的功能，但它們的運用卻屬於控制的功能，當多國籍企業要執行其規劃與控制的功能時，外匯市場扮演著很重要的角色。一旦一個企業邁向國際化，它投資所獲得的利益就不單是平常營運的盈虧，還要包含因幣值變動所造成的匯兌損失或利益，舉例來說，泰國的化學大廠，泰國水泥（Siam Cement, PLC）在 1997 年的第三季認列了 \$517 百萬的匯兌損失，這是因為 1997 年的下半年，亞洲發生了一場金融混亂，此公司有 \$4.2 億的債務完全沒避險，此債務所導致的匯兌損失等於其從 1994 年到 1996 年的利得。

如何控制一個多國籍公司的營運牽扯到該公司的財務報表與控制機制，有意義的財務報表是有效管理的基石，而正確的財務資料對一個跨國營運的國際企業是相當重要的。

**資金在不同資產間的有效分配（投資）** 當財務經理計劃如何分配資金時，最先的責任是要把資金有效的投資在企業內部，也就是錢要花在刀口上，因此，資金應以能最大化股東權益的方式進行投資。

一個大型的多國籍企業，如皇家殼牌（Royal Shell）通常可以在世界上200多個國家進行投資。很明顯的，海外的投資機會遠比單一國家多，但也有比較高的風險，因此國際財務經理在行投資的同時，也要考慮其背後的風險。

**以較有利的條件取得資金（財務）** 財務經理所要扮演的第三個角色，是要能以較有利的條件取得資金，如預期的現金流出超過現金流入的話，財務經理就必須能夠從公司外部取得資金來源。資金可以在不同的契約下，依不同的成本和到期日，由不同的管道取得。財務經理的角色是要能找出最符合企業需求的組合條件，而這必須在低成本和在到期日前償還的風險間取得最適的平衡。

世界上依然有許多貧窮的國家，因此即使是西元1998年世界最大的銀行—東京銀行（Bank of Tokyo）也無法從世界上 200 多個國家取得資金。雖然如此，多國籍企業仍可因最近的金融國際化而能從許多國家獲得資金。金融國際化是導因於資料處理和通訊的進步、資金在各國間流動的自由化和當地資金市場的解禁，而國際企業的財務經理也能有更多種獲得資金的方法。本國企業的經理只有一種獲得資金的方法，即在不同的契約下，依不同的成本和到期日，由不同的管道取得，但是一個多國籍企業的財務經理卻有三種不同的方式，選擇工具、選擇國家和選擇貨幣。

### 1.2.3財務經理角色的轉變

　　財務經理的角色在近幾年有變廣的趨勢，除了把焦點放在資源的有效配置和以有利的條件取得資金外，財務經理也必須把其工作和公司策略結合在一起。最近發生在財務管理基礎的改變－公司策略和財務功能的相結合－是因兩個趨勢而導致的：競爭的全球化和國際金融市場因資訊收集和分析能力上升的整合。舉例來說，財務經理必須更積極的參與公司策略的決定，從最基本的問題如公司業務的本質到複雜的問題如合併與收購。

　　下面的例子可以很貼切的解釋財務經理角色的轉變。在1993年的六月，推動美國電話電信（American Telephone & Telegraph）進入無線電話市場的曼德勒在科羅拉多州的山脈上健行，一邊思考是否應進行的購買協商，最後他提出了一個具創意，複雜且昂貴的計劃，即要買下部分的麥考電信公司（McCaw Cellular Communication Inc）。使他與衆不同的是他是 AT&T 主要的財務負責人，這樣的職務在以往只是一個在大生意時負責支援角色。

　　曼德勒先生只是現今積極擴充財務功能，重新定義財務意義的高階財務經理中的一位。現在，以高階財務經理作為策略規劃者的風氣正新興，在現今高度競爭的時代，以財務觀點去詮釋公司策略變的越來越重要，許多財務經理能提供有關於產品，行銷和其他領域的資料和決策，因爲每個環節都需要財務。根據人力仲介公司 Korn／Ferry International 的整理，富士比前 100 的財務經理都認爲它們現在的角色比以往更像是總經理（CEO）的夥伴。

## 1.3 多國籍企業和它們的表現

### 1.3.1什麼是多國籍企業？

　　1963 年在商業周刊的封面故事介紹下，「多國籍企業」成了一個家喻戶曉的名詞。自從以多國籍企業爲主的國際商務因爲落後國家欲進行發展的需要、冷戰的結束、公營事業和銀行的私有化和全球三角經濟體－亞洲、美國與歐洲（Baker，1997）經濟力量的強大而繁盛（見圖 1.1）。未來預估全世

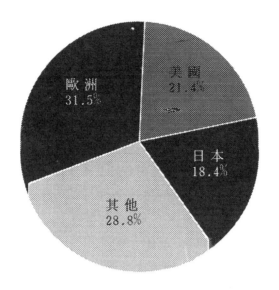

圖*1.1*　總產值的比率：*1995*年

界將會有 27,000 多國籍公司和 270,000 海外控股公司在二十一世紀，那些多國籍企業將會扮演更吃重的角色，因爲它們具有小公司沒有的營運經驗、資金和資訊。

　　世界百科全書（The World Book Encyclopedia）定義一個多國籍企業爲「一個在兩個或以上的國家生產、銷售產品或提供服務的商業組織」，而美國商業部則定義美國多國籍企業爲「美國本土的母公司和海外關係企業」。一個美國母公司（parent）指的是一個「人」，是美國公民，擁有公司或控制至少 10% 的普通股的股權；「人」可被廣泛定義爲任何個人、法人、機構、州縣、信託公司、企業或其他組織。（一個海外關係企業（foreign affiliate）指的是一個國外的分支機構，而一個美國「人」擁有該公司或控制至少 10% 的普通股的股權，所以美資擁有的海外關係企業（Majority-owned foreign affiliate）是指一個美國「人」擁有 50% 以上股權。

　　李薩德（Lessard），爲在麻省理工學院敎國際財管的敎授，他把所有的多國籍企業歸類成三種：（1）國際投機者－指的是把焦點放在本土市場上，但卻參予部分國際交易的公司；（2）多國籍競爭者－在多個國家的市場上競爭,但各市場間卻缺乏聯繫的公司;(3)全球競爭者一指的是在諸多國家或橫跨多國的市場上競爭,但彼此間的營運活動卻有相當的相關性。

### 1.3.2 美國多國籍公司的表現

在 1995 年,美國非銀行業的多國籍公司的成長遠比美國經濟成長的快。根據研究報告指出,美國國際企業的產出成長了 6% ,但美國經濟只有成長了 4.5% ;前者員工成長了 1% 但美國的就業率卻維持不變;前者資金需求成長了 8% ,但美國的私人資金需求只成長了 5% 。對美資擁有的海外關係企業而言,95 年的營運成長比 82-94 年都還快,在 1995 年產值增加 15% , 1982-94 年只有 5% ;1995 年員工增加 5% , 82-94 年只有 1% ;相對於 82-94 的 4% , 95 年的資金需求成長了 8% 。 1995 年,美國的多國籍企業佔了美國的出口產值的 62% 和的進口產值的 39% 。

圖 1.2 顯示了從 1982 到 1995 年,美國非金融性質的多國籍企業的資產收益率比全美的非金融性質的企業要高。事實上,在這 11 年間,美國非金融性質的多國籍企業的資產收益率比全美的非金融性質的企業要高出兩倍,而較國際化的公司也在近幾年有著非凡的表現。為什麼多國籍企業會表現的比本土企業好呢?在以下的章節,我們將一一為你解答。

## 1.4 國際財管的原則

這本書的基本目的是去幫助讀者能了解國際財管的原則,但在我們更深入之前,或許對一些原則有些了解對於未來我們的走向會有點幫助。

就如先前所討論的,財務經理有三個基本職責:財務的規劃和控制、資金的有效分配和取得資金。但是這三個職責都有共同的基本原則要遵守。在此將介紹七個重要的原則,此外,這些原則也能幫你了解為何多國籍企業的表現比本土企業好。

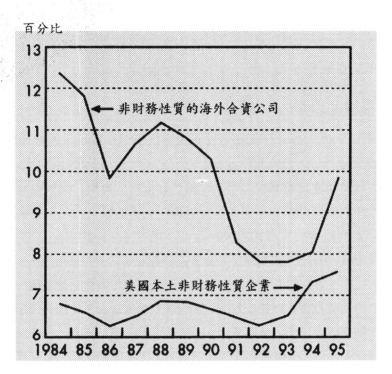

百分比

非財務性質的海外合資公司

美國本土非財務性質企業

圖 *1.2* 美國非金融性質的海外關係企業與本土企業的資產收益率

## 1.4.1 不完全市場

完全競爭是指當貨品和服務的賣方可以自由進出任何市場，在此種條件下貨物及服務都可以自由流通。貨物及服務流通的不受限制可以使各國間的成本及收益相同，而這種價格的一致性，將會降低國際貿易及投資的動機。

生產要素，例如土地、資金、技術，在各國間並不是平均分配的，所以如果生產要素可在各國間自由流動，就算具有比較利益，國際貿易的交易額也還是會受到限制。在眞實的世界，生產所需要的資源，有些是無法移動的，因此是處在不完全市場的狀態。經濟全球化的趨勢毫無疑問地會消除因爲限制貨物在國際間流動所產生的不效率情況，但是各種不同的障礙還是會妨害貨物、服務、財務性資產在各國間自由流動，這些障礙包括：政府控制、過高的運輸及交易成本、資訊的缺乏和歧視性稅制，因此企業依然可以因市場的不效率而獲利，換句話說，不完全市場提供動機使企業尋求國際商務的機會，舉例來說，日本的汽車製造商─豐田（Toyota）為了避免美國的貿易限制，而在美國境內設廠生產。

## 1.4.2 風險及利潤的取捨

要使股東權益最大化，就要在利潤及風險中作取捨。一般來說，一個方案的風險越高，所預期的收益就越高，如果你有機會去投資一個高利潤的方案，在同時也應了解到此方案的風險也會很高。風險和利潤的取捨可以用經濟概念中的效用理論和無異曲線來解釋，無異曲線上的各點表示投資者在風險及利潤的取捨間，不同商機組合可以獲得同樣滿意度。

公司進入全球全球市場時，將會因為無異曲線的外移而獲利。本國業務會較國際業務的風險來的高的假設似乎是合理的，但也並非絕對正確，因為海外投資跟國內投資的收益率並不是完全正相關，換句話說，多國籍企業會較侷限在單一市場營運的本土企業之風險低，因此，為了降低風險，企業應該在產品及國際間進行多角化的策略。多國籍企業為了提高其利潤，可以在世界各地設廠或在資金成本最低的地方籌措資金，而多國籍企業也可能從匯率上得到營業外收益，因此多國籍企業的利潤應比單一國家企業高，較低的成本及較高的收益率讓多國籍企業比當地的企業在利潤和風險的取捨中佔有較佳的位子。

圖 1.3 顯示出當國際企業使無異曲線外移時，可讓多國籍公司降低風險或增加利潤，也許兩者兼有。所以根據圖1.3來看，可以找出三點為何國際企業會比本土企業較有優勢。相對於美國方案A，國際化的方案B具有相同的收益率但較低的風險；方案C則具有相同的風險但較高的收益；方案D則具有較高的利潤和較低的風險。

## 1.4.3 資產組合效果（多角化）

組合效果（portfolio effect）指當某一資產加入一組合時，其風險會降低，但是要應用此原則必須在某些特定條件下，這一點我們往後再討論。

這個原則可以解釋為什麼大部分的大企業都是跨國及跨行業經營的，有些

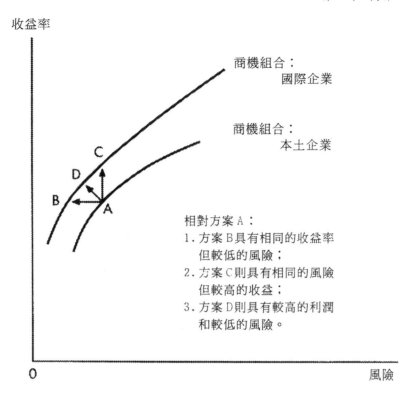

圖1.3 國際商機組合的擴張

多國籍公司，如瑞士的雀巢，就在各國間實行其多角化策略，如美國、日本、香港、法國、蘇俄、墨西哥、巴西、越南、奈及利亞和北韓，因為我們無法預測哪個國家未來表現會比較好，因此大部分的企業都採取**避險原則**（hedging their bets）。本土的投資方案一般來說和海外的投資方案關聯較少，因此國際間的多角化策略比在當地有效，而不同國家景氣循環也不會完全類似；另一方面，因為處在同一種經濟體系下的關係，所以當地大部分的投資方案彼此都有相當高的相關性，例如國際原油價格大跌時，在沙烏地阿拉伯的艾克森（Exxon）的營運就會受到影響，但如果公司在石油消費國設廠的話，如中國，則就可以抵銷此種影響。整體來說，多國籍企業各國的營運目標不一定會如預期一般，但就整個集團而言，仍然可以達到所預期的利潤。

## 1.4.4 比較利益

　　你可能有聽新聞說，韓國企業在全球上和美國是競爭對手，這樣的說法在某些地方是對的，因為美國和韓國所生產的產品大多相同，例如福特和現代汽車（Hyundai）的顧客群大多相同就是一例。然而，美國和韓國之間的貿易並不是一場零合遊戲，相反的，兩國之間的貿易通常可以改進彼此的生活，自由貿易的架構是建立在比較利益的原則上，假設美國的工人比較會生產電腦軟體，而泰國工人在製造鞋子方面則較有一套，**比較利益法則**（comparative advantage）告訴我們，兩國間的貿易—美國出口電腦軟體，泰國出口鞋子—可以使兩國的生活水準提高，這是因為美國在生產電腦軟體上具有比較利益，泰國則在生產鞋子上具有比較利益，貿易可以使一國專注在其較具優勢的產品上，同時又可以享有多種的產品及服務，同時因為大部分的貿易都是透過公司進行的，所以企業可以從貿易中獲利。

## 1.4.5 國際化的優點

　　為什麼有些企業偏好出口，而其他的則喜好直接在海外設廠生產？當一企業開始跨國邁向國際化時，大多傾向於利用出口進入海外市場，這種出口導向的策略在剛開始是可以適用的，但如果真的要變成全球市場的一部份，就必須在全球市場上佔有一席之地，這是並無法單純靠出口而取得，因此在一段時間之後，企業就必需在海外投資。國際化所帶來的好處，通常會促使企業直接到海外投資，這些好處來自：廠址的選擇（location）、所有權的有無（ownership）以及國際化程度（internationalization）。Texaco 在生產技術、行銷技巧、資金、品牌上具有優勢，委內瑞拉則擁有原油、大量勞工、低稅率的區位優勢，因此，Texaco 可以在委內瑞拉建造一煉油廠，此廠可以集結 Texaco 的資金以及委內瑞拉的大量勞工而達到綜效，使兩國均獲利。這就是所謂的國際化的好處，所以多國籍企業表現會比當地的好。

## 1.4.6 規模經濟

許多資源的利用都會帶來規模經濟，而當企業在一新市場生產或銷售原有產品時，通常都可以因爲規模經濟而使收入和股東財富的增加。規模經濟也可以解釋爲什麼在 94 年北美三國簽訂北美自由貿易協定時，許多亞洲企業都前往北美投資，當歐盟在 93 年移除其貿易障礙時，許多北美國際企業也因爲到歐洲投資而獲得規模經濟。換言之，企業如果以全球的角度進行投資，通常都可以獲得較大的規模經濟。公司的營運邁向國際化的同時，不但可以學習到國際化所需的管理知識，將之運用於各國營業據點，同時也可以將多餘且重複的設備裁減、合併或整合之，另外也可在生產的同時，於資金成本最低的地方籌措資金。這些營運或財務上的規模經濟再加上良好的管理能夠使一多國籍企業同時降低風險並增加獲利率。

## 1.4.7 評價

評價是指計算某一資產未來收益的現值，因爲評價的方式都必須預估未來收益，所以資產評價方式大多相同。首先，必須預測未來收益，其次決定要求的資產報酬率，而將未來的每筆收入以要求的資產報酬率折現，最後將每筆收益的現值相加後，就可得到此資產的價值；相同的，一企業的價值可用稅後盈餘除以要求資產報酬率而得到。

因爲下列兩個原因，所以多國際企業的價值通常會比本國企業高。第一，研究顯示多國籍企業獲利較本國企業高；第二，大公司的盈餘通常可用較低利率資本化。多國籍企業的證券通常比本土企業流動性高，另外多國籍企業的商號也較爲人所熟知，這種種因素使多國籍企業證券有較低的要求獲利率及較高的本益比。

# 1.5 代理理論和環境的不同

當多國籍企業要使其公司價值最大化時，會面臨到很多限制，這些限制會阻礙一多國籍企業試圖增加股東權益的努力，這包括有高代理成本以及環境的不同。

## 1.5.1 管理階層及股東

**代理理論**（Agency theory）是討論管理階層及股東之間利益衝突的理論。我們可以把管理階層想成是股權擁有者的代理人，而股東則假設管理階層會以謀求股東權益最大化而努力，並且釋出決策權給管理階層，然而，管理階層的目標是否和股東一致是相當受爭議的，因為大部分多國籍企業的股東相當分散，所以企業的擁有權及控制權是分離的，這種情況會導致管理階層轉而謀求個人利益最大化，而非股東權益的最大化，所以有些經理會比較關心自己的福利，如薪資、權力、自尊和名望，但這些通常都會使股東權益和財富降低。

為了確定管理階層按照股東的利益行動，股東必須提供適當的誘因來監督和激勵管理階層，這些誘因包括：股票選擇權、獎金和臨時津貼，監督制度則可以透過瀏覽管理文件、審核財務報表、限制管理階層的決策權來執行。**代理成本**則包括誘因和監督成本。我們可以合理地假設管理階層的行動都是朝向股東權益最大化的方向而努力，這是因為長期來說，管理階層的未來，其中包括其生活和薪資，都需視企業的價值而定。

在本章節，我們在假設管理階層會替企業的股東謀求福利的情況下，解釋國際財務的相關議題及概念。雖然如此，有些多國籍企業的規模過大，所以無法確定所有的管理階層都會依股東的權利最大化的目標去做決策。舉例來說，擁有許多子公司的多國籍企業的財務經理，都傾向於利用母公司的資源謀求所屬子公司的價值最大化，所以多國籍企業的代理成本會較本國企業為大。

## 1.5.2 環境的不同

從財務經理的觀點，多國籍企業和本國企業有何不同？對此兩種企業而言，有效的資金配置和以比較有利的條件獲得資金在概念上是相同的，相異點則是經營環境的不同。國際財務經理必須要了解相異處，才能在所處的環境中成功。

想要在國際運籌中成功，管理階層必須擁有會影響海外事業營運的環境因素的資訊，美國式的管理必須要能因應海外營運處所在的國家而做調整，以符合當地的習俗、態度、政治及經濟因素。

各國間的管理方式有何不同呢？原則上，運用於會計、經濟、財務、管理、電腦資訊系統和行銷的觀念，與各國間相差不多。但是當企業邁向國際化時，管理方式卻會因國情不同而改變，換句話說，多國籍企業的財務經理在試圖要以全球的角度使企業價值最大化時，會面臨到諸多環境上的限制。在這一部份，我們討論三種環境的限制：（1）各類的風險；（2）利益的相衝突；（3）環境多元化。這些限制並非互不相關，而在國際商業貿易中所見到的差異性也不僅止於此三種。

**風險的種類** 三種國際營運的風險是政治風險、財務風險和營運風險。**政治風險**可以小到從外匯的管制，大至資產被當地政府充公；**財務風險**則牽涉到匯率的變動、稅務法規的變革、利率和通貨膨脹率的變動以及國際收支帳的平衡；**營運風險**包含有法律制度的不同、法律裁判權的歸屬以及加諸於外國廠商的限制。

如果企業想要在國外進行大型投資，必須同時考慮這三種風險。跨國企業的營運所遭遇到的風險和本國企業不盡相同，理論上，企業必須分析以了解各種風險所帶來的影響，並設法減少這些影響。

**利益的相衝突** 利益的衝突來自於好幾種原因。老闆、員工、供應商及顧客可能都來自不同的國籍，而國家之間的利益則不盡相同，多國籍企業的目標和所在地的利益也有可能抵觸，另外有些衝突是存在於企業內部的，而更進一步的說，外在環境和企業本身之間也有可能存在著衝突。

企業在重要的據點通常會想營造是當地公司的形象，但他們通常只指派當地人較不重要的職位，因此薪資上的不平等是在所難免的。大部分的發展中國家和多國籍企業都有交換條件，企業在取得在當地營運的權力的同時，也必須雇用當地人，並訓練他們管理技巧。此外與利益導向決策相關的外部的衝突通常牽涉到資金的轉移、生產、進出口和國家間人員的流動，舉例來說，一個多國籍企業欲將其當地所得匯出國外時，通常會和當地的外匯管制產生衝突。

**環境多元化**　除了風險和衝突外，因為在不同環境下營運，企業也會面臨難題，而環境的多元化，就需要不同的概念、分析工具及情報，所以多國籍企業應該要能分辨並評估所有環境變素，一些重要的環境包括有企業組織的形態、不同的制度和不同的文化。

# 1.6 本書架構

本書分成五個重要部份，第一個部份（第一章到第四章）提供全球財務環境的總覽，如海外貿易和投資的動機、國際收支帳和國際貨幣體系，換句話說，這部份提出一企業的基本目標及國際財管的架構。第二部份（第五章到第九章）則針對在國際市場上會影響匯率變動的幾個因素，這部份專注於財務的選擇權，包括期貨、遠期合約、選擇權，並把重點放在它們和外匯風險管理的相關性。

第三部份（第十章到第十三章）描述可運用於國際財務管理的資源。企業財務管理最主要的功能是以較優惠的條件取得資金，但是在國際財務管理上就牽扯到了在國際貿易及海外投資所能運用的資源。第四部份（第十四章到第十九章）則討論資產的管理，企業財務的第二個主要功能是有效的配置資金，任何一個海外投資的決策都必須把不同的環境因素考量在內，如匯率、稅制和風險因素之差異。

第五部份（第二十章到第二十二章）則提出報告和控制多國籍企業營運的技巧，因為海外營運是遠距離操控的，正確的財務資料對國際企業特別重要。稅制是國際財務管理相當重要的部份，因為它影響多國籍營運每個層面。一旦企業決定國際化，國際移轉定價就成為定價策略中相當重要的一環。

## 總 結

國際財務經理和在多國籍企業中的每個經理的任務目標都是一樣的，亦即使股東財富最大化，如果因為經理人的決策而使公司的股價上漲，則這就是一個好的決策，而股東也會認為這是因為管理階層的努力而使公司的價值上升。為了達到股東權益最大的企業基本目標，財務經理必須執行三個主要職權：財務的規劃和控制、有效配置資金、以較有利的條件取得資金。多國籍企業可以表現比本國企業好是因為能享有不完全市場、較好的利潤與風險的取捨、組合效果、規模經濟、比較利益、國際化的好處和較高的本益比；然而，當多國籍企業想當增加其整體企業價值時，也會面臨到過多的限制，如高額的代理人成本、各式的風險、利益的衝突和環境的多元化。

## 問 題

1. 多國籍企業的基本目標是什麼？為什麼股東權益最大化比利潤最大化重要？

2. 討論多國籍企業面臨到的代理人問題

3. 為了達到股東權益最大的企業基本目標，財務經理必須執行三個主要職權，這三個職權是什麼？

4. 為什麼多國籍企業可以表現的比本國企業好？

5. 請解釋外在環境的限制和多國籍企業的基本目標如何相衝突？

6. 完全市場的概念必須建立在幾個條件上，這些條件是什麼？在完全市場的假設下，各國間的通膨，利率和薪資是否會趨於一致？

7. 買美國貨的運動正在展開：你能從下列車中，找出唯一由美國製造的車嗎？另外把所有車和其產地搭配起來。

| | | | |
|---|---|---|---|
| 1 | 龐蒂亞克 | A | 加拿大 |
| 2 | 雪佛蘭 | B | 韓國 |
| 3 | 水星 Capri | C | 墨西哥 |
| 4 | 本田 | D | 美國 |
| 5 | 道奇 | E | 日本 |
| 6 | 水星 Tracer | F | 加拿大 |
| 7 | 普利矛斯 | G | 澳洲 |

8. 兩個導致財務管理發生基本變革的外部因素是什麼？

9. 李薩德把多國籍企業，歸類成哪三種？

---

# 案例：什麼是美國公司？

在現在的全球化經濟下，你很難去定義什麼是本國公司，尤其是一個美國公司。北方通訊的總裁艾德蒙（Edmund）在接受華爾街日報專訪時指出：北方通訊的總部設在加拿大，但大部分的營業額卻在美國。而美國人和加拿大人的員工比例是一半一半，而股權的大部分是屬於美國人的，那它應屬於哪個國家呢？

1993年美國政府的經濟官員曾經研究過這問題，而這問題的答案影響相當深遠，從誰能研究開發下一代的電視到日本和美國間的商業談判。美國政府需要一個準則，他們才有法子去應付「什麼是美國公司？」這類型的問題。

當羅柏瑞奇（Robert, Reich）還是一位大學生時，他對美國的資本主義提出了一個簡單但最根本的問題「我們是誰？」而在現今的全球經濟下，他又問：「美國人擁有的企業是否還能代表美國呢？」他認為美國勞工者的權益應列為優先，因為美國的生活品質的提昇都要靠勞工技術的進步，他說：「美國企業是指那些能在美國本土提供技術密集工作給美國人的公司，不論它的擁有者是美國人、日本人或德國人，至於飄揚在工廠或總部上的國旗並不重要」。

但是白宮的經濟學家羅拉（Laura）並不這麼認為，他認為一個企業的國籍將會決定它應該將大部分的資源、研發和人才放在哪裡。在「他們不是美國的」（They Are Not US）這本書，他提到一個國家的經濟成長依然和其本國公司的發展息息相關。

當貿易走向全球化，傾銷的案子也越來越多，依美國的法律，只有美國的企業可以在美國提起反傾銷的上訴，而在法律上，是否是美國公司的認定是看企業的過半產品是否是在美國製造與否。1993 年美國兄弟（Brother），一個屬於日本企業的美國子公司，贏了一個有關於可攜式電子打字機的案件，而對手則是在新加坡生產的美國公司—史密斯公司。

## 案例問題

1. 在案例中你認為該如何去認定什麼是美國公司？

2. 為什麼做一個美國本國公司是很重要的？

3. 請解釋日本政府在和美國政府協商開放日本政府採購電腦市場時如何引用瑞奇的理論。

4. 你可以預測當布希政府幫玩具反斗城進入日本市場時瑞奇的反應嗎？你想柯林頓政府是否也會和瑞奇有相同的反應嗎？

5. 你認為瑞奇該如何去分辨什麼是美國人擁有的公司或是美國人營運的公司？

6. 白宮的網址是 www.whitehouse.gov 請利用網址內提供的訊息回答下面問題國：

   a. 國家經濟會議（National Economic Council）是為何和何時成立的？

   b. 現任的主席是誰？

   c. 國家經濟會議的基本作用為何？

# 參考書目

Abdullah, F., *Financial Management and the Multinational Firm*, Englewood Cliffs, NJ: Prentice Hall, 1987.

Baker, J. C., *International Finance*, Upper Saddle, NJ: Prentice Hall, 1998.

Butler, K. C., *Multinational Finance*, Cincinnati: South-Western Publishing Co., 1997.

The Council of Economic Advisors, *Economic Report of the President*, Washington, DC: United States Government Printing Office, 1997.

Eiteman, D. K., A. I. Stonehill, and M. H. Moffett, *International Business Finance*, New York: Addison-Wesley Publishing Co., 1988.

Eun, C. S. and G. S. Resnick, *International Financial Management*, Boston: Irwin/McGraw-Hill, 1988.

Glain, S., "Asian Firms, Amid Currency Turmoil, Turn to Hedging Experts to Cut Risk," *The Wall Street Journal*, Nov. 19, 1997, p. A18.

Lessard, D. R., "Global Competition and Corporate Finance in the 1990s," *Journal of Applied Corporate Finance*, Winter 1991, pp. 59–72.

Levich, M. D., *International Finance*, New York: McGraw-Hill, 1996.

Levich, R. M., *International Financial Markets*, Boston: Irwin/McGraw-Hill, 1998.

Madura, J., *International Financial Management*, St Paul: West Publishing Co., 1995.

Mankiw, N. G., *Principles of Economics*, New York: The Dryden Press, 1997.

Scism, L., "Benefiting From Operating Experience, More Finance Chiefs Become Strategists," *The Wall Street Journal*, June 8, 1993, p. B1.

Shapiro, A. C., *Foundations of Multinational Financial Management*, Boston: Allyn and Bacon, 1994.

# 第二章

## 國際貿易與海外投資的動機

這本書最主要針對國際貿易與海外投資，因為這兩者在國際間是相關的，而第二章將告訴我們國際貿易與海外投資的動機。如果我們想要對國家間的經濟變動與貿易政策議題有所了解，那麼對這些動機的認識便相當的重要，往後我們會把兩者分開來看，但在第二章我們要先審視幾個貿易與投資的關鍵理論。這裡也會對那些降低區域或全球市場貿易障礙的協約加以解釋。

## 2.1 海外貿易的動機

人類對物質的需求是無限的，但是資源卻有限，因此我們的任務是找出縮短欲望和資源間距離的那座橋。傳統的經濟原理都假設人們會以最理性的方式去配置其稀少的資源，在魯賓遜漂流記中，主角也必需在諸多事情中，妥善利用其精力，他會利用一塊地建築避雨處，另一塊地則用於種植食物，在有許多國家組成的真實世界中，人們也是因為社會或經濟的因素而聚在一起。大部份人所面臨的問題和魯賓遜差不多，只不過複雜一點。

國與國，人與人之間經濟上相互依賴的好處是來自於專業分工帶來的效率。專業分工可以讓一個人或一個國家以最好的方式去利用其資源或精力。為什麼專業化能生產較大量的產品或服務主要是來自幾個原因：

1. 每個人的天分不同，如果較聰明的人從事需腦力方面的工作，而較強壯的人從事較勞力的工作，那麼兩種人的總產出會比一個人都要做兩種事來的多。

2. 就算兩個人的天資是一樣的，專業化也是有好處的，因為在過程中能使熟練度增加而提昇效率。

3. 專業化後的功能簡化較適合機器生產或大規模生產。

4. 工作的專業化能節省時間因為工人不必在各工作間調來調去。

三個國際貿易的理論基礎是：比較利益、要素稟賦理論和產品生命週期理論。

在這裡我們假設一個國家能比其他國家以較有效率的方式生產某產品，因此比較利益法則假設如果每個國家都只專注在所專精的產品身上，則所有國家的生活水準都會上昇，因為如此一來各國便能以有效率的方式生產產品，並透過貿易得到他國的產品。

**為何會有比較利益** 比較利益法則有兩個假設：

1. 土地、勞工、資金和技術等生產要素在各國間是不平均分佈的；
2. 要能有效的生產必須要有各生產要素。

加拿大擁有廣大的土地和較少的人民，但日本的土地雖較小，人口卻很多。因此加拿大應生產像小麥等勞力密集的產品，日本則應生產照相機這種人力密集的產品。

但是我們必須瞭解經濟資源的分佈是會隨時間而改變的，而這樣的轉變會影響生產的效率性。過去 20 年來，有些開發中國家致力於提高其人力素質和資金水準，以便能從事像機械、鋼鐵和汽車等資本密集工業，而台灣、新加坡和南韓則從事電腦與電腦軟體產業的升級。

例2.1 假設世界上只有日本與加拿大兩個國家，也只生產小麥與照相機這兩種產品，而兩國分別以表2.1的產量生產兩種產品，加拿大的最佳產量為 90 噸的小麥和 3 個照相機，日本則為 50 噸的小麥與 3 個照相機。

從表 2.1 我們可以得知，在充分就業的情形下，加拿大兩種產品彼此的交換比例為 1 個照相機（Ｃ）可換 30 頓的小麥（Ｗ），即1C=30W，日本兩種產品彼此的交換比例則為 1 個照相機（Ｃ）可換 10 頓的小麥（Ｗ），即1C=10W。因此加拿大在生產小麥方面佔有優勢，而日本則在生產照相機方面佔有優勢，也就是說，日本及加拿大這兩個國家是以不同的經濟效率生產這兩種產品。如果兩個國家皆以比較利益原則從事生產－加拿大生產小麥、日本生產照相機，則兩種產品的總產量會較高。因為專業化生產可以使資源得到最有效的配置，個別國家的兩種產品交換比例不同是造成各國為何從事專業化生產和貿易的原因。貿易的出現能使加拿大以比 30 頓少的小麥獲得一台照相機，日本則則能用一台照相機換得比十頓多的小麥，也就是說，1C=30W 和 1C=10W 變成了30W>1C>10W，當然真實的交換比例會因為供需條件而改變，假設從事貿易後的交換比例變成 1C=20W，如此一來，專業化生產和從事貿易後的產量會比原來的高。

表 2.1 小麥和照相機的產量

| 國家 | 小麥 | 照相機 |
|------|------|--------|
| 加拿大 | 180 | 6 |
| 日本 | 80 | 8 |

表 2.2 兩國從事專業化生產和貿易後的利得 (W 表小麥，C 照相機)

| 國家 | 專業生產前 | 專業生產後 | 進出口 | 從事貿易後 | 貿易利得 |
|------|------------|------------|--------|------------|----------|
| 加拿大 | 90W | 180W | － 80W | 100W | 10W |
| | 3C | 0C | ＋ 4C | 4C | 1C |
| 日本 | 50W | 0W | ＋ 80W | 80W | 30W |
| | 3C | 8C | － 4C | 4C | 1C |

表 2.2 顯示了兩國從事專業化生產和貿易後的利得。如果加拿大從 180 噸小麥中出口 100 噸以換取照相機，就能擁有 100 噸的小麥和 4 台照相機，如此加拿大就會比以前多擁有 10 噸的小麥和 1 台照相機；如果日本從 8 台照相機中出口 4 台以換取 80 噸小麥，就能擁有 4 台照相機和 80 噸的小麥，如此日本就會比以前多擁有 1 台照相機和 80 噸的小麥。專業生產能使兩國共生產 180 噸的小麥和 8 台照相機，比較以往的 140 頓小麥和 6 台照相機多。

**絕對利益和比較利益** 根據例 2.1，加拿大能比日本生產更多的小麥，日本能比加拿大生產更多照相機，這顯示兩國在生產這兩種產品上都沒有絕對利益，但這便代表專業生產和貿易對擁有絕對利益的國家沒有好處嗎？讓我們舉例說明。史密斯（Smith）是一個律師，也是一個打字相當快速，甚至比她的秘書快，但就因為如此，所以史密斯應該做打字的工作嗎？

想回答這問題，我們必須用機會成本和比較利益的觀念。假設他能在兩小時內打完一文件，也能上法庭訴訟而獲得一千美元，而她的秘書能在三小時內完成同一份文件，或利用這三小時打零工而賺取三十美元。

在這個例子中，史密斯完成一件文件的機會成本為一千美元，而她的秘書則為三十美元，雖然說史密斯因為能以較少的時間打完文件而具有絕對利益，但她的秘書因為在打字上具有較低的機會成本而有比較利益，此例中的交易利得是相當大的，史密斯應該上庭訴訟而讓她的秘書打字，只要她付給秘書一千美元以下三十美元以上，同時兩人生活都會獲得改善。

## 2.1.1 要素秉賦理論

國家間的經濟資源各不相同，巴西有肥沃土壤、合適氣候及大量非技術性勞工，而美國則擁有低價的原料、生產設施和高技術水準的勞工，所以巴西在生產咖啡上較美國有效率，美國則在電腦生產上居優勢。國家間要素秉賦的不同，能夠解釋各種生產要素在各國間成本的不同，美國因為具有較多資金，所以資金成本相對較低，巴西則因為人口較多，所以人工成本較低，簡單來說，一要素的供給越多，價格就越低，要素秉賦理論說明，各國若能以該國較豐富的生產要素生產產品，世界的生活水準就能提高。這表示國家必須從事專業生產，並將其專精產品出口，並且進口較不專精的產品。

大部份的發展中國家，在生產勞力密集產品時具有成本優勢，而工業化國家的成本優勢則在生產資本密集產品時，因此如果工業化國家能和開發中國家從事貿易的話，兩種國家的生活水準都會獲得有效的提昇。

## 2.1.2 產品生命週期理論

所有產品都具有生命週期，而每個生命週期都有幾個特定的階段，包括有產品介紹期、產品成熟期、產品衰退期。產品生命週期中不同階段能解釋國際貿易和海外投資的模式。在國際貿易方面，理論假設某一特定產品必須經過四階段：

1. 一個大企業為了應付本國市場轉變推出新產品，經過時間遞延（time lag），母國成為具有獨佔地位的出口國。
2. 逐漸增加的運輸成本和關稅，使該國在出口該產品方面失去競爭力，因此公司會企圖在一些外國市場生產產品，如此一來海外生產便取代母國生產政策。
3. 有些海外公司也在第三市場進行競爭，這類型的競爭也使母國的出口量減少。

4. 較低的勞工成本、規模經濟和政府補助能使海外公司進入母國市場，所以在最後一階段，該產品反而回銷母國。

### 2.1.3 從事國際貿易的其他動機

**規模經濟** 指的是生產過程中產生的綜效。產量增加後，固定成本被分攤到更多的成品而導致平均成本的下降，簡單的定義或說法就是 2＋2=5。換句話說，當國家把生產專注在幾樣產品時，規模經濟會因大量生產而產生，同時也能把各自產品的行銷、生產和原料購買設施加以整合，產生綜效。如此以來，透過生產的經濟性與技術的進步，即使在各國間的成本無差異的情形下，也能有較大的產出。所以說產出增加所導致的平均成本下降也是國際貿易出現的原因。

**各國的生活型態不同** 另一方面來說，即使在各國間的生產成本一致，也沒有規模經濟的情形下，國際貿易依然會產生，這是因為各國間的生活型態不同。假設加拿大人喜歡吃牛肉，日本人喜歡吃魚，那麼兩國間就會有貿易的產生；日本出口牛肉到加拿大，加拿大出口魚類到日本。透過貿易，兩國各自的生活水準會比自給自足時高。

### 2.1.4 自由貿易的好處

自由貿易能夠使所有參與其中的國家經濟得到提昇，因為透國家間的比較利益法則，增加國內的競爭實力，加速技術和創意的提昇，並提供生產者與消費者更多樣產品的服務。

**從比較利益中能得到的配置效率** 傳統理論描述的市場是相當競爭的，但並不具有規模經濟，因此在這種情形下，利得是因比較利益所產生的。在比較利益的觀念之下，每個國家進口別的國家生產較有效率的產品，並出口本身生產較有效率的產品，這類型的貿易允許每個貿易國將大部份的資源放在生產效率較高的服務或產品上，因為自由貿易能促使有限資源的有效配置，所有參與自由貿易的國家都能得到經濟利得。

**競爭的增加**　海外貿易會促使本國市場的競爭壓力加強，刺激效率的產生。一個自由貿易體制在本國市場內，能有效地增加實際或潛在的競爭者，而這會激勵本國生產這去創新和變得較具競爭力，不論海外或國內的消費者都能得到利益。

**生產效率提昇導致生產力的上昇**　透過國際貿易而進入國際市場能刺激資訊的交換，參與國際競爭的本國公司能夠在生產方式、產品設計、組織結構和行銷策略上產生創意，這些創意能夠讓本國公司更有效去利用他們的資源，因此自由貿易導致的開放性競爭能夠提昇生產力。

自由貿易也能提供產生規模經濟或綜效的機會，障礙的降低能自動地增加總需求，因為競爭增加時，資源就會移向較具有生產效率的生產者上，而公司就可以利用較大的市場規模來擴充其產能，所以市場規模的動態改變，可以讓公司把固定成本分攤到較多的產品上。

**產品的多樣化**　國際貿易對生產者和消費者而言，都能使產品和服務多樣化，企業能夠得到更多樣的原物料，消費者則有更多的產品或服務可供選擇，因為選擇性的增加，國際貿易能使生活品質和效率同時提昇。

## 2.1.5 自由貿易和保護主義

海外禁運的可能和國防的需要，會導致某些國家在一些戰略性物資上尋求自給自足。政治和軍事上的問題經常會影響國際貿易和國際企業的運作，傳統以來，多國籍企業（出口商）和進口國政府（進口者）之間，在政治理念、國家主權、關鍵產業的控制、國際收支帳和出口市場的管制上常有衝突產生。

**需要保護主義的理由**　保護主義通常在下列幾點有一些爭議：（1）國家安全；（2）不公平競爭；（3）幼稚產業；（4）國內失業率和（5）多角化。

第一點，如果國家想成為世界強權，就必須保有如鋼鐵業這類型的關鍵產業，關鍵性戰略物資的自足能夠使國家在面對國際衝突與禁運危機時，依然在該產品有穩定的供給來源。

第二點，已開發國家的勞力密集產業認為外國的低工資已造成不公平競爭,而除了低工資外,有些國家還利用稅率優惠、補貼和選擇性保護等的工業政策,避免國外競爭而享有不公平競爭的好處。

第三點,幼稚產業的爭議是指是否因爲需要時間和保護政策才能達到規模經濟,所以本國產業在剛崛起之期,保護措施是相當重要的。

第四點,保護主義能夠降低國內失業率,而失業率所導致的成本較生產不效率的成本爲高。

第五點,一些高度專業化的經濟,如科威特的石油產業,必須要有海外市場才能獲得收入,這類型的國家便必須保護本國的其他產業,以避免全國經濟僅依靠少數幾種產品。

**貿易管制的種類** 關稅、進口限額和其他貿易障礙是三個主要的保護措施。

**關稅** 亦即對進口產品所課的稅。國家常以政府收支或保護的理由而對進口產品課稅,若只是用來增加政府收入時,關稅通常較低,但如果是用來保護國內的產業,則通常會課較高的稅。雖然保護性關稅無法完全消除海外產品的進口,但因爲消費者必須對進口產品付較高的價格,因此導致對該產品的消費減少。

**進口限額** 指在一定期間內,通常是一年,對某產品的進口採數量上的限制。進口限額通常能保護國內廠商直接面對海外公司的競爭,在這一方面,進口限額也許較課徵關稅有效,因爲即使關稅很高,有些產品還是可以大量地進入該國市場,但若採取進口限額,進口數量就會受到限制,因此也導致最近幾年,各國都利用進口限額抑制海外產品的流入。

**其他貿易障礙** 自從二次大戰以來,國際間便朝著降低如限額或關稅等較明顯的貿易障礙而努力,這種潮流逼迫著政府使用較不明顯的保護政策以取代原有的方法。根據唐納(Donald)和溫德爾(Wendell)在九三年的研究顯示,此類型的貿易障礙主要區分成三類

1.政府直接干涉;

2.海關或行政程序;

3.技術或健康規範。

　　第一點，政府透過直接干涉如出口補貼、報復性關稅、或對外商課反傾銷稅以讓國內廠商較具優勢。報復性關稅（Countervailing duties）指的是當本國貨品被外國課進口稅，本國亦對該國商品課進口稅。反傾銷稅（Antidumping duties）指的是對以比本國類似產品的價格低的國外產品課以一定稅額。

　　第二點，海關的行政程序包括有關稅分級、估價等過程。關稅的課徵通常必須看該產品被歸類到哪一個關稅等級和其價值如何被評估，此外海關也可以拖延通關程序，讓舶來品無法先於本國產品上市。

　　最後一點所指的技術或健康規範是指政府可針對海外產品其包裝、商標、標示設安全規定，藉以增加產品進口的障礙。

　　這類型的貿易障礙通常對國際貿易有著明顯的影響。舉例來說，日本常因其非關稅的障礙，如超嚴格的產品規格限制，而招到其他國家的非議，一些經濟學家即認為此類型的貿易障礙是導致美日貿易逆差的原因之一。

　　**總結**　以比較利益為基礎的自由貿易，能使資源能更有效的配置，也能增加產品的產量和品質。而保護性政策通常都會導致對方的報復性回應，也有些人會以國家安全、自給自足政策、外國廠商不公平競爭、幼稚產業的保護、失業率問題和追求經濟多元發展以謀求經濟穩定等原因而要求採保護政策，兩者間的取捨在現今各國還是充滿了爭議，但都無法掩飾自由貿易的重要性。

## 2.2 經濟整合

　　各國的領導者都體認到，為了增進國際貿易，必須要降低或消除人為的障礙，而透過國際貨幣基金（International Monetary Fund）的貨幣穩定政策和世界貿易組織（World Trade Organization）的降低關稅障礙的措施，各國正朝著擴大國際貿易而努力。同時，各國也在其所處的區域尋求經濟合作。區域間的經濟合作是導因於區域間各國在歷史上、地理上、文化上、經濟上或政治上的相似，為了追求共同的經濟利益而彼此合作。

## 2.2.1 關稅及貿易總協定

1947年，23個國家在日內瓦簽訂了關稅及貿易總協定（General Agreement on Tariffs and Trade），簡稱為 GATT，其中以（1）會員國間無歧視性貿易政策；（2）透過多邊談判來降低關稅；（3）消除進口配額的限制；（4）透過國際協商解決彼此的貿易糾紛，為四個主要宗旨。

GATT 的會員國從 1947 年以來，一直定期召開會議。1947 到 1952 的定期會議針對的是特別關稅；1964 到 1967 的甘迺迪回合（Kennedy Round）則是著重在工業產品關稅的降低，最重要的成就則是降低了美國與歐聯之間的貿易障礙。東京回合（Tokyo Round, 1973-9）則對非關稅障礙進行多邊談判，而第四次的烏拉圭回合（Uruguay Round）把服務業、智慧財產權與農業產品納入自由貿易的範圍。

根據烏拉圭回合的協議，世界貿易組織此一新組織在 1995 年 1 月 1 日正式取代了 GATT 的功能。到目前為止，WTO 共有 130 多個會員國，佔了世界總貿易額90%以上，並成立了由三人組成的仲裁小組，解決各國間的紛爭。各會員國像在 GATT 時代般不具有否決權，同時為了解決環保人士和消費者團體在環保法規上對WTO的戒心，WTO 也有協定，亦即任一會員國可在六個月的公告後，退出該組織。美國在其國內也有設裁判小組對WTO做出的決議加以復審。

## 2.2.2 貿易聯盟：經濟合作的種類

**貿易聯盟**（trading bloc）指的是一群國家訂定差別性協約，降低彼此商品、服務和資金交流時的障礙。現今共有 50 個此類型的聯盟存在。而經濟合作共可區分成：自由貿易區、關稅同盟、共同市場、經濟同盟和政治同盟五種。

**自由貿易區**（free trade area）通常都要求區內各國去除彼此間所有的關稅限制，但各國仍保有與非區內國家個別定貿易協定的權利。美國、加拿大與墨西哥組成的北美貿易協定，即是此一類型的貿易聯盟。

在**關稅同盟**（customs − union）的協約下，會員國不但要消除各會員國間的關稅協議，在面對同盟外的國家時，則訂定共同的關稅協定。南美四國一巴西、阿根廷、巴拉圭和烏拉圭就組成了關稅同盟,在西班牙語中叫墨可索(Mercosur) ,為貿易同盟的意思,其總國內生產毛額達到 $600 兆,為 70%的南美總產值,而他們設立此關稅同盟的目的是在各會員國間建立自由貿易區,並對非會員國的進口產品課 5% 到 20% 不等的共同關稅。

在一個**共同市場** (common market) 中,除了要消除各會員國間的關稅協議,並在面對同盟外的國家時,訂定共同關稅外,也必須允許生產要素如資金、勞工和技術能在市場內自由移動。由哥斯大黎加、瓜地馬拉、宏都拉斯、尼加拉瓜、薩爾瓦多所組成的中美共同市場 (Central American Common Market) ,就是此類型的貿易協定。這個共同市場,允許生產要素在各會員國之間自由流動,而其目標為降低各國情況的不一致性。

**經濟聯盟** (Economic Union) 利用各國經濟政策的一致性,來達到共同市場的目標,會員國被要求需執行共同的貨幣及財政政策,這表示,各會員國必須要有一致的稅率、貨幣供給、利率和資金市場的管制。現在的歐盟(European Union) 就像是一個經濟聯盟。

**政治聯盟** (Political Union) 結合經濟聯盟的特色,另外要求各會員國之間政治的一致性,它的目標是希望各國逐漸融合成一個新國家,所以這是最終極的市場協議。在 1950 年代,埃及、敘利亞和葉門曾經成立了短暫的政治聯盟,所以從事實來看,此類型的政治聯盟並不存在,但我們可把由十一個前蘇聯國家所組成的獨立國協視為一政治聯盟。

## 2.2.3 區域間經濟協議

大部份現存的經濟協議都是依地理位置而形成,許多經濟學家都預測在90 年代,全世界的經濟會趨於三極化 (Tripolarity) ,他們預測這種三極化情形會導致全球貿易的減少,並增加北美、歐洲、亞洲各區域內貿易,此外,因為這三貿易區佔了世界GDP的80%以上,而且許多問題也必須由三強互相談判而獲得解決,因此三大貿易區的出現將會使WTO或其他國際貿易組織變得較不重要。

**歐洲經濟區（European Economic Area）** 由比利時、法國、西德、義大利、盧森堡及荷蘭，依1957年三月的羅馬協議組成EEC(European Economic Community)，其目的為去除各會員國之間的貿易障礙，後來丹麥、希臘、愛爾蘭、葡萄牙、西班牙及英國也相繼加入，形成現在的歐盟。

根據 1957 年的羅馬協議，EEC 的會員國同意：（1）去除關稅、限額以及其他各會員國之間的貿易障礙；（2）對非會員國的進口課徵統一關稅；（3）移除在六會員國之間資本及勞動力移動的限制；（4）在交通、農業、競爭和商業行為制訂共同政策；（5）協調各會員國間的貨幣及財政政策；（6）成立基金會補貼因整合過程而受到損失的勞工。

這 12 個會員國在 1993 年 1 月 1 日成立單一市場，歐盟要求此三個主要障礙必須完全去除：（1）關稅控制和繁瑣的過境程序等實質障礙；（2）健康和安全標準的技術障礙；（3）附加稅和現存關稅的財政障礙。這些行為和1957年的羅馬協議目標一致。歐盟為了在歐洲創造共同市場，總共進行了280項例行性的改革，在 93 年 12 月，歐盟批准了一個創造 EEA 的協議，此協議將在 94 年 1 月 1 日生效，除了原有的 12 個會員國之外，尚包括奧地利、芬蘭和瑞典，他們預計在 1990 年代末期將會成立單一中央銀行和歐洲共同貨幣，到時現存的15個中央銀行就會變成像在美國聯邦準備體制中的12個聯邦準備銀行，成為區域性的銀行。關於歐洲的發展詳見表 2 － 3 。

表 2.3 歐盟的重要里程碑

| | |
|---|---|
| 1957 | 在羅馬協議後成立了 EEC |
| 1959 | EEC 第一次降低其關稅 |
| 1962 | 建立了了共同農業政策 |
| 1967 | 簽訂了附加稅系統協議 |
| 1968 | 聯盟內關稅的消除並協議出統一的對外關稅 |
| 1973 | 大英國協、愛爾蘭與丹麥加入了 EC |
| 1979 | 歐洲國會的第一次直選；歐洲貨幣系統的建立 |
| 1981 | 希臘加入了 EC |
| 1986 | 西班牙加入了 EC |

1987　單一歐洲決議生效

1991　EC 與 ECTA 決定成立 EEA

1993　歐盟成立並確定了 12 個會員國去除彼此間貿易障礙的日期

1994　EEA 成立並確定了 12 個會員國去除彼此間貿易障礙的日期

1999　建立了歐洲單一的中央銀行，歐洲中央銀行並決定了單一貨幣，
　　　　歐元。

　　北美自由貿易協定　　1965 年美加之間的汽車協議在某特定條件下，消除了在兩國間商用車和小汽車的關稅。首先，汽車公司每在加拿大賣一輛車，就必須在加拿大生產一輛車；另外在汽車的生產中，50%以上必須在北美生產，才能以免稅的方式進入北美；第三，在加拿大生產的車子，車子的 60 — 75%必須是加拿大生產的零件。

　　1988 年 1 月 2 日，雷根總統和加拿大總理簽訂了在 1989 年 1 月 1 日生效的美加自由貿易協議（FTA），美加兩國各為彼此最重要的貿易伙伴，在 90 年代期間，此協議消除了兩國間的關稅、投資條款上的不同，並使兩國的企業都享有同等待遇。

　　1992 年 8 月，美國、墨西哥和加拿大成立北美自由貿易協定 （North American Free Trade Agreement），此協議經由三國的領導人和議院通過，在 94 年 1 月 1 日 NAFTA 成為世界最大的貿易聯盟，擁有 3.65 億的人口和 7 兆的購買力。NAFTA 預計在 15 年內消除三國間的關稅，並同時去除非關稅障礙，它也確定了資金自由流動原則。商業界領袖、政府官員和學者都將NAFTA視為美國的科技、加拿大的資源和墨西哥的人力的自然結合。

　　日圓貿易聯盟　　世界正逐漸邁向貿易聯盟，前英國首相柴契爾夫人在最近的演講中提到，所有貿易國會依歐元（Euro）、美元（Dollar）和日圓（Yen）區分成三大集團，因此在可預見的未來，將見到三區間的企業互相競爭，如果亞洲國家繼續以個別國家的身份在世界中進行競爭，可能會失去其競爭力。舉例來說，增你智（Zenith）便把其生產設施由台灣移回墨西哥，由於NAFTA的自由貿易協定，分析師認為將會有許多美國工廠將其組裝工廠由亞洲搬回墨西哥，日本的政府官員大聲指責區域貿易聯盟就像是貿易的保護傘一

樣，但是他們也承認貿易聯盟的出現將會是一個新興的潮流。由於他們害怕美國和歐洲的保護主義，日本政府和企業經理人也靜悄悄地，嘗試把日本的經濟和其他國家結合在一起，美國在亞洲角色所扮演的主要海外投資者的份量減低，反映出在此區域內投資形式的轉變。亞洲的海外投資區域化也增加了亞洲各國成立以日本為中心的貿易聯盟之可能性。

　　許多亞洲領導者都把在亞洲非正式貿易聯盟視成可預期的作法，透過政府的協助及私人的投資，日本政府和企業經理人正嘗試著協調此區域內的經濟發展。在1980年的早期，日本開始一個新亞洲工業發展計畫（New Asian In-dustry Development Plan），這是日本企業在海外投資的藍圖，而在此計畫中最重要的是生產的分工，舉例來說，印尼應把其焦點在紡織品、木製品和塑膠上；泰國則宜放在家具、玩具和鑄模上；馬來西亞則應集中於運動鞋、影印機和映像管上，專家把這個策略視為亞洲區域經濟的再次崛起，同時歐洲及美國的專家則認為此種策略會導致未來保護性貿易聯盟的出現。日圓被當作交易媒介的重要性越來越高，許多分析師都相信，一個日圓區域將會形成－也就是說，日圓在亞洲的角色等於馬克在歐洲的角色或美金在美洲的角色一樣，舉例來說，亞洲國家以日圓計價的負債從1980年來成長一倍，而日圓也取代了美美元成為亞洲地區的主要計價單位。

## 2.2.4 企業對貿易聯盟的反應

　　企業的投資對貿易聯盟的生成是很重要的。一方面，持續在某些聯盟內的投資可以符合保護性障礙的限制而得以進入該市場，尤其在世界三大貿易區－亞洲、歐洲、北美內更有其必要性，但因為投資方式並非以最適原則，因此將導致無效率性。然而，如果此貿易區域吸引一些具類似消費者組合的國家加入，則從企業發展及顧客服務的觀點來看，這類投資則是相當有意義的，所以這類型的投資將會加速不同的市場成為貿易聯盟。許多企業都沒有資源或時間在每個新興貿易聯盟中進行投資，為了維持未來的競爭能力，近幾年來，跨國的策略聯盟因此產生，這些聯盟包括從生產的分配到共同的研究和開發，而為了以本土企業的形象進入聯盟內，許多公司也跨國進行合併。

這些企業投資對於聯盟本身和聯盟受爭議性的保護主義政策有何影響？無國界的公司就能依最好的方式移動其生產及投資，而不用限定於特定國家或區域內，技術的轉移更是如此。

首先，企業和其資產都不會被當地政府視為人質；第二點，由於更難辨識某一產品的原生產地，使得保護主義更加不易出現；最後，企業間的相互依賴也會擴散其影響力至區域間。就像先前所提的，日本和歐洲產品進入美國的障礙降低，也同時造成對美國企業的傷害，如 1991 年時，IBM 要求去除從日本進口電腦螢幕的反傾銷稅，此行為導致美國製電腦較日本製電腦不具競爭力。

# 2.3 海外投資的動機

自從二次大戰以來，許多企業都想要進入新興市場，受到這些國家的經濟、政治力量，以及本身想到到海外擴展的欲望，因此至海外直接投資加速擴張，企業同時也發現，經由直接投資可以更容易進入國外市場，我們可以利用產品生命週期理論、資產組合理論和寡佔理論去解釋及辯護海外投資的基礎。

## 2.3.1 產品生命週期理論

產品生命週期理論可以解釋生產地點的改變。當新產品在母國市場上市時，其銷售和利潤便直線上升，直到到達成熟期，競爭也隨之加劇，獲利空間因此逐漸減少，在此階段，公司會將生產設備外移，以降低生產成本維持獲利率。

此理論假設，先進國家比開發中國家的公司在生產新產品上具有比較優勢，但開發中國家的企業，對於成熟期的產品則具有比較優勢。這是因為高科技、高素質的人力資源以及充分的資金對於發展新產品是必要的，而先進國家的大公司都比較容易得到此方面的資源。另外，較大市場和早期不可避免的生產程序上的改變，是兩個導致先進國家的企業總是在母國推出新產品的額外原因，但是當產品進入成熟期之後，產品不良率及技術不成熟都逐漸消失，於是生產方式開始變得標準化。隨著市場的成長，競爭也開始出現，而產品到成熟

期時，彼此的競爭變得相當激烈，在此階段，有些公司會因幾個原因，將其標準化生產過程轉移到開發中國家。

    1. 標準生產方式需要許多廉價勞工；

    2. 大部份的開發中國家則有廉價的勞工；

    3. 開發中國家的勞工成本比已開發國家低。

### 2.3.2 投資組合理論

投資組合理論（Portfolio Theory）表示一企業如果擁有分散的投資組合，通常其風險對報酬（risk — return）的影響將會減少，這個理論是另一個從事海外投資的原因，其中包含了兩個變數：風險和報酬。風險是指投資計畫報酬率的不確定性。兩計畫或許均會有相同的長期平均收益率，但是一個計畫的年度報酬變動較大，但另一個卻相對穩定時，我們可以說報酬變動較大的計畫風險，較報酬相對穩定的計畫的風險來的高。

通常企業主管和投資者基本上都是風險趨避者，在事前只能知道幾個財務變數的情況下，他們都希望能降低投資計畫的整體風險。很幸運的，在許多情況下，個別計畫的風險都能互相抵銷，結果，成功的分散策略可以使擁有多種資產組合的投資者之風險較擁有單一資產的投資者來得低。

李維（Levy）和莎娜（Sarnat）在 1970 年的報告顯示，企業總能夠透過擁有國際性的分散資產組合而改進風險對獲利的表現。這個理論最重要的條件在於組合裡資產彼此間的相關性，如果相關性低的話，企業就能夠降低預期收益率的風險。李維——莎娜模型假設海外投資計畫間的相關性比在國內低，不同國家的景氣循環，如美國和沙烏地阿拉伯，就不太一樣，另一方面大部份的本國投資計畫因為處於同一種經濟環境下，所以相關性會較高。

### 2.3.3 寡佔模型

如果你想去買網球，你大概只有四種品牌可以選擇：Wilson、Penn、Dunlop、和Spalding。這四家公司幾乎生產了所有在美國銷售的網球，而他們也可以一起決定網球的生產數量和其銷售價格。分析師說只有少數幾家多國籍公司在其所處的產業具有絕對的主導權。

當一個產業中,只有幾個產品可以互相替代的公司存在時,寡佔才會出現。因為只有幾家廠商,每一個廠商都會有一定的市場佔有率,因此一個企業的決策會影響到其他公司的決策。

寡佔模型(Oligopoly Model)可以解釋多國籍企業為何要到海外投資。寡佔模型假設企業進行海外投資是為了利用其半獨佔的利益。多國籍企業相對於本國企業的優勢包括有技術、資金,以及透過廣告,形成不同市場的產品定位、卓越的管理能力和組織規模。在海外或國內市場進行的水平投資都是為了實現營運上的規模經濟,同時也可以降低競爭者的數目,避免了設施的重置或擴充了企業在現存生產線上的營運;另外,對原物料的生產進行垂直投資通常是為了控制物料來源,因為在一個寡佔產業中,控制了物料來源便提昇了新近入者的障礙,使其寡佔地位得以保存;還有,有些企業也會進行防衛性投資,目的是為的避免其他公司獲得未參與的利益。

## 2.3.4 其他有關於海外投資動機的研究

許多海外投資者都是透過策略來做決策,雖然有許多種的策略性考量,但可以將這些考量區分成兩種:投資者觀點和被投資國觀點。

**投資者觀點的考量** 耐特(Nehrt)和何固(Hogue)認為公司會因幾個目的進行海外投資:

1. 新的市場
2. 原物料
3. 生產效率
4. 新的知識

第一點,如果企業的產品在母國市場已進入衰退期,企業通常會透過海外設廠生產以擴充或維持原市場,這種市場策略便屬於產品生命週期理論的內容。

第二點,石油公司、開礦公司和伐木公司發現他們越來越難在母國找到新的原料供應地,因此他們會進行海外投資以獲得物料來源。

第三點，有些生產效率導向的企業會持續追求生產成本的降低，而這就是爲什麼多國籍企業選擇在非洲、亞洲和南美進行海外投資的重要原因之一。

第四點，極少的公司是爲了想獲得新知識而進行海外投資。因爲多國籍企業通常會比本國籍企業在這方面具有優勢，然而還是有些企業希望可以藉由在海外投資以取得新技術。

**被投資國觀點的考量** 國家工業會議（National Industry Conference Board）調查了 60 個國家，發現許多開發中國家對於私人的海外投資都有優惠措施，這些措施包括有：國家稅和關稅的減免、財務上的協助、匯款的保證、管理上的協助、進口產品、競爭的保護和政治風險上的保護。這些優惠措施無疑地會使多國籍企業在這些國家進行投資。

**混和考量** 阿羅尼（Aharoni）研究了海外投資決策的過程，對在以色列有投資案的 38 個美國企業進行研究後，他認爲進行投資有幾個動機：

1. 企業外部的要求，如海外政府的要求
2. 害怕失去市場
3. 花車效應（Bandwagon Effect），意指如果某一企業在海外營運上獲得重大成功，則其對手也會進行海外投資；
4. 在母國市場內的外來者的強大競爭。

除了這四點之外，研究也顯示有另外的輔助動機：

1. 較老機器的有效利用
2. 技術（Know － How）的資本化；研究和發展的擴散；
3. 爲零組件或其他產品創造市場
4. 爲了間接進入市場於是投資與該市場有商業協議的國家

## 2.3.5 海外直接投資對出口的影響

許多海外貿易所得的利益在國際投資裡也存在著。直接海外投資的流入可提昇效率並獲得資訊，而海外投資的流出也會提昇資訊的流通以及出口的擴張。

　　舉例來說，美國企業的海外直接投資（FDI）為美國的出口──不論是在外國生產所需的機器或消費性產品方面──打開了一扇窗。並且也提供美國企業一個能在海外市場繼續提昇銷售額的立足點。從許多案例可以得知，對通路或其他必須性服務進行投資可以增加供應商出口的能力。母公司和海外子公司的貿易（公司內交易）是個很有效的國際貿易方式，尤其是在不完全資訊的問題存在時，如目前三分之一的美國出口、五分之二的美國進口和全世界三分之一的貿易額都是公司內交易，事實上，在最近的許多研究也顯示海外直接投資和出口擴張有極高的相關性。

# 2.4 海外貿易和投資理論的結合

　　傳統上，經濟學家在貿易上都只專注於國家層次，而管理學者則把重心放在多國籍企業的行為，這兩種學者都無法將貿易和投資理論結合成單一國際涉入理論。當大部份海外貿易為透過中間商進行，而生產仍留在母國的情況下，這並不會構成嚴重的問題，然而多國籍企業最近在其營運上都已進入全球化模式，因此進行海外貿易和投資的動機便變得彼此相關而無法分別考量。

## 2.4.1 折衷理論

　　敦寧（Dunning）提出了折衷理論（Eclectic Theory），企圖想解釋國際資源的配置和國家間貨物交流的關係。換句話說，這個理論提出了以國家地理位置和企業資源的優越性為基準的國際經濟互賴的解釋。區域特有利益，如自然資源、低勞工成本都是地理位置上的獨特資源；企業特有優勢，如資金和技術是多國籍企業相對於本國籍企業優越的原因。折衷理論假設一個海外國家能從地區特有利益中得到好處，而進行投資的企業則能從企業特有優勢中得到好處，因此折衷理論就能解釋多國籍企業在國際進入策略上的各國不同。

　　當企業第一次進行國際化時，通常都會透過出口以進入海外市場。一個企業只有在將其利益內部化以便獲得最大利潤時，才會進行海外投資，敦寧說明企業如果具有以下三種的好處，就會進行海外的生產：

1. 企業特有優勢：範圍爲企業內獨特的有形或無形資產
2. 內部化利益：企業最好的作法是利用其本身特有優勢，而不是將其授權予海外公司。
3. 地點獨特利益：企業能從設置海外生產基地而獲利，重要的是透過折衷理論實證研究，我們可以瞭解到大部份的海外直接投資都是由寡佔產業中大型而且研究導向的公司所進行。這些公司通常發現因爲他們享有地點和本身的優勢，所以可以從海外投資中獲利。

## 2.4.2 投資發展的階段

一個發展中國家進行海外直接投資（FDI）的意願，通常會依本身的經濟發展階段以及先前所描述的諸多利益而決定，敦寧便對發展中國家的投資者，提出四階段投資模式。

第一階段（每人生產毛額低於 400 美元），並不需要進行海外投資，這有兩個原因，第一該國企業並不具有拓展海外市場的優勢；第二，企業可以透過其他方式，如出口和資產組合，而獲得利益。

第二階段（每人生產毛額介於 400 至 1500 美元之間），海外投資仍然是少量的，然而國內投資就變得有利可圖，這是因爲本國市場正隨著基礎建設的進步而成長，進口替代投資能夠與進口形成替代或互補的關係。

第三階段（每人生產毛額介於 1500 至 4000 美元），國內公司由於外國企業的進入或因政府的幫助而較具競爭力，造成外國企業獨特利益的減小而使流入的投資金額降低。同時，因爲國內企業已經發展出企業獨特利益，所以可以由進軍海外市場而獲利。

第四階段（每人生產毛額高於 4000 美元），此時投資流出已超越投資的流入，所以成爲淨投資輸出國，此種情況反應其公司強大的企業獨特利益，同時傾向由海外獲利而非侷限於國內。這是因爲：（1）隨著經濟發展，國內的勞工成本漸增；（2）獲取資源以維持在國際市場上的國際競爭力；（3）減低在國家出口產品上的貿易障礙；以及獲得新技術，源於其他工業化國家不願意將技術移轉至在第四階段的國家。

## 總結

　　數種理論解釋國際貿易及投資的動機。相對利益理論及要素秉賦理論解釋了爲何國家間會交換貨物及服務。相對優勢理論根據了兩個假設：第一，經濟資源在各國間是不平均分佈的；第二，有效率的生產產品必須依靠不同經濟資源和技術的結合。

　　產品生命週期理論和資產組合理論提供了進行海外投資的概念化原因。產品生命週期理論假設當其產品到達成熟期時，一國家會至海外設廠生產。資產組合理論則說明，企業會進行海外投資是因爲較分散的國際資產組合，可以改善其風險對獲利的表現。

　　海外貿易和投資理論的結合是單一國際經濟互賴理論的基礎。我們可以把投資和貿易理論整合成一個顯示那些理論如何影響公司選擇進入國家的決策模型。折衷理論要求進行海外投資的企業必須擁有本身和國家的獨特利益。當一多國籍企業同其海外市場的寡佔利益獲得最大化時，就會進行海外投資，不然則採出口策略。

## 問題

1. 請解釋爲何比較利益法則是進行國際貿易的動機，背後的邏輯又是什麼？

2. 產品生命週期理論可以解釋進行國際貿易和國際投資的動機，試解釋之。

3. 什麼是規模經濟。

4. 請解釋對貿易進行保護的原因？

5. 假設各國的領導者想透過經濟整合來降低人爲的貿易障礙，請說明經濟合作的種類。

6. 大概的說明什麼是歐盟和美加自由貿易協定。

7. 市場整合的主要好處是什麼？

8. 爲什麼許多企業在國內尚有多角化機會時，選擇進行國際間的多角化？

9. 請解釋寡占理論爲何是進行國際貿易的動機。

10. 耐特（Nehrt）和何固（Hogue）認爲公司會因新的市場、原物料、生產效率、新的知識四個目的進行海外投資。請說明每一個動機。

11. 什麼是折衷理論？

# 習題

下表是台灣與美國各自的可能生產數量。

| 國家 | 產品 | 生產方式 | | |
| --- | --- | --- | --- | --- |
| | | A | B | C |
| 美國 | 衣服 | 0 | 30 | 90 |
| | 食物 | 30 | 20 | 0 |
| 台灣 | 衣服 | 0 | 20 | 60 |
| | 食物 | 15 | 10 | 0 |

1. 美國在衣服與食物上的比較成本是多少？

2. 台灣在衣服與食物上的比較成本是多少？

3. 請提出若依比較法則，此兩國應各生產什麼東西？

4. 假設此兩國都依比較法則生產東西，當一噸食物能換 3.5 件衣服時，美國用 10 噸食物換 35 件衣服，假設 b 方案是最佳的方案，請做出一個如表 2.2 的表。

5. 如果只有 10000 美元可從事投資，而美國在衣服和食物的生產上都比台灣優越，試問在此情形下，專業化是否無法對美國帶來任何利益？

# 案例二：*LG* 併購增你智

　　LG 是韓國最大的集團，它在各領域如化學、能源、營建工程、電子、電機、通訊和保險財務都有涉獵。但是 LG 電子是集團中最大的部門。

　　早期 LG 的前身為金星集團（Gold Star），由於是家族企業，被少數人掌控，因此在高科技領域落後其他韓國集團，而且在拓展海外業務的步伐也顯得較為緩慢，整個企業有點死氣沉沉。

　　後來集團引進了專業經理人制度，把名稱改成LG，並且與美國的增你智電子公司策略聯盟。在 1995 年 LG 花了 3.51 億美元買下增你智的大部分股權，由於增你智在高畫質電視和多媒體的技術上是走在世界的尖端。透過結合 LG 的生產技術和增你智在高畫質電視和多媒體的技術，整個 LG 集團在高科技方面，超越了其他韓國企業。

　　LG 的電子部門是 1958 年建立的，並在 1961 年進入美國市場，且建立了一個美國子公司——LG 國際電子公司（GSEI）。GSEI 旗下的經銷商從 1978 年的 57 個擴充到 1982 年的 2500 個，服務站也從 20 個擴充到了 1540 個。營業額從 1978 年的 1 千 3 百萬到 1983 年的 1 億 5 千萬。

　　1981年LG在阿拉巴馬州設立了第一個海外組裝工廠，因為它必須在美國當地生產才能避免進口限制，並能從美國學到最先進的科技。由於 LG 以身為韓國集團中技術的領導者為榮，為了確保它的地位，它和許多外國公司進行策略聯盟，如日本的日立（Hitachi）、德國的西門子（Siemens）、美國的西方電子（Western Electric）等等。

　　LG 在 1991 年買下增你智的 5％的股權，93 年又買下了 10％。最後在 1995 年 7 月 17 日，LG 花了 3.51 億美元買下美國最後一家電視生產廠商——增你智的 58％股權。在國際競爭激烈的情形下，LG 積極研發，並以策略聯盟或合資取得了美國、日本及歐洲的授權。而從 1980 年代後，西方和日本廠商開始把 LG 當作主要競爭對手，因此不論 LG 付多少錢，都不願意出售其技術給他。

## 案 例 問 題

1. LG 在早期如何進入美國市場？列舉其優缺點。

2. 為何 LG 要在美國直接投資？

3. LG 併購增你智和 WorldCom 併購 MCI 有什麼不同？

4. 你認為韓國的海外投資是否還會上升？你的結論是否和敦寧的投資發展理論相符合？

5. 請到國際管理發展學院（International Institute of Management Development）的網址 www.imd.ch。它每年都會公佈世界各國的競爭力指標，請你利用網上資料並回答下列問題：哪三個國家被評為最低等？利用 1995 年的資料，並說明 LG 的策略是否和其資料相符合。

# 參考書目

Aharoni, Y., *The Foreign Investment Decision Process*, Boston: Harvard University Press, 1966.

Ball, D. A. and W. H. McCulloch, *International Business*, Homewood, IL: Irwin: 1993, pp. 97–100.

Cohen, D. A., "The United States–Canadian Automotive Trading Relationship and the Legality of the Canadian Duty Remission," *Syracuse Journal of International Law and Commerce*, Fall 1987, pp. 39–63.

Dunning, J. H., *International Production and the Multinational Enterprise*, London: George Allen and Unwin, 1981.

Dunning, J. H. and S. Bansal, "The Cultural Sensitivity of the Electric Paradigm," *Multinational Business Review*, Spring 1997, pp. 1–16.

Levy, H. and M. Sarnat, "International Diversification of Investment Portfolios," *American Economic Review*, Sept. 1970, pp. 668–75.

National Industrial Conference Board, *Obstacles and Incentives to Private Foreign Investment*, vol. II, New York: Conference Board, 1969.

Nehrt, L. and D. W. Hogue, "The Foreign Investment Decision Process," *Quarterly Journal of AISEC International*, Feb.–April 1968, pp. 43–8.

Ronkainen, I. A., "Trading Blocs: Opportunity or Demise for Trade?" *Multinational Business Review*, Spring 1993, pp. 1–9.

Swanson, P. E. and A. Kapoor, "Trading Blocs: Bane or Blessing?" *Multinational Business Review*, Fall 1996, pp. 50–8.

Weinzimmer, L. G., "Identifying Management Factors that Motivate Domestic Companies to Pursue International Activities," *Multinational Business Review*, Fall 1996, pp. 94–103.

# 第三章

## 國際收支帳

國家的**國際收支帳**（balance of payment）通常被定義為在特定期間內，國內居民和國外居民彼此交易的記錄。這些交易包含產品及服務的進口、資金的流進及流出、贈與、貸款及投資，國內居民則包括企業、個人和政府機構。

　　國際收支帳幫助企業經理人和政府官員分析一國家的競爭地位，並預測未來匯率的走向。對多國籍企業而言，具有國際間資金運籌能力是相當重要的，它們可以依靠此能力進行出口、進口、清償債務和匯入股利。許多因素都會影響公司的國際資金運籌能力，尤其是國家的國際收支帳，因為他會影響本國貨幣的價值、取得他國貨幣的能力和對海外投資的政策。

　　本章有三個目標：（1）定義國際收支帳；（2）討論國際收支帳；和（3）解釋為何需更正國際收支不平衡的原因。

## 3.1 複式簿記

　　用來記錄國際收支帳的**複式簿記**（double－entry accounting）和企業用來記錄其財務狀況的方式是一樣的。在普通的商業記載中，每筆交易以借貸關係而存在，因此借方的總額必須等於貸方總額；此外，企業所使用的資產總值必須和它所擁有的資產總值相同。相對於公司資產的稱為公司負債，公司會有兩種負債，一種針對債權人，一種則針對股東。

　　根據會計法則，記入借方表示資產的增加及債務的減少，或是淨值（官方準備金資產），而記入貸方則表示負債的增加或淨值以及資產的減少。因為記入借方同時也伴隨貸方的記入，所以在公司帳簿裡，資產總值會等於債務總值。

　　我們可以將此基本法則運用於國際收支帳的交易記錄，一些假設的交易可以用來舉例說明複式簿記的過程。

　　**例 3.1：商品貿易**（Merchandise Trade）　一美國公司將價值$30000的機器賣給英國公司，而英國公司將在90天後付款。在此交易中，美國居民放棄資產，將它給英國的居民以換取未來付款的承諾。用以記錄此交易爲：（1）借$30000表示美國對外國人短期債權的增加，以及（2）貸$30000表示可供美國居民使用的商品（機器）減少。

> 短期資金 $30000（借）
>
> 出口 　　　　　　　　$30000（貸）

**例 3.2：服務（Service）** 服務表示非商品的交易，例如觀光費用。考慮一位美國婦人和在日本的丈夫相聚，回美國之前，她以價值$5000的美國旅行鈔票支付給日本的旅館。在這情況下，美國收到日本價值$5000的服務，日本銀行則以此服務獲得$5000的美元。借方記入以便反應美國買入旅行的服務、貸方記入則表示美國對外國人債務的增加。

> 旅行服務 $5000（借）
>
> 短期資金 　　　　　$5000（貸）

**例 3.3：單方轉移（Unilateral Transfer）** 這方面包含了國內居民轉移給國外居民的贈與或者是本國政府轉移給外國政府的贈與。假設美國紅十字送了$20000價值的援救物資給智利。轉移一詞反應了交易的本質，因爲美國並未收到任何報酬，同時美國將物品送至智利，故此交易降低了美國實質資產（淨值）。銷售或單方轉移應被記錄在貸方，援助物資在美國的收支帳裡表示如下：

> 轉移付款 $20000（借）
>
> 出口 　　　　　$20000（貸）

**例 3.4：長期資金（Long-term Capital）** 這個科目顯示到期日長於一年的資金流入或流出的協定，包含並不直接控制的財務資產投資，也包括直接控制的實質資產或財務資產的投資。假設一個美國人買了$5000的法國公債，並以其洛杉磯戶頭內的支票付款，則美國現在便擁有一張法國公債，而法國則擁有一筆美元存款，既然法國公債的取得可以增加美國的海外投資，則投資組合必須記入貸方；同時法國所擁有的美元餘額增加，也代表美國對外國人的負債上升。因此美國的短期資金應記入借方。這筆交易在美國收支帳裡表現如下：

投資組合　$5000　（借）

短期資金　　　　　　　$5000　（貸）

**例 3.5：短期資金（short-term capital）**　短期資金包括活期存款、短期借款和短期證券。舉例來說，一位美國人借給加拿大人 90 天期的貸款，也就意味著一筆美國的短期資金轉移到加拿大借款者身上。假設一家美國銀行借了 $10000／90 天期給加拿大企業，那麼美國對外國債務人的債權就應記入借方，外國人相對於美國銀行的債務則應記入在貸方：

短期資金　$10000　（借）

短期資金　　　　　　　$10000　（貸）

**資金的來源和用途**　利用複式簿記來記錄每一筆交易是合乎邏輯的，但是我們也必須瞭解國際收支帳並不是損益表或資產負債表，國際收支帳是一個資金用途及來源表，反應著資產、負債和淨值在一定期間內的變化。換句話說，本國和外國居民的交易將會以借貸方式而記錄在國際收支帳內。在和全世界進行交易的同時，某一國家會在交易中賺取外匯，並在其他交易中花掉外匯。賺取外匯的交易通常被叫做貸方交易，代表資金的來源，這些會記錄在國際收支帳的貸方，並以加號表示之。以下這些交易代表貸方交易：

1. 貨品及服務的出口
2. 投資和利息所得
3. 從海外居民收到的單方轉移
4. 海外區民的投資與貸款

會花掉外匯的交易有時會被叫做借方交易，代表資金的使用。這些交易記錄在國際收支帳的借方，並以減號表示之。下面的代表借方交易：

1. 貨品及服務的進口
2. 付給外國居民的股利及利息
3. 對國外進行的轉移支出
4. 對外國的投資和借款

## 3.1.1國際收支帳整體觀

如果一個國家的貸方交易超過借方交易，或從國外的所得較花費多，我們可以說它的國際收支帳在順差狀態；換句話說，一國家的借方交易較貸方交易多，或在國外花費較所得多，我們便可以說他的國際收支帳正在逆差狀態。

本質上，分析家通常將焦點放在為了自我利益而產生的交易上，包括出口、進口、單方轉移及投資。這些獨立交易的加總，有時被稱為上線交易（above-the-line items）顯示國際收支帳的盈餘或赤字。國際收支帳盈餘發生在獨立收入超過收支時，同樣地，國際收支帳赤字則發生在支出超過收入時；另一方面，補償性交易是用以平衡國際收支間的差異，這些補償性項目稱為下線項目（below-the-line items），被用來消除國際間的不平衡。

國際收支帳裡的盈餘或赤字，攸關於銀行、公司、基金經理人和政府的利益。它們被用來：

1. 預測外匯波動的壓力
2. 預測政府政策
3. 分析國家的信用和政治風險
4. 評估國家的經濟體質

例3.1至3.5的交易代表各種獨立交易。在例3.1中，美國機器的出口賺取了 $30000 的外匯，因此記錄在借方。例3.2至3.5的交易造成美國花費了 $40000 的外匯，因此記錄在貸方，總觀而言，美國在國際收支帳上有 $10000的赤字，因此必須進行等值的補償性交易，以彌補差額。美國的補償性交易包含該國黃金的售出、可轉換外幣的減少或他國所持有美元的增加。

現在讓我們假設美國在國際收支帳上有順差，為了應付這筆順差，美國外匯準備，如黃金或可轉換外幣，就會增加 $10000，或者他國所持有的美金餘額減少 $10000，這些用來消除入超的交易就被稱為補償性交易。

# 3.2 國際收支帳項目

國際收支帳以功能別來區分。我們可以把國際收支帳歸類於四大族群：

1. **經常帳**（current account）:商品、服務和單方轉移
2. **資本帳**（capital account）:長期和短期資金
3. **統計上誤差**（statistical discrepancy）:錯誤和忽略
4. **官方準備帳**（official reserve account）:官方準備帳和外國官方資產。

我們可以把國際收支帳區分成許多不同群體，但是我們必須瞭解一國家以兩種方式和外國進行交易。第一，在國際產品市場中進行產品的買賣；第二，在國際財務市場中進行資本資產的買賣。你可以用你的$3000買一台東芝的個人電腦，或是用來買東芝的股票，第一筆交易表示產品的流動，第二筆交易則表示資金的流動。在這裡我們會討論這兩個活動和彼此之間的關係。

## 3.2.1 產品和服務的流動：經常帳

**經常帳**（current account） 包括商品的出口及進口、服務的費用及花費和單方轉移項目。經常帳收支餘額是國家國際貿易最多的項目，因爲其中包含財務交易和商品交易，經常帳的順差表示資金的淨流入，相反地，逆差則表示資金的淨流出。

**商品交易餘額**（balance of merchandise trade） 代表著有形資產，如汽車、機器和農產品的進出口餘額。一個有利的商品交易餘額（出超）表示出口金額較進口金額高；一個不利的商品交易餘額（赤字）表示入口超過出口。對大部份國家而言，商品的進出口通常是其國際貿易的最大宗。

國際貿易包括商品和服務的進出口。服務包含不可見資產，如軍事費用、利息和股利、旅行和運輸、權利金等。一國家對服務的購買記錄在借方的進口中，而對國外的服務銷售則則記錄在貸方的出口中。產品和服務進出口間的平衡就被稱爲商品和服務餘額（balance of goods and services）。

**單方轉移**（unilateral transfer） 包含禮品及捐贈品，無論是私人部門或官方政府的。私人的禮品和捐贈包括了各種私人禮物、慈善活動和道義援助。政府方面則包含了有現金、對外援助的商品與服務。舉例來說，美國對外國的飢荒所提供的援助計畫便可視為政府間的移轉。

## 3.2.2 資金的流動：資本帳

美國人民和企業可以在外國進行投資，相對的外國居民也能從事類似的行為，舉例來說他們可在美國進行房地產投資或投資政府公債。**資本帳**（capital account）包含了外國的借款和投資。不像經常帳的科目，資本帳的科目包含了對未來的債權；如必須償付的貸款與利息、及必須償還的股利或投資，資本帳也包括了長期與短期資金。

**長期資金流動** 代表著償還日期比一年長的債務，包含了投資與借款。私人部門大都是投資，而政府部門則多是貸款。

海外投資有兩種形式。如果麥當勞在德國開了一家店，那便是海外直接投資的例子；相對的，如果一個美國人購買了福斯的股權，那便是一種海外的投資組合。

**海外直接投資**（FDI） 是一種資產投資，如股票的購買、企業的購併或成立新的子公司。美國商業部把 FDI 定義為實質資產的投資或擁有至少 10% 以上所有權的財務資產投資。

**海外投資組合**（Foreign portfolio investment） 是一種外國公債的購買，或對經營權並不具影響的財務資產的購買。不論是國內或國外投資組合，對報酬率、安全和流動性的要求都是一致的。但是國外投資還必須冒更多的風險如匯率的變動、戰爭、革命和資產徵收。投資在公用事業與政府機構因為其風險較小所以較為穩健。

政府的長期資金流動則包含貸款、國外經濟發展計畫的財政支持、對不同的區域發展銀行的援助，以及參與其他海外計畫，而不論這是間接或直接的。尤其是美國政府常為了幫助其他國家的經濟發展而貸款給它們，同時美國進出口銀行為了增加美國出口也會將對其他國家的債款展期。短期資金代表到期日少於一年的債權，這類型的債權包括有短期貸款和短期證券。短期資金可以是流動性或非流動性資產，非流動性資產包括銀行貸款和定期付款；流動性短期資金的流動則包含活期存款和短期證券。

有些短期資金流動的產生是因為經常帳或長期投資的變化，更精確一點，這些變化則可能是導因於商品貿易、服務交易、單方轉移及投資，短期資金的流動有時也被稱為補償性調整。這些補償性科目只會因為一個原因而改變，通常為國際收支帳之緣故。其他的短期資金流動則可以歸因於各國間利率的不同和對匯率變動的預測，這種類型的短期資金流動經常被稱為獨立性調整，這些獨立性調整通常是因為經濟上的原因而改變。

## 3.2.3 統計誤差：錯誤及忽略

國際收支帳在理論上應該是平衡的，因為貸方總和會等於借方總和，但是實際上，這種情形卻會因為數種原因而不發生。國際收支帳的資料來源是透過許多地方取得的，在認知上，也會因個人和機構的詮釋不同而導致認知的不同，因此在每年年底，借貸雙方都難以平衡，這也就是為什麼統計誤差會被視為附加項，且用來使借貸雙方平衡。雖然此項目可以放在國際收支帳的任何地方，但他通常都放在短期資金科目的附近，因為此科目較其他科目容易發生錯誤及忽略。

## 3.2.4 資金的流動：官方準備帳

官方準備帳為政府所擁有的資產。官方準備帳代表由官方財政主管機關，如美國聯邦準備銀行或日本的中央銀行，所進行的購買和銷售。為了應付國際收支帳的順差或逆差，官方準備帳是會隨時改變的。官方準備帳是由官方的資產及外國官方資產所組成。

**官方準備資產** 官方準備資產由黃金、可轉換外匯、特別提款權和在國際貨幣基金（IMF）的準備部位所組成。對大部份國家而言，基本的可轉換貨幣為美元、英鎊、馬克和日圓。**特別提款權**（special drawing right, SDR）有時被稱為紙上黃金，是用來提領國際貨幣基金的權利。1967 年里約熱內盧的會議中,106個會員國發起以SDR形式作為新國際準備資產的計畫。在1970年,SDR被用來當作黃金和美元的替代品,此外SDR也可以用來當作國際間付款的工具。

外匯存款佔了 IMF 會員國九成以上的準備資產,在各種外匯中,美元被列為最重要的資產,世界外匯準備金美元部位,由 1995 年的 56.6% 到 1996年的 58.9%,圖 3.1 顯示美元的市場佔有率,從 1987 年到 1990 年的下滑,接著從 1993 年的上升趨勢。

有些經濟學者預測,在20年前佔世界準備金八成以上的美元會逐漸喪失其市場佔有率。當歐洲建立單一貨幣體系(歐元),有些政府和許多私人投資者會將其美金準備部位轉換成歐元準備部位。歐元的成立被視為近年來國際貨幣系統的一個最重要的發展。此外許多政府也希望能將其準備金組合多角化。

**海外官方資產**　一個國家的官方準備帳也可以包含對海外官方持有者的負債。一個國家對海外債權人的負債有時被稱為**海外官方資產**(foreign official assets),如美國對國外的中央銀行的海外債權人的負債,即像是美國銀行的外國官方戶頭和美國政府公債的國外官方持有部位。外國政府通常會

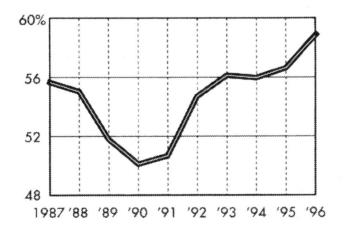

圖3.1　美元佔世界各國政府準備金的比例

因想賺取利息而擁有美國的資產。近幾年來,美國貿易赤字得到疏解,通常是透過增加官方負債,而不是把官方準備資產轉移至海外。

官方準備帳的會計處理方式 在會計處理時,嘗試將官方準備帳之交易歸類為借方或貸方是極為困難的。一方面,任何準備金的增加代表資金的使用,或是在國際收支帳上的借方記入 (-);另一方面,準備金資產的減少則表示資金的來源,或是貸方記入 (+)。(換句話說,任何可融資國際收支帳盈餘的交易被記錄在借方 (準備金資產增加及官方債務減少);而任何可融資國際收支帳赤字的交易則被記錄在貸方 (準備金資產減少及官方債務的增加)。)

### 3.2.5 國際收支帳的定義

我們已經見過一國家和世界其他國家互動的兩種方法:產品及服務的世界市場 (經常帳) 和財務資產的世界市場 (淨國外投資=資本帳加上官方準備金),經常帳及淨國外投資均為衡量在這些市場的不均衡,經常帳衡量的是一國進出的不平衡,而淨國外投資則衡量本國居民所持有的國外資產及外國人所持有的本國資產間的不平衡。

國際收支帳的定義指出經常帳 (CuA)、資本帳 (CaA) 及官方準備帳 (ORA) 之和必須為零:

$$CuA + CaA + ORA = 0 \qquad\qquad (3.1)$$

換句話說,經常帳的盈餘或赤字將會被相對應的淨國外投資之盈餘或赤字所抵銷,會計原則的重要事實是,對整體經濟而言,這兩種不平衡必須互相抵銷,而在這種假設下,經常帳和海外投資 (資本帳加官方準備金) 為金額相同,但符號卻不同。因此方程式 3.1 是必須守恆的收支帳定義。

## 3.3 收支帳的眞實餘額

因為不同的組織都在蒐集並呈現收支帳的統計數據,國際收支帳有許多種形式,國際貨幣基金和世界貿易組織也會為它們的會員國計算收支帳資料,並在其年報中呈現出來。另一方面，美國商業部也會蒐集美國的國際收支帳數據，並在現今商業調查（survey of current business）將其付梓。

## 3.3.1 世界收支帳餘額

在 1980 年代，WTO 的報告中指出，世界貿易額在 80 年代增加了 50%，而貿易總值卻增加了 75%。世界貿易以每年 6% 的速度成長，而全世界總產出則以 4% 成長，因此在 80 年代，進行國際貿易的產品持續上升；這也反映出市場的相對開放和全球經濟的持續整合。

如圖 3.2 顯示，在 1991 和 1992 年世界貿易和產出的成長率均減緩，但從 93 年起便又開始成長，接著世界商品貿易的價值在 96 年創新高，達到 5.2 兆美元。根據 WTO 的報告，世界貿易從 1993 年來的成長速度為全球產出的兩倍，我們可以預測這種情形在 21 世紀會更加劇烈。WTO 的經濟研究主任——理察（Richard）說，出口和產出間的差距是用來衡量製造業國際化腳步最簡單也最實用的一種方式。

指數 1960 = 100

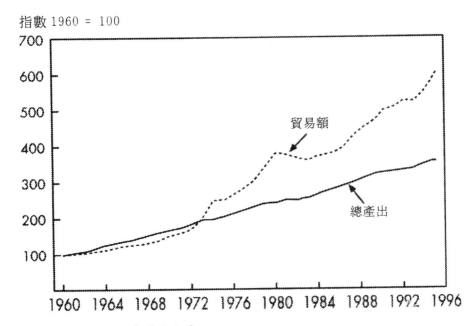

表3.2 世界產出和貿易的成長

對各國而言，全球化在不同的發展上均帶來許多機會。如圖 3.2 顯示，世界貿易額在過去 36 年來成長了 6.5 倍（相對於生產額的 3.5 倍），變成了全球整體生活水準提昇的最重要因素之一。由於經濟開放的新浪潮引發經濟的轉變，許多人均預測接下來的兩個十年的全球貿易成長率為10%，而做為世界最大的出口者，美國在未來的發展中已經站好腳步。

### 3.3.2 美國的國際收支帳

表 3.1 顯示了美國從 1970 到 96 年的國際收支帳，透過仔細的檢驗一些數據，能夠使我們對美國 27 年來的表現、問題和反應有清楚的瞭解。

**商品交易**　身為世界最大的貿易國，美國在96年出口了6120億美元的產品，進口了 8010 億美元的產品，兩個數據佔全世界總值的 10% 以上。在早期的 1960 年代，美國的商品交易餘額處於出超狀態，但是從 1960 年中期到 1970 早期，美國的商品交易餘額逐漸由出超轉為入超，而在 1974 年到 1975 年的世界不景氣中，美國所承受的經濟衰退比其他主要貿易國還要大，因此在 1975年美國的商品貿易餘額變成出超。這個出超是個短期的情形，因為美國國際收支帳的商品貿易赤字從1976年到1987年變成鉅額上升，三個因素導致美國商品貿易從1980年到1987年的赤字上升六倍之多：強勢的美元、美國出口到發展中國家的數量減少和美國比其他主要貿易伙伴較快的經濟成長率。這就是為什麼當時傳出必須實施貿易保護的原因，以及為何美國在 1987 年成為淨債務國家。

但是美國的產品貿易赤字在1988年因為美國產品出口的急速擴張而使赤字減少，從 1987 年的 1600 億到 1988 年的 1270 億，美國貿易赤字由 1980 年來第一次滑落，在 1991 年，美國的赤字甚至掉到 740 億，美元的貶值、通膨率的降低和美國貿易伙伴經濟成長率的加速，降低了美國貿易不平衡的情形，並加強美國產品在世界市場上的競爭力。然而美國貿易赤字又在 1992 年因為美國經濟的快速成長，而呈現上升的趨勢。

**服務性交易**　美國在過去 27 年來，服務性交易的出口超過進口的數量，最近幾年在主要服務項目的出口，如旅遊、運輸、權利金和費用還有投資

表*3.1*　美國國際收支帳：代表性項目(十億美元)

| 年份 | 商品交易 | 服務性交易 | 單方轉移 | 經常帳 | 統計誤差 |
|---|---|---|---|---|---|
| 1970 | 2.6 | 3.7 | -6.1 | 0.2 | -0.2 |
| 1971 | -2.3 | 8.3 | -7.4 | -1.4 | -9.8 |
| 1972 | -6.4 | 9.1 | -8.5 | -5.8 | -1.9 |
| 1973 | 0.9 | 13.1 | -6.9 | 7.1 | -2.7 |
| 1974 | -5.6 | 12.8 | -9.2 | -2.0 | -1.4 |
| 1975 | 8.9 | 16.3 | -7.1 | 18.1 | 5.9 |
| 1976 | -9.4 | 19.4 | -5.7 | 4.3 | 10.4 |
| 1977 | -31.1 | 22.2 | -5.2 | -14.1 | -2.2 |
| 1978 | -33.9 | 23.5 | -5.8 | -16.2 | 12.2 |
| 1979 | -27.6 | 34.5 | -6.6 | 0.3 | 26.4 |
| 1980 | -25.5 | 36.1 | -8.3 | 2.3 | 25.3 |
| 1981 | -28.0 | 44.7 | -11.7 | 5.0 | 25.0 |
| 1982 | -36.4 | 42.1 | -17.1 | -11.4 | 41.3 |
| 1983 | -67.1 | 40.5 | -17.8 | -44.4 | 19.9 |
| 1984 | -112.5 | 33.4 | -20.7 | -99.8 | 20.8 |
| 1985 | -122.1 | 19.7 | -23.0 | -125.3 | 23.4 |
| 1986 | -145.1 | 18.0 | -24.1 | -151.2 | 30.0 |
| 1987 | -159.6 | 15.6 | -23.1 | -167.1 | -4.4 |
| 1988 | -127.0 | 23.9 | -25.1 | -128.2 | -12.8 |
| 1989 | -115.2 | 38.4 | -26.1 | -102.9 | 53.1 |
| 1990 | -109.0 | 51.0 | -33.7 | -91.7 | 40.0 |
| 1991 | -74.1 | 60.5 | 6.7 | -6.9 | 39.7 |
| 1992 | -96.1 | 60.2 | -32.0 | -67.9 | -17.1 |
| 1993 | -132.6 | 60.8 | -32.1 | -103.9 | 21.2 |
| 1994 | -161.1 | 61.7 | -39.9 | -148.1 | 13.7 |
| 1995 | -173.4 | 68.4 | -35.1 | -148.2 | 31.5 |
| 1996 | -187.8 | 73.5 | -42.5 | -165.1 | -53.1 |

收入,都以相當大的幅度領先其進口的增加。但是美國兩個主要的進口項目——利率和股利分配,減少了美國 1981 到 1987 年服務性貿易的出超,從 1988 年卻又呈現出超增加的趨勢。服務性交易在降低美國貿易赤字上扮演極重要的角色,但我們卻因為數種理由而不注意這樣的情形:第一,有些服務性交易根

本不會讓人聯想到是國際貿易的一部份；第二，其本身在整體貿易額所佔的部份極少；第三，國際貿易的談判都把焦點放在商品貿易的障礙上。

**經常帳**　美國的經常帳在 1970 年代前仍處於出超狀況，但從 1970 年起，出超大幅萎縮，最後變成大量的逆差。在 1977 和 1978 年時，美國的經常帳赤字超過 140 億美元，雖然美國在 1980 和 1981 年的經常帳是呈現順差狀態，但這順差也只是暫時性現象。從 1982 年起，經常帳赤字從 110 億美元快速上升，到 1987 年的 1670 億，大部份都是因為商品貿易的赤字所造成的。因為商品貿易赤字的減少，所以資本帳赤字從 1988 年到 1991 年呈現下跌的趨勢，一直到 69 億美元。大部份的分析家估算確實的赤字大約為 500 億美元，因為 430 億美元的美國赤字源於 1991 年波灣戰爭時同盟國的單方轉移。從 1992 年美國的赤字又開始大幅的增加。

**統計誤差**　統計誤差此一名詞直到 1976 年仍被叫做錯誤和疏失，有時也被官方政府刻意地忽略掉。這個科目在有些年變得相當大，舉例來說，商業部門在追蹤 1989 年的兩份報告時發現，有 530 億美元的統計疏失，而在 1988 年則有 130 億美元的疏失。在那個分析的焦點都放在資金供給的時代，大額的統計誤差使美國政府無法確認外國資金的供給是否正在減少。

加號代表資金的淨流入，減號代表資金的淨流出，但卻沒有人確實知道誤差兩字代表什麼意思，它經常被用來衡量如政治的不穩定、犯罪、緩慢的紙上作業和各中央銀行間的詐欺。誤差可能導因於有些來美國從事投資的外國資金沒有確實回報。有些分析家認為，許多外國人，尤其是那些從政治不穩定國家來的，都會在政府不知情的情形下，帶入大量的資金進入美國，因為他們把美國視為安全的政治天堂。有些觀察家害怕這股潮流會導致美國聯邦準備銀行低估賒帳額度的增加。

另外一個影響國際收支帳誤差的重要因素，就是外幣交易的角色。外幣交易額的增加與浮動匯率結合，將使國際間切確的付款金額有更大誤差。分析師相信特定國家，如日本，為了避免承受美國政府的壓力，而減少出口到美國，因此可能刻意低估其手上的美元部位；另一方面，分析師也認為，貧窮的國家也會特意低估美金部位，以獲得 IMF 的低利率貸款。

緩慢的紙上作業也是另外一個原因，大部份有關國際收支帳的資料都依靠銀行和其他商業部門的能力去完成，很不幸地，這些人員有時會犯數字填寫上的錯誤。

表3.2 美國國際投資的情形（十億美元）

| 投資類別 | 1983 | 1987 | 1991 | 1992 | 1993 | 1995 | 1996 |
|---|---|---|---|---|---|---|---|
| 美國海外資產 | 1225 | 1625 | 2137 | 2150 | 2370 | 3272 | 3721 |
| 　政府資產 | 203 | 251 | 238 | 228 | 245 | 259 | 243 |
| 　私人部門資產 | 1022 | 1374 | 1899 | 1922 | 2125 | 3015 | 3477 |
| 外國在美國資產 | 867 | 1648 | 2486 | 2658 | 2926 | 3960 | 4591 |
| 　政府資產 | 195 | 283 | 401 | 443 | 517 | 678 | 805 |
| 　私人部門資產 | 672 | 1365 | 2085 | 2215 | 2409 | 3281 | 3786 |
| 淨額 | 358 | -23 | -349 | -508 | -556 | -688 | -871 |

注意：投資組合是以市價計算，而直接投資以現值計算。

### 3.3.3 美國國際投資情形

貿易餘額是一個流量概念，因為它是用來衡量一國在一年期間的經濟活動；國際投資部位（International investment position）卻是一個存量概念，它是利用已知的資料把一國的資產與負債總結起來。表3.2顯示美國從1983到1996年的國際投資部位。從1919到1983年，美國的淨海外投資從6兆美元變成了3580億美元；但這種長期的上升趨勢在1983年後卻巨幅的衰退。自從第一次世界大戰以來，美國在1987年第一次變成了債務國，到1996年債務更高達8710億美元，約是130個開發中國家債務總和的三分之一。1980年代上半期總體政策轉變所帶來的大量貿易與預算赤字，把美國從債權國變成了債務國。持續的貿易赤字與外國在美國置產的影響讓外債也不停增加。

國際投資部位本身並不具有特別的意義，這也就是為什麼經濟學家需要四個國際投資部位所包含的內容（短期部位、長期部位、政府部門與私人部門）。換句話說，透過把國際投資分成數個部份，經濟學家能夠對國家的資金流動性現況，依照各部份提出建議。

美國國內的短期資產，如銀行存款和政府證券，都能讓外國在很短的時間提領或存入，如果它們害怕長期美元的貶值或利率的下降，外國就會從美元計價的資產撤走，但是這種行為卻會危害到美國經濟體系的安定。外國在美國所持有的資產也很重要，如果國外財政部門決定要終結其所擁有的美國證券的合約，美元的財務力量便會下降。而長期的投資，如長期公司債和直接投資，，因為只因經濟趨勢而有所反應，對於不正常的提領並無影響。

## 3.4 日本與美國間的貿易摩擦

日本直到 19 世紀中期都採用鎖國政策，拒絕與西方國家進行貿易。在 1853 年 7 月 18 日，美國艦長裴利（Perry）以四艘軍艦進入東京灣，並要求日本政府與美國簽訂協議。裴利在來年回到東京灣，而且帶來了更多的軍艦，並要求日方與美國簽訂協議，在協議中，日本必須開放兩個港口給美國使用。

現在，145 年後，美國也想完成相同的任務。近年來，美國一直控訴日方以不平等的貿易障礙來維持其貿易入超。在展現經濟實力的同時，美國也把日本歸類成最差的貿易伙伴，列名於 1988 年通過的貿易法案－－超級 301（Super 301）。在 1989 年，美方以日方政府控制的超級電腦的採購、衛星的採購及對木製品的規範而宣稱如果不在 12 月內改善，將會面臨到嚴重的貿易報復。1990 年 3 月，日方與美方簽訂契約，同意移除相關產品的貿易障礙。

1993 年 6 月，柯林頓政府展開了一波更廣泛、更嚴格的貿易談判。美方談判者希望日方能夠接受美方對日本產品的數目限制。換句話說，美國想要所謂的「管理貿易」（managed trade）來消除美日雙方間的貿易赤字，協議中也包括了對先前協議的追認部份。美國共提出了 27 項協議，其時間可追溯到 1980 年，柯林頓政府從 1993 年和日方簽訂了 20 份雙邊貿易協定。

表3.3顯示了為何美國需要貿易保護的原因。美國的貿易赤字從1980年的 250 億美元上升到1987 年的 1600 億美元，增加了540%；同時間對日貿易逆差也從 70 億上升到 570 億美元，增加了 714%。美國在 1987 到 1990 年間因美元走貶和美國的不景氣，在對日逆差和總赤字上都有所減少，但從 1991

到 1994 年又開始上升。美國貿易逆差中，日本排名第一。因爲美國一直是日本最大的出口國，所以美國市場的開放對日本最重要。美國大約佔日本出口額的 35%；而日本對美的貿易逆差也大約佔了美國貿易赤字的 30-60%。

**貿易失衡的原因**　有些美國政治家認爲日本的不公平貿易措施是導致美日巨大貿易赤字的唯一原因。在他們的觀點，日本的貿易政策對全世界的貿易體系造成威脅，而對日本本身卻帶來了經濟繁榮。日本官員卻指出，美國的低儲蓄率、預算赤字和員工訓練不足是貿易赤字的原因。事實當然是落於兩者之間。美日間的經濟關係近幾年來變得相當重要，雖然如此，它們之間的關係卻也變得更加的緊張。日本的經濟實力逐漸變強；美國也越來越關心其經濟上

表3.3　美國與日本的商品貿易餘額（十億美元）

| 年份 | 美 國 | | 日本整體餘額 |
| | 整體餘額 | 與日本之餘額 | |
|---|---|---|---|
| 1980 | -25.5 | -7.3 | 2.1 |
| 1981 | -28.0 | -13.6 | 20.4 |
| 1982 | -36.4 | -17.1 | 20.1 |
| 1983 | -67.1 | -19.7 | 34.5 |
| 1984 | -112.5 | -33.9 | 45.6 |
| 1985 | -122.1 | -46.6 | 61.6 |
| 1986 | -145.1 | -59.1 | 101.6 |
| 1987 | -159.6 | -57.1 | 94.0 |
| 1988 | -127.0 | -53.1 | 95.3 |
| 1989 | -115.2 | -49.1 | 70.0 |
| 1990 | -109.0 | -42.7 | 69.9 |
| 1991 | -74.1 | -45.0 | 113.7 |
| 1992 | -96.1 | -50.5 | 132.3 |
| 1993 | -132.6 | -60.5 | 140.7 |
| 1994 | -161.1 | -67.3 | 122.0 |
| 1995 | -173.4 | -60.6 | 107.3 |
| 1996 | -187.8 | -49.2 | 62.2 |

的地位。

日本利用了美國開放市場的好處，但卻沒做出相對的回應。美國的保護主義興起，及日本對美國的回應方式使雙方的關係變得緊張起來。美國要求日本開放其市場，並限制進入美國市場的產品數量和在美國的投資，但一直以來，美國企業對日本出口者想採用不平等出口法律措施都失敗。

日本在過去 20 年來都嘗試想安撫美國境內的反日情緒，但是他們對美日的鉅額逆差有別的看法，他們認為：（1）美國政府的預算赤字太高；（2）美國企業都短視近利；（3）美國企業主管在日本做生意時，沒有依日本式的作法去經營；（4）美國企業的售後服務都很差。在整個產業界，政府官員和輿論都對日本的鉅額逆差表示抗議，日方對於這些舉動和貿易順差，有時候都認為是種族上與文化上的偏見。

**逆向貿易** 18 世紀的國際貿易基礎，便是我們熟知的比較利益法則和互補性貿易。因為有些國家在生產某產品方面較有效率，所以如果每個國家都能專注在自己生產較有效率的產品身上，並透過貿易取得別國生產效率較高的產品時，所有的國家都能從中獲利。換句話說，在互補性貿易下，沒有任何一方是輸家。但在 19 世紀，國際經濟的成長讓已開發國家間的貿易愈加競爭。在競爭貿易下，兩個國家都互相購買彼此都能生產的產品，於是在這種情形下，總有一方是輸家。

有些學者，如杜拉克（Peter Druck），認為日本從事**逆向貿易**（adversarial trade），也就是說只進行銷售而不購買。在逆向貿易中，兩方都是輸家，買方較快有損失，而賣方在 10 幾年後也會。依據逆向購買模型，成功的賣方會逐漸的摧毀買方的工業基礎和人民購買力，因為它們的產品取代了買方國家的產品。第一、買方要有收入才能進行購買；第二、賣方在長期的損失會較多，賣方不能對付買方停止購買其產品，因為它們從不買買方的產品，所以賣方對買方的報復性行為沒有防衛能力。

毫無疑問的，美國及歐洲都能在不進口日方產品的情形下，依然生存。但是日本如不能出口到美國，便會面臨經濟不景氣，而對美國市場依賴較深的國家，如日本，最終是要為貿易的不平衡付出代價。

**解決方案** 日本在美國市場的成功及美方企業的難以打入日本市場，引起了日本對外國採不公平貿易態度的批評。

在 1995 年 7 月美國與日本達成了一個有關汽車與零組件的協議，在此協議下，日本在 2000 年前必須每年進口 300000 輛美製汽車，並幫助日本廠商在美國當地購買 67.5 億美元的美製汽車零組件。

美國對日本汽車及零組件的出口，從 1995 年開始成長，1996 年成長的更加快速。美國對日本的貿易逆差也從 1994 年的 670 億美元變成 1996 年的 490億美元，其中大部份都來自於美國對日本汽車及零組件的出口，但柯林頓政府應該對這消息感到高興嗎？經濟學家並不表樂觀。

美國對日本的出口成長能用幾個因素來解釋。第一、經濟學家說，日元的升值，也相對應著美國產品的售價降低，從1992年到1996年日元的升值讓美國產品比日本產品便宜了20%。第二、日本逐漸開放其市場；第三、烏拉圭回合的減稅協議讓進口到日本得到整體性、結構上的改善。

然而，美國輿論認為1995 年的美日汽車協議，包括從 1980 年起的 47 項協議，並不能根本的減少美日雙方的逆差，這是因為日本還是施行逆向貿易。事實上，美製汽車的出口在 1997 年減少了 20%，也導致 1997 年的逆差增長。它們認為美國應透過「管理性貿易」去解決這逆差問題。

**管理性貿易** 這是一種由官方主導的貿易，主旨是降低兩國間的貿易不平衡。根據一個美方較普遍的說法，美國應該要求日本每年減少20%對美的順差。

# 3.5 如何因應貿易不平衡

有些政府長年來都面臨逆差。但是他們的補償性交易並不持續，因此為了更正國際收支帳的逆差，有些做法必須改變。國際收支帳平衡可以用三種方式恢復：價格機制、收入機制和大眾控制。

### 3.5.1 價格機制

在國際財務裡，「價格機制」指的是匯率。國家間運用不同的貨幣進行進出口，使國際經濟產生了新的經濟變量，稱爲外匯。外匯指的是一國貨幣與他國貨幣的比值，而當對外幣的供需平衡時會產生一個均衡匯率，一旦到達了均衡匯率便會有匯率上下波動的傾向。國際收支帳的借貸雙方能影響對外匯的需求及供給，因此匯率的均衡也表示某程度上國際收支帳的均衡。

匯率是一個很特殊的價格，因爲它代表本國物價與外國物價間的關係。拿美國與日本兩國間的匯率爲例。匯率的變動會影響美國產品在日本的價格，和日本產品在美國的價格，當匯率的變化導致美國的出口變的較具吸引力時，便會恢復美國的國際收支帳平衡。

價格機制能透過利率與商品價格的變動恢復國際收支帳的均衡。假設美國是入超國，日本是出超國，在此情形下，錢會從美國流向日本。除非美國的聯邦儲備局對資金採取行動，不然美國的資金供給便會減少，而資金的減少會導致利率的上升。對日本而言，資金供給會增加，利率便會下滑，於是新的殖利率會使資金從出超國（日本）流到入超國（美國）。這種資金的相反流動能幫助美國的國際收支帳恢復平衡。

如果兩國的物價能彈性調整，那麼美國的商品價格會下降是因爲赤字會導致美國人對商品的需求減少。相反的，日本會因出超而使物價上升，對其商品的需求增加。這種相對價格的變化，會導致對美國產品需求的上升，日本產品需求的下降，因此恢復了美國收支帳的均衡。

反映在利率與商品價格上的彈性匯率，應該能恢復美國的國際收支帳均衡。但是變動程度不足也無法完全恢復赤字。價格機制對改變國際收支帳的能力，應視產品數量需求與其產品價格間的關係，如進口產品的價格彈性（price elasticity）。如果交易產品的價格彈性很高，那價格機制會導致入超國的出口增加及出超國的進口增加，這樣的變化會使國際收支帳恢復平衡，但是如果產品的價格彈性很低，那它就不足以回復國際收支帳的赤字。

## 3.5.2 所得機制

　　一國所得的改變會影響到其他國家。美國進口的增加也代表著日本出口的增加,這對日本經濟有著擴散效果,因此日本也會進口更多的東西。如果日本因為收入的增加而從美國進口更多的東西,美國就會發現其出口的增加。美國出口的增加會抵銷因進口增加而產生的赤字。同時,日本出口的增加也表示美國進口的增加,這種進口的增加意味著美國所得的減少,過一段時間後,美國會因較少的所得而減少其消費和進口。美國進口的減少也表示日本出口的減少。當兩種力量結合時,入超國(美國)的出口增加;出超國(日本)的出口減少,會使兩國間的國際收支帳趨於平衡。

　　所得的改變因會影響國內的資產投資的利率,所以也能恢復國際間的均衡。當利率下滑時,資產的投資,如工廠或設備,也會增加。因為資金從入超國流到出超國,美國的利率開始上升。美國利率上升減少了國家在資產上的投資,而由於投資減少的影響,美國將會發現其所得和進口都減少;相反的,對日本也一樣,利率的下跌,能增加投資,而投資的增加能增加日本人的收入和進口。只要有赤字或出超,這種機制都會運作。直到最後,所得的機制能恢復收支帳的均衡。

　　就像價格機制,所得機制能自動恢復國際收支帳的均衡,但也有可能它並不足以更正原有的赤字。如價格彈性一樣,**所得彈性**(income elasticity)則衡量所得的變化對產品數量的關係。如果交易產品的所得彈性很高,那麼所得機制就能恢復其均衡,而如果彈性不高,那便必須償還不足以影響國際收支帳的不平衡狀態。

## 3.5.3 公開控制

　　大部份頂尖經濟學家與各國領導者對自由貿易和自動調整機制表示歡迎。但是國家間的自由貿易和自動調整機制正面臨最嚴重的挑戰,政府因為兩個原因而對收支帳加以控制。第一、他們發現他們的外匯存底無法應付其赤字;第二、彈性匯率並無法完全消除收支帳的不平衡。

　　大體而言,公開控制可區分成兩種:外匯控制和貿易控制。想一想,當墨西哥增加其進口,造成其外匯的短缺,在外匯控制下,墨西哥政府會要求出口商把外匯賣給政府或指定銀行,政府再拿外匯進行不同的用途,如此一來,墨西哥政府便控制進口額與其出口額相同,在外匯控制下的進口數量比自由貿易時少。

當政府面對到嚴重的赤字時,也可以透過關稅、配額和補貼來管理進出口。墨西哥如果對進口品採高關稅與配額,進口數量便會減少。另一方面,墨西哥政府也能對出口品加以補貼使它們具有國際競爭力而使出口額上升。對海外直接投資所課的特別稅也能限制資金的外移。

## 總結

國際收支帳總結了在特定期間內本國國民與外國國民間的國際交易。要有系統的記錄這種國際交易必須要先建立原則,如複式簿記會記原則,以及對名詞的定義,如經常帳等。

複式簿記透過借貸雙方的平衡來記錄每筆交易。有些國際交易,是因為經濟因素而產生,這種交易就稱為獨立性交易。但有些交易,如黃金的買賣和外債的增加,都是因國際收支帳的不平衡而產生的,這種交易稱為補償性交易。

有些國家已經處於入超狀況很多年了,這種情況就不是用補償性交易所能解決。國際逆差可以透過彈性匯率、所得改變與政府控制而改善,前兩種方式是透過利率、物價和所得的改變來修正國際逆差;政府控制如外匯與貿易控制則能用於國際收支赤字的改善或修正上。

# 問題

1. 經常帳的三個構成元件是什麼？

2. 請簡述什麼是資本帳？

3. 如果一個國家實行彈性匯率，在經常帳上有赤字的話，資本帳會是如何？

4. 統計誤差在國際收支帳上的角色為何？

5. 大部分的開發中國家都有多年的國際收支帳赤字，請問他們在應付收支帳問題方面有何種選擇？

6. 美國的商品貿易赤字在 1980 年到 1987 年都是上昇的趨勢，請問造成此種現象的原因有哪些？

7. 國際收支帳和國際投資部位有什麼不同？美國從一次大戰以來，在何時變成了債務國？並解釋其原因。

8. 國際收支帳的特徵為何？

9. 什麼是逆向貿易？為什麼買賣雙方在逆向貿易中都會蒙受損失？

10. 假設美國（入超國）和日本（出超國）兩國間有鉅額的國際收支帳不平衡，請問價格機制能如何恢復國際間的均衡？

11. 列表並討論為何價格機制並無法完全的運作？

# 習題

1. 利用例 3.1 到 3.5 回答問題 1a。

　a. 準備一份國際收支帳。

　b. 該國的國際收支帳是赤字或有餘額？

　c. 該國如何應付收支帳的不平衡？

2. 假設一個國家有 $10000 的經常帳赤字和 $12000 的資本帳餘額。

　a. 該國的國際收支帳有赤字或餘額？

　b. 該國的外匯存底如何？

3. 一個國家有 $5000 的商品貿易出超，$1000 的單方轉移和 $4000 的經常帳赤字，請問該國服務性貿易的餘額為多少？

4. 假設一國有 $10000 的經常帳餘額和 $1500 的資本帳赤字，請問該國的外匯存底餘額？他能用什麼方法抵銷 $5000 的國際收支帳不平衡？

# 案例三　管理性貿易：減低美日貿易失衡唯一的方法？

　　在 1993 年 6 月，柯林頓政府揭開了一系列與日本廣泛且艱苦的貿易談判。美方要求日方對以下的事項進行談判：政府採購、先前合約的履行、各種管制和管制性產業以及外國投資、汽車及零組件產業。美方認定前列的產業有受到日方的配額限制；換句話說，美方希望透過所謂的管理性貿易去解決美日兩邊的貿易不平衡狀態。而關於承諾這方面，美方提出了從1980年來27個先前訂立的合約名單。但是有些學者，如杜拉克，認為那些合約並沒有幫助，因為日本是採用逆向貿易政策。柯林頓當局想要重新檢討日本在履行合約上的進度。

　　在 1996 年的總統對國會經濟事務報告（Economic Report of the President to Congress）上，柯林頓當局誇耀他們自 1992 年來，已經和日本簽訂了 20 個貿易協定。報告更指出這些協議將會導致日本市場的實質開放，而不是紙上談兵。協議也特別強調兩國所共同同意的進度數量化指標，而政府當局也積極地檢視和觀察執行的進度，並與真實情況作比較。大部分最近所訂的 20 個協議都是類似於管理性貿易協議。但是，近年來美日間的逆差並沒有顯著地減少。有些修正派（revisionist）如克萊得（Clyde）、前克萊斯勒總裁艾科卡（Iacoca）、國會議員迪克（Dick）和布坎南多年來都建議管理性貿易是唯一解決美日貿易失衡的方法。

　　歐馬（Ohmae）曾提出在美方和日方的談判中，有三個各自獨立卻又彼此相關的需求及反應循環，但沒有一項是有道理的。第一個是柯林頓總統堅持日方必須讓日圓升值；第二個則是美方要求日方必須積極地刺激該國景氣；第三則是美方要求日方同意對進口品加以區分，並加以監控。他總結「撇開理想不談，在這三點上打轉是相當耗時又耗力的」。其前提或假設不是錯誤便是迷失焦點，更進一步來說，這種辯論只會導致失敗。

# 案例問題

1. 誰是修正派？

2. 請簡述什麼是管理性貿易。

3. 什麼是逆向貿易？有證據顯示日方在從事逆向貿易嗎？

4. 在美方及日方的談判中，有三個各自獨立卻又彼此相關的需求及反應循環：強勢日圓、美方要求日方刺激其需求及管理性貿易。歐馬認為沒有一項是有道理的，而這些措施也不能改善美日雙方邊的逆差，請解釋為何這些措施不能改善美日雙邊的逆差。

5. 美國普查局（U.S census bureau）的網站 www.census.gov 提供有關海外貿易和其他經濟資料的統計數字。利用該網站找出美國的貿易餘額趨勢，以及近年來與日本的貿易餘額。

# 參考書目

Cooper, H. and V. Reitman, "Averting Trade War, US and Tokyo Reach Agreement on Autos," *The Wall Street Journal*, June 29, 1995, p. A1 and p. A8.

The Council of Economic Advisors, *Economic Report of the United States*, Washington, DC: US Government Printing Office, various issues.

Drucker, P. F., *The Frontiers of Management: Where Tomorrow's Decisions Are Being Shaped*, New York: Truman Talley Books, 1986.

Fieleke, N. S., *What is the Balance of Payments?*, Boston: Federal Reserve Bank of Boston, 1996.

Herbig, P. and R. Milam, "Japan's Economic Success: Myths, Facts, and Realties," *Multi-national Business Review*, Spring 1994, pp. 86–95.

International Monetary Fund, *Balance of Payments Manual*, Washington, DC: IMF, 1976.

Levin, F. L., "Boosting Export Figures, Not Exports," *The Wall Street Journal*, June 6, 1996, p. A16.

Rosensweig, J. A. and P. D. Koch, "The US Dollar and the Delayed J-Curve," *Economic Review*, Federal Reserve Bank of Atlanta, July/Aug. 1988, pp. 1–15.

US Department of Commerce, *Survey of Current Business*, various issues.

US International Trade Commission, *Operation of the Trade Agreements Program*, Washington, DC: USITC, various issues.

# 第四章

國際貨幣體系

國際貨幣體系包括了一切涉及國際貨幣移轉的法律、規定、機構、工具及程序。這些要素影響了匯率、國際貿易與資本流動以及國際收支帳的調整。匯率決定了跨國間的商品及勞務價格。匯率也對國際借貸與資本流動有影響。因此，國際貨幣體系在跨國企業的財務管理與個別國家的經濟政策中都扮演了一個重要角色。

　　這一章有五個主要段落。第一個段落先提供針對一個成功的匯率機制的整體回顧。第二個段落描述國際貨幣體系從十九世紀晚期的金本位制演變到現在的混合匯率制的歷史。第三個段落介紹國際貨幣基金（IMF）與特別提款權（SDRs）。第四個段落討論歐洲貨幣機制。第五個段落檢驗各種進一步改革國際貨幣的提議。

# 4.1 成功的匯率機制

　　一個多國籍企業其進入國際資本市場的管道與在國家間移動資金的自由受到許多限制，這些限制常是為了符合決定匯率的國際貨幣協定所實施的。有時這些限制的實施也可能是為了調整經常帳赤字或是達成國家經濟目標。

　　一個成功的匯率機制對穩定國際支付系統而言是必要的。為了達成其目的，一個匯率機制應該符合三個條件：

1. 個別國家國際收支帳的赤字或盈餘不應該太大或是持續太久
2. 國際收支赤字或盈餘之修正方式不得產生不可接受的通貨膨脹或個別國家或全世界貿易及支付上的管制。
3. 它應該能促進貿易的持續性擴張以及其他國際性經濟活動

　　理論上，持續性的國際收支帳赤字或是盈餘不可能存在全世界。在一個自由浮動的匯率機制下，一個外匯市場將同一個完全競爭的商品市場。就像任何一個商品價格一樣，匯率都會向供給和需求相等的水準移動。在固定匯率機制下，中央銀行或者其他經授權的機構利用在外匯公開市場的買進或賣出來吸收固定匯率下外匯的超額供給或需求

## 4.1.1貨幣的價值與專有名詞

　　匯率是一國貨幣以另外一國貨幣表示的價格。固定匯率是指不會變動或是在一個預先決定的區間內變動的匯率,此被固定或被釘住（pegged）的匯率稱為面值。浮動匯率是會隨著市場力量而變動的匯率。

　　雖然政府不會試圖去阻止本國與其他貨幣之間基本面的變動,但他們也往往會試圖去維持市場中交易的秩序。浮動匯率制度有下的優點

　　1 國家可以維持獨立的貨幣以及財政政策。

　　2 浮動匯率制度允許對外在衝擊平緩的調整。

　　3 中央銀行不需要去維持高額的外匯準備去防衛其固定匯率制度。

　　然而,浮動匯率制度也有下面的缺點:

　　1. 純粹浮動下的匯率會有高度的不穩定性,而且這種風險會降低國際間的貿易與投資。

　　2. 浮動匯率因移除了政府經濟政策的外在規範而會有潛在性的通貨膨脹問題。

　　3. 浮動匯率可能造成導致匯率過度偏離其正常價位的投機行為。

　　固定匯率制度提供了匯率的穩定性,但是它也有一些缺點,第一,匯率的穩定可能顯得太僵固而不易調整,尤其當一些災難性的事件諸如戰爭、革命、或者是嚴重的天災發生時。第二,中央銀行需要保有鉅額的外匯準備去防守固定匯率。

　　有四個觀念和貨幣價值變動有關係,升值（appreciation）、貶值（depreciation）、官方升值（revaluation）、官方貶值（devaluation）。升值是在浮動匯率制度下本國幣相對於外國幣價值上升的現象。貶值是在浮動匯率制度下本國幣相對於外國幣價值下跌的現象。在浮動匯率制度下一國的匯率會因為其調升利率以吸引國外資本而升值,同樣的,它的匯率會因為調降利率而貶值。

　　官方升值是在固定匯率下官方調升其貨幣面值的動作,官方貶值則是固定匯率制度之下官方調降其貨幣面值的動作。在固定匯率制度下一個國家可以經

由降低它的外匯市場干預目標來調降它的匯率；它也可以藉由調升干預匯率來調升它的匯率。

## 4.1.2 市場均衡

匯率代表一國貨幣以另一國貨幣表示的價格。在一個自由市場中，匯率和其他商品價格一樣取決於供給與需求的力量。

外匯的需求來自於國際收支帳中的借方，例如：進口以及資本流出。隨著匯率的下降，相對應的外匯需求量會增加。反之，當匯率上升，相對應的外匯需求量便會減少。簡言之，有一個反向的關係存在於匯率與外匯需求量之間，這個關係可以解釋何以外匯需求曲線為負斜率。

外匯的供給來自於國際收支帳中的貸方，例如出口以及資本流入。隨著匯率的下降，相對應的外匯供給量會減少。反之，當匯率上升，相對應的外匯供給量便會增加。簡言之，有一個正向的關係存在於匯率與外匯供給量之間，這個關係可以解釋何以外匯需求曲線為正斜率。

圖 4.1 呈現了負斜率的需求曲線 D 與正斜率的供給曲線 S。這兩條的交會點決定了均衡匯率 E1 與均衡量 Q1，如果實際匯率低於均衡點 E1，匯率終將會上升，因為需求超過供給。如果實際匯率高於均衡點 E1，匯率終將會下降，因為供給超過需求。

外匯的需求與供給會隨著時間而改變，這些改變將會使匯率供給線或需求線發生移動，導致供給或需求線移動的因素包括兩國相對的通貨膨脹率、相對的利率、相對的所得水準及政府的干預。貨幣之需求與供給決定可以用美國與法國的兩國模型來討論。我們在這裡假設美元是本國貨幣而法郎是外國貨幣。

## 4.1.3 需求曲線的移動

法郎的需求上升可能導因於美國較高的通貨膨脹率、美國較低的利率、美國所得水準的增加以及（或者）美國政府的買入法郎。

4.2 顯示這些因素導致法郎的需求曲線向右移動（從 D 到 D'）。如果需求從 D 移動到 D'，均衡匯率會上升到 E2。請注意到法郎的需求是由本國的

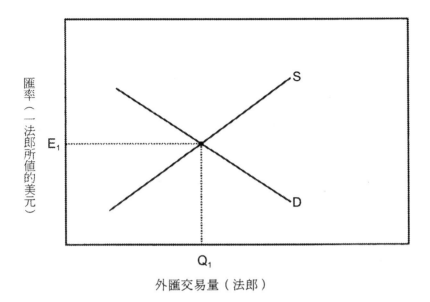

圖4.1 匯率的市場均衡

居民創造的,例如希望得到法國商品、勞務與金融資產。在下面,我們將解釋
這些因素如何增加美國對法郎的需求:

1. 如果美國的通貨膨脹率比法國高,則美國對較便宜的法國商品的需求
   將會增加,同時導致美國對法郎的需求增加。

2. 如果美國的利率比法國低,則資本會為了取得較高的利率而從美國流
   向法國,導致美國對法郎的需求會增加。

3. 如果美國的所得增加得比法國快,美國對法國商品的需求會增加,如
   此美國對法郎的需求也會增加。

4. 如果美國政府購買法郎以增加貨幣市場中美元數量,美國對法郎的需
   求也會增加。在知道為何這四個因素會造成美國對法郎需求的增加之
   後。因為對法郎的需求量在任何匯率下都更高了,需求曲線會向右平
   行移動。這就是為何均衡匯率會從 E1 上升至 E2 的原因。

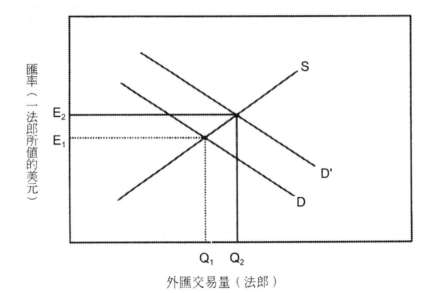

圖*4.2* 法郎需求增加如何影響均衡匯率

## 4.1.4 供給曲線的移動

　　法郎供給曲線的上升可能是導因於法國較高的通貨膨脹率、法國較低的利率、法國所得水準的增加與（或）法國政府的賣出美元。圖 4-3 表示這些因素如何使法郎的供給曲線如何從S1移動到S2。注意法郎的供給是由非美國居民，例如需要美國商品、勞務、以及美國金融資產的法國人民所決定。在下面，我們將解釋這些因素如何增加法郎的供給

1. 如果法國的通貨膨脹率比美國高，則法國居民會將法郎兌換為美元以消費較便宜的美國商品，同時導致法郎的供給增加。

2. 如果法國的利率比美國低，則資本會為了取得較高的利率而從法國流向美國，導致法郎的供給增加。

3. 如果法國的所得增加得比美國快，法國對美國商品的需求會增加，法郎的供給也會增加。

4. 如果法國政府購買美元以釋放法郎到貨幣市場中，法郎的供給也會增加。在知道為何這四個因素會造成法郎供給的增加之後，因為法郎的

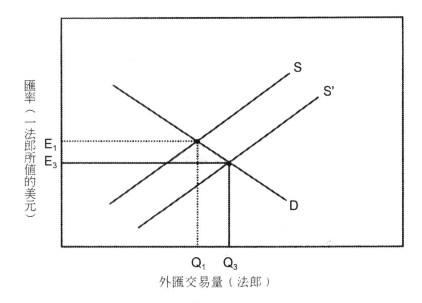

圖*4.3* 法郎供給增加如何影響均衡匯率

　　供給量在任何匯率下都更高了，供給曲線會向右平行移動。這就是為何均衡匯率會從上升至 E3 的原因。

## 4.1.5 現行的匯率協定

　　自1976年以來朝向更加浮動的匯率機制的一部份，國際貨幣基金（IMF）允許會員國在經過與其充分的溝通之後執行各別的匯率決定制度。每年國際貨幣基金從它的會員國收集資訊並且將它們的匯率制度分為 7 類。表 4.1 是這 7 個分類及在 1997 年 6 月 30 日以這 7 個分類的 181 種貨幣，下面將對每一種制度進行介紹。

　　**聯繫貨幣機制（釘住單一貨幣）** 有 47 個國家將它們的幣值緊釘住一個主要的貨幣，通常是美元或法郎，同時也不常調整其匯率。美元是二十一國貨幣的基準。法國是十五國貨幣的基準，這些國家都是前法國殖民地。將近三分之一的發展中國家採用這種匯率制度。

　　**聯繫貨幣機制（釘住一個貨幣組合）** 十八個國家將它們的幣值釘住一個貨幣組合。一個貨幣組合通常是以本國主要的貿易夥伴貨幣組合而成，如此方能使匯率釘住的標的較單一標的穩定。個別貨幣的比重取決於相對貿易量、勞務及資本流動量。將近四分之一的發展中國家採用這種制度。

**受限於單一貨幣的浮動匯率** 本國的幣值是被維持在以標的匯率爲準的一定區間內。這種系統是被四個中東國家所採行。這四個國家目前將它們的匯率維持在以美元爲基準的一個區間之中。

**受限於共同協定的浮動匯率** 這種系統適用於十二個參加歐洲貨幣機制的國家。這十二個國家有一個共同的協定去維持其個別對其他會員國的匯率在一個固定區間內浮動。本質上，歐洲匯率連繫機制的會員國匯率都緊釘住彼此的幣值，但是對其他的貨幣可以自由浮動。

**更具彈性的匯率機制：根據指標調整** 智利披索與奈及利亞幣這兩種貨幣直到 1996 年 12 月 31 日之前常常以某些指標來調整其匯率。但是自從 1997 年 1 月 1 日以後這兩個國家皆已改變其匯率決定過程。一個常用的指標是實質有效匯率，它反映了通貨膨脹的調整後本國幣相對與其他貿易伙伴的幣值。（匯率由事先公佈的表格所調整的制度也包括這一類制度中。）

**更具彈性的匯率機制：管理浮動** 有四十九個國家使用這種正式稱爲「管理浮動」的匯率制度。由中央銀行制訂並且經常性的變動其匯率。這種權衡性的調整通常是根據諸如央行外匯準備、實質有效匯率及其他與本國平行的匯率市場發展等指標而進行。

**更具彈性的浮動匯率：獨立浮動** 五十一個國家採行獨立浮動匯率制度而使匯率具有充分彈性。在這制度下，匯率取決於市場。許多已開發國家採用此制度（包括部分的歐洲匯率機制國家），但是近年來也有許多的開發中國家加入這一類匯率制度。

表4.1　各國匯率制度

| 聯繫匯率盯住的貨幣 | | | | | 受單一貨幣或多貨幣限制的浮動匯率 | | 更具彈性的浮動匯率 | |
| --- | --- | --- | --- | --- | --- | --- | --- | --- |
| 美元 | 法郎 | 其他 | 特別提款權 | 其他貨幣組合 | 單一貨幣 | 聯合貨幣協定 | 管理浮動 | 獨立浮動 |
| 安哥拉 | 貝南 | 不丹（印度盧比） | 利比亞 | 孟加拉 | 巴林 | 奧地利 | 阿爾及利亞 | 阿富汗 |
| 阿根廷 | 布吉納法索 | 波士尼亞與赫塞哥維那（德國馬克） | | 波扎那 | 卡達 | 比利時 | 巴西 | 阿爾巴尼亞亞美尼亞 |
| 巴哈馬 | 喀麥隆 | 汶萊（新加坡幣） | | 蒲隆地 | 沙烏地阿拉伯 | 丹麥 | 高棉 | 澳洲 |
| 貝里斯 | 中非 | 愛沙尼亞（德國馬克） | | 佛德角共和國 | 阿拉伯聯合大公國 | 芬蘭 | 智利 | 亞賽拜然 |
| 古布地 | 查德 | 吉里巴斯（澳洲幣） | | 賽普勒斯 | | 法國 | 中國大陸 | 波利維亞 |
| 多明尼加 | 科摩羅 | 賴索托（南非幣） | | 斐濟 | | 德國 | 哥倫比亞 | 保加利亞 |
| 格瑞那達 | 剛果 | 那米比亞（南非幣） | | 冰島 | | 愛爾蘭 | 哥斯大黎加 | 加拿大 |
| 伊拉克 | 赤道幾內亞 | 聖馬利諾（義大利里拉） | | 約旦 | | 義大利 | 克羅埃西亞 | 伊索比亞 |
| 賴比瑞亞 | 加彭 | 史瓦濟蘭（南非幣） | | 科威特 | | 盧森堡 | 捷克共和國 | 甘比亞 |
| 立陶宛 | 幾內亞比索 | | | 馬爾他 | | 荷蘭 | 多明尼克 | 印度 |
| 馬歇爾群島 | 馬利 | | | 摩洛哥 | | 葡萄牙 | 厄瓜多 | 牙買加 |
| 密克羅尼西亞 | 尼日 | | | 尼泊爾 | | 西班牙 | 埃及 | 日本 |
| 奈及利亞 | 賽內加爾 | | | 薩摩亞 | | | 薩爾瓦多、 | 哈薩克 |
| 阿曼 | 多哥 | | | 西昔爾 | | | 厄立特里亞 | 肯亞 |
| 巴拿馬 | | | | 斯洛伐克 | | | 喬治亞 | 黎巴嫩 |
| 聖露西亞 | | | | 所羅門群島 | | | 希臘 | 馬達加斯加 |
| 聖文森 | | | | 東加王國 | | | 匈牙利 | 馬拉威 |
| 敘利亞 | | | | 瓦努阿圖 | | | 印尼 | 茅利塔尼亞 |
| | | | | | | | 伊朗 | 墨西哥 |
| | | | | | | | 韓國 | 摩達維亞 |
| | | | | | | | 拉脫維亞 | 蒙古 |
| | | | | | | | 馬其頓 | 莫三比克 |
| | | | | | | | 馬來西亞 | 紐西蘭 |
| | | | | | | | 馬爾地夫 | 新幾內亞 |
| | | | | | | | 摩里西斯 | 巴拉圭 |
| | | | | | | | 尼加拉瓜 | 秘魯 |
| | | | | | | | 挪威 | 菲律賓 |
| | | | | | | | 巴基斯坦 | 羅馬尼亞 |
| | | | | | | | 波蘭 | 盧安達 |
| | | | | | | | 俄羅斯 | 聖多美普林西比 |
| | | | | | | | 新加坡 | 獅子山 |
| | | | | | | | 斯洛文尼亞 | 索馬利亞 |
| | | | | | | | 斯里蘭卡 | 南非 |
| | | | | | | | 蘇利南 | 瑞典 |
| | | | | | | | 泰國 | 瑞士 |
| | | | | | | | 突尼西亞 | 塔吉克 |
| | | | | | | | 土庫曼 | 坦尚尼亞 |
| | | | | | | | 土耳其 | 烏干達 |
| | | | | | | | 烏克蘭 | 英國 |
| | | | | | | | 烏拉圭 | 美國 |
| | | | | | | | 烏茲別克 | 葉門 |
| | | | | | | | 委內瑞拉 | 尚比亞 |
| | | | | | | | 越南 | 辛巴威 |

| 分類狀況 | 1991 | 1992 | 1993 | 1994 QIII | QIV | 1995 QI | QII | QIII | QIV | 1996 QI | QII | QIII | QIV | 1997 QI | QII |
|---|---|---|---|---|---|---|---|---|---|---|---|---|---|---|---|
| 聯繫匯率釘住 | | | | | | | | | | | | | | | |
| 美元 | 24 | 24 | 21 | 23 | 23 | 23 | 23 | 23 | 22 | 21 | 20 | 20 | 21 | 21 | 21 |
| 法郎 | 14 | 14 | 14 | 14 | 14 | 14 | 14 | 14 | 14 | 14 | 14 | 14 | 14 | 14 | 15 |
| 盧布 | — | 6 | — | | | | | | | | | | | — | —[5] |
| 其他貨幣 | 4 | 6 | 8 | 8 | 8 | 8 | 7 | 7 | 8 | 9 | 9 | 9 | 9 | 9 | 9 |
| 特別提款權 | 6 | 5 | 4 | 4 | 4 | 3 | 3 | 3 | 3 | 3 | 2 | 2 | 2 | 2 | 2 |
| 其他貨幣組合 | 33 | 29 | 26 | 25 | 21 | 20 | 20 | 20 | 19 | 19 | 20 | 20 | 20 | 20 | 18 |
| 受單一貨幣限制的浮動匯率 | 4 | 4 | 4 | 4 | 4 | 4 | 4 | 4 | 4 | 4 | 4 | 4 | 4 | 4 | 4 |
| 受聯合貨幣協定限制的浮動匯率 | 10 | 9 | 9 | 9 | 10 | 10 | 10 | 10 | 10 | 10 | 10 | 10 | 12 | 12 | 12 |
| 根據指標調整 | 5 | 3 | 4 | 2 | 3 | 3 | 3 | 3 | 2 | 2 | 2 | 2 | 2 | — | — |
| 管理浮動 | 27 | 23 | 29 | 31 | 33 | 35 | 39 | 38 | 44 | 44 | 45 | 46 | 45 | 48 | 49 |
| 獨立浮動 | 29 | 44 | 56 | 57 | 58 | 59 | 56 | 57 | 54 | 55 | 55 | 54 | 52 | 51 | 51 |
| 總和 | 156 | 167 | 175 | 177 | 178 | 179 | 179 | 179 | 180 | 181 | 181 | 181 | 181 | 181 | 181 |

1. 對於有兩種以上匯率制度的會員國，以其主要市場分類
2. 包括聯繫匯率依會員國選擇釘住多種貨幣組合的國家，但與特別提款權分開
3. 所有的貨幣都在有限的浮動範圍內以美元表示其價值
4. 指的是歐洲貨幣機制下會員國間的協定
5. 自從 1994 年 3 月 24 日起，亞賽拜然當局停止將其貨幣釘住盧布，因此被重新分類為獨立浮動。

# 4.2 國際貨幣體系簡史演進

## 4.2.1 1914 年之前的金本位制：固定匯率制度

在 1914 年之前，世界上主要的貿易國接受並參與的國際貨幣體系稱為金本位制。在金本位制（gold standard）之下，國與國之間以黃金作為交易及價值儲存的媒介。金本位制存在一穩定的匯率。在第一次世界大戰之前，一個國家的貨幣單位是被定義為相當於多少單位的黃金。

因為英國倫敦在國際金融上的主導優勢，金本位制在第一次世界大戰前是一個稱職的國際貨幣體系。對於英國金融體系穩定的信心是此一體系的基石。當時90%以上的世界貿易以倫敦作為金融中心，同時英鎊也是貿易國間唯一的準備貨幣。許多商業交易，例如應收帳款的出售與商業本票的貼現都在倫敦進行。英鎊的使用也因為其廣被接受與可向英格蘭銀行兌換黃金而變得非常方便。英鎊而非黃金主導了貿易與借貸。

英格蘭銀行利用相當於總貨幣供給額的百分之二到三的小額黃金準備，來作為英鎊的擔保。英格蘭銀行可以維持這麼小的黃金準備因為其操縱了銀行貼現率來維持黃金準備的安全。銀行貼現率是英格蘭銀行對商業本票的貼現率。

黃金的流出提升了銀行貼現率,因此吸引短期存款流入倫敦。黃金的流出則配合貼現率的降低。這種操縱行為產生了資本市場中不對稱的均衡。

## 4.2.2 貨幣失序:1914-1945:彈性的匯率制度

金本位制作為一個稱職的國際貨幣體系,這種情形一直維持到第一次世界大戰,主要工業國家的貿易秩序與匯率的穩定才發生變化。在第一次世界大戰與 1920 年代初期,各國貨幣的價值發生了相當大幅度的變動。英國在第一次世界大戰後不再是世界唯一的主要債權國,新興的美國也逐漸成為主要的債權國之一。

在 1920 年代有許多重新恢復金本位制的努力。如美國在 1919 年恢復了金本位制,英國在 1925 年、法國在 1928 年。然而這些努力都歸於失敗,主要是由於 1929 年到 1932 年的經濟大恐慌與 1931 年的國際金融危機。

1930 年代的國際貨幣混亂開始於 1931 年早期,一家分行眾多的奧地利銀行,魁迪特-安司塔特(Kredit Anstalt)的破產。英鎊在 1933 年貶值,之後美元在 1934 年 1 月也貶值到以三十五美元對一盎司黃金。英國與美國的這些措施導致那些「黃金集團」的國家(法國、瑞士、荷蘭、比利時、義大利與波蘭)的貨幣相對於美元與英鎊被高估。比利時在 1935 年 3 月放棄了金本位制,而其它的「黃金集團」國家在 1936 年 9 月也隨之跟進。

換言之,一國接著一國利用貶值來刺激其出口。各國政府也重新開始外匯管制來試圖操縱它們的進出口。當然,隨著第二次世界大戰的迅速到來,敵對的國家之間也利用外匯管制來支應戰爭的需要。

## 4.2.3 固定匯率制度:1945-1973

1930 年代國際貨幣的混亂為戰後 1944 年布列敦伍茲(Bretton Woods)相對僵固的貨幣面值體系提供了正當性。布列敦伍茲協議(Bretton Woods Agreement)是由四十四國的代表在 1944 年美國新罕布夏的布列敦伍茲所簽訂的固定匯率協議。在這個體系之下,每種貨幣的價值都由各國政府控制在一個相對於黃金或是其他參考貨幣變動幅度很窄的區間內。美元是最常用來做為衡量貨幣相對價格的參考貨幣。

在第二次世界大戰即將結束之際,自由世界的領導國家一致認為建立一個可行的國際貨幣體系是重建世界經濟之基礎。在 1944 年新罕布夏的布列敦伍茲的國際會議中,他們同意建立以國際貨幣基金與國際重建及發展銀行(世界銀行)為中心的新貨幣秩序。國際貨幣基金 (IMF) 提供平衡短期國際收支帳的貸款,世界銀行則提供用作長期發展與重建的貸款。

這個新貨幣體系的目的在於促進國際貿易的擴張並以美元為新的價值標準。布列敦伍茲協議產生了下列三個提議:

1. 一次大戰前金本位制之下穩定的匯率是理想的,但是在某些必要狀況下要使匯率可以彈性調整。

2. 浮動匯率制度的表現並不令人滿意。

3. 雖然在 1931 到 1945 年間各國政府的控制使得全球貿易與投資的成長惡化,但在某些情形下仍需要政府來控制國際貿易。

布列敦伍茲協議採用固定但可調整的匯率來表現對匯率穩定的重視。此系統奠基於美國不得調整美元兌黃金的價值偏離一盎司黃金三十五美金,而其他的國家必須要以美元或是黃金為基準來訂定幣值。其他的貨幣不再可以兌換黃金,但是美元則可以三十五美元對一盎司黃金兌換。如此各國便可以制訂出相對於所有其他國家的匯率。每種貨幣僅被允許在需要時藉由外匯或是黃金的買賣在面值的上下百分之一調整。然而,如果一個貨幣太過弱勢而不能維持其面值,此國可以調降(官方貶值)其匯率到 10% 而不用經過國際貨幣基金的正式同意。

## 4.2.4 布列敦伍茲體系的崩潰

在於國際貨幣基金管理的固定匯率制度,在 1971 年之前貨幣的升值與貶值都相當少見。布列敦伍茲體系的關鍵要素在於美元對於黃金的兌換率的穩定與美元對黃金的可兌換性(至少對各國央行而言)。1940 年代晚期標示了美國國際收支帳的赤字的開始。直到 1971 年,美國國際收支帳赤字呈現更爆炸性的成長。在 1960 年代與 1970 年代初,美國持續性的國際收支赤字變成對美國黃金及其他準備嚴重的負擔。因此，許多人對於美元在1971年與1973年調降其匯率並不意外。更有甚者，1971年8月15日，美國總統尼克森在一篇為了解決美國通貨膨脹與國際貨幣問題的演說中，宣示了美國決定：

1. 停止美元對黃金的兌換；
2. 允許美元對其它的貨幣浮動；
3. 對於大部分的進口商品加徵百分之十的附加稅；
4. 對於薪資與物價進行管制；

所有的措施都沒有事先與國際貨幣基金先協商。

**史密松根協議** 在1971年8月到12月之間，許多主要貨幣匯率改採浮動匯率。由於美元對許多主要貨幣都大幅貶值。許多國家以進行一些貿易及匯率管制表達嚴重關切。許多人害怕這種保護性的措施會擴散而阻礙國際商務的發展。為了解決這些問題，世界「十大」主要貿易國在1971年12月18日訂定了史密松根協議。這「十大」包括：美國、比利時、英國、法國、西德、義大利、日本、荷蘭、瑞典及瑞士。

美國同意將美元自一盎司黃金三十五美元貶值到三十八美元（約貶值8.57%）。同時，其他國家也同意將他們的貨幣對美元升值。實際的升值幅度從加拿大的7.4%到日本的16.9%。最後，這十個國家同意將貿易管制從1%放鬆至2.25%。

史密松根協議是國際貨幣事務上一個重要的歷史事件，但它在防堵投機方面是失敗的。同樣的，各國政府對外匯的控制並沒有減少。此協定在1973年3月因為許多實際執行的因素而終止，其導因於許多「十大」國家允許他們的貨幣依據市場力量浮動。因此，這個依據1944年布列敦伍茲協議產生的聯繫但具彈性的匯率機制也宣告終結。

## 4.2.5 1973年後的干預浮動匯率制度

圖4.4是美元在1971年到1997年間的名目匯率指數，即美元對日圓與美元對德國馬克的匯率。

如同圖4.4所呈現的，自從1971年布列敦伍茲協議崩潰後，匯率的每天變動已經是家常便飯。更有甚者,在此之後匯率因為許多影響國際貨幣秩序的意外事件而變得更加波動與不可預測。這些事件包括 1973 年底的石油危機、1977 到 1978 間美元的信心危機、1978 的第二次石油危機、1979 歐洲貨幣機制的形成、從 1979 開始的各國央行外匯準備分散化、美元在 1981 與 1985 間意外的強勢、1985 年 2 月與 1988 年美元意外的貶值、1990 年馬克斯主義的終結、1991 年蘇聯的瓦解、1992 年 9 月與 1993 年 7 月的歐洲貨幣危機、1993 年歐洲單一市場的誕生、在 1994 年 12 月到 1995 年 1 月墨西哥披索貶至 40% 的危機以及 1997 年的亞洲貨幣危機。

從二次世界大戰結束到 1973 年,國際企業與跨國公司都在一個固定匯率制度下經營。從 1973 年開始,主要工業國家與許多發展中國家都允許它們的貨幣浮動,同時政府在在外匯市場進行經常性的干預。這種以一個主要市場決定匯率的貨幣體系有許多名稱,例如自由浮動、管理浮動、污濁浮動、部分浮動以及其他名稱。各國政府常常藉著干預外匯市場以維持市場秩序並將它們的匯率維持在一個有利於其經濟政策的區間內。

## 4.2.6 1976 年 1 月的牙買加協議

因為布列敦伍茲協議是奠基於固定匯率制度上的,國際貨幣基金必須改變其協議條款來允許浮動匯率制度。1976 的牙買加協議(Jamaican Agreement)將現存的浮動匯率制度合法化。在 1973 到 1976 年間,主要的國際貨幣基金國家進行了一連串的協商而產生了修正布列敦伍茲協議的共識。國際貨幣基金的主席在 1976 年 4 月批准了這些修正並且在兩年後生效。這個備忘錄使現行的浮動匯率制度合法化並允許其會員對貨幣選擇浮動或聯繫匯率制度。這個備忘錄也終結了以黃金為基礎的面額匯兌制度。因此布列敦伍茲協議的固定匯率制度雖然一般認為終止於 1973 年,但是其實際終止是在 1976 年。

## 4.2.7 廣場協議與羅浮協定

如圖 4.4 中所示,美元在 1980 到 1985 年間巨幅的升值與 1985 到 1988 年間巨幅的貶值得加以探討。美元在 1985 年 3 月到達一個頂峰並開始了一個

圖4.4 在浮動匯率下的美元

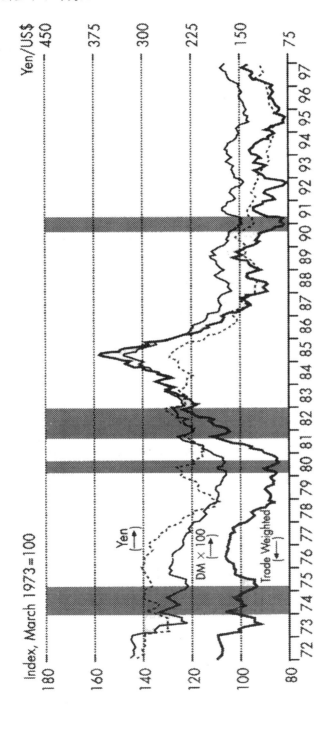

長期的下滑。這個下滑主要是導因於 1985 年 9 月的廣場協定。在 1985 年
12 月底，五國（美國、法國、日本、英國、西德）的領袖在紐約的廣場飯
店聚會並達成了所謂的「廣場協議」。各國領袖宣布各主要國貨幣對美元
的升值是有利的，並且誓言以介入外匯市場來達成這一個目標。

　　由於此將美元貶值的共同計畫被過渡執行，因此在1987年二月，主要工
業國家再度在法國羅浮宮聚會並達成了所謂的「羅浮協定」。各國同意匯率
的重整已經足夠並再度誓言去維持匯率現行水準的穩定。廣場協議與羅浮協定
分別終結了美元在 1980 到 87 年間的大漲及大跌。

## 4.2.8　1992 年 9 月的歐洲貨幣危機

　　1991年12月中歐洲共同體召開高峰會議，而以荷蘭城市命名的馬斯垂克
條約象徵了歐洲的統合已經走上不能後退的單行道。然而，自 1992 年 9 月由
於歐洲貨幣機制（EMS）的崩潰，產生的混亂破壞了世界外匯市場，歐洲經濟
統合的計畫也因此受挫。雖然此次貨幣危機的原因是因為德國的高利率所致，
但英國扮演了關鍵角色。危機開始於 1992 年英國的財政大臣諾曼拉蒙特宣布
在當年的 9 月 16 日英國將退出歐洲貨幣機制。

　　導致這次混亂的壓力其實已經累積數月之久，尤其是自從1992年5月丹
麥在公民投票中以些微差距否決了馬斯垂克條約，一度相當堅固的歐洲貨幣體
系自此迅速陷入混亂。在英鎊與義大利里拉跌破此一系統所設定的下限之後，
英國與義大利於 1992 年 9 月 17 日宣布暫時退出歐洲貨幣機制。（在四年之
後，義大利里拉在 1996 年 11 月 25 日重回此機制）同時，英國、義大利、西
班牙相繼將其貨幣貶值。愛爾蘭、西班牙、葡萄牙更進一步限制資本的流動。
歐洲貨幣對美元的匯率在 9 月 11 日到 18 日間變動幅度，小至比利時法郎的
4%，大至義大利里拉的 12% 不等。瑞典雖然不是歐洲貨幣機制的國家，也調
升了其關鍵利率到500% 以防守其貨幣（克拉那）與德國馬克的非正式關係。

　　外匯交易者與分析師估計在1992年9月，歐洲主要央行在其捍衛其弱勢
貨幣的過程中共損失了六十億美金。英國、法國、德國、義大利與西班牙共花
了一千五百億美金去支撐英鎊、法郎、里拉、比賽塔（西班牙幣）與克拉那。

即使在當年 9 月 20 日法國的公民投票堅定的支持批准馬斯垂克條約之後，
許多分析師仍懷疑歐洲貨幣、經濟與政治的統合是否能持續下去。

**危機發生的原因** 德國的中央銀行為這次外匯市場混亂的要角。為了
控制兩德統一產生的通貨膨脹，德國央行近幾年來都持續的調升利率。德國的
問題更可以追溯至 1990 年中期西德以一西德馬克兌換一東德馬克而將強勢的
西德馬克流入東德人手中開始。緊接著這個措施的是波昂當局對東德重建的大
幅投資與對蘇聯自德國撤軍的補助的保證。

這些事件導致將近百分之四的通貨膨脹率，這以德國的標準算是高的了。
德國央行只想用單一的工具來控制通貨膨脹：被鎖定在在百分之八與九之間的
短期利率。換言之，德國緊縮的貨幣政策對脆弱的歐洲經濟產生嚴重的問題；
若不是在此匯率聯繫機制下與德國馬克有固定的關係，沒有一個國家會採取這
種高利率的政策。英國、義大利及西班牙政府馬上面臨了困難的抉擇：調升利
率或是花費大量的金錢使其貨幣大幅升值到協議規定的水準。事實上，這些國
家同時採取了這兩個手段，但是它們的影響太小又來的太遲以致於無法拯救歐
洲貨幣機制。

## 4.2.9 1993 年 7 月的歐洲貨幣危機

1993 年 7 月 1 日，一波波貨幣的賣壓逼使歐洲各國政府放棄了它們的管
理浮動匯率制度。歐洲聯盟的經濟首長們紛紛趕到位於布魯塞爾的歐洲聯盟總
部，試圖挽救歐洲貨幣機制。此次的危機是因為德國央行決定不降低其貼現率
而引起的。這些首長們討論過了所有可能的解決之道，包括將大部分的歐洲貨
幣貶值或是將德國馬克從歐洲貨幣機制中移除。在 7 月 4 日（星期一），他
們最終同意將大部分會員國與會員國之間匯率浮動的幅度在中心匯率上下加減
2.25%，擴大為 15%。這個決定的最終效果是歐洲各國的央行自此在每次投機
客將匯率推至原較窄規定區間的極限時不需再堅守匯率或是大幅逆向操作。

專家們都以為各國政府自此之後將會放棄它們對一個穩定貨幣政策的承諾
及與通貨膨脹的對抗。然而，較大的匯率浮動區間運作的出乎意外的好。7 月
間的措施造成歐洲貨幣不穩定的結果透露了歐洲統合計畫中的基礎弱點，但它

也增加了穩定與成長的機會。7 月的貨幣危機實際上對各國政府與央行產生了規範的作用。許多歐洲聯盟國家都在減少債務占 GDP 的比率上有一定的進步。雖然各國央行多採較寬鬆的信用政策,整個歐陸上的消費者物價成長率卻相當溫和。同時各國央行也降低利率以幫助經濟脫離蕭條。這些正面的效果之所以產生,乃是因為歐洲各國都有著高利率與低通貨膨脹率。自此,歐洲的市場因為利率的降低與預期利潤的成長而有著多重的成長。最近的這一次混亂事實上增加了在這世紀末前歐盟貨幣統合的可能性。

## 4.2.10 1994 年 12 月的墨西哥披索危機

在 1994 年 12 月,墨西哥面臨了國際收支帳的危機。投資者對墨西哥能否將其披索的匯率維持在其波動區間失去了信心。外匯市場中對披索的高度壓力已經威脅到墨西哥的外匯存底並且可能將其耗盡。

在 12 月 20 日,墨西哥政府宣布其將披索對美元貶值 14% 的決定。然而,這個決定導致了披索的恐慌性賣壓。因此,在 12 月 22 日,披索已經對美元貶值將 40% 以上,同時促使了墨西哥政府對披索改採浮動匯率。在 1995 年 1 月 31 日,國際貨幣基金與美國共同出資五百億美金援助墨西哥。本書將在兩個小案例中討論這次的披索危機:一個在本章文末,一個在第九章文末。

## 4.2.11 1997 年 7 年的亞洲貨幣危機

在 1997 年春天,東南亞爆發了貨幣的混亂。以下是危機如何開始與擴散的大致過程:

**泰國的動搖:二月到六月** 在 1997 年初之前,所以,泰國因為可以以較低的利率以美元從海外借入資金使泰國經濟有大幅成長。在 1996 年底,國外的投資人逐漸將資金移出泰國,因為他們開始擔心泰國的償債能力。在 1997 年 2 月,外資與泰國當地的公司紛紛急著將泰銖換為美金。泰國央行對此的回應是繼續用美元外匯存底買入泰銖並提高利率。

**之後的崩潰:7 月** 利率的提昇使的股票與房地產的價格重挫。這個危急的情況使大家注意到泰國經濟嚴重的問題:鉅額外債、貿易赤字以及受到鉅額壞帳拖累的銀行體系。泰國央行終於將所有的美元準備用盡。在 7 月 2 日，中央銀行停止捍衛泰銖對美元的匯價。然後泰銖貶值了將近16%（見圖4.5）。

**恐慌在區域內擴散：8 月到 10 月** 在菲律賓、馬來西亞與印尼的投資者與公司意識到這些經濟體有著與泰國一樣的問題。所以投資者與公司也紛紛急著將當地的貨幣換成美金。然後菲律賓披索、馬來西亞幣與印尼盾紛紛（見圖4.5）貶值。國際貨幣基金（IMF）爲泰國安排了 170 億美金（IMF 資金佔40億）、爲印尼安排了 430 億美金（IMF 資金佔 180 億）的援助計畫。

**香港導致全球股市重挫：10 月** 接著危機擴散到香港。爲了捍衛港幣與美金的聯繫匯率機制，香港央行花了相當多的美元準備與調升利率。然而，在 10 月 27 日星期一，全球股市同聲下跌，美國跌了 7.2%，巴西跌了 15%。

**韓國的衰退：11 月到 12 月初** 恐慌在亞洲工業巨人南韓的四周蔓延。在 11 月 1 日，南韓央行誓言「絕對、絕對、絕對」不會讓韓圜對美元

泰國承認被擊敗

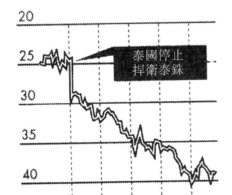

印尼盾

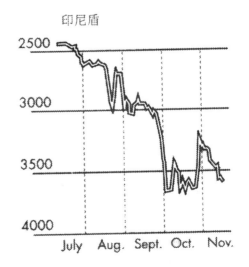

圖4.5 匯率：一美元兌換的當地貨幣（反向尺度）

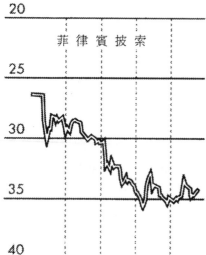

菲律賓披索

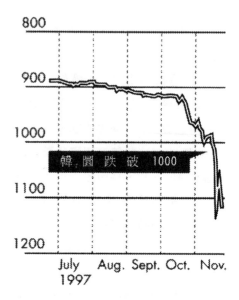

韓圜貶值

韓 圜 跌 破 1000

July　Aug.　Sept.　Oct.　Nov.
1997

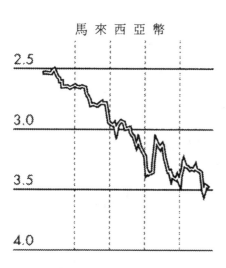

馬來西亞幣

銀行股拖累市場

日經二二五平均指數與日經銀行指數；以 1997 年 6 月 30 日為基期

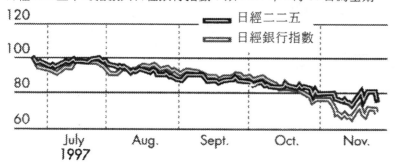

日經二二五

日經銀行指數

July　　　　Aug.　　　　Sept.　　　　Oct.　　　　Nov.
1997

跌破一千韓圓的價位；在11月17日，南韓央行停止捍衛其貨幣，隨之韓圓應聲而倒；在 11 月 22 日，南韓向國際貨幣基金要求和泰國一樣的援助；在 12 月 3 日，南韓從國際貨幣基金接受了創紀錄的五百八十億美金貸款與貸款保證（IMF 部分佔兩百一十億）與其他資源。雖然有創紀錄的援助方案，韓圓一直貶值到 12 月 11 日；事實上，韓圓在 1997 貶值了將近一半的價值，貶值的幅度相當於 1994 年墨西哥披索的貶值幅度。

　　**日本的骨牌效應：12 月**　全世界都在問：下一個是日本嗎？在1997 年 11 月 24 日，山一證券因爲日本有史以來最大的公司倒帳而崩潰。這次的倒閉事件再一次引起已經相當驚慌的日本金融體系的注意。日本的銀行都有大筆壞帳。如同美國在處理其壞帳危機一般，日本必須將這些壞帳從銀行的帳目中移除並把它們拍賣掉，銀行才能從事新的放款並重振其經濟。然而政府卻因爲納稅人可能會因爲負擔這些成本而抗議，因而拒絕此重整步驟。由於其鉅額的外匯存底，日本有一個脫離金融風暴的機會。但若日本不趕快有所動作，投資人可能會開始出售日本證券，貸方也可能開始對日本的客戶緊縮信用。如此接著便會觸發日本金融體系中的更多金融問題而延長其經濟的衰退。

　　**世界對衝擊的穩定因應：1998 年 1 月**　美國與歐洲的貨幣與股票市場都維持穩定。但是日本—產出佔全球的18%的世界上第二大經濟體-的衰退，將會加重亞洲對美國與歐洲股市的衝擊。也因爲如此，全球的目光都在注視東京的技術官僚們的行動。

# 4.3 國際貨幣基金

　　國際貨幣基金 （IMF） 是在布列敦伍德會議時，決議產生的一個新的國際貨幣體系，是一個弱勢，屬於各國中央銀行的中央銀行的角色。它主要目的是幫助有嚴重結構性貿易問題與貨幣價值高度不穩定的會員國。IMF允許其貿易赤字會員用持有的可兌換貨幣去購買本國的貨幣。在國際收支帳改善之後，赤字國家被預期會用其黃金或是其他可兌換貨幣買回當初爲了改善其國際收支帳而賣給IMF的本國貨幣。因此，IMF最大的武器是宣布其會員沒有資格去動用其國際準備。

　　IMF 是在 1944 年由 30 個國家成立的，但是今天它包括 181 個國家。IMF 協議中的第一號章程清楚的說明了它的目的：

1. 促進國際貨幣合作
2. 促進國際貿易的平衡成長
3. 促進匯市的穩定
4. 減少交易的限制
5. 創造替代準備

　　IMF 建立了規則與步驟來防止其會員國的國際收支帳赤字過大。那些有短期收支帳困難的國家可以動用它們的外匯準備。各國外匯準備的數量限制與各會員國的配額有關。各國的配額則是由貿易、國民所得以及國際收支為基礎而決定。1976 年以前，每個會員國被要求用 75% 的本國貨幣與 25% 的黃金（也就是黃金部分）來構成其準備。然而，自從 1976 之後，每個會員國被要求提撥 75% 的本國貨幣與 25% 的特別提款權或是可兌換貨幣構成其準備。

　　IMF 成員的配額至少每五年就會依據世界經濟的成長而檢討一次。IMF 的董事會在 1991 年 5 月批准了最近的一次配額增加並在 1991 年底生效。最近一次配額的增加擴張了 IMF 規模的 50%，到有一千四百四十九億的特別提款權。在 1997 年 9 月，IMF 同意同意將資本基礎擴充 45%。

　　德國與日本享有第二大規模的準備配額，僅次於美國，接著是具有相同配額的法國與英國。181 個會員的投票權力決定於兩百五十「基本投票權」，另外配額中每十萬特別提款權即增加一個投票權。美國因其鉅額的配額而享有幾乎佔全部投票權的 20%。

　　IMF 的會員利用將配額中的本國貨幣交換成可兌換貨幣而借貸。理論上一個會員國可以任意且隨時將百分之百的配額從 IMF 抽出；這百分之百的配額就被稱為準備部分。會員國可以再借入超出本國配額的百分之百，這另外的百分之百被稱為信用部分。因此，一個會員國應該可以借到其配額百分之兩百的可兌換貨幣。但是為了要多借超過百分之百的配額，此會員必須接受 IMF 的限制以確保此國已經在採取措施改善其貨幣問題。

## 4.3.1特別提款權

　　IMF當初已經考慮到全球黃金持有的減少與國際準備的持續增加都會比世界貿易的成長慢。為決此問題，IMF在1970年創造了特別提款權（SDR）作為一種人為的國際準備。

　　**特別提款權的價值**　起初，特別提款權的價值取決於由十六國通貨構成的通貨籃得到的加權平均。這十六個貨幣都是在1968到1972年間至少代表1%的世界貿易的國家的貨幣。每個國家的權數代表它們在世界貿易中的比重。但是因為美元在世界金融上的重要性，其他十五國的貨幣的權數都被調降以給予美國33%的權數。

　　在增進特別提款權的吸引力的措施中，IMF在1981年1月1日開始使用一個簡化的五國貨幣籃來決定其每日價值。每個貨幣的權重定期調整。目前這五種貨幣的百分比權數分別是美元：40%；德國馬克：21%；日圓：17%以及法郎與英鎊各11%。這些權數被應用與1997年7月31日的市場匯價一起計算各國貨幣總額以決定特別提款權的價值。這些貨幣金額（見表4.2中第一欄）每天都保持相同。表4.2顯示利用1997年7月31日匯價決定的這兩個值。

　　跟過去一樣，一旦美元與特別提款權間的匯率被決定出來，其他貨幣相對於特別提款權的匯率都可以用美元對特別提款權匯率與各國貨幣對美元的市場匯率計算出來。這些被用來計算匯率的市場匯率被稱為「代表性匯率」，由IMF決定的。評價特別提款權的貨幣籃組合最近一次被重新評估是在1996年。在籃中每個貨幣的數量與使用貨幣的名單每五年都會被重新評估一次，除非IMF執行委員會作了其他的決定。特別提款權對四十個貨幣以上的兌換率每天都公開給大眾。許多新聞網路都有這種匯率的服務。日報與金融期刊也會刊登特別提款權對主要貨幣的兌換率。

　　**特別提款權的用途**　IMF有權去擴充其會員國與IMF的一般資源帳戶中特別提款權持有的範圍。在1997年7月31日，它指定了十六個組織作為持有者。每個組織可以擁有並且使用特別提款權來和其他的指定者及IMF的181個會員國交易與運作。指定持有者與其他的國際貨幣基金會員擁有相同使

表4.2　1997年7月31日特別提款權的評價

| 通貨 | 通貨數量<br>（1） | 匯率<br>（2） | 約當美元<br>（3） |
|---|---|---|---|
| 德國馬克 | 0.4460 | 1.83290 | 0.243330 |
| 法郎 | 0.8130 | 6.18150 | 0.131521 |
| 日圓 | 17.2000 | 118.29000 | 0.229943 |
| 英鎊 | 0.1050 | 1.63640 | 0.171822 |
| 美元 | 0.5820 | 1.00000 | 0.582000 |
|  |  | SDR＝US＄1.00 | 1.358616 |
|  |  | US＄＝SDR 1.00 | 0.736043 |

第一欄：特別提款權的通貨組合籃
第二欄：以一美元約當多少此貨幣表式的匯率，但英國例外以一英鎊多
　　　　少美元表示
第三欄：第一欄的通貨組成以第二欄的匯率計算相當於多少美元，也就
　　　　是第一欄除以第二欄

用特別提款權於國際交易的自由。

　　IMF會員也可以使用特別提款權藉由會員間的協定或與指定持有者間的協議來進行交易與作業。更清楚的說，IMF成員藉由買賣特別提款權的現貨與遠期合約；可以借、貸或是抵押特別提款權；可以將特別提款權用於交換與債務的清償；或是進行特別提款權的保證交易。

　　**其他特別提款權的用途**　自從 1983 年 8 月 1 日以來，特別提款權的利率每週都會參考綜合的市場利率而被決定出來。這個利率是由通貨籃中，五國當地貨幣市場特定的短期債券的殖利率產生的一個加權平均的利率。

　　特別提款權是 IMF 在 1970 年代創造出來的國際準備資產，用來提供給其會員國作為現有準備資產的輔助。 IMF 在 1970 年代六次分配給其成員總額達二百一十四億的特別提款權。直到 1997 年 4 月 30 日，特別提款權的總持有佔所有成員國非黃金準備的比率達 1.7%。所有會員國得以特別提款權的配額並且可以將特別提款權使用於會員國之間、指定持有組織間以及與IMF的交易與作業中。

　　特別提款權是被許多國際與地區性的組織作為一種計算的單位或是計算單

位的基礎。特別提款權也被用於私人金融工具的計價。特別提款權作為一個計價單位，有部份原因是因為特別提款權的價值是依照主要五國貨幣在國際貿易中商品與勞務的價格，得出的加權平均匯率，相對於其通貨籃中的單一貨幣來得更加穩定。

直到1997年6月30日，有兩個IMF成員將它們的貨幣釘住特別提款權。這種制度之下，會員國的貨幣價值以特別提款權表示是固定的，然後再以IMF公布的特別提款權對其他國家匯率決定其對他國的匯率。

# 4.4 歐洲貨幣聯盟

許多試圖建立跨國貨幣聯盟的企圖都失敗，但也有少數成功的聯盟今天仍存在。一個貨幣聯盟（monetary union）是指一種存在兩國或眾多獨立國家間的正式協定，協定內容是固定成員間匯率或是僅使用一種貨幣來進行所有交易。目前進行中最有野心的計畫是由歐洲共同體（EC）其十二個會員國組成的歐洲貨幣聯盟（EMU）。當1990年代末達成完整的統合時，這些國家將會在單一央行、單一貨幣政策下使用單一貨幣進行交易。以下部分提供了歐洲貨幣聯盟的歷史，從1970年代「隧道中的蛇」到最近歐洲聯盟邁向貨幣統合方向的進展。

## 4.4.1 隧道中的蛇

在1972年5月，歐洲共同體同意將其會員國的的貨幣對彼此的浮動程度最大為上下2.25%，也就是允許對其他貨幣總共有4.5%的波動區間。這個體系被稱為「隧道中的蛇」。「蛇」指的是在歐洲共同體會員國間較窄的2.25%被動區間，而「隧道」是指史密松根協定中較寬的4.5%波動區間。

英國、愛爾蘭、以及丹麥在1973年加入歐洲共同體。緊接之後便發生了一連串的國際貨幣危機，例如美元在2月的貶值。在3月中，所有主要貨幣的價值被允許依照市場力量而浮動。因此，「隧道」已經在1973年3月消失了，但是歐洲共同體國家仍試著去維持那隻蛇。例如法國，在退出與重新加入

「蛇」許多次後,終於在 1976 年 3 月放棄了「蛇」的制度。許多因為本國經濟目標與匯率穩定相衝突,迫使其他參與的國家放棄「蛇」。在 1978 年底,參加「蛇」的國家數目降到六國:德國馬克、荷蘭幣、挪威克羅林、比利時法郎、丹麥幣與盧森堡法郎。三個「蛇」的原先主要成員:英國、法國與義大利都已經在幾年前已放棄。

## 4.4.2 歐洲通貨單位(ECU)

嚴重的問題導致對「蛇」存續的疑問。1978 年下半美元劇烈的貶值更進一步刺激了歐洲國家對匯率穩定的要求。在 1978 年 12 月 5 日,歐洲共同體達成了建立歐洲貨幣機制的決議並且在 1979 年 3 月 13 日生效。歐洲貨幣機制(EMS)是一個相當複雜,結合了匯率、干預系統與大量信用功能的體系。EMS 組織上的安排包括了:1. 一個通貨籃、2. 一個有干預準則的匯率機制、3. 許多信用功能。

首先,歐洲通貨單位(ECU)是歐洲貨幣機制的基石。歐洲通貨單位被用作整個匯率制度的計價單位,也就是作為一個單一貨幣遠離其他會員貨幣的平均值的「分歧指標」。歐洲通貨單位也被用於干預或是信用機制的計價單位。歐洲通貨單位的價值是所有歐洲共同體會員貨幣的加權平均。每個成員的權數取決於此國經濟佔歐洲共同體總產出及該國貿易額與其他共同體內國家總貿易額的相對重要性。權數通常每五年重估一次。表4.3提供了歐洲通貨單位目前的組成。在 1974 年 6 月 28 日,此通貨籃的價值與特別提款權相當,但這兩個價值從此向不同方向發展。兩者間價值的差異反映了兩者間組成的不同。

第二,歐洲通貨單位是奠基於一個固定但可調整的匯率系統。每個參與的貨幣有一個以歐洲通貨單位表示的中心匯率。這些中心匯率決定了一組組雙邊中心匯率。參加的貨幣僅被允許在中心匯率上下 2.25% 的區間浮動(義大利與西班牙是 6%)。義大利與西班牙被允許在其雙邊中心匯率的上下 6% 區間浮動。然而,自從 1993 年 7 月來,一連串的貨幣危機迫使歐洲聯盟國各政府放寬區間。

表4.3　1997年3月25日歐洲通貨單位的組成

| 通貨 | 比重（％） |
|------|-----------|
| 希臘幣 | 0.47 |
| 葡萄牙幣 | 0.71 |
| 比利時法郎 | 8.19 |
| 盧森堡法郎 | 0.32 |
| 法國法郎 | 20.25 |
| 荷蘭幣 | 10.02 |
| 丹麥幣 | 2.65 |
| 義大利里拉 | 7.77 |
| 德國馬克 | 31.99 |
| 西班牙幣 | 4.15 |
| 英鎊 | 12.32 |
| 愛爾蘭英鎊 | 1.16 |
| 歐洲通貨單位 | 100.00 |

　　第三，為了簡化義務性的干預。參與歐洲貨幣機制的國家創造了一個短期與中期的融資機能。短期機能提供暫時國際收支帳赤字的融資。在某些條件之下，中期機能也可用以幫助國際收支帳的穩定。

　　自從1979年建立以來，歐洲通貨單位成功的維持了歐洲共同體內貨幣在的穩定。然而自從1992年開始，歐洲貨幣機制開始因為歐洲的單一市場計畫面臨了新的機會與挑戰。競爭、有效的分配與金融部門的發展都將移除資本限制；增進經濟資源配置效率以及擴充金融服務。另一方面，歐洲聯盟的金融整合也產生了一些挑戰，包括處理個別國家衝擊的能力、貨幣相互依賴的影響財政政策的運作以及新單一貨幣單位的設計。

## 4.4.3 歐洲貨幣聯盟最近的進展

　　在1991年12月，歐洲聯盟的領導者在荷蘭的馬斯垂克簽訂了馬斯垂克條約。馬斯垂克條約規定了一個創造單一貨幣聯盟的時間表。依據他們的協定，歐洲聯盟的領導者同意在1999年1月1日創立一個單一的歐洲貨幣，現稱為歐元，同時加上由獨立的歐洲中央銀行制訂的單一貨幣政策。

如同馬斯垂克條約上載，如果歐洲聯盟的多數國家在1998年初符合下列五個標準，這些國家會設定一個建立貨幣聯盟的時間表。如果在1998年12月31日前多數國家都不符合這個標準，貨幣聯盟將由少數符合的國家先創立。雖然經歷 1992 年 9 月與 93 年 7 月的兩次危機，歐洲國家再三堅決強調它們繼續經濟與金融整合的過程的企圖。這五個匯總的條件是：

1. 通貨膨脹率不得超過歐聯中通貨膨脹率最低三國平均的 1.5% 。
2. 長期政府公債的利率不得超過歐聯國家中通貨膨脹率最低三國平均的 2% 。
3. 赤字不得超過本國生產毛額 （GDP） 的 3% 。
4. 政府公債不超過本國生產毛額的 60% 。
5. 在加入此貨幣機制的前兩年，匯率須維持在匯率機制的標準範圍（上下 2.25%） 之內。

**歐元的誕生**　經濟學家們認為歐元的誕生是國際貨幣體系自從1973年布列敦伍德協定崩潰來最大的發展。歐元是一個企圖從1999到2002年，三年之間取代各個國家貨幣的新貨幣。下面從華爾街日報引用的文句的說明了讓歐元作為一個單一歐洲貨幣在行銷上的挑戰。『幾年之前，法國政府向一群群的年紀較長的人懇求對歐洲單一貨幣概念的意見。典型的反應是「感謝老天，我那時早死了。」』在 1996 年 10 月，歐洲聯盟採用了歐元的標誌並且公開實物大小的歐元紙幣與硬幣。雖著歐元的使用的逼近，在 1997 年底，歐洲聯盟政府開始從標示板到漫畫書上的許多地方進行廣告活動。

　1998 年 1 月，一個決定促成了歐元的進展，這個決定宣布了依據 1997 年末的資料有資格加入單一貨幣的國家。決定將在 1999 年 1 月 1 日生效，匯率將採固定匯率制且新的歐洲中央銀行也將會制訂貨幣政策。此後的三年，各國政府、許多銀行與一些企業將會用此單一貨幣來交易。2002 年之前，新的歐洲銀行紙幣將不會在民眾間普及，各國的紙幣與硬幣將與新的歐洲貨幣並存一段時間。歐洲建立一個單一貨幣的古老夢想正在一個轉捩點上：關係深遠不只歐洲本身也包含美國。如果歐洲貨幣聯盟真的如計畫般實現，歐洲經濟將會進入新境界，新的貨幣也將與美元在國際金融上競爭的更激烈。表4.4說明了歐洲單一貨幣的長遠歷史。

表 4.4　歐洲單一貨幣的歷史

---

- 中世紀：封建地主試著去統一與交易伙伴間的硬幣單位。
- 1865-1924：「拉丁硬幣聯盟」（法國、比利時、義大利、瑞士與希臘），因政策的衝突而瓦解。
- 1872-1924：「斯堪地那維亞硬幣聯盟」（瑞典、挪威與丹麥），順利合作一段期間後因第一次世界大戰而終止。
- 1957：歐洲共同體創定羅馬條約，提供經濟與貨幣的協調。
- 1970：「威納計畫」試圖在 1980 年達成貨幣統一，但遭國際石油危機中斷。
- 1972：歐洲國家將貨幣限制在「蛇」的有限浮動中。
- 1979：歐洲貨幣機制的誕生，聯繫各國匯率。
- 1987：單一歐洲法案首次將達成貨幣統一的目的列入正式條約。
- 1989：賴樂報告提出貨幣統合的三步驟。
- 1991：歐洲共統體在荷蘭馬斯垂克，同意在 1997 到 99 年間建立一個貨幣聯盟。
- 1993：因貨幣危機把英國與義大利排出匯率機制外，浮動區間被放寬。
- 1994：歐洲中央銀行的前身：歐洲貨幣機構成立
- 1995：歐洲聯盟政府決議它們將不可能達成 1997 年的期限。
- 1998 年初：用 1997 年的資料，歐洲聯盟列出可以參加單一貨幣的國家名單
- 1999：歐洲貨幣聯盟成員固定。歐洲央行接手貨幣政策。
- 2002：單一紙幣與硬幣公開發行。

---

# 4.5 對國際貨幣重整的建議

國際貨幣重整的必要因素是什麼？美國如何處理其國內與國外的失衡？歐洲聯盟面對的經濟挑戰又爲何？這些問題是許多重視國際貨幣重整的經濟學家的強調。他們建議國家間應該互相分享其經濟計畫的目標，而整合的國家應該共同防止經濟的變數。

目前布列敦伍德系統有下列三種缺點：1.僵固的經濟體，2.美元的失衡，3.不恰當的國際準備。一些重要的改革，包括特別提款權、史密松根協定、隧道中的蛇以及歐洲貨幣機制都曾用來想解決這些問題。然而，這些改革並不適合去維持一個穩定的市場。

## 4.5.1 多變的匯率

當主要工業國家在1973年放棄固定匯率制度改採浮動匯率制度時，它們皆以爲這決定是自由市場的一大勝利。許多經濟學家預期匯率將在浮動匯率制度下相當穩定。他們也預期浮動匯率制度將減少國家的貿易帳失衡。圖4.6顯示許多主要匯率自從 1974 年以來都波動更劇。其他主要的匯率也呈現相同的模式。四個主要國家：法國、德國、日本與美國，自從 1974 年後貿易帳失衡更爲擴大而且爲期更久。其他工業國家與許多發展中國家同樣經歷了相同的貿易失衡。

換言之，浮動匯率制度的成本遠比預期中來的大。因此，世界應該回歸到穩定但具彈性政策的共識逐漸興起。近來這些問題與其他問題提高了對國際貨幣重整的需要。進一步對國際貨幣重整的提議可分爲兩大類：要求更多彈性的提議與其它。

## 4.5.2 要求更多彈性的提議

一個更具彈性或是完全自由浮動的匯率系統常常被提出以重建目前國際的貨幣體系，如此貿易赤字國便可以決它們收支帳的問題。假設一次大戰前，建立於金本位基礎上的固定匯率制度在實務上不可行爲合理。再者，固定但有彈性的匯率制度在布列敦伍德協議半世紀後，幾乎不能配合高度分工的現代經濟。國與國之間在物價、工資、貨幣政策與國際資本移動上的差距大得無法保持固定匯率。

**較寬的區間**　一個較寬的浮動區間常被建議來作為現行的國際貨幣體系外的另一個選擇。布列敦伍德協議允許 2.25% 的區間，史密松根協議允許 4.5% 的區間。這些倡議者樂於見到更寬的浮動區間。他們主張較寬的區間會使中央銀行享受較獨立的貨幣政策。

**緩步釘住**　緩步釘住（crawling peg）是另一個建議。它是依據一個共同的公式，作為提供平常對貨幣面值的調整修正。在這個系統之下，一個國家將可允許其貨幣緩慢的升值或貶值，而不是奮力去捍衛其幣值在面值的某百分比上下浮動。緩慢的釘住將提供認為穩定性對國際交易是必要的國家一個相

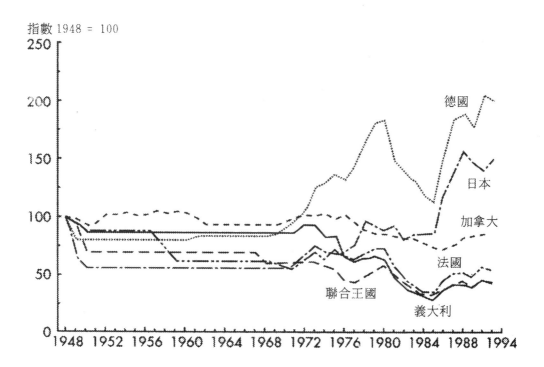

圖 *4.6*

對穩定的匯率。國際收支帳問題也將會經國際間的價格機能,而非匯率控制、對國家所得與就業的限制、價格控制或其他內部政策而自我調整。

　　**緩步區間**　緩步區間(crawling band)包含了較寬的區間與緩步釘住。換言之,這個提議在金本位制的非彈性匯率與完全浮動匯率體系之間作了折衷。每個平價水準將會以實際匯率的年移動平均來調升或調降而能在一個較寬的區間浮動:(1)在一年之內,此匯率平價將被允許在一個最大程度,例如 2% 之下調整。2% 被稱為年緩步。(2)這個緩慢的緩步釘住過程將被一個實際匯率可浮動的區間所包圍住。

## 4.5.3 其他的提案

　　有許多方案提出要求建立一個極為核心的機構,其在國際經濟中所扮演的功能就如同商業銀行體系在本國經濟中所扮演的角色一樣。其中,約翰凱因斯(John Keynes)就曾提出建立「國際票據交換聯盟」,其所製造的國際貨幣叫做「班克」;那麼在此機制下,貿易赤字的國家就可借 '班克' 來融通他們的赤字。

　　羅伯崔菲恩(Robert Triffin)則建構出另一種看法,他提出利用一個國際性的組織,如 '國際貨幣基金會' 來成立一個準備金。在此提案下,貿易盈餘的國家必須從他們所持有的主要貨幣(美元、特別提款權及日圓)中,存一部份在國際貨幣基金中,而不是用它們作為貨幣準備。那麼由這些存款所組成的國際貨幣基金將可透過貸給貿易赤字國家的方式創造出足夠的國際貨幣準備。

　　另一種提案則要求擴大準備國家的數目。為了降低匯兌風險,很多國家的央行近來都已經分散其準備貨幣的資產組合,來持有包括日圓、歐洲通貨、特別提款權及黃金。這樣一種增加準備國家數目的方式,會擴大準備金幣別的加負擔,並且可使貨幣體系較穩固而急速攻擊。在本章之前所討論的自由性彈性匯率,已經在改造國際貨幣體系中頻繁使用。至於完全的彈性匯率則從未被使用過,或許以後也不會。

# 總結

　　金融管理者如果想要更有效率的管理多國商業往來，那麼他們必須要了解國際貨幣的系統。匯率決定了多國企業在跨國買賣時，其商品與勞務的價格。這些交換上的比率也同樣影響到對國外的投資。

　　回顧歷史，國際貨幣體系在 19 世紀末演化到近來的浮動體制。在 1914 年以前，金本位制代表了國際貨幣體系的一個極致。在這個體制下，每一個貨幣的交換率都是固定以黃金表示。黃金的流量則有助國際收支的平衡，以貿易赤字爲例，可將本國黃金流出，進而融通此一外部虧損；若是有盈餘，則會產生黃金流入，進而亦消弭了此一外部盈餘。

　　1914-1915年整個世界經歷了國際性的貨幣失調，一次世界大戰結束了主要貿易夥伴間匯率的穩定性。1929-1932年的經濟大恐慌及之後的國際金融風暴則引發了國際貨幣的混亂。1914-1945年的國際貨幣體系，我們用廣泛的波動匯率及在管制下的匯率二者的混合體作爲總結。

　　1944 年的布萊登伍茲協定則代表了國際貨幣體系運作的一個新時代的來臨，此時的國際貨幣體系是採固定匯率的制度（其以修正後的金本位制爲基礎），叫做金匯兌本位制；每個貨幣相對於黃金或美元都是固定在一相當狹小的範圍內。很多會員國無法或不願接受布萊登伍茲協定，原因在於協定中的準備措施相當複雜，同時會員國之間亦存有利益衝突。然而，布萊登伍茲協定及國際貨幣基金的運作仍在 1945-1973 年間國際貨幣體系中扮演主要的角色。

　　這裡再提出兩個關於布萊登伍茲協定功用中所產生一連串疑問的問題：第一，各國貨幣準備的成長不同；第二，在此協定下，有效的國際收支調整無法達成。企圖透過特別提款權以保住布萊登伍茲協定的嘗試及史密松寧協定失敗後，整個系統即在1973年瓦解。而1973年以後，國際貨幣體系則是呈現由自由浮動、管理浮動、聯合浮動及固定匯率四者所構成的狀態。

# 自從 *1974* 年後的問題

1. 一些政府及經濟學者一直重複強調國際貨幣體系應回歸到固定匯率制；試討論固定匯率制的展望及其限制。

2. 爲何 1973 年美元會如此疲弱，同時布萊登伍茲協定爲何會失敗？

3. 有分析師指出美國尼克森總統在 1971 年 8 月 15 日所作的演講是爲了讓美國人對多國對立的世界觀做好準備，而原因則是美國在經濟及軍事上的衰退已是無可避免的。試列出在當時那場有名的演講中所宣佈的重要決定。

4. 試討論雙排匯率制度對一家公司的現金流量預估的衝擊。

5. 什麼是另類匯率制度？

6. 列出國際貨幣基金（IMF）的執行目標。

7. 什麼是特別提款權（SDRs）？其價值如何決定？

8. 簡要解釋所謂的「隧道中的蛇」（the snake within a tunnel）。

9. 從何時浮動匯率開始存在？

10. 自 1973 年以來，主要的已開發工業國家皆已實行浮動匯率制，在此制度下，經濟學家曾預估匯率會趨向相當穩定的程度，同時貿易的不均衡亦會降低。請問這兩種預期曾實現過嗎？

11. 試討論「緩步區間」是一項國際貨幣改革的方式。

# 案例四 *1994* 年 *12* 月的墨西哥披索危機

　　在 1994 年貶值前，墨西哥政府一直透過其匯率穩定政策將披索緊盯美元，並容許其匯率在上下 2 個百分比間浮動。然而在 1994 年 12 月墨西哥面臨了其國際收支上的危機，投資者失去了對墨西哥在穩定披索匯率浮動於上述範圍內的信心。部分原因來自於墨西哥大量的經常帳赤字（其在 1994 年達到 280 億美元）；外匯市場上對披索強大的壓力，威脅到墨西哥的國際準備。這樣的壓力最後迫使墨西哥政府放手讓披索浮動，因而引發在 1994 年 12 月到 1995 年初，相當有名的披索危機。

　　開發中國家所採用的匯率穩定政策在這樣延長的時間下是很難有效發揮的；在所有類似墨西哥採用的政策中，即使只取其中的一部份，即所謂的緊盯匯率政策作爲指出這些模式的根本問題，貶值是正常的。在 1988 年 12 月 1 日就職後，總統卡爾勒斯.撒利納司即採用「緊盯」作爲所有廣泛政策中的一項重要元素，這些政策包括：降低政府支出、租稅改造、解除管制、民營化及另外相當顯著的貿易自由化：藉由加入包括關稅暨貿易總協定（GATT）、北美自由貿易協定（NAFTA）及經濟合作及發展組織（OECD）迅速降低關稅及配額限制。如此廣泛的經濟政策降低了公營企業的數量（從 1987 年的 1100 家降至 1994 年的 220 家）、通貨膨脹率由 1987 年的 159% 降至 1994 年的 7%、弭平了其預算赤字、增加了其對美國的出口達 35%，同時在 1987 及 1994 兩年削減薪資增加的一半；當時墨西哥的經濟十分健全的。

　　那麼，重點並不在於要平衡所有國家的經常帳帳戶，而是要利用外來資金的流入來平衡貿易赤字。墨西哥在 1992 及 1993 年其經常帳赤字分別有 250 億及 230 億美金，同時在此期間內不但一直維持 3.1 披索對 1 美元的匯率水準，還累積了大量的外匯存底。在 1994 年其經常帳赤字只在這 11 個月內小幅揚升至 270 億美元；隨著資金的流入，一場政治上的紛爭則引起了投資人信心上的恐慌也帶來了問題。

　　最大的衝擊發生在 1994 年 3 月，當時總統選人路易斯.可羅斯歐（Luis colosio）被暗殺，而曾任撒利納司的計劃及預算部長 - 爾耐斯托‧沙帝羅（Ernesto Zedillo）則草率的被推舉爲可羅斯歐的接替者，並於 8 月當選爲新一任總統。可羅斯歐的謀殺案、在南墨西哥爲期約一年的鄉民暴動以及在 1993 年 9 月執政黨秘書長法蘭斯科‧魯茲（Francisco Ruiz）的暗殺事件，種種事件的組合已消弱了國際投資者的信心，也令人們產生墨西哥政局不穩的印象。結果，外匯存底就從在可羅歐斯被暗殺前，3 月 23 日的 300 億美元高點掉至沙帝羅就職典禮，12 月 1 日時的 120 億美元。（見圖 4.7）

　　12 月 20 日，墨西哥決定放寬匯率變動空間限制，讓其貶值，並在 12 月 22 日完全放手成爲自由浮動匯率。後者的決定可說是被迫下的決定，因爲先前

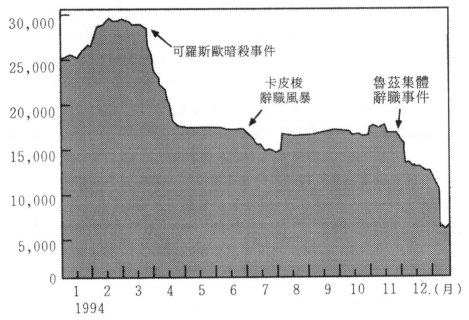

圖4.7 墨西哥*1994*年的外匯存底（百萬美金）

的做法在投資人對披索信心全無的情況下潰散；放寬匯率波動限制無疑是披索貶值的前兆，也因而同時導致大量的資本由披索飛馳出，並在一天內造成相當於剩餘外匯存底一半 60 億美金的損失。根據他們的公開經濟計劃來判斷，墨西哥官員想要達到 4.07 披索對 1 美元的目標，即只有從先前的 3.50 價位貶值 14%；但根據所獲得的證據，披索實際是跌至 5.80 對 1 美元，高達 40% 的貶幅。（見圖 4.8）

## 案例問題

1. 一般來說，經濟學家建議開發中國家，如墨西哥應採匯率緊盯政策作為暫時性的穩定工具，最終則期採取管理浮動、逐步波動或浮動匯率制度。請簡單定義以上三種匯率制度。

2. 在 1994 年 4 月 1 日到 12 月 21 日之間，墨西哥在披索上大約已飛走了 240 億美元。請問什麼是資本飛馳?它跟資本移動有何不同？什麼

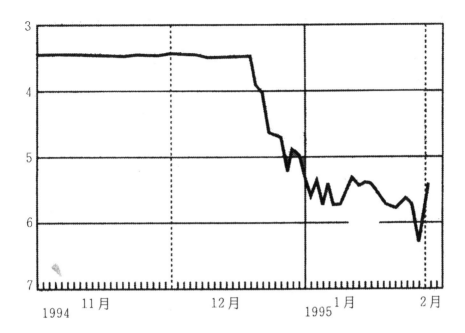

圖*4.8*　墨西哥披索對 *1* 美元（反向尺度）

是導致在墨西哥資本飛馳的主要原因？

3. 解釋墨西哥從美國及國際貨幣基金安排所獲得的500億美元援助，幫助他們避開了更大規模的金融風暴。

4. 許下這樣不尋常的承諾（500億美元的援助），國際間是沒有蓄意回報墨西哥管理不善嗎？什麼才可以防止同樣的問題在未來再引發另一場又需要一項援助計劃的金融風暴呢？

5. 了解了所有墨西哥的問題，200億美元的援助風險有多大呢？

6. 國際貨幣基金的網址為www.imf.org，上面提供了國際貨幣基金相關的新聞、他們擁有的合約、及他們最近活動的即時刊載。利用此網站找出其最近援助的計劃為何；另外，比較他們近期的援助計劃和墨西哥披索危機那一次的有何相同與不同點。利用以下網址www.cbs.marketwatch.com來獲得像類似墨西哥披索危機的金融風暴要如何預知。

# 參考書目

Bloughten, J. M., *Fifty Years After Bretton Woods: The Future of IMF and World Bank*, Washington, DC: International Monetary Fund, 1995.

Cooper, R. N., *The International Monetary System: Essays in World Economics*, Cambridge, Mass.: MIT Press, 1987.

*International Monetary Fund Survey: Supplement on the International Monetary Fund*, Washington, DC: The International Monetary Fund, Sept. 1997.

Johnson, R., D. Mann, and L. Soenen, "Optimal EMS Currency Baskets Versus the ECU," *Multinational Business Review*, Fall 1994, pp. 44–52.

Leigh-Pemberton, R., "Europe 1992: Some Monetary Policy Issues," *Economic Review*, Federal Reserve Bank of Kansas City, Sept./Oct. 1989, pp. 3–8.

Machlup, F., *Plans for Reform of the International Monetary System*, Princeton: Princeton University Press, 1964.

Passons, M., "Stabilizing the Present International Payment Systems," in *The International Adjustment Mechanism*, Boston: the Federal Reserve Bank of Boston, 1970, pp. 38–43.

Sapsford, J., D. McDermott, and M. Williams, "Asia's Financial Shock," *The Wall Street Journal*, Nov. 26, 1997, p. A11.

Triffin, R., *Our International Monetary System: Yesterday, Today, and Tomorrow*, New York: Random House Inc., 1968.

White, J. A., "Flexible Exchange Rates: An Idea Whose Time Has Passed?" *Economic Review*, Federal Reserve Bank of Atlanta, Sept./Oct. 1990, pp. 2–15.

# 第二部分
# 外匯風險管理

在 1997 年，兩位美國的財金教授一哈佛大學的羅伯特‧莫頓（Robert Merton）和史丹福大學的梅倫‧休斯（Myron Scholes）一接受了諾貝爾經濟學獎，由於他們在選擇權定價有著開創性的結果，開啓現今100兆美元的衍生性商品產業。在 1970 年代的早期，休斯教授創造了一次定價選擇權模式，而那時投資人和交易員們卻仍然依賴著訓練有素的預測方法去決定各式各樣的股票市場商品的價值。莫頓教授稍晚論證了這種選擇權定價模式在選擇權和衍生商品市場的廣泛適用性。

第二部分（第五章到第九章）解釋了強調外匯風險管理中匯率和經濟變數之間的關係。這個部分不僅包括了即期市場也包含了衍生品市場。外匯衍生性商品一像是遠期外匯、期貨、選擇權、期貨選擇權和交換一是一種價值源自於標的物的契約。它們經由兩種管道提供：證券交易所和店頭市場。證券交易所，像是芝加哥商業交易所（Chicago Mercantile Exchange）和全球其他相同的交易所，都在擴充他們商品的項目單。店頭市場，像是銀行及其他的金融機構，也爲他們顧客提供這些商品。在我們在未來章節中分別介紹外匯衍生性商品之前，我們將在底下先介紹主要衍生性商品的專門術語。

## 衍生性商品與專門術語

利率上限（Cap）：選擇權中使買方免於異常利率的上漲超過某一個程度的限制。

利率上下限（Collar）：一種同時包含利率上限和利率下限的限制，其目的是爲了使利率維持在一個給定的區間內。

**自營商**（Dealer）：一中間人的身份來服務顧客，促成交易的完成，並從中賺取手續費或利潤。

**衍生性商品**（Derivative）：一種契約，其價值依賴某個標的物的價值。

**最終使用者**（End－user）：在交換中，從事管理利率或通貨風險的交易對手。

**利率下限**（Floor）：選舉權使買方免於異常利率下跌低於某一個程度的限制。

**遠期**（Forward）：在店頭買賣，買方和賣方同意在未來的一個時點上以某一既定的價格、數量，交易特定資產的契約。

**期貨**（Future）：標準化的遠期契約，經由買賣雙方同意在未來交易。

**期貨選擇權**（Futures Option）：一種給予買方權利而非義務的契約，可以在一個特定的期間，以一給定的價格去買賣期貨契約。

**名目價值**（Nominal Value）：在交易中利息和其他支付款所根據的基本價值。

**選擇權**（Option）：一種可以給予買方權利但非義務的契約，可以在某一特定的期間以一給定的價格來買賣一固定數量的資產。

**交換**（Swap）：一種遠期型式的契約，在其中兩方當事人同意根據事先決定的規則來交換一連串未來的現金流量。

**交換選擇權**（Swap option）：選擇權的買方有選擇是否交換的權利。

**標的物**（Underlying）：衍生性商品價值波動的依據。

# 第五章

外匯市場概論

為使國際貨幣體系得以有效操作促使一有制度組織的產生，我們通常稱之為外匯市場。這是國與國之間貨幣買賣的市場。並非如同字面上所暗示的，外匯市場實際上不是一個地理位置。它是一個介於銀行、外匯自營商、套匯者和投機份子之間以電話、電報交換機、衛星、無線電傳真和電腦通訊的非正式網路。這個市場同時地在三個階段運作：

1. 個人或公司透過他們的商業銀行買賣外匯。
2. 商業銀行間在同一金融中心交易外匯。
3. 商業銀行間在其他金融中心交易外匯。

　　第一種形式的外匯市場稱為零售市場，最後兩種則為銀行間市場。為了能夠瞭解全球金融的複雜功能，我們必須首先瞭解外匯市場的組織和動態。這個章節解釋在匯兌市場上主要參與者的角色、即期和遠期市場、討論匯率決定的理論和檢視套匯者的角色。

# 5.1 外匯市場的構成

　　1986 年以前，我們很難去知道外匯市場的規模，因為沒有任何報導基本市場的交易量。然而，聯合了二十六個國家中央銀行的國際清算銀行（Bank for International Settlements），自從 1986 年起每三年就實施外匯交易調查。在 1995 年四月實施的調查報告（見表 5.1），顯示出外匯交易每日總交易量高達 1.7 兆美元，比起 1992 年增加了 46%。

　　表 5.1 也顯示在 1995 年，外匯最大交易量，發生在英國，佔全球總量的 30%。在倫敦的交易量是如此巨大以致於美國美元（26%）和德國馬克（27%）在英國有較大的通貨交易量，遠大於在美國的（18%）或在德國的（10%）。

　　美國為第二大的外匯市場，緊接著的是日本、新加坡、香港和瑞士。超過一半的所有全球外匯交易發生在這三個國家：英國（29.5%）、美國（15.5%）和日本（10.2%），而在日本、新加坡和香港每日的外匯交易量都超過英國之外的任何一個歐洲國家的交易量；如此反映出亞洲經濟成長的重要。差不多每個市場在外匯交易量上經歷了快速成長，從1992年到1995年都有著

表5.1 一地區別的每日外國通貨交易量(單位:十億美元)

| 國家 | 1989 四月<br>( %市場佔<br>有率 ) | 1992 四月<br>( %市場佔<br>有率 ) | 1995 四月<br>( %市場佔<br>有率 ) | %變動率<br>1989~92 | %變動率<br>1992~5 |
|---|---|---|---|---|---|
| 英國 | 184(25.6%) | 290(27.0%) | 464(29.5%) | 58% | 60% |
| 美國 | 115(16.0) | 167(15.5) | 244(15.5) | 45 | 46 |
| 日本 | 111(15.5) | 120(11.2) | 161(10.2) | 8 | 34 |
| 新加坡 | 55(7.7) | 74(6.9) | 105(6.7) | 34 | 43 |
| 香港 | 49(6.8) | 60(5.6) | 90(5.7) | 24 | 49 |
| 瑞士 | 56(7.8) | 66(6.1) | 86(5.5) | 17 | 32 |
| 德國 | NA NA | 55(5.1) | 76(4.8) | NA | 39 |
| 法國 | 23(3.2) | 33(3.1) | 58(3.8) | 44 | 74 |
| 澳大利亞 | 29(4.4) | 29(2.7) | 40(2.5) | 0 | 37 |
| 其他國家 | 96(13.4) | 182(16.9) | 248(15.8) | 90 | 36 |
| 總和 | 718(100.0) | 1076(100.0) | 1572(100.0) | 38 | 46 |

超過 30%的成長率。

# 5.2 外匯市場的主要參與者

外匯市場包含了即期市場和遠期市場。在即期市場,其交割日是在外匯買賣完成後第二個營業日;而遠期市場,其交割日是在第二個營業日後的未來某日。

在外匯市場上參與者的型態十分衆多:出口商、政府、進口商、多國籍企業、觀光客、商業銀行和中央銀行。大型的商業銀行和中央銀行是兩個主要的參與者。大部分的外匯交易發生在各商業銀行業務部門,也是有可能在特殊市場上去安排外匯的交易,例如黑市。

## 5.2.1商業銀行

商業銀行 ( commercial bank ) 以中間商的身份為顧客,例如多國籍企業和出口商服務,參與外匯市場。這些商業銀行間也保持一個銀行間市場。換句話說，它們接受國外銀行的存款也在國外銀行保有存款。商業銀行在國際交易上扮演三個主要的角色：

1. 他們營運支付款機制
2. 他們擴大信用
3. 他們幫助減少風險

**營運支付款機制** 商業銀行業務體系提供國際性有效支付的機制。這個機制是一個讓匯票、票據和其他國際上用於金錢移轉工具的匯集體系。為了營運一個國際性支付的機制，銀行在國外銀行持有存款和接受外國銀行的存款。銀行可以透過使用電報、電話、無線電傳真和電腦服務來快速且有效地處理國際貨幣的移轉。

**擴大信用** 商業銀行也為國際交易和國外間商業活動提供信用。他們以無擔保或有擔保基礎的方式借貸給那些從事國際交易的人。一般而言，美國銀行在他們本州之外不能有分行。他們也不能擁有國外銀行子公司的股份。

然而，1919 年的艾奇法（Edge Act）准許美國銀行以控股公司和持有外國銀行的股份去行動。如此一來，美國銀行可以提供貸款或其他銀行業務服務給在全世界大部分國家的美國籍的公司，甚且，自從1981年12月，美國銀行被允許在美國境內建立國際銀行業務設施（IBFs）；換言之，有國際銀行業務設施（IBFs）的美國銀行得以不須準備金及其他限制而可接受非美國居民的定期存款。他們也可貸款給非美國居民而不受到大部分美國所得稅的影響。因此，有國際銀行業務設施（IBFs）的美國銀行，就像歐洲銀行一樣可以提供美元貸款和其他銀行業務服務給國外的美國籍公司。

**減少風險** 在國際交易中，信用狀是被用來當作主要避險的工具。它是根據進口商要求，由銀行核發的文件。由銀行同意擔保由進口商開出的匯票。信用狀對出口商而言是有益的，出口商銷售商品到國外，依靠著的是銀行的承諾而不是一個公司。銀行通常比大部分的公司規模較大、知名度高且有較好的信用。因此，在有信用狀的條件下，出口商假若遇到特殊情形時，幾乎可保證完全給付。

**商業銀行的外匯交易** 大部分商業銀行為他們的顧客提供外匯服務，然而，對大多數美國銀行而言，外匯交易並不是營運中重要的活動且不頻繁。

為數較少的貨幣中心銀行在美國處理大部分的外匯交易。實際上，所有規模大的紐約銀行都有活躍的外匯交易營運，在芝加哥、舊金山、洛杉磯、波士頓、底特律和費城的主要銀行也和紐約及別處的分支機構同樣在高層運作上活躍。因此，所有美國的商業銀行為他們的商業顧客和其所擁有機構的國際銀行業務活動來買賣外匯。

銀行交易室有著相同的特色。他們具備有現代化的通訊設備來與國內外其他銀行、外匯經紀商和法人顧客保持聯繫。超過三十個美國銀行有直接電話專線連至紐約聯邦準備銀行。交易員負責這些主要新服務，來維持可能影響外匯交易的金融和政治發展趨勢。除此之外，銀行並以 「後方辦公室」 (『back office』) 支持工作人員來處理例行業務，像是批准匯兌契約、支付和收取美元和外國通貨及一般分類帳會計。這些業務通常和交易室本身分開，來確保適當的管理和控制。

然而，在其他重要的方面，沒有兩個交易室是完全相同。根據營運的規模、法人顧客和貿易形式而不同。一家銀行的外匯交易政策的基本目標由高層管理所制訂。這個政策依據幾個因素決定；例如銀行規模、國際銀行業務承攬範圍、國外分行貿易活動的特性和資源的可用性。

**全球市場和國內市場** 遍及全球的銀行在外匯上扮演市場作手。他們組成了一個全球市場，就意義上來說一個國家的銀行幾乎和可以任何地方的另一家銀行往來。銀行間藉由電信設備連結而可以通訊聯繫，並且使得店頭市場 (『over-the-counter』 market) 就像電話或電報傳眞機一樣親近。

因為外匯是支付機制的一部分，當地的銀行可因其更接近國內貨幣市場而受益，他們通常在交易本地通貨時享有優勢。例如，在倫敦的銀行間英鎊和美元的買賣是最活躍的。同樣地瑞士法郎的主要市場在蘇黎士；日圓則在東京。但是地區性優勢並不是絕對的，因此，美元－法郎的交易在倫敦活躍著，而美元－英鎊交易則在蘇黎士活躍。甚且，紐約銀行在和倫敦、德國或瑞士銀行在主要通貨上頻繁的交易和其他與紐約銀行交易一般。

　　外匯是在一個二十四小時運作的市場中交易。世界某一地方的銀行在一天的任何時間裡可以進行美元和德國馬克的買賣。圖5.1 顯示了附有時間區間的全球主要外匯市場地圖。這張地圖應該可以幫助瞭解全球主要的外匯市場二十四小時的營運情形。（貝克（Baker, 1998）。當澳大利亞和遠東銀行在香港、新加坡、東京和雪梨開始交易時，大多數在舊金山的交易員正回家吃晚餐。當遠東停止營業，在中東的金融中心的交易才正開始不到幾個小時，而在歐洲，交易則才剛開始。一些大型的紐約銀行有一個提早的時間轉變來減少與歐洲五到六小時的時間差。大約八點紐約交易達到顛峰的時候，在倫敦和法蘭克福特（Frankfurt）正是午餐時間。為了完成這個時間的循環，西岸銀行也延長「正常銀行業務時間」；如此，他們一方面可以和紐約或歐洲交易；另一方面，和香港、新加坡或東京交易。

　　二十四小時運作的外匯市場的隱含的是匯率隨時有可能改變。銀行交易員必定是個睡眠需求不高的人，因此他們可以準備好在午夜的時候接應一通可能會改變他們且來自另一大陸異常激烈的匯率變動。許多銀行都容許資

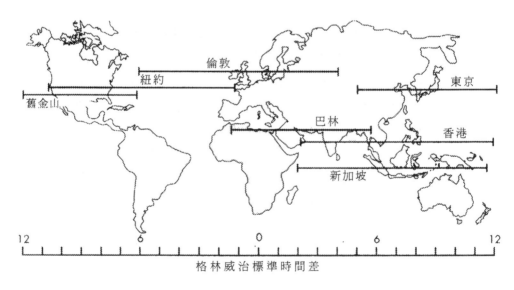

圖5.1 附有時間區間的主要外匯市場圖

深的交易員在家裡處理一些交易來應付如此的環境。

## 5.2.2 中央銀行

中央銀行，例如美國聯邦準備體系和日本銀行，都企圖在轄權內去控制貨幣供給的成長。他們也努力去保持他們所擁有通貨與任何外國通貨間的兌換價值。換言之，中央銀行的營運反映了政府交易、與其他中央銀行及不同國際組織的交易對匯率變動的影響。

中央銀行在國內外支付上扮演一個政府的銀行。他們爲政府和重要公共部門事業處理了大部分或所有的外匯交易，同時也有可能支付或收取保有在官方準備的外國通貨。例如，紐約聯邦準備銀行爲了想要買賣美元換取其他通貨的顧客們處理大量的外匯交易。此外，大部分中央銀行經常和想要買賣本地通貨的國際性與地區性組織進行外匯交易。中央銀行在外匯市場營運上最重要的角色是介入外匯市場進而影響市場情勢或匯率。他們代表政府財政部門或爲本身的利益而干預外匯市場。

在一固定匯率體系內，中央銀行通常爲了維持票面價值而吸收外匯供給與需求間的差異，在此體系下，中央銀行同意在一個狹窄的波動範圍內去維持本國幣的價值。來自超額貿易赤字或高通貨膨脹的壓力，本國貨幣的將接近這個範圍的低限，此時，中央銀行被迫得干預外匯市場。這種干預行爲爲對抗市場中的力量。

在一浮動匯率體系內，中央銀行並不企圖去制止本國幣和任何其他貨幣間的主要匯率變動。然而，即使是在浮動匯率體系，他們會爲了維持有秩序的交易情況來干預市場。

## 5.2.3 特殊市場

外匯也在一些特殊市場中交易。本書將討論其中四種：此節的黑市、第六章外匯期貨市場和外匯選擇權市場和在第七章的交換市場。

**黑市** 黑市（black market）是一個非法的外匯市場。在此匯率是在沒有政府干預下由供給與需求所決定，所以黑市沒有辦法在完全浮動匯率下生存。很重要的一點是，銀根或緊或鬆的官方限制可以防止世界一百八十一個貨幣市場力量的隨意變動。黑市通常存在於匯率被釘住和匯兌控制嚴緊的國家。當一個非法黑市存在時，法定匯率和黑市匯率間通常有差異。然而，多國籍公司不應該在黑市中營運，不僅是因為它是非法，而且因為黑市中不容易安排大量貨幣交易。

# 5.3 即期外匯報價：即期匯率

外匯市場使用即期和遠期兩種匯率。即期匯率就是在交易日後第二個營業日通貨交割所支付的利率。大部份的通貨交易發生在即期市場。遠期的匯率將在往後的章節中討論。

事實上，全世界所有主要報紙像是華爾街日報（The Wall Street Journal）和倫敦金融時報（London Financial Times）都刊印了每日的匯率表。

表5.2顯示出1998年一月八日刊登在華爾街日報，大多數通貨的即期匯率和主要通貨的遠期匯率。因為在外匯交易與報導間有一天的時間差，所以我們從1998年一月八號發行的華爾街日報得到1998年一月七號的市價。這些報價應用於銀行間總數一百萬或更多的交易。當銀行間交易涉及到美元時，這些匯率就會以美式報價（每單位外國通貨多少美元）或歐式報價（每單位美元多少外國通貨）來表示。

正如表5.2所表示的，華爾街日報同樣列出美國和歐洲價格。在表5.2中的第二（或三）欄顯示出購買一單位外國通貨所需要的美元數量。當給定這個數量時，我們就能夠決定出購買一美元所需要的外國通貨數量。這個換算可以簡單地用報價的倒數來完成。換言之，在美元與德國馬克間的關係可以用兩種不同的方式表達，但是他們有著相同意義。第四（或五）欄表示出第二（或三）欄匯率的倒數。第四（或五）欄相當於將1除以第二（或三）欄。

一些通貨像是烏拉圭（Uruguayan）新披索，在金融或商業的交易上使用不同的匯率。對一些主要的通貨，像是英磅和德國馬克，匯率也被用來未來交割用。透過一特定匯率進行未來交割的外匯，可以減少外匯風險。對大數目來說，可透過銀行在遠期市場中完成；在表 5.2 中三十、九十和一百八十天期的利率即表示出這一點。

　　表 5.2 最底下的 SDR 匯率代表著特別提款權（Special Drawing Right）的利率，這是由國際貨幣基金（International Monetary Fund）為在中央銀行間的清償行為所創造的一種準備資產。它被用來當作國際債券市場和商業銀行的一個帳戶單位。基於美元的 40%、德國馬克的 21%、日圓的 17%、英國英磅和法國法郎各 11% 不同貨幣所佔權值不同，SDR 的價值變動少於任何單一構成的通貨。在表 5.2 底部的是 ECU 或歐洲通貨單位（European Currency Unit）的匯率。ECU 的價值是數種歐洲貨幣的加權平均，是歐洲通貨體系的基石，並作為匯率機制的基礎。它也在歐洲貨幣市場中用來計算一些存款和貸款。

## 5.3.1外匯的直接和間接報價

　　外匯報價經常以直接或間接報價的形式呈現。直接報價（direct quote）是指每單位外國貨幣相當多少的本國貨幣，例如對美國居民而言，每一法國法郎 FF 折合為 0.2300 美元。間接報價（indirect quote）是指每單位美元相當於多少外國貨幣，例如對美國居民而言，一美元是 4.3478 法國法郎。在法國，外匯報價「0.2300 美元」指的是間接市價，外匯報價「4.3478 法郎」則為直接市價。在美國，這兩種報價方式每天都被刊登在華爾街日報和其他金融報刊上。

## 5.3.2交叉匯率

　　交叉匯率（cross rate）是藉著第三國家的貨幣，求算二種外國貨幣間匯率。大部分的通貨以相對於美元的方式報價，但是許多多國籍公司需要知道在兩種非美元間匯率的情況。例如，一家英國公司須以墨西哥披索去購買墨西哥商品時，它就須要知道在墨西哥披索和英國英鎊間的匯率。因為大多數貨幣交易並不如美元活絡，所以兩貨幣之間的匯率是透過廣泛交易的

表5.2 美元的世界價格

## World value of the US dollar

**EXCHANGE RATES**
Wednesday, January 7, 1998

The New York foreign exchange selling rates below apply to trading among banks in amounts of $1 million and more, as quoted at 4 p.m. Eastern time by Dow Jones and other sources. Retail transactions provide fewer units of foreign currency per dollar.

| Country | US $ equiv. Wed | US $ equiv. Tue | Currency per US $ Wed | Currency per US $ Tue |
|---|---|---|---|---|
| Argentina (Peso) | 1.0001 | 1.0001 | .9999 | .9999 |
| Australia (Dollar) | .6424 | .6348 | 1.5567 | 1.5753 |
| Austria (Schilling) | .07796 | .07778 | 12.827 | 12.857 |
| Bahrain (Dinar) | 2.6525 | 2.6526 | .3770 | .3770 |
| Belgium (Franc) | .02660 | .02659 | 37.590 | 37.606 |
| Brazil (Real) | .8952 | .8960 | 1.1171 | 1.1161 |
| Britain (Pound) | 1.6256 | 1.6245 | .6152 | .6156 |
| 1-month forward | 1.6232 | 1.6220 | .6161 | .6165 |
| 3-months forward | 1.6182 | 1.6173 | .6180 | .6183 |
| 6-months forward | 1.611? | 1.6103 | .6206 | .6?10 |
| Canada (Dollar) | .6997 | .6982 | 1.4291 | 1.4322 |
| 1-month forward | .7004 | .6990 | 1.4277 | 1.4307 |
| 3-months forward | .7014 | .6998 | 1.4257 | 1.4289 |
| 6-months forward | .7026 | .7009 | 1.4233 | 1.4268 |
| Chile (Peso) | .002222 | .002247 | 450.00 | 445.05 |
| China (Renminbi) | .1205 | .1203 | 8.3000 | 8.3100 |
| Colombia (Peso) | .0007584 | .0007592 | 1318.57 | 1317.15 |
| Czech. Rep. (Koruna) | | | | |
| Commercial rate | .02783 | .02793 | 35.933 | 35.801 |
| Denmark (Krone) | .1442 | .1441 | 6.9330 | 6.9420 |
| Ecuador (Sucre) | | | | |
| Floating rate | .0002252 | .0002252 | 4440.00 | 4440.00 |
| Finland (Markka) | .1811 | .1811 | 5.5204 | 5.5228 |
| France (Franc) | .1636 | .1631 | 6.1125 | 6.1315 |
| 1-month forward | .1639 | .1634 | 6.1017 | 6.1202 |
| 3-months forward | .1644 | .1639 | 6.0823 | 6.1010 |
| 6-months forward | .1652 | .1647 | 6.0550 | 6.0733 |
| Germany (Mark) | .5475 | .5457 | 1.8265 | 1.8325 |
| 1-month forward | .5485 | .5467 | 1.8232 | 1.8291 |
| 3-months forward | .5503 | .5485 | 1.8171 | 1.8233 |
| 6-months forward | .5528 | .5509 | 1.8090 | 1.8151 |
| Greece (Drachma) | .003462 | .003450 | 288.89 | 289.85 |
| Hong Kong (Dollar) | .1293 | .1290 | 7.7335 | 7.7498 |
| Hungary (Forint) | .004846 | .004850 | 206.35 | 206.18 |
| India (Rupee) | .02522 | .02537 | 39.650 | 39.415 |
| Indonesia (Rupiah) | .0001282 | .0001316 | 7800.00 | 7600.00 |
| Ireland (Punt) | 1.3687 | 1.3729 | .7306 | .7284 |
| Israel (Shekel) | .2809 | .2806 | 3.5601 | 3.5636 |
| Italy (Lira) | .0005583 | .0005559 | 1791.00 | 1799.00 |
| Japan (Yen) | .007587 | .007483 | 131.80 | 133.63 |
| 1-month forward | .007620 | .007516 | 131.24 | 133.05 |
| 3-months forward | .007685 | .007581 | 130.12 | 131.91 |
| 6-months forward | .007779 | .007680 | 128.55 | 130.21 |
| Jordan (Dinar) | 1.4134 | 1.4134 | .7075 | .7075 |
| Kuwait (Dinar) | 3.2648 | 3.2669 | .3063 | .3061 |
| Lebanon (Pound) | .0006550 | .0006550 | 1526.75 | 1526.75 |
| Malaysia (Ringgit) | .2242 | .2230 | 4.4603 | 4.4850 |
| Malta (Lira) | 2.5221 | 2.5221 | .3965 | .3965 |
| Mexico (Peso) | | | | |
| Floating rate | .1241 | .1244 | 8.0590 | 8.0400 |
| Netherlands (Guilder) | .4863 | .4845 | 2.0565 | 2.0639 |
| New Zealand (Dollar) | .5709 | .5638 | 1.7516 | 1.7737 |
| Norway (Krone) | .1334 | .1330 | 7.4988 | 7.5188 |
| Pakistan (Rupee) | .02296 | .02296 | 43.560 | 43.560 |
| Peru (new Sol) | .3681 | .3691 | 2.7164 | 2.7094 |
| Philippines (Peso) | .02220 | .02200 | 45.050 | 45.455 |
| Poland (Zloty) | .2831 | .2835 | 3.5328 | 3.5270 |
| Portugal (Escudo) | .005360 | .005331 | 186.55 | 187.57 |
| Russia (Ruble) (a) | .1667 | .1667 | 5.9990 | 5.9990 |
| Saudi Arabia (Riyal) | .2666 | .2666 | 3.7507 | 3.7507 |
| Singapore (Dollar) | .5780 | .5685 | 1.7300 | 1.7590 |
| Slovak Rep. (Koruna) | .02845 | .02875 | 35.155 | 34.785 |
| South Africa (Rand) | .2028 | .2023 | 4.9310 | 4.9425 |
| South Korea (Won) | .0005726 | .0005731 | 1746.50 | 1745.00 |
| Spain (Peseta) | .006462 | .006443 | 154.75 | 155.21 |
| Sweden (Krona) | .1241 | .1237 | 8.0589 | 8.0810 |
| Switzerland (Franc) | .6773 | .6754 | 1.4765 | 1.4805 |
| 1-month forward | .6799 | .6781 | 1.4709 | 1.4747 |
| 3-months forward | .6845 | .6826 | 1.4609 | 1.4650 |
| 6-months forward | .6913 | .6893 | 1.4466 | 1.4507 |
| Taiwan (Dollar) | .02907 | .02963 | 34.400 | 33.755 |
| Thailand (Baht) | .01899 | .01881 | 52.650 | 53.150 |
| Turkey (Lira) | .00000477 | .00000478 | 209695.00 | 209135.00 |
| United Arab (Dirham) | .2723 | .2723 | 3.6725 | 3.6725 |
| Uruguay (New Peso) | | | | |
| Financial | .1002 | .1002 | 9.9800 | 9.9800 |
| Venezuela (Bolivar) | .001979 | .001981 | 505.20 | 504.85 |
| SDR | 1.3349 | 1.3338 | .7491 | .7497 |
| ECU | 1.0837 | 1.0792 | ... | ... |

Special Drawing Rights (SDR) are based on exchange rates for the US, German, British, French, and Japanese currencies. Source: International Monetary Fund.

European Currency Unit (ECU) is based on a basket of community currencies. a-fixing, Moscow Interbank Currency Exchange.

The Wall Street Journal daily foreign exchange data for 1996 and 1997 may be purchased through the Readers' Reference Service (413) 592-3600.

*Source: The Wall Street Journal, Jan. 8, 1998, p. C17. Reprinted by permission of The Wall Street Journal, © 1998 Dow Jones & Company, Inc. All rights reserved worldwide.*

第三國通貨，例如美元去決定此匯率型態即是交叉匯率，因為它反映了一外國貨幣相對於另一外國貨幣的價值。

一旦我們瞭解到在匯率報價裡的兩種貨幣如何彼此兌換時，我們能夠得知反映在匯兌報價值中三種或更多通貨間的關係。例如，假如德國馬克以0.6美元賣出而法國法郎的買入匯率是0.15美元，那麼德國馬克和法國法郎的交叉匯率是4法郎／馬克；而法國法郎和德國馬克是0.25馬克／法郎。

**例 5.1** 對某些外匯使用者，更複雜的交叉匯率計算是有必要的。讓我們假設英鎊對美元價格是每英鎊1.6000美元，而美元對墨西哥披索價格是每美元4墨西哥披索。

為了要決定墨西哥披索（Mex$）對英鎊（£）價格或是英鎊對墨西哥披索的價格，我們必須將兩者的市價轉換成一個共同的分母，例如美元（$）：

$$£0.6250 / \$=\$1.6000 / £：£1 / \$1.6000$$

$$Mex\$4.000 / \$ \quad（正如先前所給定）$$

因為現在英鎊和披索兩者都以美元價格報價，我們就能夠獲得披索的英鎊價格。

$$Mex\$ / £=4.000 / 0.6250=Mex\$6.4000 / £$$

相同地，我們可以決定英鎊的披索價格：

$$£ / Mex\$=0.6250 / 4.000=£0.1563 / Mex\$$$

在兩種通貨間的匯率是藉由第三國通貨來獲得時，就稱之為交叉匯率。表5.3顯示在1998年，1月8日華爾街日報所刊登的十種主要通貨的交叉匯率。

## 5.3.3 衡量即期匯率的變動百分率

多國籍公司經常衡量在兩個特定時點上匯率的變動百分率，例如現在的即期匯率和一年前預測的即期匯率。例如，假如德國馬克在經過一年的期間由0.6400美元升值到0.6800美元，美國多國籍公司很有可能產生像這樣的問題：馬克對美元價值增加多少百分比？美國人所擁有以馬克計價的應收帳款

表5.3 主要通貨交叉匯率*1998年1月7號，新的紐約交易*

| | 美元 | 英鎊 | 瑞法郎 | 基爾德 | 披索 | 日圓 | 里拉 | 德馬克 | 法法郎 | 加幣 |
|---|---|---|---|---|---|---|---|---|---|---|
| 加拿大 | 1.4291 | 2.3231 | .96790 | .69492 | .17733 | .01084 | .00080 | .78243 | .23380 | ... |
| 法國 | 6.1125 | 9.9365 | 4.1399 | 2.9723 | .75847 | .04638 | .00341 | 3.3466 | ... | 4.2772 |
| 德國 | 1.8265 | 2.9692 | 1.2370 | .88816 | .22664 | .01386 | .00102 | ... | .29881 | 1.2781 |
| 義大利 | 1791.0 | 2911.4 | 1213.0 | 870.9 | 222.24 | 13.589 | ... | 980.56 | 293.01 | 1253.2 |
| 日本 | 131.8 | 214.25 | 89.265 | 64.089 | 16.354 | ... | .07359 | 72.16 | 21.562 | 92.226 |
| 墨西哥 | 8.0590 | 13.101 | 5.4582 | 3.9188 | ... | .06115 | .00450 | 4.4123 | 1.3184 | 5.6392 |
| 荷蘭 | 2.0565 | 3.3430 | 1.3928 | ... | .25518 | .01560 | .00115 | 1.1259 | .33644 | 1.4390 |
| 瑞士 | 4.4765 | 2.4002 | ... | .71797 | .18321 | .01120 | .00082 | .80838 | .24155 | 1.0332 |
| 英國 | .61516 | ... | .41663 | .29913 | .07633 | .00467 | .00034 | .33680 | .10064 | .43045 |
| 美國 | ... | 1.6256 | .67728 | .48626 | .12408 | .00759 | .00056 | .54750 | 1.6360 | .69974 |

和應付帳款的美元升值多少百分比？

**直接市價** 當一單位外國貨幣折合多少本國貨幣表示（直接報價），外國貨幣的價值變動百分率可以用以下的公式計算：

$$變動百分率 = （收盤匯率－開盤匯率）／開盤匯率 \qquad (5.1)$$

**例 5.2** 假設一年期間，即期匯率從每馬克 0.6400 美元變動到 0.6800 美元。對一家美國公司使用直接報價的馬克即期匯率變動百分率計算如下：

$$變動百分率 = （\$0.6800 － \$0.6400）／\$0.6400 = 0.0625$$

在這個例子裡，德國馬克在經過一年期後已經變的比美元強勢 6.25%。

**間接市價** 當一單位本國貨幣折合多少外國貨幣表示（間接報價），計算外國通貨的即期匯率變動百分率的公式就變成：

$$變動百分率 = （開盤匯率－收盤匯率）／收盤匯率 \qquad (5.2)$$

**例5.3** 將例5.2轉換成間接市價，我們可以假設德國馬克從每美元1.5625DM增值到每美元1.4706DM。對一家美國公司使用間接報價的馬克即期匯率變動百分率計算如下：

$$變動百分率 = （DM1.5625 － DM1.4706）／DM1.4706 = 0.0625$$

在這兩種計算方法中，德國馬克在經過一年期後相對於美元升值了 6.25%。

### 5.3.4 買賣價差

國際性銀行爲他們的顧客擔任隨時準備在主要通貨上報出買賣價格的外匯交易商。銀行的買價（bid price）是銀行準備去購買一外國貨幣的價格。銀行的賣價（ask price）是銀行準備去賣出一外國貨幣的價格。買賣價差（bid-ask price）是指一貨幣買價和賣價之間的價差，這個價差是銀行執行外匯交易的手續費。

買賣價差＝（賣價－買價）／賣價　　　　　　　　　　　　（5.3）

例 5.4　英國英鎊的買價是 1.5000 美元，日圓的買價是 0.0130 美元。英鎊的賣價是 1.6000 美元，日圓的賣價是 0.0140 美元。

使用公式 5.3 來求英鎊的買賣價差，我們得到：

買賣價差 =（$1.6000 — $1.5000）／ $1.6000=0.0625 或 6.25%

使用公式 5.3 來求日圓的買賣價差，我們得到：

買賣價差 =（$0.0140 — $0.0130）／ $0.0140=0.0714 或 7.14%

## 5.4 遠期匯兌市價：遠期匯率

遠期匯率（forward rate）是指在未來的某一個時點用來支付一貨幣交割的匯率。這個匯率在契約訂定時即已設立，直到到期日才需要付款和交割。遠期匯率通常是以從契約日那天算起的三十、九十或一百八十天的固定期間報價。在某些實例中，主要貨幣的實際契約上也可以從任何特定時點開始直到一年後交割。

表 5.2 顯示六個主要貨幣的遠期匯率：英國英鎊、加拿大幣、法國法郎、德國馬克、日圓和瑞士法郎。在匯率穩定期間，即期匯率和遠期匯率可能是相同。然而，即期匯率和遠期匯率間通常有差異，這個差異就是所謂的價差。

例 5.5　遠期報價是以『完全報價法』或依據即期匯率價差來制訂。假設九十天的遠期匯率對加幣是每加幣 0.7900 美元；對德國馬克是每馬克

0.6000 美元。而即期匯率是每加幣 0.8000 美元，每馬克 0.5800 美元。

在遠期匯率和即期匯率間的價差是用點數描述的；一點數相當於百分之零點零一或是 0.0001 美元。對這兩個九十天遠期匯率的點數報價由以下決定：

| 即期或遠期匯率 | 加幣 | 德國馬克 |
|---|---|---|
| 九十天遠期匯率 | $ 0.7900 | $ 0.6000 |
| 減：即期匯率 | 0.8000 | 0.5800 |
| 九十天遠期點數報價 | －100 | ＋200 |

在對加幣的遠期報價，交易商可能會說：「負一百」或是「一百的貼水」。對德國馬克而言，交易商會說：「正二百」或是「二百的升水」。因此當遠期匯率小於即期匯率時，我們稱之為貼水。當遠期匯率大於即期匯率時，我們稱之為升水。完全報價法正常是由銀行的零售顧客所使用，而點數市價則通常是由交易商使用。

遠期升水或貼水有時候也以一年的即期匯率變動百分比表示。升水或貼水可以用以下公式計算：

$$升水（貼水）＝（n 天遠期匯率－即期匯率）／即期匯率 \times 360／n$$

$$(5.4)$$

使用公式 5.4 來求算例 5.5 中加幣的九十天遠期報價，我們得到：

遠期貼水 ＝（$0.7900 － $0.8000）／ $0.8000 × 360 ／ 90

$\qquad$ ＝ － 0.05 或 － 5.00%

使用公式 5.4 來求算例 5.5 中德國馬克的九十天遠期報價，我們得到：

遠期貼水 ＝（$0.6000 － $0.5800）／ $0.5800 × 360 ／ 90

$\qquad$ ＝ ＋ 0.1379 或 ＋ 13.79%

## 5.4.1外匯交易的重要理由

實際外匯市場上的參與者為銀行、公司、個人、政府和其他金融機構，這些參與者以他們在外匯市場參與的目標不同而可分為套匯者、交易商、拋補者或投機者。套匯者尋求不同國家間，利率差異而獲利的機會。交易商利用遠期契約來減少以外國貨幣計價的進出口訂單可能的匯兌損失。拋補者，大多數的多國籍公司，從事遠期契約來保護以外國通貨計價的資產和負債的本國貨幣價值。投機份子藉由從事遠期契約將他們自己暴露在匯率的風險中，而從匯率變動中賺取利潤而。

　　個人或公司藉由買賣遠期通貨來提供對抗未來匯率變動的保護。只要世界不只有單一貨幣，在任何體系內都存在某種程度的匯率風險。不管在固定匯率體系或是浮動匯率體系，我們都無法減少外匯損失的可能性。

　　例5.6　假設一家美國公司從它在英國分公司以£10,000購買機器，並在九十天後付款。讓我們也假設英鎊的即期匯率是每英鎊1.70美元而英鎊九十天遠期匯率是每英鎊1.80美元。支付款必須在出貨日九十天以後以英鎊付款。

　　實際上，對這家美國公司有兩種可供選擇的支付方式。第一，這家公司可以在出貨日九十天後在即期市場購買英鎊來支付。假如在那段期間，英鎊的即期匯率升至每英鎊2.00美元，這家美國公司就應該花費20,000美元來支付總數£10,000。第二，它也可以在遠期市場以18,000美元購買£10,000來支付到期日的帳款。如此一來，這家美國公司就能避免2,000美元的損失風險（$20,000-$18,000）。然而，假如在那段期間，英鎊的即期匯率減少至1.50美元，這家公司在遠期契約下損失了$3,000（$15,000-$18,000）。

## 5.4.2 外匯市場的投機行為

　　外匯市場便利了商業活動和私人間的交易，像是國外貿易、貸款和投資。除此之外，他們也引起了匯兌投機。在外匯市場投機的目的就是藉著處於非避險地位來從匯率變動中賺取利潤。在即期和遠期市場內都可從事投機行為。

　　**即期市場的投機行為**　假設一位投機份子預料德國馬克的即期匯率將在九十天內升值，這位投機份子將以今天的即期匯率購買馬克，以保有它們九十天後可在較高匯率時轉售出去。

　　例5.7　馬克現在的即期匯率是每馬克0.4000美元。一位投機者預期馬克九十天後的即期匯率是0.4500美元。假如這位投機份子的預期正確，那麼他投入 10,000 美元在即期市場可以獲得多少美元利潤？

用 10,000 美元，這位投機者可以在即期市場購買 25,000 德國馬克（$ 10,000／$0.4000），保有它們九十天並且以每馬克 0.4500 美元轉售，賺取總計 11,250 美元（DM25,000 × $0.4500）。因此，這位投機者將在原先 10,000 美元的本錢上賺取淨利 1,250 美元或是 12.5%。但是即期投機是具有相當的風險。假如在這段期間即期匯率減少至 0.3500 美元，則 DM25,000 將只有 8,750 美元的收盤價值，且有 1,250 美元的淨損失。理論上來說，並不一定會有潛在利潤的存在，但是最大的損失卻可高達 10,000 美元。

投機者是不會固守九十天的到期日，但是可能會持有貨幣直到利潤最高的一天。假如在投機者購買契約後改變了他的預期，投機者可能會在九十天前退出市場或持有超過九十天。

**遠期市場的投機行為** 假設一位投機份子預測九十天後德國馬克的即期匯率將會超過今天報價的九十天遠期匯率。這位投機份子就會以今天的遠期匯率購買九十天的期貨交割，然後再賣出即期馬克。

**例5.8** 現今九十天馬克遠期匯率是0.4300美元。一位投機份子預期馬克將在九十天後的即期匯率是 0.4500 美元。假如這位投機份子的預期是正確，那麼他可從投入 10,000 美元在遠期市場得到多少美元利潤呢？

這位投機者可以遠期匯率0.4300美元，用10,000美元去購買DM23,256遠期，在九十天內交割；然後以即期匯率0.4500美元來賣出它們而獲得總計 10,465 美元。

在這個實例中的 465 美元利潤並不能決定出報酬率，因為在契約簽訂的同時並無投資任何資本。

清楚地，對投機者而言，在遠期交易的風險比即期交易大。在遠期市場的投機率涉到未來的支付日期和更多不利變動的可能性。在這裡有兩種型態的風險：第一種風險是外國匯率變動的可能性；第二種風險是遠期契約交割與否的風險。第一種風險只有他在遠期契約中持開放部位，才會影響投機份子。投機者可以藉由反向操作遠期契約來消除這個風險。

# 5.5 匯率決定理論

　　這節中，我們將特別集中在匯率決定的理論上。這個理論是基於在貨幣市場與外匯市場的關係，這種關係建立在匯率變動程度不受政府政策影響的前提。如此一個自由的市場將建立起貨幣市場和外匯市場相互關係的特性。換句話說，我們可以假定一個保持通貨膨脹率、利率、即期匯率和遠期匯率簡單均衡關係的集合。這個概念，就是遵行「買低、賣高」的套匯者所奉行的單一價格法則，幾乎可以防止所有的誤差。

　　有五個主要的匯率決定理論：

1. 購買力平價理論（The theory of purchasing power parity）；
2. 費雪效應（The Fisher effect）；
3. 國際費雪效應（The international Fisher effect）；
4. 利率平價理論（The theory of interest－rate parity）；
5. 以遠期匯率當作未來即期匯率的不偏估計值（The forward rate as an unbiased predictor of the future spot rate）。

　　必須要記住重要的一點，這五個理論的經濟關係是起因於套匯活動。

## 5.5.1 效率匯兌市場

　　投資人在外匯市場中做出風險相對報酬的決策。我們根據有效外匯市場的假設來討論匯率決定理論。效率外匯市場（Efficient exchange markets）存在於當匯率能夠反應所有效資訊和很快能對新的資訊作調整，因為外匯市場是在一個如此高度競爭的環境下，市場的參與者必須以超過他們最低利潤的情況下來買賣外匯。換句話說，有效外匯市場的概念是根據三個假設：

1. 市場價格，像是產品價格、利率、即期匯率和遠期匯率應該反映市場對未來即期匯率一致的估計。
2. 投資人不會在遠期投機中賺取不尋常的利潤。因為匯率的預測是基於市場價格是正確的，大眾對於未來即期匯率的預測並不會在遠期投機中導致不尋常的利潤。

3. 對於任何一個市場分析家來說想要打敗市場常態是不可能的。

當然，實際上這些情況並不是完全存在的，因此，只在上述條件存在時，外匯市場才是有效的。對於國際貨幣和外匯市場有許多現象支持有效市場的假設。第一，外國貨幣和其他金融性資產不斷地被擁有廣大市場接觸、複雜的分析才能和擁有現代化通訊的公司和個人交易著。因為新的資訊是廣泛地、快速地和便宜地散播給投資人，市場價格得以快速地反應重要的事件。第二，自從 1973 年世界上主要的貿易國家已經採取了完全浮動匯率體系，而且，政府干涉在外匯市場的已經降到最低。

## 5.5.2 購買力平價理論

購買力平價理論（The theory of purchasing power parity, PPP）最簡單的形式是匯率必須依據單一貨幣來變動，如此才得以將兩個國家的商品價格均等。例如，假如日本商品的價格相對於美國商品的價格攀升，日圓就應該貶值來維持日本商品的美元價格和在美國相同商品的美元價格一樣。除此之外，套匯者會去購買在美國的商品，而在日本賣掉它們直到這些價格再一次達到均等。

購買力平價假說有一個絕對的說法和一個相對的說法。購買平價假說的絕對說法主張在本國和外國貨幣間的均衡匯率等於在本國和外國間商品價格的比率。為了說明，假設一美元可以買兩蒲式耳單位的小麥，而一荷蘭基爾德可以買一蒲式耳單位的小麥。在美國，匯率以購買一單位荷蘭基爾德需要多少美元報價，或表示為每基爾德 0.50 美元。

購買力平價理論的相對說法指出：在長期，匯率反映出貨幣的相對購買力。換句話說，它將匯率的均衡變動與本國與外國商品價格的變動相關聯。

$$e_0 \diagup e_t = (1 + I_d)^t \diagup (1 + I_f)^t \qquad (5.5)$$

這裡，$e_t$ = 一單位第 t 期外國貨幣的美元價格；$e_0$ = 一單位第 0 期外國貨幣的美元價格；$I_d$ = 本國通貨膨脹率和 $I_f$ = 外國通貨膨脹率。

假如我們以公式 5.5 求算新匯率（$e_t$），我們得到：

$$e_t = e_0 \times (1 + I_d)^t / (1 + I_f)^t \qquad (5.6)$$

**例 5.9**　我們假設在美元和英鎊間的匯率是每英鎊 2 美元。讓我們進一步假設未來美國將有 10% 的通貨膨脹率而英國在相同期間有 20% 的通貨膨脹率。

PPP 理論暗示美元應相對於英鎊在價值上增加了 10%。每英鎊 1.83 美元的新匯率可以用這種方式得到：

$$e_1 = \$2 \times (1 + 0.10) / (1 + 0.20) = \$1.83 / £$$

假如一個國家比它的主要貿易伙伴經歷了較高的通貨膨脹率，其出口的商品價格將變得較貴，而他國的進口商品將變得相對便宜。這樣的組合將導致高通貨膨脹率的國家在國際收支帳上產生赤字。貿易上的赤字將會在該國的即期匯率上產生向下壓力，因其對支付進口的外國貨幣需求比在其他國家對此國家貨幣的需求大。同時，一國額外的進口供給會在該國整個物價水準上有一抑壓的效果。一般來說，商品相對價格較低的進口增加會縮小該國的通貨膨脹率。因此，PPP 理論作用在匯率和相對物價水準以恢復國家間收支帳的均衡。

**PPP 理論的評價**　PPP 理論不僅解釋在兩國間相對通貨膨脹率如何影響它們的匯率；並且它也可以用來預測匯率。很重要的一點是，PPP 學說是假定在完全浮動匯率體系，但隨著 1973 年固定匯率體系的終止，大多數工業國家的相對物價水準和匯率波動漸頻。1975 年到 1998 年的經驗指出當美元匯率對某些主要貨幣的變動反映在通貨膨脹率上，並非只是短期變動的結果。除此之外，PPP 理論對於某些國家貨幣並不適用。

PPP 理論有一些明顯的缺點。第一，它假設商品很容易被交易，但是對於像是住屋和醫療服務的商品而言，情況並非如此。此外，PPP 理論必須依賴價格指數，例如消費者物價指數，但是這樣的一個指數有可能因為此一交易的商品直接影響商品和服務的均衡而產生誤導。然而，即使是非交易的商品透過他們在整個生活成本和工資需求的影響也將間接影響交易商品的價格。

第二，PPP 理論假設交易性商品在跨國間價格都是相同的。然而，當他們在不同的國家被製造時，價格並不會總是相同的。例如，一些美國人喜歡日本車而另一些人喜好美國車。此外，消費者對汽車的偏好也將隨時間改變。假如日本車突然大受歡迎，需求的增加將使日本車的價格上升。但是儘管在兩個市場間存有價格的差異，卻仍可能無利可圖，因為消費者不會視日本車和美國車為等價物。

第三，我們為了要測試 PPP 理論，就必須比較每一國家和它貿易伙伴間相似的眾多商品。假如我們試著去比較不同商品的價格，就必須仰賴價格指數。接著問題是：何種商品的指數最能夠反映國家間的貿易。

第四，除了相對價格外，還有許多其他因素影響匯率。這些包括相對利率、相對所得水準、政府在外匯市場的干預和其他貨幣的實際運作，像是歐洲聯盟的聯合浮動體系。因此，很難去衡量通貨膨脹率差異所造成匯率變動的程度。

儘管有上述缺點，PPP 理論仍相當實用。假如一國的通貨膨脹率高於它的貿易伙伴一段時間，該國家的貨幣將很容易貶值，以便防止這個國家被迫退出出口市場。根據許多經驗研究，這個事實不管它是因為單獨由PPP理論所造成或是由許多因素組合所引起的皆會存在。

### 5.5.3 費雪效應

費雪效應（The Fisher effect）是以經濟學家 愛爾溫・費雪（Irving Fisher） 命名，其假設在每一個國家的名目利率等於實質利率加上預期通貨膨脹率。

$$名目利率 = 實質利率＋通貨膨脹率 \tag{5.7}$$

實質利率由一經濟體的生產力所決定並且風險溢酬與借方的風險相等。名目利率就是將補償貸方或投資人，未來因預期購買力損失的通貨膨脹溢酬具體化。因此，當人們預期較高的通貨膨脹率時，名目利率較高；而當人們預期較低通貨膨脹率時，名目利率較低。

長時間而言，實質利率相當穩定。此外，在自由市場中投資人可以購買任何一種生息證券，所以實質利率幾乎到處都相同，但是名目利率將依預期通貨膨脹率的不同而波動。費雪效應主張透過套匯使跨國間的實質利率相等。例如，假使在德國預期的實質利率高於美國，資本就會從美國流向德國；另一方面，假如在美國實質利率比德國高，資本就會從德國流向美國。在沒有政府干預下，這種套匯的過程將持續到兩國間預期實質利率相同。

**費雪效應的評價**　實證研究已發現，大多數名目利率的變異，特別是短期政府債券，可以歸因於預期通貨膨脹的波動。費雪效應的假設是基於長期債券，所以隱涵在到期日以前債券市場的變動將增加財務風險。相對於公司債，它不受發行人的信用所影響，除此之外，長期利率變動和通貨膨脹變動並不一致，因為長期利率相對於短期利率對價格變動的敏感度較小。然而，近年來，以長期關係為基礎的費雪效應一再被驗證。首先，經過通貨膨脹調整的長期利率自從 1980 年來，在大多數的工業國家已經相對地穩定。接著，自從 1980 年，大多數國家的長期實質利率也地彼此十分接近。

## 5.5.4 國際費雪效應

國際費雪效應（The international Fisher effect）說明了未來即期匯率波動應該等於兩國間利率差距，但變動方向相反。一利率較高的國家未來即期匯率在長期中將會貶值；而利率較低的國家未來即期匯率在長期將會升值。例如，假使美國去年的利率是 4%，而在義大利是 10%，則里拉將相對於美元貶值 6%。

當投資人為了獲得國外高利率的好處而購買該國通貨時，他們也必須考慮在他們的投資尚未到期前，外國通貨價值波動所可能造成的損失。為闡明這一點，假設在英國的利率比美國高，在這情形下，購買英國證券的美國投資人必須以較高的利率做為報償來抵銷當他們將本金和利息轉成美元時，英鎊即期匯率預期的貶值。購買美國證券的英國投資人必須以較高的美元未來即期匯率來抵銷在美國較低的利率。換句話說，國際費雪效應主張在兩國間的利率差距應是未來即期匯率的變動值。

**短期行為**　在利率和匯率間的關係是涉及到許多行為的複雜關係。短期利率和匯率不同於長期。當一國的利率上升將使該國貨幣的價值增加；反之亦然。換句話說,比美國利率高的國家其貨幣比美元易於升值。在較高利率的國家,因較高的利率會吸引其他國家投資人資金的流入,其貨幣價值增加。同樣地,比美國利率低的國家其貨幣易於比美元貶值。因此,匯率波動方向和兩國間利率差相同。

## 5.5.5 利率評價理論

因利息不一造成兩國間短期資金的流動是遠期和即期匯率間價差的主要決定因素。根據利率平價說,在遠期和即期匯率間價差應該等於正負號相反的兩國間利率差。在一自由市場,利率較高的貨幣在遠期市場上應折價賣出;而利率較低的貨幣在遠期市場應溢價賣出。事實上,遠期貼水或升水與兩國間利率差關係密切。

利率平價理論(The Theory of interest-rate parity)主張遠期與即期匯率差等於國內外的利率差:

$$[(n\text{-day } F - S) / S] \times 360 / n = i_d - i_f \quad (5.8)$$

這裡,n-day F 為 n 天遠期匯率,S 為即期匯率,$i_d$ 為國內利率和 $i_f$ 為國外利率。

例 5.10 讓我們假設四件事情:(1)德國利率為百分之九 (2)美國利率為百分之七 (3)德國馬克即期匯率為 0.4000 美元和 (4)一百八十天德國馬克遠期匯率為 0.3960 美元。

在這實例下,一百八十天遠期匯率的折價率等於利率差:

$$[(\$0.3960 - \$0.4000) / \$0.4000] \times 360 / 180 = 0.07 - 0.09$$
$$- 0.02 = - 0.02$$

德國債券利潤將比美國多百分之二,但是在遠期市場中德國馬克將以百分之二折價賣出。

假如在德國利率比美國高,尋求較高利潤的套匯者將從美國移出資金到德國。為了避免到期日的匯率風險,套匯者將在遠期市場賣出馬克來兌換美元。因此,利率較高的德國馬克的遠期匯率將貶值;而利率較低的美元的遠期匯

率將會升值。這樣的情形將持續直到有利於德國的利率差等於德國馬克的遠
期貼水。在這種情形下,因為利率差被遠期貼水所抵銷,資本將不會往任一
方向移動。

## 5.5.6 遠期匯率和未來即期匯率

如果投機者認為遠期匯率高於他們對未來即期匯率的預測,他們將會
賣掉外國通貨的遠期契約。此一投機交易將使遠期匯率下降直到它等於未來
預期即期匯率。同樣地,假如投機者相信遠期匯率將低於預期即期匯率,他
們將會購入外國通貨的遠期契約,此投機交易將使遠期匯率上升直到它達到
未來預期即期匯率。在這種情形下,因為遠期匯率是未來即期匯率的不偏估
計值,將沒有任何誘因去買賣外國通貨的遠期契約。

## 5.5.7 匯率決定理論的組成

在無央行干預的外匯市場的下,預期即期匯率的變動、國家通貨膨脹
率與利率的波動和遠期升水或貼水,變動幅度皆呈正比。因為貨幣、資本和
外匯市場是有效率的,它們之中任一個對上述變數都能快速地調整。因此,
遠期匯率是未來即期匯率最佳的預測值。

例 5.11　讓我們假設以下情形:

1. 現今德國馬克的即期匯率:DM 1=$0.4000

2. 德國馬克的一年遠期匯率:DM 1=$0.3800

3. 一年後德國馬克的預期即期匯率:DM 1=$0.3800

4. 一年後預期通貨膨脹率:德國為 10%;美國為 5%

5. 一年期政府債券的利率:德國為 12%;美國為 7%

使用這五個假設來討論在即期匯率、遠期匯率、通貨膨脹率和利率間的國
際平價關係。

第一,PPP 理論主張在兩國間任何通貨膨脹率差將被一相等但變動方向
相反的即期匯率抵銷。在德國高出 5% 的通貨膨脹率被馬克即期匯率 5% 的
貶值所抵銷。這馬克即期匯率 5% 的貶值可以用公式 5.1 求算:

變動百分率 = （未來即期－目前即期）／目前即期

變動百分率 =（0.3800 － 0.4000）／ 0.4000= － 0.05 或 － 5%

第二，費雪效應主張世界各國實質利率一致並且名目利率將隨預期通貨膨脹率差異而變化。在這兩國中實質利率可用公式 5.7 計算：名目利率 = 實質利率＋通貨膨脹率

美國：7%= 實質利率＋ 5%；實質利率 =2%

德國：12%= 實質利率＋ 10%；實質利率 =2%

在德國名目利率（12%）比美國名目利率（7%）高出 5%。這個差異和德國（10%）與美國（5%）5% 的預期通貨膨脹率差額相同。

第三，國際費雪效應主張未來即期匯率波動應是等於兩國間利率差，但是方向相反。德國高出美國 5% 的利率等於馬克未來即期匯率 5% 的貶值。（記得 5% 的市場貶值可用 PPP 理論求得）

第四，利率平價理論認為在遠期和即期匯率價差會等於但正負符號相反的兩國利率差。德國高出美國 5% 的利率與德國馬克 5% 遠期貼水一致。馬克 5% 遠期貼水可用公式 5.4 計算。

升水（貼水） =（n 天遠期匯率－即期匯率）／即期匯率× 360 ／ n

遠期貼水 =（0.3800 － 0.4000）／ 0.4000 × 360 ／ 360= － 0.05 或 － 5%

最後，在完全浮動匯率體系，遠期匯率是未來即期匯率的不偏估計值。馬克一年遠期匯率是 $0.3800 與馬克預期即期匯率 $0.3800 美元一致。這意味著馬克 5% 的一年遠期將貼水是馬克在一年間貶值 5% 的不偏估計值。

圖 5.2 說明這五個主要匯率決定理論和例 5.11 的關係：購買力平價理論（關係 A）、費雪效應（關係 B）、國際費雪效應（關係 C）、利率平價理論（關係 D）和遠期匯率為未來即期匯率不偏估計值（關係 E）。關係 F 並不代表任一特定理論，但假使關係 A 到 E 都為真，則關係 F 也為真。這個架構強調存在於即期匯率、遠期匯率、利率和通貨膨脹率間的關連。

# 5.6 套匯交易

　　套匯（Arbitrages）是在一市場購買某物，然後在另一市場賣出來賺取價差。專業套匯者爲了從不同市場中獲利，因此快速地在不同貨幣間轉移資金。透過外匯市場的運作套匯的過程中將使各國家市場利率彼此更爲接近。即使是在不同市場，匯率和利率的微小差異也會刺激套匯交易來消弭這些差異。

## 地理性套匯交易

　　原則上，單一通貨的匯率應在每一地理市場皆相同。然而，當局部的需求與供給情況不同，可能會引起市場間暫時的差異時，地理性套匯交易（Geographic arbitrage）就會發生。套匯專家就會在該通貨價格較低的市場買進；然後在價格較高的地方賣出。假如匯率差額比交易成本大，那麼就產生了套匯利潤了。

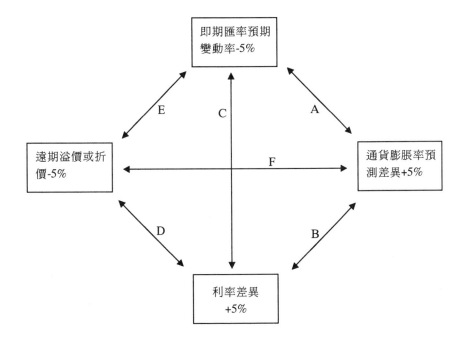

圖5.2　各種不同融資率關係

**兩點套匯**　兩點套匯（Two-point Arbitrage）是在兩國通貨間的套匯交易。例如，假設法國法郎對美元的報價在紐約是＄0.20，而在巴黎是＄0.25。美元的價格在巴黎比在紐約高。套匯者可以在紐約用美元買進法郎，然後在巴黎用法郎兌換美元售出而獲利。套匯的行為也容易消除原先引發的匯率差額。在紐約，法郎的購買會使得法郎對美元價格上升到在巴黎的價格。在巴黎，法郎的售出會使得法郎對美元的價格下降到在紐約的價格。這種套匯的過程會持續直到美元對法郎價格在兩市場都相同。

「買低、賣高」的基本原則支配著在兩國貨幣市場上買賣的套匯交易。此原則應用在外匯上，必須給予單一貨幣在兩個不同市場中匯率。假使匯率用不同的通貨報價，套匯的過程就變得有些複雜。讓我們以不同方式來重述上面的例子。在紐約，法郎對美元價格是＄0.20。在巴黎，美元對法郎價格是 FF 4。在兩個地點以＄／FF 報價方式如下：

| 紐約 | 巴黎 |
|---|---|
| ＄0.20／FF（如原先給定） | ＄0.25／FF（1／4） |

法郎在巴黎比在紐約享有較高的價格。這一價格差異導致在每一市場如下的交易。

1. 在紐約，投資人應買法郎、賣美元。
2. 在巴黎，投資人應賣法郎、買美元。

**三點套匯**　三點套匯（A Three — point Arbitrage）即三角套匯，亦即在三個通貨間的套匯交易。假使這三個交叉匯率任一個脫離了水平，這種套利型態就會發生。考慮以下三種交叉匯率的可能性：BF60／＄，BF10／SK 和 SK3／＄。套匯者以 1 美元買進 60 個比利時法郎；然後用 60 個比利時法郎買 6 個瑞典幣，最後用 6 個瑞典幣買 2 美元，最後套匯者將賺取＄1 的利潤。套匯過程將使不同匯率趨於一致，而無套匯的機會。換言之，套匯將持續直到美元在一市場上的購買價格不比另一市場售出的價格便宜。如表5.3所列的交叉匯率都可以確定在所有市場中彼此的匯率是一致的。

## 5.6.2 無風險利率套匯

　　無風險利率套匯（Covered-interest arbitrage）為兩國間短期資金的流動，利用遠期契約規避匯兌風險以賺取利率之差。當投資人購買一外國通貨來賺取國外高利率的好處時，他們也必須考慮其他的損失或收益。這樣的損失或收益可能發生在他們的投資未到期前，因外國通貨價值的波動所引出。一般而言，投資人為了避免這樣潛在的損失，會簽訂未來銷售訂契約或在遠期市場購買外國通貨。

　　投資人著眼於兩國間利率差額的行動在均衡時會導致所謂的利率平價的情形。利率平價理論認為，同時在即期和遠期市場買賣所招致的任何匯兌利益或損失，將會被相同資產上的利率差額所抵銷。在這種情況下，因為在國內外資產上的有效報酬已經相等，再也沒有任何誘因可令資本往任一方向移動。

　　圖 5.3 是在遠期升水或貼水與利率差額間理論關係的圖示。垂直軸代表有利於外國通貨的利率差額，而水平軸顯示出該通貨遠期升水或貼水。利息平價線顯示了均衡狀態。為了簡化起見，本章忽略了交易成本。然而，有一點要承認的是交易成本會使利息平價線呈現帶狀，而非一直線。交易成本包括了在即期和遠期契約的外匯經紀成本和買賣債券的投資經紀成本。

　　圖 5.3 中的 A 點顯示出外匯的遠期貼水是 1% ，而比起國內利率；國外利率高出 2% 。在這種情形下，套匯者可以利用所謂的無風險套匯來賺取利潤。假使套匯者用本國通貨購買外國通貨並且將之投資在外國債券上，報酬率比投資本國證券上多 2% 。因為以本國通貨購買外國通貨意味著資金從這國家流出，所以此套匯交易容易減少貨幣供給。

　　在到期日時，套匯者必須將外國通貨兌換成本國通貨。在套匯者將資金轉回國內之前，匯率有可能跌落。這個原因是套匯交易涉及到外匯風險。為避免這些風險，他將以1%折價賣出相同數量的外國通貨遠期契約來避免交易受到損失。這種以賣出遠期契約來保障投資稱之為無風險套匯。

　　淨收益通常是利率差額扣除在遠期市場上賣出外國通貨的貼水或升水。因此，當利率差額超出遠期貼水時，這種資本流出的型態就會發生。在A點，套匯者在外國債券的投資上多賺 2% 而在買回本國通貨上損失 1% ，最終的結果是套匯者將從無風險套匯交易中賺取百分之一的利潤。

例 5.12　假設（1）荷蘭利率爲 10%（2）美國利率爲 8%（3）荷蘭基爾德的即期匯率爲 $0.3000 和（4）荷蘭基爾德的 180 天遠期匯率爲 $0.2985。

使用公式 5.4 可得到基爾德遠期折價：

遠期貼水 =($0.2985 — $0.3000)／$0.3000 × 360／180= — 0.01 或 — 1%

利息差額爲 2%（10%-8%）。無風險套匯可以如下運作：

| | |
|---|---|
| 1.　在美國借入美元 | — 8% |
| 　　用美元買基爾德即期 | |
| 2.　以基爾德投資荷蘭證券 | ＋ 10% |
| 3.　以折價賣出基爾德遠期 | — 1% |
| 　　淨利 | ＋ 1% |

這些交易將會在外匯市場和貨幣市場引起四個趨勢。

1. 當投資人以美元買入基爾德，基爾德對美元的即期匯率將容易升值。

2. 當投資人賣出基爾德來兌換美元，基爾德對美元的遠期匯率將容易貶值。

3. 當投資人借入美元時，美國利率將容易攀升。

4. 當投資人貸出基爾德時，荷蘭利率將容易下跌。

　　前兩個趨勢將使原先百分之一遠期貼水增加到起初百分之二的利息差額。後兩個趨勢將使起出百分之二的利息差額減少至原先百分之一的遠期貼水。這四個趨勢將持續直到基爾德的遠期貼水等於基爾德與美元的利率差額。

　　在圖 5.3 中的 B 點，外國利率比本國利率高出 1%。遠期避險（遠期貼水）的成本是 2%。在這種情況下，套匯者將賣出外國通貨兌換本國通貨，將之投資在本國債券並在遠期市場以貼水將外國通貨買回。在本國債券上損失 1%，但是在買回外國通貨上賺 2%。因此，套匯者將賺取 1% 利潤。

　　例 5.13　假設（1）加拿大利率爲 10%（2）美國利率爲 9%（3）加幣的即期匯率爲 $0.8500 和（4）加幣的 180 天遠期匯率爲 $0.8415。

每年有利於外國通貨的利息差額百分率

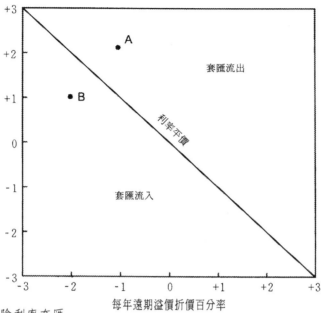

圖5.3 無風險利率套匯

使用公式 5.4 可得到加幣的遠期貼水:

遠期貼水 =($0.8415 — $0.8500)／$0.8500 × 360 ／ 180= — 0.02 或 — 2%

有利息差額是 1％ (10％ — 9％) 。無風險套匯將如下運作:

| | |
|---|---|
| 1. 在加拿大買加幣 | — 10% |
|    用加幣買美元 | |
| 2. 以美元投資在美國債券 | ＋ 9% |
| 3. 以溢價方式賣出美元遠期 | ＋ 2% |
| 淨利 | ＋ 1% |

這些交易將在外匯市場和貨幣市場引起四個趨勢。

1. 當投資人賣出加幣兌換美元時,加幣對美元的即期匯率將易於貶值。

2. 當投資人買進加幣時,加幣對美元的遠期匯率將易於升值。

3. 當投資人貸出美元,美國利率將容易跌落。

4. 當投資人借入加幣,加拿大的利率將容易上升。

前兩個趨勢將使原先 2%的遠期貼水減少至起初 1%的利息差額。後兩個趨勢將使起初 1%的利息差額增加至原先 2%的遠期貼水。這些力量將運作直到利率差額等於遠期貼水。

任何在利息平價線上的點，像是 A 點，有以下兩個特徵：（1）套匯過程的第一步就是在當地國家借入貨幣。（2）資金從當地國家移動到外國。（套匯流出）任何在利息平價線下面的點，像是 B 點，有以下兩個特徵：（1）套匯過程的第一步就是在外國借入貨幣。（2）資金從外國移動到當地國家。（套匯流入）

圖 5.3 中的利息平價線確定利率差額和遠期升水或貼水間關係的均衡位置。在這條線上每一點代表利率差額等於遠期升水或貼水的情形。在這種情形下，套匯者將沒有任何誘因來促使資金從一個國家轉移到其他國家。然而，只要離開這條線的任一點都有誘因來促使資金從一國家到另一個。這樣的資金轉移將引起利息差額或遠期升水（貼水）移到利率平價線。

只有在一個自由市場體系下，這理論均衡點才會存在。因為許多政府當局加諸在外匯和貨幣市場的人為障礙與干預，所以實際上這個均衡狀態很難存在。

## 總結

匯率代表一通貨以另一通貨表示的價格。他們是由自由市場體系下，供給與需求的力量所決定。外匯市場的主要功能在於將一通貨的購買力轉成另一通貨，藉以幫助國外貿易和投資。外匯市場包括二個等級：銀行彼此交易的銀行間市場和銀行與他們非銀行顧客交易的零售市場。

多國籍公司主要的問題是現金流量必須跨越國界。這些流量受限於政府當局和匯率波動。通貨間交易的立即交割（即期市場）和未來交割（遠期市場）促使外匯市場的產生。外匯市場是一個銀行間電話和電報通訊的全世界網路。

五個主要匯率決定理論分別為購買力平價理論、費雪效應、費雪國際效應、利率平價理論和遠期匯率為未來即期匯率的不偏估計值。這五個理論說明了存在於即期匯率、利率、通貨膨脹率和遠期匯率間的連結。在有效率的外匯市場中，即期匯率理論上是由不同國家的通貨膨脹率、利率和遠期升水或貼水所決定。

基本上，PPP 學說和利率平價理論說明了爲什麼匯率在長期間會移動到價格和利率相等的均衡位置。這是因爲套匯者這在一市場買入通貨而在另一市場售出以獲得不同國家間市場價格或利息差額。從而，透過外匯市場套匯過程將使不同市場的通貨膨脹率和利率趨於相等。

---

# 問 題

1. 在國際交易中，商業銀行扮演什麼樣的角色？

2. 請問在美國和日本，外匯黑市有可能存在嗎？獨立國協和東歐國家又如何呢？

3. 什麼是交叉匯率？爲什麼我們必須計算交叉匯率呢？

4. 試解釋遠期外匯契約失敗的情況？

5. 列舉出效率外匯市場所依賴的假設？

6. 假設通貨膨脹率在美國比日本高。這將如何影響美國對日圓的需求、日圓銷售的供給和日圓的均衡價值？

7. 討論一些購買力平價誤差的理由。

8. 假設利率在義大利比在美國高。這將如何影響美國對義大利里拉的需求、里拉銷售的供給和里拉的均衡價格？

9. 在什麼情形下，一國較高通貨膨脹率將導致該國利率相對應地增加？

10. 假如明年美國與德國的貿易收支均衡將改善，在德國馬克遠期匯率與它現今即期匯率的可能關係爲何？

11. 假設美國和墨西哥利率差是有利於墨西哥百分之十一；但是墨西哥披索的遠期貼水是百分之二十。在利率差額和遠期貼水間的差異似乎提供套匯誘因。是否有機會從無風險套匯中獲利？

# 習 題

1. 對選擇的通貨假設以下的匯率：

| 通貨 | 每美元多少單位 |
|---|---|
| 巴西 （里歐） | 0.00900 |
| 英國 （英鎊） | 1.9000 |
| 加拿大 （加幣） | 0.8500 |
| 法國 （法郎） | 0.1500 |
| 香港 （港幣） | 0.200 |
| 義大利 （里拉） | 0.001000 |
| 日本 （日圓） | 0.005000 |

a. 求算每一外國通貨購買一美元的需數量？

b. 求算英鎊／法國法郎（£／FF）、法國法郎／日圓（FF／¥）和日圓／英鎊（¥／£）。

2. 對選擇的通貨假設以下的匯率：

| 通貨 | 美元當額 |
|---|---|
| 挪威 （挪威幣） | 5.9000 |
| 沙烏地阿拉伯 （沙幣） | 3.5000 |
| 南韓 （韓幣） | 700.00 |
| 瑞典 （瑞典幣） | 5.0000 |
| 瑞士 （瑞士法郎） | 2.0000 |
| 委瑞內拉 （委瑞內拉銀幣） | 4.50 |
| 德國 （馬克） | 2.500 |

a. 求算購買每一單位的外國通貨各需要的美元數量。

b. 求算韓幣／瑞典幣（W／SKr）、瑞典幣／德國馬克（SKr／DM）和德國馬克／瑞典幣（DM／SKr）。

3. 假設 （1） 加幣的即期匯率為＄0.8089 （2） 加幣的180天遠期匯率為＄0.8048 （3） 德國馬克即期匯率為＄0.4285；180天遠期匯率

為 $0.4407 。試決定加幣和德國馬克兩者 180 天遠期貼水或升水。

4．填滿下列空格：

|  | 英鎊 | 瑞士法郎 | 法國法郎 |
|---|---|---|---|
| 直接（公開地） | | | |
| 即期 | $2.0787 | $0.4108 | $0.2008 |
| 30 天遠期 | | 0.4120 | |
| 90 天遠期 | | 0.4144 | |
| 點數（價差） | | | |
| 30 天遠期 | | -13 | |
| 90 天遠期 | | -60 | |
| 一年貼水或升水百分率 | | | |
| 30 天遠期 | | | -8.96% |
| 90 天遠期 | | | -8.37% |

5．以下是對德國馬克的市價和未來預期匯率：

| 現在即期匯率 | $0.5000 |
|---|---|
| 90 天遠期匯率 | 0.5200 |
| 90 天後即期匯率的預期 | 0.5500 |

a．在德國馬克遠期的升水或貼水是多少？

b．假使你的預期是正確的，那從即期市場投資 4,000 美元中可獲得多少美元利潤或損失？你需要多少資本來完成？有關於此投機行為，其主要風險是什麼？

c．假使你的預期是正確的，那你從遠期市場投資 4,000 美元中可獲得多少美元利潤或損失？你需要多少資本在遠期市場中投機呢？有關於此投機行為，其主要風險是什麼？

6．一家美國公司從另一家法國公司購買價值4,000美元的香水（20,000 法國法郎）。美國經銷商必須在90天內以法國法郎支付款項。以下是法國法郎的市價和預期匯率：

| 現在即期匯率 | $0.2000 |
|---|---|
| 90 天遠期匯率 | 0.2200 |
| 90 天後即期匯率的預期 | 0.2500 |

| 美國利率 | 15% |
|---|---|
| 法國利率 | 10% |

a. 法國法郎遠期的貼水或升水是多少？在美國和法國間利率差額是多少？有任何無風險套匯的誘因嗎？

b. 假如有無風險套匯誘因存在，套匯者如何在以下情形下獲利呢？假設：（1）套匯者願意借入 4,000 美元或 20,000 法國法郎（2）沒有交易成本。

c. 假如交易成本是 100 美元。是否仍有利息避險套匯的機會存在嗎？

d. 對於進口商而言，假如想避免交易蒙受外匯風險的損失，還有其他選擇嗎？

e. 假設你的預期是正確的而且進口商決定為交易避險。每一種選擇的機會成本是什麼？哪一種選擇是更具有吸引力的呢？為什麼？

f. 你會建議這家美國公司為它的國外交易避險嗎？試解釋原因？

7. 你必須在 90 天內在洛杉磯支付 100,000 美元。你現在有 100,000 美元並且可以決定在美國或英國投資 90 天。假設給定以下市價和預期匯率：

| 英鎊即期匯率 | $1.8000 |
|---|---|
| 90 天英鎊遠期匯率 | 1.7800 |
| 美國利率 | 8% |
| 法國利率 | 10% |

a. 你應該投資 100,000 美元在哪裡，來最大化利益？

b. 在給定了美國利率、英國利率和即期匯率的條件下，英鎊的遠期匯率是多少？此均衡情況應不會提供你任何有關於投資在任一國家的好處或壞處。

c. 在給定的即期匯率、遠期匯率和美國利率的條件下，則英國利率均衡是多少？

# 案例五　麥香堡 *PPP* (*Big Mac PPP*)

購買力平價理論（PPP）是在國際經濟中最古老的理論之一。這個理論主張在兩通貨間匯率在長期應會移到使兩國同一商品和服務價格相等的匯率。正如理論上所言，它關注國際市場價格調整以獲得長期均衡的情況。但實際應用上，PPP 理論已經是令人迷惑的概念了。

每週發行的商業期刊「經濟學人」，建立了另一個新的理論：麥香堡 PPP。自從 1986 年，「經濟學人」評估在了世界不同國家麥香堡的價差，並以之作爲基礎估算出各國匯率。一個相類似的指標也由瑞士聯邦銀行用於比較全球價格和所得而發展起來。這些輕鬆的國際漢堡價格的研究可預知地將會激起大衆媒體和金融刊物的熱愛。

麥香堡指數爲一種有趣指標，用來指出通貨是否在他們「恰當的」水準。「經濟學人」中刊載：「這個指數不是要成爲匯率的預測值而是要使經濟理論成爲更容易瞭解的工具」。在這個特別實例中，相同的商品和服務就是麥當勞的麥香堡，其在超過 100 國家都已大致相同的配方製造。麥香堡 PPP 就是使在美國的漢堡價格和國外相同的匯率。比較麥香堡 PPP 和眞實匯率就可知道通貨是否被低估或高估。

表 5.4 的第一欄顯示了一個麥香堡的本地價格；第二欄則將第一欄換算成美元。第三欄顯示麥香堡PPP。例如，將瑞士價格除以美國價格可得SFr2.44 的美元 PPP。在 1997 年，4 月 7 號的眞實匯率是 SFr1.47，意味著瑞士法郎相對美元高估了 66%。麥香堡的平均美國價格是 $2.42，而一個北京大麥克只要 $1.16。另一個極端爲瑞士的 $4.02，其價格足以使麥香堡迷窒息在他們的牛肉餡餅中。這意味著人民幣是最被低估的（52%）；而瑞士法郎是最被高估的（66%）。一般而言，美元低估大多數工業國家的通貨，但是高估開發中國家的通貨。

表 5.4　漢堡標準

| | 以本地通貨表示 | 以美元表示 | 隱含的美元 PPP | 眞實匯率 | 本地通貨的低估或高估值 |
|---|---|---|---|---|---|
| 美國 | 2.42 | 2.42 | - | - | - |
| 瑞士 | 5.90 | 4.02 | 2.44 | 1.47 | +66 |
| 丹麥 | 25.75 | 3.95 | 10.60 | 6.52 | +63 |
| 以色列 | 11.50 | 3.40 | 4.75 | 3.38 | +40 |
| 瑞典 | 26.00 | 3.37 | 10.70 | 7.72 | +39 |
| 比利時 | 109.00 | | | 35.30 | |
| 中國大陸 | 9.70 | 1.16 | 4.01 | 8.33 | -52 |
| 香港 | 9.90 | 1.28 | 4.09 | 7.75 | -47 |
| 波蘭 | 4.30 | 1.39 | 1.78 | 3.10 | -43 |
| 匈牙利 | 271.00 | 1.52 | 112.00 | 178.00 | -37 |
| 馬來西亞 | 3.87 | | | 2.50 | |

## 案 例 問 題

1. 寫出列舉在表 5.4 十個國家通貨名稱和他們傳統的符號。

2. 計算比利時和馬來西亞一個麥香堡的美元價格 (第二欄) 、隱含美元 PPP (第三欄) 和本地通貨低估或高估值 (第四欄) 。

3. 麥香堡 PPP 有激起任何嚴肅的研究嗎？

4. 在 1997 年，在中國大陸一個大麥克值 $1.16 、在美國值 $2.42 而在瑞士值 $4.02 。我們如何解釋這些 PPP 的差異呢？

5. 新加坡政府的一個網頁，www.singstat.gov.sg ，可以讓它的使用者依據購買力平價來比較預測通貨價值和它們相對應的眞實價值。在 PPP 的基礎下，試辨別高估和低估的通貨。

# 參考書目

Alec, C. K., "A Guide to Foreign Exchange Markets," *Federal Reserve Bank of St Louis*, March 1984, pp. 5–18.

Baker, J.C., *International Finance*, Upper Sadle River, NJ: Prentice Hall, 1998, ch. 3.

Chang, C. W. and J. S. Chang, "Forward and Futures Prices: Evidence from the Foreign Exchange Markets," *Journal of Finance*, Sept. 1990, pp. 5–18.

Gosnell, T. F. and R. W. Kolb., "Accuracy of Foreign Exchange Cross Rate Predictions," *Multinational Business Review*, Spring 1994, pp. 45–53.

Hopper, G. P., "Is the Foreign Exchange Market Inefficient?" *Business Review*, Federal Reserve Bank of Philadelphia, May/June 1994, pp. 17–27.

Hutchinson, M. M, "Interdependence: US and Japanese Real Interest Rates," *FRBSF Weekly Letter*, Federal Reserve Bank of San Francisco, June 18, 1993.

Kolb, R. W., ed., *The International Financial Reader*, Boulder, Colo.: Kolb Publishing Company, 1993.

Krugman, P. R. and M. Obstfeld, *International Economics: Theory and Practice*, Scott, Foreman and Company, 1988.

Kubarych, R. M., *Foreign Exchange Markets in the United States*, Federal Reserve Bank of New York, March 1983.

Levich, R. M., *International Financial Markets*, New York: Irwin/McGraw-Hill, 1997, ch. 3.

Marrinan, J., "Exchange Rate Determination: Sorting Out Theory and Evidence," *New England Economic Review*, Federal Reserve Bank of Boston, Nov./Dec. 1989, pp. 39–51.

Murphy, A., "The Determinants of Exchange Rates Between Two Major Currencies," *Multinational Business Review*, Spring 1996, pp. 107–11.

Stockman, A. C., "The Equilibrium Approach to Exchange Rates," *Economic Review*, Federal Reserve Bank of Richmond, March/April 1987, pp. 12–30.

# 第六章

外幣期貨與選擇權

　　多國籍企業通常都利用即期及遠期市場來進行國際市場交易。爲了公司營運，他們也利用外幣期貨、外幣選擇權和外幣期貨選擇權。投機客在這三個市場上從事貨幣交易以賺取利潤；多國籍企業則利用它們來規避外匯市場上的風險。

　　這一章將被分成三個緊密相關的部分。第一個部分討論外幣期貨。**外幣期貨合約**（currency futures contract），企業可以在未來的時間以一個約定的價格，對特有的外國貨幣進行買賣。**外幣選擇權**（currency option）是指可以在特定期間，以特定的價格進行某外幣買賣的權利。**外幣期貨選擇權**（currency futures option）是指在特定期間內能夠對一個外幣期貨合約進行買賣的權利。

# 6.1 期貨市場

　　**芝加哥商業交易所**（Chicago Mercantile Exchange, CME），在 1919 年以一個非營利組織而成立，原作爲交易現貨或未來商品合約的地方。1972 年 CME 透過國際貨幣市場（International Monetary Market, IMM），引進了外匯期貨交易，作爲遠期合約的另一項選擇。全球大部份的交易所也在最近引進了期貨交易包括有費城交易所（Philadelphia Board of Trade）、新加坡國際貨幣交易所（Singapore International Monetary Exchange）、紐西蘭期貨交易所（New Zealand Future Exchange）、東京國際金融期貨交易所（Tokyo International Financial Futures Exchange）、倫敦國際金融期貨交易所（London International Financial Futures Exchange）和斯德哥爾摩選擇權市場（Stockholm Options Market）。

　　對於多國籍企業而言，期貨市場是個很好的資金來源，但是其缺點在於規模過小且不具彈性。雖然有這些缺點，外匯期貨合約的急速成長是近年來金融市場最重要的發展之一。在 CME 每年的外幣期貨契約交易額從 1975 年的 200000 口到 1996 年的 3 千萬口，因此，CME 被視爲是外匯交易市場的延伸。

## 6.1.1 期貨市場的參與者

期貨合約是指現在就對未來的交易達成協議。在一個期貨合約，買賣雙方必須同意下列各項：

1. 期貨交割日（delivery date）
2. 到期日的價格
3. 外幣的數量

外幣期貨市場是為了在公司營運中會使用到外幣的企業而創立的。進行國際間交易的企業仍必須在即期市場進行外匯的買賣，它們之所以會進入期貨市場是為了要規避企業面臨劇烈匯率變動的風險。外幣期貨合約就像是匯率變動的保險政策。實際上，大多數的期貨契約常被反向交易給沖銷掉，所以實際上98% 的期貨合約在到期日前就被終止了。

外幣期貨市場中共有兩種不同的交易者；避險者和投機客。**避險者**（hedger）進行外幣期貨的買賣是為了保護其以外幣計算的資產價值。這些人包括了多國籍企業、進口商、出口商和仲介商，他們因為希望其企業獲利是來自於其管理技巧，而不是匯率的突然變動，所以他們需要能對匯率的波動有一個保護措施。**投機客**（speculators）則是想透過買賣期貨，而從匯率的變動中獲得利益，雖然有賠有賺，但是他們在進行期貨交易時純粹為了利潤，並沒有使用到任何外幣。

一個避險者和其險需求相反的避險者進行交易，但是通常另一方都是一個投機客。雖然被批評為貪婪，但投機客在期貨市場上卻扮演著重要的角色，他們的存在不但提供了市場流動性也使進出市場變得較為容易。

外幣期貨除了可以因避險或投機需求而交易，也可以為了套匯。特別是有些交易者能夠很快的利用各市場間如即期市場、期貨市場和遠期市場同一種貨幣的差價來賺取利潤。

表6.1 在CME所進行的外幣交易和其交易額

| 外幣 | 交易額 | 原始保證金 | 維持保證金 |
|---|---|---|---|
| 澳元 | 100,000 | $1,148 | $850 |
| 英鎊 | 62,500 | 1,485 | 1,100 |
| 加幣 | 100,000 | 608 | 450 |
| 馬克 | 125,000 | 1,755 | 1,300 |
| 法郎 | 250,000 | 1,755 | 1,300 |
| 日圓 | 12,500,000 | 4,590 | 3,400 |
| 瑞士法郎 | 125,000 | 4,050 | 3,000 |

## 6.1.2 期貨市場和遠期合約市場

期貨通常都提供特定金額和不同到期日的合約,如表 6.1 顯示七種外幣期貨合約由 CME 所規定的合約金額,一年之中也只有四個到期日,分別是 3 月、6 月、9 月和 12 月的第 3 個星期三。

雖然期貨與遠期合約市場的目的都是為提供應付幣值變動的保護,但兩者間卻有2個主要的不同點。第一、遠期合約市場能提供所需的特定金額,但是期貨市場僅能提供幾種金額的標準合約。舉例來說,一個進口商只能利用期貨合約為DM150,000的應付帳款避掉大部分的風險,但卻能利用遠期合約避掉所有的風險。第二、遠期合約能夠依個人需求去決定到期日,但是期貨合約本身卻已有規定的交割日。舉例來說,一個多國籍企業如果某筆交易的付款日與期貨到期日不同時,企業本身就必須自行承受交易付款日到期貨與期日之間匯率波動的風險。

因為多國籍企業有其特別需求,所以它們都偏好使用遠期合約。假設IBM在 4 月 20 日發現在 5 月 20 日需要 C＄240000,如果 IBM 想利用期貨去鎖定未來對加幣的購買價格,那麼最近的期貨到期日是在 6 月的第 3 個星期三。此外IBM所需避險的金額( C＄240000 )遠比期貨本身限定的金額( C＄100000 )高,IBM所能作的只有買兩口期貨合約,但是遠期合約市場卻能依據IBM的需求設計出適合它的合約。最適合 IBM 要做的就是和美國銀行定一個 30 天後到期，金額爲 C＄240000 的遠期合約。

　　外幣期貨合約和遠期合約都能用來避險、投機和套匯，但是期貨市場相對於遠期合約市場不同之處在於其市場較集中、標準化和以小型顧客導向。期貨市場在以下各點與遠期市場有不同的地方：

1. 價格變動：因爲CME制訂了每日價格變動的最大範圍，所以期貨市場參與者並不會面臨超過每日漲跌幅限制的風險；但遠期合約並沒有每日價格波動的限制。

2. 到期日：CME 只有每年以四個日期爲到期日的期貨合約，但銀行提供的遠期合約卻可以任何一天爲到期日。

3. 合約規模：期貨只有限定數量的標準化合約；但遠期合約市場則提供依不同需要而有特定數量貨幣的合約。

4. 管制：期貨市場由商品期貨仲介機構（Commodity Futures Commiss-ion）管理；但是遠期合約爲自我規範。

5. 交割：少於 2％的 CME 期貨合約經實際交割完成；但是遠期合約90％以上則經實際交割完成。

6. 地點：期貨在交易所內交易：但是遠期合約則由銀行和顧客直接協調交易。

7. 信用風險：CME 保證在買賣方不履行合約時，仍依約交割；遠期合約市場，銀行必須對交易對象做信用調查。

8. 投機：CME 的經紀人可以調節投機交易；但在遠期合約市場，銀行不鼓勵個人的投機行爲。

9. 保證金：期貨合約必須退還保證金；但是遠期合約並不需要給付任何保證金。

10. 佣金：在期貨市場上，仲介機構的佣金決定於公定手續費用以及協調大宗交易的費率；而在遠期市場上，銀行買賣間的價差成爲仲介佣金。

11. 交易方式：期貨在交易場所中交易；但是遠期合約則直接以電話或電報交易。

### 6.1.3如何解讀貨幣期貨的報價

華爾街日報或其他主要的報紙均會刊登外幣期貨報價。在 CME 裡有七種貨幣可交易，如表 6.2 顯示在 1998 年 1 月 8 日華爾街日報上刊登的七種貨幣的期貨價格。日圓價格以一單位為多少分美元表示，其他貨幣價格則以一單位國外貨幣為多少美元表示。因為外匯交易和報導有一天的延遲，所以我們從1月 8 日的華爾街日報獲得的是 1 月 7 日的報價。

每一種貨幣的第一行顯示貨幣的名稱，在刮號內則表示其交易所如 CME。其後為每一口交易的額度，如 125000 馬克／每一口；另外還有報價的方式，如美元／馬克。第一欄是有關於貨幣的到期日，如貨幣在 3 月、6 月、9 月和 12 月進行交易；第二欄為當天的開盤價；接下來三欄則為當天最高價、最低價及收盤價。這些數字從整體來看，可以告訴我們市場的變動。一個經紀人利用收盤價來評估其投資組合，決定是否要買進更多。外幣期貨的損失必須每天結清，而利潤也必須每天存入客戶的戶頭裡。

從左邊數來的第六欄標示今天收盤價和昨天收盤價的差距：加號表示今日收盤價較高，減號則代表今日收盤價較低。從右邊數來的第二、第三欄則顯示每口期貨當月的最高及最低價格。每個外幣在期貨存續期間的最高、最低價稱為**變動範圍**（range），變動範圍顯示該外幣的變動程度，以及與其平均價格的離散程度。離散程度越高，風險越高。如果最高價和最低價並沒有相距太多，價格變動程度即是一個很好的衡量風險的工具，但如果兩個價格不定的，價格變動範圍就不能用來衡量風險，因為這樣不但不值得信賴，而且會誤導我們的判斷。最右邊一行為**未平倉口數**（open interest），表示尚未以對沖性交易所抵銷的在外流動合約總數，可知流通在外契約的市場價值。最近到期的月份通常會有較高的交易額，我們可以從 6 月馬克期約和 9 月馬克期約間的差距看出。

每個外幣報價的底部提供當天（1 月 7 日，星期三）的成交口數、上個交易日（1 月 6 日，星期二）的交易口數，以及當天未平倉口數和前天的未平倉口數的變化。換句話說，成交口數、星期二的成交口數和未平倉是整個月份交易日的總額。

表6.2 在芝加哥商品交易所 *1998* 年 *1* 月 *7* 日的外幣期貨價格

| | 開盤價 | 最高價 | 最低價 | 收盤價 | 變動 | 最高價 | 最低價 | 未平倉口數 |
|---|---|---|---|---|---|---|---|---|
| | | | 外幣 | | | 存續 期間 | | |

JAPAN YEN（CME）-12.5million yen; $ peryen（.00）

| | 開盤價 | 最高價 | 最低價 | 收盤價 | 變動 | 最高價 | 最低價 | 未平倉口數 |
|---|---|---|---|---|---|---|---|---|
| 3 月 | .7553 | .7718 | .7512 | .7713+ | .0164 | .9375 | .7512 | 97,646 |
| 7 月 | .7720 | .7811 | .7715 | .7814+ | .0164 | .9090 | .7637 | 2,148 |
| 9 月 | ... | ... | ... | .7915+ | .0164 | .8695 | .7735 | 340 |

Est. vol. 35,286;vol.Tu. 17,377;open int. 100,138,－1,329.

DEUTSCHEMARK（CME）-125,000 marks; $ per mark

| 3 月 | .5481 | .5522 | .5462 | .5514+ | .0036 | .6160 | .5383 | 103,694 |
|---|---|---|---|---|---|---|---|---|
| 7 月 | .5524 | .5542 | .5524 | .5541+ | .0036 | .5995 | .5490 | 3,264 |
| 9 月 | ... | ... | ... | .5566+ | .0036 | .5944 | .5670 | 1,633 |

Est. vol. 19,603;vol.Tu. 28,796;open int. 108,594,+2,519.

CANADIAN DOLLAR（CME）－100,000 dlrs.; $ per Can. $

| 3 月 | .6996 | .7016 | .6979 | .7013+ | .0018 | .7670 | .6954 | 56,986 |
|---|---|---|---|---|---|---|---|---|
| 7 月 | .7007 | .7028 | .7002 | .7027+ | .0018 | .7470 | .6966 | 3,999 |
| 9 月 | .7019 | .7035 | .7013 | .7037+ | .0018 | .7463 | .6978 | 1,018 |
| 12 月 | ... | ... | ... | .7046+ | .0018 | .7400 | .6990 | 572 |
| 3 月 99, | ... | ... | ... | .7055+ | .0018 | .7247 | .6986 | 176 |

Est. vol. 11,456;vol.Tu. 9,459;open int. 62,751,+928.

BRITISH POUND（CME）-62,500 pds.; $ per pound

| 3 月 | 1.6208 | 1.6240 | 1.6126 | 1.6224+ | .0026 | 1.7020 | 1.5680 | 31,537 |
|---|---|---|---|---|---|---|---|---|
| 7 月 | 1.6122 | 1.6170 | 1.6060 | 1.6145+ | .0026 | 1.6940 | 1.5610 | 1.309 |

Est. vol. 9,570;vol.Tu. 9,094;open int. 32,850,+236.

SWISS FRANC（CME）-125,000 francs; $ per franc

| 3 月 | .6805 | .6844 | .6780 | .6837+ | .0038 | .7450 | .6754 | 57,142 |
|---|---|---|---|---|---|---|---|---|
| 7 月 | .6900 | .6907 | .6888 | .6904+ | .0038 | .7304 | .6750 | 941 |
| 9 月 | ... | ... | ... | .6970+ | .0038 | .7310 | .6965 | 1,102 |

Est. vol. 9,940;vol.Tu. 16,610;open int. 59,190,+4,418.

AUSTRALIAN DOLLAR（CME）-100,000 dlrs.; $ per A. $

| 3 月 | .6368 | .6480 | .6334 | .6456+ | .0094 | .7590 | .6328 | 18,019 |
|---|---|---|---|---|---|---|---|---|

Est. vol. 1,243;vol.Tu. 2,119;open int. 18,057,－230.

MEXICAN PESO（CME）-500,000 new Mex. peso; $ per MP

| 3 月 | .12112 | .12112 | .12075 | .12105- | .00015 | .12340 | .09700 | 15,788 |
|---|---|---|---|---|---|---|---|---|
| 7 月 | .11740 | .11740 | .11700 | .11720- | .00017 | .11985 | .09200 | 3,937 |
| 9 月 | .11360 | .11380 | .11360 | .11377- | .00017 | .11680 | .08000 | 4,825 |
| 12 月 | .11040 | .11060 | .11040 | .11050- | .00010 | .11440 | .08000 | 520 |

Est. vol. 3,390;vol.Tu.4,497;open int. 25,070, +39.

## 6.1.4 市場操作

　　購買一個期貨合約爲**多頭部位**（long position）；而賣出期貨合約則是**空頭部位**（short position）。

　　**未避險期貨合約的報酬**　圖6.1（A）顯示買入持有未避險期貨合約的報酬。水平軸表示期貨的價格F，而垂直軸則表示期貨價格變動所帶來的獲利或損失。持有一期貨合約，每當價格上升一美元或下跌一美元時，就賺或賠了一美元，因此如果F0是起始期貨價格，F爲期末價格，則持有一期貨合約，到期日的報酬將會是F-F0，這可以用圖6.1（A）中與水平軸交叉的45度線表示之。

　　如圖6.1（B）所顯示，賣出一未避險的期貨合約，到期日的報酬爲F0-F，和持有一期貨合約相反。從圖6.1可以清楚的看出，在同一天內進行期貨的買、賣，可以相互抵銷其變動風險。

　　**保證金的規定**　交易所爲每一交易合約定出保證金，但經紀人通常會要求其客戶支付較高的保證金。期貨保證金的額度是視期貨價格的變動程度和風險來決定；保證金額度也會視該期貨是用來避險或套匯而有所不同，舉例來說，交易所和仲介公司通常對避險需求的期貨要求較低的保證金，因其比投機

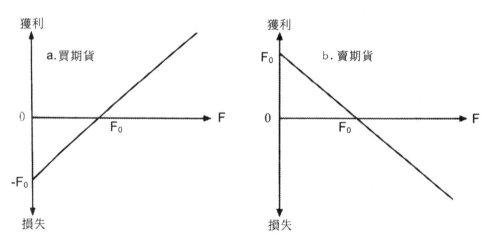

圖6.1　未避險期貨合約的報酬

型期貨的風險小。

如表 6.1 顯示共有兩種基本型態的保證金：期初保證金和維持保證金。**原始保證金**（initial margin） 是投資者在買入一期貨合約所必須存入其保證金戶頭的金額。然後再以每天為基期，保證金額度會增加或減少，以保護買賣雙方在進行交易時的權利。期貨的**原始**保證金通常都在期貨面額的 1-10% 之間，而其額度通常由其交易所決定。

**維持保證金**（maintenance margin） 是顧客在其戶頭裡必須維持的最低保證金額度。當投資者的損失導致戶頭裡的金額低於維持保證金的下限時，經理人會打電話給顧客，要求存入金額直到額度到達維持保證金的下限。維持保證金通常為**原始**保證金的 74%。

除了這兩種保證金，市場參與者通常被要求課徵**績效保證金**（performance bond margin）。績效保證金是財務上的保證，讓買賣雙方都可以確實遵守交易中應有義務，換句話說，除非所持有的期貨部位在到期日前便已被抵銷，否則買賣雙方都必須完成期貨的買或賣，這種保證金的目的是要確保誠實原則。

**例 6.1**　麗莎為了規避進口以馬克計價的產品的風險，買了一個馬克期貨合約。他的**原始**保證金為 $2700 ，維持保證金為**原始**保證金的 74% ，即為 $2000 。請問他何時會接到交易員的電話？

如果馬克的即期利率下滑，則麗莎所持有的期貨部位價值便會下滑，但只要程度少於 $700 ，麗莎便不需要再存入任何保證金；若其累積下滑金額達到 $701 ，則保證金戶頭便只剩下 $1999 ，麗莎就會接到交易員的電話，並被要求在戶頭裡存足 $2700，不然交易所會自動賣出其所持有的部位，並把所得存入其戶頭。

**期貨市場中的投機行為**　期貨的財務高槓桿性，可為期貨市場的投機行為可以帶來豐厚的利潤或巨大的損失。因為保證金平均需求只達合約總價值的 4% ，甚至更少，所以可以透過較少資金的運用便掌握大筆的外幣。投機者積極的參與期貨的買賣，以圖從匯率變動中賺取利潤，但也同時冒著較高的風險。

**例 6.2** 肯尼斯（Kenneth）是個投機客，他在 2 月 1 日買進一口 3 月到期的 125,000 的德國馬克期貨，合約上所註明的 3 月份馬克匯率為 \$0. 5939 ／ DM，所需保證金為 2%，而他預期在 3 月 15 日馬克的即期匯率為 \$0.6117 ／ DM，如果他的預期正確，則其投資報酬率有多高？

  因為所需保證金額度為 2%，所以他可以用 \$1484.75（DM125,000 × \$0. 5939 × 0.02）去擁有一張 DM125000 的合約，他可以用 \$74237.5，用合約上報價的 \$0.5939 ／ DM 買進 DM125000，然後再用即期匯率，即 \$0.6117 ／ DM，以 \$76462.5 賣出馬克。利潤將會是 \$2225。也就是原本投資額 \$1484. 75 的 150% 的利潤，因此只要匯率上升 3%，則將可賺取 150% 的利潤；如果即期匯率下跌 3%，他也將會損失 150%。

  **在期貨市場避險** 一個遠期合約可以依銀行顧客的需求而決定其金額和到期日，但是一個期貨合約一年中卻只有四個到期日，並且有特定金額的限制。這兩個特性使多國籍企業在使用期貨時必須承受部份的風險和匯率變動，但是如果我們建立一個好的避險組合，這些風險亦可以被最小化。在即期和期貨兩個市場同時進行套匯將使價格往同一方向移動。

表 6.3　在 2 月 1 日買進兩口瑞士法郎（SF）期約

|  | 即期市場 | 3 月 15 日到期的期貨市場 |
|---|---|---|
| 匯率 | \$0.6667 ／ SF | \$0.6655 ／ SF |
| SF250000 的成本 | \$166,675 | \$166,675 |
| 所採取的行動 | 無 | 買兩口 3 月 15 日的期約 |

  **例 6.3** 在 2 月 1 日，一美國公司進口了 5,000 隻，價值共 SF250000 的瑞士手錶，付款日為 3 月 1 日。瑞士製造商堅持在手錶送達之日，必須以瑞士法郎付清款項。在 3 月 15 日到期日時，即期市場的匯率是 \$0.6667 ／ SF，而期貨市場匯率是 \$0.6655 ／ SF。

  決定出銷售手錶的成本，進口商認為期貨的匯率足以讓公司進口產品，並從中獲利。然而，進口商必須在 3 月 1 日付款，而期貨的到期日卻在 3 月 15 日。另外，CME 所提供的瑞士法郎期貨合約為 SF125000 ／每口，所以進口商必須買兩口 3 月合約，如表 6.3 所顯示。

進口商可以在交割前將期貨合約賣出。進口商可以於3月15日在期貨市場買進 SF250000，而公司所面臨的唯一風險便是在 3 月 1 日期貨的價格和 3 月 15 日期貨價格間的差額。假設有兩件事情在 3 月 1 日發生：（1）即期匯率升值到 $0.7658／SF；（2）期貨價格升值到 $0.7650／SF，那麼進口商可以在 3 月 1 日賣出期貨合約而結束此筆交易，結果顯示於表 6.4。

表6.4 *將稍早購入的期貨合約在 3 月 1 日平倉*

| | 即期市場 | 3 月 15 日到期的期貨市場 |
|---|---|---|
| 匯率 | $0.7658／SF | $0.7650／SF |
| SF250000 的成本 | $191,450 | $191,250 |
| 所採取的行動 | 買進 SF250000 | 賣出兩個 3 月 15 日到期的期貨契約 |

在 3 月 1 日進口商以 $191450 買進 SF250000，用以支付其款項。但是 $191450 比當初在 2 月 1 日的原始價格（$166675）要高（$24775）；換句話說，即期交易中的匯率損失為 $24775。若公司在 3 月 1 日賣出的期貨合約（$191250）比公司在 2 月 1 日所買入的期貨合約（$166375）要高（$24875），公司在期貨交易中有 $24875 的匯兌利得。這 $24875 的期貨利得比 $24775 的即期交易損失要高。進口商在 2 月 1 日購買兩個期貨所假設的匯率風險與 3 月 1 日外幣的使用日期時的匯率並不配合，於是導致 $100（$24875 － $24775）的匯兌利得。此差異是由即期匯率和交割日當日的期貨匯率間的價差所造成，而此價差為 $100 的利得。我們把這差異叫做**基差**（basis）。

基差並不像即期利率，本身相當穩定，且隨著合約離到期日越近，基差也越小。舉例來說，在 2 月 1 日每法郎的基差為 $0.0012（$1.6667 － $0.6655），而到了 3 月 1 日，基差成為 $0.0008（$0.7658 － $0.7650），隨著合約越接近履約日，對期貨價格不確定的程度也隨之降低。在 3 月 15 日，理論上來說期貨的匯率就變成即期匯率。

在例 6.3 中，2 月 1 日和 3 月 1 日間的基差（$0.0004／SF）造成 $100 的匯率利得。如果瑞士法郎在同一期間是貶值的走勢，這個利得可以很容易地轉變成相同金額的匯率損失。但進口商因此能免於因匯率巨大的變動而承受鉅額損失，舉例來說，如果進口商沒有購買期貨合約，而在 3 月 1 日的即期市場上購買 SF250000 ，如此一來，他所購買的瑞士錶成本便會上升 $24775 。

經常使用期貨的貿易商通常都會利用兩個不同的市場或兩種不同的貨幣協調其交易。此種策略稱爲**差價交易**（spread trading），意旨買進一個合約並同時賣出一個合約，因此他們可能在一個合約中賺錢，但是在另一個合約中賠錢，但無論匯率如何變動，都不至於蒙受巨大損失。

# 6.2 外幣選擇權市場

在 1790 年成立的費城證交所（Philadelphia Stock Exchange）是美國最老的證券交易所。自從 1983 年芝加哥商品交易所和芝加哥選擇權交易所加入外幣選擇權交易後，費城證交所也在 1983 年開始外幣選擇權的交易。外幣選擇權目前在全世界各交易所都有進行交易，包括美國、倫敦、阿姆斯特丹、香港、新加坡、雪梨、溫哥華和蒙特利爾。

在費城交易所共有七種貨幣的選擇權可供選擇：澳幣、英磅、加幣、法國法郎、德國馬克、日本日圓和瑞士法郎。費城交易所最近也加入幾種交叉匯率合約，如馬克對日圓合約。這些外幣選擇權是以標準化的契約進行交易，契約交易單位是 CME 期貨合約金額的 1/2 。舉例來說，英磅的選擇權爲 31250 單位，剛好是英磅期貨契約62500單位的一半。此外，尚有大量的外幣選擇權在交易所外進行交易，許多銀行和金融機構都開始提供外幣選擇權，並爲符合其企業客戶的需求，而有特定的履約價及交割日。

雖然選擇權的市場規模和期貨相較較小，但其成長速度卻較快。在費城交易所進行交易的選擇權交易從 1983 年的 500000 單位上升到 1993 年的 1300萬單位，而因爲德國馬克與日圓在近幾年來變動激烈，所以交易量從 1994 年來有下滑的趨勢。

## 6.2.1 基本術語

外幣選擇權讓持有者可擁有在未來以特定匯率進行外幣買賣的權利。有兩種不同的選擇權：買權和賣權。一個**外幣買權**（currency call option）讓買方在選擇權存續期間內任何時候，可以特定匯率買入特定數量外幣的權利，但非義務。一個**外幣賣權**（currency put option）讓買方在選擇權存續期間內任何時候，可以特定匯率賣出特定數量外幣的權利，但非義務。

買權的擁有者在標的外幣價格上升時得以獲利，而賣權的擁有者則在價格下跌時獲利。如果外幣的價格在選擇權的存續期間內並無變動，則選擇權的持有者便損失整筆投資，正因如此，選擇權為高風險，但也意味著高利潤的投資工具。在即期市場內購買外幣，投資者必須付整筆的購買金額，但是選擇權的價格只是購買標的外幣的一小部份。

**履約價**(strike price) 指的是選擇權的擁有者執行其買賣標的外幣權利時的價格。在到期日前，選擇權買方可以決定要不要執行交易；選擇權在到期日後便毫無價值，除非其標的外幣價格有所改變。只有特定幾個到期日期可供選擇，而日期由提供選擇權的交易所決定。

選擇權在利潤－損失的產生方面和其他財務工具不同，這是因為選擇權的擁有者有無限利潤的可能性，但其最大損失卻只限制在所支付的權利金。擁有者具有執行或放棄選擇權的權利，通常只有在能獲利時才會執行此權利，否則擁有者也可以選擇讓其過期而損失所支付的權利金。換句話說，無限的利潤或損失的可能性皆存在於即期市場、遠期合約或期貨市場中，但在遠期市場及期貨市場的空頭、多頭部位的利潤結構卻彼此相反；也就是說，標的外幣的空頭、多頭部位能夠產生一對一的獲利或損失，最重要地，這些獲利或損失是由期貨到期日時的即期匯率來決定的。期貨合約的買方所損失的每一美元便是賣方所賺得的每一美元。

## 6.2.2 如何閱讀外幣選擇權數據

表 6.5 反映出七種貨幣在 1998 年 1 月 8 日華爾街日報的選擇權收盤價，要注意到大部份的外幣都有兩種數據，一組報價為歐式選擇權，另一種為美式選擇權。歐式選擇權只能在到期日當天履約，美式選擇權則可以在選擇權成立到最後履約日內的任何時間履約。因為美式選擇權比歐式選擇權較具彈性，所以在相同的履約價、匯率變動程度和存續期間，美式選擇權會具有較高的價

表6.5 費城外幣選擇權，1998年1月7日

**1998 年 1 月 7 日星期三**

各組欄位標題：買權（交易額、最後價格）、賣權（交易額、最後價格）

| 履約價／月份 | 買權 交易額 | 買權 最後價格 | 賣權 交易額 | 賣權 最後價格 |
|---|---|---|---|---|
| **Australian Dollar 64.37** | | | | |
| 50,000 Australian Dollars-Europen style. | | | | |
| $63^1/_2$ 2 月 | ... | ... | 200 | 0.72 |
| 50,000 Australian Dollars-cents per unit | | | | |
| $60^1/_2$ 3 月 | ... | ... | 5 | 0.36 |
| $62^1/_2$ 1 月 | ... | ... | 1 | 0.31 |
| $63^1/_2$ 1 月 | ... | ... | 1 | 0.42 |
| 50,000 Australian Dollars-cents per unit. | | | | |
| 63 3 月 | ... | ... | 5 | 1.00 |
| 65 3 月 | 300 | 1.07 | ... | ... |
| **British Pound 162.83** | | | | |
| 31,250 Birt. Pound-European style. | | | | |
| 158 3 月 | ... | ... | 64 | 1.20 |
| 159 3 月 | ... | ... | 5 | 1.53 |
| 162 1 月 | ... | ... | 69 | 1.00 |
| 165 2 月 | 89 | 0.93 | ... | ... |
| 31,250 Birt. Pound-cents per unit. | | | | |
| 160 3 月 | ... | ... | 20 | 1.95 |
| 162 2 月 | ... | ... | 20 | 2.05 |
| 164 2 月 | ... | ... | 20 | 3.08 |
| 165 2 月 | 20 | 1.18 | ... | ... |
| 165 3 月 | 8 | 1.65 | ... | ... |
| **Canadian Dollar 69.98** | | | | |
| 50,000 Canadian Dollar – European style. | | | | |
| 70 2 月 | ... | ... | 20 | 0.53 |
| $72^1/_2$ 1 月 | ... | ... | 20 | 0.70 |
| 50,000 Canadian Dollar–cents per unit. | | | | |
| 70 3 月 | 25 | 0.60 | ... | ... |
| $70^1/_2$ 2 月 | ... | ... | 13 | 0.87 |
| $70^1/_2$ 3 月 | ... | ... | 10 | 1.70 |
| 72 3 月 | ... | ... | 10 | 2.21 |

| 履約價／月份 | 買權 交易額 | 買權 最後價格 | 賣權 交易額 | 賣權 最後價格 |
|---|---|---|---|---|
| **French France 164.10** | | | | |
| 250,000 French Frances-10ths of a cent per | | | | |
| $16^3/_4$ 3 月 | 2 | 1.86 | ... | ... |
| 250,000 French Francs – European style. | | | | |
| 17 3 月 | 100 | 1.20 | ... | ... |
| $17^1/_4$ 3 月 | 5 | 0.70 | ... | ... |
| **GMark-JYen 71.95** | | | | |
| 62,500 German Marks-Japanese Yen cross. | | | | |
| $70^1/_2$ 2 月 | ... | ... | 7 | 0.63 |
| 71 3 月 | ... | ... | 62 | 1.48 |
| 74 2 月 | 7 | 0.58 | ... | ... |
| **German Mark 54.94** | | | | |
| 62,500 German Marks-Europwan style. | | | | |
| 53 3 月 | ... | ... | 15 | 0.39 |
| $57^1/_2$ 3 月 | 36 | 0.26 | ... | ... |
| 62,500 German Marks-cents per unit | | | | |
| 54 3 月 | ... | ... | 770 | 0.65 |
| 56 3 月 | ... | ... | 1 | 1.66 |
| 57 3 月 | ... | ... | 1 | 2.42 |
| 58 2 月 | 33 | 0.08 | ... | ... |
| 58 3 月 | ... | ... | 3 | 3.28 |
| **Japanese Yen 76.34** | | | | |
| 6.250,000 JYen-100ths of a cent per unit. | | | | |
| 73 3 月 | ... | ... | 500 | 0.71 |
| 74 3 月 | ... | ... | 500 | 1.01 |
| 75 1 月 | 4 | 1.60 | 2 | 0.60 |
| $75^1/_2$ 1 月 | 20 | 1.15 | ... | ... |
| $77^1/_2$ 1 月 | 6 | 0.28 | ... | ... |
| 78 2 月 | 30 | 0.93 | ... | ... |
| 78 3 月 | 325 | 1.42 | ... | ... |
| 79 3 月 | 13 | 1.12 | ... | ... |

| 履約價／月份 | 買權 交易額 | 買權 最後價格 | 賣權 交易額 | 賣權 最後價格 |
|---|---|---|---|---|
| 80 3 月 | 13 | 0.62 | 5 | 4.45 |
| 6,250,000 JYen - European style. | | | | |
| $78^1/_2$ 1 月 | 20 | 0.18 | ... | ... |
| 80 2 月 | 70 | 0.27 | ... | 67.77 |
| **Swiss Franc** | | | | |
| 62,500 Swiss Francs-European style. | | | | |
| 66 1 月 | 30 | 1.87 | ... | ... |
| 66 2 月 | ... | ... | 150 | 0.33 |
| 67 1 月 | 14 | 1.00 | 104 | 0.23 |
| 67 2 月 | 16 | 1.62 | 166 | 0.61 |
| $67^1/_2$ 3 月 | 5 | 1.71 | ... | ... |
| 68 1 月 | 9 | 0.46 | 150 | 0.60 |
| 68 3 月 | 7 | 1.50 | 4 | 1.25 |
| $68^1/_2$ 2 月 | 50 | 0.80 | ... | ... |
| 69 1 月 | ... | ... | 65 | 1.33 |
| 69 2 月 | ... | ... | 4 | 1.55 |
| 70 1 月 | 25 | 0.07 | 35 | 2.25 |
| 71 1 月 | ... | ... | 40 | 3.18 |
| 72 1 月 | ... | ... | 14 | 4.16 |
| 73 1 月 | ... | ... | 16 | 5.25 |
| 62,500 Swiss Francs-cents per unit. | | | | |
| 69 3 月 | ... | ... | 5 | 1.83 |
| 70 3 月 | ... | ... | 7 | 2.44 |
| $70^1/_2$ 3 月 | ... | ... | 2 | 2.91 |

Call Vol 2,273 Open Int 93,370
Put Vol 4,785 Open Int 92,320

值。市場上也有許多交叉匯率選擇權可供選擇，如德國馬克－日本日圓。

　　每一個貨幣的第一行顯示貨幣的名稱，例如英國英鎊，以及在費城交易所的當天收盤價。在第二行則是每一口的交易量，例如31250英鎊／一口、貨幣的名稱，例如英鎊，以及價格標示的方式，例如分元／英鎊。日圓價格及選擇權的標價方式爲百分之一分元／每單位外幣；法國法郎及選擇權的的標價方式爲十分之一分元／每單位外幣。其他貨幣的標價方式則爲分元／每單位外幣。

　　第一欄是各種不同的履約價格，亦即在選擇權上所規定得以買賣標的物的價格。英國英鎊有各種不同的履約價，這表示有許多英鎊的選擇權可供買賣。從左數過來的第二欄爲選擇權的交割日或到期日，這些選擇權的到期日以 3 月、6 月、9 月、12 月爲循環，而原來選擇權的存續期間分別爲 3 個月、6 個月、9 個月、12 個月以及二倍數的月份，結果便有 1 個月、2 個月、3 個月到期的選擇權。他們在到期月份的第三個星期三之前的星期六到期。

　　接下來則爲兩組數字。第一組數字爲各履約價買權之交易量及收盤價或權利金；第二組數字則爲各履約價賣權之交易量及收盤價或權利金。

　　在表格的最後是費城交易所當天交易的總結。總買權交易量及總賣權交易量顯示當天交易的選擇權數：買權未平倉口數及賣權未平倉口數則爲在外流通的選擇權數量。

　　一般來說，履約價較即期匯率低的買權，或是履約價較即期匯率高的賣權的價格都較高。通常選擇權交易數量會較標的外幣的交易量爲大，這表示選擇權爲短期投資但金額龐大的專家，或是利用選擇權避險的外幣持有者所交易。這樣的避險方式所提供的價格保護和外幣期貨相似。

## 6.2.3 外幣選擇權權利金

　　外幣選擇權權利金是買權或賣權的買方必須付給賣方（選擇權出讓人）的選擇權價格。權利金決定於市場狀況，例如供給、需求以及其他經濟變數。不論經濟情況如何變動，選擇權買方損失的最多只是選擇權的權利金，他將權利金付給交易員，然後這一筆錢將會支付給賣方。因爲已知的有限風險，買方不需要維持保證金的額度。

另一方面，選擇權的賣方面臨的風險和現貨或期貨市場的參與者相似，因為買權的賣方處於空頭部位，所以他所面臨的風險和一開始就買外幣的人一樣。選擇權賣方因為負擔所有選擇權可能的義務，所以須依規定繳交保證金。

雖然市場因素是選擇權權利金最終的決定因素點，但是仍有幾個用來計算權利金的基本原則，一般來說，選擇權權利金為實質價值及時間價格的總和。

$$總價值（權利金）＝實質價值＋時間價值 \qquad (6.1)$$

相當重要的一點是，實質價值和時間價值均受到履約價及標的外幣之即期價格間差異的波動影響。

**實質價值** 實質價值（intrinsic value）是標的外幣的匯率和選擇權履約價格之間的差異。如果履約價低於標的外幣的匯率，則買權有實質價格存在；而如果履約價高於標的外幣，賣權才具有實質價值。

任何具有實質價值的選擇權稱為**價內**（In-the-money），買權的履約價較即期匯率低時便稱為價內；賣權的履約價較即期匯率高時也稱為價內。舉例來說，一賣權的履約價為＄1.70／£，而即期匯率為＄1.50／£，則此賣權為＄0.20的價內，因為立即執行賣權將會獲得＄0.20的現金利得。

買權的履約價若高於即期匯率則稱為**價外**（out of the money）；賣權的履約價低於即期匯率也稱為價外。舉例說明，一賣權的履約價為＄1.70／£，即期匯率為＄1.90／£，則此賣權為＄0.20的價外，因為馬上執行賣權將會造成＄0.20的現金損失。

當買權或賣權的履約價格等於即期匯率時，此選擇權便稱為**價平**（at the money）。表6.6總結不同買權或買權的實質價值。

表6.6 計算外幣選擇權的實質價值

|  | 買權 | 賣權 |
| --- | --- | --- |
| 價內 | 即期匯率>履約價 | 即期匯率<履約價 |
| 價平 | 即期匯率＝履約價 | 即期匯率＝履約價 |
| 價外 | 即期匯率<履約價 | 即期匯率>履約價 |

**時間價值** 選擇權權利金的第二個決定因素為時間價值。**時間價值** （Time value）表示選擇權在持有時間內會因為標的物的價格變動而使選擇權的價值變動。一般來說，到交割日的時間越久，選擇權權利金便越高，因為假如市場參與者可有四個月的時間決定要不要執行選擇權，而不是在一個月內決定時，擁有買或賣的權利對於他而言是較具價值的。例如，從二月算起，六月到期的選擇權可有四個月時間讓即期匯率變動至高或低於履約價格。

**匯率變動的價值** 標的物即期利率的變動程度是影響選擇權權利金最重要的原因之一。變動程度指的是在給定時間內價格波動的幅度，波動的幅度越大，即期利率低於或高於履約價的可能性也越高，因此外幣匯率變動程度越高時，選擇權權利金也會越高。

通常而言，一個選擇權即使是在價外時，仍有利潤機會。對於在價外的選擇權，在它們還沒到期日前，投資者仍願意付一點權利金。因為選擇權在到期日前，實質價格尚有增加的可能性。因此，選擇權的價格永遠會比實質價格高。

## 6.2.4 外幣買權

外幣買權能讓買權持有者在約定期間內以約定價格購買外幣的權利。人們因為預期外幣的即期匯率將會上升，因此才會購買外幣買權。基於避險或套匯的原因而進行外幣賣權的交易。

**買權市場的避險** 面臨匯率風險的多國籍企業可以使用外幣買權。假設一美國公司向德國公司訂了商業用設備，同時必須以馬克付款，則一個馬克買權可以鎖定一定匯率，使美國公司用此匯率以美金買馬克。只要到達履約價時，即使在交割日前便可以交易，所以買權限制了美國公司為獲得馬克所必須付的最高價格。如果即期利率在到期日時比履約價格更低，則美國公司可以即期利率付款，而讓買權過期。

**例 6.4** 讓我們看看在進口以外幣計價的產品時，如何利用買權來規避可能的外匯損失。假設在 2 月 1 日，一個美國企業以 DM625000 從一個德國公司購買一台電腦，雙方約定美方必須在 6 月 1 日以馬克付款，讓我們假設一個履約價為 $0.5000 ／ DM 的馬克買權,其到期日為 6 月的權利金為 0.03 分／ DM。因為每個馬克買權為 62500 單位,所以美方必須購買 10 個買權,才能達到 DM625000。現在馬克的即期利率是 $0.4900 ／ DM,美方相信在 6 月 1 日即期匯率會上升至 $0.6000 ／ DM。

美方現在有兩個選擇:不避險或利用選擇權避險。如果美方不想規避風險,便必須等到四個月後,以當時的即期匯率買進所需的馬克,如果預測是正確的,美方企業用 $0.6000 ／ DM 的匯率以 $375000 購買 DM625000。

十個馬克買權的價格是 $187.50(0.03 分× 10 個選擇權× 62500 單位／合約)。如果美國公司決定要規避風險,則在 6 月 1 日就能執行其權利,以 $312500 購買 DM625000($0.500 ／ DM × DM625000)。結果美國公司總共花了 $312687.5($187.5 ＋ $312500)去購買 DM625000。以此方式,美國企業總共避免了 $62312.5 的損失($375000 － $312687.5)。如果未來的馬克即期利率在履約價——$0.5000 ／ DM 以下,那美國企業可選擇以當時的即期匯率付款,而讓選擇權過期。如此一來,美國企業只會損失選擇權權利金的 $187.5。

**買權市場的套匯** 個別投資者可以利用他們對匯率變動的預期,以外幣買權套匯。在買權市場,套匯的目的在從匯率的變動中運用買權而獲得利潤。如果套利者預期未來的即期匯率會上升,他可以進行以下的交易:(1)買進外幣的買權;(2)等到外幣的即期利率升到高點;(3)以履約價用選擇權購買外幣;(4)再用當時的即期匯率賣出外幣。當一個投機客買進買權時,他的獲利與否可用以下的等式來決定:

$$利潤(損失)=即期利率-(履約價＋權利金) \qquad (6.2)$$

**例 6.5** 假設在 2 月 1 日時,每個英磅的買權權利金為 1.1 分,到期日為 6 月,履約價格為 $1.60 ／ £,肯尼司預期在 5 月 1 日英磅的即期匯率會上升到 $1.70 ／ £,如果他的預期正確,透過在買權市場買入一個英磅買權(31250 單位),他能得到多少美元利潤?

透過以下的交易,他可以得到 $2781.25 的利潤。

1. 在 2 月 1 日買進買權　　　　　　　— $0.0110 ／ £
2. 在 5 月 1 日執行買權　　　　　　　— $1.6000 ／ £
3. 在 5 月 1 日賣出英磅　　　　　　　＋ $1.7000 ／ £
4. 在 5 月 1 日的淨利　　　　　　　　＋ $0.0890 ／ £
5. 每張合約的淨利：£31250 × $0.0890 ＝ $2781.25

肯尼斯可以用等式 6.2 計算而得到 $0.0890 ／ £ 的利潤。

利潤 ＝ $1.700 － ($1.6000 ＋ $0.0110) ＝ $0.0890

　　他並不需要執行他的買權才可以賺取利潤，外幣買權的權利金也會隨著標的外幣匯率的變動而起伏，如果買權變得有利可圖，權利金便會上升，這樣就可以像任何外幣一樣在交易所中進行買賣，所以一個買權持有者可以省下擁有外幣和銷售的費用。

　　**買權價格的圖表分析**　圖 6.2 顯示出了買權的市價和其實質價格間關係。從履約價等於即期利率此點算起，即期利率的上升，時間價值也會跟著上升。但是市場價格不管在任何即期利率上，都超過實質價格，因為時間價值的關係，買權即使在價外仍具有正價值。我們也必須瞭解當買權的履約價超過即期匯率時，實質價格便歸於零。

## 6.2.5 外幣賣權

　　外幣賣權指的是讓持有者在有效期間內以約定價格賣出外幣的權利。人們預期未來外幣匯率貶值時將會購買外幣賣權。

　　多國籍企業在面臨外幣風險時，可以利用外幣賣權規避風險，假設一個美國企業賣給日本廠商一架飛機，並決定以日圓付款。出口的一方擔心付款當天日圓將會貶值的可能性，而為了規避日圓貶值風險，出口商可以買一個日圓賣權，便可以以履約價賣出日圓。事實上，出口商鎖定最低匯率，並在特定期間內以日圓兌換美元。從另一方面來看，如果日圓在這段期間升值的話，出口商就可以當時的匯率賣出日圓而讓賣權過期。

　　個別投資者也可以利用他們對匯率變動的預期，利用外幣賣權進行套匯。舉例來說，如果投機客相信德國馬克將會貶值，則可以買進賣權，便可以約定的履約價賣出馬克。如果馬克的匯率如預期般的貶值,他們便能以即期匯率買進馬克,並用賣權以履約價賣出。當一個投機客買進賣權時,他的獲利與否可用以下的等式來決定:

$$利潤(損失)=履約價-(即期利率+權利金) \qquad (6.3)$$

舉例來說,一個擁有履約價為 $0.585/DM,權利金為 $0.005/DM 賣權的投機客,即期匯率為 $0.575/DM,其利潤為:

$$利潤 = \$0.585 - (\$0.575 + \$0.005) = \$0.005/DM$$

投機客並不需要執行其買權才能獲利,他們可以賣出賣權而獲利,因為外幣賣權的權利金會隨著標的外幣匯率的變動而起伏。賣權的賣方有義務以履約價購買賣權擁有者外幣的義務。如果投機客預期外幣會升值,他們可以賣出賣權,但如果外幣真的升值,賣權便不會被執行;另一方面,如果投機客預期外必會貶值,便可以保有賣權,如此一來,當權利金上升時便可以將賣權賣出。

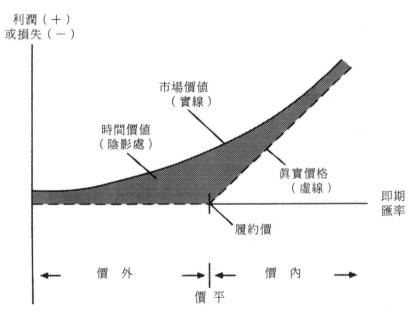

圖6.2 買權的市場價格

**選擇權的獲利與損失組合**　圖 6.3 的損益圖顯示利潤或損失與到期日當天匯率之間的關係。

假設買權權利金是 $0.04 ／ £，履約價為 $1.50 ／ £，而到期日為兩個月後，則圖 6.3（a）與 6.3（b）的垂直軸為衡量在到期日的時候，在不同即期匯率（水平軸）之下，買權交易者所產生的利潤或損失。對於英磅買權的擁有者而言，他的損失將只限於當初買選擇權所付出的價格。如果即期利率為 $1.50 ／ £ 或更低，便只損失（$0.04）；而當匯率上升到 $1.54 ／ £ 時，買權擁有者便會有 $0.04 的獲利，但此獲利會被當初所付的權利金所抵銷，這一點（$1.54）被稱為**損益平衡點**（break-even point）；當即期利率在 $1.54 ／ £ 以上時，買權的擁有者就能有無限的利潤。對於買權的賣方而言，獲利將被限制在賣出選擇權時的權利金。如果即期利率是 $1.50 或更低，就能賺到權利金（$0.04），但若即期利率在 $1.54 ／ £ 以上時，買權的賣方便會承受損失。

假設賣權權利金是 $0.06 ／ £，履約價為 $1.50 ／ £，而到期日為兩個月後，則圖 6.3（c）與 6.3（d）顯示出了賣權交易者的獲利與損失組合。只要匯率在 $1.44 ／ £ 以下，就會賺取利潤。$1.44 ／ £ 的損益平衡點意味著，擁有者在執行選擇權時並沒有利潤或損失發生，這是因為所賺取的 $0.06 被權利金所抵銷。只要匯率在 $1.44 ／ £ 以上，擁有者便會有損失，但其損失卻止於當初所付出的選擇權權利金。圖 6.3（d）的賣權買方的利潤與損失組合與賣權買方的利潤與損失組合為互相對應的。

# 6.3 期貨選擇權

芝加哥商品交易所在 1984 年 1 月推出了外幣期貨選擇權。外幣期貨選擇權即標的物為外幣期貨契約的選擇權。他們原本是為了德國馬克而設計的，但現在英磅、加幣、日圓、墨西哥披索和瑞士法郎都有類似的工具。期貨選擇權在每年 3 月、6 月、9 月和 12 月進行交易，如同其標的期貨契約一樣。

外幣期貨選擇權（currency futures options）指擁有者有在未來以約

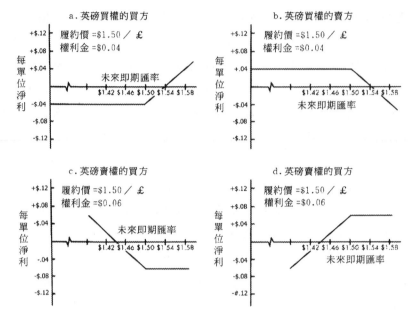

圖6.3    選擇權的獲利與損失組合

定價格對某一約定的外幣進行買賣的權利。目前共有兩種外幣期貨選擇權：
外幣期貨買權及外幣期貨賣權。外幣期貨買權使買方擁有在該選擇權存續期
間內以約定價格購買該外幣期貨的權利，而非義務；外幣期貨賣權則是讓買
方擁有在該選擇權存續期間內以約定價格賣出該外幣期貨的權利，而非義
務。表6.7顯示在選擇權執行後的期貨部位。

表6.7    選擇權執行後的期貨部位

|  | 買權 | 賣權 |
|---|---|---|
| 買方 | 多頭期貨部位 | 空頭期貨部位 |
| 賣方 | 空頭期貨部位 | 多頭期貨部位 |

　　多國籍企業在面臨匯兌風險時可利用期貨選擇權來規避該風險，個別投資
者也可以他們對特定貨幣的匯率變動預期，利用期貨選擇權進行套匯。相信期
貨價格過低的一方可以買進期貨的買權，而相信期貨價格過高的一方可以買
進期貨的賣權。

如果一個期貨買權被執行的話，買方在該標的期貨得到一個多頭部位，並加上等值於外幣期貨價格減去履約價的現金。但如果一個期貨賣權被執行的話，賣方則可得到該標的期貨的空頭部位，加上與履約價減去外幣期貨價格等值的現金。

例 6.6　假設投資者有一個 6 月的英磅期貨選擇權（625000），而履約價為 $1.580／£。該外幣期貨價格在 6 月到期日時為 $1.630／£，如果投資者執行其選擇權，則將會收到 $3125（62500 × 0.05）加上一個期貨多頭部位，能夠讓他在 6 月購買 £62500。如果需要的話，他也能在無任何成本的情況下沖銷該多頭部位，而留下 $3125 的現金利潤。

例 6.7　假設投資者有一個履約價為 $0.65／SF 的瑞士法郎（125000）期貨賣權，該外幣期貨在 6 月到期日時的價格為 $0.55／SF，如果他執行其選擇權，則將會收到 $12500（125000 × 0.10）加上一個期貨空頭部位，能夠讓他在 6 月賣出 SF125000。他也能在無任何成本的情況下沖銷該空頭部位，而留下 $12500 的現金利潤。

## 總結

外匯市場的三個主要財務工具為外幣期貨、外幣選擇權及外幣期貨選擇權。這三種合約類似的原因在於他們皆被因未來匯率的變動而產生影響的企業或個人所使用。但三者也有所不同，因為（1）外幣期貨的擁有者必須在交割日進行外幣的買賣；（2）外幣選擇權的擁有者則擁有以約定價格買賣外幣的權利；（3）外幣期貨選擇權的擁有者則擁有買賣特定外幣期貨的權利。

這三種財務工具在避險、投機或套匯上都有其需求存在。因為皆標準化的合約，且所需成本很小，所以對個人或小型企業較具吸引力。多國籍企業則利用這三項工具作為遠期合約之外的另類選擇。

期貨與選擇權的交易牽涉到六個主要的風險：信用、市場、流動性、法律限制、交割與營運。信用風險來自於買賣雙方有可能無法完成合約上所規定的義務；市場風險則指該標的金融工具在價格上的變化；流動性風險則是指一個證券公司或銀行因為市場上缺乏買方或賣方,而無法沖銷或清算某一部位的風險;法律風險則指該合約不具強制力或證明文件不足;交割風險會在當交易雙方在規定時間無法提供所應提供之資金或金融工具時發生;營運風險則因人為疏失等所導致的損失。

---

# 問題

---

1. 遠期合約和期貨合約有何不同?

2. 期貨合約和選擇權最大的不同為?

3. 期貨合約主要保證金為何?而保證金扮演什麼樣的角色?

4. 投機客如何使用外幣期貨?

5. 美國公司如何使用外幣期貨?

6. 選擇權權利金包含哪些要素?

7. 為何選擇權價格會較實質價值高?

8. 為何選擇權的實質價值不能小於零?

9. 假設企業想要使用外幣選擇權或遠期合約去規避匯率變動風險,請問在此情況下使用外幣選擇權的好處及壞處是什麼?

10. 公司在何時應該以避險為目的而買進買權?什麼時候又該買進賣權?

11. 投機客在何時應該買進買權?什麼時候又該買進賣權?

12. 什麼是外幣期貨選擇權?

---

# 習題

---

1. 美國企業為了規避以日圓計價的進口貨品所遭致的匯兌損失,而賣出日圓期貨合約。期初保證金為 $20000,而維持保證金為原始保證金的 75%,該公司持有的部位因為日圓的即期匯率上升而減少 $6000。

   a. 維持保證金的金額為多少?

   b. 請問外匯經理人該打電話到公司要求維持保證金額度嗎?

   c. 請問必須存入多少現金才能恢復原有的原始保證金額度?

2. 一投機客在 2 月 2 日買進一張 9 月（9 月 19 日）到期的 £62500 的
   期貨合約，匯率為 $1.6500／£，他相信在 9 月 19 日的英磅匯率為
   $1.7000／£。保證金需求為 2%。

   a. 如果他的預測是正確的，則投資報酬率為多少？

   b. 如果在 9 月 19 日的即期匯率比期貨規定的匯率低 5%，則從這筆
      期貨交易中損失多少？

   d. 如果有 65% 的機會英磅的即期匯率在 9 月 19 日會上升至 $1.700
      ／£，則應該如何利用期貨市場套匯？

3. 在 3 月 20 日，一位底特律投資人決定在英國投資 $100 萬的定存單，
   收益率為 20%，他預期在英國定存單上所得到的 20% 收益比在本國市
   場進行投資為多。該投資者在即期市場買進英磅，再從英國銀行購買
   定存單。即期市場的匯率為 $2.0000／£，而在 6 月 20 日到期日時
   的期貨市場匯率為 $2.0050／£。

   a. 投資者在期貨市場買了足夠的英磅期貨以規避本金和利息在到期
      日的風險，請簡述該筆交易。

   b. 在 6 月 20 日英磅貶值至 $1.8500／£，假設到期日時的即期匯
      率和期貨規定之匯率相同，在當天投資者決定利用即期市場賣出
      英磅來沖銷該期貨部位，請簡述該筆交易。

   c. 比較從期貨交易中得到的匯兌利得（損失）和即期交易中得到
      的匯兌利得，請問其淨利得？

   d. 如果投資者沒有對該投資避險，假設英磅在 6 月 20 日貶至 $1.
      8500／£，則該筆交易會有多少匯兌損失？

4. 在 3 月 1 日的英磅買權權利金為 $0.04，到期日為 9 月 19 日，履約
   價為 $1.80／£。一個投機客相信在 9 月 19 日的英磅即期匯率會上
   升到 $1.92／£。

   a. 如果投機客的預測是正確的，則兩個英磅買權（£62500）的美
      元利潤為多少？

b. 如果選擇權到期時的即期匯率為 $1.76 / £，則他會執行該選
擇權嗎？在這此交易中的損失為何？

5. 在 3 月 1 日的英磅賣權權利金為 $0.04，到期日為 9 月 19 日，履約
價為 $1.80 / £。一個投機客相信在 9 月 19 日的英磅即期匯率會下
降到 $1.72 / £。假設他的預期為正確的，則利用兩個賣權（62500
英磅） 套匯的美金利潤為多少？

6. 美國企業以 £62500 向英國企業買進 30 台電腦，並且必須在 90 天後
以英磅支付。一履約價為 $1.60 / £、 90 天後到期的英磅買權之權
利金為 $0.04 / £，現在英磅的即期匯率為 $1.58 / £，美國企業預
測 90 天後的即期匯率為 $1.66 / £，美國企業有兩種選擇：利用選
擇權避險或不避險。美國企業應該選擇買權避險或不避險？

7. 一個美國出口商預定 60 天後收到 DM125000，而一個履約價為 $0.50
／ DM、 90 天到期的馬克賣權之權利金為 $0.03 / DM。公司預測 90
天後的即期匯率為 $0.46 / DM，公司應該利用選擇權市場為其應收
帳款避險嗎？如果 90 天後即期匯率為 $0.51 / DM，將會如何影響公
司的決策？

8. 日圓的匯率為 $0.0069 / ¥，而一個日圓買權的履約價為 $0.0065 /
¥。一個投資者有兩個日圓買權，如果他執行買權，可以實現多少利
潤？（提示：詳見表 6.5 中，關於日圓買權的合約額度，並忽略選擇
權權利金）

9. 日圓的匯率為 $0.0069 / ¥，而一個日圓賣權的履約價為 $0.0070 /
¥。一個投資者有兩個日圓賣權，如果他執行賣權，可以實現多少利
潤？（提示：詳見表 6.5 中，關於日圓賣權的合約額度，並忽略選擇
權權利金）

10. 在 10 月 23 日英磅收盤價為 $1.70 / £，一明年 1 月到期、履約價
為 $1.75 / £ 的買權，以 $0.10 進行交易。
a. 請問此買權是價內、平價或價外？
b. 請計算該買權的實質價值。

c. 如果英磅匯率在 1 月到期日前升至 $1.90 ／£，請問在 10 月 23 日買進一個買權的投資者其報酬率爲多少？

11. 回顧問題 6 、10，擁有相同履約價格及到期日的英磅賣權在 10 月 23 日以 $0.05 進行交易。

　　a. 請問賣權是價內、平價或價外？

　　b. 請計算該賣權的實質價值。

　　c. 如果英磅匯率在到期日前跌到 $1.65 ／£，請問在 10 月 23 日買進一個賣權的投資者的報酬率爲多少？

## 案例六：莫克（*Merck*，美國藥廠）的外幣選擇權使用方式

　　匯率變動對於公司的影響，決定於公司的架構、產業情況及競爭環境。這個案例敘述莫克如何計算外匯風險，並且決定如何避險。

　　**莫克公司**　莫克公司在 1991 年慶祝一百週年慶。今日，公司的業務遍及全球100多個國家，爲供應預防、減輕或治療疾病的產品至全世界，是公司營運重要的一部份。

　　莫克全球銷售的50％來自國外，而海外盈餘則佔總盈餘的40％。製藥產業競爭相當激烈，沒有一家公司可以佔有全世界銷售的5％，而莫克雖爲全世界最大、銷售量最大的製藥廠商，其市場佔有率低於 5％。

　　當莫克逐漸全球化時，它開始在美國或其他國家建立策略聯盟，以利於研究、發展或行銷產品。此外，莫克也認知到未來競爭會更趨向於全球化，爲了使其經理人因應未來更爲廣大的競爭，莫克擴大國際經理人的訓練。訓練計畫重視國際事務，例如外匯風險管理，而訓練計畫的參與者也反映了公司業務的國際性，例如最近參加總裁發展計畫的高階經理人，便來自於 30 個國家。

　　因爲必須融資高風險且不斷成長的研究費用，美國製藥公司較其他產業更爲明顯地參與海外市場，而這些公司經營海外市場的方法也有所不同。雖然許多美國出口商使用美元計價，但絕大多數的製藥公司卻以客戶當地的

貨幣計價,因此匯率變動的影響更為直接。

　　製藥公司的國外子公司在生產階段傳統上扮演產品進口者的角色,而子公司負責當地國家內完成、行銷並配送這些產品。藥品的銷售是以當地國貨幣計價的,但是成本卻以當地貨幣及母國貨幣混合計價。

　　**匯率風險的分辨及衡量**　當一公司選擇在國外營運時,便會面臨匯率風險。匯率的變動可以三種方式影響美國的多國際企業。第一,以國外貨幣持有的資產之美元價值將會改變,這種形式的風險稱為換算風險,表示匯率改變對公司的財務報表的影響。第二,匯率變動前達成的交易結果,例如應收帳款或應付帳款,而在匯率變動後結算。這種風險稱為交易風險,表示匯率的改變對存在於匯率變化之前,而於匯率變化之後結清的債務的影響。第三種風險指經濟風險,指匯率變化對公司所有層面的潛在影響,例如產品市場、原料市場及資本市場。經濟風險包括未來收入風險及競爭風險。未來收入風險指以外國貨幣計價的海外收入其美金價值改變的可能性;競爭風險則指一公司競爭力改變的可能性,例如成本以弱勢貨幣計價的競爭者可能會具有較大的價格彈性,因而具有潛在的競爭優勢。

　　競爭風險成為近年來學術研究的主題,這種風險可用1980年代初,因為美元的強勢對美國企業的競爭力產生負面影響來說明。這種情況不但僅在出口市場發生,在美國國內市場內,也因為美元不斷的升值,使日本及歐洲的製造商在以美元計價時,較美國本土生產者具有競爭優勢。

　　因為其全球業務,莫克必須處理將近40種貨幣。為瞭解匯率對收入及淨利的影響,莫克建構一個銷售指標,衡量美元相對一籃貨幣的強度,這一籃貨幣以各國的銷售量比例為加權指數計算。公司以 1978 年作為銷售指數的基期,當指數超過100,表示外幣相對美元強勢,也暗示著會有匯兌利得;當指數在100百分比下時,表示美元相對外幣強勢,匯率變動便帶來負面影響,而有匯兌損失。莫克評估其1972到1988年的銷售指數,並發現他的海外收入面臨巨大的風險。

　　為了應付此風險,莫克決定從新檢視其資源的全球配置情形,這次檢視的目的是決定在個別貨幣下的收入和成本是否可以互相平衡,同時也顯示公司資源的分配和銷售比例無法配合，最主要的原因在於研究、製造和營運總部均集中在美國。

**利用財務工具避險** 對莫克而言，決定採用分散的策略（資源的配置）並不是最適合的方式，因此他決定採用財務避險的方式。這方式共有5個步驟：（1）預測匯率變動程度；（2）確認五年的策略性計畫之影響；（3）決定對該風險是否採避險措施；（4）選擇適當的財務工具；以及（5）建立避險計畫。根據這5個步驟，莫克決定選擇外幣選擇權當作風險管理的工具。

確定一個企業會面臨到的匯率風險，並決定該採取的措施是需要大量的研究分析。莫克的管理階層認為這種對匯率風險的研究幫助莫克建立適當的財務避險方案，也因此確保任何可能性的匯率變動，不至於對公司的營運策略產生傷害。

---

## 案例問題

1. 給定莫克的業務架構、產業情況及競爭環境，你認為製藥公司將會面臨那幾類外匯風險？為什麼莫克認為收入（當期及未來）風險為公司最重要的匯率風險？

2. 評估外匯避險工具及技術的好壞。

3. 你認為為何莫克不使用多角化策略以消除非預期匯率變化對其未來收入的影響？

4. 描述莫克的外匯風險管理五步驟的每個步驟：匯率預測、策略性計畫之影響、避險分析、財務工具及避險計畫。

5. 為什麼莫克選擇選擇權為主要的避險工具？

6. 芝加哥商品交易所的網址為 www.cme.com ，而費城交易所的網址為 www.phlx.com／，裡面有許多關於貨幣及選擇權的資訊。利用這些網頁去描述英國英鎊期貨與選擇權的價格。

# 參考書目

Black, F. and M. Scholes, "The Pricing of Options and Corporate Liabilities," *Journal of Political Economy*, May/June 1973, pp. 637–59.

The Chicago Board of Trade, *Commodity Trading Manual*, Chicago: Board of Trade of the City of Chicago, 1989.

The Chicago Mercantile Exchange, *Using Currency Futures and Options*, 1987.

Cook, T. Q. and R. K. LaRoche, eds, *Instruments of the Money Market*, Federal Reserve Bank of Richmond, 1993.

Giddy, I. H., "Foreign Exchange Options," *Journal of Futures Markets*, Summer 1983, pp. 145–65.

Giddy, I.H., "The Foreign Exchange Option as a Hedging Tool," in Joel M. Stern and Donald H. Chew, eds, *New Developments in International Finance*, New York: Blackwell, 1988, pp. 83–93.

Hopper, G. P., "A Primer on Currency Derivatives," *Business Review*, Federal Reserve Bank of Philadelphia, May/June 1995, pp. 3–14.

Jain, A. K., *International Financial Markets*, Boulder, Colo.: Kolb Publishing Co., 1994.

Merton, R., "Theory of Rational Option Pricing," *Bell Journal of Economics and Management Science*, Winter 1973, pp. 141–83.

Remolona, E. M., "The Recent Growth of Financial Derivative Markets," *FRBNY Quarterly Review* (Federal Reserve Bank of New York), Winter 1993, pp. 28–42.

# 第七章

財務交換

交換指的是雙方在未來一段期間內，彼此交換現金流量的約定。當匯率及利率在波動狀態下，遠期合約及貨幣市場交易風險極大，以致於外幣期貨與選擇權市場不能適當地運作。外幣期貨與選擇權也較不具彈性，並且只限於某些貨幣才有。在這樣的情況之下，多國籍企業及政府便會使用交換協定以保護出口銷售、進口訂單以及以外幣計價的借款之價值。

財務交換現在由多國籍企業、商業銀行、世界組織以及聯邦政府使用以減低貨幣及利率風險，這些交換方式雖與其他匯率風險管理工具相競爭，如貨幣遠期合約、期貨及選擇權，但是同時也可補足其他工具的不足。

第七章包含三個主要部分。第一個部分描述交換市場的演進；第二部分討論兩個主要的交換類型－－利率交換及貨幣交換；第三部分評估交換的動機。

# 7.1 交換市場的演進

交換市場的起源可追溯到1970年代晚期，當時貨幣交易商用貨幣交換的方式躲避英國對外幣流動的控制，而換兌市場從那時起便快速發展。在這一部份，我們討論交換市場的起源、平行及相互貸款的缺點以及 交換市場的成長。

## 7.1.1 交換市場的起源

財務交兌通常被視爲平行及相互貸款的延伸，而平行及相互貸款運作方式類似，唯一不同點爲平行貸款牽涉到四家公司，而相互貸款卻只牽涉兩家公司。這兩種財務工具流行於 1970 年代，當時英國政府對外幣交易課徵稅金以避免資金流出，平行貸款則因爲可避免這些稅賦，變成了廣爲接受的工具。相互貸款只是平行貸款的簡單修正版而已，而貨幣交換則是相互貸款的自然延伸。

**平行貸款** 平行貸款（parallel loan）指四家公司間的貨幣交換，他們約定在未來特定日期，以一定匯率重複交換貨幣。雖然並不一定，但是基本上這些團體會包含兩個關係企業，所以平行貸款通常都是發生在兩個不同國家的兩個多國籍企業的母公司。

圖 7.1 顯示典型的平行貸款架構。假設（1）子公司在義大利的美國母公司（IBM）想取得一年期的里拉貸款，以及（2）子公司在美國的義大利母公司（Olivetti）想要取得一年期的美元貸款；換句話說，兩家公司均是想要借到子公司所在國的貨幣，而這種貸款可以不需要經過外匯市場。IBM可以將約定數量的美金借給 Olivetti 的美國子公司，相對地，Olivetti 可將等同價值的里拉借給IBM的義大利子公司。平行貸款的貸款款項與到期日是相同的，而每一個貸款當然也以子公司當地國之貨幣歸還，也就是因為所貸款項與歸還的款項均為同一貨幣，所以平行貸款可以避免外匯風險。

**相互貸款** 相互貸款（back-to-back）指的是牽涉到兩團體間外幣兌換的貸款，雙方彼此承諾在未來的特定時日，以約定的匯率換回原有貨幣。相互貸款牽涉到兩個不同國籍的公司，舉例來說，AT & T 同意在美國借錢，並把所借的款項借給德國的福斯；相對地，福斯也在德國借錢，並把所借款項借給在美國的 AT & T。利用這種簡單的協議，每家公司都能在海外資金市場上得到所要的資金，而不會有實際上的跨國境資金流動，最後兩家公司都能利用相互貸款而避免匯兌風險。

## 7.1.2 平行貸款及相互貸款的缺點

雖然平行貸款和相互貸款為雙方帶來一定的利益，但是以財務工具的角度來看，有三個問題。第一點，我們很難發現彼此有相同需求的企業；第二點，即使其中一家企業無法履行承諾，另外一家仍有遵循該協議的義務；第三點，這類型的貸款會出現在公司之會計帳目上。

外幣交換能完全或部分地克服以上的問題，這也解釋了近幾年來交換快速成長的原因。第一點，在某國的公司必須找到在國外的另一家企業，而此企業必須有相同需求，包括貨幣種類、本金、利率付款方式、付款期數和貸款期間，也就是鏡映的財務需求。這樣的搜尋成本相當高，如果可能，外幣交換就能夠有效地解決此類型的問題，因為他們是由交換交易員來進行撮和的。

第二點，平行和相互貸款實際上是兩個互相獨立的合約，公司間雖互相負有義務如果有一家公司不願對另一家公司履行義務，另一家在法律上仍無法解除對另一家公司的義務。為了避免這種問題，必須另外制訂一個訂定清償義務的獨立合約，如果沒有訂立種此合約，上述情況仍會發生；再則，訂立合約本身也會引起問題。

第三點，平行及相互貸款會出現在雙方的會計帳目上，換句話說，在此兩種工具下交換的本金牽涉到資產及負債的淨增加，並全額反映在雙方的帳目表上。而外幣交換卻不會出現在參與者的帳目上。比較起平行及相互貸款，許多商業銀行較偏好外幣交換，因為可以將交易摒除在會計帳目之外。這些毋需表達在帳目上的交易可以讓銀行在相關規定下，毋需增加對資金的需求。

### 7.1.3 交換市場的成長

所羅門公司（Salomon Brothers）在 1981 年 8 月幫世界銀行和 IBM 之間建立第一個外幣交換。世界銀行想要得到瑞士法郎和德國馬克，以便支援在瑞士和德國的運作，但是卻不想直接進入該國的資金市場；另一方面，IBM 因為先前已訂立了固定匯率的法郎及馬克的合約，在美元升值之後擁有未實現資本利得。因為 IBM 的管理階層相信美元的升值不會持續下去，所以想要實現該利得，並減少所持有的馬克及法郎部位。

從外幣交換到利率交換只是小小的一步。如果換兌可以用來將對某一貨幣的義務移轉到對另一貨幣的義務時，相似的合約也可以用來轉換一種類型的借

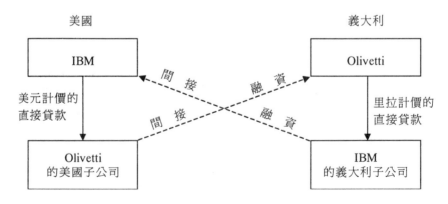

圖7.1 平行貸款的架構

款（固定利率）到另一種類型（浮動利率）。第一筆利率交換是 1981 年在倫敦撮和，隔年傳到美國。交換的概念在 1986 年，大通銀行推出商品交換之後得到擴展；1989 年信孚銀行（Bankers Trust）推出股權交換。

　　股權交換是最新的一種交換，也是大家所熟知的綜合性股權的財務工具之一。股權交換通常是以資產交換的形式存在，將債券組合的利得轉換成與股市指數連動的現金流動，所使用的股市指數包括標準普爾指數（S&P）500、東京股價指數和日經 225 指數、法國 240 交易經紀所和多倫多交易所 300。

　　表 7.1 顯示從 1987 年到 1995 年的交換數量，在 1995 年年底總交易量達到＄11.6 兆，其中有 91％爲利率 交換，9％爲外幣交換；美元佔了所有交換的 35％，而日圓、馬克、法國法郎和英鎊則佔了剩下的 65％的絕大部分。交換的總市值從 1987 年到 1995 年增加了 13 倍。

# 7.2 單純交換

　　最基本的交換模式，亦即最簡單的一種，稱爲**單純交換**（plain vanilla swaps）。雖然有許多種單純交換的變化形式存在，但所有的交換都有相同的基本架構。兩個團體同意在所設定標的資產的基礎下，進行付款，這些交易包括有利息付款、佣金和其他的服務費用，交換協議則包含指定所要交換的資產、雙方各自對應的利率、付款的時間表以及其他項目。兩個團體不一定對標的資產進行交換，此種情況我們稱之爲**名目本金**（notional princi-

表 7.1　交換總市值（十億美元）

| 年 | 利率交換 | 外幣交換 | 總交換 |
|---|---|---|---|
| 1987 | 682.9 | 182.8 | 872.7 |
| 1988 | 1,010.2 | 316.8 | 1,327.0 |
| 1989 | 1,539.3 | 434.8 | 1,974.1 |
| 1990 | 2,311.5 | 577.5 | 2,889.0 |
| 1991 | 3,065.1 | 807.2 | 3,872.3 |
| 1992 | 3,850.8 | 860.4 | 4,711.2 |
| 1993 | 6,177.8 | 899.6 | 7,077.4 |
| 1994 | 8,815.6 | 914.8 | 9,730.4 |
| 1995 | 10,617.4 | 993.6 | 11,611.0 |

pal），以便與現金市場上的實質本金做區分，在以下的章節，我們將討論兩種單純交換的形式：利率交換及外幣交換。

## 7.2.1交換銀行

兩個最終使用者要安排交換是費時且困難的，較有效率的方式是經由財務中間商取得，財務中間商稱爲交換銀行（swap bank）。銀行是對協助交換交易完成的財務機構的通稱，而他也從買賣之間的價差賺取利潤。

交換銀行可以是交易員或買賣商，一個交換交易員（swap broker）指扮演仲介的角色，而在交換交易中不持有任何部位的交換銀行；換句話說，交換交易員撮和交易，但是不承擔任何換兌風險，並從中收取佣金。一個交換買賣商（swap dealer）是指爲了本身利益，而幫助交換交易完成的交換銀行，在此種情況下，買賣商本身會擁有交換部位，並承受一定的風險。

## 7.2.2利率交換

利率交換（interest — rate swap）是指兩個團體彼此交換浮動利率及固定利率下的現金流量。名目本金並不在此交易中出現，但卻是計算利率時的參考值。到期日可以從 1 年之內到 15 年間，但大部分的交易都介於 2 年到 10 年的期間。雖然交換本身就是一個國際財務工具，利率交換卻可以是單純的國內工具，而當他們在歐洲貨幣市場進行交易時，利率交換也可以是來自不同國家或海外銀行的交易團體。

在典型的利率交換下，一個公司有起始固定利率債權，而另外一個公司則有起始的浮動利率債權，在此種情況下，擁有浮動利率債權的公司便面臨利率浮動的風險，而透過與固定利率債權的交換，這家公司可以消除利率變動風險。

借方在幾種原因下，會想要進行利率交換。第一點，財務市場的變動將導致利率的變動；第二點，借方可能在不同國家有不同的信用評等；第三點，有些借方對於債務清償方式有不同的偏好。因爲在不同國際財務市場有不完全市場的存在，利率交換的目標就可以輕易的達成。利率交換通常是透過扮演交換交易員或買賣商的國際銀行來安排。透過交換，借方可以獲得較低的貸款成本，而貸方得獲獲利的保證。

例7.1 假設有一個本金＄1000萬，每年付息而存續期間爲五年期的對換協議。A團體答應付給B團體7％的固定利率，相對地，B團體答應付倫敦銀行間隔夜拆款利率（LIBOR）＋3％的浮動利率給A團體。

圖7.2顯示了此筆交易的基本形式。A團體付了7％的利率或是每年付＄700000給B團體；B團體則依相對應的LIBOR，每年付給A團體＄1000萬對應的浮動利息。

如果LIBOR在第一次付款時爲5％，則B團體便需支付＄800000給A團體，而A團體則支付＄700000給B團體，這是因爲利率固定在7％。如果這些利率上的義務彼此抵銷，那麼B團體只欠A團體＄100000，即就淨額的部分進行交易，以避免非必要之轉帳手續。

圖7.2 利率交換

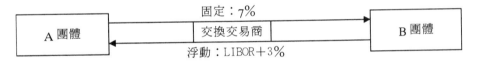

### 7.2.3 外幣交換

**外幣交換**（currency swap）是指一個團體提供一種貨幣下的定額本金以交換相同價值的外幣。舉例來說，一個英國廠商可能想要用英鎊換美金；另一方面，一個美國企業想要用美元換英鎊，有這些需求，兩者間便可進行外幣交換。

外幣交換與平行貸款達成了相同的經濟目的，但是外幣交換卻能有效地取代平行貸款。因爲兩方團體很難找到所需的平行貸款、彼此間沒有相互抵銷的權利且這類型的貸款會出現在會計帳目上。

典型的外幣交換包含了3筆現金流動。第一筆，交換剛開始時兩方面進行實質的貨幣交換，這和利率交換不同，因爲利率交換可以是同一種貨幣利息交換，而且只需付淨利息即可。第二筆，兩個團體都必須在交換協議存續期間內支付定期的利息。第三筆,在交換的終止日期時,雙方再次交換所持有的貨幣。

例 7.2　假設英磅的即期匯率為£0.5／$（$2／£）,美國利率為10%,英國利率為8%。英國石油（BP）想要以 500 萬英磅交換等值的美金,而通用汽車願意以一千萬美金、期限的五年來換取這些英磅,兩家公司必須支付每年的利息費用。

在這樣的利率之下,通用汽車必須支付他所收到 500 萬英磅的 8% 為利息,因此每年通用汽車付給英國石油的款項為£400000 ,英國石油則將收到$1000 萬並支付 10% 的利息,故英國石油每年須支付 $100 萬給通用汽車。在實務上,雙方只會支付淨付款。例如英磅在第一年的即期匯率變為£0.45／$ ,一英磅將會價值 2.22 美元,而以這樣的匯率來衡量雙方以美元計價的利息的話,英國石油必須支付 $100 萬,而通用汽車則須支付 $888000 （£400000X$2.22） ,因此英國石油應該支付 $112000 的差異量。在其它情況下,匯率可能不同而使得淨付款不同以反應匯率的不同。

在五年末,雙方會再次交換本金。在例7.2中,英國石油要付$1000萬,而通用汽車則要支付£500萬,這個最後一筆的付款便完成了整個交換協議。圖 7.3（A）顯示了第一筆本金的交換;圖 7.3（B）代表了每年的利息費用;圖 7.3 （C） 顯示完成整個換兌過程的第二次本金的交換。

## 7.2.4交換選擇權、上限、下限及上下限

在完成對財務交換的介紹前,這一部份先討論幾種相關的工具。這些工具有交換選擇權、上限、下限和上下限。

**交換選擇權** （swaption） 是指一個單純利率交換的選擇權。一個**買權**（call swaption） 讓擁有者可以擁有收到固定利息付款的權利;一個**賣權**（put swaption） 則讓擁有者有支付固定利息款項的權利。買權在預期利率下跌時較具吸引力,而賣權則在預期利率上升時較具吸引力。銀行和投信大多扮演著買賣商,而非交易員的角色,換句話說,不論是站在買方或賣方,銀行和投信隨時都等待著進入交換的交易。

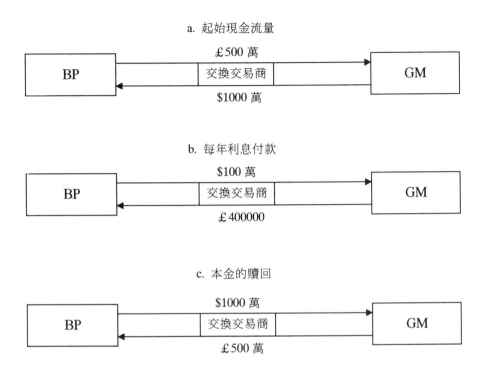

a. 起始現金流量

b. 每年利息付款

c. 本金的贖回

圖7.3 外幣交換

　　交換選擇權是上限、下限及上下限的一種選擇權，而這些上下限是相同的銀行來進行交易的。**利率上限**（interest-rate cap）決定了浮動利率利息付款的最高利率；**利率下限**（interest-rate floor）決定了浮動利率利息付款的最低利率；而**利率上下限**（interest-rate collar）則包含了上限和下限。任何財務工具的買方必須支付單筆佔概念本金及小部份的金額給賣方。在約定日期當天的浮動利率比上限的履約利率高時，買方可以從賣方收到一筆現金；而當浮動參考利率低於下限的履約利率時，下限的買方可以從賣方收到一筆現金。

# 7.3 交換的動機

交換有三個基本動機。第一點,公司使用交換去避免未來匯率的變動;第二點,企業利用交換去消除平常商業營運中的利率風險;第三點,企業利用對換去減少財務成本。

## 7.3.1 外幣風險管理

公司利用外幣交換來消除因為海外營運所帶來的外幣風險,而外幣交換可能有許多形式,其中一種為對兩種不同貨幣有不同長期需求的兩家企業。假設:第一點,一個美國企業要在加拿大蓋數間發電廠,並預期在三年內支付以加幣計價的款項;第二點,一個加拿大企業從美國買了機器,並在三年內以美元支付款項。這兩家企業可以進行一次外幣交換,美元與加幣間在三年內能以所約定的匯率進行交易。在這種方式下,美國企業可以鎖定三年內所需支付的加幣款項的美元價值,相同地,加拿大企業可以鎖定三年內所支付美元款項的加幣價值。

## 7.3.2 商業需求

假設一家質押公司收取存款,並借出這些資金以為長期抵押之用。因為存款人可以很快地提領資金,存款利率必須跟隨著利率而調整,大部份的質押公司都希望能以固定利率貸出貸款,而這情形會造成質押公司有浮動利率的負債和固定利率的資產。當利率上升時,質押公司所必須付的存款利息將會被迫提昇,但是卻不能增加已貸出款項的利率。為了避免這種利率風險,質押公司會利用利率交換將其固定利率資產轉變成浮動利率資產,或將其浮動利率負債變為固定利率負債。

例 7.3　將例 7.1 當作討論交換動機的基礎。一個質押公司(A 團體)剛借出一筆 $1000 萬、利率 7% 的五年期貸款,其存款利息為 LIBOR + 1%。在這情況下,當 LIBOR 超過 6% 時,公司將會有損失,這種可能性會使質押公司考慮進行一筆利率交換,換句話說,為了交換他所擁有的固定利率質押權,公司或許會想要支付固定利率的利息,並收取浮動利率的利息。

　　圖 7.4 顯示例 7.1（圖 7.2）以及一些有關於質押公司的額外訊息。起先公司可以收取質押 7% 固定利率的利息,在進行一筆交換交易之後,公司則必須把款項付給 B 團體。實際上 A 團體收到質押付款之後,在交換協議之下,將款項移交 B 團體,而 A 團體向 B 團體收取 LIBPR ＋ 3% 的利息。從這筆交易中,公司因為支付他的存款人 LIBOR ＋ 1% 的利息,因此公司每期都會有 2% 的利息收入。

　　在例 7.3 中,質押公司有了固定的 2% 的收入,並且不論利率如何變化,均成功地規避了利率風險。這個例子顯示了在質押產業的利率變動產業特性下,企業為何會想利用交換以規避利率風險的動機,並透過參與利率交換而鎖定固定的現金收入。

## 7.3.3 比較利益

　　在許多情形下,有些企業總能在資金市場以較低的利率借款,舉例來說,一個美國企業（GM）可以在美國以較優惠的利率借錢,但在英國就不具此種優勢;相同地,一個英國企業（BP）能夠在本國有較好的借錢機會,但是在美國就沒有。

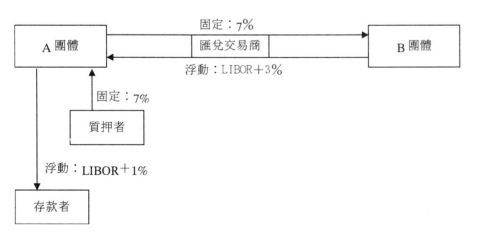

圖7.4　利率交換的動機

這種比較利益都是因為不完全市場或不同的風險而存在。美國銀行可能沒有英國銀行所擁有的情報，或是以不同角度評估相同的情報，而稅率的考量或政府的管制也會造成國外進口商受到不平等的待遇。借款者的風險也會因國家不同而不同，因此借錢給本國企業的風險較借給外國企業低。

**例 7.4** 在例 7.2 中，我們假設兩家公司（GM 及 BP）在各自貨幣下面臨相同的利率，但讓我們現在假設，BP 可以用 7% 借到英磅，而 GM 卻需要支付 8% 才能借到，另一方面，GM 可以用 9% 借到美金，而 BP 卻必須支付 10%，因此在這種情況下，BP 在借英磅上享有比較利益，而 GM 則在借美金上享有比較利益。這種利率上的差別，使兩家企業可利用彼此的比較利益，而透過降低整體的貸款成本而享受其利得，這種可能性透過圖 7.5（A）到圖 7.5（C）顯示如下。

圖 7.5（A）為 BP 從英國銀行以 7% 借了 £500 萬，同時 GM 以 9% 從美國銀行借得 $1000 萬，在借款之後，兩家公司均擁有在先前例 7.2 所分析的外幣換兌所需要的資金。去開始一筆交換交易，BP 將所借的 £500 萬拿給 GM，而從 GM 拿到 $1000 萬，實際上兩家企業各自獨立借款，並交換各自獨立的現金。

圖 7.5（B）顯示在交換的兩筆貸款的條件下，BP 支付從 GM 所得款項的利息（$900000），而 GM 支付所取得 £500 萬的利息（£350000）。注意這些利率和兩家企業必須付給借款者的利息是相同的，現在我們可以清楚地看到換兌對雙方都帶來好處，如果每個團體都各自借款的話，BP 就必須支付 10% 的利息，而 GM 就必須支付 8% 的利息，但是透過換兌，雙方都取得較優惠的借款待遇，比原本所需的利率低了 1%。兩家企業利用彼此的比較利益而降低貸款成本。圖 7.5（C）顯示了當雙方償還貸款後，整筆交換的現金流動的結束。

a. 與借方的第一筆現金流量

b. 付給借方的利息

c. 付給借方的本金償還

圖7.5 外幣交換的動機

# 總結

因為財務交換避免了許多外幣期貨與選擇權的限制,使得交換市場快速地興起。第一點,交換可根據兩方面的需求而個別制訂,因此交換協議遠比外幣期貨與選擇權更能符合兩方面的特殊需求;第二點,主要的財務機構在期貨與選擇權交易所都有註冊,但在交換上只有交易的雙方知情,因此交換市場提供外幣交易所沒有的隱密性;最後,外幣期貨與選擇權的交易都有一定的政府管制,但目前在交換市場中,並無任何管制。

雖然如此,財務交換還是有其先天的限制。第一點,想要進行一筆交換交易,必須先找到願意跟你交換的對象;第二點,交換協議並不能片面的更改,因為換兌是兩個團體間的共同協議;第三點,交易所有效地保證外幣期貨與選擇權的權利及義務,但在交換市場中卻無如此的機制。

---

## 問題

---

1. 為什麼外幣交換取代了平行貸款?

2. 請解釋利率交換及外幣交換?哪一個工具具較大的信用風險:利率交換或外幣交換?

3. 一個質押公司如何利用利率交換避免利率風險?

4. 一個多國籍企業如何利用外幣交換減少貸款成本?

5. 如果你預期短期利率會升值,則你願意付長期的固定利率而接受短期的浮動利率,或接受固定的長期利率及支付短期的浮動利率?

6. 名目本金在交換交易中扮演什麼角色?為什麼這筆金額被認定為一種形式而已?

7. 請對以下的說法提出自己的想法:如果一方從 交換獲利,另一方則必定蒙受損失。

8. 什麼是交換買權和交換賣權?請比較利率上限和交換買權。

9. 請解釋什麼是利率上下限,而我們可以如何利用它?

10. 財務交換相對於外幣期貨與選擇權有什麼優勢?

11. 財務交換有什麼主要的限制？

# 習題

1. 一個交換協議的本金為 $100 萬，存續期間為五年，並且每年支付利息。 A 團體同意付給 B 團體 12% 的利息，相對的， B 團體同意支付 LIBOR ＋ 3% 的浮動利率給A團體。在第一次支付時，LIBOR 為 10%。請問兩個利息義務間的差額 （淨付款） 為多少？

2. 假設馬克的即期匯率為 DM2.5 ／ $ （ $0.4 ／ DM） ，美國的利率為 10%，而德國利率為 8%。C 團體希望將 DM2500 萬換成美元，而為了交換這些馬克，D 團體必須在第一次換兌時支付 $1000 萬給 C 團體，換兌的期限為 5 年，而兩家公司必須支付每年的利息。在第一年時，馬克的即期匯率變成 DM2.2222 ／ $ 或是 $0.45 ／ DM ，請問第一年的淨付款為多少？

3. 一個質押公司（E團體）以 12% 的利率，五年的期間借出了 $100 萬，而他支付相當於 LIBOR ＋ 1% 的存款利率，在這條件下，當 LIBOR 超過 11%，公司便有損失，這導致質押公司和 F 團體進行利率交換，此五年期的利率交換包含本金為 $100 萬的年度利息付款。 E 團體同意付給 F 團體 12% 的固定利息，相對地， F 團體同意支付 E 團體 LIBOR ＋ 3% 的浮動利息，請問質押公司的每年淨現金流動為多少？

4. 德國馬克的即期匯率為 DM2.5 ／ $ 或 $0.4 ／ DM。 G 團體可以 7% 借到馬克，而 H 團體則要 8% 才可借到；另一方面， H 團體可以 9% 借到美金，但G團體則需要10%。G團體希望得到$1000萬來換取DM2500萬，而 H 團體則希望以 DM2500 萬換取 $1000 萬。請問雙方可以如何交易以擁有較低的貸款利率？

# 案例七：衍生性商品市場的限制

　　財務衍生性商品—遠期合約、期貨、選擇權和交換—是指其價值與標的資產，如債券、商品和外幣相關連的合約，目前有兩種財務衍生性商品的市場：有組織的交易所和店頭市場（OTC）。有組織的交易所如芝加哥商品交易所，是受到政府管制的，而店頭市場，如銀行，則沒有管制。衍生性商品是用來消除各種風險，如外幣風險，或預測市場走向，以利用槓桿效果來獲利。

　　衍生性商品市場在過去幾年有巨幅的成長，舉例來說，全球店頭衍生性商品市場從 1992 年的 \$21 兆，成長到 1996 年的 \$55 兆（見圖 7.6），此外，近幾年來也有許多大型企業在衍生性商品上蒙受鉅額的損失，其中包括寶齡（P&G）（\$13700 萬）、加州柳橙郡（\$17 億）、英國霸菱（\$13 億）。所有這些與衍生性商品相關的損失，和衍生性商品的快速的發展，引起了大幅度使用衍生性商品的關切及警告。

　　1995 年 2 月 27 日，一個 28 歲的交易員整倒了霸菱銀行，在往後的調查

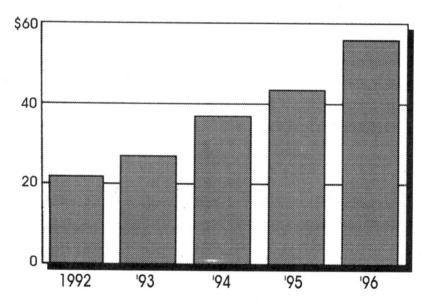

圖 7.6　全球店頭衍生性市場的規模（兆美元）

發現，從 1992 到 1995 年，公司總共承受了超過 $100 億的損失，遠比其總資產 $86 億爲多。霸菱在 1992 年從信孚銀行挖角李森，在新加坡建立其全球固定收益證券。是因爲霸菱的風險管理系統無法發揮效用，而使李森能夠隱藏了高達 $270 億未避險的期貨與選擇權的外匯部位。

從那些損失及成長中，讓政策制訂者學到什麼敎訓？他們暗示政府必須對衍生性商品市場做更嚴格的控制，或制訂限制該財務工具使用的法令和章程。很明顯地，美國主管機構認爲衍生性商品有隱藏性風險，在 1997 年上半年，國會通過了 6 個法案用來禁止或限制衍生性商品。1997 年 1 月，證券及交易所委員會（SEC）公佈一項章程，要求企業必須提供使用財務工具所承受的損失金額。財會準則委員會（FASB）通過一條法令，在 1999 年 6 月 15 日生效，要求企業在他們的資產負債表上通告衍生性商品的公平市值，並將某些衍生性商品的利得或損失包含在損益表中，尤其是透過店頭市場交易的衍生性商品。

在 1997 年，數百封從大企業、會計師和聯邦儲備委員會主席葛林斯潘（Greenspan）寄給 FASB 的信中提出了該法令所可能造成的傷害。FASB 爲一規定私人部門的會計準則的機構，由 45 個幕僚協助的 7 個成員所組成，每年的預算高達 $1500 萬。

## 案例問題

1. 在衍生性商品交易中的主要種類的風險爲何？

2. 政府管制衍生性商品對於衍生性商品使用者的傷害爲何？

3. 有任何警訊警告霸菱的管理階層有關於新加坡期貨子公司的問題嗎？

4. 從霸菱的失敗中，可以學到關於財務機構管理的什麼敎訓？

5. 證券交易管理委員會（SEC）的網址爲 www.sec.gov，而會計準則委員會的網址則爲 raw.rutgers.edu ∕ raw ∕ fasb ∕，裡面有關於美國公司發佈財務報表的標準範例。連上這些網址，並且學習會計準則和目前對這些準則的反應。

# 參考書目

Abken, P. A., "Beyond Plain Vanilla: A Taxonomy of Swaps," *Economic Review*, Federal Reserve Bank of Atlanta, March/April 1991, pp. 12–29.

Einzig, R. and B. Lange, "Swaps at Transamerica: Analysis and Applications," *Journal of Applied Corporate Finance*, Winter 1990, pp. 59–71.

Evans, J. S., *International Finance*, New York: The Dryden Press, 1992, ch. 16: Financial Swaps.

Feinberg, P., "Swaps, Caps and Collars Protect Companies from Interest Rate Swings," *Cash Flow*, Aug. 1988, pp. 54–5.

Kolb, R. W., *Futures, Options, and Swaps*, Malden, Mass.: Blackwell Publishers, 1997.

Marks, R. D. and L. A. Herald, "An Interest-Rate Game Plan," *Financial Executive*, Nov./Dec. 1992, pp. 39–42.

Marshall, J. F. and K. R. Kapner, *The Swap Market*, Miami: Kolb Publishing Company, 1993.

Orlando, D. K., "Swaptions Offer New Keys to Better Protection," *Corporate Cash Flows*, July 1990, pp. 33–6.

Picker, I., "Son of Swaps," *Institutional Investor*, Feb. 1991, pp. 83–8.

# 第八章

## 匯率預測

因為未來匯率的不確定，國際市場的參與者永遠不會知道未來兩個月或一年之後的即期匯率，所以匯率的預測是必須的；換句話說，公司決策的品質決定於匯率預測的正確性，假使投資者所預測的未來即期匯率較市場上其他人正確，他們就有較大的機會實現貨幣性獲利。

　　此章涵蓋四個相關的主題：（1）衡量匯率的變化；（2）多國籍企業（MNC）預測匯率的需要；（3）預測浮動匯率；（4）預測固定匯率。浮動匯率是由市場上的供需所決定的外匯利率，而政府對匯率變動不作任何程度的干預；固定匯率則是不變或在預定範圍內變動的匯率。

# 8.1 衡量匯率變化

　　匯率指以其他貨幣來表示另一貨幣的價格，當經濟情況改變時，匯率可能會劇烈變動。一貨幣相對其他貨幣價值的減少稱為貶值或官方貶值（depreciation 或 devaluation），同樣的，一貨幣相對於其他貨幣價值的增加則稱為升值或官方升值（appreciation 或 revaluation）。多國籍企業通常會預測介於兩時點間匯率變化的比，也就是即期匯率及一年之後的預測匯率。

　　當特定兩時點的匯率相比較時，時點開始的匯率以 $e_0$ 表示，結束則以 $e_1$ 表示，則和本國貨幣相比，外國貨幣價值變化的百分比為：

$$變化百方比 = (e_1 - e_0) / e_0 \qquad (8.1)$$

　　另外，計算本國貨幣價值變化的百分比如下：

$$變化百分比 = (e_0 - e_1) / e_1 \qquad (8.2)$$

　　正的百分比表示貨幣升值，負值則表示貨幣貶值。

　　例 8.1　假設德國馬克匯率由 1 月 1 日的 $0.64，變為 12 月 31 日的 $0.68，則馬克相對美元的匯率變動百分比可以兩種方式表示，但此兩種方式其實是一樣的意思。從馬克的角度來看，我們可以說馬克對美元由 $0.64 升值到 $0.68；而從美元立場來看，我們則可以說美元對馬克由 $0.64 貶值到 $

0.68 。

馬克（國外貨幣）即期匯率的變動百分比可以由方程式 8 － 1 計算出來：

變化百分比＝（$0.68 － $0.64）／ $0.64 ＝ 0.0625

另外，美元（本國貨幣）相對國外貨幣之即期匯率的變動百分比則可以由方程式 8 － 2 計算如下：

變化百分比＝（$0.64 － $0.68）／ $0.68 ＝ － 0.0588

因此，匯率由 $0.64 變爲 $0.68 ，相當於馬克升值 6.25% 或是美元貶值 5.88% ，需特別注意的是，兩者匯率的變動百分比是不相等的，因爲一貨幣的價值是另一貨幣價值的倒數，所以馬克升值量和美元貶值量並不會相等，換句話說，因爲衡量匯率基數不同，匯率變動百分比也不同。

## 8.2 多國籍企業預測的需要

幾乎所有的跨國營運都會受到匯率變動的影響，因此多國籍企業的各個組織功能都需要相關的匯率預測。

### 8.2.1 避險決策

多國籍企業有許多以國外貨幣計價的應付及應收帳款：以國外貨幣計價的賒帳買入及賒帳賣出、國外貨幣計價的借入或借出資金以及未避險的遠期合約。因爲無法預期的匯率變化，使這些應收及應付帳款暴露在匯率風險下，而公司爲了避免潛在損失而做的避險則主要決定於他對匯率預測。

### 8.2.2 資本管理

資本管理包含短期融資及短期投資決策。借入或借出的貨幣價值會隨著債權人或債務人的所在國貨幣價值改變而改變，一外國銀行貸款給債務人的實質成本，爲借款期間內銀行所要求的利率以及所貸貨幣的價值所決定；同樣地，短期國外投資的獲利率，則包含了以本國貨幣計價的投資獲利率以及本國貨幣價值的變化量。

當多國籍企業貸款時,他們可以選擇不同的貨幣,他們會希望借到利率較低,且在貸款期間會貶值的貨幣。多國籍企業有時也擁有大量的多餘資金得以做短期投資,而這種大型短期投資可能會包含許多不同貨幣,適合此種投資的理想貨幣為高利率並且會在投資期間內升值的 貨幣。

### 8.2.3 長期投資分析

國外直接投資及投資組合需要好好地預測未來匯率。海外投資分析一個重要的特徵在於,預測投資者可用的現金流入有一部份決定於未來的匯率,它以相當多的方式影響預期的現金流入,然而這裡的重點在於,正確的匯率預測將會改善預期現金流入,並且因而改善了公司的決策制訂過程。

某些機構,如退休基金及保險公司,將他們大部分的錢投資於海外的股票及債券,和短期投資者一樣,他們希望投資在擁有高利率並且在投資期間會升值的貨幣。

### 8.2.4 長期融資決策

當多國籍企業發行債券以募集長期資金時,債券可用外幣計價,和短期融資一樣,公司會偏好以債券期間內會貶值的貨幣為計價單位,另外為了估計發行債券的成本,公司也必須預測匯率。

### 8.2.5 其他用途

還有許多情形公司需要去預測匯率。首先,公司必須預測匯率以取得海外分公司的盈餘,因為當母公司握有超過一定數額的海外分公司投票股權,大多數多國籍企業必須將分公司盈餘併入母公司內,換句話說,當一多國籍企業公布其盈餘時,必須也將分公司之盈餘轉換成以母公司之貨幣計價,因此,匯率的預測在預估總公司的合併盈餘上扮演相當重要的角色。

第二,如果一公司想要以外幣從事商品的買賣,便必須要能預測交易日當天的有效匯率;第三,如果公司想把它的國外盈餘於某一期間匯回母國的話,就必須要能預測匯回日時的有效匯率。

# 8.3 預測浮動匯率

此部份首先質疑匯率預測的有效性。這問題是基於匯率預測能反映當前所有可用資訊的假設上，因此使得匯率的預測是徒勞無功的。

## 8.3.1 貨幣預測及市場效率

銀行和獨立的顧問都能提供匯率預測的服務，有些多國籍企業的企業內部也具有預測能力，但是如果市場是有效率的，就不會有人願意為獲得此種服務而付錢。效率市場假說（efficient market hypothesis）假設：（1）即期匯率可以反應所有的消息，並且會因新的資訊而調整；（2）任何市場分析師都不可能長久打敗市場；（3）所有的貨幣都是公平計價。

在下列情況成立時，外匯交易市場是有效率的。第一，市場上有許多消息靈通的投資者，而當機會來臨時，他們也有足夠的資金從事投資行為；第二，國家間的資金轉移沒有任何障礙；第三，交易成本可以忽略。在這三點情況下，匯率可以反應所有已知消息，而有新消息出現時，匯率才會改變。因為對匯率有影響的訊息是隨機出現的，所以在先前的假設下，匯率的變化也應是隨機的，換句話說，沒有人可以持續地打敗市場，因為所有的貨幣在有效率的外匯市場上皆採公平計價，貨幣低估情形將不會出現，因此沒有投資者可以在外匯市場上賺取超額利潤。

財務理論派將效率分成三種情況：（1）弱式效率；（2）半強式效率；（3）強式效率。弱式效率（weak form efficiency）是說現在匯率已完全反應以往的所有訊息，因此過去的匯率走勢則無法預測未來的匯率走勢。半強效率（semi-strong efficiency）則說現在的匯率價格已經反應所有公開的訊息，因此這些訊息對於預測匯率走勢沒有效用。強式效率（strong form efficiency）指出現在的匯率反應所有無論是公開或非公開的訊息，而如果這種情形成立，內線交易者也無法經由外匯市場賺取超額利潤。

使用統計檢定、不同的貨幣及不同期間的外匯市場進行有效性研究，都無法為效率市場假說提供明確支持，但是所有謹慎的研究都認為弱式效率市場假說本質上是正確的,而實證研究半強式效率是混合的,最後,幾乎沒有人相信市場是絕對有效率的。

　　吉地(Giddy)和杜飛(Dufey)認為,只有在財務預測符合下列條件時,財務預測就是有用的並能使人獲利:

　　1. 預測者單獨使用一套卓越的預測模型;

　　2. 預測者能先別人一步取得訊息;

　　3 預測者能夠利用微小且短暫的匯率變動以賺取利差;

　　4 預測者能夠預測政府對外匯市場的干預。

　　基本分析、技術分析和市場分析這三種方法被廣泛的用來預測匯率。基本分析倚重經濟模型;技術分析則只基於歷史價格的資訊;市場分析則仰賴一連串匯率及利率之間的關係。

## 8.3.2 基本面分析

　　**基本面分析**(Fundamental analysis)依賴經濟變數和匯率之間的關係來預測匯率變動。基本面分析所使用的經濟變數包括通貨膨脹率、國家總收入成長、貨幣供給的改變以及其他總體變數。因為基本面分析在近年來變得越來越複雜,所以我們必須利用電腦來架構預測的模型,模型的架構者相信,某些經濟變數的變動會導致匯率如以前一樣同方向的變動。

　　**購買力平價說**　基本面分析最簡單的方法就是利用購買力平價說(PPP)。在第五章,我們提到購買力平價說把本國物價對外國物價的變動和兩國之間的匯率變動率連在一起:

$$e_t = e_0 \times (1 + I_d)^t / (1 + I_f)^t \qquad (8.3)$$

$e_t$:一單位的外國貨幣在 t 時間的美元價值

$e_0$:一單位的外國貨幣在 o 時間的美元價值

$I_d$:本國通貨膨脹率

$I_f$:外國通貨膨脹率

例 8.2 假設一馬克能兌換 0.73 美元,美國在未來兩年的通貨膨脹率是每年 3%,而德國在未來兩年的通貨膨脹率是每年 5%,請問兩年後一馬克能兌換多少美元?

利用式子 8.3 我們可以算出兩年後德國馬克的美元價值

$$e_2 = \$0.73 \times (1 + 0.03)^2 / (1 + 0.05)^2 = \$0.7025$$

因此兩年後的匯率應是 $0.7025

**複迴歸分析** 比較複雜的方式是利用複迴歸分析(Multiple Regression Analysis)。一個複迴歸分析模型是想透過有系統的分析企圖找出一個獨立變數(總體方面)和一個因變數如匯率之間的關係。

美國的多國籍企業常常對來年或下個月的匯率變動提出預測。假設某家美國公司只利用三個變數—兩國通膨率的差異(I)、貨幣供給成長率的差異(M)和國家總收入的差異(N)去預測法郎(FF)的走勢:

$$PF = b_0 + b_1 I + b_2 M + b_3 N + u \qquad (8.4)$$

其中 $b_0, b_1, b_2$,和 = 迴歸係數;u 為誤差項

例 8.3 給定以下的數字:b0=0.001,b1=0.5,b2=0.8,b3=1,I=2%(最近一季的通膨率差異),M=3%(最近一季貨幣供給成長率的差異),N=4%(最近一季兩國總收入的差異)。

法國法郎在下一季的變動率為:

$$PF = 0.001 + 0.5(2\%) + 0.8(3\%) + 1(4\%) = 0.1\% + 1\% + 2.4\% + 4\% = 7.5\%$$

給定通膨貨幣供給和收入成長的數據,法郎在下一季應該升值 7.5%,$b_0$=0.001,$b_1$=0.5,$b_2$=0.8 及 $b_3$=1 的相關係數可用下列方式解釋:常數 0.001 說明在美國與法國所有情況皆相同時,法郎會升值 0.1%,0.5 的值則表示在其他變異數(M 和 N)固定時,每百分比的通膨率差異會導致法郎在同一方向變動 0.5%,0.8 則是只當其他變異數(I 和 N)固定不變時,每百分比貨幣供給差異的變動會導致法郎上升 0.8%,1 則只當其他變異數(I 和 M)皆固定時,每百分比國家收入的變異會導致法郎有 1% 的變動。

### 8.3.3 技術面分析

　　技術面分析（Technical analysis）則是一種利用歷史資料或價格趨勢的預測方式，這種方式在股票和金融商品市場已經利用多年了，但是他被應用到外匯市場上則是最近的趨勢。這種方式只針對過去的價格及成交量的變動，而忽略經濟和政治因素。技術分析師是否能夠發現未來的價格走向為成功的關鍵因素，然而我們知道，只有在價格依某一特定型態時，價格才能被有效地預測。

　　圖表和法則是兩個技術面分析的基本方法，這兩種技術分析方式檢驗所有圖表和表格，以決定一個價格型態；如果價格偏離了過往的型態，外匯交易才會進行。技術分析師透過數學模型以找出變動趨勢，如此一來他們才可以決定此變動趨勢會持續下去或轉變。

　　**作圖**　利用圖表去檢驗趨勢，我們必須先在一系列的價格中找出高點及低點，高點是指在特定期間內匯率的最高價值，低點是指在同一時期內，匯率的最低價格，如圖 8.1 ，我們可以連結兩低點來找出美元對馬克的趨勢線（1997 年）。雖然圖 8.1 並沒有顯現出來，但我們可以連結兩高點並畫出一條趨勢線，有了這兩條線，外匯交易員可以在趨勢上升時買進，並在趨勢下降時賣出。

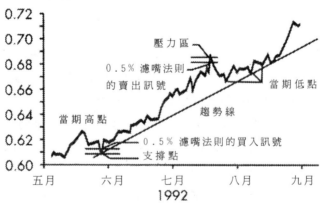

圖8.1　技術分析：作圖和濾嘴法則

**法則** 圖表派承認作圖這種主觀的方式需要利用他們的判斷和技術，去發現並解釋變動型態，法則派則避免了這種主觀性，他們利用現在和過去的匯率變動，導出數學方程式，並利用方程式去建立遵循的法則。

濾嘴法則和移動平均法是最常被使用的法則，圖8.1畫出了在0.5%的過濾標準下的幾個買出及賣出訊號，高點被稱為壓力區而低點則被稱為支撐區。濾嘴法則（Filter Rule）建議投資者在價格從當期最低點上升某給定的百分比時買入，並在價格從當期最高價下跌某一給定百分比時賣出。

圖8.2則畫出了美元－馬克之間匯率變動5天及20天的移動平均線。典型的移動法則告訴投資者當短期的移動平均線穿過長期的移動平均線時買進，也就是當匯率正快速上升時。這條法則也建議投資者當短期的移動平均線向下穿過長期的移動平均線時賣出。

## 8.3.4 企業所用的預測技巧

企業通常利用技術面分析去預測短期變動；利用基本面去分析長期變動。有些企業，如 Capital Techniques 及 Preview Economics，專注在技術面分析上，有些企業如 WEFA 則專注在基本面分析上，但更多企業，如大通銀行則同時利用這兩種方式。

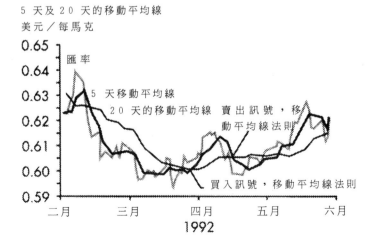

圖8.2 技術分析：移動平均法則

表 8.1 顯示利用技術面分析和基本面分析的企業,我們可以利用此表做出幾點推斷。第一點,在1978至1988年間,技術面分析法變得比基本面分析法更受歡迎;第二點,越來越多公司同時利用這兩種分析方式。這些發現也可以從外匯交易員的問卷中得到支持。研究發現,90%的回應者在要預測下期或更多期的變動時,多會考慮技術上的因素。

表 *8.1* 企業所利用的基本面和技術面分析

| 年度 | 基本面分析 | 技術面分析 | 兩種方式 |
|---|---|---|---|
| 1978 | 19 | 3 | 0 |
| 1981 | 11 | 1 | 0 |
| 1983 | 1 | 8 | 1 |
| 1984 | 0 | 9 | 2 |
| 1985 | 5 | 15 | 3 |
| 1986 | 8 | 20 | 4 |
| 1987 | 6 | 16 | 5 |
| 1988 | 7 | 18 | 6 |

## 8.3.5 市場預測

市場預測 (Market-based forecasts) 是一種利用市場指標,如遠期匯率的預測方式。實證顯示,在已開發國家的金融市場上,匯率和市場指標間的關係能夠有效地預測當期匯率、遠期匯率和資金成本的變化。這表示我們可以透過從當期匯率、遠期匯率和利率所衍生出來的市場預測而得到匯率的預測,企業因此可以透過此三種市場指標而發展出一套匯率預測模型。

**即期匯率** 有些公司追蹤即期匯率的改變並用來預測未來的即期匯率。為了闡明這觀點,假設在不久的將來,預期墨西哥披索相對於美元會貶值,而這樣的預期會使一些投機者賣掉披索,立刻使披索的即期匯率下跌,同樣地,假設在不久的未來,預期披索相對於美元將升值,促使投機者在今天買進披索以期在升值之後高價賣出,使披索的即期匯率上揚,因此,披索的即期匯率反應了對對於不久的未來披索價值的預測。因為即期匯率反應未來預期即期匯率,所以公司可以利用來預測未來的當期匯率。

**遠期匯率** 預期理論假設當期的遠期匯率會和預期未來的即期匯率相

等，例如，今日的 30 天日圓遠期匯率等於市場對於 30 天後的即期匯率的預測。

例 8.4　即期匯率爲＄0.8000／加幣。加幣的 90 天遠期外匯的折價爲 5%，則預期 90 天後的即期匯率爲多少？

用方程式（5 －）1 來解答這問題：

溢價（折價）＝（（n 天期遠期匯率－即期匯率）／即期匯率）× 360 ／ n

將例 8.4 中給定的 90 天期遠期外匯折價代入方程式 5.1 ，得到：

－0.05＝（（90 天期遠期匯率－＄0.8000）／＄0.8000））× 360 ／ 90

或是 90 天期遠期匯率 =$0.7900

**利率**　雖然遠期匯率提供簡單的貨幣預測方式，不過他的範圍僅侷限在一年之內，因爲長期的遠期外匯合約一般是不存在的。利率差異則可以用來預測超過一年期限的匯率，可以由投資者要求國內及國外收益相同的假設來發現市場對未來即期匯率的假設：

$$e_t = e_0 \times (1 + i_d)^t / (1 + i_f)^t \qquad\qquad (8.5)$$

其中 $e_t$ ＝在 t 期每一單位國外貨幣的美元價格；$e_0$ ＝在 0 期每一單位國外貨幣的美元價格；$i_d$ ＝本國利率；$i_f$ ＝國外利率。

例 8.5　即期匯率爲＄2／£，美國的年利率爲10%，英國則爲20%，則三年後，市場預測的英鎊當期利率爲多少？

市場預測值，即三年後的當期利率，其市場預測可以如下方式找到：

$$e_3 = \$2 \times (1 + 0.10)^3 / (1 + 0.20)^3 = \$1.5405$$

## 8.3.6 對匯率預測表現的評價

因爲匯率預測並非無成本的，所以公司必須監視其預測表現以決定其決策程序是否令人滿意。預測表現可以由如下估計錯誤的衡量來評價：

$$RSE = \sqrt{\frac{(FV - RV)^2}{RV}} \qquad\qquad (8.6)$$

其中 RSE ＝實際價值百分比的錯誤平方根；FV ＝預測價值；RV ＝實際價值。平均預測正確度為錯誤平方根的平均值；錯誤數平方的原因在於一個正錯誤數並不會比負的錯誤數好；而 RSE 平均所有預測的錯誤數之平方。此預測模型較遠期匯率正確，因為他具有較遠期匯率小的 RSE 。

　　為了避免當我們決定平均估計錯誤時可能出現的抵銷效果，必須使用絕對值（平方錯誤數）來計算估計錯誤，為了說明為何估計錯誤數必須使用絕對值，我們假設在第一季時，估計錯誤為－ 20％，第二季則為 20％，而如果不使用絕對值，則這兩季的平均錯誤變為 0 。因此在這情況下，平均錯誤為 0 是令人誤解的，因為在這兩季的預測並非百分之百正確，而如果使用絕對值的話，這兩季的平均錯誤便為 20％，因此絕對值可以避免如上述的誤解。

　　**例 8.6**　加幣的預測價格為 $0.7300，實際價格則為 $0.7500；墨西哥匹索的預測價格為 $0.1100，實際價格則為 $0.1000。為什麼加幣及墨西哥披索的預測價格和實際價格有差距？這兩種貨幣的估計錯誤為多少？

　　加幣預測價格及實際價格差異為 $0.0200，披索則為 $0.0100，但這並不一定表示匹索的預測較為準確，如果我們考慮差異的相對大小，我們會發現在百分比基礎上，加幣的預測正確度較高。加幣的估計錯誤計算如下：

$$RSE = \sqrt{\frac{(0.73 - 0.75)^2}{0.75}} = 0.023$$

披索的估計錯誤計算如下：

$$RSE = \sqrt{\frac{(0.11 - 0.1)^2}{0.1}} = 0.032$$

這些計算式確定了加幣的估計較披索正確。

　　**實證證據**　許多研究都研究了市場預測、技術面分析、基本面分析和匯率預測公司的有效性，而因為包含了不同貨幣及不同期間，除了他們的不同結果之外，這些研究無法互相比較，因此我們只討論兩個最具代表性的研究的結果：一個著重於數個預測模型的正確性，另一個則是分析數個預測公司的正確性。

　　表 8.2 裡的項目表示三種貨幣預測價格和實際價格的差異，即 RSE，此三種貨幣為馬克、日圓、英鎊，百分比越高表示錯誤越大。此研究為密西（Meese）及洛葛夫（Rogoff）評估七個模型－兩個市場預測（即期匯率及遠期匯率）、兩個技術面分析及三個基本面分析－在 1976 年 11 月至 1981

| | 水平 | 即期匯率 | 遠期匯率 | 技 術 | | 基 本 | | |
|---|---|---|---|---|---|---|---|---|
| | | | | 1 | 2 | 1 | 2 | 3 |
| 馬克 | 1 月 | 3.72% | 3.20% | 3.51% | 5.40% | 3.17% | 3.65% | 3.50% |
| | 6 月 | 8.71 | 9.03 | 12.40 | 11.83 | 9.64 | 12.03 | 9.95 |
| | 12 月 | 12.98 | 12.60 | 22.53 | 15.06 | 16.12 | 18.8 | 15.69 |
| 日圓 | 1 月 | 3.68 | 3.72 | 4.46 | 7.76 | 4.11 | 4.40 | 4.20 |
| | 6 月 | 11.58 | 11.93 | 22.04 | 18.90 | 13.38 | 13.94 | 11.94 |
| | 12 月 | 18.31 | 18.95 | 52.18 | 22.98 | 18.55 | 20.41 | 19.20 |
| 英鎊 | 1 月 | 2.56 | 2.67 | 2.79 | 5.56 | 2.82 | 2.90 | 3.03 |
| | 6 月 | 6.45 | 7.23 | 7.27 | 12.97 | 8.90 | 8.88 | 9.08 |
| | 12 月 | 9.96 | 11.62 | 13.35 | 21.28 | 14.62 | 13.66 | 14.57 |
| | 1 月 | 1.99 | NA | 2.72 | 4.10 | 2.40 | 2.50 | 2.74 |
| | 6 月 | 6.09 | NA | 6.82 | 8.91 | 7.07 | 6.49 | 7.11 |
| | 12 月 | 8.65 | 12.24 | 11.14 | 10.96 | 11.40 | 9.80 | 10.35 |

NA：無法取得資料

年 6 月期間的預測有效性所得到的結論。他分析了每種貨幣在 1、6 及 12 月的預測水平，而如表 8.2，市場預測較技術面分析和基本面分析正確度高；而在市場預測的兩種方法中，即期匯率的表現稍微比遠期匯率好。

表8.2　七種模型的預測正確性

　　葛德曼（Goodman）評估六個技術面分析傾向的公司，從 1976 年 1 月至 1979 年 6 月，針對六種貨幣－加拿大美元、法國法郎、德國馬克、日本日圓、瑞士法郎及英國英鎊－預測的正確度。他的研究以兩個構面衡量這些公司的表現，這兩個構面為趨勢預測及點估計之正確度，並使用遠期匯率作為標竿以判斷預測公司之有效性。表 8.3 顯示預測改變方向的正確次數百分比。由表可知，沒有任何一家公司在趨勢預測上比遠期匯率正確，亦即公司表現未較遠期匯率好。

表8.3　即期匯率沿預期變動方向移動的比例

| | 預　測　公　司 | | | | | | 遠期匯率 |
|---|---|---|---|---|---|---|---|
| | 1 | 2 | 3 | 4 | 5 | 6 | |
| 加拿大美元 | 83% | 53% | NA | 30% | 31% | NA | 62% |
| 法國法郎 | 63 | 43 | 30% | 73 | 27 | 25% | 37 |
| 德國馬克 | 57 | 77 | 60 | 73 | 45 | 63 | 67 |
| 日本日圓 | 50 | 67 | 67 | 47 | 37 | NA | 54 |
| 瑞士法郎 | NA | NA | NA | 47 | NA | 10 | 29 |
| 英國英鎊 | 60 | 63 | 60 | 43 | 37 | 29 | 50 |

NA：無法取得資料

表8.4　預測匯率較遠期匯率接近即期匯率的比例

| | 預　測　公　司 | | | | | |
|---|---|---|---|---|---|---|
| | 1 | 2 | 3 | 4 | 5 | 6 |
| 加拿大美元 | 60% | 27% | NA | 13% | 37% | NA |
| 法國法郎 | 57 | 33 | 48% | 40 | 38 | 25% |
| 德國馬克 | 24 | 63 | 57 | 41 | 33 | 53 |
| 日本日圓 | 37 | 60 | 62 | 30 | 20 | NA |
| 瑞士法郎 | NA | NA | NA | 30 | NA | 10 |
| 英國英鎊 | 70 | 33 | 47 | 47 | 40 | 48 |

NA：無法取得資料

　　表 8.4 顯示點估計的預測正確次數百分比，所預測的匯率較遠期匯率接近即期匯率，有些公司表現的比其他公司好，但是整體表現卻沒有比遠期匯率好。1982 年李爲（Levich）的研究也發現專業的預測公司並未表現較遠期匯率好，換句話說，他們並沒有擊敗了市場，因此他們並沒有駁倒匯率市場的效率市場假說。

　　**質疑效率市場假說**　許多財務經濟學家認爲匯率可以用隨機方式取得近似值。利用效率市場假說，他們說明了遠期匯率是未來匯率的最好預測值，但是最近研究，包括泰勒及亞倫（Taylor and Allen）1992 年的研究中，引用上段的例子質疑市場假說。

　　1997 年，尼力（Neely）以每日美元對德國馬克、日本日圓、英國英鎊及瑞士法朗的買賣叫價來測試六種濾嘴法則及四種移動平均法則，這些匯率資料於 1974 年 3 月 1 日起至 1997 年 4 月 10 日止，四個組分別為美元對馬克匯率、美元對日圓匯率、美元對英鎊匯率及美元對法朗匯率。這十種被測試的法則可以在整個樣本期間獲得4.4%的額外收益，這樣的測試結果動搖了效率市場假說，因為效率市場假說認為沒有任何交易策略可以獲得額外收益。

# 8.4 預測固定匯率

自從固定匯率系統在1971年崩潰之後，匯率就被認為應以浮動利率來決定，然而，許多國際貨幣基金（IMF）的會員國在 1971 年後也使用某些形式的固定匯率制度。由IMF所發行的年度報告中，描述了各會員國的對匯率的處理及限制，在 1997 年包含了 181 個國家的年報（見表 4.1）中，列出了 65 個固定匯率的案例。對於在使用固定匯率國家中營運的多國籍企業而言，在固定匯率系統下預測固定匯率將是相當有用的。

傑克（Jacque）建議下列四步驟作為在固定匯率系統下的預測程序。首先，透過對關鍵的經濟指標的檢視，預測者應分辨哪些國家的收支帳處於不平衡狀態；第二點，針對此國的貨幣，預測者應評估市場力量給予即期匯率的壓力；第三點，預測者必須取得中央銀行的國際準備金水準，以便確定央行是否處於保衛現行利率的情況下；最後，預測者必須預測決策者最有可能實施的貨幣導正政策類型。

經驗法則（A rule of thumb） 認為在固定匯率制度之下，預測者必須專注於政府的決策架構，因為在某一定時間刻意使貨幣貶值的行為是相當政治性的；在此情形下，基本的預測方法必須先取得使貨幣貶值的壓力，並且決定國家領導者將會持續這種不平衡水準多久。我們將在之後討論這四個步驟。

## 8.4.1步驟一：取得國家收支帳情形

第一步在早期是一個警告系統，用以協助預測者分辨有哪些國家可能調整其貨幣。貨幣極少在沒有前期的弱勢指標之下便被貶值。許多研究者運用衆多的經濟指標以預測貨幣貶值，其中最重要的一項便是取得國家收支帳的情況，還有一些則爲國際貨幣準備金、國際貿易、通貨膨脹、貨幣供給和官方及市場匯率的價差。這些經濟指標通常也被用來預測外匯管制。

**國際準備金**　國際準備金通常反應一國的償付能力—即負擔國際債務的能力，償還借款、權利金及賒帳均爲國際債務，持續的國家收支帳赤字將會使國際準備金減少，而除非能以短期借款或投資彌補這些赤字，否則便無法維持固定匯率。在這情況下，就有可能出現官方貶值（devaluation）或貶值（depreciation）的情況。

**國際貿易的平衡**　對於國際貿易平衡的趨勢及預測顯示了貨幣價值的調整趨勢。若一國家在一段期間內花費的較由國外所得多，則貨幣越有可能貶值；反之，若所得較花費多，貨幣就越有可能升值。

**通貨膨脹**　經濟的力量連結了資產價格（通貨膨脹率）及貨幣價格（匯率），這兩者的關係是由購買力平價說所建立的。根據購買力平價說，通貨膨脹較美國高的國家，其貨幣對美元將會貶值；同樣地，通貨膨脹較低的國家，貨幣對美元則升值。

**貨幣供給**　貨幣供給包括流通中貨幣及活期存款。簡單地說，通貨膨脹是因爲一國花費超過生產產能的結果，所以當在趨近於完全就業的情況下，增加貨幣供給只會使物價上揚。某些外匯預測者將貨幣供給視爲價格變化及匯率變化的及時指標，這是基於兩者必須維持購買力平價說中的平衡。

**官方及市場匯率**　許多匯率預測者使用官方及市場的匯率價差作爲貨幣體質的有效指標。在他們的比較中，預測者觀察外部者所認定的某一特定貨幣的價格，在自由浮動利率系統下，這兩者不會有價差，然而，當貨幣被釘住並且有本國貨幣兌換強勢貨幣的外匯管制時，些許價差是不可避免的。因此在這樣的情況下，其中有一項便是檢視官方及市場之間逐漸擴大的匯率價差，以便衡量對於本國貨幣的信心降低程度。

官方及市場匯率價差越大便成爲越趨清晰的未來的指標，亦即自由市場的匯率和官方匯率越大的差異度是預測未來貶值的一個可貴資訊。

## 8.4.2 步驟二：衡量需要的調整程度

一旦預測者察覺貨幣調整的預警，他們就會採取第二步驟，亦即衡量欲重新取得國家收支帳平衡所需匯率變動程度。根本上，決定使國家收支帳重回平衡點的匯率改變程度有三種方法：（1）利用購買力平價說（PPP）；（2）以遠期匯率預測未來即期匯率；（3）以自由市場或黑市匯率作為未來即期匯率的指標。

**購買力平價說的應用** 在購買力平價說的應用之下，兩國之間的匯率變動百分比可以用兩國之間的通貨膨脹率差異來估計，但是若兩國之間或兩國同時控制價格的話，購買力平價說便不適用。許多採用固定匯率制度的國家都會對價格進行控制。

**遠期匯率的溢價或折價** 遠期匯率的折溢價可以提供未來貶值或升值百分比的不偏估計值。認為遠期匯率高於預期未來即期匯率的投機者，會賣出海外貨幣遠期合約，而這樣的交易將會降低遠期匯率直到等於預期未來即期匯率；相同地，當遠期匯率低於預期未來即期匯率時，投機者會買進國外貨幣遠期合約，因而增加遠期匯率而與預期未來即期匯率相等。

**自由市場匯率** 在缺乏遠期匯率市場時，自由市場的匯率可以作為未來即期匯率的指標；而若無自由市場的存在，則黑市價格也可提供一個相當不錯的匯率平衡點的近似估計值。當匯率管制使平衡匯率與受控匯率之間出現差異時，外匯黑市就會出現，然而自由市場及黑市通常會高估可使國家收支帳平衡的貶值程度。

## 8.4.3 步驟三：調整的時機

一旦預測者基於預期匯率與實際匯率之間的差異，估計加諸於一國貨幣的壓力之後，他們將會衡量此國家對於調整壓力的可容忍程度。一國可抵抗或延遲實施導正措施的能力基於兩點因素：總國際準備金及借入外幣的能力。

有良好信用的國家可容易地從多種資本市場中借錢，例如歐元市場、本國資本市場、國外資本市場和國際金融機構。國際準備金及這些借來的資金被用來融資因基本面不平衡所引起的國家收支帳赤字,自然地,擁有大量國家準備金及良好信用的國家可以忍受或是延遲實施導正措施,然而如果這樣的不平衡持續下去的話,即使是這樣的國家也會用光準備金及貸款額度。

## 8.4.4 步驟四:調整的本質

實際上一國會主動使其貨幣貶值或是任由貨幣向下浮動多是政治性決策。無論從經濟觀點來看,刻意的貶值是如何的需要,政治因素都會是選擇實行導正措施或是改變貨幣價值的最後決定關鍵。

**導正措施** 在結構性的國家收支帳赤字情況下,政策決策者在眾多措施裡會首先採用導正措施:通貨緊縮及嚴格的匯率控制。

政府可能會採用緊縮的貨幣及財政政策。為了阻止通貨膨脹,政府應該控制預算赤字、減少貨幣供給的成長以及控制薪水及價格,而這樣的通貨緊縮政策將會使對國內外商品的總需求減少,因此進口需求降低而出口供給增加。另外,對於資本帳交易的控制也可以促使國家收支帳的改善。

外匯匯率控制將會迫使出口者或是其他的收入者將外匯收益賣給中央銀行,因此央行可以將外匯只分配給使用外匯的人,如此一來,政府將進口量控制在因出口所賺得的外匯量,亦即在外匯控制下的進口將會低於在自由市場情況下的進口。

即使緊縮貨幣政策似乎是一個處理國際收支帳赤字的好方法,但是它並不是沒有成本的。通貨緊縮政策將會使經濟發展變慢,外匯管制也會損害投資及觀光業,換句話說,這種國際收支帳赤字的導正措施的成本是高失業率,而這不可能為社會大眾所歡迎。

## 8.4.5 貶值

當各種導正措施為經濟上不效率或政治上不允許時,一國便會使他的貨幣貶值,而為了決定貨幣貶值會因純政治因素而延遲多久,貨幣分析家必須檢視定性的政治因素。在此觀點上,關鍵問題在於掌權的政策決策者是否可以承受因高失業率所帶來的政治成本,答案則決定於掌權團體的經濟哲學、政府對貶值的態度、現今掌權政府的型態、政治行為模式及追求穩定的信念。對於貶值而言,政府的政治環境背景較瞭解行政態度及政策重要,因此貨幣預測者必須瞭解過去關於貶值政策的制訂過程。

## 總結

本章討論了四個相關連的主題:衡量匯率變化、預測其需要、預測浮動匯率及預測固定匯率。多國籍企業必須改變匯率的預測以便在應收及應付帳款的避險、營運資本管理、長期投資分析及長期融資中做決策。

公司決策的品質在於匯率預測的正確度。許多預測家都相信以浮動匯率而言,自由市場是有效率的,因此遠期匯率是未來即期匯率的不偏預測值,不過如果外匯市場是完全效率的話,就不需要預測公司的服務了。

基本面分析、技術面分析和市場分析是最普遍的分析工具。如今有眾多的預測公司存在,而他們每年的服務價值數千美元,許多貿易商或多國籍企業本身也有預測服務,而若市場是不效率的,投資者也可以透過預測工具或預測公司而賺取額外利潤。雖然許多財務經濟學家認為市場是高度有效率的,但是某些實證研究卻對市場效率假說抱持懷疑態度,事實上,從各方面所取得的研究資料顯示,技術性預測工具有越來越大的影響,尤其是對於短暫的平衡。

在固定匯率制度下,中央銀行必須將匯率維持在面額附近的狹小範圍,面額有可能會因為下列幾個連續不斷發生的事件而改變。第一個,一國的國家收支帳有基本面的不平衡;第二點,數種導正措施為經濟上不效率或是政治上不允許。在這樣的情況下,匯率的改變為不連續的單方向相對大範圍的調整,而新的匯率將會持續一些時候。

## 問題

1. 描述公司預測匯率的動機。
2. 若外匯市場為完全有效率,為什麼還要為匯率預測公司的服務付錢?

3. 大多數的實證研究發現外匯市場為弱式效率。這表示可以投資者用技術分析賺取額外利潤嗎？

4. 解釋作為匯率預測工具之一的基本面分析。

5. 解釋作為匯率預測工具之一的技術面分析。

6. 解釋作為匯率預測工具之一的市場分析。

7. 我們如何衡量匯率預測的表現？

8. 1990 年代早期，許多東歐國家都允許他們的貨幣相對美元匯率波動。則用基本分析這些預測這些貨幣的未來匯率有用嗎？

9. 解釋會使貨幣面額改變的事件。

10. 有一個普通法則為在固定匯率制度之下，預測者必須著重於政府制訂決策的架構。解釋之。

11. 實證研究建議公司透過預測模型或預測公司是有益的嗎？

# 習題

1. 當初即期匯率為 $0.1854／丹麥幣，最終匯率為 $0.20394／丹麥幣。

   a. 計算丹麥幣相對美元的變動百分比。

   b. 計算美元相對丹麥幣的變動百分比。

2. 當初即期匯率為 $0.1040／澳洲幣，最終匯率為 $0.0936／澳洲幣。

   a. 澳洲幣的變動百分比為多少？

   b. 美元的變動百分比為多少？

3. 即期匯率為 $0.60／瑞士法郎，而美國的四年年通膨率為9%，瑞士則為 6%。

   a. 瑞士法郎的四年預期升值或貶值的變動百分比為多少？

   b. 瑞士法朗四年後的先行匯率預測值為多少？

4. 一美國的預測公司只根據三個變量來預測英國英鎊 （BP） 的變動百分比，此三變量為：通膨率差異－美通膨率減去英通膨率（I）、貨

幣供給成長率差異－美國貨幣供給成長率減去英國貨幣供給成長率
（M）、國家所得成長差異－美國所得成長減去英國所得成長（N）。
共變數為 b0=0.002，b1=0.8，b2=1.0，b3=0.5。最後，通膨率
差異和所得成長在最近的季報為 I=4%、M=2% 及 N=0%，則英國英
鎊在下一季的變動百分比為多少？

5. 即期匯率為 $0.5800／德國馬克，德國馬克的 90 天期遠期合約溢
   價為 13.79%。預期 90 天後的即期匯率為多少？

6. 即期匯率為 $0.5800／西班牙幣，美國的年利率為 4%，而西班牙
   則為 9%。市場預期兩年後的即期匯率為多少？

7. 法國法郎的預測價值為 $0.1200，而實質價格則為 $0.1000。法國
   法郎的預測錯誤（錯誤平方根）為多少？

# 案例八：通用汽車在墨西哥的營運及披索危機

　　雖然墨西哥允許披索在限定範圍內變動，但自 1990 年來，墨西哥政府便
以美元鎖定披索的匯率，然而在 1994 年 12 月 20 日，墨西哥政府突然宣布決
定使披索匯率浮動，並且在未來兩年內任其貶值 40%。一開始，披索的貶值及
浮動引起通用汽車（GM）相當嚴重的問題，他們在墨西哥的工廠相當仰賴美
國進口的原料及零組件，因此通用汽車於 12 月 24 日在第卓地（Detroit）召
開緊急執行會議，以解決貶值及浮動匯率的影響。自從 1992 年 12 月便擔任通
用汽車墨西哥總裁及管理董事的蓋瑞.漢森（Gary Henson）知道所有的高層
總裁將會與會，並且相當確定他會被問及為何此次貨幣貶值及浮動使他無法提
防。他決定用他檔案裡的最近簡報中墨西哥及美國的經濟統計數據來分析墨西
哥披索。

　　因為實質披索匯率高漲，所以自從 1990 年至 1994 年 12 月 24 日便一直
存在著可能貶值的憂慮，可是因為許多觀察者認為沙林那斯（Salinas）總統
的經濟改革改善了墨西哥經濟，因此貶值是不必須的。

　　因此漢森並不是唯一一沒有防備貨幣貶值程度及浮動時機的人。12 月 22
日中央銀行開始營業時，披索價格為 5.5，然後跌落至 6.33，最後收盤價為

5.8，在 12 月 23 日之前，外匯專家對於披索貶值的意見相當分歧，有人認為外匯市場過度反應，而其他人則認為披索將會無止境地貶值，分析家同時也不同意是否評價及浮動利率會解決國家收支帳的困難及其他經濟問題。眾多相抵觸及混亂的觀點使漢森越難取得浮動利率及貨幣貶值對通用汽車在墨西哥營運的影響。

即使歷史上有一些例外，但貨幣穩定計畫通常會造成消費及投資趨勢的變動、資本帳赤字及匯率壓力。典型的貨幣穩定計畫的過程如下（Gruben，1996）：第一，即使減低通膨率，實質匯率仍會上揚，因為某些通貨膨脹仍維

| | 1990 | 1991 | 1992 | 1993 | 1993 | 1994 |
|---|---|---|---|---|---|---|
| 匯率<br>匹索／美元 | 2.9454 | 3.0710 | 3.1154 | 3.1059 | 3.4040 | 5.3250 |
| 墨西哥消費者物價指數 | 100.0 | 122.7 | 141.7 | 155.5 | 167.4 | 170.5 |
| 美國消費者物價指數 | 100.0 | 103.1 | 105.0 | 106.9 | 109.2 | 110.1 |
| 美國貨幣供給 | 100.0 | 108.6 | 124.0 | 136.7 | 135.9 | 139.1 |
| 墨西哥貨幣供給 | 100.0 | 223.9 | 257.6 | 303.3 | 276.2 | 306.6 |

| 科目 | 1990 | 1991 | 1992 | 1993 | 1993 | 1994 |
|---|---|---|---|---|---|---|
| 商品及服務 | -3,110 | -9,369 | -18,619 | -16,010 | -15,466 | -21,054 |
| 資本帳 | -7,451 | -14,888 | -24,442 | -23,400 | -21,525 | -28,784 |
| 國際受款人 | 9,863 | 17,726 | 18,942 | 25,110 | 16,374 | 6,278 |

持不變並且沒有被名目匯率所彌補；第二，貿易及資本帳逐漸惡化；第三，在計畫早期時，資本流入融資了消費及投資超過國內生產的部分，因此經濟繁榮，但是最終資本流入會消失而變成資本流出；第四，情勢逆轉之後，逐漸擴大的貿易赤字無法再被融資，消費興盛的情況結束，匯率穩定計畫因而失敗。

表 8.5　美國及墨西哥的部分經濟指標

表 8.6 墨西哥的國家收支帳（百萬美元）

# 案例問題

1. 你認為披索價值已低至谷底或會繼續貶值？（提示：利用方程式 8.3 找出答案） 預測的匯率通常是正確的嗎？

2. 披索的浮動是可預測的嗎？（提示：利用國家收支帳、國際準備金、通貨膨脹率及貨幣供給這些經濟指標回答題目）

3. 墨西哥政府還有什麼其他的方法可以解決國家收支帳的問題？

4. 假設墨西哥政府實施持續的外匯管制，以致於通用汽車在墨西哥(GM de Mexico) ，亦即通用汽車的墨西哥分公司，無法從美國進口原料及零組件。列舉通用汽車在墨西哥可用以應付外匯管制的行動。

5. 可以在墨西哥找到如威廉.固魯本等研究者所提出的典型的匯率穩定計畫過程的任何證據嗎？

6. 芝加哥商品交易所的網址為www.cme.com／，在這裡提供貨幣期貨價格的資料，其中包括最近的價格及趨勢。因為期貨合約和遠期合約相似，所以也可以用來預測貨幣價值。使用此網站去瀏覽墨西哥匹索的期貨價格趨勢，並且回答下列問題。你認為匹索的期貨價格在最近幾個月改變了嗎？討論這些資料如何幫助通用汽車在墨西哥的總裁及管理董事的蓋瑞.漢森。歐爾森協會 (Olsen and Associates) 的網址為 www.olsen.ch ，提供技術面分析的資料，參觀此網站以取得數種主要貨幣的技術性資料。

# 參考書目

Frankel, J. and K. A. Froot, "Exchange Rate Forecasting Techniques, Survey Data, and Implications for the Foreign Exchange Market," National Bureau of Economic Research Working Paper No. 3470, 1990.

Giddy, I. H. and G. Dufey, "The Random Behavior of Flexible Exchange Rates," *Journal of International Business Studies*, Spring 1975, pp. 1–32.

Goodman, S. H., "Foreign Exchange Rate Forecasting Techniques: Implications for Business and Policy," *Journal of Finance*, May 1979, pp. 415–27.

Hopper, G. P "Is the Foreign Exchange Market Inefficient?" *Business Review*, Federal Reserve Bank of Philadelphia, May/June 1994, pp. 17–27.

Jacque, L. L., *Management of Foreign Exchange Risk*, Lexington, Mass.: Lexington Books, 1978.

Levich, R. M. and L. R. Thomas III, "The Significance of Technical Trading Rule Profits in the Foreign Exchange Market: A Bootstrap Approach," *Journal of International Money and Finance*, Oct. 1993, pp. 451–74.

Levich, R.M., "Evaluating the Performance of the Forecasters," in R. Ensor, ed., *The Management of Foreign Exchange Risk*, Euromoney Publication, 1982, pp. 121–34.

Levich, R. M. and C. G. Wihlborg, *Exchange Risk and Exposure*, Lexington, Mass.: Lexington Books, 1979.

Meese, R. and K. Rogoff, "Empirical Exchange Rate Models of the Seventies: Do They Fit Out of Sample?" *Journal of International Economics*, Feb. 1983, pp. 3–24.

Neely, C. J., "Technical Analysis in the Foreign Exchange Market: A Layman's Rule," *Review*, Federal Reserve Bank of St. Louis, Sept./Oct. 1997, pp. 23–38.

Taylor, M. P. and H. Allen, "The Use of Technical Analysis in the Foreign Exchange Market," *Journal of International Money and Finance*, June 1992, pp. 304–14.

# 第九章

外匯風險管理

外匯風險指因國家貨幣的國際交換價格變動而引起損失的風險。假設波音（Boeing）以一年期賒銷出口飛機給日本航空（Japan Airline），並且用日圓付款，如果一年後日圓相對美元價值下降，做為出口者的波音可能會承受因為匯率變動造成的損失，甚至足以抵銷此貿易利得；但如果日圓相對美元升值，則有利於出口者。

我們並沒有單一的世界貨幣，所以在任何系統下，都會存在著某些程度的匯率風險，即使是在固定匯率制度下，貨幣價值的變動也經常被報導。例如戴維斯（DeVries）的研究（1998）顯示從 1948 年至 1968 年的 20 年間，有96 個國家主動使其貨幣貶值超過 40%，其中 24 個國家甚至超過 75%。從 1993年來大多數工業化國家允許匯率浮動以後，這個問題在最近 20 年變得更為複雜，每日匯率變動及經常性的貨幣危機已經是家常便飯了，而每日匯率變動及世界經濟日趨整合則是多國籍企業（MNCs）認為匯率風險在眾多風險中是最重要的原因。

本章有三個主要部分。第一部份描述三種匯率風險：轉換、交易及經濟；第二部分則涵蓋用以匯率風險極小化的工具；第三部分則包括多國籍企業所使用的匯率風險管理工具，另外，在這一部份也以德國公司使用石油期貨避險為例，指出若到期日不能配合，則避險本身也是一種風險的可能性。

# 9.1 外匯匯率風險

外匯匯率風險（Foreign exchange exposure）指公司因匯率的變動而有利得或損失的可能性。只要公司在國外有實設公司存在時，便會面臨到匯率風險；同樣地，當公司決定用國外貨幣融資其營運時，也會面臨匯率風險；另外，國際貿易或貸款同樣也牽涉到匯兌風險。因此國際財務經理的最重要的工作之一就是比較潛在的損失以及避免這些損失。三種基本的匯率風險類型為轉換風險、交易風險及經濟風險。

## 9.1.1轉換風險

　　為了準備合併報表或是比較財務報表，公司會將以國外貨幣表示的財報科目轉換成以國內貨幣表示，兌換（conversion）這字眼並不適用於此，因為轉換過程並不牽涉到某一貨幣與另一貨幣的實質交換，在這裡只是將財報上的項目重新表示一次而已。

　　轉換風險（Translation exposure），有時稱為會計風險，是衡量公司的發行報表因匯率改變而所受的影響。用現行匯率轉換原以外國貨幣計價的資產或負債時，通常被認為是有風險的。以會計上的字眼來說，曝險的資產及曝險的負債之間的差異稱為淨曝險，如果曝險的資產多於負債，則國外貨幣貶值將會造成匯兌損失，升值則有匯兌利得；另一方面，如果曝險的資產少於負債，則國外貨幣貶值造成匯兌利得，升值則有匯兌損失。

　　例 9.1　美國母公司在法國有一個獨資的子公司，子公司擁有一億法郎的曝險資產以及 5000 萬法郎的曝險負債。匯率由 FF4 ／美元下降至 FF5 ／美元。

　　此公司 5000 萬法郎的淨曝險資產的潛在匯兌損失為 250 萬美元：

| | |
|---|---|
| 曝險資產 | FF10000 萬 |
| 曝險負債 | － FF5000 萬 |
| 淨曝險 | FF5000 萬 |
| 貶值前匯率（FF4＝$1）FF5000 萬＝ | $1250 萬 |
| 貶值後匯率（FF5＝$1）FF5000 萬＝ | － $1000 萬 |
| 潛在匯兌損失 | $250 萬 |

　　這個轉換利得或損失並沒有牽涉到實質的現金流量，他們只是純粹紙上作業，但是有些公司會擔心此種風險，因為這將影響到他們的籌措資金能力、資金成本、每股盈餘以及股票價格。

## 9.1.2 交易風險

利得或損失通常源於以外幣付款的交易。交易風險指因為匯率在簽訂合約到履行合約之間發生變化而造成在外負債價值的改變。屬於交易風險的交易包括以外幣計價的賒帳購買及賣出、以外幣計價的借入或貸款資金以及未避險的遠期合約。

以外幣計價的收入及付款被認為是有風險的。如果曝險收入大於曝險付款，當外幣貶值時，將會導致匯兌損失，而當外幣升值時，則會導致匯兌利得；另一方面，如果曝險收入小於曝險付款，外幣貶值便造成匯兌利得，外幣升值則造成匯兌損失。

例 9.2 一美國公司透過其英國分公司，將機器以 100000 英鎊／180 天期售予一個英國公司，同時以英鎊付款。英鎊的現行匯率為 $1.7，而美國賣方預期收到付款時可以將 100000 英鎊換成 $17000。

交易風險會發生是因為在收到付款款項且將其換成美元時，美國出口者可能有收不到收到 $17000 的風險。如果今日起 180 天後，匯率跌至 $1.40，則美國出口者只會收到 $14000，比預定的 $17000 少了 $3000；而如果在同一時間，匯率升至 $1.90，出口者就會收到 $19000，較預期多 $2000。如果美國出口者以美元開價，則交易曝險便會轉移到英國進口者身上。不像轉換利得或損失，交易利得或損失會直接影響實質的現金流量。

## 9.1.3 經濟風險

經濟風險（Economic exposure），也稱為營運風險、競爭風險或是收入風險，衡量匯率變化對國外投資計畫的預期未來現金流量的淨值之影響。匯率變化所造成的影響是在一般的經濟風險之下。多國籍企業會設立子公司在擁有穩定物價、擁有持續可用資金、居國際收支帳優勢地位且賦稅較低的國家，但是這些正面因素會因為此國家的經濟情況變動而改變，當地貨幣可能貶值，此時子公司如果需要以強勢貨幣付清進口貨品，或是向海外借款，則子公司會馬上遭遇經營困難。匯率變動也會影響一些經濟因素，如通膨壓力、價格控制、可貸資金的供給以及可用的當地勞工。

經濟風險較轉換及交易風險為廣泛及主觀的觀念，因為牽涉到匯率變動對公司各層面的影響。這是因為與長期利潤表現及公司價值有關，經濟風險雖難以衡量，但是卻較其他風險普遍明顯。

**例 9.3** 在未來一年，一美國公司的法國子公司的稅後盈餘預期為 3500 萬法郎，而在下一年，匯率將會從目前的 FF 4／＄下降至明年的 FF5／＄。

未貶值及已貶值的第一年現金流量差異計算如下：

| | | |
|---|---|---|
| 稅後盈餘 | FF3500 萬 | |
| 貶值 | 1500 萬 | |
| 營運現金流量 | FF4000 萬 | |
| 貶值前匯率（FF4 = $1） | FF4000 萬 = | ＄1000 萬 |
| 貶值後匯率（FF5 = $1） | FF4000 萬 = | －＄800 萬 |
| 潛在匯兌損失 | | ＄200 萬 |

子公司的經濟損失為法郎現金流量在接下來的 12 個月下降達＄200 萬。轉換風險或是交易風險為一次性發生，但是經濟風險則是永無止境的，因為假設公司所參與的活動在接下來的五年均處於相同狀態，則接下來五年的每一年現金流量都會下降＄200 萬。

## 9.1.4 三種風險的比較

基於轉換風險的外匯風險管理基本上較為靜態且歷史導向，就定義而言，轉換風險不會考慮已發生或可能發生的匯率變動對未來的影響，此外，也不牽涉到實質的現金流量；相反地，交易及經濟風險均會考慮到已發生或可能發生的匯率變動對未來的影響，也會牽涉到實質或潛在的現金流量。

交易風險及經濟風險在性質上相同，但是程度上不同，例如，因為經濟風險依賴的是欲套利的這段時間裡的預期未來現金流量，因此是比較主觀的；另一方面，因為交易風險導因於匯率變動前便存在，而必須在匯率變動之後清償的債務，所以較為客觀。表 9.1 歸納這三種風險的主要相異點。

表9.1 三種類型風險的主要相異點

| 變數 | 轉換風險 | 交易風險 | 經濟風險 |
|------|---------|---------|---------|
| 合約 | 特定 | 特定 | 一般 |
| 存續期間 | 某一時點 | 合約期間 | 計畫期間 |
| 利潤（損失） | 易於記算 | 計算中度難度 | 難以計算 |
| 利潤（損失） | 帳面上 | 實質上 | 實質上 |
| 衡量方式 | 決定於會計法則 | 決定於即期匯率變動 | 決定於即期匯率變動 |
| 避險 | 容易 | 中度 | 困難 |
| 曝險的程度 | 決定於會計法則 | 決定於合約內容 | 決定於產品及要素市場 |
| 價值 | 資產及負債的帳面價值 | 資產及負債的合約價值 | 資產的市場價值 |
| 風險管理 | 財務部門 | 財務部門 | 所有部門 |

## 9.2 轉換風險管理

財務報表的目的在呈現公司的表現、經濟地位及現金流量的資訊。為了達到這樣的目標，相同集團企業下的公司之財務報表必須合併，並且以單一經濟實體的財務報表表示之，因此財務報表必須用另一種貨幣重新表示或是轉換，以幫助財務報表之使用者如投資者及債權人等使用。

對於多國籍企業而言，幣值轉換的會計法則為最受爭議的技術性事項之一，許多問題是來自於轉換的匯率通常是不固定的，因此使用不同匯率可能使事實上的營運結果變化相當大，這也是為什麼自從 1973 年開始使用浮動匯率之後，幣值的轉換變得越來越受爭議且重要。浮動利率是根據伯頓伍茲協定（Bretton Woods Agreement）而取代自從 1944 年所建立的固定匯率。

### 9.2.1 轉換法則

假如自從上一個會計年度之後，匯率便已經改變，以外幣計價的財務報表項目在轉換的時候，就會出現匯兌損失或利得，而獲利與損失的可能性則視轉換的法則而定。多國籍企業常使用的四種轉換方法為：即期－非即期、貨幣性

—非貨幣性、暫時性以及即期匯率。

　　**非流動法則**　欲使用這種法則，必須先將財務報表以到期日分群。在流動—非流動法則（current-noncurent method）之下，所有海外子公司即期資產及負債均使用即期匯率轉換成以母公司貨幣計價；而非即期負債及股東權益則用歷史匯率轉換之。

　　**貨幣性／非貨幣性法則**　在貨幣—非貨幣法則（monetary-nonmonetary method）之下，貨幣性的資產及負債均用即期匯率轉換；非貨幣性資產及負債以及股東權益則用歷史匯率轉換。貨幣性資產包括現金、應收帳款以及應收票據；非貨幣性資產則包括存貨及固定資產。一般來說，所有的負債都是貨幣性負債。

　　**暫時性法則**　暫時性法則（temporal method）在美國歷史性會計的一般公認會計原則之下，本質上與貨幣性—非貨幣性法則會有同樣的結果，唯一的不同點是，在貨幣性—非貨幣性法則之下，存貨是以歷史匯率轉換的，在暫時性匯率之下，存貨也是以歷史匯率轉換，但是如果存貨以市價或重置成本計算時，便可以即期匯率轉換之。

　　**即期匯率法則**　即期匯率法則（current-rate method）是最簡單的法則，也就是所有的資產或負債均以即期匯率轉換，而現存的權益科目，如普通股及資本公積，則以歷史匯率轉換。

　　**四種轉換法則的比較**　所有財務報表項目重新以母國貨幣表示時，是以

表9.2　用來轉換財務報表項目的匯率

| 資產負債表科目 | 流動/非流動 | 貨幣性/非貨幣性 | 暫時性 | 即期匯率 |
|---|---|---|---|---|
| 現金 | C | C | C | C |
| 應收帳款 | C | C | C | C |
| 應付帳款 | C | C | C | C |
| 存貨 | C | H | H 或 C | C |
| 固定資產 | H | H | H | C |
| 長期債務 | H | C | C | C |
| 淨值 | H | H | H | H |

外幣數量乘上適當的匯率計算的。表9.2用每種財務報表項目的匯率來比較這四種方式－即期－非即期、貨幣性－非貨幣性、暫時性以及即期匯率。

　　**例9.4** 假設美國多國籍企業的海外子公司擁有：（1）現金＝FC100；（2）應收帳款＝FC150；（3）存貨＝FC200；（4）固定資產＝FC250；（5）即期負債＝FC100；（6）長期負債＝FC300；以及（7）淨值＝FC300。讓我們假設歷史匯率為＄2＝FC1，即期匯率則為＄1＝FC1，存貨以市價表示。記住所使用的貨幣FC從＄2／FC貶值至＄1／FC。

　　表9.3顯示每種轉換法則對資產負債表的影響。匯兌利得及損失以補足（平衡）項目表示之，以說明他們是如何導出的，但是實際上，淨值才是用來補足的項目，匯兌利得或損失通常會被結帳至保留盈餘中。

　　在即期－非即期法則中，因為即期資產大於即期負債，匯兌損失為＄350；另一方面，在貨幣性－非貨幣性法則中，因為貨幣性負債大於貨幣性資產，匯兌利得為＄150；在即期匯率法則之下，有兩個原因使匯兌損失為＄300：（1）除了淨值之外的所有科目以即期匯率轉換，以及（2）曝險資產較曝險負債多。

表9.3　四種轉換法則的比較

| 科目 | 外幣 | | 流動／非流動 | | 貨幣性／非貨幣性 | | 暫時性 | | 即期匯率 |
|---|---|---|---|---|---|---|---|---|---|
| 現金 | FC100 | 1 | $100 | 1 | $100 | 1 | $100 | 1 | $100 |
| 應收帳款 | 150 | 1 | 150 | 1 | 150 | 1 | 150 | 1 | 150 |
| 存貨 | 200 | 1 | 200 | 2 | 400 | 1 | 200 | 1 | 200 |
| 固定資產 | 250 | 2 | 500 | 2 | 500 | 2 | 500 | 1 | 250 |
| 總計 | FC700 | | $950 | | $1150 | | $950 | | $700 |
| 即期負債 | FC100 | 1 | $100 | 1 | $100 | 1 | $100 | 1 | $100 |
| 長期負債 | 300 | 2 | 600 | 1 | 300 | 1 | 300 | 1 | 300 |
| 淨值 | 300 | 2 | 600 | 2 | 600 | 2 | 600 | 2 | 600 |
| 利得（損失） | | | (350) | | 150 | | (50) | | (300) |
| 總計 | FC700 | | $950 | | $1150 | | $950 | | $700 |

## 9.2.2 財會準則公報第8號及第52號

　　會計專家已經逐漸體認到貨幣轉換及海外營運的重要性，因此在1975年9月，財務會計準則委員會（Financial Accounting Standards Board, FASB）發佈第八號公報，即外幣交易轉換會計及外幣財務報表（Accounting for the Translation of Foreign Currency Transaction and Foreign Currency Financial Statement）。第八號公報（FASB No.8）要求美國公司在轉換以外幣計價的財務報表為美元計價時，必須使用適當的匯率來衡量每一個科目；適當匯率可以為歷史匯率、即期匯率或是平均匯率。另外，此號公報也要求公司在季損益表或年損益表中列出匯兌利得或損失，不論此利得或損失為已實現或未實現。

　　第8號公報的產生花了FASB相當的心力來解決轉換上的問題，但是在1975年秋天第一次發行時，仍引起了相當大的爭議，其中最多的批評在於匯兌利得或損失的承認上。許多公司聲稱因為匯率巨幅的變動，第8號公報會因此而扭曲公司的盈餘。FASB在1981年7月發佈第52號公報，即外幣轉換（Foreign Currency Translation）。第52號公報（FASB No.52）取代了第8號公報，而在1982年，美國公司被允許可以使用第8號或第52號公報。福特（Ford）便利用第52號公報來排除在損益表上的＄220匯兌損失；而通用汽車（General Motors）則使用第8號公報，以將＄38400萬的匯兌利得包含在損益中。

　　第52號公報要求以即期匯率轉換財務報表，而這樣的調整會直接影響股東權益，而不是盈餘，所以第52號公報大量減低在第8號公報之下，因匯率變動所引起的公司盈餘的起伏。

　　**功能性貨幣**　在這一部份，有兩個名詞會被大量使用：母國貨幣及功能性貨幣。母國貨幣（parent currency），有時也稱為報價貨幣（reporting currency），是母公司所在國家的貨幣，例如，美國的多國籍企業之母國貨幣為美元。功能性貨幣（functional currency）通常稱為國外貨幣（foreign currency）或當地貨幣（local currency），是多國籍企業海外營運所處國家的貨幣。就第52公報所定義，一實體公司的功能性貨幣為「此實體公司營運的最主要經濟環境中的貨幣,一般來說,便是公司收入及支出現金環境中之貨幣」。

功能性貨幣一詞一開始是用在關於轉換的文章上,以便配合第 52 號公報,而事實上,功能性貨幣是第 52 號公報最主要的特徵,因為他決定了轉換法則的選擇,這一個特徵是相當重要,因為轉換法則的使用決定了轉換的匯率及匯兌利得或損失。假設外幣被認定為功能性貨幣,則便使用第 52 號公報來轉換財務報表;另一方面,若美元為功能性貨幣,就必須使用第8號公報重新以美元衡量外幣操作。

一般來說,海外子公司的功能性貨幣是其產生淨現金流入的所在國家的貨幣,例如,在法國有相對較多營運活動的法國子公司,便擁有法郎為其功能性貨幣。這種轉換的調整並不會影響現金流量,也不會顯現在損益表中,而是直接影響股東權益。然而,如果法國子公司和德國客戶交易而擁有以馬克計價的帳款,則這些交易將會被轉換為法郎,並且在財務報表合併過程中,亦即轉換成美元計價之前,此筆轉換所產生的匯兌利得或損失必須包括在子公司的損益表中。

實體公司的功能性貨幣並非總是和海外營運所在國或是交易紀錄所在國的貨幣相同。如果海外營運的現金流量會馬上影響母公司的現金流量,則以美元為功能性貨幣,且匯兌利得或損失必須包括在海外營運的淨收入中。這種情況通常發生在子公司僅為母公司的一個分支機構時,此時其功能性貨幣便是母公司的報價貨幣。例如,母公司在美國的墨西哥子公司向美國進口原料,再將其產出回銷美國,則美元便是其功能性貨幣。

以報價貨幣為功能性貨幣的另一個例子,為海外子公司所在國發生嚴重的通貨膨脹。第 52 號公報規定「在高通膨國家的海外子公司之財務報表,必須假設功能性貨幣為報價貨幣而再衡量」,所謂高通膨國家指在三年中,其累計通貨膨脹率在100%以上,這個累計通膨率是複和率,因此若每年的通膨率為26%,三年的累計通膨率便為 100%。

**第 8 號公報及第 52 號公報的不同**　第 8 號公報的基本假設是,合併報表必須反映出所有被合併團體的所有營運,包括海外營運,均為母公司的本國營運結果。但是這樣的假設忽略了子公司在不同經濟環境下運作的情況，並且使用這些經濟環境內的貨幣為其現金流量來源。因此，這種會計法則的結果並不能正確地描繪出外幣現金流量的實況。

　　第52號公報則意圖描繪出外幣的現金流量。使用功能性貨幣方法或是即期匯率法則的公司，將得以比較轉換前後的盈餘或現金流量，而一些財務指標，如利潤比率、毛利率以及債權比率，在從功能性貨幣轉換至報價貨幣時均能保持不變。另外，因為第52號公報將匯兌利得或損失直接併入股東權益，而非損益中，公司所公布的盈餘變動也減低了。

　　**以外幣計價的財務報表的轉換**　從1976年開始，第8號公報規定公司使用暫時性匯率，這規定一直到FASB在1981年12月才以第52號公報取代之。根據暫時性法則，資產負債表項目若以現行或未來價格表示時，應以即期匯率轉換；但如果是以歷史價格表示，則也應以歷史匯率轉換。在這法則之下，銷貨收入及營運費用均以平均匯率轉換之，而銷貨成本及折舊費用則以相對歷史匯率轉換，其中因為資產負債表的轉換所產生的匯兌利得或損失應計入損益表中。

　　第52號公報則是使用即期匯率法則，將以外幣表示的財務資產負債表從功能性貨幣轉換至報價貨幣。即期匯率法則是最簡單的，因為所有的資產及負債均是以即期匯率轉換，只有股東權益以歷史匯率轉換。不同於受爭議的第8號公報，第52號公報並不要求損益表包括轉換調整值，相反地，公司必須將這些轉換調整值個別表示，並累計於權益中的個別項目，一直到出售或重整海外淨投資時。

　　在第52號公報之下，轉換所有的損益表項目結果相當於以這些項目被承認時的當天匯率轉換的結果，然而，第52號公報的第12行的說法為「因為以眾多的收入、費用、利得及損失被承認的當天匯率為轉換匯率是相當不實際的，所以在這期間的加權平均匯率可用來轉換這些項目。」

　　**例9.5**　一美國多國籍企業的加拿大分公司開業時以加幣為功能性貨幣，同時於1998年1月1日購買固定資產，當時加幣對美元的匯率為0.85。表9.4運用暫時性法則及即期匯率法則於假設財務報表上，該財務報表因為加幣貶值 11.8% 而受到影響，同時也因為貶值，1998 年的 12 月 31 日的匯率為 0.75，而這時期的加權平均則為 0.80。

表 9.4 顯示在此例中，因為使用單一匯率轉換財務報表項目，並且將轉換調整併入權益類中，因此在第 52 號公報之下，盈餘的變動被減低了。除此之外，在新標準下，美國母公司的淨收入和以加幣計價的盈餘相同。

在第 52 號公報之下，$11 的轉換上損失是因為加幣對美元貶值的經濟影響，同時這個損失在財務報表上以「轉換的權益調整」表示；另一方面，第 8 號公報要求美國母公司將 $70 的轉換利得納入損益表中。

在第 52 號公報下，重要的加幣比率，如淨收入／收入、毛利、權益比，在從加幣轉換的美元時均保持不變，但是在第 8 號公報之下，這些加幣比率和美元的比率卻大大不同。

### 9.2.3 轉換風險的避險

當貶值或過度升值可能發生時，公司便要決定他是否面臨不想要的風險，而管理這些風險的主要目標便是極小化可能的匯兌損失以及成本保護。避險（Hedge）是減少或抵銷損失的方法。一個減少轉換風險的過程稱為規避風險。避險便是規避已知購買成本可能會有未知轉換損失的匯兌風險，而處理這些轉換風險有各種不同的工具，其中一個主要的避險工具組合：資產負債表避險。

**資產負債表避險** 資產負債表避險一般是用來極小化轉換風險的。所謂資產負債表避險（balance-sheet hedge）便是選擇曝險資產及負債應以何種貨幣計價，使得匯率變動時曝險資產等於曝險負債。為了達到這樣的目標，公司必須使以同一貨幣計價的曝險資產及曝險負債維持在同等數量，因此貶值將會同樣地影響資產負債表的任何一方，使公司不會產生任何利得或損失。

當多國籍企業擁有數個分公司時，有各種不同的資金配置工具可用來減低轉換風險，而這些工具要求公司必須採用下列兩種基本的策略：

1. 公司必須減少以弱勢貨幣計價之資產，並增加以弱勢貨幣計價之負

表9.4 在第8號及第52號公報下,以外幣計價的營運之轉換

| | 加幣 | 第 8 號 公報 | | 第 52 號 公報 | |
|---|---|---|---|---|---|
| | | 所使用的匯率 | 美元 | 所使用的匯率 | 美元 |
| **資產負債表** | | | | | |
| 現金及應收款 | 100 | .75 | 75 | .75 | 75 |
| 存貨 | 300 | .81* | 243 | .75 | 225 |
| 固定資產,淨值 | 600 | .85 | 510 | .75 | 450 |
| | 1000 | | 828 | | 750 |
| 總和 | | | | | |
| 短期負債 | 180 | .75 | 135 | .75 | 135 |
| 長期負債 | 700 | .75 | 525 | .75 | 525 |
| 普通股 | 100 | .85 | 85 | .85 | 85 |
| 保留盈餘 | 20 | | 83 | | 16 |
| 轉換之權益調整 | | | | | -11 |
| 總和 | 1000 | | 828 | | 750 |
| **損益表** | | | | | |
| 收入 | 130 | .80 | 104 | .80 | 104 |
| 銷貨成本 | -60 | .83* | -50 | .80 | -48 |
| 折舊 | -20 | .85* | -17 | .80 | -16 |
| 其他費用 | -10 | .80 | -8 | .80 | -8 |
| 稅前匯兌利得 (損失) | | | 70 | | |
| | 40 | | 99 | | 32 |
| 所得稅 | -20 | .80 | -16 | .80 | -16 |
| 淨收入 | 20 | | 83 | | 16 |
| **比率** | | | | | |
| 淨收入/收入 | 0.15 | | 0.52 | | 0.15 |
| 毛利率 | 0.54 | | 3.13 | | 0.54 |
| 長期債權比 | 5.83 | | | | 5.83 |

＊存貨、銷貨成本及折舊的歷史匯率

債。

2. 公司必須增加以強勢貨幣計價之資產,並減少以強勢貨幣計價之負債。

強勢貨幣指可能會升值的貨幣,弱勢貨幣則指可能會貶值的貨幣。

大部分用來規避當地貨幣(弱勢貨幣)可能貶值的風險的工具為減少以當地貨幣計價的資產,或增加以當地貨幣計價的負債以便取得當地貨幣。為了減少轉換風險,這些以當地貨幣計價的資金必須置換成以強勢貨幣計價的資產,此種轉換可直接或間接地由各種資金配置工具來完成。直接資金配置工具

包括，出口以強勢貨幣計價以及進口以弱勢貨幣計價、投資以強勢貨幣計價的證券以及置換以強勢貨幣計價的貸款爲弱勢貨幣計價。間接方法將會在13 章討論，包括調整移轉價格、儘速付清股利、費用及權利金、調整公司入帳時間的不一致。

# 9.3 交易風險管理

排除交易風險稱爲規避風險。規避風險包含遠期合約的使用、即期市場及貨幣市場交易的組合，以及避免從某一貨幣兌換至另一貨幣的匯兌損失的其他工具。因爲交易風險牽涉曝險資產及負債從某一貨幣置換成其他貨幣的實質兌換，因此兌換（conversion）一詞用於交易風險中。假設多國籍企業決定規避其交易風險，他們必須由多種工具中做選擇：

1. 遠期匯率市場避險；
2. 貨幣市場避險；
3. 選擇權市場避險；
4. 交換協定。

## 9.3.1 遠期匯率市場避險

以遠期匯率市場避險（forward exchange-market hedge）牽涉到遠期匯率及資金來源。遠期匯率指可在未來某一天，以固定匯率交換貨幣。遠期匯率將使外匯風險所引起的不確定成本變成確定成本，而所謂外匯風險是貨幣可能貶值所造成的風險。即使遠期匯率的成本通常比不確定成本來得低，但是卻並非總是在匯率變動下的最低成本，因爲遠期合約只是固定了成本，減低因匯率變動造成的不確定性。例如，美國公司必須在九個月之後爲其進口支付德國馬克，美國公司使可使用遠期合約，在付款日當天以一定價格購買馬克。

遠期市場避險是一種牽涉到因爲企業營運產生的可動用與到期的資金來源。可動用資金的一個例子：一架在美國建造中的飛機，公司在英國持有英鎊,付款到期日在九個月後以美元計價,因此英國公司買了一個美元的遠期合約,並以目前可動用的英鎊來支付這個遠期合約。營運到期資金的一個例子:一家英國公司出口銷售到美國之後,有以美元計價的銷貨收入。這個美元出口收入可能被用來支付購買英鎊遠期合約。

## 9.3.2 貨幣市場避險

就像遠期市場避險一樣,貨幣市場避險 (money-market hedge) 涉及了一個貸款合約以及落實此合約的資金來源。在此種情形下,這種合約代表了一個貸款協定。假設一家美國公司九十天之後有一筆應付法郎計價的進口款項。它可以借進美元,將這筆錢換成法郎,購買一筆九十天的法國國庫券,然後利用出售此國庫券的收入來支付進口帳單。當然,它也可以在當進口帳單到期時才從外匯現貨市場購買法郎。

貨幣市場避險與遠期市場避險是相似的,不同處在於貨幣市場避險是取決於利率的差異,而遠期市場避險成本是取決於遠期升水或貼水。如果外匯市場與貨幣市場都在均衡狀態之下,遠期市場與貨幣市場法都會產生相同的成本。

## 9.3.3 選擇權市場避險

許多公司都瞭解到,當應付帳款的貨幣貶值或應收帳款的貨幣在避險期間內升值時,諸如遠期市場避險與貨幣市場避險的工具都可能導致意外不利的結果,甚至是相當大的成本。在這些情形之下,一個未避險的策略可能表現會超過遠期市場避險或貨幣市場避險。理想的避險型態應該能在匯率逆向變動時保護公司,但是也能讓公司從有利的匯率變動中受益。貨幣選擇權市場避險 (currency options-market hedge) 包含了這些作用。經由購買一個外幣的買權,公司可以鎖定其外幣應付帳款的最高美元價格。而經由購買一個外幣賣權,公司可以鎖定期外幣應收帳款的最低美元金額。

## 9.3.4 交換市場避險

當匯率與利率波動太大時,遠期市場與貨幣市場部位的風險也會太大,以致於遠期市場與貨幣市場不能正常的運作。貨幣選擇權只存在於一些特定的貨幣，並且也沒有彈性。在這些情形下，多國籍企業可能使用交換協定來保護出口銷售、進口訂單以及以外幣計價流通在外貸款的價值。

交換市場避險（swap-market hedge）涉及了兩家公司間兩種不同貨幣現金流量的交換。交換協定有許多形式，但是有一種交換協定，也就是貨幣交換協定適用於多國籍企業消除其交易風險的需要。在一個貨幣交換協定中，一家公司提供了以某種貨幣計價的本金給另一家公司以交換另一種貨幣計價的相同金額。舉例來說，一家德國公司可能極想以德國馬克交換美元。同樣的，一家美國公司可能願意用美元交換德國馬克。受這些需要影響，這兩家公司便會進行一個貨幣交換。

例 9.6　為了明白遠期外匯市場、貨幣市場、選擇權市場與交換市場如何被用來保護公司免於交易風險，假設一家美國公司以十萬馬克賣了一架飛機給一家德國公司，交款期限是九十日。我們更進一步假設馬克的即期匯率是 $0.5233，馬克的九十天遠期匯率是 $0.5335，如果九十天的利率是 10%，美國九十天的利率是17.8%。這兩個利率在匯率報價之下是均衡的，這可以經由下面利用等式 5.5 進行的計算確認：

（n天 F － S ／ S） × 360 ／ 90 ＝ 本國利率－外國利率
（$0.5335 － $0.5233 ／ $0.5233） × 360 ／ 90 ＝ 17.8% － 10.0%
7.8% ＝ 7.8%

美國公司的銀行相信九十天後的即期利率會上升到 $0.6000，也就是比目前存在於遠期貨幣報價上潛在不偏的預期$0.5335要高。除此之外，假設一個三個月到期，執行價為一馬克 $0.5369 的賣權權利金為一馬克 $0.01。最後，一個交換仲介商宣稱她會找到一家願用一馬克$0.5400的匯率將馬克換成美元的德國公司。

此美國公司有五種選擇：不進行避險（接受交易風險）、在遠期市場避險、在貨幣市場避險、在選擇權市場避險或是利用交換協定。

如果這家美國公司決定接受交易風險，它將會在九十天之後收到十萬馬克並在外匯市場中出售以換得美元。如果銀行的預測是正確的，美國公司將會在九十天後收到六萬美元。然而，這項收款卻暴露在外匯風險之下。萬一馬克下跌到$0.4000，美國公司將只收到四萬美元，比預期少了兩萬美元。這四萬美元實際上也許不夠補償飛機的製造成本。另一方面，萬一馬克升值的幅度大於銀行的預期，這家美國公司將會收到六萬多餘美元。

如果這家美國公司希望在遠期市場對其交易風險進行避險，它將會在遠期市場以$53,330出售十萬馬克。這被稱為一個已拋補的交易，因為美國公司在此交易中不再有外匯風險。在九十天後，此美國公司會從德國進口商收到十萬馬克，然後將這筆款項以約定遠期匯率送交銀行並收到$53,330。應該注意的是，確定的遠期市場報價$53,330比未避險下銀行預測不確定的$60,000少。

除了遠期市場避險法之外，此美國公司也可以經由貨幣市場避險保護其交易免受匯率風險。貨幣市場避險法經由下面程序運作：（1）向波昂銀行以百分之十的年利率（百分之二點五的季利率）借進97,651馬克以交換其支付十萬馬克的承諾；（2）以$0.5233的即期匯率把97,561馬克換成美元而收到$51,054（97,561馬克×$0.5233）；（3）將總收入以年利率17.8%投資在美國的貨幣市場中（每季百分之四點四五）並在三個月後收回$53,326（$51,054×1.0045）。這樣做收入的總額將與前面提到的遠期市場避險得到的收入總額相同。這些總額之間的小差別是導因於複利計算的誤差所致。

這家美國公司也可以利用賣權來對其馬克計價的應收帳款避險。它可以用總權利金$1,000（100,000馬克×$0.01）買進賣權，在九十天之後執行之，並將十萬馬克以$0.5369的執行價出售得$53,690。因此，此公司在三個月後會取得淨收入$52,690（$53,690－$1,000）以交換十萬馬克。如果馬克的即期匯率在九十天之後超過$0.5369，此公司會讓此選擇權到期而不執行，並將十萬馬克以目前的匯率兌換成美金。

最後，這家美國公司也可以用貨幣交換協定來彌補其交易風險。這家美國公司急於將它的十萬馬克交換成美金。經由一個交換仲介商，它可能找到一家也想把其美金換成十萬馬克的德國公司。因為雙方的需求，這兩家公司可能互相安排一個交換協定，使雙方能以事先決定的匯率$0.5400將十萬馬克換成美元。在此法中，此美國公司可以將九十天之後會收到的十萬馬克換成鎖定在

$54,000 的美元。

選擇權與遠期合約的比較　遠期合約常常是一種不完美的避險工具，這是因為它是一種在未來以固定價格購買或出售特定數額外幣的固定協議。在許多實務狀況之下，公司其實並不確定它們避險過的外幣現金流量是否會實現。試考慮以下的情形：（1）在海外的交易可能未能實現；（2）對外幣合約的叫價可能會被否決；與（3）某家外國分公司的股利支付可能超過預期的金額。在這些情形下，公司可能不需要在特定的時間以固定的價格去購買或出售外幣的義務，相反的公司卻需要這種權利以降低其匯率風險。吉迪（1983）建議公司應該使用下面的通則來決定避險應該使用遠期合約或貨幣選擇權：

1. 當外幣現金流出金額確定時，購買遠期合約；當金額不確定時，購買該貨幣的買權。

2. 當外幣現金流入金額確定時，賣出遠期合約；當金額不確定時，購買當貨幣的賣權。

3. 當外幣現金流量部分已知但部分不確定時，用遠期合約去對已知部分避險而用選擇權去對剩餘未知部分的最大值避險。

## 9.3.5 交換協定

交換協定有許多種形式，但大致可分為四類：外幣交換、信用交換、利率交換與相對貸款。

**外幣交換**　外幣交換是兩團體同意在某一特定日期互相以難以處理的當地貨幣交換的協議。換言之，一家公司在外匯市場購買固定金額的當地貨幣，並同時買一個將相同金額難處理貨幣的出售遠期合約。前面的交易是一個即期交易，而後面的交易是一個遠期交易。因此，貨幣交換是同時即期與遠期的交易。此協議讓公司能以一個事先決定的匯率收回其外匯部位。

為了瞭解貨幣交換的運作，假設一家美國公司希望借給它的英國分公司英鎊以避免匯率風險。母公司會在現貨市場購買英鎊並將其借給此分公司。在同時，母公司會在遠期市場出售相同金額的英鎊以在此貸款期限內交換美元。母公司在在到期時收到子公司以英鎊償付的貸款，同時也會將英鎊換成美元以結清其遠期部位。另外，美國母公司也可以與外匯交易商進行一個現在用美元換英鎊，到期用英鎊換成美元的交換協定。

**信用交換** 信用交換是一種相似於外幣交換的避險工具。這種協議就是一家私人公司與銀行或外國政府之間同時進行的即期與遠期貸款交易。假設一家美國公司在一家哥倫比亞銀行的紐約辦事處存了某筆數目的美元。相對於這項存款，此銀行會給該公司哥倫比亞分公司某筆數目的披索貸款。同樣的合約規定此銀行會在一特定日期將最初的美元款項還給該公司，而分公司也會將相同金額的披索在同一天還給銀行。經由此動作，美國公司收回了其美元存款本來的金額而哥倫比亞銀行得到一個在美國難以取得的貨幣的免費貸款。

**例 9.7** 一家在法國的分公司需要在目前匯率一美元四法郎之下，相當於一百萬美元的法郎，也就是四百萬法郎。為了幫這家法國分公司得到四百萬法郎，母公司必須在法國銀行開一個相當於一百萬美元的帳戶。這家法國銀行對借給此分公司的四百萬法郎向母公司收的10%年息，但對母公司存在此銀行的一百萬美元則不付任何利息。母公司這一百萬存款的機會成本是 20%。

此交換的總成是本母公司的機會成本與對當地貸款要支付的利息。在目前一美元四法郎的匯率下，一百萬美元的20%機會成本是二十萬美元，四百萬法郎的10%利息則是十萬美元。因此，總交換成本是在相當於一百萬美元的貸款上花了三十萬美元的成本，也就是30%。這個例子顯示每公司對子公司直接貸款將使母公司有20%的成本，而信用交換要花30%的成本。這是因為直接的貸款沒有避險，而信用交換已經避過險，母公司可以依據比較成本在兩種方法中做決定。但是這兩種方法的有意義比較卻需要母公司考慮潛在的匯率變動。直接貸款只有在匯率保持不變時才便宜 10%。

如果多國籍企業無法在合理的精確度之內預測未來的匯率變化，他可能會試著去求出使信用交換成本相等於直接貸款成本的未來匯率。這也就是多國籍企業在這兩種方法之下都無差別的匯率。假設此匯率以y表示。直接貸款來自母公司的成本包括 200,000y= 相當於直接貸款的法郎（一百萬美元×20%）

加上（1,000,000y － 4,000,000）＝在貸款本金（一百萬美元）支付中潛在的外匯損失。信用交換的成本包括 200,000y＝存在法國銀行相當於一百萬美元機會的成本加上 400,000＝爲了四百萬法郎貸款支付給法國銀行年息 10% 的利息。因爲直接貸款的成本與信用換兌的成本在匯率爲 y 時相等，我們可得：

$$\underset{\text{直接貸款成本}}{200{,}000y + (1{,}000{,}000y - 4{,}000{,}000)} = \underset{\text{信用換兌成本}}{200{,}000y + 400{,}000}$$

$$y = 4.4$$

如果此多國籍企業相信匯率不會惡化到 F4.4／$ 的新均衡，他應該選擇成本較低的未避險方法。當它客觀的估計指出有顯著的機會匯率會惡化到 F4.4／$ 時，它應該選擇已避險的方法。

**利率交換**　利率交換可以用來轉移資產或負債組合因爲利率變動而產生的風險。在利率交換之下，公司會用浮動利率的現金流量去交換固定利率的現金流量，或是用固定利率的現金流量去交換浮動利率的現金流量。利率交換常常被許多負債成本固定但收益隨利率水準變化的公司採用。

以一家法國公司一年之前以年息 9.5% 向美國銀行借了一億美元當範例說明。美國的長期利率水準開始下降，此法國公司相信它將會持續下降。爲了享受利率下降的好處，此法國公司決定進行一個美元的利率交換。它用固定利率爲 9.9% 的一億美元，交換以六個月特別提款權利率爲基礎變動浮動利率的一億美元。實際上，法國公司現在已經有了對利率下跌的保障。相反的，如果法國公司相信美國利率會上升，它會進行一個逆向的交換。

**相對貸款**　相對貸款或平行貸款是由兩個不同國家的兩家母公司進行的交易。假設一家美國公司在日本有分公司而一家日本公司在美國也有分公司。更進一步假設兩家母公司都想借給其分公司當地貨幣的貸款。這些貸款可以不經由外匯市場而進行。美國公司會將事先協議的金額以美元借給日本在美國的分公司，而相對於此貸款，日本公司會將相同金額的日圓借給美國在日本的分公司。平行貸款涉及相同的貸款金額與相同的期限。當然，各筆貸款會以當地的貨幣償付，而因爲每筆貸款以當地貨幣支付與償還，平行貸款協定避免了匯率風險。

　　基本的交換情境可能有許多變化。一種變化可能是受封鎖的資金。舉例來說，假設通用汽車與IBM在哥倫比亞有分公司。通用汽車哥倫比亞的分公司有閒置的披索，但是因為哥倫比亞對資金匯出的限制而無法匯回美國。另一方面，IBM哥倫比亞的分公司可能需要披索貸款來進行擴充。在此狀況下，在哥倫比亞的通用汽車分公司將披索借給IBM分公司，而在美國IBM則借美元給通用汽車。

# 9.4 經濟風險管理

　　公司可以簡單的對轉換與交易風險進行規避，這是因為它們的風險都是基於計畫中外幣現金流量而來的。然而，就算不是不可能，要公司去進行經濟風險的規避卻因為幾個原因而變得非常困難。因為經濟風險可在許多市場與產品間影響公司的競爭力，故範圍相當廣泛。當其乃基於外幣而產生時，這些風險是長期、難以量化、並且不能單獨以財務避險方法解決的。

　　如此一來，國際財務經理應該整體性地來估計經濟風險。他們的分析應該考慮匯率的變動如何影響：（1）公司在外國市場的銷售展望（產品市場）；（2）勞工與其他在海外生產要素的成本（要素市場）；（3）本國貨幣金融資產與負債以外國貨幣計算的價值（資本市場）。因此，那些用來降低轉換或是交易風險的工具，例如遠期合約、貨幣市場、選擇權、交換、分公司間帳戶的調整、以及移轉價格制訂政策都不能用來規避經濟風險。

　　經濟風險管理是設計來降低淨現金流量受到非預期匯率變動的衝擊。分散經營與融資可以降低經濟風險。它們讓多國籍企業可以對外匯、資本與產品市場因呈現失衡狀態而產生的機會進行反應。更進一步，分散策略並不需要管理階層去預測失衡狀態。當然，這些策略仍須管理階層在失衡發生時辨識出它們。換言之，將經濟風險最小化的基本策略是在產品市場選擇、定價策略、促銷活動以及投資與融資選擇的策略管理上。

　　在管理經濟風險時，多國籍企業訴諸於營運功能的靈活調動，包括生產、行銷與融資。生產與行銷明顯是重要的,因為它們決定了公司的存在與否:也就是生產產品並銷售以獲利的能力,但是融資也是整體管理裏一個重要的部分,同時更跨越了各功能的界線。

經濟風險管理依賴失衡狀態存在於各國生產要素市場、產品市場與金融市場的假設。舉例來說,假設目前暫時有偏離購買力平價說與國際費雪效果的情形發生,公司便可以發覺國與國之間在比較成本、銷售毛利與銷售量的不同。

## 9.4.1 生產分散化

許多生產方面的策略在失衡狀況發生時可以處理經濟曝險的問題,這包括:(1)廠房區位、(2)要素組合、(3)產品來源與(4)增加生產力。

首先,在許多國家有製造部門的公司可以根據隨幣值變動的生產成本延長在一國的生產運轉時間而縮短在另一國的生產運轉。第二,管理良好的公司可以用當地與進口的要素來相互替代要素的組成,這完全是看要素的相對價格與相互替代的程度。第三,完全分散化的公司可以在原料、零件與產品的來源上根據幣值的變動做調整。第四,受到幣值變動損害的公司可以藉由關閉無效率的廠房、生產過程自動化以及協商與它人聯合以增進生產力。

## 9.4.2 行銷分散化

行銷計畫通常在匯率變動之後才會做調整。然而在匯率變化之下主動的行銷可能經由(1)生產策略、(2)定價策略、(3)促銷的選擇與(4)市場選擇取得競爭的優勢。

首先,產品區隔、分散與刪減會降低一個全球性企業盈餘受匯率變動影響的衝擊。第二,價格也可以隨著幣值的變動而調整。定價策略則是受到諸如市場佔有率、毛利率、競爭程度與價格彈性等因素影響。第三,為了廣告、個人銷售與零售產生的促銷預算的規模可以加以調整以反應幣值變動。舉例來說,日圓貶值時可能正是美國公司增加在日本廣告預算的時機。第四,一個全球性的配送系統將能讓公司的收益不受意料之外的匯率變動影響。

### 9.4.3 融資分散化

在融資方面，還多了一些免除經濟曝險的工具，就是長期負債的計價貨幣、發行地點、到期結構、資本結構與租賃與購買之間的選擇。舉例來說，LSI 邏輯公司，一家以加州為基地生產規格化微晶片的公司，使用了下面的金融工具：（1）在英國與其他歐洲國家的權益市場；（2）經由例如野村證券的法人投資者進入的日本股票市場；（3）經由其聯合創業投資合夥人進入日本當地的信用市場；（4）經由瑞士與美國的證券公司發行海外公司債與可轉換債券。

分散的融資來源使公司可以增進其整體財務表現，這是因為利率的差距並不總是等於預期匯率的變動率。除了可以在許多分散的市場經由非預期的利差獲利之外，公司也可藉著將貸款組合與營運費用的貨幣成分與預期收益的貨幣成分相配合而降低其經濟風險。

### 9.4.4 經濟風險管理之結論

單純的本國公司不像多國籍企業有那麼多選擇去對國際失衡狀況作反應。國際化的分散消除了匯率變動對企業現金流量的衝擊。在失衡狀況之下的匯率變動可能在某些市場能增加其競爭力而在某些市場卻反之。然而，至少有一個嚴重的限制會降低分散策略的彈性：有全球生產體系的公司可能必須要放棄很大的規模經濟。但是這些公司仍然可以分散其銷售功能與融資來源。

## 9.5 貨幣風險管理實務

### 9.5.1 多國籍企業對避險工具的使用

伯斯敦－馬斯德勒，一家從事貨幣風險管理領域的顧問公司，在一九九七年十一月菲律賓馬尼拉舉行的資深財務經理（CFO）論壇上對一百一十位資深財務經理進行了一項調查。圖9.1顯示這些CFO認為外匯風險在它們所面對的風險中是最重要的（佔了38%）。下面接著最常被指出的風險是利率風險

（32％）與政治風險（10％）。其他風險（20％）包括 9% 的信用風險、7% 的流動性風險與 4% 的通貨膨脹風險。

　　圖 9.1 也顯示傳統的遠期合約是最常用來規避匯率風險的工具。所有的回答者中，有 42% 使用遠期合約作為主要的避險工具。其他四個本書討論過的避險工具：貨幣交換、利率交換、貨幣選擇權與期貨被使用的程度幾乎相同。最近傑斯文、諾克與福克斯（1995）進行的一項調查也發現遠期合約是最常用的避險工具。除此之外，他們其它的發現也確認了伯斯敦－馬斯德勒調查報告大部分的觀點。

## 9.5.2 MGRM 原油期貨避險中的期限不一致

　　麥托格斯特福（MG）是德國第十四大製造業公司，營運範圍包括工程、鋼鐵與採礦。在一九九四年初，其美國分公司 MGRM 申報了世界上金額最高的衍生性商品相關損失，就是此公司在能源期貨與交換交易的部位產生的十三億美元損失。此事件將 MG 帶至破產的邊緣。在解雇該公司的資深副總裁與相關資深主管之後，MG 的董監事會被迫與該公司的一百二十家債權銀行簽訂一個十九億美元的援助方案。許多分析師仍然疑惑一家公司怎麼可能經由避險而損失超過十億美元。這次的失敗激起了廣泛地關於公司避險策略與從這次事件學到哪些教訓的討論。

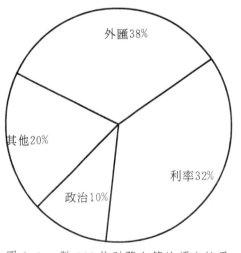

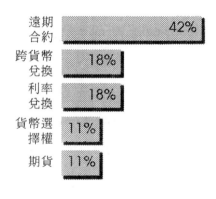

b. 使用的避險工具

圖 9.1　對 110 位財務主管的調查結果

在一九九二年，MGRM 開始執行提供長期客戶期間十年的石油、燃油與柴油價格保證的激進行銷計畫。這些長期價格保證包括：（1）在合約期間保證一個事先設定價格的絕對固定合約；（2）在合約期間與原油現貨價一致浮動的絕對浮動合約；（3）將原油再製品的價格盯住當地競爭者支付價格的保證利潤合約。經由這些合約，MGRM 承擔了其客戶大多數的原油價格風險。

為了規避這些供給義務產生的風險，MGRM 買了一個短期間原油交換合約與期貨合約的組合作為衆所周知「重複堆積」避險策略的一部份。在最簡單的形式中，重複堆積避險就是重複的購買一堆近期的期貨合約用來規避一個長期的風險部位。換言之，多頭（買方）部位每個月用次月的合約來輪流周轉。MGRM使用一對一避險策略，也就是長期負債以一元對一元的近期美元合約來避險。

如同第六章所討論的，期貨合約價格波動所產生的市場利得與損失以每日的基礎入帳，以保護市場參與者免於倒帳的風險。若是原油價格上漲，MGRM 期貨合約價值的總和收益將會產生正的現金流量，這個利得接著會用來抵銷其承諾以低於市場價運送原油給客戶產生的損失。然而，當期貨價格下跌時，短期的現金必然會因為要支應保證金的催繳而減少。保證金催繳是期貨交易商要求客戶再提供金錢以維持其保證金帳戶在一最低水準。原油價格在一九九三年大幅下跌而引發了上述事件。

顯著較低的原油價格在一九九三年導致MGRM產生鉅額未實現損失與對其衍生性商品部位保證金持續的催繳。在一九九三年末多次連續的原油價格下跌之後，MGRM 的德國母公司結清了其超過十億美金的避險與未實現損失。長期原油供應義務與短期原油期貨的多頭部位之間的配合錯誤造成了 MGRM 的混亂。換言之，短期間期貨合約的價格變動導致大幅變動的短期現金需求，而此現金需求並沒有與 MGRM 的長期合約配合。

# 結論

　　本章討論外匯風險部位與外匯風險管理。因為全球化正在全面重塑我們的生活方式與企業經營方式，每家公司都會面臨因為匯率波動產生利得或損失的機會。當公司將財務報表從一個外國貨幣轉換到本國貨幣時，轉換風險便因此而產生。交易風險指的是當以外幣計價的交易結算時可能導致的獲利或損失。經濟風險衡量的是匯率變動對公司整體獲利能力的衝擊。

　　本質上，避險或是保護是一種針對匯率變動提供保障的的保險。當可能貶值時，多國籍企業必須決定它是否不希望任何的淨部位暴露在匯率風險下。當公司發現有不希望的部位暴露在匯率風險下時，它可以利用許多工具來規避這個風險。包括資產負債表避險、遠期市場避險、貨幣市場避險、選擇權市場避險以及交換合約。這些工具在降低轉換與交易風險上是不可或缺的。經濟風險可以藉由分散與策略規劃，進而平衡收益與費用對匯率變動的敏感性而加以管理。

# 問 題

1．解釋在何種狀況下會計項目或是交易將產生外匯風險。

2．三種基本型態的外匯風險分別是轉換風險、交易風險與經濟風險。簡單的解釋三種的風險。

3．公司母國貨幣的升值如何影響其現金流量？公司母國貨幣的貶值如何影響其現金流量？

4．FASB 第八號公報與 FASB 第五十二號公報有何不同？

5．什麼是基本的轉換避險策略？

6．弱勢的美元如何影響一家在全世界都有分公司的美國公司申報的所得？強勢的美元如何影響一家在全世界都有分公司的美國公司申報的所得？

7．一家美國公司如何以遠期與選擇權合約對以日圓計價的淨應付款項避險？

8. 一家美國公司如何以遠期與選擇權合約對以日圓計價的淨應收款項避險？

9. 有任何使選擇權合約比遠期合約好或諸如這樣的特殊情形嗎？

10.經濟風險管理的主要問題爲何？

11.何爲經濟風險管理的基本目的？

12.多數公司如何處理其經濟風險？

# 習題

1. 一家美國公司在日本完全擁有一家分公司。這家分公司有五億日圓的風險性資產與八億日圓的風險性負債。匯率從一美元一百五十日圓升值到一美元一百日圓。

   a. 淨風險部位的金額爲何？

   b. 轉換損益的金額爲何？

   c. 如果日圓從一美元一百五十日圓貶值到一美元兩百日圓，轉換損益的金額又爲多少？

2. 麥道公司將一架飛機以一年到期的八億四千萬韓圜賣給韓國航空。麥道將收到以韓圜支付的帳款。韓圜的即期匯率是一美元七百韓圜，麥道預期在收到此款項時將會收到相當於八億四千萬韓圜的一百二十萬美元。

   a. 假設韓圜的即期匯率從今天開始升到一美元六百韓圜，潛在的交易損益爲？

   b. 假設韓圜的即期匯率在到期日跌到一美元一千韓圜，潛在的交易損益爲何？

3. 在未來的一年中，一家美國公司的德國分公司預期可以賺得兩千五百萬馬克的稅後盈餘而其折舊費用估計爲五百萬馬克。預期下一年的匯率將從一美元二馬克升到一美元一點五馬克。

   a. 潛在的經濟損益爲何？

   b. 如果預期中的經濟活動在下面三年都沒有改變，三年下來總和的經濟損益又為何？

4. 假設一家美國公司的法國分公司擁有下面的項目：（1）現金＝一千法郎；（2）應收帳款＝一千五百法郎；（3）存貨＝兩千法郎；（4）固定資產＝兩千五百法郎；（5）流動資產＝一千法郎；（6）長期負債＝三千法郎；（7）淨值＝三千法郎以及轉換損益前淨利二百二十五法郎。更進一步假設歷史匯率是一法郎 0.25 美元，目前的匯率是一法郎 0.20 美元，平均匯率是一法郎 0.225 美元，存貨以成本計價。

    a. 製作這家美方在法國的分公司的資產負債表。

    b. 決定出沒有轉換損益下的美元淨利。

    c. 決定出在 FASB 第 8 號公報與 FASB 第 52 號公報下的轉換損益。

    d. 如果決定以美元為功能性貨幣，哪一種轉換方法會被使用？它對公司的淨利會產生何種影響？

    e. 計算法郎計價下的負債比率、投資報酬率與長期負債對權益比。將這些比率與根據 FASB 第 8 號公報與 FASB 第 52 號公報下以美元計算的比率相比較。

5. 在一九八二年，福特有六億五千八百萬美元的稅後損失，並在採用 FASB 第 52 號公報之下有兩億兩千萬美元的轉換損失。在同一年，通用汽車有九億六千三百萬的稅後盈餘，並在採用 FASB 第 8 號公報下有三億四千八百萬美元的轉換利得。

    a. 你覺得為何在一九八二年，福特採用了新的會計準則 FASB 第 52 號公報而通用汽車仍採用舊的 FASB 第 8 號公報為會計準則。

    b. 如果福特使用 FASB 第 8 號公報而非第 52 號公報，其申報的淨損失為多少？

    c. 如果通用汽車採用第 52 號公報而非第 8 號公報，其申報的淨利應為多少？

6. 一家美國公司從日本公司手中買了數台總價為十萬日圓的電視機。這

筆款項必須在一百八十天之內以日圓支付。下面有目前的報價與預
期：

| | |
|---|---|
| 目前即期匯率 | $0.0050 |
| 一百八十天遠期匯率 | $0.0051 |
| 日本利率 | 7.00% |
| 美國利率 | 11.00% |
| 一百八十天後預期最高即期匯率 | $0.0052 |
| 一百八十天後預期最低即期匯率 | $0.0046 |

美國公司目前並沒有任何美元的閒置餘額，但它逾期在一百八十天
之內會補充其現金。指出可行的付款方法。

7. 一家美國公司剛賣給英國客戶十萬英鎊的商品，以英鎊繳款的期限是
三個月。美國公司跟它的銀行買了一個以一英鎊 1.66 美元爲執行
價，一英鎊權利金成本爲 0.01 美元，三個月期的十萬英鎊賣權。在
選擇權到期的那天，即期匯率是一英鎊 1.7100 美元。這個美國公司
應該及時執行其買權或在現貨市場出售英鎊？

8. 假設一家在德國的分公司需要五十萬馬克，同時已經證明信用交換是
成本最低的避險選擇。進一步假設最佳的無避險選擇是直接向母公司
借，直接貸款的成本是百分之二十。目前的匯率是一馬克 0.5000 美
元。爲了替德國的分公司取得五十萬馬克，母公司必須在一家德國銀
行開一個相當於二十五萬美元的帳戶。德國銀行對借給此分公司的五
十萬馬克計以百分之十的年息，而對母公司在此銀行二十五萬美元的
存款則不支付任何利息。

a. 使直接貸款與信用換兌有同樣吸引力的匯率爲何？

b. 如果大多數市場分析師預測一百八十天後匯率將是一美元對兩馬
克，你會推薦何種方法？

c. 如果大多數市場分析師預測一百八十天後匯率將是一美元對三
馬克，你會推薦何種方法？

d. 如果德國銀行對二十五萬美元的存款付百分之五的年息，使直

| 資產 | | | 對資產的求償權 | | |
|---|---|---|---|---|---|
| 現金 | 克拉那 | 500 | | | |
| 應收帳款 | | 600 | 應付帳款 | 克拉那 | 100 |
| 存貨（成本） | | 400 | 應付票據 | | 200 |
| 存貨（市價） | | 800 | 其他應付款項 | | 1,000 |
| 流動資產總額 | | 2,300 | 流動負債總額 | | 1,300 |
| | | | 長期負債 | | 800 |
| 廠房設備 | | 2,400 | 普通股 | | 1,000 |
| 累積折舊 | | 1,400 | 保留盈餘 | | 200 |
| 廠房設備淨帳面價值 | | 1,000 | 匯兌損益 | | - |
| 資產總額 | | 3,300 | 總求償權 | | 3,300 |

接貸款與信用換兌有相同吸引力的匯率爲何？

9. 目前瑞典克拉那的匯率爲一美元對四克拉那。一家美國多國籍企業的瑞典分公司：愛克頓公司的資產負債表如下：

如果克拉那從一美元對四克拉那貶到一美元對五克拉那，在流動／非流動、貨幣／非貨幣、暫時法與流動率法下的轉換損益爲何？

# 案例九：歐立維提的經濟風險管理

歐立維提集團從事通訊與資訊科技的領域的營運，它有著一個逐漸轉移焦點於世界上高成長與高獲利的區域與市場的新型態企業組織。在一九九五年，歐立維提申報了九兆八千四百九十億里拉，或相當於六十五億美元的銷售額。在歐立維提的銷售總額中，將近 31% 是在義大利、 49% 在其他歐洲國家， 20% 是在其他非歐洲國家。歐立維提一九九五年三萬零一百二十位員工分佈在全球各個區域：51% 在義大利、 25% 在其他歐洲國家，而有 24% 在歐洲以外。

歐立維提已經與許多多國籍企業締結了策略聯盟，這些公司包括 AT & T 、松下電器與東芝。如同歐立維提管理高層指出的一樣，傳統的多國籍企業經營方法已經過時了。有國際企圖心的公司必須轉向新的協商式策略：與別的公司聯盟與合併。

　　歐立維提有散佈全世界的生產與配送體系。因此，它已經試著建立了一套管理外匯風險的良好策略。一個成員包括：會計主管、出納主管、首席經濟學家與規劃部門一員的四人委員會發展了一套管理匯率風險的策略。這個委員會將考慮下面三種貨幣的關係，這包括了當地貨幣（營運活動所在國的貨幣）、計價貨幣（交易實際的計價貨幣）與決定貨幣（用來決定該產品全球價格的貨幣）。此委員會每年會模擬一次不同匯率情境之下對個別單位與公司整體獲利性的影響。

　　匯率與經濟環境間有很大的關連。為了維持其市場佔有率與滿意的獲利水準，歐立維提經常在思考關於產品原料的來源、不同貨幣與市場的籌資、重新定位行銷努力的方向、如何尋求較高的生產力水準、或將發票上的貨幣改成另一個貨幣等等的問題。歐立維提將它的經濟風險情境分析發展到三年之後的未來。

　　雖然歐立維提主要的風險來自於經濟風險，其管理階層也相當重視轉換與交易風險。其避險策略集中在總公司層級以使當地的經營者可以專注在營運決策上。轉換風險被集中管理；避險策略是根據實際入帳的交易餘額進行的，而對未來四年餘額的預測程序也和上面相同。

## 案 例 問 題

1. 歐立維提將會面對哪些不同型態的外匯風險？

2. 對歐立維提為了經濟風險管理進行的生產、行銷與融資計畫進行評估。

3. 決定貨幣為歐立維提的產品帶來哪些不同？

4. 評論歐立維提將避險策略集中在總公司層級的政策。當地的經營者在發展與執行這些策略時可以扮演何種角色？

5. 你認為歐立維提為何不將其經濟風險情境分析發展到超過三年的未來？

6. 網路上有許多多國籍企業揭露其匯率避險活動以及它們的匯兌損益。根據歐立維提的網站 www.olivetti.it ／或是 IBM 的網站 www.ibm.com 來敘述這兩家公司的外匯風險管理情形。

# 參考書目

Chicago Board of Trade, *Commodity Trading Manual*, Chicago: Board of Trade of the City of Chicago, 1989.

Choi, J. J., "Diversification, Exchange Risk, and Corporate International Investment," *Journal of International Business Studies*, Spring 1989, pp. 145–55.

Dearborn, Michigan: Ford Motor Company, 1982, pp. 22–35.

General Motors Corporation, *Annual Report 1982*, Detroit: General Motors Corporation, 1982, pp. 17–27.

Giddy, I. H., "The Foreign Exchange Option as a Hedging Tool," *Midland Corporate Finance*, Fall 1983, pp. 32–43.

Giddy, I. H. and G. Dufey, "The Random Behavior of Flexible Exchange Rates," *Journal of International Business Studies*, Spring 1975, pp. 1–32.

Jesswein, K., C. Y. Kwock and W. Folks, "Corporate Use of Foregin Exchange Risk Management Products," *Columbia Journal of World Business*, Fall 1995, pp. 70–82.

Kuprianov, A., "Derivatives Debacles: Case Studies of Large Losses in Derivatives Markets," *Economic Review*, Federal Reserve Bank of Richmond, Fall 1995, pp. 1–39.

Lessard, D. R. and J. B. Lightstone, "Volatile

DeVries, M. G., "The Magnitude of Exchange Devaluation," *Finance and Development*, 2, 1968, pp. 8–16.

Eckley, R. S., "Caterpillar's Ordeal: Foreign Competition in Capital Goods," *Business Horizons*, March–April 1989, pp. 80–6.

Ford Motor Company, *Annual Report 1982*,

Exchange Rates Can Put Operations at Risk," *Harvard Business Review*, July-Aug., 1986, pp. 107–14.

Levich, R., "FX Forecasting Fundamentals," *International Treasurers*, Oct. 3, 1994, pp. 4–5.

Lewent, J. C. and A. J. Kearney, "Identifying, Measuring, and Hedging Currency Risk at Merck," *Journal of Applied Corporate Finance*, Winter 1990, pp. 19–28.

Maloney, P. J., "Managing Currency Exposure: The Case of Western Mining," *Journal of Applied Corporate Finance*, Winter 1990, pp. 29–34.

VanderLind, D., "After-Tax Transaction Exposure," *Multinational Business Review*, Fall 1997, pp. 16–22.

Veazey, R. E. and S. H. Kim, "Translation of Foreign Currency Operations: SFAS No. 52," *Columbia Journal of World Business*, Winter 1982, pp. 17–22.

# 第三部分
# 融資國際貿易

　　第三部分（第十章到第十三章）描述全球融資的來源。國際財務經理最主要的工作在於以優惠的條件籌措資金，而這通常會牽涉到可用來融資世界貿易及海外投資的資金來源。這些資金可能來自企業本身內部或外部，對於多國籍企業而言，內部的資金，如盈餘或折舊，是最主要的資金來源，但是，諸如銀行借款或是歐元等外部的資金，也是相當重要的。

　　在1980年代及1990年代早期，資金流向的整合有四個主要趨勢。第一，資金規模快速擴大；第二，世界上大多數國家解除對資金的控制以及更大的自由化刺激了競爭，並且帶動國內及海外市場的整合；第三，工業化國家利用私有資金來融資鉅額經常帳與財政不均衡；第四，在 1980 年間，工業化國家間資金大量的移動，但是私有資金，如銀行借款、債券及證券，從 1990 年代早期卻逐漸流向開發中國家。多國籍企業在融資其國際貿易時應考量這四個趨勢，因爲這四個趨勢不但增加全球資金市場的效率，同時也因爲資產-價格的變動增大，而創造了新的系統性風險。

# 第十章

## 國際金融市場

國際財務金融市場是國際營運上最主要的資金來源。有些國家不鼓勵外力介入其市場,但是近年來有些國家開放其財務金融市場以吸引外商。世界上最重要的金融中心為倫敦、紐約和東京。

近年來金融的全球化是由電信和資料處理技術的進步、跨國界資金流動的自由化、國內資金市場限制的消除和各金融市場間的競爭所帶動。透過制度和障礙的降低,能夠使資金自由流動,且使企業得以在各個市場競爭;換句話說,由於資金市場的全球化,導致金融市場的不完全性降低。雖然如此,企業和投資者還是可以透過國際金融市場降低其資金成本而獲得利益。這個章節討論三個金融市場:歐洲外幣、國際債券及證券。

# 10.1 境外貨幣市場

境外貨幣市場(Eurocurrency market)是由貨幣發行國以外且接受此貨幣的存款或借款的銀行所組成。那些存款就是我們所知道的境外貨幣(Eurocurrencies)。在倫敦的美元叫歐洲美元,存在巴黎的馬克叫做歐洲馬克,存在紐約的英磅叫做歐洲先令,而存在倫敦的日圓便稱為歐洲日圓。

由於境外美元是境外貨幣的主要形式,境外美元通常便代表整個境外貨幣市場。我們將境外美元(Eurodollars)定義成除了美國境內,全世界以美金計價的存款。這些銀行可能是外國銀行或美國銀行的海外分行,但是專家將該定義加以侷限成為在西歐銀行或美國銀行在西歐分行的美元計價存款,將歐洲美元與香港或新加坡的亞洲美元區分開來。

境外貨幣市場很龐大、有組織且有效率,他們為多國籍企業的營運提供許多服務,境外貨幣市場可以為多國籍企業帶來資金的流動性,也是公司資金需求和海外貿易短期貸款的主要來源。近年來,所謂的歐洲債券市場也成為多國籍企業長期資金的主要來源。

## 10.1.1 境外美元的創立

許多多國籍企業和政府在使用境外美元市場就如同使用其國內銀行體系般的頻繁。歐洲美元的主要來源為石油輸出國的、外國政府或企業經理人、該美金存款無立即需求的外國銀行和有現金餘額的多國籍企業美元存款。一旦歐元出現之後，他們就能透過商業銀行的運作，進行借貸和投資活動。

因為境外美元存款通常沒有法定準備的要求，所以可以假設境外美元的貨幣乘數無限大，而誰能創造此無限的貨幣乘數呢？主要有三個來源：（1）把錢存在非美國銀行的大眾及私人存款戶；（2）擁有境外美元戶頭的銀行；（3）讓銀行能貸出境外美元的大眾及私人借款者。但是在此貨幣乘數下也有許多關卡。第一點，借款者的部份資產須為現金；第二點，銀行必須保留其部份境外美元存款當作流動準備；第三點，借款者可以將美元轉換為當地貨幣，這種轉換過程不但能停止境外美元乘數的擴大，也可以有效地減少境外美元在外流動的金額。

**境外美元的用途**　擁有境外美元的歐洲銀行有以下幾種方式來利用該資金。第一點，可以將境外美元存在其他歐洲銀行，或是美國銀行的歐洲分行；第二點，可以貸款給非銀行業客戶，如多國籍企業，這些企業利用美元去支援其資金需求，或是購買當地貨幣；第三點，將境外美元借給美國本土的銀行。

境外美元市場的主要借款者為政府和商業銀行，許多國家近年來都承受著與外債相關的問題，因此他們希望增加其境外美元的國際準備。美國商業銀行也藉境外美元建立其境外美元部位，而他們也依賴用境外美元信用貸款給出口商及進口商。歐洲銀行經常進行歐洲美元和當地貨幣的交換，以便貸款給當地企業，除此之外，國際發展銀行也是市場上的主要借款者。拉丁美洲、亞洲和部份歐洲國家是三個境外美元的主要使用者。

大多數私人非銀行業借款者為持續參與國際營運的企業，如出口商、進口商和投資者，他們受到市場規模的吸引，也瞭解美元在國際準備上的重要性。境外美元貸款的第二好處是沒有任何美國政府限制，因為該資金在美國境外籌措；相反地，美國國內借貸市場在各方面都會面臨一定的政府管制。最後，國際貨幣市場也提供多國籍企業許多方面的彈性。

## 10.1.2 銀行間歐洲外幣市場

　　歐洲外幣市場從 1964 年的 $120 億成長到 1996 年的 $10 兆，銀行間的存款佔了大約50%。銀行間歐洲外幣市場也在國家間銀行的資金流通扮演重要的角色，這個市場是由來自於 50 個國家 1000 個以上的銀行所組成，總市值高達 $5 兆。雖然美元交易依然重要，但是德國馬克、瑞士法郎、日圓、英磅和法國法郎也漸形重要。

　　**銀行間市場的功能**　銀行間境外貨幣市場至少有四種相關功能。第一，銀行間市場在各國銀行間的資金流動體系中，相當具有效率；第二，銀行間市場讓銀行有一個有效率的機制，以進行外幣資產和負債的買賣，規避其利率和外匯風險；第三，當銀行需要額外貸款以調整其國內或國際資產負債表，該市場是個很便利的來源；第四，由於該市場的出現，讓銀行能夠迴避許多本國銀行市場對於資金和利率的限制。

　　**參與銀行的風險**　參與銀行間境外貨幣市場的銀行至少面臨以下五種不同的風險：（1）信用或倒帳風險；（2）流動性風險；（3）主權歸屬風險；（4）匯率風險；（5）結算風險。第一，信用風險指的是借款銀行可能無法償還其銀行間的貸款，這種風險之所以重要是因為銀行間的貸款並未受到政府的保障；第二，流動性風險指的是其他銀行可能會突然提領其銀行間存款的風險，在這裡銀行可能會以低於市價的價格，賣出不具流動性的資產，以支援其資金需求；第三，主權歸屬風險指的是外國可能會要求該國銀行不需支付其所借款項；第四，匯率風險指的是參與銀行因匯率變動的損失或利得；第五，結算風險指的是破產的風險或無法清償的風險。

　　立法者與分析家因為兩個主要原因而對於該市場的穩定表示某程度的關切。第一，銀行間市場沒有擔保品；第二，中央銀行不具足夠的約制力。這兩個問題導致市場面臨潛在的擴散效應（contagion），同時也嚴重威脅了市場的穩定及其功能。

　　**美國與歐洲較嚴格的限制**　由於立法者與分析師的關切，因此在

1991 年 7 月 5 日成立了國際信用與商業銀行 (Bank of Credit and Commerce International, BCCI) 。直到最近,美國與歐洲的立法者詳細地檢查外國銀行之美國分行的資產負債表,而由於 BCCI 的崩潰導致美國與歐洲的立法者對於銀行間的交易採取更嚴格的態度,舉例來說,1992 年美國通過了外國銀行監督法案,要求外國銀行必須與本國銀行受管制的程度相同,大部份的工業化國家也採取相同的步驟。

美國與歐洲採行較嚴格的規定,杜絕了原本使BCCI得以拒絕標準檢查程序的漏洞。BCCI在沒有被監督前,多年來均透過在69個國家的子公司規避政府的檢查。

BCCI的損失程度是不可思議的高。據估計,當其被西方資本家收購時,在百萬個以上的戶頭中約有 $200 億價值的存款,而這些戶頭大部份來自於沒有美式存款保障的國家,後來 BCCI 的存款者均損失了大部份的存款。

**國際銀行的最低標準** 由於BCCI在1991年的崩潰導致全球危機,使全世界的立法者同意必須有所行動,避免未來更大的災難。由國際結算銀行和部份歐洲國家中央銀行所支持的巴賽爾委員會 (Basle Committee) ,通過了對國際銀行最低標準的協議。國際結算銀行 (Bank for International Settlement) 位於瑞士,主要業務來自於中央銀行間的交易。這項協議包含以下四點。第一,所有的國際銀行集團必須受到母國統一監督功能的主管機構的監控;第二,跨國界銀行業務的建立必須得到母國和欲進入國主管機關的允許;第三,主管機關應擁有得到欲建立跨國界銀行業務的銀行集團情報的權利;第四,如果欲進入國的主管當局認定任何一個最低標準協議無法滿足其要求時,可以施行更嚴格的管制措施,包含禁止銀行子公司的成立。

**中央銀行的3C** 最近全球金融體系整合的潮流使銀行業開始發展中央銀行的3C:諮詢 ( consultation )、合作 ( cooperation )和協調 ( coordination ) 。由於中央銀行在貨幣與外匯政策上所扮演的重要角色,因此在諮詢、合作和協調過程中佔了極重的份量。

諮詢不只包含了情報的交換,也包含對現今經濟情況和政策的解釋,這過程降低了市場的不確定性,也加強我們對世界的瞭解和對政策決定過程的貢

獻。

在合作上，各國擁有完全的主權，能夠各自決定是否讓其他國家的決策影響的本國的決策，而當中央銀行單獨決策時，他們必須考慮該決策對其他國家帶來的影響，甚至與各國達成全體均可接受的方案。

最後，中央銀行協調機制要求個別中央銀行放棄部份決策權，並轉讓給其他國家或國際機構，在此過程中，部份主權的喪失是無法避免的。

## 10.1.3 境外美元的工具

境外美元市場的兩個主要工具是境外美元貸款和境外美元存款。

**境外美元存款**　境外美元存款是指定期存款、可轉讓定存單。大部份的境外美元存款是以定期存款方式存在。

**定期存款**指的是放在銀行中，有固定到期日且固定利率的存款。與美國不同的是，歐洲銀行並無支票戶頭。雖然定期存款的存續期間從一天到幾年均有，但大部份均為一年期之內，定期存款雖有固定的期間，但是歐洲銀行通常較具彈性，讓存款戶可以提前提領。

**可轉讓定存單**（CD）是銀行所發行的一個信託工具，換句話說，可轉換定存單是一種正式的憑證，將資金以固定的利息和固定的期間存放於銀行中。可轉讓定存單較定期存款具優勢的地方，便是其流動性，因為可轉讓定存單的擁有者可以在到期前於次級市場將其售出。歐洲銀行發行可轉讓定存單，以吸引多國籍企業、石油輸出國和富商的閒置資金。

境外美元可轉讓定存單由紐約第一國家城市銀行倫敦分行（現在的花旗），在 1966 年首度發行。現今，境外銀行所發行的可轉讓定存單的安全性和流動性是透過活躍的次級市場加以確定。次級市場是由國際可轉讓定存單市場協會成員中的經濟與交易商所組成，而此協會是在 1968 年於倫敦成立，目的為提供客戶最高品質的服務。

**境外美元貸款**　歐洲美元貸款金額從最低的 $50 萬到 $1 億，但通常是 $100 萬的倍數，期間則由 30 天到幾年間不等。短期境外美元貸款是境外美元貸款業務的主體，通常有預先設立的信用額度。在此慣例下，歐洲銀行調查客戶的信用評等，來建立最高信用額度，雖然保證期通常爲一年，但以信用額度貸款的期限多爲 90 天到 180 天內，另外貸款餘額上限也可透過完整的檢驗過程之後重新設定。這些短期境外美元貸款通常沒有擔保，並在到期日時才獲償還。

　　境外銀行也提供了中期貸款的國際性考量。中期境外美元貸款的兩大主要形式爲境外美元之循環信用及固定期間之境外美元貸款。所謂循環信用乃一個經過借貸雙方約定爲期一年的信用額度，在此協定之下，境外銀行允許其客戶在一定期間之內舉借一定額度之內的境外美元，通常是三至五年的合約。但是實際的貸款條件一般以 90 天至 180 天期的可更新債券爲形式執行。

　　固定期間境外歐元貸款的存續期間從三年至七年都有，這些固定期間之境外美元貸款相較於循環信用額度的方式，比較沒有那麼受歡迎，因爲固定期間境外歐元貸款本身有類似循環信用及強制攤銷的條款。其特性包括，就利率而言，固定期間境外歐元貸款的利率每六個月調整一次，而借款人通常被允許在利率調整日提前清償借款。

　　**利率**　包括了境外美元的存款利率及放款利率兩個組合，分別由市場的供給與需求決定其利率水準，更仔細的說，這些利率決定於其相對應的國內利率、即期與遠期匯率、其他境外貨幣利率水準以及各國的通膨情形。許多經濟學家皆認爲境外美元存款利率是決定於美國貨幣市場利率的，換句話說，美國可轉讓定存單（CD）利率提供了我們一個判斷境外美元存款利率的有效基礎。

　　境外美元存款利率通常高於其他美國本地的存款利率。境外美元放款利率則通常低於其相似的美國本地放款利率。以較高的存款利率搭配較低的放款利率，境外銀行勢必在更狹窄的利潤空間下運作。有許多因素卻使得境外銀行可以在更爲狹窄的利潤空間下表現的比本國市場更具獲利性。

　　境外美元的存款利率可能比其他美國本地的存款利率高的原因：

1. 境外銀行必須以較高的利率吸收來自本國的資金；
2. 境外美元不受存款利率上限的限制；
3. 境外銀行免於提存存款準備的要求，可以將更大比例的存款貸出；
4. 境外銀行免於被課徵存款保險費及其他政府控管，有較低的控管成

本。

境外美元放款利率可能低於其他美國本地的放款利率的原因：

1. 境外美元貸款通常具金額大及知名借款人的特徵；這兩項因素降低了資訊的蒐集成本及債信分析成本；
2. 許多境外美元貸款的發生地點是所謂的租稅天堂國家；
3. 境外銀行不會被強迫依特許的利率放款，因此自由訂定的利率往往較低；
4. 境外銀行免於存款準備的法定要求，可以借出較大比例的資金；
5. 境外銀行所支出之政府控管費用，諸如存款保險費，通常很少或是沒有。

　　境外銀行通常把他們的放款利率建立在六個月期的倫敦銀行間拆款利率之上某個百分比。倫敦銀行間拆款利率（LIBOR）是倫敦十六家主要銀行彼此之間每天早晨願意借貸給對方的利率之算術平均值。LIBOR是國際融資一個非常重要的參考利率。舉例來說，許多借給開發中國家的貸款，是依 LIBOR 利率水準再加幾個百分點的利率定價的。運用LIBOR的概念持續發展，創造出其他類似的模倣者：科威特銀行間拆款利率（KIBOR），新加坡銀行間拆款利率（SIBOR），以及馬德里銀行間拆款利率（MIBOR）。

　　貸款利率傳統上在 LIBOR 之上四分之一至四分之三個百分點的範圍內執行，而實際利率水準則端視市場情況、期間長短、債信品質而定。此外，在境外美元市場，對於未使用的貸款額度，銀行會對借款人收取0.25％至0.5％的承諾費，此乃行之已久的慣例。

　　對於國際融資交易，在沒有嚴緊的控制下，套利行為及風險差異影響了內部市場（美國市場）及外部市場（境外美元市場）資金利率的關連性。國際資本流動不受政府控制的事實導致了美元信用的內部市場與外部市場之間的套利行為。

　　套利使得內部與外部市場間的差價縮小至一個狹小的空間。一般而言，境外美元存款的風險性較境內美元存款稍高。

　　除了套利行為及風險差異之外，市場組織結構的差異也影響美國本地利率境外美元存款的風險性較境內美元存款稍高。

除了套利行爲及風險差異之外，市場組織結構的差異也影響美國本地利率與境外利率的差距。這些市場不完全的發生乃因爲：（1）組織因素，（2）永久性因素，（3）政府監理限制，例如準備金的要求，以及（4）根源於美國銀行體系之進入障礙的寡佔市場條件。

圖 10.1 顯示出數個 1998 年 1 月 28 日刊登於華爾街日報（The Wall Street Journal）的資金利率，這些資金利率包括短期貸款利率及本章討論過的貨幣市場工具LIBOR、境外美元貸款利率、商業本票、定存單。其他出現於圖 10.1 的利率，如銀行承兌匯票，將在第十二章討論。

## 10.1.4 境外債券發行工具

**境外債券發行工具**（Euronote issue facilities, EIFs），近年非銀行短期貸款的創新之一，是在境外以當地貨幣發行的金融債券。EIFs 包含

MONEY RATES

Tuesday, January 27, 1998

The key US and foreign annual rates below are a guide to general levels but don't always represent actual transactions.

PRIME RATE: 8.50% (effective 3/26/97). The base rate on corporate loans posted by at least 75% of the nation's 30 largest banks.

DISCOUNT RATE: 5.00%. The charge on loans to depository institutions by the Federal Reserve Banks.

FEDERAL FUNDS: $5\frac{9}{16}$% high, $5\frac{3}{8}$% low, $5\frac{3}{8}$% near closing bid, $5\frac{7}{16}$% offered. Reserves traded among commercial banks for overnight use in amounts of $1 million or more. Source: Prebon Yamate (USA.)

CALL MONEY: 7.25% (effective 3/27/97). The charge on loans to brokers on stock exchange collateral. Source: Dow Jones.

COMMERCIAL PAPER placed directly by General Electric Capital Corp.: 5.49% 30 to 43 days; 5.47% 44 to 53 days; 5.41% 54 to 64 days; 5.44% 65 to 89 days; 5.43% 90 to 105 days; 5.40% 106 to 143 days; 5.36% 144 to 190 days; 5.28% 191 to 270 days.

COMMERCIAL PAPER: High-grade unsecured notes sold through dealers by major corporations: 5.48% 30 days; 5.47% 60 days; 5.45% 90 days.

CERTIFICATES OF DEPOSIT: 5.20% one month; 5.20% two months; 5.21% three months; 5.52% six months; 5.63% one year. Average of top rates paid by major New York banks on primary new issues of negotiable C.D.s, usually on amounts of $1 million and more. The minimum unit is $100,000. Typical rates in the secondary market; 5.53% one month; 5.55% three months; 5.55% six months.

BANKERS ACCEPTANCES: 5.42% 30 days; 5.42% 60 days; 5.40% 90 days; 5.38% 120 days; 5.35% 150 days; 5.33% 180 days. Offered rates of negotiable, bank-backed business credit instruments typically financing an import order.

LONDON LATE EURODOLLARS: $5\frac{5}{8}$% - $5\frac{1}{2}$% one month; $5\frac{5}{8}$% - $5\frac{1}{2}$% two months; $5\frac{5}{8}$% - $5\frac{1}{2}$% three months; $5\frac{5}{8}$% - $5\frac{1}{2}$% four months; $5\frac{5}{8}$% - $5\frac{1}{2}$% five months; $5\frac{21}{32}$% - $5\frac{13}{72}$% six months.

LONDON INTERBANK OFFERED RATES (LIBOR): 5.62500% one month; 5.62500% three months; 5.62500% six months; 5.68750% one year. British Bankers' Association average of interbank offered rates for dollar deposits in the London market based on quotations at 16 major banks. Effective rate for contracts entered into two days from date appearing at top of this column.

FOREIGN PRIME RATES: Canada 6.00%; Germany 3.54% (eff. 1/27/98); Japan 1.625%; Switzerland 3.25%; Britain 7.25%. These rate indications aren't directly compared; lending practices vary widely by location.

TREASURY BILLS: Results of the Monday, January 26, 1998, auction of short-term U.S. government bills, sold at a discount from face value in units $10,000 to $1 million: 5.07% 13 weeks; 5.025% 26 weeks.

OVERNIGHT REPURCHASE RATE: 5.54%. Dealer financing rate for overnight sale and repurchase of Treasury securities. Source: Dow Jones.

FEDERAL HOME LOAN MORTGAGE CORP. (Freddie Mac): Posted yields on 30-year mortgage commitments. Delivery within 30 days 7.07%, 60 days 7.12%, standard conventional fixed-rate mortgages; 5.625%, 2% rate capped one-year adjustable rate mortgages. Source: Dow Jones.

FEDERAL NATIONAL MORTGAGE ASSOCIATION (Fannie Mae): Posted yields on 30 year mortgage commitments (priced at par) for delivery within 30 days 7.14%./ 60 days 7.18%, standard conventional fixed-rate mortages; 6.40%, 6/2 rate capped one-year adjustable rate mortgages.Source: Dow Jones

MERRILL LYNCH READY ASSETS TRUST: 5.20%. Annualized average rate of return after expenses for the past 30 days; not a forecast of future returns.

圖 *10.1*　資金利率，*1998*年*1*月*27*日

了境外短期債券（Euronotes）、境外商業本票（Eurocommercial paper, ECPs）、境外中期債券（Euro-medium-term notes, EMTNs）。這些融資工具之所以普及乃因為他們允許借款者直接向資本市場舉借，而不用透過諸如銀行之類的金融中介機構。

　　**境外短期債券**（Euronotes）是由一群叫做「facility」的國際性銀行承銷的短期債務工具。由一家跨國企業以其自己的名字與一群國際性銀行簽訂發行境外短期債券（Euronotes）。境外短期債券的存續期間通常由一個月至六個月都有，不過，許多跨國企業以持續週轉境外短期債券的方式，進行中期的融資。境外短期債券是以票面價格折價發行，到期時償還票面價格。

　　**境外商業本票**（Eurocommercial paper, ECPs），與國內的商業本票一樣，是由融資公司及特定企業出售的無擔保短期信用債券。這些債券通常只由最具債信的公司發行，因為它們是無擔保的。存續期間一至六個月。和境外短期債券（Euronotes）相同，境外商業本票（ECPs）是以票面價格折價發行。

　　**境外中期債券**（Euro-medium-term notes, EMTNs）是由擁有投資人短期承諾的金融機構所保證的中期資金。境外中期債券（EMTNs）的主要優點在於銀行負責承銷或保證為期五至七年的資金。如果借款人不能順利地銷售全部或部份的債券，銀行則會負責買入不足的部份。在此同時，借款人不需在每次舊債到期時發行新債。結果是，境外中期債券（EMTNs）提供了中期的資金來源，而且當不需要資金的時候，也沒有支付利息的責任。在這種安排之下，借款者以存續期間為三十日，三個月，或更久的形式籌措資金，而這短期債權則由金融機構分配給投資大眾。這些短期債券到期時，借款人收回這些債券，此時，投資人可以再買新的債券或是取回資金。每當債券到期時，這過程則重複一次。

　　**境外債券發行工具**（Euronote issue facilities, EIFs）**的市場規模**　圖 10.1 顯示境外債券發行工具（EIFs）總規模由 1992 年的一千三百五十億美元增加至 1996 年的四千六百億美元。其中最為活絡的部門一直是境外中期債券（EMTNs），1996 年總發行金額增加到三千七百五十億美元的紀錄。從 1991 年，境外中期債券（EMTNs）快速地佔據了境外商業本票（ECPs）的市場，因為境外中期債券（EMTNs）相對上較短期、單筆發行金額小，吸引新借款人進入國際債券市場。成功的關鍵是其彈性高，不必確切指定發行的結構。一旦發行計劃確定後，可以在很快地在各種貨幣及到期日的選擇下達成，另外還有債信的加強也可同時完成。

表 *10.1*　境外債券發行工具（*EIFs*）（十億美元）

|  | 1992 | 1993 | 1994 | 1995 | 1996 |
|---|---|---|---|---|---|
| 境外短期債券（Euronotes） | 7.8 | 8.6 | 5.0 | 4.1 | 4.5 |
| 境外商業本票（ECPs） | 28.9 | 38.4 | 30.8 | 55.9 | 80.6 |
| 境外中期債券（EMTNs） | 97.9 | 113.2 | 222.0 | 345.8 | 375.0 |
| 總境外短期債券 | 134.6 | 160.2 | 257.8 | 405.8 | 460.1 |

# 10.2 亞洲貨幣市場

　　1968 年，隨著新加坡的商業銀行接受美元存款，境外美元的亞洲版本於焉問世。新加坡是亞洲資金市場誕生的理想地點，有絕佳的通訊網絡、重要的國際銀行及穩定的政府。因為新加坡貨幣絕大部份的外匯交易以美元為主，因此，亞洲美元市場一詞可以用來代表亞洲資金市場。

　　亞洲的貨幣市場，在美國銀行（BOA）新加坡分行建議新加坡貨幣當局放鬆租稅及相關限制後，獲得進一步的發展。星國貨幣當局接受以上的建議，並且延伸出了許多對於外國銀行的誘因，以致開放可以在新加坡持有美元帳戶。這些誘因包括：（1）去除外幣存款利息收入高達 40％的稅收，（2）減低境外放款利息收入的稅率，（3）廢除商業本票及外匯券的印花稅，（4）廢除高達 20％的亞洲貨幣單位（Asian Currancy Units）之準備率要求。亞洲貨幣單位（Asian Currancy Units）是指銀行內專責或分離負責亞洲貨幣操作的部份。

　　在 1968 年 10 月 1 日，美國銀行（BOA）獲准開始其 ACU 業務。1969年，其他銀行，如渣打銀行、花旗銀行、香港銀行、上海銀行也取得在新加坡開展 ACU 業務,所以自從 1969 年其他領先的本地銀行及外國銀行都已經在新加坡維持其各自的 ACU 業務。 ACU 業務必須在幾條原則之下進行:

1. 銀行可以在未獲當局事先許可的情況下接受外幣存款;
2. 銀行可以在未獲當局事先許可的情況下借出資金予大英國協之外的個人或公司;
3. 銀行可以在未獲當局事先許可的情況下借出資金予新加坡或大英國協的居民。

　　理論上,有數個理由可說明亞洲貨幣市場在新加坡的發展。首先,亞洲美元存款會吸引其他存款,增加了銀行業的活動,藉此從這些金融服務賺取收入。這些收入也改善了新加坡的國際收支,並且發展了服務導向的產業。第二,新加坡可能藉此獲得了一定程度的政治安全,外匯存底及外商銀行的存在,也許增強了新加坡的中立性及身為亞洲金融中心的重要性。第三,位處新加坡的亞洲貨幣市場增加了其公共性及名聲。第四,大部分的南亞國家都需要大量的資金以進行經濟發展,因為新加坡位於此地區的中央,邏輯上,新加坡即是發展亞洲貨幣市場的地點。

　　最近,約有 150 家銀行或其他金融機構持有新加坡貨幣當局核准經營 ACUs 業務的許可。亞洲美元資產從 1968 年的三千萬美元以成長到 1995 年的三千七百四十億美元。大部分 ACUs 的存款為美元,但其他外幣,如瑞士法郎、荷蘭基爾德、德國馬克、日圓也是被接受的。本地居民通常被禁止從事境外市場交易,同樣的,境外金融機構也被禁止接觸境內市場。

　　外幣存款所支付的利息不會被課稅,而對於資本的流出及流入也沒有相關的限制規定。一般的外幣存款最低接受金額為25000美元。雖然最短的存款期間為一個月,但市場提供了各種期間長短的選擇。花旗銀行在 1970 年引入可轉讓定期存單,但可轉讓定期存單市場是在1977年隨著Dai-Ichi Kangyo銀行所發行之金額為兩千五百萬美元的浮動利率定期存單進入市場後,才轉趨熱絡的。固定利率定存單是在 1978 年引入,存續期間是六個月至九個月。自從1978年,許多固定利率及浮動利率定存單的發行吸引了不少來自亞洲以外地區投資人的注意。

　　亞洲貨幣市場基本上是一個屬於銀行間的市場,亞洲貨幣貸款的利率水準是以新加坡銀行間拆款利率（SIBOR）或倫敦銀行間拆款利率（LIBOR）爲基礎。在市場發展的初期,倫敦銀行間拆款利率（LIBOR）是較被銀行及客戶接受的參考指標,不過近來新加坡銀行間拆款利率（SIBOR）被使用的頻率則越來越高。亞洲美元利率則緊緊跟隨著歐洲美元的利率變化。

　　在亞洲貨幣市場存在以來的三十年間,它已取得重要的地位。它已將其腹地拓展出原先的新加坡,但新加坡仍維持其身爲跨國貿易吞吐口領導中心的地位,進而與美國及日本金融機構所構成的境外市場相抗衡。雖然亞洲貨幣市場中所吸收的存款大都是借給亞洲的借款人,但仍與其他非亞洲金融中心有緊密的往來。隨著亞洲貨幣市場及境外貨幣市場的運作,就像其他外匯市場一樣,市場進入了二十四小時交易的基礎。

# 10.3 國際資本市場

　　國際資本市場由國際債券市場與國際股票市場所組成。從總市值來看,世界前三大股票交易所爲東京、紐約及倫敦證券交易所。強勢的日元加上日本證券價值的快速上漲,使得在 1987 年春天東京超越了紐約成爲世界最大的資本市場。正如表 10.2 中所註記的,美國因爲日本經濟持續衰退,於 1992 年重新奪回其領先地位。此外,於 1994 年倫敦的股票及債券的交易量也超越了東京,所以東京變成世界上第三大的資本市場。日本股市開始於 1990 年的疲弱不振可能因爲亞洲貨幣危機而持續數年之久。

表10.2　世界各主要股市的市場規模

| | | 紐約 | 東京 | 倫敦 |
|---|---|---|---|---|
| 上市公司數 | 本國 | 2,617 | 1,766 | 557 |
| | 外國 | 290 | 67 | 833 |
| 總市值（十億美元） | 股票 | 4,241 | 3,593 | 1,210 |
| | 債券 | 2,331 | 1,797 | 908 |
| 交易量（十億美元） | 股票 | 2,454 | 855 | 1,014 |
| | 債券 | 215 | 160 | 1,244 |
| 會員數 | | 124 | 518 | 405 |

### 10.3.1國際債券市場

所謂國際債券是指借款人在其所處國家之外所發行的債券，包括外國債券、境外債券及全球債券。運用債券融資有一個重要的議題即貨幣選擇的議題。債券發行所採用的貨幣不必然與發行當地的貨幣相同，雖然往往相同。舉例來說，如果一家美國企業在日本發行日圓債券，即使用的貨幣種類與發行地相契合。然而，如果一家美國企業在日本發行美元債券，很明顯的，使用的貨幣與發行當地的貨幣不同。在前者的狀況中，所發行的債券稱為外國債券（foreign bond）；後者的情況中，所發行的債券稱為境外債券（eurobond）。而全球債券（global bond）在本質上即上述兩種債券的混血，因為全球債券（global bond）不論其使用的貨幣為何，皆可在國內及國外銷售。例如，當一個使用美元的債券可以在紐約（國內市場）及東京（國外市場）交易時，稱作全球債券（global bond）。以下為此三種債券作更一般性的描述。

**外國債券（foreign bond）**　外國債券是指某國債市中由外國借款人發行者稱之，由發行當地的承銷商承銷，並且以當地貨幣發行。當然，外國債券受到本地或外國當局的監理管轄。由墨西哥籍公司在紐約發行的美元債券就是外國債券（foreign bond）；這些債券必須經過美國證管會（SEC）的登記許可。外國債券其實在很多方面與本國資本市場內公開發行之債券相似，只是其發行人為外籍身份。

第一個外國債券出現於1958年。絕大部份大金額數目的外國債券流通於美國、英國及瑞士。而1950年代後期疲弱的英鎊降低了英國本地資本市場對外國公司的重要性。美國1963年至1974年的利息平衡稅（Interest Equalization Tax）也中止了紐約資本市場對於新的外國債券的有用性。因此，國際上，借款人及投資人紛紛從美國遷移至歐洲，此遷移造就了境外債券（eurobond）的發展。

**境外債券（eurobond）**　境外債券是由國際性承銷團隊承銷並且同時於多個國家發行，但不在發行個體的國家發行。換句話說，對發行人而言，當外國債券（foreign bond）是指在金融市場外部部門，及位於當地政府當局監理範圍之外，所發行的債券，境外債券（eurobond）則是指在外地發行以發行人國籍所使用的貨幣的債券。境外債券（eurobond）市場幾乎是一個完全沒有管制的市場，但是由國際債券交易商協會（Association of International Bond Dealers）進行自律。例如，在美國境外發行的美元債券即是境外債券；這些債券不需要在美國證券交易法之下申請許可，並且無法在美國境內銷售流通。

最早的境外債券（eurobond）於 1963 年登場。境外債券是對大型跨國企業、政府、公營企業直接的請求權，透過國際性承銷團隊同時於多個國家發行。境外債券（eurobond）市場有一方面與境外美元（Eurodollar）市場相似，兩者皆是屬於「外部」的市場，因為所有的權利義務皆是由發行地當地以外的貨幣進行。但是，這兩個市場存在許多不同。首先，境外美元（Eurodollar）市場是屬於國際貨幣市場，而境外債券（eurobond）市場是屬於國際資本市場。其次，境外美元（Eurodollar）市場是一金融中介市場，銀行扮演借款者與存款人之間中介的角色。相對的，境外債券（eurobond）是一直接金融市場，投資人直接持有最後借款人發行的證券；換句話說，境外債券直接由最後借款人發行。

境外債券（eurobond）市場有許多具吸引力因素。首先，境外債券的利息所得通常不是保留稅的標的，其免稅的條件使境外債券對於想要避稅或無法收回稅款的投資人極具吸引力。其次，境外債券（eurobond）市場常常被描述成免於國家監理的市場，許多國家，包含美國，都意圖嚴格管制外國借款人到其國內資本市場籌資的途徑，但是這些國家通常對於採用他國貨幣且銷售對象為已持有外國貨幣的投資人之證券，採取較具彈性的態度。而且，國際債券市場上，資訊揭露的要求比美國境內來的不那麼嚴屬。

**全球債券（global bond）** 正如前述，境外債券（eurobond）市場與國內債券市場存在一些分別。債券的發行通常必須選擇在何地發行，債券的需求因此受限於各個市場之間的障礙。在最近的幾年間，一個叫做全球債券（global bond）的融資工具的發展克服了市場之間的區隔。

全球債券（global bond）是一種在發行人當地以及外國皆有銷售的債

券。例如一個在紐約（本國債券市場）及東京（境外債券市場）銷售的美元債券稱爲美元全球債券。同樣地，在倫敦及巴黎銷售的英鎊債券即英鎊全球債券。當全球債券依循本地債券市場登記核准的規範，也根據其銷售分布遵循境外債券市場的規則。美元全球債券同時遵照ＳＥＣ登記規範及美國清算所與境外債券市場分離清算的協定。

世界銀行（World Bank）於 1989 年 9 月率先發行此種債券，並且持續維持其全球債券領先發行者的角色。當時世界銀行發行了 15 億美元的美元全球債券，於美國及境外債券市場銷售。世界銀行至今發行過美元、日圓、德國馬克之全球債券。在 1992 年 7 月 15 日，日本的松下電工（Matsushita Electric Industrial）發行了第一次於企業發行的全球公司債。在十大工業國之中，義大利與瑞典也曾運用此技術。瑞典於 1993 年 1 月發行了二十億美元全球債券；而義大利則於 1993 年 9 月發行了五十億美元全球債券。一些開發中國家正著手發行全球債券。例如，於 1997 年 9 月初委內瑞拉對全世界發行爲期 30 年的四十億美元全球債券。此次發行爲由開發中國家發行的最大全球債券案例。

藉由允許發行人取得各個市場的需求並且對投資人提供更大的流動性，全球債券具有降低借貸成本的潛力。然而，此成本的節省卻可能會被透過全球形式，例如註冊及清算安排所發生的龐大固定成本所抵消。

表*10.3* 國際債券議題：依照借款團體分類之金額配置(十億美元)

| | 1992 | 1993 | 1994 | 1995 | 1996 |
|---|---|---|---|---|---|
| **國際債券總金額** | 333.7 | 481.0 | 428.6 | 467.3 | 710.6 |
| 依主要借款團體分類： | | | | | |
| 經濟合作暨開發組織成員地區 | 304.2 | 428.3 | 280.0 | 419.7 | 620.1 |
| 非經濟合作暨開發組織成員地區 | 9.6 | 32.3 | 36.5 | 29.9 | 65.6 |
| 國際性組織 | 19.9 | 20.4 | 12.1 | 17.7 | 24.9 |
| 依借款人分類： | | | | | |
| 政府 | 64.0 | 106.3 | 90.5 | 75.9 | 97.8 |
| 公營企業 | 51.2 | 65.1 | 52.1 | 57.1 | 80.4 |
| 國際性組織 | 41.3 | 47.9 | 28.8 | 35.7 | 51.4 |
| 銀行 | 67.6 | 110.0 | 133.5 | 154.0 | 243.6 |
| 私人公司企業 | 109.6 | 151.7 | 123.7 | 144.6 | 237.4 |

這些全球債券的成本一般認定較可比較的境外債券的高。

## 10.3.2 國際債券之市場規模

表 10.3 列示出國際債券市場之規模於 1996 年間達到七千一百一十億美元的歷史新高。其中，境外債券（eurobond）約略佔 70％，外國債券（foreign bond）及全球債券（global bond）共同組成另外 30%的市場。工業化國家（經濟合作暨開發組織成員）是國際債券市場中主要的借款人。1996 年，銀行是最大的借款族群，其次是私人企業與政府。

國內市場的穩健發展有利於國際貨幣市場。尤其近幾年，國內本地的長期利率指標顯著的下降，因此，光第四季單季，儘管受到聖誕節假期的影響，國際債券市場達到了一千八百二十四億美元的非比尋常的金額紀錄。在今年初，美元債券的發行受惠於交換權價差擴大的現象。此外，伴隨著美元的強勢表現，美元債券相對地較其他非美元債券更受投資人青睞。

## 10.3.3 國際債券之選定貨幣

國際債券的發行通常選定英鎊、馬克、日圓、瑞士法郎、美元以及數種貨幣的組合。這些選定多重貨幣的債券可以歸類成貨幣選擇權債券（currency-option bond）或貨幣雞尾酒債券（currency-cocktail bond）。

**貨幣選擇權債券（currency-option bond）** 貨幣選擇權債券（currency-option bond）的投資人可以依事前約定的貨幣種類及事前約定的匯率來選擇利息收入的支付形式。原始的貨幣選擇權債券內含了貨幣的選擇權及匯率的選擇權，貨幣的選擇權則對投資人強化了外匯支付方面的保證。因此，當合約中所包含的貨幣選擇相對於投資人意圖轉換成的貨幣不貶值的話，投資人將賺得利益。

**貨幣雞尾酒債券（currency-cocktail bond）** 貨幣雞尾酒債券（currency-cocktail bond）是指債券選定一個由多種不同貨幣所組成之標準的通貨籃為標的貨幣。許多的貨幣雞尾酒債券被發展來降低或規避單一貨幣債券的匯兌風險。這類債券以一些一般的形式存在，包括在第四章中提過的特別提款權（Special Drawing Right）及歐洲通貨單位（ＥＣＵ）。不過貨幣的分散基本上可以由投資人自行達成，因此，貨幣雞尾酒債券並未被境外債券投資人廣泛的接受。

## 10.3.4 國際債券的種類

國際債券的五個種類有固定利率債券（Straight Bonds）、浮動利率債券（Floating-rate bonds）、可轉換債券（Convertible Bonds）、附認股權證債券以及其他債券。

**固定利率債券（Straight Bonds）** 這類債券有固定的到期日與固定的票面利率。固定利率債券是以攤銷的方式或到期一次給付的方式返還本利。所謂攤銷的方式是指針對長期的債券分期償還固定金額，其中包含了本金與利息。相對的，借款人也有採去到期一次償付本金的方式，若採此法，票面約定的利息會規律地分期給付。

固定利率債券（Straight Bonds）技術上是屬於無擔保債券，因為大部分的固定利率債券都沒有設定借款人的資產為擔保抵押。正因如此，固定利率債券投資人在發行公司倒帳時便成為最主要的債權人；投資人重視借款人的資產品質、獲利能力、以及債券發行人的信用能力。

也許固定利率債券（Straight Bonds）對於投資人最大的好處在於其利息收入免於稅賦的課徵。投資人必須向其政府申報其利息所得，不過，逃稅的情形極端的普遍。具官方性質的組織也持有了一大部分的國際債券，其投資具有免稅的身份；另一國際債券投資人的類別則是私人組織，他們也透過在免稅天堂國家註冊的方式，獲得免稅的地位。

**浮動利率債券（Floating-rate bonds）** 為了反應短期貨幣市場的利率變化，每隔一段期間這些債券的票面利率是可以調整，通常是每隔六個月調整一次。因為浮動利率債券的主要目的是提供非美國銀行所需的美元資本需求，故通常以美元發行。

就和其他的國際債券一樣，浮動利率債券的基本發行單位金額為一千美元，票面利率通常在 LIBOR 之上 0.25％，其間的差額通常每六個月調整一次。浮動利率債券（Floating-rate bonds）之所以與 LIBOR 維持一穩定的關連性，目的在於避免投資人因為利率變動而發生資本損失。

　　當非美國銀行透過浮動利率債券取得美元資本時，他們與其他銀行約定的信用額度並不會遭到侵蝕，就像當他們從銀行間資金市場或從定存單的出售取得美元信用一樣。非美國銀行的業務通常是貸放出浮動利率的貸款，因此他們採用浮動利率債券籌集所需資金是相當合理的。

　　**可轉換債券（Convertible Bonds）**　可轉換債券意指可轉換成發行公司的普通股，而且在固定利率債券市況不佳的時候，顯得更為普及。可轉換債券換成發行公司普通股的價格，在債券發行之初，通常設定在高於當時股價的水準，即溢價。投資人在轉換權利到期之前可以自由選擇是否轉換成普通股，發行公司有應轉換要求而發行新股的義務。

　　此類債券轉換權利的設計是為了增加固定利率債券的市場性，即接受度。可轉換債券（Convertible Bonds）一方面提供投資人穩定的收益，另一方面賦予了參與公司股價增值的機會。因此，基於上述的好處，其票面利率通常比一般的固定利率債券低 1.5 至 2%，而國際投資人基於通貨膨脹的考量，為了維持其貨幣購買力，於是偏好可轉換債券。

　　**附認股權證債券（Bonds With Warrants）**　有一些國際債券的發行加入了認股權證的設計。所謂認股權證（Warrants）是指在一特定期間內，以一特定價格購買特定數量股票的權利。認股權證並不會支付股利，不具表決權，且在到期日來臨時，除非約定的執行價比市價低，否則認股權證將一文不值。可轉換債券，權利行使時，普通股增加，可轉換債券減少，相互抵消，不會隨著轉換權利的行使帶進新的資金；然而當認股權證被行使時，普通股與現金同時增加。

　　**其它的債券**　其它的債券有一大部分是所謂的**零息票債券（zero-coupon bonds）**。零息票債券是在期末到期時一次返還所有的本金與利息，期中不支付利息，以相當大的折價發行是其特色，投資人的報酬即票面價值與發行價格之間的差額。

　　零息票債券相對於傳統的債券有幾項優勢。第一，發行公司可立即取得資金而無須定期支付利息。第二，對發行公司而言，票面價值與發行價格之間的折價可以分期攤銷成利息費用，具有抵稅的效果。

　　**貨幣組成與市場比重**　表 10.4 顯示 1992 年至 1996 年國際債券發行的貨幣比重及各種債券的市場比重。在 1996 年，43% 是以美元發行，9% 是以日圓發行，14% 是以馬克發行，其他的 34% 是由其他國家貨幣或通貨籃組成。以美元發行的債券由 1995 年的一千七百七十億美元急劇增加至 1996 年的三千零九十億美元，其成長率高於國際債券整體的成長率，也反映在市場比重的組成變化上，從 1995 年的 40% 增加至 1996 年的 43%。

　　同年，各個種類債券的市場比重為：固定利率債券是 65%，浮動利率債券是 23%，可轉換債券是 4%，附認股權證債券是 7%，而其他債券佔 1%。

## 10.3.5 國際股票市場

　　除了像境外美元與國際債券這類屬於債務性質的資本市場之外，股票市場是另一個重要的資金來源。就總市值來比較，國際三大股市為東京、紐約與倫

表10.4　國際債券：貨幣組成與市場比重

|  | 1992 | 1993 | 1994 | 1995 | 1996 |
|---|---|---|---|---|---|
| 貨幣組成 |  |  |  |  |  |
| 美元 | 0.37 | 0.36 | 0.38 | 0.40 | 0.43 |
| 日圓 | 0.11 | 0.10 | 0.13 | 0.13 | 0.09 |
| 馬克 | 0.10 | 0.12 | 0.08 | 0.16 | 0.14 |
| 瑞士法郎 | 0.06 | 0.06 | 0.05 | 0.06 | 0.03 |
| 英鎊 | 0.08 | 0.11 | 0.09 | 0.06 | 0.09 |
| 其他貨幣 | 0.28 | 0.25 | 0.27 | 0.19 | 0.22 |
| 　總和 | 1.00 | 1.00 | 1.00 | 1.00 | 1.00 |
| 市場比重 |  |  |  |  |  |
| 固定利率債券 | 0.80 | 0.77 | 0.68 | 0.76 | 0.65 |
| 浮動利率債券 | 0.13 | 0.14 | 0.23 | 0.17 | 0.23 |
| 可轉換債券 | 0.02 | 0.04 | 0.05 | 0.03 | 0.04 |
| 附認股權證債券 | 0.04 | 0.04 | 0.02 | 0.02 | 0.02 |
| 其他債券 | 0.01 | 0.01 | 0.02 | 0.02 | 0.05 |
| 　總和 | 1.00 | 1.00 | 1.00 | 1.00 | 1.00 |
| 備忘事項： |  |  |  |  |  |
| 總發行金額（十億美元） | 333.7 | 481.0 | 428.6 | 467.3 | 710.6 |

敦股市。淨權益資本總值（總市值）是初次公開發行股數乘以發行價格而言。

如圖 10.2 所顯示，國際股市淨交易量於 1996 年達到預估的五百八十億美元，從1995年的四百一十億美元大幅增加，而1996年五百八十億美元這數字是創了國際股市籌資的歷史紀錄。相對於 1995 年股票發行主要由企業民營化推動的發展情形，1996年是靠私人企業的初次公開發行及上市公司的增資來推動。因此，民營化相關的股票發行從 1995 年 37% 的比重降到 1996 年 30% 的比重。然而，所募集的總金額則於 1996 年刷新以往的紀錄。

**民營化（Privatization）** 1996 年 11 月，德國國有企業德意志電信（Deutsche Telekom）透過其初次公開發行（IPO）籌資一百三十三億美元。一九九〇年代之中，國有企業的民營化，不論在經濟合作暨開發組織國家或是其他地區，都獲得了相當的進展。經濟合作暨開發組織（Organiz-ation for Economic Cooperation and Development）是一個由 29 個國家共同組成的國際性組織，其中大部分為工業化國家。經濟合作暨開發組織（OECD）成員包括澳大利亞、奧地利、比利時、加拿大、捷克共和國、丹麥、芬蘭、法國、德國、希臘、匈牙利、冰島、愛爾蘭、義大

十億美元　　　　　　　　　　　　　　　　　　　　十億美元

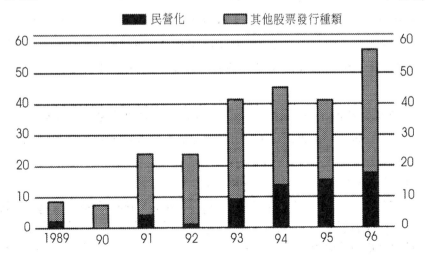

圖 10.2　國際權益證券

利、日本、南韓、盧森堡、墨西哥、荷蘭、紐西蘭、挪威、波蘭、葡萄牙、西班牙、瑞典、瑞士、土耳其、英國及美國。

民營化（Privatization）是指政府所有的企業被售予私人團體或個人的狀態。表 10.5 顯示，政府透過國有企業民營化所籌集的資金從 1990 年的三百億美元激增至 1996 年的八百八十億美元，年成長率高達 20%。在 1997 年三月，經濟合作暨開發組織估計 1997 年全年的國有企業民營化金額將達到一千億美元，國有企業私有化將在現今全球資本市場巨變中，扮演極為重要的角色。而且，正因為其高影響力，國有企業民營化可能將債券市場的投資導引至股票市場中。

為什麼要進行民營化（Privatization）呢？首先，政府欲藉由國有企業民營化來增加證券市場的資本量及流動性。進而，基於一個相接近的動機，政府欲分散國有企業股權結構，並且建立所謂的股東文化。第三，利用民營化籌集資金。最後，以私部門的決策方式來取代政府對企業的控制及決策；同時，民營化也在公司監理（Corporate Governance）的結構中造成相當顯著的變化。

而民營化（Privatization）又是如何進行的呢？其實形式有相當多種。第一，政府可以透過在初級市場的初次公開發行將公司賣出，初級市場是指新發行證券第一次交易的市場。第二，政府可以將其所持有公司之股權在次級市場中交易，次級市場是指證券在初級市場交易後，後續進行買賣的市場。政府可以以合約的簽訂，指定企業某些功能，以達到民營化（Privatization）的目的。

什麼是民營化（Privatization）成功的基本要件呢？任何成功的民營化個案至少牽涉了三個要件。第一，政府需要一個政治上的協定，同意出售部

表 10.5  全球民營化（Privatization）金額（十億美元）

|  | 1990 | 1991 | 1992 | 1993 | 1994 | 1995 | 1996 | 1997 |
|---|---|---|---|---|---|---|---|---|
| 經濟合作暨開發組織 | 24.7 | 37.8 | 17.2 | 49.0 | 42.2 | 52.2 | 68.4 | 69.6 |
| 非經濟合作暨開發組織 | 5.1 | 10.4 | 19.8 | 24.0 | 18.1 | 25.0 | 19.5 | 30.0 |
| 總計 | 29.8 | 48.2 | 37.0 | 73.0 | 60.3 | 77.2 | 87.9 | 99.6 |

表10.6 道瓊世界指數(*Dow Jones Global Index*)

| | \multicolumn{11}{c}{1998 年 1 月 27 日星期二下午 5 點 30 分} |
|---|---|

以美元計價

| 地區 | 道瓊世界指數 | 變動比率 | 指數 p.m.5：30 | 變動 | 變動率 | 12個月高點 | 12個月低點 | 12個月 | 變動率 | 從 12／31 | 變動率 |
|---|---|---|---|---|---|---|---|---|---|---|---|
| 美洲 | | | 224.90 | +2.63 | +1.18 | 229.98 | 172.29 | +45.55 | +25.39 | -2.19 | -0.97 |
| 巴西 | 1181 | +0.99 | 405.73 | +3.08 | +0.76 | 595.18 | 640.28 | +29.48 | +7.84 | -37.68 | -8.50 |
| 加拿大 | 191.93 | +2.63 | 151.93 | +2.92 | +1.96 | 168.62 | 128.48 | +10.91 | +7.73 | -1.81 | -1.17 |
| 智利 | 184.06 | -1.75 | 153.65 | -.073 | -0.47 | 234.77 | 153.65 | -36.25 | -19.09 | -29.50 | -16.11 |
| 墨西哥 | 331.76 | +1.17 | 122.61 | +1.08 | +0.89 | 151.12 | 100.05 | +21.03 | +20.70 | -20.29 | -14.20 |
| 美國 | 917.31 | +1.17 | 917.31 | +10.56 | +1.16 | 933.54 | 696.83 | +193.49 | +26.73 | -5.03 | -0.55 |
| 委內瑞拉 | 558.25 | +4.47 | 67.68 | +2.70 | +4.16 | 113.11 | 64.06 | +1.68 | +2.54 | -21.93 | -24.50 |
| 拉丁美洲 | | | 190.99 | +1.35 | +0.71 | 258.06 | 178.14 | +11.15 | +6.20 | -26.43 | -12.16 |
| 歐／非洲 | | | 192.09 | +1.82 | +0.96 | 193.13 | 154.91 | +36.18 | +23.21 | +5.07 | +2.71 |
| 奧地利 | 129.29 | +0.55 | 110.03 | +0.43 | +0.39 | 119.54 | 99.48 | +4.70 | +4.46 | +2.87 | +2.68 |
| 比利時 | 219.12 | +0.17 | 185.84 | +0.60 | +0.32 | 186.19 | 158.16 | +25.99 | +16.26 | +8.00 | +4.50 |
| 丹麥 | 217.98 | +0.99 | 189.14 | +2.21 | +1.18 | 192.79 | 138.65 | +50.49 | +36.42 | +5.01 | +2072 |
| 芬蘭 | 430.03 | +0.71 | 329.35 | +3.62 | +1.11 | 395.24 | 274.10 | +35.89 | +12.23 | +16.28 | +5.20 |
| 法國 | 186.08 | +1.52 | 161.01 | +2099 | +1.89 | 163.34 | 138.39 | +18.97 | +13.36 | +3.89 | +2.48 |
| 德國 | 234.71 | +1.21 | 199.08 | +3.26 | +1.66 | 208.41 | 157.20 | +41.88 | +26.64 | +2.91 | +1.48 |
| 瑞士 | 231.83 | -1.23 | 143.59 | -1.20 | -0.71 | 189.06 | 127...95 | +14.37 | +11.12 | -7.82 | -5.17 |
| 愛爾蘭 | 289.49 | +1.51 | 254.56 | +1.92 | +0.76 | 254.56 | 188.72 | +65.83 | +34.88 | +11.42 | +4.70 |
| 義大利 | 240.40 | +0.75 | 163.35 | +1.84 | +1.11 | 168.41 | 111.72 | +41.68 | +32.91 | +12.66 | +8.13 |
| 荷蘭 | 319.14 | +0.5431 | 270.92 | +2.78 | +1.04 | 286.01 | 211.34 | +57.98 | +27.23 | +4.63 | +1.74 |
| 挪威 | 197.76 | +1.34 | 159.55 | +2.35 | +1.49 | 198.66 | 150.24 | -9.56 | -5.65 | -10.89 | -6.39 |
| 葡萄牙 | 351.21 | +1.40 | 259.99 | +4.92 | +1.93 | 259.99 | 161.38 | +98.61 | +61.11 | +32.43 | +14.25 |
| 南非 | 182.49 | +0.56 | 102.15 | +0.95 | +0.94 | 137.46 | 90.27 | -18.85 | -15.58 | -1.53 | -1.48 |
| 西班牙 | 312.59 | +0.83 | 200.35 | +2.51 | +1.27 | 200.35 | 139.67 | +53.36 | +36.30 | +17.61 | +9.63 |
| 瑞典 | 350.17 | +2.11 | 244.66 | +5.12 | +2.14 | 274.37 | 206.05 | +29.24 | +13.57 | +6.06 | +2.54 |
| 瑞士 | 360.58 | +0.17 | 337.44 | +1.93 | +0.58 | 338.03 | 235.80 | +110.88 | +42.64 | +10.57 | +3.24 |
| 英國 | 202.89 | +0.96 | 178.41 | +0.37 | +0.21 | 178.79 | 142.30 | +34.66 | +24.11 | +3.15 | +1.80 |
| 歐／非洲（南非除外） | | | 197.07 | +1.86 | +0.95 | 197.07 | 156.78 | +39.29 | +24.90 | +5.44 | +2.84 |
| 歐／非洲（英國及南非除外） | | | 213.05 | +2.76 | +1.31 | 213.98 | 169.07 | +42.97 | +25.26 | +6.84 | +3.32 |
| 亞洲／太平洋 | | | 83.61 | +1.18 | +1.43 | 117.90 | 70.05 | -16.35 | -16.36 | +5.68 | +7.29 |
| 澳大利亞 | 154.60 | -0.89 | 137.57 | +0.17 | +0.12 | 163.32 | 127.42 | -6.17 | -4.29 | +3.80 | +2.84 |
| 香港 | 188.38 | +2.70 | 189.35 | +5.18 | +2.81 | 358.92 | 167.80 | -107.82 | -36.28 | -34.90 | -15.56 |
| 印尼 | 194.95 | +0.21 | 36.81 | +9.13 | +33.0 | 205.07 | 25.33 | -165.16 | -81.77 | -31.92 | -46.44 |
| 日本 | 80.19 | +0.04 | 79.99 | +0.99 | +1.25 | 105.03 | 65.84 | -3.33 | -4.00 | +9.61 | +13.65 |
| 馬來西亞 | 108.59 | 0.00 | 67.31 | +1.65 | +2.51 | 284.80 | 53.99 | -205.36 | -75.31 | -12.97 | -16.16 |
| 紐西蘭 | 148.18 | -1.89 | 162.46 | -0.91 | -0.56 | 211.53 | 1550.78 | -38.71 | -19.24 | -5.09 | -3.04 |
| 菲律賓 | 191.04 | +0.39 | 117.12 | +2.32 | +2.02 | 371.03 | 97.80 | -244.36 | -67.60 | -12.11 | -9.37 |
| 新加坡 | 117.30 | +0.80 | 110.61 | +2.67 | +2.47 | 208.00 | 90.67 | -98.18 | -44.64 | -12.53 | -10.18 |
| 南韓 | 89.61 | 0.00 | 39.35 | 0.00 | 0.00 | 105.31 | 23.41 | -51.61 | -56.74 | +11.04 | +38.99 |
| 台灣 | 191.63 | 0.00 | 145.49 | 0.00 | 0.00 | 226.07 | 129.99 | -18.88 | -11.48 | -7.68 | -5.01 |
| 泰國 | 73.57 | 0.00 | 32.74 | +0.31 | +0.96 | 127.69 | 23.07 | -94.95 | -74.36 | +2.50 | +8.26 |
| 亞洲／太平洋（日本除外） | | | 123.31 | +2.41 | +1.99 | 213.96 | 108.96 | -85.45 | -40.93 | -11.69 | -8.66 |
| 世界（美國除外） | | | 129.89 | +1.48 | +1.15 | 145.41 | 117.67 | +6.03 | +4.87 | +4.33 | +3.45 |
| 道瓊世界股票指數 | | | 169.01 | +1.94 | +1.16 | 176.46 | 143.16 | +21.99 | +14.96 | +2.38 | +1.43 |

份或全部的國有企業持股。第二，企業自身必須有能力轉型成一個賺錢的企業，而非接受政府補貼賴以生存的企業。第三，政府必須尋找適合的承銷商，進行國內外股權的行銷及分配。

**道瓊世界股票指數（Dow Jones World Stock Index）** 1993年一月華爾街日報終於體認到全球股票市場的重要性，並且發佈其道瓊世界股票指數（Dow Jones World Stock Index）。這個衡量全球股市活動最爲詳細的指數包含了大約32國的2800家公司。這分屬123個工業集團的2800家約略代表了全球股市市值的90%。在剛開始，道瓊世界股票指數包含了10個國家的220家公司：美國、加拿大、英國、德國、法國、義大利、日本、香港、新加坡、及澳大利亞。

其他22個國家的大公司也在1993年1月之後逐漸被加入指數當中：奧地利、比利時、丹麥、芬蘭、希臘、印尼、愛爾蘭、馬來西亞、墨西哥、荷蘭、紐西蘭、挪威、菲律賓、葡萄牙、南非、南韓、西班牙、瑞典、瑞士、泰國及台灣。股價以美元、英鎊、馬克、日元四種通貨計算，而且，還有三個分區的指數：美洲、歐洲／非洲、亞洲／太平洋地區。各個地區的股價被轉換成這四種貨幣計算，而以上三個地區的使用者可以藉此追蹤世界股價指數的變化。表10.6顯示了1998年1月2日刊登在華爾街日報上的道瓊世界股票指數。

## 總結

國際金融市場包含境外美元（Eurodollar）市場、國際債券市場及國際股票市場。境外美元是指存在美國以外銀行的美元存款，而境外美元市場是一個真正不受任何政府規定干擾與限制的國際貨幣市場，境外美元也成爲跨國公司用來融通其營運資金與外國交易的主要短期資金來源。隨著境外美元的普及行日與遽增，境外銀行也逐漸朝著拓展中期貸款，以支應跨國公司的中期資金需求。

雖然國際債券市場及國際股票市場市屬於較晚近的產物因其，促使固定資產的擴增，重要性不下於國際財務管理之下。九〇年代之中，國有企業的民營化獲得了相當的進展，國有企業民營化將在當今全球資本市場巨變中，扮演極為重要的角色。而且，正因為其高影響力，國有企業民營化可能將債券市場的投資導引至股票市場中。

# 問題

1. 試說明金融市場的全球化。
2. 科技如何影響金融市場的全球化？
3. 為何境外貨幣市場成長如此快速？
4. 如果德國對其境內馬克存款實施利率上限，此措施對境外馬克的影響為何？
5. 為何銀行業監理單位及市場分析師皆表達了對銀行間市場穩定性的憂慮？
6. 境外債券（Eurobonds）與外國債券（Foreign Bonds）的差別為何？
7. 貨幣選擇權債券（Currency-option Bonds）與貨幣雞尾酒債券（Currency-cocktail Bonds）的差別為何？
8. 描述此兩項新金融工具：境外債券（Euronotes）與全球債券（Global Bonds）。

# 習題

1. 令準備率為 20%，填寫下列空格。

|  | 獲得之準備 | 法定準備 | 超額準備 | 可貸出金額 |
|---|---|---|---|---|
| 銀行一 | $100.00 | $20.00 | $80.00 | $80.00 |
| 銀行二 |  |  |  |  |
| 銀行三 |  |  |  |  |
| 銀行四 |  |  |  |  |

銀行五

　　　　　銀行六

　　　　　銀行七

　　　　　銀行八

　　　　　銀行九

　　　　　銀行十

　　　　　銀行十一

　　　　　銀行十二

　　　　　銀行十三

　　　　　總貸放金額

2. 假定有一國際銀行簡化後的資產負債表如下，而法定準備率爲20%：

| 資產 | | 1 2 | 負債與淨值 | | 1 2 |
|------|------|-----|-----------|------|-----|
| 準備金 | $ 4,400 | _ _ | 活期存款 | $20,000 | _ _ |
| 有價證券 | 7,600 | _ _ | | | |
| 放 款 | 8,000 | | | | |

　　a. 試決定出這家銀行在安全範圍內，可貸放出的最大金額。另外，
　　　　在貸放出此金額後，銀行的資產負債表中，欄位 1 的數字爲何？

　　b. 貨幣供給的變化爲何？

　　c. 在新貸出的金額全部結清後，資產負債表中，欄位 2 的數字爲
　　　　何？

　　d. 這筆新的放款對貨幣供給的影響爲何？

　　e. 在貨幣形成的過程中，除了法定準備金的要求造成資金流失之
　　　　外，還有其他原因造成資金的流失，試列出並加以討論。

　　f. 假定：（1）一個美國人將他的存款 $2,000 由一家美國銀行
　　　　轉存至一家境外銀行，而且（2）整體而言，境外銀行對於所
　　　　收入的存款，會提撥 5%作爲庫存現金。試決定出，在 $2,000
　　　　的基礎上，境外銀行可以創造出的貨幣供給最大金額。

3. 一家跨國公司持有一票面 $1,000 的零息票債券（zero-coupon

bond），離到期日還有 15 年，到期殖利率為 16%。試問此零息票債券（zero-coupon bond）的市價為何？

4． 一家跨國公司發行了一個票面 $1,000，為期十年的零息票債券（zero-coupon bond），殖利率為 10%。

    a． 此債券的發行價格為何？

    b． 如果市場利率在發行之後立刻下降至 8%，則債券價值為何？

    c． 如果市場利率在發行之後立刻上升至 12%，則債券價值為何？

5． 一家跨國公司有普通股流通在外。每一普通股每年發放 $3.60 股利，而且股東要求 12% 的年報酬率。試問此公司的普通股價格？

## 個案討論十：俄羅斯境外債券之發行

    1996 年 11 月 21 日，俄羅斯進入國際債券市場發行了總值為 10 億美元的境外債券，這是自俄羅斯 1917 年建國以來的第一次。這次堪稱最大初次債券發行之一的個案，開啟了俄羅斯往後向國際籌資的大門。這批債券的發行受到一群歐、美以及亞洲投資人的歡迎，以 9.36% 的殖利率，期限 5 年的條件，由 J.P. Morgan 及 S.B.C. Warburg 領導的投資人認購。認購金額為發行金額的三倍。因為自從 1996 年初兩家大型的俄羅斯公司 Vimpelcom 及 Gazprom 的公司債發行之後，投資人一直在等待類似的高報酬債券產品再次出現。

    這次由俄羅斯財政部代表其央行發行的債券，是自從 1917 年俄國革命以來首次發行的主權債券。全球其他各地的投資人也都讚揚此一事件，因為這被視為在俄羅斯政治風暴之下，其經濟重整工程的一大勝利。也因此，此一俄羅斯主權債券的發行將造就出一個約百億美元規模的國際債券市場。

    在俄羅斯主權債券強勢發行的背後，存在的是外國投資人態度的基本變化。雖然俄羅斯的經濟面臨著諸多挑戰，但這是頭一次投資人對於俄羅斯政府處理經濟問題的能力有了一般性的共識。1996 年中有三件大事影響了投資人的信念——總統葉爾辛在總統大選的勝利；烈貝德將軍（Gen. Alexander

Lebed) 從政府中被逐出；總統葉爾辛在心臟手術之後明顯康復。

研究俄羅斯的專家說，廣大的意見都認為俄羅斯的改革是不會回頭的，而且改革的動力會日益增加。但是，仍須注意的是，俄羅斯仍是個極為動盪的市場，因為許多俄羅斯債券的投資人並沒有這個國家的追蹤紀錄。的確，投資人似乎忽略的國際貨幣基金在 11 月 10 日宣佈延後其最近兩個月對俄羅斯高達100億美元的支付部份，這筆經援是為了幫助俄羅斯降低其預算中的賦稅來源比例。而國際貨幣基金的允許將是這類債券發行的先決條件。

## 個 案 問 題

1. 試說明為何俄羅斯選擇發行債券，而不直接向國際銀行舉債。進一步說明為何俄羅斯選擇發行境外債券（eurobond），而不選擇其他外國債券或全球債券（global bond）。

2. 試解釋為何俄羅斯採行一聯合銀行團而非一單一銀行來發行其債券？

3. 這次發行對於未來蘇聯其他的債券發行，包括來自公司、地方政府，有何影響及衝擊。

4. 這次發行對於俄羅斯的國內金融市場有何衝擊？

5. Moody's 的網站 www.Moodys.com 以英文字母對各國發行的主權債券進行評等，主要分為債券及銀行存款兩大類。根據網站上的資料，目前有哪些國家的信用評等被類入可能提高或降低的名單？俄羅斯債券的信評位置又如何？

# 參考書目

Abken, P. A., "Globalization of Stock, Futures, and Options Markets," in Federal Reserve Bank of Atlanta, ed., *Financial Derivatives*, 1993, pp. 3–24.

Goldstein, M. and Folkerts-Landau, D., *International Capital Markets*, Washington, DC: IMF, 1994.

International Monetary Fund, *International Capital Markets: Developments and Prospects*, Washington, DC: IMF, 1997.

Jain, A. R., *International Financial Markets and Institutions*, Boulder, Colo.: Kolb Publishing Company, 1993.

Kim, Y. C. and R. M. Stultz, "The Eurobond Market and Corporate Financial Policy: A Test of the Clientele Hypothesis," *Journal of Financial Economics*, 22, 1988, pp. 189–205.

Organization for Economic Cooperation and Development, *Financial Market Trends*, Paris: OECD, 1997.

Saunders, A., "The Eurocurrency Interbank Market: Potential for International Crisis," *Business Review*, Federal Reserve Bank of Philadelphia, 1988, pp. 17–27.

# 第十一章

國際銀行營運與國家風險分析

從第二次世界大戰以來，由於銀行跟隨著顧客向海外拓展，世界的銀行業務便也隨著空前迅速發展的經濟活動一同成長。在開發中國家最近所發生的一連串事件迫使分析師以及投資者開始對國際銀行家（international bankers）就經濟上風險較高的國家之貸款問題提出質疑。對某些銀行而言，國際性的貸款就如同其國內的營運一樣重要，因此，國際銀行必須要透過有系統的分析和管理以降低國家風險的影響。

　　本章分為三個部分。第一部份討論有關國際銀行營運，國際銀行是國際市場中的重要資本來源。第二部份將檢視銀行如何評估自身的國外營運單獨風險，以及這些風險將如何被納入其日常的營運之中。第三部份敘述造成美國外債問題的主要原因以及外債對美國經濟產生的影響。

# 11.1 國際銀行營運

　　國際銀行在協助多國籍企業國際交易中扮演著許多重要的角色。他們的業務有：對國外的貿易與投資提供融資、承銷國際債券、在歐洲美元市場進行借貸、組織聯合貸款、參加國際現金管理、吸收本地貨幣存款與貸款以及提供顧客資訊及建議。

　　國際銀行市場包含本國銀行的國外部門以及未受規範的境外市場，在過去十年之中經歷了重大的結構性變化，如同本國銀行的營運，國際銀行營運包含著貸款與吸收存款，這兩類的營運最主要的相異點在於他們的顧客群不同。

## 11.1.1 世界最大的銀行

　　表 11.1 列出 1996 年依照總資產排名的世界十大銀行，十大之中有六間是日本的銀行。東京三菱銀行（Tokyo-Mitsubishi）是世界上最大的銀行，是在 1995 年由三菱銀行（Mitsubishi）與東京銀行（Bank of Tokyo）合併所產生的。瑞士銀行（Bank of Switzerland）與瑞士銀行集團（Swiss Bank Corp.）於 1997 年所宣佈的 250 億美元的合併案創造了世界上第二大銀行，合併後的新機構稱為瑞士聯合銀行（United Bank of Switzerland

表 *11.1* 世界十大銀行（單位：十億美金）

| 排名 | 銀 行 名 稱 | 資　產 |
|---|---|---|
| 1 | 東京三菱銀行（ 日本 ） | $752 |
| 2 | 瑞士聯合銀行（ 瑞士 ） | 590 |
| 3 | 德意志銀行（ 德國 ） | 575 |
| 4 | 住友銀行（ 日本 ） | 513 |
| 5 | 第一勸業銀行（ 日本 ） | 476 |
| 6 | 富士銀行（ 日本 ） | 474 |
| 7 | 三和銀行（ 日本 ） | 470 |
| 8 | 荷蘭銀行（ 荷蘭 ） | 444 |
| 9 | 日本興業銀行（ 日本 ） | 436 |
| 10 | 匯豐銀行（ 英國 ） | 405 |

） ，管理 5,900 億美元的資產。大通銀行（Chase Manhattan Corp.）是美國最大的銀行，管理 3,360 億美元的資產，排名世界第十六大銀行。

## 11.1.2 銀行國外子公司的類型

　　銀行的國外子公司主要有六種類型：代表人辦事處、通匯銀行、國外分行、海外子銀行、代理處、國際銀行團。其他的類型亦包含了邊界法案銀行（Edge Act corporations）、國際銀行機構以及外貿融資銀行，這些類型將在其他章節進行討論。

　　**代表人辦事處**（Representative Offices） 在本國銀行於其他國家或該國的鄰國有商業活動的時候，本國銀行可能會在外國設立辦事處，而這些辦事處並未擁有如同傳統銀行中存款、貸款、信用狀、匯票、以及歐洲美元市場等的功能。

　　代表人辦事處為本國銀行的客戶進行蒐集資訊、提供建議以及處理當地的接觸等工作。他們協助當地的經理人員進行本國銀行業務的諮詢，並介紹當地銀行給來訪的經理人員；協助本國銀行的顧客與當地的政府部門或當地的企業進行接觸；以及提供本國銀行當地企業的信用分析以及該國的政治訊息。

　　**通匯銀行**（Correspondent Banks） 大部份國內的大銀行都會與世界上主要外國城市的當地銀行保持通匯的關係。通匯銀行系統

（Correspondent banking system）是一種非正式的合作關係，在此系統之下，本國的銀行在外國的銀行中保持著存款餘額，並可向外國的銀行尋求服務以及協助。

本地的通匯銀行接受匯票以及支付信用狀，並且提供信用的資訊。最後，他們收取或支付進口或出口的款項。

**分行（Branch Banks）** 國外分行並沒有公司設立許可、董事會、或是發行普通股。因此，他們是本國銀行的一個營運單位，國外分行的資產和負債是本國銀行的一部份。

國外分行在本國銀行的商號與保證下提供完整銀行業務的服務。由於法定貸款的限制依母公司的規模大小而有所不同，國外分行吸引了許多的大型當地借款者。

**海外子銀行（Foreign Subsidiary Banks）** 海外子銀行擁有公司設立許可、本身的董事會、股東以及經理人員。雖然海外母銀行完全擁有海外子銀行或擁有多數的股權，海外子銀行必須要遵守當地國的法律。

由於海外子銀行像當地銀行一般由當地人擁有與管理，他們可以在當地吸收到更多的存款並有較佳的機會與當地的企業來往。此外，由於他們與外國企業主有較長久的關係，所以他們較當地銀行有可能吸引外國企業。

**代理處（Agencies）** 外國銀行的代理處通常只提供有限的銀行服務。他們不能提供國民消費性存款，而且僅能與商業顧客往來。他們最主要的功能在於對國家的出口與進口進行融資服務。代理處在本國也積極的參與銀行間的拆款市場與一些對企業的放款。

**國際銀行團（Consortium Banks）** 國際銀行團是一個常存的銀行團隊，經手大型的國際貸款，有公司設立許可，但是通常由不同國家的二個或多個銀行所擁有。

國際銀行團自行拓展業務，也同時與母銀行所推薦的客戶來往，並為大型的國際貸款組織全球銀行團。銀行團在大型的國際貸款中可以分散風險，並可克服單一銀行無法單獨處理大筆貸款的問題。國際銀行團亦進行承銷公司的有價證券與安排併購的業務。

表11.2從美國的觀點總結了銀行國外子公司的組織結構與特色。這個表中亦包含了將於十四章中討論的邊界法案銀行與國際銀行機構。

## 11.1.3 銀行間清算系統

這部份將敘述三個主要的銀行間資金轉移的清算系統，而這三個系統主要透過電訊系統，而非透過支票的方式來進行資金的移轉。

銀行間支付清算系統（Clearing House Interbank Payments System，CHIPS）用於轉移紐約中約九十個金融機構間的資金，其中包含了全部外匯交易的百分之九十五以及幾乎全部的歐洲美元交易。

支付清算輔助系統（Clearing House Payments Assistance System，CHPAS）在1983年開始營運，提供的服務和銀行間支付清算系統類似，被用於轉移倫敦大部份金融機構間的資金。

全球銀行間金融通訊團體（Society for Worldwide Interbank Financial Telecommunications，SWIFT）是一個銀行間傳遞金融交易電報的通訊網路。這個通訊網路是在1973年由歐洲和北美的銀行所創立，而從1973年以來，其會員已拓展到許多亞洲以及拉丁美洲的銀行。這個通訊網路代表著國際支付系統的一個共同標準，並使用著最新的通訊科技，大幅減少了各地銀

表 11.2　美國的銀行海外子公司的特色

| 銀行類型 | 地理位置 | 接受外國存款 | 對外國人放款 | 參與投資銀行業務 | 受央行存款準備限制 | 存保機構存款保險 | 分離法律實體 |
|---|---|---|---|---|---|---|---|
| 國內分行 | 美國 | 否 | 否 | 否 | 是 | 是 | 否 |
| 代表人辦事處 | 外國 | 否 | 否 | 否 | 是 | 是 | 否 |
| 通匯銀行 | 美國 | 無資料 | 無資料 | 是 | 否 | 否 | 無資料 |
| 國外分行 | 外國 | 是 | 是 | 否 | 否 | 否 | 否 |
| 海外子銀行 | 外國 | 是 | 是 | 是 | 否 | 否 | 是 |
| 代理處 | 外國 | 否 | 否 | 否 | 否 | 否 | 否 |
| 國際銀行團 | 外國 | 是 | 是 | 是 | 否 | 否 | 是 |
| 邊界法案銀行 | 美國 | 是 | 是 | 是 | 否 | 否 | 是 |
| 國際銀行機構 | 美國 | 是 | 是 | 否 | 否 | 否 | 否 |

行使用的複雜多樣的表格。由於國際支付系統有了共同的標準,以及高速的電訊交易,使得銀行在執行國際支付上遠比以往更加便宜且有效率。當前,每日有六千個網路使用者透過這個通訊網路傳遞八百萬個電報,而這個網路的使用量以每年平均百分之十五的速度成長。透過此一系統傳遞的電報包含了銀行間、顧客間的電報以及特殊的電報。

## 11.1.4 國際貸款

對歐洲、日本和美國的銀行而言,開發中國家以及東歐國家的大型國際貸款變得非常重要。對某些銀行而言,國際性的貸款和本國的銀行營運一樣的重要;另一方面,最近全球的債務問題在對開發中國家的大筆貸款中產生了嚴重的問題。

**1982 年至 1984 年的國際債務危機** 1973 年至 1982 年間,東歐以及開發中國家急遽增加向西方工業化國家的借款,而非產油的開發中國家的外債總額從 1973 年的 1300 億元一直增加到 1982 年的 8400 億元,整整增加了 6.5 倍,在這十年之中,整體債務以每年百分之二十的速度成長。在 1970 年代,幾乎沒有人對這些國家的外債問題感到憂心。一些非洲貧窮的國家經歷了清償債務的困難,在 1980 年代初期,發展程度更高的國家如波蘭、墨西哥、巴西和阿根廷也在支付鉅額外債上遭遇困難。

第一個對國際銀行體系的主要打擊於 1982 年八月來臨,當時墨西哥宣佈將無法如期支付國際債權人,此後在極短的期間內,巴西和阿根廷也遭遇了同樣的困境。1983 年的春天,約二十五個開發中國家無法如期支付借款,並且與債權銀行進行債務展期的交涉,這些國家對私人銀行發行的債務佔了非產油開發中國家的三分之二。

全球性的經濟蕭條加遽了債務危機,並對油價構成下跌的壓力,進一步削減石油輸出國家組織的利潤。石油輸出國家組織(the Organization of Petroleum Exporting Countries, OPEC)是一個由一些石油輸出國家所建立,目的是為了在諸如石油售價等方面制訂一致性的政策。在 1980 年,石油輸出國家組織貢獻了將近 420 億元的閒置資金給國際銀行,但是在 1982 年卻從其中撤走了 260 億元的資金。

**債務危機的主因** 開發中國家的官員通常將國際債務危機單獨地歸咎於全球經濟的脫序。然而，債權國的政治人物卻認為債務國的管理不善造成危機。當然，事實介於兩者之間。

1970 年代的一些發展使得銀行擁有了顯著的地位。首先，這些國家由於經濟逐步開放，並在 1960 年代後半持續開放，因而有了許多成長和投資的機會。其次，在 1973 年到 1974 年的石油危機加速銀行貸款流向這些國家，當時高昂的油價與繼起的世界性經濟蕭條加速擴大債務國的經常帳逆差。第三點，由於 1979 年至 1982 年的全球性經濟蕭條道使工業國家減少自開發中國家的進口，許多開發中國家在 1980 年代遭遇了大量的國際收支帳赤字。第四點，觀察家認為由於政治和經濟的不穩所引發的資本外逃現象導致了債務危機。世界銀行（World Bank）估計在 1979 年至 1982 年間，拉丁美洲債務國的資本外逃總金額超過 700 億元。

**解決之道** 在 1980 年代的全球債務危機已經結束了。債權人、債務人、國際貨幣基金會（International Monetary Fund, IMF）和世界銀行合作，透過債務延展、再融資、更多的貸款及限制性的經濟政策等方法克服危機。全球性的債務問題不再在當前國際貨幣和金融的爭論中佔據主要的地位。觀察者憂心債務危機將引起國際性銀行體系的危機以及全球性的蕭條。由於債權國、債務國和跨國金融機構的決策者積極的參與，使得在 1982 年由這些悲觀者悲慘的預言並未實現。國際銀行仍然具有償付能力；國際資本市場仍然繼續發揮功能；此外，世界並未陷入由於債務不履行所引發的蕭條之中。

由於在債務危機之後，國際銀行與債務國間的利率發生了變化，總貸款額由 1982 年起便顯著的減少。從 1973 年到 1982 年，這些國家的總外債以平均每年百分之二十的速度成長，但是在 1987 年到 1996 年這九年之中，債務僅以每年平均百分之五的速度成長。銀行較偏好降低貸款的暴露部位，而同時債務國試著從其他的管道增加強勢貨幣的流入，如增加出口與外人投資。

國際債務問題從許多方面去處理。首先，國際銀行採取行動降低他們在開發中國家的債權。他們增加他們的權益資本比、增加備抵壞帳、避免對開發中國家提供新的貸款並將高風險的貸款以極優惠的價格賣給投資者。

其次,許多債務國採取行動緩和本身的外債問題。他們增加出口、降低進口、吸引更多的國外投資、採行緊縮性的經濟政策並採行債務—權益的交換。在債務—權益的交換中,債權人將貸款與當地公司的股權作交換。

第三,債權國、世界銀行和國際貨幣基金會的決策者對於一些處於極大困難的國家取消部份的債務。在這個計畫之下,一部份國家的外債被永久的豁免。這些國家藉由承諾持續穩健的成長與執行改革導向的政策,向商業銀行和國際金融機構取得新的特許貸款。債權國從 1982 年到 1993 年取消了總數達200 億元的債務。

**全球性的債務危機是否仍可能會發生?** 一些債務國的經濟變得更糟。數百萬人在經濟的發展產生停滯或反轉的現象。這些國家既未享受到持續的經濟復甦,也沒有管道能重新進入國際資本市場。

由於仍握有大筆的國際債權,國際銀行的團體仍然是脆弱而且易受傷害的。如表11.3所示,一百三十六個開發中國家的外債在1996年底總數達到了兩兆一千七百七十億元。而由世界上的私有銀行對一百多個非產油開發中國家的貸款佔開發中國家外債總數的一半。擁有債權的銀行數目在八百到一千家之間,其中包含了工業化國家中最大的一些銀行。

很明顯的,國際金融組織和工業化國家相信另一個全球債務危機有可能發生。國際貨幣基金會、世界銀行與巴黎俱樂部——一個由債權國所組成的團體——在最近幾年合作防範大型債務危機的發生。巴黎俱樂部(Paris Club)包含了七大工業國(G-7)再加上澳洲、比利時、丹麥、芬蘭、荷蘭、挪威、葡萄牙、西班牙、瑞典以及瑞士;七大工業國(G-7)是加拿大、法國、義大利、

表*11.3* *136*個開發中國家的外債總額(十億美元)

| 年份 | 外債總額 | 年份 | 外債總額 |
|------|----------|------|----------|
| 1987 | 1,369 | 1994 | 1,945 |
| 1989 | 1,427 | 1995 | 2,065 |
| 1991 | 1,627 | 1996 | 2,177 |
| 1993 | 1,812 | | |

日本、德國、英國以及美國。

　　在1996年四月巴黎俱樂部同意讓俄羅斯的四百億債務展期二十五年。這個協議被用來協助俄羅斯在國際市場中取得更多的資金。由於俄國債務的混亂，已經許多個月無法取得大筆的外國貸款。

　　在1996年法國的高峰會談中，七大工業國同意將一些貧窮國家的債務在未來六年中降低到可以負擔的程度。大約四十個重度負債國積欠西方大約2000億元，這些國家的債務約是他們每年出口利潤的兩倍。在1996年九月，七大工業國的財政部長和中央銀行總裁批准了一個建立550億美元基金的計畫，以防止國際債務危機。

　　最近在一些中等所得國家所產生的通貨危機，如墨西哥、泰國、印尼和南韓，使得投資人擔心國際貸款可能發生大規模倒帳。但由於國際貨幣基金會對這些國家安排了1500億元的援助方案，所以迄今仍能避免全球性的債務危機。

　　在亞洲金融風暴急速迫近的情形下，國際貨幣基金會在1997年十二月創立一個迅速且大筆資金借貸計畫，以幫助那些投資人已喪失信心的國家。這個計畫象徵著國際貨幣基金會援助計畫的劇烈轉變。計畫的存續期間縮短，利率提高以鼓勵私有資本市場快速的獲取報酬。

　　這個被稱為「補充準備設施」（Supplemental Reserve Facility）的機制允許國際貨幣基金會對某些國家投入大筆的資金，然後這些國家必須在二到三年之內開始償還，並分成四次每季分期付款清償完畢。接受資金的國家同時必須支付高於國際貨幣基金會通常補助利率二至四個百分點的利息。當然，借款者也必須遵守長期貸款所要求之相同嚴苛的經濟改革。

　　在1997年十二月稍早時，國際貨幣基金會甚至想要賣出他四百億黃金儲備中的二十億以籌措更多的款項。近年來，國際貨幣基金會對有嚴重外債問題的國家從事了許多數十億元的援助計畫，有別於他通常處理的長期經常帳赤字問題。

　　聯合貸款（Syndicated Loans）　聯合貸款是一種貸款方式，一個銀行群體在一共同的期間與條件下使一個特定對象可以取得貸款。也許在過去二十年中（1980 年代和 1990 年代）聯合貸款迅速成長是國際借款領域中最重要的發展之一。在境外金融市場中，聯合貸款給非銀行借款者幾乎佔所有銀行借款的二分之一。聯合貸款是種由一群銀行採行，藉以處理單一銀行無法或不願提供的大筆資金的方法；換句話說，聯合貸款與直接的商業貸款不同點在於：聯合貸款最初有其他的銀行參與。舉例來說，1991 年九月十三日，科威特與來自二十一個國家的八十一個銀行簽下了 55 億元的貸款協定。這個五年的重建協議被形容為主權國家有史以來最大的聯合貸款計畫。

因此，一個聯合貸款必須要設計與包裝，以滿足借款者和貸款者的需求。這一種類型的貸款由於以下的原因變得越來越普遍：（1）單一貸款的金額提高；（2）大筆貸款所需要的風險分散；（3）管理費的利益；（4）參加銀行的宣傳效果；（5）與其他銀行建立有力合作關係的需要。

如同表 11.4 所示，聯合貸款的總值從 1987 年的 920 億元增加到 1996 年的5300億元，以每年百分之二十二的速度成長。1996年證券市場所提供的豐富的資金使競爭加劇，並使國際借貸市場維持微薄的利潤。雖然如此，受到再融資活動、併購以及專案融資的推動，國際聯貸信用額度在 1996 年增加了百分之七十。

國際貸款評價　在一方面，國際貸款對銀行而言有一些優點：

1. 國際貸款對於許多大型銀行來說一直十分有利可圖，而且對某些超大型銀行如花旗銀行、大通銀行、美國銀行而言，國際貸款對其營收有重要的影響。

2. 許多銀行經由國際貸款，依照國家別、客戶別與貨幣別以分散風險，

表*11.4*　國際聯合貸款(十億美元)

| 年份 | 金額 | 年份 | 金額 |
|------|------|------|------|
| 1987 | 92  | 1992 | 221 |
| 1988 | 125 | 1993 | 220 |
| 1989 | 121 | 1994 | 252 |
| 1990 | 125 | 1995 | 311 |
| 1991 | 116 | 1996 | 530 |

故改善風險對所得的影響。

3. 開發中國家與東歐國家傳統上一直意圖在國際銀行保持高額的信用額度水準。

4. 一些保護措施降低國際貸款的風險。這些保護措施包含了借款者本國的信用保險制度、母公司對關係企業的貸款擔保以及地主國對當地私人企業提供的擔保。

在另一方面，國際貸款對銀行來說也有許多的缺點：

1. 國家風險分析十分的複雜，因為評估國家風險需要考量許多變數。

2. 國際銀行家最近並未預期到國家風險的急速上升。

3. 一些銀行家為了彌補本國貸款方面疲弱的需求以及商業需求而放鬆他們的徵信標準。

4. 評論家質疑債務國履行外債的能力，因為許多的貸款都是短期且反覆不定的。

5. 若債務國無法準時履行債務，銀行將被迫在不確定的情形下運轉其貸款。

6. 某些貸款的最終用途是為了融通國際收支赤字。這些貸款並未改善債權國創造外匯收入的能力。

**東歐的強勢貨幣負債** 表 11.5 顯示一些東歐國家以強勢貨幣計價對西方的負債淨額。西方銀行和政府對東歐國家以強勢貨幣計價的貸款淨額在 1980 年和 1993 年之間增加了五倍；大部份的負債都是在 1989 年後所產生，當時正值共產制度結束，開啓東歐經濟變化的新局。這些以強勢貨幣計價的貸款在 1993 年到 1996 年間另外又增加了三倍。許多分析家憂心這些大筆的外債負擔將會增加市場經濟所產生的痛苦—升騰的物價、關閉的工廠、失業的風險以及較低的生活水準。

最近世界上主要的商業銀行以及許多西方國家的政府表示，他們不願意提供前蘇聯及其附庸國在重建其殘破的經濟上所需的資金。近來四十二個國家保證提供新的歐洲重建與發展銀行（European Bank for Reconstruction and

表 *11.5* 東歐以強勢貨幣計價的負債( 十億美元 )

| 國家別 | 1980 | 1993 | 1996 |
|---|---|---|---|
| 保加利亞 | $ 0.4 | $ 12.2 | $ 11.8 |
| 捷克共和國 | 3.4 | 8.7 | 44.8 |
| 匈牙利 | 9.7 | 24.8 | 44.9 |
| 波蘭 | 9.0 | 45.3 | 117.1 |
| 羅馬尼亞 | 9.8 | 4.5 | 34.2 |
| 俄羅斯 | 2.2 | 83.1 | 320.3 |
| 總額 | $ 34.5 | $ 178.6 | $ 573.1 |

Development ) 120 億元的資金，這筆款項將被用來貸放給東歐的新興經濟體。主要的債權國和國際金融機構對於某些極度困難的國家，提供部份的債務豁免，但是對於東歐國家所面臨的改革工作，諸如改變無效率的經濟、工廠設備現代化以及緩和許多的污染問題而言，這筆款項太少了，以至於難以發生作用。銀行家對於東歐萌芽中的民主之困境與他們對自由市場機制所展現出來的期望感到同情，然而，銀行家不願對這些國家提供援助，反映了銀行家對於在其間的第三世界債務問題與本國銀行系統的謹慎。

近年來，美國政府單方面的同意放棄大部份波蘭、埃及以及約旦積欠美國的幾十億美元債務。美國政府很明白的表示這些債務的豁免是其債務策略中的特例，但是西歐國家和日本因兩個主要的原因而對此感到不悅。第一，政府要求的債務豁免對於一些努力工作要還債的負債國家的努力而言是一種嚴重的打擊。其次，這將複雜化負債國家對於取得新的官方貸款以作為經濟重整最後手段的途徑。國際銀行家和西方政府認為在國際資本短缺的情形下，東歐國家需要努力的使他們本身更為可靠而非更不可靠。

## 11.2 國家風險分析

在對開發中國家提供貸款時，投資人會關心國家政治風險的問題。國家或主權風險不僅指債務不履行的可能性，也包括了事先無法預料對母國資金流動的限制。

本國的貸款和國外的貸款有兩個主要的不同點。第一,由於國際貸款的償還必須透過外匯市場,國際銀行必須評估未來匯率的走勢及資本流動的管制。第二,對於解決有爭議的權利上,並沒有一個共同的法律體系或是最後的仲裁者的存在。在這種情形下,一些債務國不大可能接受西方導向的國際法律體系所做出的決定。因此,對商業銀行而言,國家風險的評估對確保其國際貸款而言十分的重要。

## 11.2.1國家風險評估的本質

許多國際銀行家採行國家風險評估已行之有年。他們現在正在運作第二代或第三代的國家風險模式。這些銀行家基於經驗與對其他銀行程序的瞭解而修改原始的模型,藉由收到更多資訊以及較以往低風險的國際貸款,這些修正後模型可以推導出較佳的決策。

國家風險(Country Risk)僅是一種對政治可能性進行經濟機會的評估,因此,國家風險評估需要國際銀行家分析政治和經濟指標,而當政治指標反應一個國家有意願支付債務,經濟指標則衡量其償債的能力。

一些國家風險評估模型可以從學術期刊或是商業來源取得,但被用來作為評估國家風險的因子卻隨預測者不同而有很大的差異。一個銀行所使用的國家風險評等系統必須要符合幾項準則。第一點,放款的辦事員必須能夠輕易地瞭解並使用該系統;第二點,這個系統必須要對於所有有外債的開發中國家進行排序;第三點,這個系統必須要擁有短期和中期的兩種範圍;第四點,這些系統必須能有效的預測哪些國家將會延展本身的債務。

國家風險分析對於國際銀行而言有幾個目的。第一點,它允許國際銀行依照一個共同的準則對於相關國家的多種情況作評估;第二點,由於它基於一套相同的準則,常常能夠抵銷個別的偏差;第三點,國家風險的評估是一種有用的「假投票」似的評等。

## 11.2.2 如何評估國家風險

國家風險是一國借款者不能履行過去義務的可能性。現在使用的方法依借款者的類型，如當地政府、企業或民營銀行而有所不同，同時相同的變數被應用於這三類的顧客之中，雖然這些變數相對使用的權數可能極為不同。國家風險可以經由各式的債務比率、一個國家的一般信用價值以及主權政府公債的評等等方面來評估。

**負債比率（Debt Ratio）** 開發中國家的債務負擔每個國家都不同。對一些國家而言，外債和還債的負擔對其絕對的數量、相對於國民生產毛額（Gross National Product, GNP）或是相對於出口金額而言是無關緊要的，因此，在這些國家之中，外債負擔並不會造成經濟上的困境，但是對於其他國家來說，債務負擔過大妨礙了成長導向政策的施行。介於這兩類之間的開發中國家沒有非常嚴重的外債負擔，但仍然是十分脆弱的。

世界銀行將開發中國家的債務負擔依照兩套的比率來劃分：（1）總債務負擔現值佔國民生產毛額的比率，以及（2）總債務負擔現值佔出口額的比率。

根據世界銀行在 1997 年發行的全球發展金融（Global Development Finance）報告，許多開發中國家的比率過高。這個報告的重點在於高度、中度和低度負債三類國家嚴重的債務負擔對其政策上的影響，被分類為高度負債的國家是債務現值對國內生產毛額的比率超過百分之八十，或是債務現值對出口額的比率超過百分之兩百二十的臨界值。被分類為中度負債的國家是債務現值對國內生產毛額的比率超過百分之四十八或債務現值對出口額的比率超過百分之一百三十二。若是這兩個條件均不符合，這些國家就被分類為低度負債國。若一個國家的每人國民生產毛額在 1995 年時未超過 765 元，這個國家將被進一步分類為低所得國家，若是每人國民生產毛額在 1995 年十介於 765 元和 9,386 元之間，就被分類為中等所得國家。

藉由這些比率，世界銀行區分出三十七個高度負債的低所得國家（severely indebted low-income countries, SILICs）、十二個高度負債的中所得國家（severely indebted middle-income countries，

SIMICs）、十二個中度負債的低所得國家（moderately indebted low-income countries, MILICs）、十九個中度負債的中所得國家（moderately indebted middle-income countries, MIMICs）、十一個低度負債的低所得國家（less indebted low-income countries, LILICs）以及四十五個低度負債的中所得國家（less indebted middle-income countries, LIMICs）。表 11.6 在這六個類別中各列出五個國家。

比率分析有什麼問題？當我們檢視一個國家的債務狀況時必須要小心使用債務比率，因為負債比率分析有其限制。世界銀行所使用的負債比率至少有兩個缺點。第一，他們表現出一個國家特定參考年的債務狀態，在這一年中經濟指標也許並不具代表性，例如一個暫時性的物價上漲可能使出口額增加，因此降低負債比率，而這並不能顯著改善一個國家長期的信用價值。第二，這些比率是靜態的。對於一個國家在特定時點的負債比率是沒有意義的，除非它們在相同的標準下作比較。

歷史標準（Historical, future）和世界標準（World）是兩個使用的的準則。當分析一個國家的債務狀況時，必須對其現在的、過去的和未來的比率作比較。比率會隨著時間經過而產生相當的改變，因此，依賴一個單一比率有時會對一個國家的債務狀態產生誤解。連續幾年計算比率並進行比較可以讓分析師發現一個國家的債務狀況是改善了或是更加的惡化。

分析師可以用來檢驗一個國家債務狀況的第二個標準是世界平均比率。要記得必須比較擁有相同所得的相同規模國家，但是各國經濟的多樣性、科技與

表 *11.6* 藉由債務比率分類開發中國家

| 分類 | 國家 |
|---|---|
| 高度負債的低所得國家 | 安哥拉、柬埔寨、宏都拉斯、奈及利亞、越南 |
| 高度負債的中所得國家 | 阿根廷、巴西、保加利亞、約旦、墨西哥 |
| 中度負債的低所得國家 | 孟加拉、海地、印度、巴基斯坦、辛巴威 |
| 中度負債的中所得國家 | 埃及、智利、印尼、波蘭、俄羅斯 |
| 低度負債的低所得國家 | 阿爾巴尼亞、中國、喬治亞、外蒙古、斯里蘭卡 |
| 低度負債的中所得國家 | 捷克、薩爾瓦多、馬來西亞、泰國、烏克蘭 |

產品發展加速改變以及所得水準的加速變遷使得將一個特定的國家歸類在相同規模國家的工作變得十分困難。由於比率因國家和規模的大小而有所不同,所以適當地依照國家和大小分類對於比率分析來說是必須的。

### 國家整體的可信度(Overall Country Creditworthiness)

經濟、政治以及其他指標整體的影響可以用來評估國家的風險。例如,歐元雜誌(Euromoney)的國家信用評等是基於專家特別參考每個國家的一些經濟以及其他指標的橫斷面資料而成。這個系統評估每個國家進入國際資本市場的難易程度、使用新發明以及借款選擇的能力、國家本身的償債記錄以及支付外債的能力。這些基於歷史資料的觀點由兩個主觀的風險因子作補充:政治與經濟指標。經濟風險因子是由一組的經濟學家展望每個國家未來的經濟表現;政治風險因子則是由一組政治風險專家對每個國家作未來的政治穩定性分析。

表 11.7 表示一部份在 1997 年三月份歐元雜誌的國家風險評等:十個風險最小的國家和十個風險最高的國家。評分最低的國家是那些經歷過戰爭(伊拉克和阿富汗)、人民動亂(前共產國家,如喬治亞)、以及經濟困難(利比亞、蘇丹與薩伊)、或現在的共產國家(古巴和北韓)。

主權政府債券評等(Sovereign-Government Bond Ratings)有一些方法可以分析或比較債券的品質。兩間金融服務公司一標準普爾(Standard

表 *11.7* 國家風險評等

| 排名 | 風險最低的國家 | 評分 | 風險最高的國家 | 評分 |
|---|---|---|---|---|
| 1 | 盧森堡 | 100.0 | 蘇丹 | 16.4 |
| 2 | 美國 | 99.3 | 利比亞 | 15.2 |
| 3 | 新加坡 | 97.1 | 薩伊 | 14.7 |
| 4 | 英國 | 96.2 | 喬治亞 | 14.0 |
| 5 | 荷蘭 | 95.7 | 吉布地共和國 | 13.9 |
| 6 | 丹麥 | 95.0 | 古巴 | 10.4 |
| 7 | 挪威 | 94.7 | 安地卡及巴布達 | 6.6 |
| 8 | 德國 | 94.7 | 伊拉克 | 6.0 |
| 9 | 加拿大 | 94.4 | 阿富汗 | 4.1 |
| 10 | 瑞士 | 93.7 | 北韓 | 3.1 |

& Poor's, S&P）與穆迪投資服務（Moody's Investor Service）一對於債券的品質給予英文字母的評等。表 11.8 展示了這兩間公司的債券等級。

三個 A 和兩個 A 等級十分的安全。一個 A 和三個 B 可稱之爲「投資級」：這些債券是銀行或其他機構投資人依法所能持有的最低等級債券。兩個 B 和等級更低的債券屬於投機等級，是有很高倒帳機率的垃圾債券。許多金融機構被禁止購買這些垃圾債券。在 1997 年十二月亞洲金融風暴的最高峰，標準普爾與穆迪降低泰國、印尼、南韓的信用等級至垃圾債券等級，這個動作刺激投資組合經理人大量的拋售亞洲債券，因爲他們被限制僅能握有投資級的債務證券。債券評等對於投資者和發行者而言都很重要，因爲他們對於債券利率和借款人的債務成本有直接且可衡量的影響。

自 1900 年代早期起，美國本土的債券就由標準普爾和穆迪給予其信用評等以反應其倒帳機率。這兩個評等機構現在對許多國際債券提供信用評等。主權政府發行很大部份的國際債券。在評估一個國家的信用風險時，他們的分析集中在經濟和政治風險的診斷。

經濟風險依照一個國家對外的金融地位、國際收支、經濟結構和成長、經濟管理以及經濟前景爲評估的基礎。政治風險以國家的政治體系、社會環境與國際關係爲評估的基礎。

國家信用分析通常表示標準普爾與穆迪對該國境內的個體債務評等之上

表 *11.8* 穆迪與標準普爾的債券等級

| 穆迪 | 標準普爾 | 描述 |
|------|----------|------|
| Aaa | AAA | 最高品質 |
| Aa | AA | 高品質 |
| A | A | 中上級 |
| Baa | BBB | 中等 |
| Ba | BB | 中下級／一些投機因素 |
| B | B | 投機級 |
| Caa | CCC | |
| Ca | CC | 更投機；高倒帳風險 |
| C | C | |
| — | D | 倒帳 |

限。舉例來說,當標準普爾與穆迪降低韓國的信用等級至垃圾債券時,二十個韓國銀行發行的債券在 1997 年十二月稍後失去了他們投資級的地位。

**國家風險評等摘要** 1982 年至 1984 年發生的國際債務危機戲劇性的展現出國家風險分析的重要性。因此,我們可以瞭解為什麼國際銀行家一直尋找更有系統性的方法去評估和管理國家風險。近來他們增加資源的投入、雇用更多合格的分析師並採行更複雜的方法去評估國家風險,雖然國家風險不可能消除,但系統性的評估與管理將可大幅降低它的影響。各式各樣的比率、一些顧問公司提出的國家信用等級、穆迪和標準普爾對各國政府債券評等以及個別銀行建立的程序可以用來減低國外貸款與利息的倒帳風險。

# 11.3 美國債務危機

近年來美國大多數主要類型債券急遽增加,其中最引人注意的也許是美國前所未有的外債規模。一些分析師認為美國外債的形成可能會危害美國金融體系的穩定,他們認為美國沈重的外債負擔將會降低整體金融機構、借款者以及經濟對抗蕭條以及其他類型逆境的能力,如美元貶值。

表11.9強調一個新的現實。美國國際地位劇烈的反轉使得經濟學家以及美國民眾領悟到國際資本的移動。就在 1984 年時,美國還是世界上最大的債權國。直到 1987 年早期,美國仍然是一個淨債權國。但在幾年之內,美國處於一個相反的地位,變成了世界上最大的負債國。雙赤字(twin deficits)— 1980 年代大量的貿易與財政赤字—是這個改變的兩大主因。外債以如此驚人的速度成長以至於僅有少數人覺察到其潛在的影響,在 1996 年美國外債總數達到 8710 億美元。

在早期工業發展的階段,美國是一個淨負債國家,極為依賴外國資本以建立自身的工業,然而這個國家在第一次世界大戰結束後變成一個淨的債權國,淨海外投資從 1919 年的 60 億元穩定地演變到 1982 年的 3790 億元。美國長期的投資地位在1983年初劇烈的反轉,而在1987年,美國在一次世界大戰後首度再成為一個淨的負債國。

表11.9 美國的淨海外投資(十億美元)

| 年 份 | 外 債 | 年 份 | 外 債 |
|---|---|---|---|
| 1980 | 392 | 1988 | -145 |
| 1981 | 374 | 1989 | -251 |
| 1982 | 379 | 1990 | -251 |
| 1983 | 358 | 1991 | -359 |
| 1984 | 225 | 1992 | -508 |
| 1985 | 125 | 1993 | -556 |
| 1986 | 35 | 1995 | -688 |
| 1987 | -23 | 1996 | -871 |

　　美國對外投資盈餘在 1980 年代由於國家累積了大量的財政和貿易赤字而逐漸地消失,由於外國對美國投資的增加,激起對議會要求限制外國購買美國的企業和房地產。美國在十九世紀的大部份時間中都是一個淨負債國且沒有不好的影響,在當時歐洲的資本協助美國建立鐵路和工廠,然而卻有一些個人的經濟學者主張,在十九世紀淨負債的時期和當前有著極大的不同。在過去一個世紀,美國是一個開發中國家,而且需要外國資本以發展工業力。在 1980 年代,大多數的外資是用來融通聯邦赤字和消費赤字而非用來投資在提昇美國生產力的途徑上。

## 11.3.1 動機

　　美國的外債主要動機為何?上漲的財政與貿易赤字是美國外債的主要成分。 1980 年代前半,美國總體經濟政策的重大轉變,使美國前所未有的從一個債權國變成一個債務國,並且由於擴張性的財政政策使稅收的成長急遽減少,加上快速增加國防採購以及緊縮的貨幣政策,使得實質利率居高不下,故聯邦赤字節節高昇。 1981 年的減稅措施被認為是美國有史以來最大幅度的減稅,降低稅收的成長,而同年的建軍計畫也同樣被認為是美國歷史上最大的一次,導致了聯邦費用突然的上升。

　　在過去十年的前半,三個因素導致美國貿易赤字的急遽上升:強勢美元、相對於其貿易伙伴而言較快速的經濟成長以及降低對高度負債的開發中國家的出口。

　　總而言之，由於美國在1980年代前半總體政策的重大改變而導致的大量財政和貿易赤字是美國從債權國變成負債國的主因。我們可以想像如下一連串經濟變數的因果關係：大量財政赤字→利率上升→強勢美元→大量貿易赤字→大量美國外債。

## 11.3.2 債務負擔

　　美國的外債對美國經濟有一些正面的影響。從外國的淨投資流入增加美國經濟中的儲蓄；降低美國的利率；使美國經濟成長的更快；而且它減低美國的通貨膨脹率。然而美國的外債可能造成長期嚴重的問題：（1）較低的生活水準，（2）政府政策受限，（3）國際影響力降低。

　　**較低的生活水準**　當美國的生產者和納稅人必須放棄一部份收入去支付外國人貸款的利息和投資的股利時，生活水準可能會下降。這筆款項不再能夠用來作個人消費、儲蓄或投資，於是造成美國購買力的損失。

　　**政府政策受到限制**　外國投資者對美國的經濟發展保持著警覺的態度，若是他們擔心由美元貶值或是利率降低所造成的資本損失，他們可能會從以美元發行的資產中撤離，這將導致美國經濟陷入蕭條之中；換句話說，成長的外債使得美國對於外國投資者的壓力較無抵抗能力，於是影響美國的利率和美金的價值。美國以前從未在這種外國資本像現在如此重要的地位上。經濟學家憂心外國資本增加的影響力，因為美國可能會被其他國家箝制而且可能對其經濟前景失去控制力。

　　**國際影響力降低**　由於負債者需要努力地配合債權人，外債削弱美國的影響力。經濟學家認為美國作為一個最大的債務國將危及其威信，而威信的降低在最近的經濟高峰會中顯而易見，高峰會中，美國在討論上發揮較以往更少的影響力，但是日本和歐洲近來卻利用經濟高峰會展示他們對全球事務提高的參與度。

# 總結

在這一章中討論了國際銀行營運、國家風險分析和美國外債問題。管理國際銀行較管理國內銀行更爲複雜，國家風險分析就是一個很好的例子。最近在許多債務國發生的事件使得分析師以及投資者對於國際銀行家對經濟風險高的國家提供的貸款一事提出質疑。對某些銀行而言，國際借貸業務和其國內的營運一樣的重要，於是，國際銀行必須藉由有系統的評估和管理降低國家風險的影響。

從1987年以來美國外債前所未有的上升這件事表現了一個新的現實。這個1980年代的新現實是經濟力量從一個單一的霸權—美國，逐漸地變成了由美國、亞洲和歐洲主導的三極體系。這個三極體系的發生將會在1990年代以及未來影響國際銀行體系。

# 問題

1. 討論國際銀行的功能種類。
2. 討論銀行國外子公司的類型。
3. 什麼因素使日本銀行營運的上升？
4. 本國貸款和外國貸款的主要差別爲何？
5. 導致 1982 年至 1984 年國際債務危機的主因爲何？
6. 解釋債務國和國際銀行解決國際債務問題的各個步驟。
7. 何謂聯合貸款？爲何銀行有些時候偏好這一類型的貸款？
8. 什麼是國家風險？我們如何評估國家風險？
9. 敘述美國的外債負擔。

# 習 題

1. 1993 年墨西哥有 3330 億元的國民生產毛額（GNP）、1180 億元的外債、660 億元的出口額、200 億元的到期債務、以及 70 億元到期的利息支出。計算墨西哥的四種債務比率：外債對國內生產毛額比率、外債對出口額比率、債務比率和利息比率。

2. 在 1993 年波蘭有 860 億元的國內生產毛額、債務佔國內生產毛額比率為 0.52、債務對出口比率為 0.36、債務比率為 0.10、且利息比率為 0.06。計算波蘭 1993 年的外債總數、出口、到期債務和到期利息。

3. 表 11.3 顯示了一百三十六個開發中國家的外債總額從 1991 年的一兆六千兩百七十億上升至 1994 年的一兆九千四百五十億元。

   a. 依照複利法求出這 136 個開發中國家從 1991 年到 1994 年每年外債總額的成長率。

   b. 依照單利法求出這 136 個開發中國家從 1991 年到 1994 年每年外債總額的成長率。

4. 表 11.9 顯示美國的外債總額從 1988 年的 1450 億元成長到 1993 年的 5560 億元。

   a. 依照複利法求出美國從 1988 年到 1993 年每年外債總額的成長率。

   b. 依照單利法求出美國從 1988 年到 1993 年每年外債總額的成長率。

# 案例十一：日本信用銀行向美國的銀行尋求協助

在 1996 年五月，福特汽車公司（Ford Motor Corp.）投資了四億五千一百萬元將其在馬自達汽車公司（Mazda Motor Corp.）的股份提高到 33.5%，但仍然在日本的法律限制下。1996 年六月，福特汽車公司任命一個不會講日本話的蘇格蘭人，亨利華勒斯（Henry Wallace），擔任馬自達的總裁，他成為日本汽車公司中第一個在外國出生的總裁。自從那時候起，東京金融圈謠傳一種在日本較下流的說法，一個金融機構將要被「劫持」。這種疑慮在 1997 年四月十日成真，日本信用銀行將其海外客戶的管理權交給紐約信孚銀行（Bankers Trust New York Corp.），而且和美國銀行控股公司進行股權交換。

這個交易有更大的象徵意義，使得信託銀行能夠發展比以前其他外國銀行更深入的關係。在一方面，交叉持股一度是日本財團特有的行為，在財團中相互持有百分之一到百分之二的股權創造一種血盟關係，此外，信孚銀行成為十年中第一批取得大型日本銀行客戶名單的外國銀行之一，在這一個案子的名單中包含了許多小規模和中等規模的企業。這個協定也要求信孚銀行與日本信用銀行在日本合作開發新的產品與服務。日本的銀行管理者很快的對此一交易案表示讚賞。

這全都說明了非日本的金融機構的新機會，在過去，這些機構在日本只能從一無所有開始營運。這個信託銀行和日本信用銀行的交易表示日本官方允許美國以及其他國家的銀行和日本的金融機構發展更為親密的合作關係，且可能從銀行擴展到其他種類的公司，如經紀商和承銷商。這個轉變來自於日本銀行產業一度發生的危機。在正常的情形下，日本信用銀行，擁有 1190 億美元資產的日本第十七大銀行，將只會在國內為其壞帳問題尋求協助。然而日本其他的大銀行也有本身的問題。這使得銀行和管理者別無選擇而只能向國外尋求援助。

橋本首相的政策使得日本銀行產業新世代的機會變得更加吸引人。他以他的政治生涯為賭注推出經濟改革法案（Big Bang）——一套改革方案用來解除日本金融市場的規範。那些改革在下一個世紀之前將無法完全發揮功效，但是日本信用銀行的協定表示改變已經開始了。

　　信孚銀行所獲得的一些利益十分的明顯。這個協定使得美國銀行可以對日本信用銀行海外的客戶提供貸款、外匯意見和咨詢服務。這也給予信孚銀行第一個購買一些日本信用銀行海外資產的機會，此外日本信用銀行期望信孚銀行協助他將貸款重新包裝成有價證券並銷售，也就是說信孚銀行將建議日本信用銀行將價值約400億元的房地產和一些其他的資產證券化或出售，並接收「服務日本信用銀行」在日本以外的客戶。

# 案例問題

1. 為何馬自達汽車公司移交控制的權力給福特汽車公司？
2. 造成日本信用銀行財務困難的主因為何？
3. 為何一個出問題的日本銀行，日本信用銀行，會向一個美國類似的銀行，信託銀行，尋求協助？
4. 俗稱為經濟改革法案的主要組成要素為何？
5. 日本的銀行危機有多嚴重？
6. 這個政治與經濟風險顧問（Political and Economic Risk Consultancy）的網址為www.asuarusk.com/，每季均對亞洲的每個國家提出風險報告。使用這個網址對以下三個國家提出風險報告：印尼、泰國、南韓，這些國家受到1997年的金融風暴衝擊。

# 參考書目

Abdullah, F. A. and B. J. Shah, "Emerging Patterns of Future Global Banking Competitiveness," *Multinational Business Review*, 1995, pp. 87–99.

Clark, J., "Debt Reduction and Market Reentry under the Brady Plan," *FRBNY Quarterly Review*, Winter 1993–4, pp. 38–58.

Garg, R. C., "Debt Forgiveness for Less Developed Countries," *Multinational Business Review*, Spring 1994, pp. 38–44.

Garg, R. C., "Reducing Third-World Debt with Tailor-Made Swaps," *The Banker Magazine*, Sept./Oct. 1992, pp. 52–7.

Garg, R. C., "Exploring Solutions to The LDC Debt Crisis," *The Banker Magazine*, Jan./Feb. 1989, pp. 46–51.

International Monetary Fund, *International Capital Markets*, Washington, DC: IMF, 1997.

Joint Economic Committee, Congress of the United States, *The Economy at Midyear: A Legacy of Foreign Debt*, Aug. 5, 1987.

Kim, S. H. and S. W. Miller, *Comparative Structure of the International Banking Industry*, Lexington, Mass.: Lexington Books, 1983.

Lessard, D. R. and J. Williamson, eds., *Capital Flight and Third World Debt*, Washington, DC: Institute for International Economics, 1987.

Rojas-Suarez, L., "Macroeconomic Discipline, Structural Reforms Can Help Reverse Capital Flight," *IMF Survey*, Washington, DC: International Monetary Fund, Sept. 10, 1990, pp. 158–9.

World Bank, *Global Development Finance*, Washington, DC: World Bank, March 1997.

# 第十二章

對外貿易融資

此書主要探討管理多國營運時所產生的財務問題，但是多國籍企業的財務管理者必須對外貿融資的某些機制有所了解，因為大多數的多國公司常牽涉到國際貿易活動。

本章包含三個主要部分。第一部分在討論從事貿易活動時的三種基本文件：匯票、提單、信用狀；其次分析對外貿易時的數種付款方式。最後描述對外貿易融資的主要來源。

# 12.1 對外貿易的基本文件

三種牽涉到外貿的重要文件為：

1. 匯票（draft），即付款要求；
2. 提單（bill of lading），為商品由普通運輸工具移動的證明文件；
3. 信用狀（letter of credit），為進口商之信用擔保的第三人所簽。

## 12.1.1 文件的基本目標

對外貿易的文件主要是用來確保出口商能得到付款，而進口商能取得商品。更重要的是，外貿的這些文件可用來消除不完整風險、降低外匯風險及融資貿易交易。

**不完整風險**　外貿的不完整風險比國內貿易大得多，是因為出口商想要持有貨物的所有權直到他們收到貨款，而進口商並不願意在收到貨物前先付款。外貿和國內貿易使用不同的工具和文件，大多數國內銷售是基於開放帳戶的信用（open-account credit），買者不需要有一個正式的負債工具，因為賒銷是在賣方對買方做的信用調查上而成立的。但外貿的買方和賣方和國內情況相較下距離遠多了，因此賣方很難確定其海外顧客的信用狀況，而買方也會發現很難確定他們想要購入貨物的外國賣方之整合程度及聲譽。大多數這種不完整風險經由上述三種主要文件的使用而降低。

　　**外匯風險**　外匯風險（exchange-rate risk）是當出口銷售以外幣計價並且延後付款的情況下產生。在國際貿易中，基本的外匯風險是交易風險。交易風險（transaction risk）是由於債務之匯率波動而導致的可能風險，我們可利用遠期合約、期貨、貨幣選擇權或計價貨幣操作來降低。

　　**貿易融資**　因為所有外貿牽涉到時間差，資金會在貨物流動時被綁住一段時間。由於完善貿易合約及遠期合約，大多數的貿易交易不會有不完整風險和外匯風險，因此銀行願意對運輸中的或還未運的貨物融資。在這個循環中兩端的金融機構提供了數種融資方法，可以降低或消除兩方的營運資金需求。

## 12.1.2 匯票

　　匯票（a draft or a bill of exchange）是由出口商要求進口商在一特定時間支付特定款項的憑據。透過匯票的使用，出口商可以視其融資銀行為收款單位，此銀行代表出口商直接或間接（透過分行或合作銀行）向進口商兌現匯票，再將錢給出口商。

　　匯票牽涉到三個關係人：發票人（drawer 或 maker）、票據付款人（drawee）和受款者（payee）。發票人為簽發匯票的個人或企業，通常是販賣或運送商品的出口商。票據付款人是接受匯票的個人或企業，通常是在到期日支付匯票的進口商。受款者是票據付款人最終付予現金的個人或企業。匯票上會明載一旦匯票不是個可通行票券時，某個人或銀行必須負責兌現。這種人，又稱付款者，可能是發票人自己或是第三人，如發票人的銀行。然而大多數的匯票是持票人發與的，後者通常不會發生。只要匯票符合下列情況，它就是可通行的：

1. 必須由發票人－出口商簽發
2. 必須包含無條件的承諾或一特定數額款項支付要求
3. 必須馬上或在一特定時間支付
4. 必須為訂單或發給持票人

　　假如匯票並非訂單，所涉及的金錢便必須付給特定個人；如果它是給持票人的，那所涉及的金錢必須付給代表收款的個人。

當匯票是給票據付款人時，票據付款人或其往來銀行必須接受。這個做法表示被發票人有義務支付匯票上的面額，而當匯票由銀行接受時，則支付給銀行，因為銀行的接受有高度市場流通性，出口商可以在市場出售或貼現給銀行。不管它們被出售或貼現，賣方都要在匯票背面背書。一旦進口商沒有在到期日付款，匯票持有人有權利向最後背書者要求全額款項。

匯票用在外貿的原因有：

1. 使用一個完整的形式提供義務的保證；
2. 允許出口商和進口商降低融資成本，並將剩餘成本平分；
3. 具可流通性及不受限性；這表示匯票並不會成為交易雙方間糾紛的原因。

**匯票的形式** 匯票可分成即期／提示匯票或遠期匯票兩種。即期匯票（sight／demand draft）表示票據付款人必須因應要求，馬上支付該匯票，否則便是跳票（dishonor）；遠期匯票（time／usance draft）是在受票人收到後於一定天數內支付，當被發票人收到匯票，可以在面額上註明收到而由其銀行接受，此時此匯票變成銀行的收受。

匯票也可分成跟單匯票（documentary draft）或光票（clean draft）。跟單匯票需要帶有數種裝運單據，如提單、保證單和商業發票。大多數匯票屬於跟單匯票，因為貨物運送時都需要上述文件。附在跟單匯票上的文件則由押匯（即期匯票）或由託收（遠期匯票）轉交給進口商。如果單據由押匯方式交付給進口商，即稱為付款交單（D／P, documents against payment）；如果是由託收交給進口商，即稱為承兌交單（D／A, documents against acceptance）。

當遠期匯票由進口商接收時，它即變成交易收據或光票。當光票用在外貿時，出口商會直接將運送文件寄給進口商，而只有匯票直接給收款銀行。在這種情況下，運送中的商品由進口商持有，不管匯票的兌現或收受，因此光票有相當程度的風險，這就是為什麼光票只有在當進出口雙方都有一定程度的信任時或多國公司將貨物送至其外國分公司時才會產生。

## 12.1.3 提單

　　提單（bill of lading）是由運送貨物者發給出口商或其銀行的運送文件，它同時是收據、合約和記名文件。提單是證明運貨者收到特定貨物的收據，也是證明運貨者有義務將貨物運至進口商以獲取費用的合約，同時也是一載明貨物所有者的記名文件。因此，提單可用來確保在商品運抵前的付款。例如進口商一直要到從運貨者處拿到提單時才擁有貨物所有權。

　　**提單的類型**　可分為記名式提單或提示式提單。記名式提單（straight bill of lading）記載受貨人之名稱，通常為進口商，常用在貨款在貨物運抵前即付清的情況下，因此它並非貨物的持有人證明。提示式提單（order bills of lading）則記載貨物受出口商之委託，出口商在未收到貨款前保有貨物所有權。一旦收到貨款，出口公司會為此提單背書或轉交給銀行。此一背書文件可視做抵押借款，但需要其他文件如提單、商業票據及保險單。運用這兩種提單的方法已經明確建立起制度，幾乎各國之商業銀行及其他金融機構都能有效地處理。

　　提單又可分為裝運提單及備運提單。裝運提單（on-board bills of lading）證明貨物實際裝進了貨艙，其重要之處在於某些保險單如有關戰爭風險的只有在貨物實際裝運後才生效。相反地，備運提單（received-for-shipment bills of lading）僅告知貨運公司已收到欲運送之物品，但不保證貨物已被裝上船。貨船可以在航行前將貨物放置於岸上一段時間，因此這種提單在運送季節性或易毀損性的物品時並不保險。備運提單只要再加註上適當的註記即可轉成裝運提單，即註明船名、日期及船長之簽名。

　　最後，提單也可分為清潔提單或瑕疵提單。清潔提單（clean bills of lading）（又稱為無瑕疵提單）係指運送人收到的貨物很完整，運送人在外觀完整的前提下沒有任何義務檢查貨物。相反地，瑕疵提單（foul bills of lading）表示貨物在運貨人送到之前即受到損壞，由於瑕疵提單如果沒有信用狀擔保下通常不被接受，出口商取得清潔提單是很重要的。

### 12.1.4 信用狀

信用狀 (letter of credit) 是銀行應進口商的請求所簽發的文件。文件中銀行承諾只要出口商所備之匯票附有貨運單據,即將該進口商之匯票予以承兌。典型的用法中,進口商要求其地區銀行簽發信用狀,做為銀行同意為進口交易付款需求之中介角色,進口商付予銀行交易所需的資金及一特定費用。

**信用狀之好處** 信用狀對買賣雙方來說都有好處,因為它加速了外貿活動。它對出口商而言有幾項好處。第一,他們賣貨物至國外有銀行的承諾而不只是公司,因為銀行通常有比多數企業較大和較佳的信用,出口商即使在遇到特殊狀況時,也幾乎可以完全收到款項。其次,他們能在有信用狀及提單等必要文件收到時馬上取得資金,當貨物運送時,出口商會備好給進口商的匯票及信用狀,呈交給其地區銀行,如果銀行收到所有必備文件,它會預先付款-匯票的面額減掉手續費及利息。

雖然對出口商有以上主要的好處,信用狀也提供進口商不少優點。第一,它確保只有當出口商提供某些文件後才得以收款,這些文件經由銀行仔細檢查。假如出口商不能或不願意做適當的運送出口,銀行回收款項會比進口商容易。其次,信用狀使得進口商免除對出口商的商業風險,得以將注意力放在其他因素上,進口商可以爭取到更好的條件,如較低的價錢。而且對其而言,有信用狀下融資貨物較借款來得便宜。

**信用狀種類** 信用狀可分為可撤銷 (revocable) 或不可撤銷的 (irrevocable) 。大多數在兩造無任何關係上的信用多為不可撤銷的,一個不可撤銷的信用狀不能在沒有經過同意下被取消或由進口商之銀行修改;而可撤銷信用狀可在付款前的任何時間由進口商銀行撤銷或修改,它可視為一種安排付款的方式,但它並不保證付款。銀行大多不接受可撤銷信用狀;而某些銀行拒絕簽發因為會演變成法律問題。

信用狀亦可分為保兌 (confirmed) 和不保兌 (unconfirmed) 。保兌信用狀是由另一家銀行而非簽發銀行來保兌信用狀。當出口商質疑外國銀行的支付能力時,會希望外國銀行的信用狀由國內銀行保兌,在這種情況下,兩家銀行都必須在有信用狀的匯票上做保證。而不保兌信用狀只有一家銀行擔保，因此最有效的信用狀是被保兌的不可撤銷信用狀。這種信用狀不能隨意被銀行撤銷，且由兩家銀行保證匯票付款。

最後，信用狀可分為循環（revolving）和不循環（nonrevolving）。循環信用狀期間為週次或月次。舉例來說，一張 50,000 的循環信用狀可讓出口商提領匯票每週最高 50,000，直到信用狀到期。循環信用狀通常用在當進口商有經常性和已知的購買。然而，多數信用狀是屬於不循環的。換句話說，信用狀是在單一次交易時所簽發的——一次交易一張信用狀。

## 12.1.5 其他文件

除了上述三種文件外－匯票、提單、信用狀－伴隨著匯票的其他文件也像信用狀一樣。有些其他文件用於國際貿易上，例如商業發票、保險單、和領事發票。這些其他文件是用來讓貨物得以順利運送的，他們在貨物通關和進出港灣時特別重要。

**商業發票** 商業發票（commercial invoice）由出口商簽發，它記載貨物的明細資料，如單價、品質、總價值、銷售財務記錄及運送方式。有些運送方式是離岸船上交貨價條件（FOB, free on board）、離岸船邊交貨價條件(FAS, free alongside)、運費在內價條件(C&F, cost and freight)及運保費在內價條件（cost, insurance, freight）。商業發票也可包含其他資訊，如進出口商之名稱、地址，貨物數量，運輸及保險費，船名，送貨港及目的地，及任何進出口所允許之數字。

**保險單** 國際貿易中所有運貨都有保險，目前大多數的保險合約都自動地涵蓋出口商所負責的運輸。運輸風險包括從小的損壞到貨品全額損失，但是大多數提供至運抵目的地的保險就已足夠。然而許多海上運輸在實際運送時並無任何損失責任，除非與其有關，因此某些海上保險應該用來保護進出口商兩方，這額外的保險包括自小的碰撞、火災、沉沒等廣至所有風險。

**領事發票** 出口至許多國家時都需要由進口國的領事所簽發的領事發票。領事發票（consular invoice）提供給海關關於進口國的資訊及統計資料。而更重要的是,領事發票在取得海關認可時是必要的,它必須提供海關進口關稅的必要資訊。領事發票並未記載貨物的名稱,而且它是不可流通的。

**其他文件** 進口商或當貨物進出港口時仍需要其他文件。這些文件有產地證明書(certificates of origin)、重量明細單(weight lists)、包裝明細單(packing list)及檢查證明書(inspection certificate)。產地證明書證明貨物產地或製造地,重量明細單載明每樣物品的重量,包裝明細單記載每一包裝內的內容物,檢查證明書則是由獨立的檢查公司確定貨品的內容物及品質後所簽發的文件。

## 12.1.6 典型的跨國交易

在完成一個跨國交易的過程中有相當多的步驟及文件需要處理,每一個步驟及文件是整個交易過程中的一個子系統,許多子系統緊密連接成一個過程。因此一次跨國交易的完成可視為由許多直接或間接關聯的部分組成一整體。一典型的跨國交易有下列 12 個步驟:

1. 一芝加哥公司想要自一倫敦公司進口一百萬的機器,因此詢問倫敦公司是否願意在信用狀擔保下運貨。

2. 倫敦公司指出願意在信用狀下運貨,同時它提供芝加哥公司一些如價格、信用情況等資訊。

3. 芝加哥公司讓芝加哥銀行開立信用狀予倫敦公司。

4. 芝加哥銀行對倫敦公司發行信用狀並寄至倫敦公司之銀行。

5. 倫敦公司用貨船運貨給芝加哥公司,並簽發提單。

6. 倫敦公司準備了信用狀及一張 60 天的匯票給芝加哥公司,並將其他文件如提單、保險單及商業發票交給倫敦銀行。同時倫敦公司為提單背書,讓文件持有人擁有貨物運送時之所有權。

7. 倫敦銀行將匯票及其他文件轉交給芝加哥銀行收受。當匯票由芝加哥銀行收付時,它即變成銀行所有。這表示芝加哥銀行同意在 60 天內付款。假如倫敦銀行要求芝加哥銀行收付並折現該匯票時,芝加哥銀行撥付現金,但減掉由倫敦銀行收付的折價費。

8. 當倫敦銀行收到銀行的收付時，他可以賣給另一位投資人或持有在其資產組合中。

9. 假如倫敦銀行折現給芝加哥銀行或出售至地區貨幣市場，倫敦公司收到的錢會被扣除費用及折價。另一種選擇是倫敦公司持有匯票 60 天，再交由芝加哥銀行兌現。

10. 芝加哥銀行會註明芝加哥公司收到文件。芝加哥公司簽署一票據或其他文件在 60 天內支付芝加哥銀行該機器費用。然後芝加哥公司得以取得銀行持有的文件以領回貨物。

11. 60 天後，芝加哥銀行從芝加哥公司收到款項以支付即將到期的匯票。

12. 在同一天，收據持有人會要求芝加哥銀行付款。另一種做法是收據持有人會將收據交給倫敦銀行由平常的銀行管道收款。

# 12.2 出口交易的付款期限

　　由於貿易競爭日漸加劇，多國公司必須知道如何處理其外國貿易的財務問題。對外貿易時所產生的情況差別很大，從運貨前付款到以一年以上的信用擔保下的外幣計價銷售。銷售時的供需情況決定了每一個特定交易的期限及情況。但大多數對外交易比國內交易牽涉到較長的期限。

## 12.2.1 相對貿易

　　相對貿易（countertrade）指的是在一個易貨的前提下所進行的世界貿易。現代的相對貿易包含了數種跨國交易協定，出口商所出售的商品及服務必須與進口商所購買的商品及服務有所關連。它盛行於 1960 及 1970 年代，使得國家間不需用金錢來融資其國際貿易。最近相對貿易又在國際貿易中佔得重要地位。

　　因為相對貿易的增加，使得世界貿易成長得較世界生產快得多。不幸的是，因為有太多的未知數，相對貿易數量並沒有一個可信賴的估計。在 1980 及 1990 年代，非社會主義世界的相對貿易逐漸增加。 1972 年只有 14 國有相對貿易：阿爾巴尼亞、澳洲、保加利亞、古巴、中國大陸、東德、匈牙利、印度、紐西蘭、波蘭、羅馬尼亞、美國、蘇聯及南斯拉夫。在 1979 年，名單增加至 27 個國家，在 1984 有 88 國，1989 年有 94 國，到了 1995 年已有 140 國。今天有相對貿易的國家包括了從開發中國家如中國大陸及印度到已開發國中如英國及日本。根據商業部的估計，相對貿易佔了全球貿易的一半。

以下我們討論數種相對貿易的型態：易貨交易、金額易貨、轉換貿易、相對採購、補償交易、及抵消協議。

**易貨交易** 對外貿易，如同國內貿易，是有金錢交換的。未有金錢交換的外貿關係可能是透由易貨體系的。易貨交易（simple barter）是在不經由金錢媒介，兩方直接交換貨品。大多數的易貨協定是在雙邊貿易協定下進行的，例如 1980 年中期，通用電器用其渦輪機交換羅馬尼亞的產品。

當然，在政府間貿易協定下的個別交易也可以成立。這種易貨交易通用在非市場交易的國家和東西方國家間。易貨交易讓缺少外匯的國家用其剩餘物品換取其短缺物品，也讓缺少外匯的國家內的公司取得原本不能得到的商品。

**金額易貨** 金額易貨（clearing arrangement）是一種易貨的形式，兩國同意在一定期間內，向對方購買一特定數量的商品及服務。兩邊在進口時都建立一個貸方帳戶，一直到期限終止，尚未平衡的帳戶由移轉額外的商品或強勢貨幣支付以求平衡。

出口至東歐和非市場經濟國家的款項通常透過金額易貨來完成，因此其銷貨是由進口國的購買來達成平衡的。這種金額易貨會產生許多試著指出各國想貿易和建立全體貿易限制的雙邊貿易協定，例如 1994 年中國大陸和沙烏地阿拉伯簽署了一億美元交換貨物及服務的金額易貨協定，其中包含了一則條款，標明任何不平衡帳戶將由強勢貨幣處理。

**轉換貿易** 轉換貿易（switch trade）指的是當從事貿易的兩國間有任何交易差額時，由第三國來負責清算的協議。換句話說，第三國會自有盈餘的國家購買差額，再轉售之，因此轉換貿易並非一個獨立的相對貿易，而是透過中間人處理多邊的易貨交易。轉換貿易的基本目的是要消除易貨交易雙方的不平衡，不幸的是，有些國家沒有辦法出售足夠的貨物給對方，這種金額的短缺會使另一方成為赤字國，因此有一國會成為借方，另一國成為貸方，如此一來雙邊貿易協定破裂。

協定破裂對雙方來說都有害，但是有兩種實用的方法可以避免它發生。第一，雙邊貿易協定可以明載貸方國必須以黃金或可轉換的貨幣支付在可容許差額下多出來的部分，即金額易貨。第二種方法是退讓兩國間易貨交易的差額，並同意由一轉換貿易的經紀人處理。

**例子 12.1** 假設俄羅斯同意用其機器交換古巴的糖。俄羅斯機器及古巴糖在一交易價格上成交，協議載明在明年需交換 $ 1 百萬的商品，在年底時，俄羅斯發現它累積了 $400,000 過多的糖。

為了達成協議及處理這些沒有用的貨品，俄羅斯想找轉換貿易商來服務。俄羅斯找到一個轉換貿易商，並提供價值 $400,000 的糖，折價 30% 出售。一旦貿易商確定糖的實際價格後，她會找糖商來處理。最後，她找到一個可提供 75% 價格的糖商，俄羅斯得到其 $400,000 的 70% 強勢貨幣，而買方則以 $400,000 的 75% 價格買下這批糖。俄羅斯、轉換貿易商及買方都從中得利，但是古巴會發現他意外的在世界糖市場中廉價傾銷其所產的糖。

**相對購買** 這種形式的相對貿易通常發生在西方工業國家及東方或第三世界國家。相對購買（counterpurchase），也被稱為間接抵消（indirect offset），牽涉到標準的強勢貨幣出口，賣方同意交換與賣方出的物品不直接相關的物品及服務。例如通用汽車（GM）同意以一千億美金出售 500 輛車給波蘭，並在兩年內購買價值 2 百萬美金波蘭所產的煤。

賣方通常被強迫購買在其國家內不易流通的物品，在我們的例子中，GM 為了抵消可能的損失，可以要求可流通的物品或增加其價格。如果 GM 提高車價 15%，將買回相同比例較無價值的商品。GM 也可以轉嫁其負債給其他西方企業或出口商，他們能更容易地進行這類的相對購買。

**補償交易** 補償交易（compensation／buy-back agreement）指的是輸出生產設備或工廠的出口商以該廠未來的產出作為補償的交易協定。這類型的例子有最近日本與台灣、新加坡、韓國以輸出電腦晶片生產設備的協議，用工廠所生產的電腦晶片當做全額或部分費用。

典型的補償交易包含了鉅額的起始支出及長期的完工時間。因此，這種協議也可當成直接投資的另一種選擇。補償交易的價值通常超過銷售貨物的價值。

**抵消協議** 抵消協議（offset agreement）通常又稱做直接抵消（direct offset），和相對購買類似，但賣方被要求運用買方國的產品和服務完成成品。換句話說，在抵銷協議中，賣方必須以某種方式抵消買方的購買價格。

數十年來，美國軍事的外國購買者大多想要幫助美國賣方建立工廠、大砲和其他可販賣的武器，以使其降低售價。自從 1980 年中期，買方愈來愈想要以商業和軍事科技來擴張其經濟。事實上，這種合約和技術移轉也發生在航空、運輸設備及電子設備。每個合約的抵消條款各異，最常見的是：共同製造、授權生產、包商生產、海外投資及技術移轉。

**相對貿易的評估** 理論上，相對貿易與自由貿易是不同的。相對貿易時常強迫像 GM 的公司在遠離母國的地方生產。相對貿易也是缺少彈性的，並限於某一範圍產品內。

然而，目前相對貿易的成長也有幾個原因，包括：（1）強勢貨幣的取得管道有限；（2）新市場的開放；（3）相對貿易為直接投資的另一種選擇；（4）避免貿易限制；（5）完成計畫目標；及（6）處理多餘不佳的產品。

## 12.2.2 現金條款

現金條款可以是 COD（cash on delivery）或 CBD（cash before delivery）。COD 條款是指交貨時支付貨款，CBD 是指交貨前支付貨款。不管是 COD 或 CBD，出口商都不能延長信用。雖然信用風險並不存在於這兩則條款內，COD 仍有進口商拒絕收貨的風險，而 CBD 則沒有任何風險。在 CBD 條款下，出口商可要求下訂單時即付款或在運貨前任一時間付款。其他可能的情況是一部分的貨款在下訂單時支付，其他的則在下訂單及運貨之間支付，最後的付款則必須在貨物實際運送前繳清。

　　現金條款在國際競爭激烈的環境下是一個例外。進口商並不喜歡現金交易，即使此筆交易在出口商眼中是完美的，理由之一是進口商必須承擔所有運送中的匯率波動、及收到貨物時品質上的風險，因此出口商只有在進口商的信用差或是進口國的政治極度不安的情況下才會堅持現金條款，而如果出售的是專為進口商製造的產品，出口商會需要某種預先付款的協議。

## 12.2.3 寄售

　　出口的貨物可以由子公司、出口商自營的代理商、獨立代理商或進口者予以寄售。假設一個在紐約的出口商寄售100箱quart瓶給一倫敦的進口商。寄售（consignment）即為了銷售，將貨物所有權交給另一人。因為出口商支付所有運送所需的費用，進口商在貨物運抵前無須負擔任何費用。實際上這100箱瓶子仍算是出口商的存貨，因此如果進口商無能為力，出口商可要求取回所有未售之瓶子。

　　進一步假設這則寄售協議有基於瓶子出售的 10% 權利金。假使進口商用每箱 $50 的價格賣出全部貨物，她可以得到她的權利金 $500 （100*$50*0.10），然後給出口商 $4,500 元的匯票。

　　交由一獨立代理商或進口商寄售和開放交易有同樣的問題，因此，此種營運的方式會發生在公司間緊密合作或彼此信任的基礎下。

## 12.2.4 信用條款

　　多數的進口商並不需要在貨物運抵前付款，但他們被允許有一小段時間遞延付款。在這段時間內，出口商可對進口商採用三種信用型態之一：（1）記帳，（2）應付票據，（3）貿易或銀行承兌。

　　**記帳**　記帳（open account）不要求進口商簽發正式負債文件做為欠款給出口商的證明。進口商只需負責其購買，就如同國內零售商將其信用擴張至他們的顧客身上，而進口商的欠款在出口商的帳簿上就如同其他應收帳款，這種做法將所有的財務風險全放在出口商身上，若銀行拒絕應收帳款的抵押，出口商的資金將被套牢。除此之外，出口商需假設匯率風險穩定，而買方有足夠支付能力。因此記帳法只適用在沒有匯率及政治問題的國家並且值得信任的顧客。

**本票** 在一些出口交易中,本票（promissory notes）被用來取代記帳法。進口商被要求簽發本票以證明對出口商的負債,因此這種方法讓進口商正式記載其負債,此一票載明定在未來的期限內支付債務。

**貿易承兌** 貿易承兌（trade acceptance）是一種短期融資,幾乎在所有對外貿易活動中發生。事實上對進口商而言,它是短期資金的最大來源,在此種方法下,出口商簽發予進口商一匯票以示在一段時間後需支付該票據。直到進口商承兌該匯票,出口商才會交貨,而當進口商承兌該票據時,即稱為貿易承兌。當由銀行承兌時,則稱為銀行承兌（bankers' acceptance）。

**預先折扣現金之成本** 大多數的信用條款都包含一段可以付款的時間限制,時限「net 30」表示在 30 天內付全部金額。而「2／10, net 30」指的是如果在 10 天內付款可享有 2% 的折扣,而全部款項需在 30 天內付清。而其中現金折扣的的年息成本計算如下:

現金折扣％ ／（100 －現金折扣％）×〔360 ／（付款期限－現金折扣期限）〕

因此,上述「2／10,net 30」的折扣年息成本為:

2／（100-2）×（360／20）＝36.73%

我們用一年 360 天而不用 365 天是為了方便計算。假如 365 天用在算式中,預先折扣現金的成本會增加至 37.24%。注意到預先折扣現金的成本並不與貿易信用有顯著關係,而是項隱含成本。

**信用條款總結** 出口商會依其願意給國外出口銷售的信用確定其信用條款,競爭的程度對實際條款也有強烈影響,出口商可能會同意給予60-90天的信用天數,即使他想要在送貨後馬上收到貨款。當出口商發即期匯票給進口商的往來銀行時,出口商會在進口商或其銀行收到匯票時立即收到款項,是最短的信用期限。最長的信用期限則是當出口商簽發的是遠期匯票,載明在收貨後付款。

在外貿活動中使用遠期匯票時，出口商會自己保有該權利或透過地區銀行再融資。在後者，信用狀上明載應付融資費用的一方．雖然這筆費用可能由出口商或進口商支付，但最後的決定權大多視當時交易競爭的狀況而定。

## 12.3 外貿融資的來源

銀行、私人的非銀行金融機構和政府都聚集其資源以供外貿融資。銀行透過信用收據、銀行承兌和其他方法來進行融資。進出口銀行和私人出口基金會也是幫助美國出口商銷售其產品及服務給外國買者的主要力量。

### 12.3.1 銀行融資

銀行在國際貿易中是重要的借款人，他們提供數種信用方式，以方便出口商和進口商，包括信用收據、銀行承兌、出口借款及進口借款。

**信用收據** 信用收據（trust receipt）讓負債者因借款者的信用而持有某種商品，當商品以遠期匯票形式運送時，進口商只要簽發以商品匯票抵押的信用收據即可。這項文件讓進口商成為商品銷售的銀行代理人，銀行保有商品所有權，直到進口商付清款項。進口商可以銷售該商品，但必須付貨款給銀行以還債．銀行必須擔保在信用收據下仍會發生的任何損失。

**銀行承兌** 我們用下列例子來解釋此種融資方法如何運作：假設一家底特律公司想要自法國公司進口價值 $10,000 的香水．法國公司願意給予其 60 天的付款期限，底特律公司會安排底特律銀行簽發信用狀給法國公司，而信用狀上則記載底特律銀行會根據信用狀上的明細條款讓底特律公司付清匯票。當貨物開始運送，法國公司會準備給底特律公司 60 天期的匯票並交給其法國銀行，法國銀行則將此款項改由法郎計價，扣除利息與費用，再將餘款交給法國公司。然後法國銀行會將此匯票及其他運送收據如提單，交給底特律的往來銀行，再交給底特律公司的銀行以做承兌。假使所有文件都準備好了，底特律銀行會承兌該匯票，即成為銀行承兌，因此，銀行承兌（bankers' acceptance）即表示匯票由銀行負責承兌。

由於銀行承兌的品質良好，法國銀行可容易地處理其銷售並重置其資金。假如法國公司不向其法國銀行折抵該匯票，它可以折價出售給投資人。底特律公司會得到它想要的信用期限，這筆信用交易會在 60 天後，底特律銀行要求底特律公司付款以承兌匯票時完成。

**例子 12.2** 有一出口商持有六個月價值 $10,000 的銀行承兌，承兌費用為每年 1%，而銀行承兌的折價率為每年 12%。假設出口商選擇持有此銀行承兌到到期日，收取面額扣除承兌費用：

| | |
|---|---:|
| 銀行承兌的面額 | $10,000 |
| 減：0.5%（六個月的承兌費用） | 50 |
| 出口商在六個月後收到的金額 | $9,950 |
| 若出口商選擇以 6% 折價率出售銀行承兌，會立即收到 $9,350： | |
| 銀行承兌的面額 | $10,000 |
| 減：0.5%（六個月的承兌費用） | 50 |
| 6%（六個月的折價率） | 600 |
| 出口商馬上收到的金額 | $9,350 |

**出口商與進口商借款** 銀行承兌是一種對出口商的銀行借款。銀行也可以借錢給出口商，用現金支付、購買、折扣及收匯票方式進行。銀行在匯票以本國幣計價和即期時會兌現匯票，而當匯票是以外幣計價時會選擇購買，此時的匯票通常以一適當匯率轉換成本國貨幣。假如匯票以本國貨幣計價而且為遠期匯票時，會以折價方式表示。當銀行收匯票時，他們只當成出口商的代理人，然而，他們仍可以借出流通匯票的全部或一定比例的金額。

## 12.3.2 其他的私人融資

一些常用的其他私人融資包括了出口貿易公司、收款及沒收。

**出口貿易公司** 在 1982 年十月，雷根總統發佈一則出口貿易公司法（export trading company act）以幫助中小企業進行海外銷售活動。剛開始的出口貿易公司法被視為對相當成功的日本貿易公司的一種回應動作，直到最近美國廣大的內部市場及其豐富的資源讓美國公司沒有必要在海外市場尋求利潤。美國商業部所做的研究顯示 1% 的美國製造公司包辦了近 80% 的國家出口,其中也指出其他 20,000 家公司經由出口以獲利,但由於國內的不確定性而無法在國內生存。另一方面,大多數日本出口掌握在出口貿易公司;300家貿易公司佔了近 80% 的日本貿易。

1982 年的出口貿易法移除了兩個長期以來不利於美國出口的障礙。第一,此法允許原本被聯邦管制不能投資商業行為的銀行投資出口貿易公司。第二,它准許競爭公司以出口目的聯合,而不需擔心反托拉斯條款。出口貿易公司(ETC)的成立需得到商業秘書室的認可,以使其不受限於美國國內或出口貿易管制。一旦商業秘書室確認其法定資格後,ETC得以免受反托拉斯條款及銀行持有公司法的約束,只要其營業活動在確認範圍內即可。

出口貿易公司主要從事兩種活動:貿易中介及美國製造公司之出口處。身為貿易中介,出口貿易公司提供給中小企業全盤的服務,例如市場分析、通路服務、文件、財務、外匯交易、運輸及法律支援。他們也可自其他美國公司購買產品,由他們自有的通路或外包通路商進行出口。

**客帳** 客帳業者(factors)購買某公司不附追索權的之應收帳款,可加速公司向顧客收款的速度。他們也從事額外功能,例如徵信、記帳、收款及風險承受。客帳業者會檢視借款人顧客的信用並預先建立信用限制。最高額的未收應收帳款應以票面價值的百分比估計。客帳業者可收到每天的利息加上信用分析、記帳、收款及風險承受的權利金。

當出口商不能順利收款或其銀行不願意接受應收票據時,會轉向客帳業者尋求協助。客帳業者所訂的外國帳戶之利率通常較銀行為高,因此客帳業者常被急需資金或幾乎沒有希望回收款項的出口商視為最後求援者。

客帳業者對出口商的顧客所做的信用調查相當的快而且便宜許多。因此,即使出口商不願折價其應收帳款,他仍能利用客帳業者來估計其帳戶的信用程度。假使出口商將其應收帳款以不可追索的方式折價,客帳業者會假設承受所有商業上和政治上的不能收款的風險。由於這些服務,客帳業者收取 1-2% 的手續費及一筆比實質借款利率高的利息費用。

出口商願意找客帳業者的考慮因素有兩個。第一個是出口商是否能像客帳業者一樣進行完善的信用調查,因為大型的國際客帳業者為許多公司評估某顧

客,他們可以建立起信用檔案與資料,讓他們以比出口商較低的成本評估信用
狀況。第二個考慮因素是運用其他方法所用的資金及利息是否比客帳業者提供
的更有吸引力。

**例子 12.3** 一家出口商將其 \$10,000 的應收帳款賣給客帳業者。收款
者支付了 80% 的應收帳款,並索取每月 1% 利息費用及 2% 的手續費(一次付
清)。利息費用和手續費均以折價法支付。

出口商所得的款項計算如下:

| | |
|---|---:|
| 面額 | \$10,000 |
| 減:20% 客帳業者之保留 | 2,000 |
| 　　2% 收款費用 | 200 |
| 預先收到款項 | \$7,800 |
| 減:1% 預付利息 | 78 |
| 淨收款項 | \$7,722 |

因此,出口商目前可得到的現金為 \$7,722,並預期可在未來再收到 \$2,
000。而收款者收取的年息成本為 14.71%((\$200+\$78 × 12)/(\$7,722))。

**抵押** 由於資本財如工廠及飛機相當昂貴,進口商並不能夠在短時間內
支付全部款項。因此長期融資在這類國際交易資本財中出現。出口商可以做這
類融資但他們不會想要,因為此付款期限會延長至數年。

抵押(forfaiting)交易指的是進口商簽發本票以在三至五年時間內支
付進口商品價款。出口商將此票據折價賣給抵押銀行,進口商在這段時間內每
半年會付給抵押銀行款項。換句話說,抵押指的是購買負債證明,例如本票,
而出口商沒有任何追索權。倫敦及蘇黎士的抵押市場由於免於政府的支持、監
督或管制而大得多。

典型的抵押交易牽涉到四個群體:進口商、出口商、銀行及抵押者。進口
商付給出口商在數年後到期的本票。在進口國的銀行擔保這些本票;這些被銀
行擔保的票據通常是不可追討、無條件及可移轉的。出口商進而將這些擔保票
據以面額折價賣給抵押者;折價的數額依進口商的信用評等、擔保銀行的信用
及票據期限的利息成本而定。一旦票據到期,抵押者或票據持有者可要求擔保
銀行付款。

　　抵押讓出口商避免其出口銷售的多數風險，然而這種融資方法仍有其缺點。第一，折價數額可能很龐大。第二，擔保銀行通常會索取一筆費用而且會凍結進口商帳戶同等金額。第三，一旦銀行擔保者或進口商因票據有些隱含的法律缺失時拒絕付款，出口商仍會有一些風險。

## 12.3.3 實務上的出口融資方法

　　為了證明主要出口融資機制的使用，瑞西及莫瑞森（Ricci and Morrison, 1996）於 1995 年針對財富（fortune）200 家公司做調查。他們回收 63% 的問卷，發現財富 200 家公司有高度的國際化：超過 98% 從事海外銷售。

　　表 12.1 表示美國主要多國籍企業運用本章所描述之出口融資方法的狀況：記帳、信用狀、匯票、預付、收款及寄售。記帳及信用狀是最常用的，因為他們提供進口商相當多的好處，美國多國籍企業也提供吸引國外顧客的條款來增加其出口。大約有半數回覆者說他們有時候會用匯票及預付制度。

## 12.3.4 政府融資

　　美國有許多出口融資的政府來源：進出口銀行（Exim Bank）、私人出口基金會及外國信用保險機構。

　　**進出口銀行**　進出口銀行（Export-Import Bank, Exim Bank）成立於 1934 年，為美國政府中之獨立機構。這家銀行是一在財務上自足的美國

表*12.1*　出口融資方法的使用

| 方法 | 常用 | 偶爾 | 很少 | 從來不用 |
|---|---|---|---|---|
| 記帳 | 52.1% | 34.5% | 10.1% | 3.4% |
| 信用狀 | 43.5 | 46.8 | 7.3 | 2.4 |
| 匯票 | 13.2 | 52.9 | 27.3 | 6.6 |
| 預付 | 12.5 | 41.7 | 40.0 | 5.8 |
| 收款 | 2.6 | 13.0 | 34.8 | 49.6 |
| 寄售 | 1.7 | 15.4 | 51.3 | 31.6 |

官方單位，以數種出口融資及借款擔保方式來促進美國出口。成立於1963年的外國信用保險機構（Foreign Credit Insurance Association, FCIA）建立起美國出口商所需的官方借款、擔保及提供保險的三角關係。進出口銀行在1983年接管FCIA後完全負責管理此三角關係。

進出口銀行的營運需遵守下列指導原則：

1. 借款只能用做融資貨物出口及美國產品之服務。
2. 銀行支持並鼓勵美國出口，而非與私人資本競爭。
3. 借款應合理地確保能收回及其相關交易應該不致於影響美國經濟。
4. 銀行借款利率及期限必須能與其他與美國出口者競爭之政府支援性借款相互競爭。
5. 在1974年頒布的貿易法中，進出口銀行不能對任何限制其公民自由移動的非市場經濟計畫進行融資。
6. 當銀行成為直接債務人時，所有美國貨品必須用美國籍貨輪運送。

進出口銀行原本成立用意在於促進與前蘇聯的貿易關係，但近幾年來其目的已經擴張，它可經由借款及擔保計畫來融資美國出口，例如直接借款、折價借款、聯合借款及擔保。

1. 銀行長期借款可直接給予購買美國貨品的國外買者五到十年的還款期限。
2. 銀行可發行預先承諾（折價）以購買銀行之出口負債債務，其原始期限為一到五年。
3. 在聯合借款條例下，銀行對國外金融機構進行中期借款，以使他們能給予當地購買美國商品及服務的買者足夠的信用狀況。
4. 銀行保證美國銀行對外國銀行的循環信用狀況，並提供給尋求商業銀行融資的出口商中期保證。

**私人出口基金會** 私人出口基金會（Private Export Funding Corporation, PEFCO）成立於1970年，由美國財政部及美國進出口銀行支持而肇始的外貿銀行家組織。PEFCO的基本目的是使私有資金得以流動以進行對美國大宗物品的出口，如飛機及動力工廠。 PEFCO 的股東有 54 家商業銀行， 7 家大型製造商及 1 家投資銀行。所有 PEFCO 所做的借款均由進出口銀行負責擔保，而且是屬於美國的義務。因此，PEFCO本身並不評估外國借款者的信用風險、外國的經濟狀況及其他可能影響還款的條件。大多數的PEFCO借款期限為七年，但有時候會超過十五年。

　　**外國信用保證組織**　大多數出口商會出售信用狀，如本章前面所述。銀行承擔所有出口交易的風險，除了附有追訴權的信用狀。然而進口商常常不想公開其信用狀，因為成本太高。有時候在激烈競爭下，出口商會在沒有信用狀的情況下出售其記帳或匯票。在這種情形下，出口商在仔細調查進口商的信用價值後會遭受極大的損失。這些損失可能產生於進口商或出口商不能對被徵收或暴動進行控制。

　　這幾年大多數工業國的政府用許多方法幫助其出口商，雖然美國進出口銀行自 1934 年以來幫助美國出口商降低其風險，他們仍缺少其他競爭者享有的保護傘。在1961年秋，財政部秘書室、進出口銀行及50家主要的保險公司組成了外國信用保證組織（Foreign Credit Insurance Association, FCIA）。

　　FCIA提供給美國出口商信用保護。它保證出口商免受某程度的信用風險損失，不管是商業的、政治的或兩者都有。商業風險包括如進口商付款前倒閉及其延長付款的不履行。政治風險則包括貨幣不可轉換、進口執照取消、暴亂及戰爭或革命。但在 1983 年十月， 41 家 FCIA 創始會員離開此組織，因為有嚴重的商業損失，尤其在墨西哥。自 1983 年十月，進出口銀行開始保證出口商免於商業及政治風險，讓 FCIA 成為其行銷及服務的代理角色。

　　進出口銀行對出口商的信用保護計畫包含了自短期的 180 到期日到中期的 181 到五年的到期日。這裡有五個標準的進出口銀行政策：

　　1.　短期涵蓋政策包括 90% 的商業信用損失及 100% 的政治風險損失。

　　2.　短期的政治風險政策只包括 100% 的政治損失。

　　3.　中期涵蓋政策包括了 90% 的信用損失及 100% 的政治損失。

　　4.　中期的政治風險政策只包括 100% 的政治損失。

5. 短中期合併政策則包括了短期和中期的風險。

在這五個準則下，90-100% 的損失會被補償，只要符合下列狀況：

1. 出口商及進口商之間的損失糾紛已解決。

2. 八個月內損失適當的呈報。

3. 出口商不能在其他政策下報告損失。

4. 超過一半的運送價值為美國勞力及原料。

5. 出口商不是故意的。

6. 出口款項是以美元計價的。

## 總結

　　本章探討數種與融資外貿有關的文件及操作，無論對進口商或出口商來說，對外貿易的信用延展在進行交易時都很重要。對出口商來說，他們對延展信用的意願和能力決定跨國的銷售量；而對進口商來說，他們持續營運的能力端視其顧客及其外國供應商間的付款關係而定。

　　在進出口交易中被常使用到的基本文件是匯票、提單及信用狀。匯票是由出口商簽發要求進口商在某時間支付某筆款項的單据。提單是由出口商簽發證明貨物已經交運的運送文件，它同時是一張收據、合約及單據。信用狀則是由銀行應進口商要求發出的文件，在此文件中，銀行同意為國外買方的進口交易所發之匯票背書。信用狀確保運至進口商處的貨物能被支付。

　　某些相對貿易的型式，例如易物及轉換貿易，讓國際貿易不與錢扯上關係。然而大多數跨國界的交易仍由金錢主導，對外貿易的支付條款包括現金條款、寄售及信用條款，全部都需要金錢為工具。而出口的實際支付條款大多數取決於交易發端時的競爭情況。

　　最後，本章檢視數個私人及政府的對外融資來源。銀行是其中重要的借款人，其融資業務包括信用收據、銀行承兌及其他數種借款。除了銀行融資，私人融資中還有其他來源。1982 年的出口貿易公司法允許銀行持有公司及其他金融機構設立貿易公司以供出口。國際客帳業者自出口商買下應收帳款，然後在到期時收款。最後,抵押用來融資資本財,例如電力工廠及飛機。在一般協議下,出口商會從抵押銀行處立即得到應付票據或交易應收帳折價後的現金。

　　進出口銀行是美國政府唯一單獨建立的代理人,用來促進美國的國外貿易活動。它同時也是幫助美國出口商降低其商業與政治風險的主要動力。而私人出口基金公司則負責美國飛機出口及其他大宗物資的融資。

# 問題

1. 國際貿易活動中的各種文件目的為何?

2. 提單是什麼?他們在貿易活動中扮演什麼角色?

3. 在處理各種出口融資活動中最基本的問題是如何分擔進口商與出口商的風險。試用此觀點解釋下列出口融資文件:

   a. 遠期匯票

   b. 即期匯票

   c. 保兌、可追索信用狀

   d. 保兌、不可追索信用狀

   e. 交貨前支付貨款

   f. 寄售

   g. 記帳信用

4. 對外貿易活動中除了匯票、提單及信用狀等必要文件外,其他文件需如同信用狀一樣跟著匯票。這些文件包括商業票據、保險單及領事發票。簡要描述這三種文件。

5. 什麼是相對貿易?

6. 何為銀行承兌?做為出口融資的工具有什麼好處?

7. 1982 年的出口貿易公司法的主要重點為何?其基本目的何在?

8. 借款者在國外貿易的角色為何?他如何協助出口商?

9. 抵押為何？列出在抵押交易中所牽涉到的團體。

10. 試描述私人出口基金公司（PEFCO）的角色。

## 習題

1. 在接下來的進口購買行為中，(a)計算其現金折價的年成本，及(b)
   如果折價了，決定支付的日期及金額。假設發票日是三月十日，而當
   月份有 30 天。

   a. $500,2 ∕ 10,net30

   b. $3,500,4 ∕ 20,net60

   c. $1,500,3 ∕ 30,net40

   d. $4,400,2 ∕ 10,net70

2. 有一出口商有一張六個月的$20,000銀行承兌票據，承兌費用為年息
   2%，折價費為一年 10%。

   a. 假如該出口商持有銀行承兌票據至到期日，他會收到多少錢？

   b. 如果他以折價費 10% 賣給銀行，他又會收到多少錢？

   c. 出口商的資金機會成本為每年 10.2%，假設他希望最大化其銀行
      承兌票據的現值，他應該將其折價出售或是持有至到期日？

3. 有一出口商最近將其每月$10,000的應收帳款交給客帳業者，收款者
   預付了 80% 帳款，收取每月 1% 的預付利息，並收取 3% 的收款手續
   費。利息及費用皆以折價基礎來支付。

   a. 出口商的淨收入為何？

   b. 這種做法的實際年成本為何？

# 案例十二：*UAE* 增加麥克道格拉斯的權利金

1997 年 4 月，美國總計處（GAO）檢查了美國軍事製造局及其在中東、亞洲及歐洲十位買者間的合約。這些買者包括了世界最積極購買美國武器的國家，例如台灣、南韓、沙烏地阿拉伯、科威特及英國。美國控制了世界近半的武器出口市場，並獨佔了某些市場。GAO 研究發現阿拉伯聯合大公國（UAE）在近幾年要求麥道（McDonell Douglas）投資並協助發展與麥道主要事業體無關的計畫。例如，UAE透過投資商業上的合盟計畫要求麥道及其他賣方退還其軍事採購 60% 金額，而賣方公司被迫以滿足這些合作計畫的利益而妥協。UAE 及其他國家慢慢地堅持合約和技術需投入於新的事業體，而非已存的。

抵銷（Offsets）是一種由外國買方所要求的貿易方式，幾十年來他們都希望美國賣方為其建立工廠、炮彈或其他武器來出售。自從 1980 年代中期，買方愈來愈希望有商業和軍事的科技來擴展採購的經濟能力。事實上，這種合約及技術移轉已經存在於航空、運輸設備及電力設備上。這種相對貿易如同相對購買，但卻要求賣方製造零件、原物料或在進口國組裝產品。大多數國家會以要求抵銷的方法將很高的，通常是 100% 以上，合約價比例交還給買主國。例如波音賣給英國國安局 AWACS，並同意買回價值130%的英國製貨物。1997 年5月美國商業局公布抵銷交易已自1993 年的35%升至1994 年的42%。

1997 年 GAO 所公布的例子舉了個例子，為了退還其賣給 UAE 的 AH-64 Apache直昇機，麥道協助該國成立一家公司，負責製造清潔油污或循環使用的影印機及雷射印表機墨匣。美國政府對這項交易提出相當的關注，麥道的發言人路易絲提指出，大型飛機製造者除了利用抵銷交易之外別無他法來進行外銷。「唯一的選擇是將該筆銷售及其他相關工作拱手讓給另一家願意提供抵銷交易的製造商。」其他的美國軍事公司說除了抵銷協議外，他們就不能在歐洲、俄羅斯或任何地方進行銷售。他們也說這種交易降低美國納稅人自Pentagon 取得武器的成本，因為它讓美國公司減少對 Pentagon 合約的依賴。

# 案例問題

1. 抵銷一詞在單筆合約中有很大的差別。抵銷中最常見的有：共同生產、授權製造、包商製造、海外投資及技術移轉。簡要敘述這些抵銷的方法為何。

2. 這些對美國軍事武器製造者要求抵銷交易的國家，其政策目標為何？

3. 對美國來說，這種抵銷交易對經濟上的影響為何？

4. www.access.digex.net／~cto／index.html，這是一個有關相對貿易及抵銷交易的網站，裡頭有針對特殊貿易協定的相關文章，特別是相對貿易。上網看看，取得一些國家用相對貿易的使用資料。並找出美國相對貿易協會（American Countertrade Association, ACA），列出其所提供的服務。

# 參考書目

Anyane, N. K. and S. C. Harvey, "A Counter-trade Primer," *Management Accounting*, April 1995, pp. 47–50.

Choudry, Y. A., M. McGeady, and R. Stiff, "An Analysis of Attitudes of US Firms Export Finance," *Multinational Business Review*, Fall 1996, pp. 13–20.

Ricci, C. W. and G. Morrison, "International Working Capital Practices of the Fortune 200," *Financial Practice and Education*, Fall/Winter 1996, pp. 7–20.

Sarachek, B., *International Business Law*, Princeton, NJ: The Darwin Press, 1994.

Stevens, J., "Global Purchasing and the Rise of Countertrade," *Purchasing and Supply Management*, Sept. 1995, pp. 28–31.

Toward Countertrade," *Columbia Journal of World Business*, Summer 1989, pp. 31–8.

Holden, A. C. and J. DiLorenzo-Aiss, "State Agencies Link With Eximbank to Over-come the Difficulty of Obtaining Adequate

Stoffel, J., "Why the Export Trading Company Act Failed as ETCs Bomb, Deficits Boom," *Business Marketing*, Jan. 1985, pp. 54–8.

US International Trade Commission, *Assess-ment of the Effects of Barter and Counter-trade Transactions of US Industries*, Washington, DC: ITC, 1985.

Vanderleest, H.W., "What New Exporters Think About US Government Sponsored Export Promotion Services and Publications," *Multi-national Business Review*, Fall 1996, pp. 21–9.

# 第十三章
## 國外投資融資

多國籍企業(Multinational companies, MNCs) 首先要決定資金需求的性質，然後再從各個來源籌措；除了固定資產外，也需要考慮應收帳款和存貨等流動資產。所以，多國籍企業必須詳加考慮他們海外投資專案的各種資金來源，以及會影響資金來源選擇的決策變數。

本章將解釋三種國外投資主要的資金來源：(1)內部資金來源，(2)外部資金來源，以及(3)由發展銀行取得資金。在營業初期，多國籍企業會先使用自身的資金，如盈餘及折舊費用，假如這部分資金不足，他們會轉向其他資金來源以尋求足夠的資本；而除了這些內部、外部的資金來源外，發展銀行也是多國籍企業獲取資金的來源之一。

# 13.1 內部資金來源

內部資金來源是指由母子公司網路來籌措資金。這些來源包括來自母公司資本的挹注、由母公司保證而取得的貸款、營業的保留盈餘及折舊，以及分公司間資金的轉移。

## 13.1.1 來自母公司的資金

由母公司提供的資金形式有：股權參與、直接貸款以及由母公司保證所取得的貸款。

**股權參與**　每個新的海外分公司都必須投入資金來作為股東權益，以滿足當地政府及分公司債權人對其之信任。有時候多國籍企業會決定投資海外分公司的股權來擴張資金之運用，這使得分公司的資本增加，進而可借得更多的資金。更明確地來說，現金形式的股權參與通常是用來購買公司行號、收購地方性少數的股權、設立新的分公司、或是擴張現有的分公司。雖然這是普遍又直接的投資方式，但在一些發展中國家，股權投資通常以技術或機器的形式來代替現金加入。有些多國籍企業以提供機器設備或製造產品所需的無形資產（如專利、工程技術等）來換取國外分公司的普通股權益。

普通股股東只對公司盈餘及公司清算後的剩餘價值有請求權，所以股權投資對於投資者而言彈性較小,但卻是地主國及債權人最能接受的方式,當我們比較股權參與與其他投資模式時,股利所課徵的稅非常重,在正常的情況下,發放給外國股東的股利除當地所得稅外還有其他的扣繳稅。扣繳稅產生於當地盈餘以股利的形式移至國外,這即是為何多國籍企業不願意對其海外分公司進行大額之股權投資的原因。

**直接貸款** 多國籍企業也許會選擇以借貸方式取代股權參與,以提供其海外事業資金。母公司是以所有者的身分借錢給子公司,這種方式通常有一個明確的本金償還期限,且利息所課的稅也較輕。基於這兩個特點,比起股權投資產生高課稅的股利形式,公司內部直接借貸較有利。

由母公司直接貸款給海外子公司較股權投資常見,其原因為:第一,母公司借款給予子公司在資金收回上有較大的彈性。幾乎在世界各地,法律對於母公司以發放股利或減少股權抽回資金的規定較利息與本金的收回來的嚴格。而且,持有股份的減少通常被解釋為撤資。

第二,課稅方面的考量則是直接貸款的另一個優勢。大抵而言,借款利息在地主國中是可以抵稅的,但是股利就不行。此外,借款本金的支付不同於股利的支付,並非課稅所得。所以,母公司與子公司都可因借款而節省租稅。

除貸款外,多國籍企業也可以用延遲收取應收帳款的方式來提供分公司資金。這種公司間的信用額度,僅限於貨物交易的金額。雖然政府會限制信用條件,但因為公司間的帳款不涉及任何正式文件,所以較容易使用;此外,多數的政府對於公司間帳款支付的干涉比借款來的少。

**母公司保證** 當海外分公司遭遇借錢困難時,母公司可附帶保證使分公司有機會籌到資金。傳統多國籍企業會對於替分公司做債務擔保感到遲疑,但種種跡象顯示這些的保證將會有所增加。母公司保證有下列各種形式:

1. 母公司簽訂購買協定,當分公司遭遇償債困難時,母公司承諾自債權人買回債權。

2. 債權人只在部分特定的借款協定中受到保護。

3. 另一種保證的形式是債權人與其分公司的單獨借款協定。

4. 最強勢的保證是不限任何金額、時間債權人的債權皆可得到保障。

母公司保證的借款形式大都視母公司的聲望及信用等級而定。

## 13.1.2 營運所產生的資金

一個新成立的分公司根基打穩後，內部資金流量（internal fund flows）—保留盈餘及折舊—成為主要的資金來源。營運產生的資金及當地借款，將使分公司對於母公司的資金依賴降低。

許多發展中的國家面臨收支無法平衡及國際準備貨幣不足的問題，所以會在特定的幾年內，限制特定比例的公司淨利不得外流，這個因素使得海外分公司將營運所產生的資金再投資於當地。如果母公司希望使用營運產生的資金擴充未來的規模，計劃進行初期的資金需求必定比實際需求來的少，若子公司營運情形與計劃相符，則多國籍企業用營運產生的資金來獲利將不會有太大的困難。

## 13.1.3 由姊妹分公司取得資金

除了來自母公司的資金外，分公司間借貸也擴大了內部融資的可能性。例如，日本的分公司擁有多餘資金，它可以將這些錢借給台灣的分公司。然而，許多國家對於資本移轉及匯兌設限，使得分公司間借貸的範圍受到侷限。此外，廣泛使用分公司間的財務關聯會使得母公司必需更有效的掌握其分公司。

然而，還是有許多分公司向其姊妹分公司借款。當一個企業組織內只有少數的分公司時，協調分公司間的貸款是相當直接的。一家分公司的財務人員可能與其姊妹分公司的財務人員協調以取得或給予貸款。而母公司則偏好由母公司的人員來處理多餘資金或成立一個全球性的共同資金，但成立共同基金的前提有二：(1)這些資金的統籌不會超過母公司的管理能力；(2)母公司不希望失去對分公司的掌控。

# 13.2 外部資金來源

　　如果多國籍企業資金需求大於內部產生的資金時，母公司或其分公司必須尋求資金的外部來源，資金的外部來源包括新投資者加入及從金融機構中借款。

　　雖然各分公司可以直接在任何國家借得資金，但大部分的借款仍多在當地，其原因如下：

1. 國內舉債有自動保護的功能，使其免於匯率變動的風險。
2. 分公司的債務通常不會出現在母公司的合併財務報表中。
3. 一些國家對外商公司從國外匯入的資金有所限制。
4. 海外分公司可以藉借款與當地銀行維持良好的關係。

## 13.2.1商業銀行

　　就如在第十二章中所提到的，商業銀行在商業交易中扮演一個主要的融通媒介。他們也是融通非交易性國際營業資金的主要來源。銀行所提供的貸款和服務類型因各國而異，但所有的銀行都有可運用的資金。

　　短期借款是分公司最大的當地資金來源，它大部分用來融通存貨及應收帳款。它們是屬於一種自償性貸款，公司先以賒購的方式進貨，在應收帳款收回時，就產生足夠的現金來償還借款。銀行供應多國籍企業借款需求的工具有：(1)銀行透支(2)無擔保短期借款(3)過渡性融資(4)貨幣交換(5)link financing。

　　銀行透支　銀行透支（Overdrafts）在歐洲、北美和亞洲是短期借款的主要項目。它可允許客戶開出高於存款金額的支票。銀行根據客戶的需求及未來現金流量的分析設定這類信用的最大額度。借款人同意償還使用的金額及利息費用，除此之外，銀行大都會收取手續費及其他費用。

　　無擔保短期借款　對多國籍企業而言，用來應付季節性資產增加的銀行短期借款大都不提供擔保。這類借款所佔的百分比因各國而異，它反映了個別銀行的政策與中央規定的差異。多數的多國籍企業偏好以無擔保的條件借款是因為有擔保借款的成本較高,而且有許多嚴格的限制規定。然而,一些外國分公司因財務不健全或紀錄不良而無法取得該項借款。

**過渡性融資** 過渡性融資(Bridge loans)是借款人自資本市場取得長期借款前使用的短期銀行借款。當永久融資規劃完成時,就會償還這些過渡性融資。

在1980年代後期,過渡性融資在美國借貸市場上留有惡名,從過去幾年拉丁美洲的借款所造成的傷害中勉強平復後,大型銀行重新在這個地區提供拉丁美洲的企業過渡性融資。這些借款通常延續數個月,而後迅速地轉換成長期融資,若能妥善規劃所有細節,過渡性融資會帶給債權人豐厚的手續費收入,也能使借款人很快能拿到資金。但許多投資者無法忘記在1989年,垃圾債券市場崩潰時,巨額的過渡性融資轉成不知過渡到何處的大量壞帳。

今天,過渡性融資又再度出現,通常是債信評等差的拉丁美洲企業計劃發行債券而未預留現金時的來源。花旗銀行、摩根銀行、信孚銀行、大通銀行以及像西班牙銀行這類的外國銀行都以過渡性融資的方式借錢給拉丁美洲的企業。在1997年12月上旬貨幣危機高峰期的那段期間,韓國自日本銀行取得了13億美元的過渡性融資,這筆過渡性融資主要是幫助韓國度過取得國際貨幣基金(IMF)規劃的580億美元救助金之前的困境。

**貨幣交換** 貨幣交換(Currency swaps)是指先將一國貨幣轉換成另一國貨幣,一段時間後再將其換回的協定。套利借款是這類交換的最佳例子,套利借款在一個隨時能以合理利率借得款項的國家進行,再將借款轉換成本地貨幣。因借款人商訂一個期貨交易契約來保障在未來特定時點將本國貨幣還原為外國貨幣的匯率,所以套利借款允許多國籍企業在一國市場上借錢而為他國市場所使用,並能避免匯兌的風險。而套利借款的成本包含借款的利息與訂定期貨交易契約的相關費用。

**連鎖融資** 連鎖融資(Link financing)是指在強勢貨幣國家的銀行以保證償還借款的方式幫助在弱勢貨幣國家的分公司取得借款。這些分公司可以從當地的銀行或持有弱勢貨幣的公司借錢。當然,強勢貨幣國家的銀行需要一些來自借款人母公司的存款,而借款人必須以其當地的利率付息。為確保能避免匯兌風險，銀行通常會在外匯市場上進行避險。

## 13.2.2 銀行借款的利率

大多數商業借款的利率透過銀行與借款人直接談判而定，而決定利率的兩個主要因素則是基本放款利率與借款人的債信。基本放款利率是指對最債信最好的顧客承作短期商業借款所給定的利率。

利息計算可分總額基礎及折價基礎。在總額基礎下，利息是借款到期時支付，此時有效利率（effective rate of interest）會與票面利率相等。在折價基礎下，利息要事先支付，這使得有效利率會較高。大部分的短期有價證券，如國庫券、歐洲商業本票以及銀行承兌匯票都以折價基礎出售。

**例 13.1** 假設一家公司以10%的利率借款10,000元，試分別以總額基礎及折價基礎計算此借款的有效利率。

在總額基礎下，有效利率為：$1,000 / $10,000 = 10%

在折價基礎下，有效利率為：$1,000 / ($10,000-$1,000) = 11.11%

**補償性存款餘額** 補償性存款餘額（Compensating balances）指銀行要求借款人在銀行帳戶中需維持的金額。銀行通常要求客戶保留其借款餘額的10%到20%存在無息的帳戶中，這必要的補償性存款餘額是用來(1)涵蓋帳戶成本；(2)增加借款者的流動性，以便在借款無法收回時做為償還；(3)增加借款的有效成本。

**例 13.2** 假設一家公司以10%的利率借款20,000元，試計算若此借款最低需要 20% 的補償性存款餘額及在折價基礎下的有效利率。

此借款的有效利率為：

$2,000 / ($20,000-$4,000-$2,000) = 14.29%

**匯率變動與利率** 事實上，借款的貨幣價值會隨著借款當地的匯率而改變。對借款者來說，銀行借款的實際成本視銀行所要求的利率以及在借款期間的匯率變動而定。所以有效利率可能與我們在例13.1和例13.2所計算的不同，在這個情況下，有效利率計算如下：

$$r = (1 + i_f)(1 + i_e) - 1 \tag{13.1}$$

在這裡，r= 以美元計算的有效利率；$i_f$= 外國貨幣的利率；及 $i_c$= 外國貨幣相對美元匯率變動的百分比。

例 13.3    一家美國公司以年息 10% 的利率用瑞士法郎借款，在借款期間，一法郎自 0.50 美元增值到 0.60 美元(或增值 20%)，利息是在到期日支付，則這個借款在以美元爲基準下的有效利率爲：

$$r = (1 + 0.10)(1 + 0.20) - 1 = 32\%$$

例 13.4    一家美國公司以年息 10% 的利率借入英鎊，在借款期間，一英鎊自 1.50 美元貶值到 1.20 美元(或貶值 20%)，利息是在到期日支付，則這個借款在以美元爲基準下的有效利率爲：

$$r = (1 + 0.10)(1 - 0.20) - 1 = -12\%$$

有效利率爲負，則代表的美國的借款人實際上支付這個借款的金額較借得款項少，這樣的情形可能發生在英鎊在借款期間大幅貶值。然而，就如在例 13.3中所看到的，假如英鎊在借款期間大幅升值，以美元爲基準的有效利率可能會遠高於原先的利率。

## 13.2.3 艾契法案及協議公司

艾契法案及協議公司是美國各銀行的分支機構，其雖位於美國本土但實際上處理國際銀行業務。1919 年通過的艾契法案使美國的銀行可爲控股公司，也可持有外國銀行的股份，所以這些銀行可以在全球多數國家提供美國人所擁有的公司借款或其他銀行服務。**艾契法案公司**(Edge Act corporations)爲經聯邦準備局許可的銀行組織其地方的分支機構，而等同於艾契法案公司的協議公司是由各州所許可的。這兩種型態的分支機構不只是進行國際銀行業務，它們也可以由長期貸款或持有股份的方式對外國企業進行融資。

**活動的類型**    艾契法案及協議公司通常會涉及三種類型的活動：國際銀行業務、國際融資及控股公司。在扮演國際銀行公司的角色時，艾契法案及協議公司可以持有外國的活期與定期存款，他們可以進行放款，但對任何一個單一對象的放款金額不得超過其資本與盈餘的百分之十。他們也可以開立與確認信用狀、進行融資外國交易的貸款、經手銀行承兌匯票、代收款項、匯款到國外、買賣有價證券、發行某些憑證以及進行外匯交易。

在扮演國際融資公司的角色時，艾契法案及協議公司投資非銀行的金融機構、開發公司或工商產業的股票，當然，這些投資在特定情況下必須先經由聯邦準備局或各州銀行業務當局的許可。艾契法案及協議公司雖可對外國的金融機構與官方的創投公司融資，但他們大多透過貸款與股權參與對工商產業進行融資。這些融資活動的主要目的是提供被核准的外國公司在其早期或重要階段所需的資金。

在扮演控股公司的角色時，艾契法案及協議公司可以持有外國銀行分支機構的股份，而聯邦準備局並不允許其成員銀行持有外國銀行分公司的股權。與自己分行相較，一家外國銀行的分公司有兩點的好處：第一，分行只能經營銀行總部（位於美國）所能進行的業務；第二，有一些國家不允許非本地銀行在其境內設置分行。在其他情形中，艾契法案及協議公司是美國的銀行獲取外國知名銀行股權的機構。

## 13.2.4 國際銀行業務單位

在 1981 年 12 月 3 日之後，美國的銀行可以在國內成立國際銀行業務單位。國際銀行業務單位（International banking facilities, IBFs）是使得美國銀行可以接受來自其他國家的美元或外幣定期存款的媒介，且不需存款準備或其他限制。外國人也可以向國際銀行業務單位借錢來融通他們的國外投資專案。國際銀行業務單位在紐約、加州、及其他各州又因立法的關係免繳地方與州的所得稅。國際銀行業務單位雖設立於美國本土，但在許多方面他們就像美國銀行的國外分行；也就是說，國際銀行業務單位的設立意味著如其他貨幣市場中心在美國設立境外銀行業務機構相同的功用。

為了要取得設置國際銀行業務單位的資格，申請機構必須是存款機構、艾契法案及協議公司或經合法授權得在美國經營的外國銀行分行，這些機構只要簡單通知聯邦準備局，不需其允許就可成立國際銀行業務單位。此外，他們不需為國際銀行業務單位另成立新的組織，但必須分開記帳以區別其境外與本地

的業務。

　　比起在國外設立分行營業，國際銀行業務單位有許多優勢。第一，小型銀行可輕易地進入境外貨幣市場，因他們不需成立國外分行或國內分公司來全權處理國際銀行業務；第二，美國的銀行可以減少營運成本，因他們可更直接地控制及使用現有的人力及設備等資源。

　　與境外銀行中心比較起來，國際銀行業務單位仍然存在有許多缺點，這大部分是因為國際銀行業務單位規定只能服務非本地居民。第一，國際銀行業務單位必須自顧客手中取得其存款並不得支援美國境內的活動，且國際銀行業務單位的放款只能對美國以外地區進行融資的書面聲明；第二，國際銀行業務單位禁止提供非本地居民交易或存款帳戶，成為其在美國的銀行持有類似帳戶的替代品；第三，雖然國際銀行業務單位可以開立信用狀及承諾再購買的協定，但禁止發行可兌現的銀行存單或承兌匯票；第四，為維持此事業的特性，外國居民的定存提存的最小金額為 10 萬美元，他們也必須在提款前兩個營業日或特定時間前告知。

## 13.2.5 策略聯盟

　　企業開始與從前的競爭者結合成為一個龐大的策略聯盟陣列，這種情況在 1980 年代有加速的趨勢。策略聯盟（strategic alliances）是兩公司間為達成某些策略性目標而產生共同協定。國際授權協定、銷售協定或管理契約及合資是策略聯盟的幾個例子，而多數的策略聯盟是以股權聯盟或合資的方式進行。

　　策略聯盟的夥伴可能會獲得規模經濟或其他各種商業利益；一家財務健全的企業幫助財務較差的公司產生的財務綜效是策略聯盟所表現出的主要優點，荷蘭航空與西北航空的策略聯盟就是發揮財務綜效一個很好的例子。

　　國際的授權協定（licensing agreement）是多國籍企業（授權人）允許地方性的企業（被授權人）在被授權公司的當地市場製造授權者的產品，再收取權利金及其他形式的費用為補償。授權者的產品就如同專利、商標、智慧財產權與專業技術等，屬於無形資產。地區性的被授權者有製造、行銷或配送授權者產品到當地市場的責任。

當策略聯盟以管理契約的方式進行時，一方（一家多國籍企業）在契約上同意經營另一方（地區性的投資者）所擁有的企業。例如薩伊政府在 1966 年徵用外國人所擁有的銅礦後，因其缺乏自行開礦的技術，就與就與先前礦藏的比利時所有者聯合密尼爾（Union Miniere）簽訂契約，由該公司負責經營開採與銷售礦藏的業務。

**合資**　合資（joint ventures）是指一家公司有兩個或兩個以上的實體擁有其股份，例如一家多國籍企業與地主國當地公司。在過去，擁有分公司全部股權是海外投資最常見的方式，因為全球性的策略有賴於對外國營運的完全掌控。然而，愈來愈多的國家要求多國籍企業必須讓當地能有部分的參與；有時，即時地方不要求多國籍企業也會尋找地方性的夥伴。

**合資的型態**　國際合資的型態有四種，第一種是來自相同國家的兩家公司組成合資企業，然後在第二國進行營運，例如艾克森和美孚公司在俄羅斯成立了一家石油公司。第二種是多國籍企業與地主國內的公司形成合資企業，例如美國的席爾斯百貨與加拿大的辛普森公司於加拿大組成合資企業。第三種是多國籍企業與地方政府形成合資企業，例如荷蘭的菲利浦與印度政府在印度成立了一家合資公司。第四種是來自兩個或兩個以上國家的公司在第三國成立企業，例如鑽石三葉草公司（美國）與派翠立歐（Sol Petroleo）公司（阿根廷）在玻利維亞成立了合資企業。

**合資的評價**　有許多因素可能會影響一家多國籍企業與地方性的夥伴、其他多國籍企業及當地政府進行合資。這些因素包括稅賦上的優惠、當地行銷的優勢、更多的資本、較少的政府風險以及能快速地接觸新技術。

就另一方面而言，多國籍企業希望能緊緊地控制他們的分公司，以便能有效率的分配投資及整合全球性的行銷計劃。諸如股利政策、財務訊息的揭露、移轉定價、權利金與其他收費的確立以及工廠製造與行銷成本的分攤，這些事務常出現傷害合夥人的誘因，這也是為什麼多數多國籍企業不願地方性公司參予的原因。事實上，多國籍企業在很多情況下選擇撤資而非遵循當地政府規定去尋找地方性的合資夥伴。

### 13.2.6 專業融資

專案融資（Project finance）是指在無追索權融資的基礎下，專案的發起人進行一項長期融資計劃的協定。無追索權融資在這裡是指專案的發起人對此專案有法律及財務上的責任，以下三項特性是專業融資與其他融資方式不同的地方（巴特勒，1997）：

1. 此專案是一個獨立的法律實體，且大量依賴負債融資。
2. 負債的償還依契約規定受專案產生的現金流量所限制。
3. 政府可以提供基礎建設、營運或融資保證、或擔保免於政治風險的形式加入專案。

專業融資提供了幾個傳統融資方式所沒有的優點。專業融資一般限制此專案的現金流量。債權人，而非經理人，可以決定要將多餘的錢再投資或在滿足貸款最低要求下減少其餘額；第二，專業融資增加投資的機會與型態，使得資本市場更完整；第三，專業融資允許盈餘低於最低要求的公司在記明其現存的債券契約的情形下取得債券融資。

在最近幾年內，許多大型的專案，如阿拉斯加輸油管線工程、英法間的海底隧道及歐洲迪士尼樂園都是以專業融資的方式來籌措資金。專業融資分興建－營運－所有（build-operate-own, BOO）契約與興建－營運－移轉（build-operate-transfer, BOT）契約專案兩種。在興建－營運－所有契約下，專案的發起人在契約終止時才喪失專案的所有權。在興建－營運－移轉契約下，專案的所有權就轉移到地主國政府手中。專業融資現在在中國、印度、土耳其及許多新興市場正廣泛被使用。

**土耳其的興建－營運－移轉專案**　在 1996 年初期，土耳其的興建－營運－移轉計劃產生了水力發電場及飲用水供給廠兩個大規模的交易。這兩個交易的總成本為 25 億美元（歐元，1996）。根據土耳其財政部外國關係部門主管艾丁卡洛斯表示，土耳其到 1996 年 4 月為止共有 30 個興建－營運－移轉專案尚在考慮中。政府承諾在超過一定期間後以特定的價格將興建－營運－移轉的服務或資產買下。在現今的立法下，這特定期間不得多於 49 年。

興建－營運－移轉模型用來進行許多基礎建設的融資，如機場、橋樑、公路、油氣或天然氣的輸送管線，石化裂解廠，電力聚集專案，隧道及公共供水系統。這個契約模式的成長潛力是非常大的。世界銀行 1996 年的報告中預測亞洲將會花費 1 兆 5 仟億美元或高經濟成長的代價在未來 10 年中興建各種公共設施，這份報告中指出在同一時間拉丁美洲必須花費 8 仟億美元。

諸如銀行放款、債券、股票之類的國際資本市場對這些公共設施專業融資提供了大量的資金，每年大約有 2 2 0 億美元的資金挹注(世界銀行，1997)。世界銀行預測在 90 年代迅速成長的公共設施融資市場似乎還會再持續許多年，最重要的是，政府希望在不使用稅收的情況下有效率且高速的服務。發展中國家也可以此增加進入國際資金市場的潛力。

## 13.2.7 適度資本化的指導原則

多國籍企業不只能在國際及國內市場取得資金，也可因全球資本市場的不完美而獲得好處。理論上，這些比較利益使多國籍企業能享受到成本較地區性公司低的資金。許多公司選擇以外部融資來融通他們的國外投資專案。融資的選擇包括銀行、政府機關、其他形式的融資媒介，甚至是地主國的公營事業。為了避免外國投資專案的缺點－資本化薄弱，公司通常會找尋一個最佳的資本結構。一個最佳的資本結構被是能產生最低的資金成本的負債比率(負債與股權的組合) 。

有些比例可以用來決定海外投資專案最佳的負債與股權的融資組合。凱斯迪(1984)對於在發展海外投資專案資本化策略的公司提出一些建議：

1. 投資者自身的固定資產必須足以涵蓋投資專案的成本。外部融資應只支援投資的淨營運資金。

2. 外部融資占專案總資本的比例(即負債比例)一般應約為0.5。所以在地方性專案中外部負債與股權投資金額相等。

3. 海外專案的盈餘應為其外部負債提供足夠的利息保障倍數。為持續確保其流動性，這些盈餘應為每年專業融資成本的好幾倍。

# 13.3 開發銀行

　　開發銀行滿足跨國企業較廣的資金需求。開發銀行是爲了以中介與長期貸款方式，支持低度開發國家的經濟發展，而建立之銀行組織。有三種廣義的發展銀行分類：全球性、區域性、國家性。

## 13.3.1 世界銀行集團

　　世界銀行集團（World Bank Group）是爲了支援二次世界大戰後的經濟重建，所設立的全球性金融機構。世界銀行集團包括國際復興開發銀行、國際金融公司、國際開發協會。

　　**國際復興開發銀行**　國際復興開發銀行（International Bank for Reconstruction and Development，IBRD），也就是通稱的世界銀行，是根據 1944 年布列頓森林會議，而與國際貨幣基金會同時成立的金融機構。世界銀行的宗旨是對二次大戰後的重建與復興進行融資。貸款給歐洲重建便是一例。雖然世界銀行之後停止重建貸款，但馬歇爾計畫替歐洲重建帶來了資金。馬歇爾計畫是美國於 1948 年創立的歐洲經濟復甦計畫，最重要的目標是恢復因二次大戰催毀的歐洲產業生產力。此計畫維持將近四年，由美國援助了100億美金給歐洲。

　　最近幾十年，世界銀行將重心放在對低度發展國家基礎建設的貸款，如灌溉、學校與道路等。這些建設是未來工業化的基礎。約三分之一貸款用於電力建設，三分之一用於改善交通建設，剩下三分之一用於農業與教育計畫。貸款對象包含會員國政府、政府機構、政府擔保的私人企業。

　　世銀只融通開發計畫的一部份，剩下部份由私人投資者融通。爲鼓勵私人投資者參與貸款，銀行採行高信用標準：

　　1. 銀行只對合理預估成本與收益的計畫放款。
　　2. 對私人公司貸款時，需有政府擔保。
　　3. 利率比一般利率高百分之一，多出部份做爲準備金以塡補可能的違約
　　　　虧損。

4. 若要弭平虧損，會員國必須支付攤額中的未付部份。

因爲世銀採行高信貸標準，可以激勵私人資金一起加入國際投資。

會員國的應募股本代表世銀的基本權益資本。會員國依國家規模與財富價值分派認購的攤額。10%的攤額於加入銀行時支付，剩下90%則視時機而定。世銀資本的主要來源是在各資本市場買賣的債券。因爲世銀採高信貸標準，其債券信用評等高且利率低。

世銀新設之多邊投資保證總署提供多種政治風險的保障。世銀是世界最大借款人之一，每年從 100 個國家借來 1000 億美金。它的貸款充分分散到 20 多個國家。世銀享有最高的信用評等，屬 AAA 級。

**國際金融公司**　起初，世銀在提供財務援助給低度開發國家的時候，發生一些問題。首先，所有貸款需由政府擔保。其次，世銀只提供貸款。第三，世銀只融資必要的外匯部份，忽略了當地必要的流動資本支出。第四，世銀常常只融資政府重要的大型計畫。

以上的問題造就了出 1956 年國際金融公司（International Finance Corporation, IFC）的創設。IFC 的主要業務是以貸款或股權參與的方式，提供低度開發國家的私人企業融資服務。

IFC將其有限的資本投資在開發金融公司與工業計畫中。IFC幫助當地資本與貨幣市場有資金缺口的地區建立開發金融公司。也幫助既有之開發金融公司擴張或重整業務。IFC通常投資於可以改善外匯狀況、就業率、管理技能、與自然資源之利用的工業計畫。IFC提供風險性資本給需要資金從事擴張、現代化、與多角化的公司；也提供資金給新創設公司。通常IFC不投資於基礎建設計畫如：醫院、交通、與農業發展。

IFC的資金可以以外匯或本國貨幣的形式取得，以符合固定資產與流動資本的需要。IFC提供非擔保貸款給低度開發國家的私人企業。大多數貸款期限是 7 至 12 年。IFC 所有的投資都伴隨著私人投資者的參與，IFC 的融資通常佔整體投資計畫成本的比例不超過 50%。

**國際開發協會**　國際開發協會（International Development Association, IDA）是世界銀行集團爲滿足低度開發國家之特殊需求，於

1960 年創立的關係機構。 IDA 貸款對象為無法依一般還款條件支付的公司。
貸款期間通常可達五十年，利息極低或沒有利率。還款在十年的優惠期後開
始，且可以用本國貨幣支付。

　　所有世銀之會員國可以自由選擇是否加入IDA，有超過100個國家加入。
IDA 的資源與世銀分開。幾乎 90% 的 IDA 資本來自於會員國的認繳。 IDA 資
本的第二來源是世銀的捐助。IDA的會員國分成兩群：第一群國家由已開發國
家組成，第二群國家則為低度開發國家。第一群國家用可兌換通貨支付全部認
繳金額，第二群國家只要用可兌換通貨支付10%的認繳金額，其餘可以用本國
貨幣支付。一些非會員國如紐西蘭與瑞士有借款給 IDA，其信用條件與 IDA 借
給會員國相同。

## 13.3.2 區域性開發銀行

　　區域性國家組織建立區域性開發銀行以促進會員國之間的經濟發展。主要
的區域性開發銀行有：美洲開發銀行、歐洲投資銀行、歐洲復興開發銀行、亞
洲開發銀行、非洲開發銀行。

　　**美洲開發銀行**　美洲開發銀行(Inter-American Development Bank,
IDB)1959年由美國與19個拉丁美洲國家，為促進會員國之經濟發展而創立。
IDB 現由 26 個拉丁美洲國家與 15 個其他國家所共有，總部在美國首府華盛
頓。IDB只有在無法於合理條件下獲得資本時，才給予貸款。IDB通常不融資
超過全體計畫成本的一半。

　　IDB 有下列三種活動：

1. IDB 以普通資本資金，提供私人與政府機構發展貸款。貸款被指 3.
   定用在促進拉丁美洲經濟發展的計畫上。

2. IDB 以美國社會進步信託基金，給予有高社會價值的計畫融資。

3. IDB 以特殊營運資金提供融資，其信用條件比一般資本與貨幣市場所
   能提供者更為寬厚。貸款期間可以非常久，還款可以本國貨幣支付，
   利率可以非常低。

**歐洲復興開發銀行** 歐洲復興開發銀行（European Bank for Reconstruction and Development, EBRD）是 42 個國家以 120 億美金的資本，在 1990 年為因應東歐新興的民主情勢，而設立之開發銀行。這 42 個會員國包括：美國、日本、俄羅斯、與歐洲各國家。以倫敦為根據地的歐洲復興開發銀行，以貸款、擔保、或股權投資私人與公家公司的方式，鼓勵中歐與東歐國家的開發與復興。EBRD 的融資，用於支持政府企業之比例不到 40%。

擁有 10%EBRD 股權的美國是最大的股東。英國、法國、義大利、日本、德國各擁有 8.52% 的股權。俄羅斯擁有 6% 股權，是東歐國家中最大股東。歐洲國家擁有 EBRD 主要的股份。認股可以美元、歐洲貨幣單位、日元支付。所有股東只付認繳資本的 30%，其餘可要求時再付。

**歐洲投資銀行** 歐洲投資銀行（European Investment Bank, EIB）是歐洲共同體會員國於 1958 年所創立。EIB 的資源用於支持會員國的基本產業以及社會經濟基礎建設。多數貸款期間為 12 至 20 年，一般還款多在 3 至 4 年後開始。

EIB 有下列三種責任：

1. 融資援助涉及兩個會員國政府以上的計畫。並在各國金融機構間扮演重要之協調角色。
2. 促進規模經濟潛力之發揮。幫助在某些商務上有比較利益的工廠或公司擴張或專精其營運。
3. 幫助歐洲共同體達成高水準與一致的經濟成熟度。

**亞洲開發銀行** 亞洲開發銀行（Asian Development Bank, ADB）在 1966 年由 17 個亞洲國家與美國、加拿大、英國、德國、與其他歐洲國家合夥創立。ADB 總部在馬尼拉，有 47 個會員國，其中 17 個會員國不在亞洲。ABD 的目的是以提供貸款、補助金、技術支援等方式，促進會員國之經濟成長與發展。ADB 提供給私人公司的長期貸款不需政府擔保。一些 ADB 的借款先貸給亞洲各國家銀行，各銀行再透過個別之開發機構貸與私人企業。ADB 的貸款也有一些用來提供投機資本。只有會員國與少數私人企業可以向 ADB 借款。

**非洲開發銀行** 非洲開發銀行（African Development Bank, AfDB）

1964年由非洲團結組織設立。總部設在象牙海岸首都阿必尚。不像其他區域性開發銀行，AfDB在1980年代初期之前，不允許非區域伙伴加入，以避免不正當的外力影響，因此過去 AfDB 遭受嚴重的資本限制，並阻礙了它的貸款能力。從1980年代初期開始，AfDB接受非非洲國家成爲認股但不能借款的會員國。會員由1982年起算，有50個非洲國家與26個非非洲國家。AfDB的融資由會員國認繳股本提供，其中1/3來自非非洲國家。爲吸引商業銀行資金與公債的投入，AfDB維持保守的貸款與利率政策。貸款只提供給政府與政府之行政機構，利率與商業利率相似。

### 13.3.3 國家性開發銀行

許多工業化國家的政府有自己的開發銀行以支持國際借款與投資。三個主要的美國機構是：美國輸出入銀行、國際開發總署、海外私人投資公司。

**輸出入銀行** 輸出入銀行（Export-Import Bank, Exim Bank）提供資金給跨國公司。這些資金包括長期直接融資，以幫助在外國工業計畫中購買美國的商品與勞務。在此種長期融資的型態下，輸出入銀行要求借款者有具體的股權參與。此外，輸出入銀行對美國公司的工程與可行性研究提供擔保，也對在海外之技術性與建設性服務提供擔保。總之，當私人資源無法取得時，輸出入銀行是海外計畫融資的關鍵資源。欲融資的計畫必須經濟上理由充分，促進國家經濟發展，並改善國家的外匯部位。

**國際開發總署** 國際開發總署（Agency for International Development, AID）於1961年創立，以實行非軍事性美援計畫爲目標。AID是美國國務院的行政機構，強調對友好政府的援助，並支持能爲美國贏得外國友誼的計畫。身爲美國政府主要的援助機構，AID有下列三項功能：

1. AID管理政府與低度開發國家的技術合作計畫。
2. AID管理政府與低度開發國家的經濟計畫。
3. AID在美國總統的指示下，施行特殊的緊急計畫。

發展貸款提供給對美友好之政府，而私人公司可以向政府借貸這些資金。爲避免美元的大量流出，貸款通常會伴隨著對美國商品與勞務之購買。AID的資金安置於美國，當收受國欲使用時再交付。所有開發貸款皆以美金償付，最長期限為 50 年，並有 10 年的優惠期。在貸款時，AID 也考慮從其他自由世界資源以合理條件獲取資金的可行性。AID 的利率通常比國際貨幣利率低。

**海外私人投資公司** 海外私人投資公司（Overseas Private Investment Corporation, OPIC）建立於 1969 年，其目的是接管 AID 投資保險與擔保的責任。OPIC 於 1971 年開始營運，由美國財政部全權掌管。OPIC 營運包含兩種計畫：對美國在低度開發國家的私人投資加以保險，以及專業融資。OPIC 的保險範圍涵蓋政治風險所導致的通貨兌換損失、徵收損失與對在外投資的美國公司發動地面戰爭所致的損失。OPIC 的專業融資則是透過投資擔保計畫來施行。此計畫提供擔保以對抗商業與政治風險所帶來的損失、以美元或外國通貨直接投資所生損失、與投資前調查計畫可能的損失。

OPIC 讓美國政府鼓勵美國公司投資低度開發國家的外交政策和私人企業結合在一起。因此，對於美國利益和地主國經濟都有好處的計畫，OPIC 會給予保險與擔保。

# 總結

為了擴張、新投資、與日常營運，國際財務經理人必須熟悉各種內部與外部的資金來源。本章討論三種內部來源的資金：（1）營運所致的保留盈餘與折舊，（2）股權參與、貸款、從母公司授信，（3）從姊妹公司貸款。

外部資金來源包括從母國或海外的金融機構借款、與當地伙伴合資、專業融資、與開發銀行。商業銀行是對外貿易與投資中的主要金融中介者。跨國公司的外國直接投資從 1950 年代初期開始大量增加，這也使銀行跟隨著客戶一起擴展到海外。銀行對跨國公司提供融資的主要方式有：銀行往來透支、無擔保短期放款、過渡性融資、套利借款、連鎖融資。

1919 年的艾契法案允許美國銀行以控股公司的身份持有外國銀行的通股。艾契法案與協議公司提供貸款和其他銀行服務給在世界各地的美國公司。為幫助美國銀行取得大部分的歐洲通貨交易，聯邦儲備理事會允許以美國為基地的國際銀行業務單位（IBF）於 1981 年成立。IBF 接受外國人的定期存款並放款予外國人。越來越多地主國要求外國公司要涉入當地的經濟活動。但一些跨國公司自願尋求當地伙伴的合作，因為這些公司需要稅的利益、當地行銷的專門之事、更多資本、並更快取得新技術。

　　開發銀行提供跨國公司一系列的融資管道。開發銀行是以股權參與、貸款、和一些投資中介形式來幫助經濟發展。開發銀行可以是全球性、區域性、或國家性。世界銀行集團包含國際復興開發銀行、國際金融公司、國際開發協會。這些全球性的開發銀行可以提供低度開發國家財務金融上的支持。區域性國家團體建立區域性開發銀行以促進會員國之間的經濟發展。為幫助四個大陸區域的經濟發展，有五個主要的區域性放款機構：美洲開發銀行、歐洲投資銀行、歐洲復興開發銀行、亞洲開發銀行、非洲開發銀行。國家性開發銀行則與全球性與地區性開發銀行的一般業務相同。

# 問題

1. 母公司提供給子公司資金有哪些主要的形式？
2. 為何母公司貸款給國外子公司是一種比股權參與更受歡迎的方式？
3. 什麼是營運所提供的內部資金來源？內部資金的角色是什麼？
4. 列出本國銀行可以提供給外國子公司，作為非貿易性國際營運用途的貸款種類。本國銀行的授信是用來融資流動資產或固定資產？為什麼這些貸款有時稱為自償性貸款？
5. 艾契法案協議公司與國際銀行業務單位的相似與相異處為何？
6. 合資的優缺點為何？
7. 喬治卡西迪（George Cassidy）提出幾個海外計畫中，決定債務與股東權益之最適融資組合的準則。解釋這些準則。
8. 開發銀行的角色為何？跨國公司如何從開發銀行處獲得利益？
9. 描述歐洲復興開發銀行所扮演的角色。

# 習題

1. 有三種增加一萬美金流動資本的方法，計算每一種方法的年度有效成本：

   a. 現金貼現，10 天內付清享有 2% 的折扣；40 天還清。

   b. 以 7% 利息向銀行借款，銀行要求 20% 的補償性存款餘額，利息到期時支付。

   c. 以 8% 利息賣出商業本票，承銷手續費是面額的 2%。

   d. 應選擇以上哪種方法？爲什麼？

2. 一萬美元的銀行貸款，票面利率 10%。

   a. 以折價基礎計算有效利息成本。

   b. 以折價基礎計算有效利息成本，且銀行要求 20% 的補償性存款餘額。

   c. 以總額基礎計算有效利息成本，且銀行要求 25% 的補償性存款餘額。

3. 一間美國公司以 5% 利息借日幣一年。這一年中，日幣對美金由一日幣兌換 0.01 美金升值到 0.012 美金。

   a. 計算日幣升值比率。

   b. 計算這筆借款以美金爲基準的有效利率。

4. 一間美國公司的墨西哥子公司需要披索貸款。墨西哥貸款年利率爲 15%，外國貸款年利率爲 7%。外國貨幣必須升值多少，才能使當地貸款與外國貸款的成本相當？

5. 一家美國公司正考慮三個一年期融資計畫：利率 6% 的美元貸款、利率 3% 的瑞士法郎貸款、利率 4% 的德國馬克貸款。公司預測法郎次年將升值 2%，馬克次年將升值 3%。

   a. 計算三個計畫的預期有效利率。

   b. 哪個計畫看起來最可行？

   c. 爲何公司並不一定選擇利率最低的計畫？

# 案例十三　IBM 的策略聯盟

　　IBM 是全球最大的電腦公司，有 25 萬名員工，年銷售額 700 億美金。但 IBM 在 1990 年代初期幾乎瓦解。然而 IBM 因為卓越的策略聯盟與其他行動而東山再起。IBM 在 1996 年獲利 20 億美金，每股盈餘為 2 塊美金。其股價由 1991 年的每股美金 45 元增加到 1997 年的 200 元（1997 年中，一股變兩股的分割使股價變為 100 元）。超過 60% 的全球銷售量來自國外營運。IBM 有兩個基本使命：第一，IBM 致力在創新、發展、製造產業的先進資訊科技上保持領先，包括電腦系統、軟體、網路系統、儲存裝置、電子設備都是IBM的發展方向。第二，IBM以專業的全球化企業解決方案，將先進科技轉換為顧客價值。為達成這兩個使命，IBM非常依賴一系列伴隨著其他公司併購案的策略聯盟。

　　新科技的湧現、維持領先所需之花費、客戶的需求、與全球化的競爭促使 IBM 與其他高科技公司形成廣泛的聯盟與合夥關係。發展 256MB 記憶體晶片的成本（與西門子和東芝的三方契約）超過 10 億美金。以 IBM 的 PC 當作另一個例子，只有約一半的 PC 與其組件來自 IBM 的工廠。剩下的部份，包含單色螢幕、鍵盤、一些圖像印表機、和大部分的半導體晶片，是來自於日本、新加坡、韓國的策略伙伴。這樣的利害關係中，分擔成本、風險、知識是不可少的。

　　十年來，IBM 從一家每個過程自行生產的集權公司，轉為以本身的人才與優勢去延伸創意觀念和做法的企業。今日，IBM全球商業伙伴超過兩萬家公司，也有超過五百個與代理商、交易商、經銷商、軟體廠商、服務公司、製造商結合的股權聯盟。

　　滿足顧客的呼聲使得傳統的競爭界線模糊化了。蘋果電腦是 IBM 在 Taligent 中，發展物件導向軟體的伙伴；也是 Kaleida 中，創造多媒體標準的伙伴。惠普與IBM一起發展與製造高速光纖通信元件。王安電腦與三菱以他們的標誌賣 IBM 的系統。迪吉多是 IBM 提供企業資訊管理救援服務的伙伴。

　　聯盟不只可以分擔高額研發和生產成本，也可以縮短產品上市時間、聚集稀少的人員技術、提供進入新市場的方法和配銷管道、並填補產能缺口。

# 案 例 問 題

1. IBM 所採用的策略聯盟形式為何？

2. 為什麼像 IBM 這麼大的公司，必須如此依賴合資來進行全球擴張。

3. 這種國際策略聯盟如何使 IBM 達到極大化股東價值的目標？

4. IBM 的網頁 www.ibm.com/ 有該公司的新聞、產品、服務、支援、年度財務報表、和許多關於營運的其他領域。利用這個網站找出三個 IBM 的收購案，並討論 IBM 在每個案子中的策略聯盟情形。

# 參考書目

Baker, J. C., "The IFC and European Banks: Key Factors in Development Aid," *Journal of World Trade Law*, May/June 1980, pp. 262–70.

Butler, K. C., *Multinational Finance*, Cincinnati: South-West Publishing Company, 1997, pp. 572–4.

Cassidy, G. T., "Financing Foreign Investments: The International Capital Markets," in Allen Sweeny and Robert Rachlin, eds, *Handbook for International Financial Management*, New York: McGraw-Hill, 1984, pp. 1–11.

Chrystal, A. K., "International Banking Facilities," *Federal Reserve Bank of St. Louis Bulletin*, April 1984, pp. 5–11.

Geringer, J. M. and L. Hebert, "Control and Performance of International Joint Ventures," *Journal of International Business Studies*, Summer 1989, pp. 211–34.

Murray, J. Y., "Patterns in Domestic Vs. International Strategic Alliances," *Multinational Business Review*, Fall 1995, pp. 7–16.

O'Reilly, A. J., "Establishing Successful Joint Ventures in Developing Nations: A CEO's Perspective," *Columbia Journal of World Business*, Spring 1988, pp. 65–72.

"The Public and Private Method of Project Finance," *Euromoney*, April 1996, pp. 173–4.

Waldron, D. G., "Informal Finance and the East Asian Economic Miracle," *Multinational Business Review*, Fall 1995, pp. 46–55.

World Bank, *Global Development Finance*, Washington, DC: World Bank, 1997, pp. 19–25.

# 第四部分
# 全球資產管理

　　第四部分（從第14章到19章）包含資產的管理以及如何有效的在不同資產間分配資金。這個部分描述對流動資產、金融資產、資本預算和外匯投資相關政治風險的管理。流動資產管理的目的在於保護資產的購買力和確保最大的投資報酬。對多國籍企業而言，流動資產管理非常地重要，所以包括複雜的國際因素和解決他們的方法都經常被分析。隨著國際市場的整合，國內市場常常跟隨著廣佈的國際複合性證券而增加其規模。因此，投資人已開始瞭解到國際證券投資的龐大潛力。資本預算的財務管理文獻在過去十年來快速地發展。因此，關於訂定外匯投資決策的複雜技術就由此而生。投資決策藉由影響現金流量的規模和公司的風險兩者來影響一家公司的股票價值。外匯在國際商業營運中變成一個重要的因素，因為它很少在國內商業中出現。

# 第十四章

## 流動資產管理

流動資金管理（working capital management）包括了流動資產及流動負債的管理。對於多國籍公司和國內公司而言，在不同流動資產間將資金做有效分配以及在有利條款下取得短期資金，在概念上是相同的，但是這兩種型態的公司並不相同，因爲他們在不同的環境下進行商業活動，其中差異包括了通貨變動、潛在匯兌操控和在流動資金決策上複合管理與稅法的影響；此外，多國籍公司享有種種廣大的融資和投資機會。

第十章到十三章詳細地探討了不同短期資金的來源。這個章節則強調流動資金；它可以被視爲一種動態（流動的）過程亦或是一種靜態（庫存的）支付能力。這個章節的第一部份 - 動態的方法 - 著重於通貨流動資金種類和國家持有這類資金的配置，而此種流動過程相當重視流動資金從一地理位置或通貨轉移到另一個。第二部分 - 靜態方法 - 著重在個別的程序，像是不同流動資產的組成，此種方法的重要部分在於如何去決定現金、應收帳款和存貨的合適水準。

# 14.1 流動資產管理的基本概念

流動資產管理基本的目標是決定各個流動資產帳戶的最佳水準。流動資產最佳水準就是使公司整體收益率極大化的流動資產水準，然而，仍有種種經濟限制條件使得多國籍公司很難去達成流動資金管理的目標。

## 14.1.1 流動資金管理的重要性

流動資產管理之所以重要不僅因爲它佔據了財務經理人最多的時間，同時也因爲他代表大多數公司超過半數的總資產。此外，在營業額成長與流動資產水準也有密切的關係，例如，賒銷的增加需要更多的應收帳款和存貨。最後，公司可能透過租賃來減少他們在固定資產上的投資，但是實際上不能避免在流動資產上的投資。

儘管國際流動資金管理的重要性日益提高，但這個主題的相關研究依然被一些理由限制。第一，流動資金的決策例行且頻繁。第二，不像資本投資決策，這些流動資金例行決策很容易取消。第三，流動資金管理需要現金流量計畫；然而，財務經理人並無法單獨預測現金流量。換言之，財務方面的決策有時候會被對現金流量有主要影響的行銷面（信貸政策）和生產面（存貨管理）左右。

## 14.1.2 流動資產管理的經濟限制

因為多國籍公司是跨國界經營，所以他們面臨法令、稅賦、外匯和其他經濟限制。在制定決策時，財務經理人必須特別考量這些限制。

**法令限制** 法令會限制股利匯回母國或其他資金匯款方式。這種妨礙之所以會發生是因為國際資金移動的限制和其他匯兌管制。

**稅賦限制** 稅的限制使得企業集團的資金在流入母公司或其他姊妹組織時受限。這些可能在盈餘較高的公司或為抑制通貨膨脹，而在股利上課徵額外的稅時而發生。

**外匯限制** 外匯限制對國際間資金流動有相當大的影響。國際資金流量涉及到外匯交易成本和匯率變動。

**限制的總結** 其他經濟因素，像是通貨膨脹和利率也會為公司資金在國際間移動時帶來重要的影響。

在國際流動資產管理上有許多因素和問題。這裡，我們假設流動資產管理的主要任務包括了：（1）轉移資金的能力（2）在一多國籍公司內資金的配置（3）套利機會和（4）建立不同的管道來移動資金。

## 14.1.3 轉移資金的能力

能在各公司間調整資金流量和利潤的能力是多國籍企業所享有的優勢之一。在多國籍企業內，金融交易起源於商品、服務、技術和資金的內部轉移，公司內所謂流量，範圍是從成品到無形項目，像是管理技巧、商標和專利，資本投資和直接借貸更會產生股利、利息和本金支付的未來流量。另一方面，許多透過公司內部資金流動而獲得的收益源於一些有問題的商業營運，例如，利益的多寡可能取決於公司從稅法和管制障礙上獲得優惠的能力，因此，多國籍

公司也會和他們政府間起衝突。

## 14.1.4 資金的配置

任何流動資產管理的主要任務是在多國籍企業內，將流動現金餘額或超額的流動資產做適當配置。不同分支機構間資金的分配涉及了國家或通貨種類的種類。以本國企業而言，因為部門間資金流通協商不足或因為稅率和管制相同，所以對公司沒有好處。

多國籍企業內資金流動的重要性，在於國家稅務體制和管制障礙間有很大的差異。換句話說，許多不完全市場增加了在一家多國籍公司單位間內部資金流動的重要性。這些不完全市場包括外匯市場、金融市場和商品市場。

## 14.1.5 套利機會

在一全球基礎上，對多國籍企業而言，有三種不同型態的套利機會：（1）稅的套利；（2）金融市場套利；和（3）管制體制套利。

第一，多國籍公司可以藉著將利潤從高稅率國家的子公司轉移到低稅率者來降低整體賦稅。第二，內部資金轉移可以使得多國籍公司避開匯兌操控、用多餘資金賺取更高的利潤並且選擇國內所不能運用的資金來源。第三，假如分支機構利潤是因政府法規或工會壓力而生，多國籍公司可以透過轉移訂價和其他海外公司內部調整來隱藏真實利潤。

## 14.1.6 移動資金的不同管道

多國企業經營需要使從母公司到子公司、子公司到母公司和子公司間的資金流動穩定。

從母公司到子公司的資金流動　從母公司到子公司最大的資金流動就是最初的投資，而子公司也有可能以借款或追加投資的形式得到資金，而從母公司購買商品則為從母公司到子公司資金流動的另一形式。這種資金流動形式涉及了轉移訂價，還有在中介者間轉售商品的價格。

從子公司到母公司的資金流動　資金由子公司移到母公司的情形包括股

利、借貸利息、本金折扣支付、權利金支付、授權費用、技術服務費用、管理費用、出口佣金和自母公司取得商品之付款。因為外在因素不同，所以母公司對資金流量的大小並沒有完全的控制權，這些因素有外匯管制和稅的限制等。例如，當股利被匯給國外股東時，許多政府都會課徵保留稅。

**子公司間的資金流動** 當子公司間彼此借貸或互相銷貨時，就會產生子公司間資金流動，從一子公司來的資金可能用來成立另一家子公司，而這樣的投資可能會使所有股利和本金支付直接回到總部經營處。兩個子公司也會有類似母公司的現金流量，但依然有其他因素如匯兌操控和本國政治壓力…等，會阻礙了股利匯回本國或其他資金匯款形式。

假如資金永遠凍結，則一個國外企業對母公司的價值為零。但是多國籍公司有下列方法來調動受限的資金，包括了（1）多邊抵銷；（2）領先與落後；（3）轉移訂價；（4）重開發票中心；（5）公司內借貸；和（6）支付調整。

**多邊抵銷** 因為大型多國籍公司必須處理公司內大量的資金流動，所以需要一個在各種不同單位間原料、零件、半成品和成品間高度整合的交換過程。這些跨國界的資金轉移涉及到外匯價差、貨幣浮動的機會成本和其他交易成本，電報費用即是一種。淨額交易則是減少分支機構資金流量的一種方法。

多邊抵銷（Multilateral Netting）是雙邊抵銷的一種延伸。例如，假若子公司 A 從子公司 B 購買價值一千萬的商品，而子公司 B 從子公司 A 購買價值一千一百萬的零件；則其總流量為二千一百萬。在淨值的基礎上，子公司 A 只需付給子公司 B 一百萬。當內部銷售更複雜時，雙邊抵銷可能無用。設想一種情形：子公司 A 銷售價值一千萬的商品給子公司 B、子公司 B 銷售價值一千萬的商品給子公司 C 並且子公司 C 銷售價值一千萬的商品給子公司 A。在這種情形下，雙邊抵銷歸於無效；但是多邊抵銷將能完全地消除分支機構的實際資金轉移。

**例 14.1** 表 14.1 為一個複雜的多邊抵銷體系。在沒有淨額交易下，總支付款為 $5,500。假如外匯交易和轉移費用為 1.5%，則總清償成本為 $82.50。

多邊抵銷使子公司能夠傳遞有關契約債務的資訊到單一中心，這將使它們組合成表 14.2 的形式。

　　淨額交易將總外匯轉移從 $5,500 減少到 $600；而交易成本從 $82.50 到 $9。因此，這個淨額交易減少 89% 的外匯轉移和交易成本。

　　1980 年間，生產、配銷和財務的加速全球化已經創造大量而不尋常的公司內資金流動。藉著淨額交易，多國籍公司可以實現成本的節省。無庸置疑地，許多多國籍公司使用淨額交易程序來減少交易成本。然而，和其他的轉移機制一樣，許多政府在淨額交易上施加控制。這限制了多邊抵銷體系減省外匯轉移和交易成本的程度。

　　**領先和落後**　多國籍公司為了減少外匯暴露或增加流動資金，可以加速（領先）或延遲（落後）外國通貨支付款的時間。領先和落後可以藉由修改單位間信用條款來達成。為了減少外匯暴露，公司應該加速應付帳款的支付時間並延遲應付帳款的支付。假若子公司 X 每月以 60 天期條約向子公司 Y 購買

表14.1　子公司間支付款矩陣

| 收款子公司 | 付款子公司 | | | | |
|---|---|---|---|---|---|
| | 美國 | 日本 | 德國 | 加拿大 | 總收款 |
| 美國 | - | $500 | $600 | $700 | $1,800 |
| 日本 | $200 | - | 400 | 500 | 1,100 |
| 德國 | 600 | 500 | - | 300 | 1,400 |
| 加拿大 | 600 | 400 | 200 | - | 1,200 |
| 總付款 | $1,400 | $11,400 | $1,200 | $1,500 | $5,500 |

表 14.2　多邊抵銷表

| 子公司 | 總收款 | 總付款 | 淨收款 | 淨付款 |
|---|---|---|---|---|
| 美國 | $1,800 | $1,400 | $400 | - |
| 日本 | 1,100 | 1,400 | - | $300 |
| 德國 | 1,400 | 1,200 | 200 | - |
| 加拿大 | 1,200 | 1,500 | - | 300 |

價值一千萬的商品，Y 實際上對 X 融資了二千萬的流動資金。擴大條約到 120 天期將使子公司 X 能夠擁有額外二千萬的流動資金。

多數多國籍公司使用領先和落後來減少外匯暴露和單位間轉移融資的負擔。和直接借貸相比，這項技術有以下優點：第一，領先和落後並不要求賣方契約票據的官方認可。此外，信用條件可藉由縮短或增長信用時間來調整。第二，政府在這方面的干預較少。第三，在美國稅法 482 款下，美國公司在內部 6 個月以下的帳戶不需支付利息，但是其他資金來源必需支付利息。

**轉移訂價**　轉移價格（Transfer Prices）就是在相關實體間，像是母公司和子公司間，商品和服務的價格。

在不同國家，單位間逐漸增加的商品和服務的轉移代表多國籍企業已經擴大經營體系和多角化。因為轉移價格不等於常規價格（公平市場價格），操作空間很大，所以政府多半假設多國籍公司使用轉移價格來減少或避免賦稅。因此，大多數政府已經建立監督機制來檢閱多國籍企業的轉移訂價政策。多國籍企業也關心轉移價格，因為它影響商品和稅賦的支付、成本結構和管理績效評估的現金流量。

轉移價格可以避免財務問題及改善財務狀況。例如，一些國家限制利潤外移，在這種情形下，母公司可以藉由對當地子公司銷售商品來索取較高價格，藉以調動資金。也可以較低的價格將資金移到子公司。

**例 14.2**　為了描述轉移價格改變對資金流量的影響；假設以下情形：（1）A 和 B 兩分支機構有相同的稅率 50％。（2）分支機構 A 以每單位 $5 生產 100 台收音機並賣給分支機構 B。（3）分支機構 B 以每單位 $20 賣給非相關企業的顧客。表 14.3 顯示高、低轉移價格對資金流量的影響。

在兩個情形下，$1,500 的合併毛利是相同的。假若兩個分支機構有相同稅率 50％，在兩者情形下；合併淨利 $450 也是相同的。低轉移價格的政策導致從 B 到 A $1,000 的現金轉移，而高轉移價格政策導致額外 $500 現金從 B 移動到 A。假使從 B 移出資金較合適，則高轉移價格政策將可達成這個目標。低轉移價格的使用使 B 賺取 $300 淨利，高轉移價格（$1,500）的使用只讓 B 賺取 $50。因此，若情況為 B 的財務需要援助，則低轉移價格將能夠達成目

表14.3　高、低轉移價格對資金流量的影響

| | 低稅 A | 高稅 B | 合併 A＋B |
|---|---|---|---|
| **低轉移價格** | | | |
| 銷售價格 | $1,000 | $2,000 | $2,000 |
| 銷貨成本 | 500 | 1,000 | 500 |
| 毛利 | $500 | $1,000 | $1,500 |
| 營運費用 | 200 | 400 | 600 |
| 稅前盈餘 | $300 | $600 | $900 |
| 稅（50％） | 150 | 300 | 450 |
| 淨利 | $150 | $300 | $450 |
| **高轉移價格** | | | |
| 銷售價格 | $1,500 | $2,000 | 2,000 |
| 銷貨成本 | 500 | 1,500 | 500 |
| 毛利 | $1,000 | $500 | $1,500 |
| 營運費用 | 200 | 400 | 600 |
| 稅前盈餘 | $800 | $100 | $900 |
| 稅（50％） | 400 | 50 | 450 |
| 淨利 | $400 | $50 | $450 |

標。

　　設定轉移價格的主要考量是所得稅影響。例如，高稅賦的國家很有可能導致從母公司對子公司輸出設定較高轉移價格，而子公司對母公司輸出則設定較低的低轉移價格。這些轉移價格政策將利潤從較高稅率國家轉移到較低稅率國家，以致聯合利潤極大化。

　　例14.3　為了描述在聯合盈餘轉移價格改變的稅賦影響，我們假設以下情形：（1）分支機構 C 在一低稅率國家（稅率 20％）而分支機構 D 在一高稅率國家（稅率 50％）。（2）分支機構 C 以每單位 $5 來生產 150 台計算機並賣給分支機構 D。（3）分支機構 D 以每單位 $20 將這些計算機賣給非相關企業的顧客。表 14.4 顯示了高、低轉移價格在公司盈餘上稅賦影響。

　　在低轉移價格下，C 和 D 為了 $540 的總稅單和 $810 的合併淨利；分別支付了 $90 和 $450 的稅。在高轉移價格下，C 和 D 為了 $315 的總稅單和 $

1,035 的合併淨利，分別支付了 $ 240 和 $ 75 的稅。儘管從 C 到 D 的計算機轉移價格不同，稅前盈餘是同樣為 $ 1,350。儘管如此，較高轉移價格使總賦稅降低了 $ 225（$ 540-$ 315），並且增加相同數量的合併淨利（$ 1,035-$ 810）。

多國貿易主管不願意去討論轉移定價政策，但是轉移定價已被使用來減少所得稅和關稅、調整通貨的變動、避免經濟限制並且顯現國外分支機構的財務遠景。我們將在第二十二章探討這些轉移定價目標。

**重開發票中心** 一些多國籍企業在免稅國家設立重開發票中心來避開政府管制和法規。免稅國家是指提供國外公司永久賦稅誘因的國家。

從巴哈馬的重開發票中心對美國母公司銷售給子公司或不同國家的獨立顧客來核發發票是可能的。在這種情形下，重開發票中心獲得所有從法人單位到其顧客的商品所有權，即使商品直接從美國運送到日本。巴哈馬中心付款給美國賣方並且由日本買方支付來完成這個交易。

重開發票中心常用來處理外匯曝險。子公司使用多種通貨買賣商品時必須處理通貨曝險。重開發票中心的產生便於子公司利用本地通貨來進行貿易而不用面臨外匯曝險問題。

為瞭解重開發票中心如何減少匯兌曝險。假設加拿大子公司向日本公司購買設備並要求以日圓付款。在這種情形下，重開發票中心以加拿大公司名義買設備、以日圓支付給賣方、用加幣開帳單給加拿大公司並且從買方收到加幣。因此，重開發票中心的外匯管理目標在集中外匯曝險-在單一國家的重開發票中心。為了達成這個目標，重開發票中心代表在不同通貨公司交易，再以他們本地的通貨開帳單給購買的公司。

**公司內借貸** 有許多不同的公司內借貸形式，但是直接借貸、信用換兌和平行借貸是最重要的。直接借貸涉及借出單位和貸入單位的直接交易，但信用換兌和平行借貸通常涉及中間人。

**信用換兌** 是私人公司和國外銀行間即期和遠期借貸交易。例如，一家美國公司存放一筆美金存款在墨西哥銀行的芝加哥分行。為了回報這筆存款，這家銀行是以披索借款給那家公司在墨西哥的子公司。相同的契約提供這家銀

表 *14.4*　高、低轉移價格的稅賦影響

|  | 低稅 C | 高稅 D | 合併 C+D |
|---|---|---|---|
| **低轉移價格** | | | |
| 銷售價格 | $1,500 | $3,000 | $3,000 |
| 銷貨成本 | 750 | 1,500 | 750 |
| 毛利 | $750 | $1,500 | $2,250 |
| 營運費用 | 300 | 600 | 900 |
| 稅前盈餘 | $450 | $900 | $1,350 |
| 稅（20%/50%） | 902 | 450 | 540 |
| 淨利 | 360 | $450 | $810 |
| **高轉移價格** | | | |
| 銷售價格 | $2,250 | $3,000 | $3,000 |
| 銷貨成本 | 750 | 2,250 | 750 |
| 毛利 | $1,500 | $750 | 2,250 |
| 營運費用 | 300 | 600 | 900 |
| 稅前盈餘 | $1,200 | $150 | $1,350 |
| 稅（20%/50%） | 240 | 75 | 315 |
| 淨利 | $960 | $75 | $1,035 |

行在特定的時點支付原始的美元金額給這家公司，並且子公司在特定的時點也支付原來的披索給這家銀行。

事實上，信用換兌是透過銀行來處理的公司內借貸。這些借貸從銀行的觀點來看是無風險的，因為母公司的存款可視為抵押。信用換兌比起公司內借貸有幾個優點。第一，信用換兌免於外匯曝險，因為母公司從銀行以原通貨來取得他的存款。第二，信用換兌可能會節省成本，因為某些國家對支付給國外母公司的利息和付給當地銀行的利息，使用不同的稅率。

平行借貸包含兩個相關卻不同的借款，而且通常會涉及兩個不同國家的四個個體。例如，一家美國母公司借美元給墨西哥母公司的美國子公司，而為了回報借貸，墨西哥母公司借等值的披索給美國母公司的墨西哥子公司。這個安排涉及雙方借貸等值金額和相同的到期日。當然，每筆借貸皆以子公司通貨支付。

平行借貸常用來避免匯兌限制，並將受限的資金移轉回國。為瞭解接連的借貸如何移轉受限資金，我們假設IBM的墨西哥子公司無法將他的披索利潤遣送回國，它可以借錢給 AT&T 的墨西哥子公司，然後 AT & T 借美元給在美國的 IBM。因此，IBM 母公司獲得美元，而 AT & T 則在墨西哥獲得披索。

**支付調整** 國外子公司付款給母公司有類型。這些支付可被調整來調動受限資金。根據美國公司近百分之五的匯款顯示，支付調整是貨幣市場國家認同且鼓勵貿易公司將盈餘分配給股東的一種方法。

然而，並非所有國家都准許本地公司的股利以強勢貨幣形式支付給國外母公司。面臨國際收支平衡問題和外匯短缺的國家通常會在支付給國外公司的股利上設限。

在這些限制日益普遍之下，有兩個方法可用來調整股利支付。因為股利支付的水準決定於公司的資本，這兩個方法會高估本地投資的價值。第一種，母公司可藉由投資那些價值被高估的已使用設備，來擴大子公司的資本。第二種，母公司可以低價購買一家當地破產的公司，然後以破產公司的帳面價值為基礎，將其與原有子公司合併。當然，這個行動將增加子公司的淨值。

除了股利外，權利金和費用的支付也是將資金從國外子公司轉移到母公司的方式之一。權利金的產生來自於技術、商譽和商標的使用，費用則是管理服務和技術援助的補償。這種權利金和費用是主觀的，因此沒有市值可供參考。比起股利支付，大多數本地政府更重視權利金和費用的支付，因此，對多國籍企業而言，透過膨脹的權利金和費用支付來轉移受限資金比起其他方式容易。

**分離資金轉移** 多國籍企業以權利金和管理費用的名目將匯款分成不同的流量，而非全以利潤（股利）來總括。本地國家較可能察覺所謂 "利潤匯款"，並將其當成有益於本國的特別服務。分離的作法使得多國籍企業可能不必以股利外流來刺激當地國家的察覺，而從他們的分支機構取回資金，此種資金轉移形式對在社會主義國家和回教國家的貿易營運特別有用，因為這些地方認為利息和股利的支付是不利的。

多國籍公司也可以分成多筆匯款來減少所得稅。當本地國家的稅率高於母公司國家稅率時，權利金和管理費用有稅賦優勢。顯然稅賦優勢導因於權利金和管理費用在當地可以扣稅。在國外稅賦信用體系下,國家免除從國外賺得的利潤稅超過國外稅的金額,因為本地所得稅是在股利發放前支付,所以母公司可以為本地支付的所得稅取得一個稅賦信用。假如當地的所得稅率高於母公司國家稅率時,將損失部份利潤,但以權利金和管理費用的形式支付時,將可得到整個利潤。

例 14.4    假設美國母公司的國外子公司在稅前營餘 $1000,母公司想收到美國稅前營餘 $400。當地稅率是 50% 而美國稅率是 30%。

表 14.5 顯示美國如何將匯款分離成個別的現金流量來減少他全球稅賦。在 " 合併情況 " 下,母公司得到 $400 的現金股利;但在 " 分離情況 " 下,母公司收到 $300 的權利金和 $100 的股利,總和仍是 $400 的現金。在結合的情形下,子公司付了 $500 的稅,母公司則對 $500 的總稅單沒有支付任何稅,而且合併淨利為 $500。在分離的情況下,子公司付了 $350 的稅、母公司為了 $440 總稅單付了 $90 的稅,而且合併淨利為 $560。稅前盈餘同樣都是 $1000。儘管如此,分離情況減少總稅額 $60 且增加合併淨利 $60。

# 14.2 現金管理

現金使多國籍公司在帳單到期時有能力付款,但現金並非獲利資產。所以如何決定最適的現金水準十分重要。主要的現金來源包括:股利、權利金、現金銷貨收入、應收帳款回收、貨幣貶值、賣出新的有價證券、從銀行或其他金融機構貸款、與合約中的現金預付款。相反地,下列情形必須支出現金:支付利息與股利、償還債務或購買有價證券、支付所得稅、支付應付帳款、支付工資與薪水、購買固定資產。現金管理在此是指現金流量與多餘現金存量的最適化。

公司之所以偏好擁有現金而非其他形式的資產主要有以下三點原因:交易動機、預防動機、投機動機。交易動機(transaction motive)是指現金餘額多用於日常的現金採購。預防動機(precautionary motive)是指現金餘額多用於保護公司免受預計現金流量變動之影響。投機動機(speculative

表*14.5* 結合和分離對合併所得的貢獻

|  | 結合 $400 股利 | 分離 $100 股利 |
|---|---|---|
| **子公司報表** | | |
| 稅前盈餘 | $1,000 | $1,000 |
| 減:權利金和費用 | - | 300 |
| 應課稅所得 | $1,000 | $700 |
| 減:50%當地稅(A) | 500 | 350 |
| 可用股利 | $500 | $350 |
| 給母公司的現金股利 | 400 | 100 |
| 當地再投資 | $100 | $250 |
| **母公司報表** | | |
| 應收權利金 | - | $300 |
| 減:30%美國稅(B) | - | 90 |
| 淨應收權利金 | - | $210 |
| 淨現金股利 | $400 | 100 |
| 在美國總應收現金 | $400 | $310 |
| **全球所得** | | |
| 稅前盈餘 | $1,000 | $1,000 |
| 減:付出總稅額(A+B) | 500 | 440 |
| 對全球所得的貢獻 | $500 | $560 |

motive) 是指持有現金以利用將來獲利的機會。

## 14.2.1 現金管理之目標

多國籍公司的現金管理,其原則與國內型公司的現金管理原則一致。公司現金管理之整體目標是要在減少現金餘額的同時,能夠最適化資金運用。然而,多國籍企業營運所涉及之變數比國內型企業複雜且廣,更進一步說,各項變數之間的關係亦不斷變動,因此,負責國際現金管理者應考慮下列之新變數:稅務、政府對公司間資金流動的限制、文化上的差異、與匯率。

國際化現金管理者試著在國際化之基礎上,達到下列傳統國內型企業現金管理之目標:(1) 將資金成本最小化;(2)改善資產流動性;(3)降低風險;

(4)改善投資報酬率。

　　首先，由於許多國家利率超過 10%，所以若能降低資金成本便能省下可觀的成本支出。多國籍公司應試著經由增加內部資金，降低借款來減低資金成本。

　　第二，管理者應在全球基礎下改善資產流動性。在全球化環境下，的確因各國政府對資金轉移的限制，不易改善流動性，但是多國籍企業可以用集中化之現金管理與電子商務資金移轉等方法改善整體資產流動性。

　　第三，國際化現金管理涉及政治、經濟、外匯等一系列風險。管理者可以經由保險、談判交涉、遠期契約、貨幣選擇權等方法來避險。

　　第四，投資報酬率與淨值報酬率等一系列比率常用來衡量財務表現。改善財務表現或許是基金管理最重要的部分。

## 14.2.2 浮帳

　　為維持營運，多國籍公司在子公司中有許多穩定的資金流動。這些資金流動無法避免浮帳的問題。浮帳（Floats）是指資金正處於收集中的狀態。在國內型公司看來，浮帳表示因資金受限於收集狀態而生的暫時性收入損失。在國際營運下，浮帳的問題有兩層：(1)資金轉移過程更長；(2)資金轉移過程中承受外匯之風險。幾乎所有國內與國際資金管理的面向都牽涉到浮帳的觀念，我們應該瞭解浮帳並有效評估現金管理系統中，集資與支出的過程。為了分析與評估，我們將浮帳分為下列五項範圍：

1. 發貨後的浮帳（Invoicing floats）是指資金受阻於準備發票的過程。因為此種浮帳主要在公司的掌控之下，故可經由文書流程效率改善而改善。

2. 郵寄中的浮帳（Mail float）是指資金受阻於客戶郵寄匯款支票直到公司收到的這段時間。

3. 作業中的浮帳（Processing float）是指資金受阻於分類與紀錄支票匯款直到存入銀行的過程。類似發票浮帳，此種浮帳是在公司內部控制之下，可以經由有效率之文書流程改善而改善。

4. 收兌中的浮帳（Transit float）是指資金受阻於匯款支票存入銀行到公司至可以動用的這段時間。此種浮帳是因為銀行在商業銀行系統中兌現支票需要數天所導致。

5. 支付中的浮帳（Disbursing float）意指資金進入公司銀行帳戶，直到真正被公司用來支付。

## 14.2.3 資金的收集與支出

國際資金管理之效率取決於許多集資與支出的政策。為了極大化可用的資金，多國籍公司必須加速集資過程並延遲付款，並且同時考慮兩種政策以改善現金管理效率。收應收帳款與付應付帳款都可能有長時間的延後，而為了國家間的移轉與其他浮帳的問題，七到十個商業日的時間延遲是普遍的。近年來，因高利率、外匯匯率大幅變動、廣泛的交易信用限制，有效率的集資與支付政策更形重要。

**加速集資**　國際資金管理者應盡一切方法加速集資過程。最主要的原則是減少浮帳、將應收帳款最小化、減少銀行及其他交易費用。

多國籍公司可以用下列技巧加速集資過程：鎖箱、電匯、電子資金轉帳、電傳。國際與國內鎖箱作業並無多大差異，多國籍企業利用外國銀行來加速國際應收帳款之收款過程，另外，關於銀行與客戶間的付款工具，電匯是多國籍公司降低收款遲延的重要方法。

多國籍企業每天使用電子資金轉帳（EFTs）在世界上轉移數兆美元之資金。電子資金轉帳比支票更有效率、快速、且成本更低。

在第11章，我們討論過三種處理國際電傳的電腦系統：紐約交換所銀行資金調撥系統（CHIPS）、付款輔助系統結算中心（CHPAS）、環球銀行財務通訊系統（SWIFT）。以上與其他電腦系統被廣泛使用在輔助資金電傳的過程上。SWIFT 是為了傳遞金融交易訊息，而在 1973 年建立之跨銀行通信網路。

**延遲付款**　除了加速收款，管理者還可透過控制付款來加速資金周轉率。經由延遲付款，公司可將手頭上的資金保留更長的期間。

賒購時，公司應將付款延至最後一天，以便使公司手上握有有更多的資金。多國籍公司有以下方法延遲付款：（1）郵寄，（2）增加請款次數，（3）浮帳。

首先，儘管EFTs已然普及，令人驚訝的是仍有龐大數額之跨國付款採用郵寄方式。一般航空郵件到達最終目的地多要七天以上。

第二，母公司可以將國外子公司向母公司支付中心請款的頻率予以增加。例如，公司請款政策由每月改至每週，則公司最多可使手頭上資金多保留三星期。

第三，浮帳是另一個增加現金可及性之方法。公司所簽發支票因為銀行系統需數日方能結清，故公司可能在支票簿上有赤字，但在銀行帳簿仍有數天的餘額。

**現金管理的成本**　多國籍公司可能採行許多收款與付款措施以改善現金管理效率。因為此兩種措施構成事情的兩面，他們對現金管理的效率有聯合效果。快收與延付牽涉多出的成本，因此，公司必須決定改善現金管理效率的程度。理論上，只要邊際報酬超過邊際費用，公司應採行各種收款與付款之方法。

現金管理的價值取決於現金的機會成本，機會成本取決於公司所預設之短期投資報酬率。例如，假設採用鎖箱系統預期可以降低現金存量 USD$100,000。如果公司短期投資回收報酬率為 11％，那們目前系統之機會成本 USD$11,000。因此，若鎖箱系統成本在USD$11,000以下，我們可以採用此系統來改善增加獲利。

## 14.2.4 現金中心

公司的現金管理有集中化、地區化、分權化等形式。分權化允許子公司自行處理多餘之現金。但是分權化使得多國籍公司無法統合利用這項流動性最高之資產。

高階管理者應設定現金流量中心以有效管理現金。多國籍公司不應將現金置於政治動盪與通膨鉅烈的地區，而應將現金餘額盡快轉移至穩定之環境。

現金集中化要求各地子公司保留最少的現金(交易用)，所有非交易現金集中至現金中心。現金中心負責將資金依多國籍公司之需求，在各貨幣與金融市場、金融工具間配置。

**現金集中之優點** 與分權管理相比，集中管理有以下優點：

1. 現金中心可快速收集資訊並針對貨幣間之相對強弱勢做決策。這對增加資金投資的獲利非常重要。

2. 經由電傳或有提供雙邊強勢貨幣服務的國際銀行體系將資金快速地發給現金短少的子公司。資金集中管理不會產生某一子公司以高利率借錢，但另一子公司卻有多餘資金或投資於低利率項目的情形。

3. 現金中心保有預警性之現金餘額，則多國籍公司可以在不減少生產水準之狀況下，降低總現金存量。這是一種2+2=5的綜效，整合為一體後的價值大於各部分價值的加總。

在現金集中給現金中心之前，各地須有正確評估資金需求。評估牽涉下列步驟：

1. 從現金預算得知未來重要日期之現金出入流量。
2. 每個子公司需有加速現金流入之有效收款程序。
3. 每個子公司需有延遲現金流出之有系統付款程序。
4. 每個子公司需估計何時有多餘現金。
5. 每個子公司需估計何時有資金缺口。
6. 多國籍公司應發展管理資訊系統與現金移轉系統，並應對現金轉移負清楚之決策責任。

**影響現金中心位址的因素** 影響現金中心位址的的因素很多，從經濟觀點來看，閒置資金應向最高獲利與安全性之處移動。資金先集中在現金中心作暫時性投資，故此中心必須要能很快地在全球各地做資金配置。

選擇現金中心位址最重要的因素是當地的政治穩定性與對外國公司的態度。當地法律可能要求外國公司與本國廠商或政府部分合資，另外當地法院若對外國公司之資訊揭露申請與要求懷有敵意，則會降低當地公司成為現金中心的可能性。整體稅率水準以及對超額股利匯款之罰款額數也是考量因素之一。

選擇現金中心時,多國籍企業必須考慮一些經濟因子。中心必須位於幣值穩定且匯兌自由之國家。財務經理很難準確預估匯率變動的時機,大多數政府採取所有可能措施以避免對於本國貨幣之投機攻擊,因此,運用避險操作來降低匯兌損失十分重要。活躍的遠期外匯市場、對暫時性多餘資源佈署的合適資本市場工具皆很重要。

現金中心通常位於世界主要金融中心,例如倫敦與紐約,但對在歐洲營運的公司而言,比利時之布魯賽爾也成為受歡迎的現金中心,另外其他受歡迎之地點為賦稅天堂:盧森堡、巴哈馬、百慕達、荷蘭。以上國家都有以下的良好特點:政經情勢穩定、匯兌自由、地處國際通信管道、法律程序明確。

## 14.2.5 投資多餘的資金

伴隨著現金流量之最適化,國際現金管理的另一項重要功能是有效運用多餘資金。這部分我們討論三種投資組合管理與投資組合方針。

**投資組合管理**　對國際現金管理者而言,最少有三種可行的投資組合管理方式。首先,多國籍公司可以零和投資組合最適化全球現金流量,所有子公司將多餘資金匯給母公司用來付母公司短期債務。第二,可以將現金管理集中在稅賦天堂的第三國家,然後投資資金於有價證券。第三,可以集中現金管理於總部,子公司只持有交易所需之最少量現金。

**投資組合方針**　大多數之資金盈餘是暫時性的,多國籍公司投資在國庫券等有價證券時,應遵守健全之投資組合準則。第一,短期投資組合工具應多樣化,以最大化既定風險水準下的獲利,或最小化既定投資報酬率下的風險。第二,對因為有中短期流動性需求,而持有有價證券的公司而言,市場性是最主要的考量。第三,投資之到期應配合公司預計的現金需求。第四,所選擇之證券應限於違約風險最小者。第五,投資組合應每天審視,以決定如何更動。

## 14.2.6 國際現金管理實務

1996 年,瑞西與莫瑞森(Ricci & Morrison)調查財星 200 大公司以

表 14.6　財星 500 大公司的國際現金管理工具

|  | 時常 | 有時 | 很少 | 從不 |
|---|---|---|---|---|
| 電傳 | 82.3% | 15.3% | 1.6% | 0.8% |
| 電子資金轉移 | 49.6 | 17.9 | 17.1 | 15.4 |
| 鎖箱 | 28.7 | 27.0 | 18.9 | 25.4 |
| 現金集中 | 50.0 | 19.5 | 11.0 | 19.5 |
| 淨額交易 | 49.6 | 17.9 | 17.1 | 15.4 |

確定本章討論之數種現金管理技巧的使用情形。電傳、電子資金移轉被用來加速應收帳款之收款。現金集中與淨額交易被用來減少附屬公司間之資金流動。

表 14.6 指出財星 200 大公司對五種現金管理工具的使用相對頻率。

這些公司似乎混合著使用各項方法。超過80%受訪公司常使用電傳，50%常集中他們的現金，而幾乎一半受訪公司常常運用淨額交易及電子轉移資金。

# 14.3 應收帳款管理

應收帳款的水準取決於賒銷金額與平均收款期間。這兩個變數又決定於信用標準、信用條件、與收款政策。若管理者將焦點移向較不可能付款的客戶，銷售量較易增加，但寬大的信用政策亦會導致壞帳損失及應收帳款的增加。理論上，公司信用政策的自由化程度應到銷售增加之邊際利益等於信用之邊際成本為止。

金錢有時間價值，故應收帳款有其利息成本。許多多國籍企業常為了擴充銷售而賒銷。如果銷售是建立在進口商匯票的基礎上，則會使用商業承兌匯票或銀行承兌匯票，而這些匯票可以向銀行貼現或在貼現市場中買賣。此外，在許多國家應收帳款之累積很受歡迎，因為政府機關對於賒銷出口施以較優惠之利率。

## 14.3.1 通貨價值的問題

通貨價值改變的風險是跨國應收帳款管理領域中一個獨特的問題。管理者應瞭解此風險並盡力降低之。跨國應收帳款可由兩種形式之交易產生：對外部客戶之銷售與企業內公司間銷售。此兩種交易形式經濟上的結果並不相同。

**對獨立客戶的銷售** 對獨立買主的應收帳款管理涉及兩種決策：付款貨幣的種類與付款條件。國內銷售幾乎皆使用當地貨幣，相反地，出口銷售可以用出口商貨幣、進口商貨幣、或第三國貨幣。出口商偏好以強勢貨幣定價與開發票，進口商則偏好以弱勢貨幣付款。溝通競爭與習慣是常見的解決歧見方法，但通常雙方是在付款條件與貨幣種類這兩個因素間權衡，例如，出口商會給予較長之信用期間，以交換進口商用強勢貨幣付款的承諾。

影響付款條件的因素很多，最重要之因素為交易貨幣種類的強弱走勢。如果是以弱勢貨幣收款，則應收帳款需儘速收齊，以減低銷售與收款兩期間之內可能之匯兌損失。以強勢貨幣交易之銷售可以保留較長的信用期間。如果本國貨幣有遽貶的情形，出口商可以鼓勵其強勢貨幣的應收帳款延遲付款。

最少有兩種方法可以減緩通貨價值問題：通貨種類選擇以及應收帳款收買業務。賣方可以要求都以強勢貨幣付款，此要求確保付款貨幣的價值。有些例子中，多國籍公司甚至完全拒絕以外國貨幣賒購。

跨國公司可以購買貨幣信用保險，例如，美國出口商可以向第十二章所述之國外信用保險協會或美國輸出入銀行購買保險。

應收帳款管理者可以經由應收帳款購買商號來降低匯率變動的風險。應收帳款收買業務（Factoring）是公司在無追索權的基礎下，賣出應收帳款。無追索權是指如果應收帳款付款人不付款，由買下應收帳款的公司承受損失。除了承擔風險，應收帳款購買商號還有下列服務：信用稽核、簿記、帳戶收款。美國的銀行造就了世界應收帳款收買業務的迅速擴充。

集團內公司間銷售（Intracompany Sales）與對客戶銷售之差別在於信用標準並非最大考量，付款時機也以資源配置的角度考量，而非一般付款規劃。如此做有其理由：子公司生產不同產品且彼此買賣。如同現金餘額配置一般，企業間應收帳款配置也要有全球性考量。如果母公司想要移轉資金給子公司，可以讓子公司延遲企業內公司間購買款之付款。

　　國際賒銷應考慮幣值的問題。銷貨到收款間的匯率變動導致應收帳款風險。提前與延後此兩種方法可用以減低公司間賒銷的幣值問題。

　　假使子公司所在國家通貨很可能貶值，母公司可以指示子公司提早付款。相反地，如果幣值預期升值，子公司應延付。要注意的是，公司間提早付款結合延遲付款只在母公司 100% 擁有旗下各關係企業時才可行。

# 14.4 存貨管理

　　以下兩個原因使存貨管理非常重要：第一，在多國籍公司中，存貨代表著相當比例的總資產。第二，存貨是流動性最低的流動資產，因此，存貨管理的錯誤不容易迅速補救。存貨控制與投資在過去數十年中，是流動資產管理領域中進步幅度最大者。隨著電腦以及新存貨管理系統之應用，存貨規模與銷售量相比已大幅降低。

　　許多歐美多國籍公司近來採用日本之即時存貨管理系統（『just-in-time』 inventory system）。此系統要求在下訂單後，所需之特定貨品在一確定時間準時抵達，以達到實際上零庫存的目標，這種情形下，供應商所在地普遍位於主要顧客附近，以確保貨品之迅速供應。許多日本汽車公司將生產設施與廠房建於組裝場附近，但是實際上，顧客是將存貨餘額的問題交回給供應商。

## 14.4.1 決定存貨數量

　　銷售水準、生產週期、產品耐用性是決定存貨數量的主要因素。只涉及一個國家之營運時，公司會去維持存貨水準以降低運送成本及缺貨成本，然而，不同國家有不同之生產與儲存成本，因此多國籍公司之存貨政策彈性更大。當某一國之成本低時，可將生產與儲存作業移往該國。但如此作也可能會有其他關稅與政府進口管制的問題。

　　若子公司在通貨膨脹之環境下營運，母公司需決定是否提早買存貨或等到需要時再購買。提前購買牽涉運送成本、資金變成存貨的利息成本、保險金、儲存成本與稅，但若以後再買，就有因貶值或通貨膨脹而使成本增加之可能。通貨膨脹使當地商品成本上漲，貶值使進口品項成本上漲。

　　儘管想要最適化存貨水準，許多存貨依賴進口的公司仍維持超額存貨。擔心持續通貨膨脹、原料短缺、其他環境限制，使公司維持高額海外存貨，其他的環境限制包含輸入禁令、因碼頭罷工與怠工所導致的預期交貨延遲、缺乏精確之生產與存貨控制系統、交易所需的外匯不易取得等。

## 14.4.2 針對通貨膨脹與貶值的保護措施

　　物價上漲與貨幣貶值對跨國公司存貨管理決策的影響相當大。在通膨與貶值的情形下，子公司之存貨只能儲存相當重要者。有些子公司主要依賴進口存貨，有些依賴當地取得存貨，有些則兩者兼顧。

　　如果子公司依賴外國存貨，應該在預期貨幣貶值之前，增加進口設備與物料等存貨，因為之後的貶值會增加進口成本。舉例來說，若某國貨幣對美金貶值 10%，則同一批從美國進口的貨品，公司必須多付 10% 的本國貨幣。

　　另一方面，若子公司依賴當地取得之存貨，應盡量減少各種存貨數額，因為日後之貶值會導致存貨之美元價值減少。若存貨以即時匯率計價而非歷史匯率，當地貨幣對美金 10% 的貶值 會使存貨之美金價值減少 10%。

　　最後，若公司存貨是當地購得與國外進口兼有，則應該在預期當地貨幣貶值前，減少當地取得存貨數額，並增加進口存貨量。然而，若精確的貶值預測無法得知，公司可以維持這兩種來源的存貨在等量的水準，因為貶值對此兩種存貨之效果相同，匯率變動，公司不是獲利就是有損失。

## 14.4.3 訂價

　　目前為至，我們的討論集中在跨國公司針對貶值可以採取的預防性措施，以降低風險。在訂價上還有其他措施可降低風險。

　　**例 14.5**　假設韓國進口 10 台美國製收音機，之後韓圜(KW)對美金貶值 50%。原匯率是 KW500 / $1，原成本每台 KW1,000 元，原售價每台 KW1,500

表 *14.7* 訂價對利潤的影響

| 匯率 | (1)維持原價 | | (2)調整價格 | |
|---|---|---|---|---|
| | 韓圜 | 美金 | 韓圜 | 美金 |
| (現在)賣出 | KW15,000 | $15 | KW30,000 | $30 |
| (原來)成本 | KW10,000 | $20 | KW10,000 | $20 |
| 利潤 | KW5,000 | -$5 | KW20,000 | $10 |

元。

　　韓國子公司有兩種定價政策：（1）存貨維持原價以利市場競爭；（2）增加存貨售價以賺取預期美元利潤。表 14.7 表示兩政策對韓國子公司之影響。若維持原價，即使帳面上有 KW5000 的利潤，此 10 台收音機會有 5 美元之銷售損失，但若提高售價使新售價之美元價值和原售價相同，將會有 10 美元的利潤。然而以上情形需假設韓國政府沒有價格管制，即使事實上韓國政府的確沒有價格管制，政策 2 的價格大幅增加可能使銷售量減低。

　　若此商品之需求價格彈性極高，當地市場可能無法忍受較高價格。然而，某一程度之價格調漲仍屬必要以預防盈餘情況惡化。

　　另一個要討論的問題是子公司是否應繼續進口此種商品。若當地售價能提高以彌補更高之進口價格，進口應持續；若否，應停止進口。雖然停止進口不會有交易損失，但會導至生產閒置，且放棄海外市場也會有營業損失。跨國公司的存貨物品定價政策，其銷貨收入應包含賣出存貨之置換成本增加總額、預期利益之價值損失、與增加之營業稅。

# 總結

　　國際流動資本管理的方法基本上與國內流動資本管理相似，但牽涉變數更多。國內營運時，所有交易是在相同的流通、累積、再投資規則下運作，但若交易跨越國界，規則就有所不同，亦有諸如政治、稅賦、外匯、與其他經濟限制。

　　本章討論現金、應收帳款、與存貨的管理。公司可以對現金進行集中化或分權化的管理。雖然分權化受子公司經理人歡迎,但並不能讓跨國公司在更廣之基礎上管理最具流動性的資產。跨國應收帳款由兩種不同的交易產生:對個別客戶之銷售、集團內公司間之銷售。前者的應收帳款牽涉到付款貨幣種類的選擇與付款條件,後者的應收帳款則是以分配資源的角度決定付款時機,較不在意信用標準與一般付款計畫。存貨管理的整體效率非常重要,有以下兩個理由:第一,在多國籍公司中,存貨代表著可觀比例的總資產;第二,存貨是流動資產中流動性最低者,因此,存貨管理的錯誤不容易迅速補救。

# 問 題

1. 對多國籍公司而言,什麼是流動資產管理的經濟限制?為什麼多國籍公司會面對這樣的限制?

2. 為什麼多國籍公司在他們的流動資金管理上會出現套利機會?

3. 對於在許多國家有營運子公司的公司來說,什麼樣的技術可以有效配置現金和市場證券?

4. 領先和落後比起直接借貸有何優點?

5. 列出國際現金管理兩個主要的功能。

6. 為什麼國際營運的浮帳問題比起國內營運更嚴重呢?

7. 解釋對國際現金管理者有用的三種投資組合管理的形式。

8. 為什麼一家公司應該投資在外國通貨的投資組合而非只是單一外國通貨?

9. 對於出口商標準的忠告是要他們其所持有的通貨或一強制通貨開發票。試著批判性地分析這個勸告。

10. 在何種情形下公司應該保有超庫存的存貨?

11. 解釋流通資產管理的重要性。

12. 為什麼在國際流動資金管理的文獻相當有限?

# 習 題

1. 假設淨額交易中心使用應付帳款和應收帳款的矩陣來決定淨付款人和收款人在結清日時每一子公司的地位。下表顯示如此一個矩陣的例子：

子公司間支付矩陣

| 收款子公司 | 付款子公司 | | | | 總收款 |
|---|---|---|---|---|---|
| | 美國 | 日本 | 德國 | 加拿大 | |
| 美國 | - | $800 | $700 | $400 | $1900 |
| 日本 | $600 | - | 400 | 200 | 1200 |
| 德國 | 200 | 0 | - | 300 | 500 |
| 加拿大 | 100 | 200 | 500 | - | 800 |
| 總付款 | $900 | $1000 | $1600 | $900 | $4400 |

    a. 準備一張如同表 14.2 的多邊抵銷表。

    b. 算出經由淨額交易減少的總付款金額。

    c. 算出經由淨額交易在總付款減少的百分比。

2. 一家多國籍企業在 A 國有一子公司，生產汽車零件並賣給在 B 國的另一子公司，並在 A 國完成所有生產程序。A 國有 50％的稅率而 B 國有20％的稅率。在以下表中列出了兩家子公司的損益表。假設這家多

*Pro Forma* 對兩家子公司的損益表

| | 高稅 A | 低稅 B | 合併 A＋B |
|---|---|---|---|
| **高轉移價格** | | | |
| 銷售價格 | $4,000 | $7,000 | $7,000 |
| 銷售成本 | 2,200 | 4,000 | 2,200 |
| 毛利 | $1,800 | $3,000 | $4,800 |
| 營運費用 | 800 | 1,000 | 1,800 |
| 稅前盈餘 | $1,000 | $2,000 | $3,000 |
| 稅（50％/20％） | 500 | 400 | 900 |
| 淨利 | $500 | $1,600 | $2,100 |

國籍公司將它的轉移價格由 $ 4000 減少到 $ 3200 。試決定在這家公司的合併淨利低轉移價格的稅賦影響。

3. 一家美國母公司的國外子公司賺取了稅前盈餘 $ 1000。母公司想要收到美國稅前 $ 400。當地稅率是50%而美國稅率是30%。美國公司正在考慮兩種選擇：選擇 X：現金股利 $ 400 和選擇 Y：現金股利 $ 160 加上 $ 240 的權利金費用；總和為 $ 400 的現金。公司應該選擇哪一個來最大化它的合併所得？

4. 一家美國公司有45天期可用的現金 $ 10,000。它可以在美國的45天期投資當中賺取百分之1.0。另一選擇是，假如它將美元兌換成德國馬克，它可以在 45 天的德國存款中賺取百分之 1.5。德國馬克的即期匯率識 $ 0.50。從現在起45天期的即期匯率預期將會是 $ 0.40 。則這家公司應該將它的現金投資在美國或是德國？

## 案例問題十四：那維斯塔國際淨額交易體系

那維斯塔國際公司於1987年由國際收穫者公司所改造而成，為一家農業和設備的製造商。今日，那維斯塔在北美和選定的外銷市場，製造和行銷中、大型卡車、學校用車與中行程的柴油引擎。公司的產品、零件和服務在美國、加拿大、墨西哥和其他 80 個國家，透過 8 個配銷中心、 13 個已使用的卡車中心和 1,200 經銷商銷路來販賣。

那維斯塔也提供融資給它的顧客和配銷商，主要是透過他所擁有的子公司，那維斯塔金融公司。

那維斯塔淨額交易中心依賴於一家在瑞士的通貨結清中心。這個淨額交易體系每月定期運作。在每個月的第十五天時，所有參與的子公司要把在那個時點，以當地通貨表示的應付和應收帳款的資訊回給通貨結清中心，結清中心將所有金額以當時即期匯率兌換成美元計價，然後將淨應付帳款——他們欠多少和應付給誰的資訊——傳送給那些子公司。這些付款子公司負責通知那些資金的受款人且傳送外匯。在月中的第二十五天的時候結清，並且資金在前兩天的時候完成以便於他們可以在設定的日期被收到。任何在第十五天瑞士中心和第二十五天結清時的匯率差異所引起的外匯利得和損失，都由子公司承受。

那維斯塔使用這個原來的結清體系來處理公司內交易並且沒有將它用於獨立公司間的交易。在這個體系使用將近十年後，公司提議一個方案來處理外面公司的外匯結清。有兩個日期-第十天和第二十五天－所有的外會被交易和從瑞士中心轉移，爲了要能夠使外匯交易數量降到最少，這些支付需求超過結清日二天前就以電子化的方式傳送到瑞士中心，然後中心淨算每一通貨的金額。那些積欠外匯的子公司在適當的結清日跟結清中心結算。這個淨額交易體系可以減少一半與外面公司交易數量。

部門間領先與落後的使用使得現今管理體系甚至更加有彈性。假如一家子公司是淨付款人，他可以拖延或延遲支付款到兩個月，而這期間就已現行利率支付給淨受款人。資金的淨受款人可能依據他們的考量，使得資金在適當的利率供其他子公司使用，如此一來，瑞士結清中心就可將其他子公司結合在一塊以便於他們可以減少外面的借款。領先和落後的淨額交易已經讓公司減少公司內浮帳和減少百分之八十的交易數量。

## 案例問題

1. 爲什麼那維斯塔選擇瑞士當作它公司淨額交易體系的結清中心？

2. 那維斯塔淨額交易體系所節省的直接成本是什麼？

3. 除了在第二題中所討論的直接成本節省外，從那維斯塔淨額交易體系中得到的好處又有哪些？

4. 假設那維斯塔雇用你當作流動資金管理的顧問。當他面臨以下情形時，妳會如何建議這家公司：缺少遠期市場、高交易成本、高政治風險、子公司的流動性需求和高額稅。

5. 主要的國際銀行提供給多國籍公司各種的流動資金和現金管理的服務。使用美國銀行（www.bankamerica.com/）和蒙特利爾銀行（www.bmo.com/）的網站來評估他們的多國現金管理服務。

# 參考書目

Anvari, M., "Efficient Scheduling of Cross-Border Cash Transfers," *Financial Management*, Summer 1986, pp. 40–9.

Bokos, W. J. and A. P. Clinkard, "Multilateral Netting," *Journal of Cash Management*, June/July 1983, pp. 24–34.

Cotner, J. and N. Seitz, "A Simplified Approach to Short-Term International Diversification," *Financial Review*, May 1987, pp. 249–66.

Kim, S. H., M. Rowland, and S. H. Kim, "Working Capital Practices by Japanese Manufacturers in the US," *Financial Practice and Education*, Spring/Summer 1992, pp. 89–92.

Ricci, C. W. and G. Morrison, "International Working Capital Practice of the Fortune 200," *Financial Practice and Education*, Fall/Winter 1996, pp. 7–20.

Srinivansan, V. and Y. H. Kim, "Payments Netting in International Cash Management: A Network Optimization Approach," *Journal of International Business Studies*, Summer 1986, pp. 1–20.

# 第十五章

## 國際投資組合

在 1990 年，二位美國財務學家－哈瑞.馬可威斯（1959）（Harry Markowitz）和威廉‧夏普（1964）（William Sharpe）－因爲他們對投資組合理論的貢獻而得到諾貝爾經濟學獎。一個由馬可威斯和夏普所發展出極受重視的平均數－變異數模型，使用了兩個基本的方法：預期報酬指標（平均數）和風險指標（變異數或標準差）。投資證券組合的預期報酬簡單地說就是組成投資組合的證券個別報酬率的總和。要將標準差當成投資組合風險的測度並不容易，在許多貿易情形下，個別證券的風險會互相抵消，因此，隨著成功的多角化，投資人可能選擇的投資組合，其風險較個別證券風險的加總少。

曾經有一段時間投資機會是無法跨越國界的。然而，今天在分析國際金融和總體經濟時，我們總假設世界是一個整合的資本市場，的確，近來國家政策探討都建立在這個全球資本市場整合的前提之下，因此許多國家自從 1980 年起便已將其資本市場國際化。國內資本市場常伴隨著諸多的國際證券交易一起上市，並轉變成一整合的全球資本市場。國家解除金融市場的管制，意味著經濟變革正在世界許多角落展開。

在一特定國家的風險證券中進行多角化可以降低風險，然而受限很大，因爲大多數公司通常在經濟景氣時賺得更多而在蕭條時賺得更少，這同時也暗示著國際投資組合多角化減少額外增加的風險。事實上，由多角化得到的利益在近年來已經變得平凡，致使沒有研究再去證實國際多角化的好處。這個章節描述重要的多角化術語、國際多角化利益和國際多角化的方法。

## 15.1 重要術語

現實世界中，沒有一家公司或個人投資所有資產在單一標的之上，於是，考量特定資產的風險和報酬與現存資產或投資機會的相似物的連結是有用的。投資組合理論就是在處理如何選擇風險最小化（在特定報酬率下）或報酬率最大化（在特定風險下）的投資方案。

## 15.1.1風險分析：標準差

投資在資產上的兩個矛盾是：（1）金融變數充滿不確定性；和（2）投資人基本上是風險趨避者。風險就是投資的報酬不確定性。例如，投資人購買普通股就是希望能收到成長的股利和增值的股價，然而，不論是股利流動或者是價格增值都是不確定的，因此，投資人在他們投資普通股時會評估風險。

風險可以由在平均報酬周圍可替代報酬的離散程度來測量。一種離散程度的測量值，標準差（Standard Deviation），相當適合當成測量風險的技術。爲了決定，譬如說資產每月的報酬標準差，我們可以使用以下公式：

$$\sigma = \sqrt{\frac{\sum\left(R - \overline{R}\right)^2}{n-1}} \qquad (15.1)$$

這裡的 $\sigma$ = 標準差；R ＝每月報酬和 R= 平均每月報酬。爲了說明，假設普通股每月報酬分別爲 0.40、0.50 和 0.60 三個月。平均每月報酬是 0.50 和標準差爲 0.10。

標準差是離散程度的決定測量值，假如報酬以美元描述，則標準差顯示的是平均報酬的每單位美元風險數量。一相對離散程度測量值是變異係數（Coefficient of variation），爲標準差除以平均報酬的值。一般而言，用變異係數來衡量美元計價報酬的資產之風險較標準差爲好。標準差應僅被使用來測量那些以百分比計算報酬的資產風險。

## 15.1.2資本資產定價模式

資本資產定價模式（Capital asset pricing model, CAPM）假設證券的總風險包含系統性（非多角化）風險和非系統性（多角化）風險。

系統性風險（Systematic risk）反映了整體市場風險，它是對所有證券都相同的風險。系統性風險通常的原因包含了整體經濟的改變、國會改革稅制和國家能源供應的改變，因爲系統風險會影響所有的股票，所以它無法經由多角化來消除。

　　非系統性風險（Unsystematic risk）則是針對特定公司而言。非系統性風險包括了僅影響到該公司的非法罷工、新的競爭者生產相同的產品和技術大躍進使得現有產品遭到淘汰。因為它是針對特定股票的，故非系統性風險可以藉由多角化來消除。

　　國際市場中，全球性系統風險是有關於全球蕭條、世界大戰和世界能源供應變動等的全球事件；非系統性風險則是有關於徵收、貨幣控制、通貨膨脹和匯率變動的國內事件。

　　假如市場是均衡的，則個別證券 j 的預期報酬率如下所述：

$$R_j = R_f + \left(R_m - R_f\right)\beta_j \qquad (15.2)$$

　　這裡的 $\beta_j$ ＝證券 j 的預期報酬率、$R_f$ ＝無風險利率、$R_m$ ＝市場投資組合（market portfolio）的預期報酬率，而市場投資組合就像是 S & P500 的一籃風險證券和 $\beta_j$ ＝證券 j 的系統性風險。這個方程式，就是所謂的證券市場線，包含了無風險利率（$R_f$）和風險溢酬〔$(R_m - R_f)$ $\beta_j$〕。貝他係數（$\beta_j$＝〔$(R_j - R_f)$／$(R_m - R_f)$〕）是一證券相對於市場投資組合的超額報酬揮發性的指標。在投資組合內容中，證券市場線構成了結合無風險證券和風險證券的各種投資組合。

　　一般決定是否接受一風險性專案的規則，如下所陳述：

$$R_j \rangle R_f + \left(R_m - R_f\right)\beta_j \qquad (15.3)$$

　　這個決定規則暗示著，如果要接受證券 j，它的預期報酬必須超過投資人的最低報酬率，而它是無風險利率加上證券的風險溢酬。圖 15.1 顯示在一般情形下的決定規則：接受所有在證券市場線上的證券並且拒絕所有位於證券市場線下的證券。

## 15.1.3 相關係數

　　投資組合效果（Portfolio effect）定義為個別證券的非系統性風險會互相抵消的程度。

　　投資組合效果或投資組合標準差不僅決定於每一證券的標準差，也決定

圖 *15.1* 證券市場線

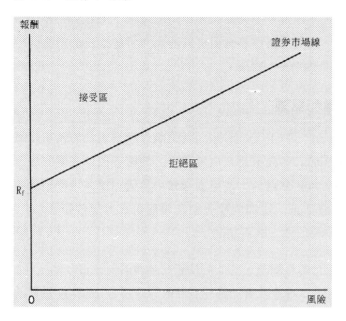

在兩個或更多證券間交互作用的程度。相關係數（c o r r e l a t i o n
coefficient）就是衡量兩證券間交互作用的程度，由 0（不相關或獨立）
變化到 ± 1.0（完全相關）。

　　相關係數 -1.0 表示兩組證券報酬有反向移動的傾向。假設景氣繁榮。
證券 A 預期賺進 ＄100 而證券 B 則沒有賺；相反地，景氣蕭條發生時，證
券 A 沒有賺，但是證券 B 賺 ＄100 。因此，這兩個證券呈現完美負相關，
而當兩個證券呈現完全負相關時，多角化可以完全消除非系統性風險。

　　相關係數 +1.0 表示兩組證券報酬有往相同方向移動的傾向。假設景氣繁
榮。證券X和Y都可賺得 ＄200；但是假如景氣蕭條，他們將賺取相同的 ＄50 。
然後，我們可以說這兩個證券是完全正相關，在這種情形下，多角化無法減少
非系統性風險。

　　相關係數 0 表示兩組證券報酬是不相關或彼此獨立。在這種情形下，多
角化將可以相當地降低非系統性風險。

　　因為證券間相關程度決定於經濟因素，所以同一國家的證券其相關係數中

都介於 0 和 +1.0 之間。大多數股票價格在景氣繁榮時很可能上漲,但在景氣蕭條時它們很可能下跌。但是不同產品線和不同的地理市場容易在彼此間有相對較低的相關程度。因此,國際多角化可以消除非系統性風險和降低相當程度的 (不同市場的) 系統性風險。

## 15.1.4 投資組合報酬和風險

投資組合報酬 (Portfolio return) 就是證券投資組合的預期報酬率。預期的投資組合報酬簡單地說就是組成投資組合的證券預期報酬的加權平均。一種來衡量國際多角化好處的方法是去考量由美國和國外證券組成的投資組合的預期報酬與標準差。這樣的投資組合報酬可以計算如下:

$$R_p = X_{us}R_{us} + X_{fn}R_{fn} \qquad (15.4)$$

這裡的 $R_p$ =投資組合的報酬率、 $X_{us}$ =投資在美國的資金百分比、 $R_{us}$ =美國證券的預期報酬率、 $X_{fn}$ =投資在國外證券的資金百分比和 $R_{fn}$ =國外證券的預期報酬。

投資組合的標準差是衡量投資組合的風險性。兩種證券投資組合的標準差可以計算如下:

$$\sigma_p = \sqrt{x_{us}^2 \sigma_{us}^2 + x_{fn}^2 \sigma_{fn}^2 + 2x_{us}x_{fn}\sigma_{us,fn}\sigma_{us}\sigma_{fn}} \qquad (15.5)$$

這裡 $\sigma_p$ =投資組合的標準差、 $\sigma_{us}$ =美國證券的標準差、 $\sigma_{fn}$ =國外證券的標準差和 $\sigma_{us,fn}$ =美國和國外證券報酬間的相關係數。

例15.1 假如一個由美國證券和國外證券所組成的國際投資組合需要一千萬美元的總投資額,其中投資美國證券四百萬美元而投資國外證券六百萬美元,美國證券的預期報酬是8%而國外證券是12%,以及美國證券的標準差是3.17%而國外證券是 3.17%。國際投資組合投資在美國證券的百分比是百分之四十而在國外證券則是百分之六十。國際投資組合的報酬是:10.4%

必須要承認很重要的一點是,不管美國和國外證券報酬的相關性,國際投資組合的報酬是相同的。然而,國際投資組合風險程度根據投資組合間或證券間報酬行為而變化,證券間報酬可能是完全負相關、獨立和完全正相關。

## 個案 A：完全負相關（Perfectly Negative Correlation）

假如美國和國外證券是完全負相關，它們的相關係數變成 -1。國際投資組合報酬和它的標準差是：

$$R_p = 10.4\%$$

$$\sigma_p = [(0.4)^2 (0.0317)^2 + (0.6)^2 (0.0317)^2 + 2(0.4)(0.6)(-1)(0.0317)(0.0317)]^{1/2} = 0.63\%$$

因為美國和國外證券的標準差每一個都是 3.17%，所以它們的加權平均是 3.17%。（0.0317 × 0.4 + 0.0317 × 0.6）。因此，國際投資組合的標準差只有這兩個別標準差是加權平均的 20%（0.0063/0.0317）。假如有相當數量的完全負相關專案存在，風險幾乎可以被完全抵銷的。然而，完全負相關在現實世界中很少有。

## 個案 B：統計上獨立（Statistical Independence）

假若這兩個投資組合統計上獨立，在這兩個間的相關係數是 0。國際投資組合報酬和它的標準差是：

$$R_p = 10.4\%$$

$$\sigma_p = [(0.4)^2 (0.0317)^2 + (0.6)^2 (0.0317)^2 + 2(0.4)(0.6)(0)(0.0317)(0.0317)]^{1/2} = 2.29\%$$

在這種情形下，國際投資組合的標準差是加權平均的 72%（0.0228/0.0317）。這表示國際多角化可以減少相當的風險；假如有可觀的相互獨立的證券存在。

## 個案 C：完全正相關（Perfectly Positive Correlation）

假如兩投資組合彼此是完全正相關，它們的相關係數變成 +1。投資組合報酬和它的標準差是：

$$R_p = 10.4\%$$

$$\sigma_p = [(0.4)^2 (0.0317)^2 + (0.6)^2 (0.0317)^2 + 2(0.40(0.6)(1)(0.0317)(0.0317)]^{1/2} = 3.17\%$$

國際投資組合的標準差等於兩個別標準差的加權平均。因此，假如所有相關投資都是完全正相關，多角化無法降低風險。

### 15.1.5 效率前緣

　　假設 A 、 B 和 C 是三個互斥的投資組合，它們都需要相同的投資金額，譬如說一千萬美元。它們有相同的報酬率，但是各自的標準差不同。圖 15.2 顯示出 A 在既定的報酬下所承受的風險最小，A 稱爲效率投資組合（efficient portfolio）。同樣地，假設 W 、 X 和 Y 是三個互斥的投資組合，需要相同的金額一千萬美元。正如圖 15.2 所顯示，我們注意到 W 在既定的風險下提供了最高的報酬率，W 也稱爲效率投資組合。假如我們計算出更多像是 A 和 W 的點並連接起來，我們就可以得到曲線 AW 。這條曲線就是所謂的效率前緣（efficient frontier）。

　　投資組合 B 、 C 、 X 和 Y 是沒有效率的，因爲某個其他投資組合可能在相同報酬率下給予較低的風險或在相同風險下提供較高的報酬。沿著效率前緣有許多效率投資組合。雖然效率前緣無法告訴我們該選擇那個投資組合，但是卻顯示出在任何預期報酬率下最小化風險或在任何風險下最大化預期報酬的投資組合集合。投資人的目標就是在效率前緣上選擇最佳投資組合。因此，效率前緣是需要的，但對選擇最佳投資組合是不充足的。在給定的效率前緣上，最佳投資組合的選擇決定於證券市場線。

　　圖*15.2* 效率前緣

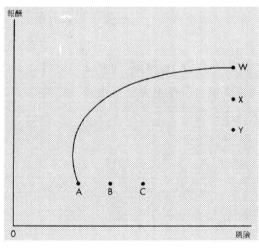

　　假如投資人想要從一特定效率前緣上選出最佳投資組合，它們應該落在最高的證券市場線上。這個最佳投資組合可在效率前緣和證券市場線的相切點上找到。圖 15.3 的相切點 M 表示投資人可以使用可用投資資金獲得最高的證券市場線。最佳的投資組合就是在所有可能投資組合中有最大的預期報酬與風險的比率。一旦投資人認出了最佳投資組合，他們將在風險性資產與無風險資產間分配投資資金來達到一合適的風險與報酬的組合。

## 15.2 國際多角化的好處

　　文獻強而有力地指出，國際多角化投資組合比起國內多角化投資組合好，因爲它們對投資人提供較高的調整後風險報酬。這個章節基於幾個經驗研究來探討：（1）國際多角化的爭論；（2）報酬－風險國內資本市場的特徵；和（3）最佳國際投資組合的選擇。

圖 15.3　最佳投資組合

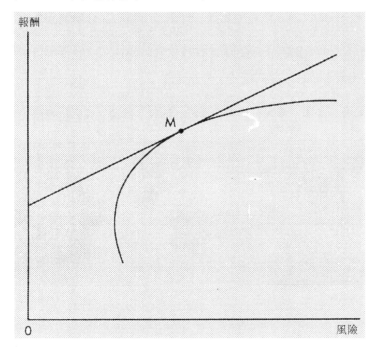

## 15.2.1 透過國際投資的風險多角化

　　表 15.1 提供了在十個主要國家每一股票市場報酬的相關性。首先，對每一國家而言，國內的相關性是 1；另一方面，對任何成對國家，國家間相關性遠小於一。換言之，股票市場報酬的相關性在跨國市場間遠比同一國家低。第二，歐洲共同體的會員國－比利時、法國、義大利、德國和英國－有相對高的相關性，因為它們的通貨和經濟有著高度的相關。第三，在和美國相關性上，範圍從與英國的 0.60 高相關性到與挪威的 0.30 低相關性。

　　當然，國家間相關性低的一個原因是在個別國家許多股票市場風險是非系統性的，因此可經由國際多角化來消除。低國際相關性反映不同地理區域、獨立經濟政策、不同自然資源的天賦和文化差異，總之，這些結果暗示著在地理上和經濟上相異的國家間進行國際多角化會降低投資組合的風險。

　　圖15.4顯示以持有證券數目為函數的國內和國際多角化總風險。在這圖中，由標準差衡量的百分之百風險代表著單一美國證券的典型風險。當投資人增加投資組合中證券數目時，投資組合的風險一開始降得很快，然後慢慢地接近由虛線表示的市場系統性風險。然而，超過二十或三十種的額外增加證券很難再降低風險。

表*15.1* 10個主要國家股票市場的相關性

|  | 澳大利亞 | 比利時 | 法國 | 義大利 | 日本 | 挪威 | 瑞典 | 英國 | 美國 | 德國 |
|---|---|---|---|---|---|---|---|---|---|---|
| 澳大利亞 | 1.00 | | | | | | | | | |
| 比利時 | 0.38 | 1.00 | | | | | | | | |
| 法國 | 0.38 | 0.69 | 1.00 | | | | | | | |
| 義大利 | 0.39 | 0.44 | 0.52 | 1.00 | | | | | | |
| 日本 | 0.34 | 0.36 | 0.31 | 0.37 | 1.00 | | | | | |
| 挪威 | 0.32 | 0.44 | 0.35 | 0.21 | 0.07 | 1.00 | | | | |
| 瑞典 | 0.28 | 0.41 | 0.28 | 0.43 | 0.38 | 0.09 | 1.00 | | | |
| 英國 | 0.41 | 0.58 | 0.44 | 0.32 | 0.42 | 0.18 | 0.34 | 1.00 | | |
| 美國 | 0.57 | 0.50 | 0.45 | 0.33 | 0.48 | 0.30 | 0.42 | 0.60 | 1.00 | |
| 德國 | 0.39 | 0.49 | 0.48 | 0.37 | 0.37 | 0.01 | 0.39 | 0.45 | 0.51 | 1.00 |

圖15.4 國際多角化的利得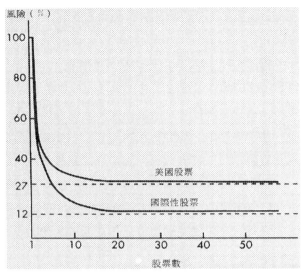

圖 15.4 說明了一些驚人的事實。首先,一個良好多角化的美國投資組合風險只是單一證券典型風險的 27%,而這個關係指出有 73% 有關於投資在單一證券的風險在一完全多角化投資組合中被分散了。

第二,在由完全投資於國內的投資組合中加入國外股票可較快降低風險,正如最下面的曲線所示。第三,完全多角化國際投資組合比起完全多角化美國投資組合的風險減少一半。這個和其他研究已經證實了在證券報酬的相關性上,國際中的證券較國內的證券小,同時也證明了一個強而有力的觀點:國際多角化是風險分散的方法。

要注意很重要的一點,一個完全多角化投資組合或一個有效率投資組合有零或很小的非系統性風險。正如圖 15.4 所說明,一有效率國際投資組合減少了有效率國內投資組合系統性風險的一半。因為國際多角化抵銷了美國對全球事件的反應,所以單一國家的系統性風險便減少了。

## 15.2.2 資本市場的風險相對報酬特徵

在前一章節中,我們探討了有關國際多角化投資組合降低風險的好處,但是我們忽略了投資另一個重要的部分-報酬。的確,投資人在做投資決定時,會同時考量風險和報酬,換言之,他們想要在一給定的風險下最大化預期報酬或在給定報酬下最小化風險,因此,我們應該細查股票市場風險相對報酬的特徵。

　　為了探查國際多角化的利得,艾克(Eaker)葛蘭特(Grant)(1990)建構一個開始為百分之百美國證券的投資組合,然後逐漸以百分之二十的比率來增加國際化的程度。從國內轉變成國外投資是藉由獲得五個國外指標(加拿大、德國、日本、瑞士和英國)等比例相當的證券所完成。表15.2顯示出這些無避險、完全避險和選擇性避險通貨投資組合的績效。

　　當投資在國外的無避險證券比率增加時,報酬增加。除此之外,風險會一直降低直到國外證券比率達到投資組合的60%。避險和選擇性避險國際投資組合也表現出比單獨美國投資組合更明確的優勢。

## 15.2.3 最佳投資組合的選擇

　　在我們探討如何選擇最佳的國際投資組合之前,讓我們複習一下債券和股票的基本概念。債券的風險比股票小,在任何特定的市場中,債券報酬的標準差通常低於在那個市場股票報酬的標準差。的確,債券有著較股票低的風險,但這也意味著較低的平均報酬率。表15.3顯示從美國投資人的觀點,在各種不同的市場中債券和股票的風險—報酬統計值。根據平均值—變異數決策原則,在每一個市場中進行債券及股票的有效率投資。所有債券的平均數和標

表*15.2*　固定分配投資組合的投資績效

| 比率<br>美國(%) | 避險 | | 無避險 | | 選擇性避險 | |
|---|---|---|---|---|---|---|
| | 報酬 | 標準差 | 報酬 | 標準差 | 報酬 | 標準差 |
| 100 | 13.56 | 15.71 | 13.56 | 15.71 | 13.56 | 15.71 |
| 80 | 13.34 | 14.59 | 14.10 | 14.50 | 14.57 | 14.55 |
| 60 | 15.11 | 13.96 | 14.63 | 13.57 | 15.57 | 13.70 |
| 40 | 15.88 | 13.89 | 15.17 | 12.97 | 16.58 | 13.23 |
| 20 | 16.66 | 14.38 | 15.70 | 12.74 | 17.58 | 13.18 |
| 0 | 17.43 | 15.38 | 16.24 | 12.91 | 18.59 | 13.54 |

準差,除了德國之外,在每一市場都比相對的股票統計值要低。

李維(Levy)和倫門(Lerman)(1988)比較列在表 15.3 的 13 個國家不同的投資策略的績效。

當投資只限於股票時,圖 15.5 右方曲線就是效率前緣。而當投資人可以購買債券和股票時,左方曲線就是效率前緣。當投資人受限於債券時,中間曲線就是效率前緣。M(bs)、M(b)和 M(s)分別代表股票&債券、債券和股票的最佳國際投資組合。

李維和倫門的研究發現幾個國際債券和股票多角化的好處。一位透過世界債券市場多角化的美國投資人在相同風險程度下,可以賺取將近兩倍於美國債券投資組合的報酬,此外,美國股票市場在風險調整報酬上勝過美國債券市場,然而,國際多角化債券投資組合勝過國際多角化股票投資組合。最後,國際多角化的股票和債券投資組合又勝過只有股票或只有債券的國際多角化投資組合。

表 *15.3* 美元調整的報酬率和標準差

| 國家 | 債券 | | | 股票 | |
|------|------|------|---|------|------|
| | 平均數 | 標準差 | | 平均數 | 標準差 |
| 比利時 | 8.11% | 9.66% | | 10.14% | 14.19% |
| 丹麥 | 6.99 | 13.14 | | 11.37 | 24.83 |
| 法國 | 5.99 | 12.62 | | 8.13 | 21.96 |
| 德國 | 10.64 | 9.45 | | 10.10 | 20.34 |
| 義大利 | 3.39 | 13.73 | | 5.60 | 27.89 |
| 荷蘭 | 7.90 | 8.28 | | 10.68 | 18.24 |
| 西班牙 | 5.17 | 11.52 | | 10.35 | 20.33 |
| 瑞典 | 6.41 | 6.06 | | 9.70 | 17.09 |
| 瑞士 | 9.11 | 12.68 | | 12.50 | 23.48 |
| 英國 | 6.81 | 15.30 | | 14.67 | 34.40 |
| 日本 | 11.19 | 12.21 | | 19.03 | 32.20 |
| 加拿大 | 3.52 | 6.44 | | 12.10 | 17.89 |
| 美國 | 4.31 | 5.53 | | 10.23 | 18.12 |

　　如同圖 15.5 所示，投資在美國債券是沒有效率的，因為它的風險相對報酬在效率前緣內部下面。在圖 15.5 中國際債券投資組合 M（b）在相同風險程度下勝過美國債券的平均報酬率。更特別的是，美國債券有 5.53% 的風險水準和 4.31% 的平均報酬水準，在大約相同風險水準下，最佳國際債券投資組合賺取約 8.5% 的平均報酬，約為美國投資組合報酬的兩倍。這可藉由投資在德國、瑞典和日本和少數的美國與西班牙債券的投資組合來達成。

　　投資在美國股票也是沒有效率的，因為根據圖15.5，它的風險相對報酬組合位於效率前緣的右方。由點 M（s）有標準差 14.84% 和平均報酬 15%，與標準差 18.12% 和平均報酬率 10.23% 的美國股票相較，國際股票投資組合 M（s）的績效好過美國股票的績效。因此，美國投資人可以經由投資國際股票投資組合賺取比投資美國股票投資組合更多的報酬且較低的風險水平。這可以藉由德國、西班牙、日本和加拿大股票再加上少數比利時與英國股票的投資組合來達成。

　　圖15.5顯示出債券投資組合明顯優於股票投資組合。在每一個將近11% 的平均報酬水準上，債券投資組合的風險比股票投資組合低，然而，效率債券前緣停在約 11% 的平均報酬水準，而效率股票前緣則可延伸到約 19% 的平均報酬。上限代表投資在日本股票，其在所有相同股票中有著最高的風險和報酬。較高的風險－報酬組合範圍無法由債券投資組合獲得，儘管如此，因為它們上限的緣故，股票投資組合獨自地扮演著效率的角色。

　　正如圖15.5所給定，股票和債券的效率前緣勝過只有股票或債券的效率前緣。

　　這意味著股票和債券的國際投資組合勝過股票投資組合和債券投資組合兩者。最佳的股票和債券國際投資組合座落在點 M（bs），這點是股票和債券效率前緣與證券市場線的相切點。

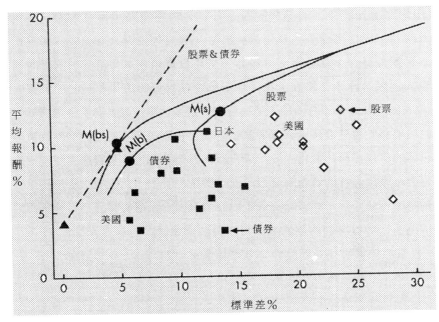

圖 *15.5*　有效率的國際投資組合

# 15.2 國際多角化的方法

　　美國投資人試著從以下的方法中進行國際多角化：（1）國際共同基金；（2）購買美國存託憑證；（3）直接購買國外證券；和（4）投資美國多國籍公司。

## 15.3.1國際共同基金

　　投資人可以用小額投資，像是＄1,000，來購買國際共同基金的股票。幾個經紀公司，像是美林證券、高盛和富達證券等，創造並管理許多國際共同基金家族。共同基金也許是馬可威斯和夏普所發展的投資組合理論中最重要的副產品。共同基金（Mutual funds）就是接受存戶的資金，然後使用這些資金去購買各種證券的金融產品。國際共同基金（International mutual funds）就是從不同國家的證券所組成的投資組合。

比起個別國外證券，國際共同基金有以下數個優點。第一，國際共同基金聯營資金，因此可藉著多角化減少風險。第二，投資人假如要在國外市場直接購買國外證券，就必須支付額外的交易和資訊成本。第三，國際共同基金投資人避開了許多有關直接在國外市場證券投資的法律和制度的障礙。

國際共同基金的種類有兩種：開放型和封閉型。開放型共同基金為在其管理之下的股票總數會隨著投資人買賣基金時成長和衰退。它們隨時準備反映潛在國外股票的潛在淨值的價格去發行或買回。封閉型基金為其管理金額固定的基金。它們以原始發行的資產來發行一固定數量的股票，然後在次級市場以一般市價交易。這些股票不能以投資資產的淨值賣回。目前有將近三百種美國的國際共同基金，而從美國的觀點看來可被歸類成幾個共同基金家族。

1. 投資於美國和非美國證券的全球基金。
2. 只投資於非美國證券的國際基金。
3. 投資於特定地區的區域性共同基金。
4. 投資於單一國家證券的基金。

## 15.3.2 美國存託憑證

投資人可以購買在有組織的交易所或店頭市場的 ADRs。 ADRs 是在美國由國外股票承銷而發行的證券。所有交易所都會在接受一家公司股票交易前，先列出要求條件，列出的規則很明顯地隨著國家而改變，美國的要求條件則在最嚴格之中。銀行創造了 ADRs 以便於國外公司可在美國貿易時避開這些限制。

美國存託憑證（American Depository Receipts）代表發行銀行持有的潛在國外股票的所有權的 ADRs。實際上，銀行持有國外股票並且交易代表那些股票的請求權。ADR的投資人被授與所有股票所有權的特權，包括股利支付在內，銀行，ADRs 的發行人，則通常以當地通貨收集股利，然後轉換成相當額數的美元給 ADR 的投資人。今日，ADRs 已經變得很普及且公司已經開始去發行全球存託憑證，全球存託憑證是類似 ADRs 的工具，但是他可以同時地在全世界股票交易所發行。

### 15.3.3 直接購買國外證券

投資人可以透過股票經紀人購買在國外交易所交易的國外證券，以加入其投資組合。然而，因為不完全市場的存在，像是資訊不對稱、交易成本、各國稅差和不同匯率風險，這種國際多角化的方法並不適合小額投資人。

同樣地，投資人可以投資在美國交易所上市的國外證券，和他們可以購買任何在美國交易所掛牌的美國證券的方式一樣。因為在美國交易所上市的國外證券數量有限，這條途徑本身可能不適合去獲得整個國際多角化的好處。

### 15.3.4 投資在美國多國籍公司

投資人可以選擇美國多國籍企業的證券。多國籍企業代表著國際營運的投資組合，因此，它的績效表現有些隔離美國市場的衰退。多國籍企業可藉由不僅在企業間而且在國家間多樣化銷售來降低風險。這是指說多國籍企業可以單一公司身份來達到相似於國際多角化投資組合的穩定性。

### 15.3.5 全球投資

經驗研究歸納：國際多角化使效率前緣往外移，因此使投資人同時降低風險和提高報酬。這個好處存在一些理由。第一，在一廣大的世界中可能存在更多有利可圖的投資的投資機會，因為快速成長經濟創造更高的報酬或投資人可以從通貨利益中發掘另一個好處。

第二，國際多角化的好處較易發生，因為在不同國家的公司容易遭受到不同循環的經濟波動。

圖 15.6 顯示國際多角化使效率前緣往外移。正如圖 15.6 所示，我們可以思考三種國際多角化優於國內多角化的情形。相對於美國投資組合A，國際投資組合B有相同的報酬和較少的風險；國際投資組合C有相同的風險但報酬卻較高；國際投資組合 D 有較高的報酬和較低的風險。整個世界資本市場，美國的部分已經從 1980 年的 66％降到 1998 年的大約 30％（克林姆里，1994）（Klimley, 1994）。在同一時期間，非美國股票市場通常表

現的比美國股票搶眼,但直到 1993 年,大多數的美國人並沒有透過他們的投資組合來參與全世界的成長。對大多數美國人來說,1993 年是個轉捩點,許多人在此年第一次親身參與海外市場的投資 (克林姆里, 1994) (Klimley, 1994) 。平均而言,美國投資人投資在國際證券的比重少於投資組合的 10%。一些股票經紀人,像是美林證券執行副總裁—魯妮.史蒂芬 (Launny Steffens) 認為投資人最好使他們的資產分配近似於整個世界的資本比重。史蒂芬解釋說:「假如妳看世界市場並且想要去分配你所持有的股份;妳將有約 30%的美國股票和約 70%的其他外國資產」。

假如美國投資人關心可降低的不確定性和追求較高的報酬,他們有很好的理由將國外投資標的列入投資組合中。圖 15.7 顯示,在過去十年來,增加 20 到 30%的國外股票到國內投資組合中確實減少整體的不確定性和擴大整個報酬。當然,機會是隨地區和國家而變動。一些地區和國家則有著較高的流動資產、政治或通貨風險。

美國股票基金經理只有一種方法來擊敗這個難關,就是做較好的股票挑

圖 *15.6* 國際多角化使效率前緣往外移

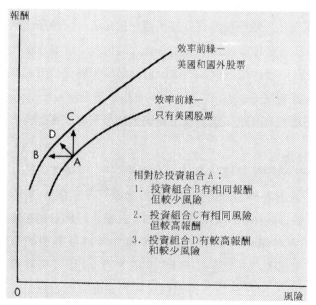

圖*15.7* 風險－報酬績效比較

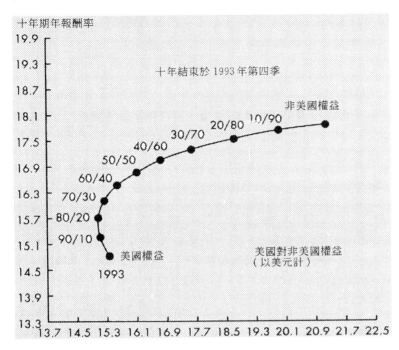

選。但是國際股票基金經理卻有三個不同方式來增加價值：挑選國家、挑選通貨和挑選股票。

美國投資人如何選擇好的全球基金呢？一些有用的建議也許能夠減少損失的可能性（克連特，1992）（Klements, 1992）。他們是：（1）釘住全球市場的大戶；（2）結合資金來減少在投資組合中失敗基金所帶來的影響；（3）選擇區域性而非全球性基金；（4）考慮以股票或債券結合區域性資金來將基金指數化；（5）試著公開地交易基金。雖然這些建議無法保證成功，但是卻能夠減少失敗。

## 總結

在 1980 年代和 1990 年代，早期政治和經濟事件加強了在國家間金融、貿易和投資自由流動的成長的重要性。這些改變伴隨著加強的收集和分析資料能力,降低我們獲得有關國外證券的資訊成本。因此,美國投資人正享受著由國際投資得來的好處。在這章節中,我們看到國際股票和債券多角化比起投資在單一市場產生較高的報酬或較低的風險。

在大約20年來,研究者已經確信有關於國際投資組合相對於純粹國內多角化的平均數一變異數模型。這樣情形的主要理由是,比起甚至在美國或日本大市場的國內投資,國際投資提供更大的機會。研究指出以下兩點:(1)因為國外證券和國內市場的低相關性,一純粹國內投資組合內增加國外證券比例終將降低整個投資組合風險;(2)在過去,國際投資組合比起純粹美國國內投資組合能產生較高的報酬和較低的不確定性。

即使美國投資人逐漸對國外證券感到興趣,對國外證券的投資仍占他們在股票和債券總金額的一小部分。大多數國際投資的障礙包括有:(1)過高的資訊和交易成本;(2)國外投資利潤的雙重課稅;(3)外匯法規和通貨風險;(4)報酬率的不確定性;(5)國外股票匯兌操作流程的不熟悉;(6)無法取得國外公司可靠的財務資料;和 (7) 重要國外證券交易和清償的延遲。

## 問題

1. 討論在一國際性內容中,非系統性風險和系統性風險兩者。
2. 什麼是市場投資組合?為什麼市場投資組合式重要的呢?
3. 許多研究發現,國家間相關性通常低於國家內相關性。解釋這個事實的一些理由。這個發現對國際投資有何重要性?
4. 試解釋效率投資組合、效率前緣和最佳投資組合。
5. 在任一特定市場的債券報酬的標準差比在那個市場的股票標準差較高或較低?這個資訊對投資人造成任何的差異嗎?
6. 國際投資組合有可能減少國內系統性風險嗎?
7. 試解釋美國有託憑證和全球存託憑證。

# 習 題

1. 在市場投資組合預期報酬為 20％。無風險利率是 10％。多國籍公司的貝他係數是 0.5 。這家公司普通股的成本是什麼？

2. 目前，無風險報酬率是 10％而預期報酬率在市場投資組合是 15％。五種股票的預期報酬率和他們的預期貝他係數列之如下。

| 股票 | 預期報酬 | 預期貝他係數 |
|------|---------|-------------|
| A | 0.22 | 1.5 |
| B | 0.30 | 1.3 |
| C | 0.12 | 0.8 |
| D | 0.15 | 0.7 |
| E | 0.14 | 1.1 |

在這樣的預測下，何種股票被高估？何種被低估？

3. 最後三天普通股價格為 $40 、$50 和 $60 。計算平均股票價格和標準差。

4. 一位證券經理人想要投資總金額一千萬美元在美國和德國證券。美國證券的預期報酬率為 15％而德國證券是 12％。美國證券的標準差是 10％而德國證券是 9％。他們的相關係數是 0.33 。則 25％投資在美國證券和 75％投資在德國證券的國際投資組合的預期報酬和標準差是多少？

5. 一個總金額一千萬美元的國際投資組合包含美國證券和國外證券。美國證券需要五百萬美元的投資而國外證券需要五百萬美元的投資。美國證券和國外證券的標準差都是 4％。

　a. 假如這兩個證券是完美正相關，則國際投資組合的標準差是多少？

　b. 假如這兩個證券相關係數是 0.2 ，則國際投資組合的標準差是多少？

　c. 假如這兩個證券是完美負相關，則國際投資組合的標準差是多

# 案例問題十五：在美國投資戴姆勒－賓士公司

三十年前，當印第安那州會計學教授丹·愛德華（Dan Edwards）欲下單購買新力（Sony）公司股票時，他的經紀人試著勸他別買，並說：「沒人聽過那家公司」。然而在教授的堅持下，經紀人買下股票。剛開始，下單完成需兩天，欲知報價必須打電話詢問經紀人。當公司年報寄來時，是日文的年報。

但今非昔比！由於美國存託憑證（ADRs）之興起，現今美國投資人可以像投資國內股票一般，交易如賓士此種外國公司的股票。美國存託憑證由金融業者摩根（J.P. Morgan）於 1927 年創造出來，是爲了要使美國之對外投資更加便利。ADR是由美國境內的美國銀行發行的可轉換憑證，可代表在保管銀行中所持有的股份多寡。ADRs 在美國，以和美國國內股票一樣的方法買賣、登記與移轉。

1993 年，賓士公司管理階層決定調整財務報告方式，以使公司股票能以美國存託憑證的形式在紐約證券交易所（NYSE）掛牌上市。此決定源自賓士公司、紐約證券交易所、與美國證券管理委員會之間長達數月之溝通協商。戴姆勒-賓士公司是德國籍跨國大公司，以賓士車聞名於世。1993 年，戴姆勒-賓士公司獲利與前年相較下滑百分之二十，且未來之遠景並不看好。公司以前主要依靠現金收益，但管理階層瞭解公司必須尋找其他現金資金來源以融通公司未來的成長。其中一個籌資的方法是在類似紐約證券交易所這種外國股票市場發行股票。

隨著美國人對國外市場的興趣增加，ADRs 佔美國主要交易所的成交量比例超過百分之五。1996 年，紐約證交所十檔最活躍的股票中，有三檔是 ADRs。目前美國有超過 1200 種的 ADRs，此數字與五年前相較成長了百分之五十。位於舊金山的霍爾國際管理公司總裁艾力克?傅萊（Eric Fry）說：ADR市場在過去數年的成長如快速增建之房屋一般，由 2,500 平方呎開始增加到 14,000 平方呎。

# 案例問題

1. 描述美國存託憑證（ADRs）的細節。

2. 為何賓士公司與其他外國公司決定將其 ADRs 在紐約證券交易所掛牌上市？

3. 簡單描述如何選擇 ADRs。

4. 投資 ADRs 的缺點為何？

5. 1993年，賓士公司是第一家符合美國證券管理委員會登記與財務揭露要求，在紐約證券交易所掛牌上市的德國公司。上網瀏覽美國證券管理委員會之網頁：www.sec.gov/，並比較美國與世界其他主要工業國的財務揭露要求。其他 ADRs 相關網頁包括 www.adr-dmg.com 與 www.marketwatch.com。

# 參考書目

Abdullah, F. A., J. N. Medewitz, and K. A. Olson, "The Company Valuation Process and Performance of Single-Country Closed-End Funds," *Multinational Business Review*, Spring 1994, pp. 54–63.

Callaghan, J. H., R. T. Kleiman, and A. P. Sahu, "The Investment Characteristics of American Depository Receipts," *Multinational Business Review*, Spring 1996, pp. 29–39.

Clements, J., "Choosing the Best Global Fund for You: Experts Offer Some Winning Strategies," *The Wall Street Journal*, March 4, 1992, p. C1 and p. 14.

Eaker, M. R. and D. M. Grant, "Currency Hedging Strategies for Internationally Diversified Equity Portfolios," *The Journal of Portfolio Management*, Fall 1990, pp. 30–2.

Fatemi, A. M., "Shareholder Benefits from Corporate International Diversification," *The Journal of Finance*, December 1984, pp. 1325–1344.

Hunter, J. E. and T. D. Coggin, "An Analysis of the Diversification Benefit from International Equity Investment," *The Journal of Portfolio Management*, Fall 1990, pp. 33–6.

Klimley, A.W., "Global Investing: Prospering in a Changing World Economy," *World Traveler*, Aug. 1994, pp. 1–3.

Levy, H. and Z. Lerman, "The Benefits .of International Diversification in Bonds," *Financial Analysts Journal*, Sept./Oct. 1988, pp. 56–64.

Markowitz, H. M., *Portfolio Selection*, New York: John Wiley & Sons, 1959.

Sharma, M., R. Obar, and E. Moser, "Efficient Frontier: The Surprising Results of Shorter Relationships," *Multinational Business Review*, Spring 1996, pp. 1–8.

Sharpe, W. F., "Capital Asset Prices: A Theory of Market Equilibrium Under Conditions of Risk," *Journal of Finance*, Sept. 1964, pp. 425–42.

Solnik, B., *International Investments*, Reading, Mass.: Addison-Wesley, 1996, ch. 4.

Thomas, L. R., "The Performance of Currency-Hedged Foreign Bonds," *Financial Analysts Journal*, May/June 1989, pp. 25–31.

# 第十六章

## 對外國直接投資策略

　　直接投資是指股東權益投資，例如購買普通股、買下整個公司、或創建新的子公司等。美國商業部對外國直接投資（FDI）的定義如下：投資額佔外國公司實際資本10%的股東權益。有許多理由支持多國公司進行海外投資，第二章將討論其動機。

　　本章分三個部分討論幾個直接對外投資的實務議題：第一部份描述直接對外投資的整體觀念。第二部份討論流入發展中國家之直接對外投資。第三部份討論國際購併。

# 16.1 對外國直接投資之概觀

　　資本支出的決定涉及回收期限超過一年的資金配置。此種投資需大量資金並預計長期的獲利。因為在外國舊工廠、設備二手市場有限，且部分產業的生產方法因科技而不斷進步，故此一決策一旦施行便不易回頭。此外，對外國投資的風險比對內投資高。因此，有效運用資本對跨國公司未來的利益非常重要。

## 16.1.1 對外投資的利益

　　**公司利益**　寡佔優勢促使跨國公司進行海外投資。這些優勢包括：專利科技、管理技巧、跨國配銷網路、稀少原料的取得、生產之規模經濟、財務之規模經濟、與強勢品牌或商標。寡佔利益使跨國公司降低資金的成本、增加獲利並且增加公司價值。

　　費爾道斯（Ferdows, 1997）將對外投資之利益分成兩類：具體的與非具體的。如表16.1，降低勞力、資本、物流成本屬具體易衡量者。外國研究中心、顧客、供應商的新觀念則難以量化。這些利益也是我們在第一、二、三章討論對外投資與對外貿易的利益。如果在國外生產的策略性角色並不重要，那麼具體性利益是國外生產與否的主要依據。當國外生產的重要性提升時，更應強調非具體性的利益。許多跨國公司管理海外工廠只為了賦稅減免、便宜勞工、與資本補助。但費爾道斯強調只有當兩種利益都達到時，市場佔有率與利潤才會更有意義。海外工廠在獲得非具體利益後才更有創意、生產力、更降低成本、並對全球客戶提供模範的服務。因此,想要從海外獲益更多,跨國公司必須拉近與客戶及供應商的關係、吸引有技術與才華的員工、並為全公司設立專門的技術中心。

**地主國利益** 地主國因對外直接投資而有下列利益:

1. 外資可以移轉本地短缺之技術與科技。
2. 可增加就業人口與國內工資水準。
3. 提供當地勞工學習管理技能的機會。
4. 導致稅收增加且有助於國際收支平衡表的平衡。

## 16.1.2 反對外資的理由

雖然外資提供地主國許多急需之資源,但發展中國家對外資特別顧慮。反對外資的理由多因公司目標與政府期望相衝突而導致:

1. 外資帶來政治與經濟主權之損失。
2. 外資控制關鍵產業與出口市場。

表*16.1* 為何在國外生產?

| 最具體 | 降低直接與間接成本 |
|--------|--------------------|
|        | 降低資本成本 |
|        | 降低稅額 |
|        | 降低物流成本 |
|        | 克服關稅障礙 |
|        | 提供更好之客戶服務 |
|        | 分散外匯風險 |
|        | 建立有選擇性之供應商來源 |
|        | 比潛在競爭者早一步搶佔市場 |
|        | 從當地供應商學習 |
|        | 從國外客戶學習 |
|        | 從競爭者學習 |
|        | 從國外研究中心學習 |
| 最抽象 | 吸引全球的人才 |

3. 外資剝削當地天然資源與低技術性勞工。

4. 外資在發展中國家加強灌輸西方價值觀與生活形態,破壞勤勉之社會文化。

當外資除了促進地主國的發展,也可能帶來負面影響。外資問題不是零和遊戲,所以必須建立可行的投資架構來定義雙邊的權責關係。此架構應能使投資者同時有合理利潤及促進地主國的發展。

## 16.1.3 授權

授權協議(licensing agreement)是跨國公司(授權人)允許外國公司(獲得許可者)在交付權利金、費用、或其他形式之補償後,在當地生產其產品的協議。理論上,直接投資、授權及國際貿易爲進入國外市場的方法之一。因此,除對外投資,授權被視爲另一個選擇。跨國公司可直接在海外設立生產設施,或授權當地公司付權利金生產以收取權利金。

換句話說,如果公司有各種不同的產品與專賣的科技,常以兩種方法擴大其利益。首先,公司會進行投資、在當地製造產品以賺取股利及相關收入。其次,將產品之專賣知識與無形資產授權給當地公司來賺取權利金與授權費。

授權之優點　與直接投資相較,授權的優點如下:

1. 投資額度較少。

2. 公司有機會滲透國外市場。

3. 降低自己在國外營運的風險。

4. 許多政府限制自主之海外分公司在本國營運,而授權是避開這些限制的方法。

**授權之缺點**　另一方面,可能會扶植出在第三國的競爭者、權利金與授權費金額不大、不易維持產品品質等爲授權的缺點。

**當地公司的授權利益**　許多發展中國家急於取得跨國公司高科技產品之授權。理由如下:

1. 當地公司需要新科技以擴充市場,但無法負擔研發成本。

2. 當地公司希望在傳統的市場外，將生產線多樣化。

3. 當地公司常常控制了配銷管道、財務資源、行銷知識，但苦無產品銷售。

**授權的評估**　成功的授權需要管理與規劃。因為沒有全球的清算中心，所以授權雙方結合的過程涉及許多仲介商。其過程也因為政治、國際法、文化差異、全球性保密等因素而更形複雜。因此，具獲利性的授權合約必須經過嚴格的思考、良好的計畫、與研發費用的投入。

## 16.1.4 美國對外投資的部位

美籍跨國公司從第二次世界大戰到 1980 年一直在對外投資上占主要地位。過去幾十年有兩個熟悉的模式。首先，多國企業傾向以美國為基地。其次，多數對外直接投資從這些美國籍多國企業投資。然而，近來之統計顯示此兩種模式可能不復存在。例如在 60 年代初期，美國多國企業在世界前一百大公司佔 2/3，前五百大佔 3/5。但到了 1985 年，前兩項排名掉到各只佔 2/5。至 1997 年更降到各只佔 1/3。美國是 50 到 70 年代 30 年間對外投資的主角。但1980以後，美國成為世界第一的外資接受國。80 年代美國政府注意貿易赤字，但現在反而擔心投資赤字的問題。

在美國兩個有關外資之 1995 年，美國商業部對在美外資進行廣泛的研究。這個具指標性的調查涵蓋8,260家合併後的美國企業。這些企業代表21,895 家個別的美國公司。研究發現：（1）外資投入主要是以買下美國公司的方式來增加員工數、資產、與銷售；（2）當在美的外國投資成長時，外資反而變得較不重要；（3）外國投資者的營運方式與國內大致相同；（4）法律足以保護美國利益。

1991 年，愛德華・葛拉漢（Edward Graham）與保羅・克魯曼（Paul Krugman）進行類似的在美外資研究，歸納出外資角色吃重並無傷害，且有助於經濟改善。因此，在美國並不需要單向管制外資的法律與政策。

投資部位之比較分析　統計數字顯示國外投資部位近年來有大轉變。外資持有的企業在各產業的表現日益突出。

　　表 16.2 顯示某些年度美國對外投資與國外在美投資之部位。美國的對外投資從 1960 年的 319 億美金增加至 1970 年 782 億美金，成長 2.5 倍；同一時期，國外在美直接投資由 69 億美金增至 132 億美金，成長 2 倍。美國對外投資從 1970 至 1980 增加三倍；同一時期，國外在美投資增加超過六倍。1960 年代，美國對外投資成長率超過在美之對外投資成長率。但在 1970 年代趨勢相反，直至 1996 年。1980 到 1996，美國對外投資增加 3.7 倍，但國外在美投資增加 7.6 倍。

　　經濟學家常呼籲美國在國外之資產被低估，因為美國以歷史成本來計算對外投資。歷史成本是投資發生時的實際價值。因為通貨膨脹使帳面價值遠低於市價，因此一些美國老字號的國外控股公司其價值被低估許多。為避免潛在之誤導，1990 年美國商業部多了兩種國外投資部位的算法。第一種算法基準是目前成本，是指目前直接投資資本的淨股票價值。第二種算法以市價計，是指公司淨值的市場價值。淨值是資產減負債。表 16.2 顯示顯示以歷史成本、目前成本、市場價值三種方法計算的美國對外投資的情形。

　　以歷史成本算美國對國外投資，在 1996 年底是 7960 億美元。最大部位目前在英國（1430 億美元，18%）與加拿大（920 億美元，11%）。1996 年，全部部位增加 790 億美元，成長 11%。1995 增加 12%，1982-94 平均年增 10%。

　　美國多國企業的國外關係企業再投資的盈餘，佔 1996 年資本外流的 2/3。這些再投資盈餘顯示出關係企業有獲利且維持高度再投資率。許多國家關係企業的利潤急增，是因為近年盈餘擴大的大量資金流入。

　　1996 年底，在美之對外投資部位以歷史成本衡量達 6300 億美元。英、日、荷蘭佔以上部位超過一半。英國的部份仍是最多（1430 億美金，佔 23%），日本第二（1180 億美金，佔 19%），荷蘭第三（740 億美金，佔 12%）。

　　在 1996 年，整體部位增加 630 億美元，成長 12%。而 1995 年增加 13%，1982-94 年平均成長 12%。1996 年部位增加是因美國經濟持續走強，吸引外國新投資，進而使美國關係企業的再投資盈餘擴大。此外，幾個主要投資國，如英國與荷蘭持續之經濟擴張，也使得母公司展開新購併，並將額外的資本投

表*16.2*　美國：國外投資部位( 單位：十億美元 )

| 年度 | 美國投資國外 | | | 國外在美投資 | | |
|---|---|---|---|---|---|---|
| | 歷史成本 | 目前成本 | 市場價值 | 歷史成本 | 目前成本 | 市場價值 |
| 1960 | 32 | | | 7 | | |
| 1970 | 78 | | | 13 | | |
| 1980 | 215 | | | 83 | | |
| 1990 | 431 | 598 | 714 | 395 | 466 | 530 |
| 1991 | 468 | 630 | 742 | 419 | 479 | 611 |
| 1992 | 499 | 668 | 786 | 426 | 497 | 697 |
| 1993 | 549 | 716 | 993 | 445 | 517 | 746 |
| 1994 | 640 | 779 | 1059 | 496 | 580 | 772 |
| 1995 | 718 | 884 | 1312 | 581 | 655 | 1032 |
| 1996 | 796 | 971 | 1535 | 630 | 729 | 1253 |

資於既有的在美關係企業。

# 16.2 在第三世界的直接投資

　　不久前，從新興工業化國家到第三世界的資金流入，因1980年代早期之債權危機而成長遲緩。 1980 到 1984 年，對外直接投資每年只提升3%，因為銀行、多國籍企業、個人投資者都投資在母國或環境相似之處。例如， 1980 年代，資金傾向於在已開發國家間流動，日本與歐洲主要投資於美國，美國主要投資於西歐。當債權危機的回憶淡忘之後，外國資本又再度回到最具前景之發展中國家。今日，多國籍企業與小企業在非洲、東南亞、拉丁美洲、東歐、與獨立國協 （前蘇聯） 等地也建立工廠。

　　圖16.1依地區與開發中國家來顯示流入開發中國家的外資。從1990年，流入開發中國家之外資穩定成長。從1990到1996年，流入開發中國家之私人資本成長超過五倍，達 2440 億美金。更進一步，流入發展中國家的對外投資佔全球對外投資的比例由 1990 的 14% 增加到 1996 的 40% 。

　　如圖 16.1 所示，對外投資有地區性集中的情形。 1996 ，東亞與環太平洋地區幾乎佔所有到開發中國家的對外投資的一半。中國在 1996 之對外投資

圖16.1　對發展中國家的外國援助與外國直接投資

## Changing the Mix

Foreign aid to developing countries has fallen (figures in billions)...

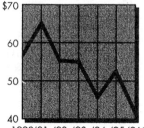

$70
60
50
40
1990 '91 '92 '93 '94 '95 '96*

...As private investment flows have soared (figures in billions)

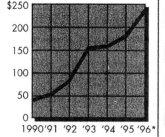

$250
200
150
100
50
0
1990 '91 '92 '93 '94 '95 '96*

## Where the Money Goes

Net private capital flows to developing countries by region (in billions)

| | 1990 | 1992 | 1994 | 1996* |
|---|---|---|---|---|
| East Asia/Pacific | $19.3 | $36.9 | $71.0 | $108.7 |
| Latin American/Caribbean | 12.5 | 28.7 | 53.6 | 74.3 |
| Europe/Central Asia | 9.5 | 21.8 | 17.2 | 31.2 |
| Sub-Saharan African | 0.3 | −0.3 | 5.2 | 11.8 |
| South Asia | 2.2 | 2.9 | 8.5 | 10.7 |
| Middle East/North Africa | 0.6 | 0.5 | 5.8 | 6.9 |

Top developing-country destinations (in billions)

| | 1990 | 1992 | 1994 | 1996* |
|---|---|---|---|---|
| China | $8.1 | $21.3 | $44.4 | $52.0 |
| Mexico | 8.2 | 9.2 | 20.7 | 28.1 |
| Brazil | 0.5 | 9.8 | 12.2 | 14.7 |
| Malaysia | 1.8 | 6.0 | 8.9 | 16.0 |
| Indonesia | 3.2 | 4.6 | 7.7 | 7.9 |
| Thailand | 4.5 | 4.3 | 4.8 | 13.3 |
| Argentina | −0.2 | 4.2 | 7.6 | 11.3 |
| India | 1.9 | 1.7 | 6.4 | 8.0 |
| Russia | 5.9 | 10.8 | 0.3 | 3.6 |
| Turkey | 1.7 | 4.5 | 1.6 | 4.7 |
| Chile | 2.1 | 1.6 | 4.3 | 4.6 |
| Hungary | −0.3 | 1.2 | 2.8 | 2.5 |

*Preliminary

NOTE: Developing countries are defined as low- and middle-income countries with 1995 per-capita income of no more than $765 (low-income) and $9,385 (middle-income). Private flows include commercial bank loans guaranteed by export credit agencies. Country rankings are based on cumulative 1990-95 capital flows.
Source: World Bank

流入為 520 億美金，再次成為世界最大之資金接受地主國。不像私人資本流量，對外投資在大多數低收入國家亦穩定成長。

## 16.2.1 改善的投資氣候

　　為改善一個國家的投資氣候，最好的方法是移除阻礙外資的障礙。港口道路設施不佳，缺乏當地資本與合格技術人力等都將對投資造成傷害。某些例子，在非經濟因素考量下，政府會准許障礙存在。如古巴之共產獨裁與敘利亞之社會習慣會降低外國投資的意願。地主國政府亦想避免難以預期之因素，如官僚主義與司法貪污。

多國籍企業持續投資開發中國家的原因有二：多樣化的獎勵方案與新興市場資本主義。資本的缺乏與經濟成長的期望促使許多國家訂定對私人國外投資的獎勵方案。調查發現開發中國家有許多獎勵方案：租稅優惠、關稅減免、財務援助、匯款保證、行政支援、免於投資與進口競爭的保護、免受國內與政治風險的保護。提供獎勵的國家無疑地會激勵多國籍企業進來投資。

許多開發中國家歡迎市場資本主義。民營化、貿易自由化、對國外投資之正面態度、減少國家管制、股票市場發展、健全之總體經濟政策……以上皆是外國投資者所熱切期盼的做法。這些做法使公司有保障且容易吸引外國投資者進場。

## 16.2.2 私人投資流量增加的涵意

每年吸引超過 10 億美金外資的開發中國家，可稱他們為億萬富翁俱樂部。這個俱樂部可說是菁英團體。依世界銀行排名，150 個開發中國家在 1996 年只有 25 個屬於此俱樂部。然而此俱樂部正快速成長。在快速全球化與自由化的市場，吸引外資的國家從非洲到東歐。1996 年初次加入俱樂部的國家有：迦納、羅馬尼亞、阿爾及利亞、越南。伴隨對外投資競爭而來的是全球投資者與被投資者的巨大改變。

首先，數十個新國家爭奪外資意味著投資者有更多選擇與更高獲利。投資者包括在外國設工廠或併購企業的「直接」投資者，也包括買下新興市場公司股票或借錢給新興市場公司的「組合」投資者。

第二激烈競爭會阻礙資金向已開發國家流動。例如，日本公司已減少對美國新工廠的投資，而轉向東南亞。1996 年，依日本輸出入銀行所做之投資意向調查，中國是日本對外投資最具潛力的目標，次為泰國與印尼。美國以往是日本對外投資最大之接受國，現排名第四。

第三，對外投資需求增加會使世界利率提升。「無論數字如何改變，資本在未來仍是供不應求的」。這是位於百慕達的中洋再保險公司總裁與執行長麥克・巴特（Michael Butt）的主張。資金需求者的競爭會愈來愈激烈。而競爭會提高全世界的利率。

第四，對外投資競爭加劇會導致勝負地位快速轉移。因為對外投資是加速全球整合的重要方法。它連結了資本與勞力市場，為資本接受國帶來工資與生產力；且其效果比投資於母國好。新外資流入不僅刺激成長，吸引外資的政策通常也會刺激國內投資。

# 16.3 國際併購

現在的公司必須以全球性的眼光探索成長機會。經濟上，外資的成長有兩種形式。公司可以在外國興建生產設施以求成長，此法可以設立海外子公司或投資既有外國公司達成。另一方法是，公司可透過購併既有外國公司以求成長。

明顯的，兩種成長近來都在美國與其他國家發生。例如，在美國設汽車廠的同時，日本也買下紐約的洛克斐勒中心。單就數字來說，併購（外部成長）所花費的金額比在國外建新廠（內部成長）要大。關於美國公司之國際併購統計數據顯示 1980 年代，併購案的價值是建新廠的好幾倍。雖然內部成長較經濟與自然，但成長過程可能非常慢。近來，透過合併既有海外公司使公司成長，是內部成長外，另一令人注意的選擇。

在第十七章，我們認為個別資產的購買是資本預算的決策。公司買下另一個公司是一種投資，因此，可以運用資本投資決策的基本原則，但合併常常難以評價。第一，財務經理要小心界定利潤。第二，財務經理需要瞭解為何合併？誰得利或損失？第三，買公司比買新商品複雜，因為必須注意特別稅、法律與會計等話題。最後，企業整合比裝置一台新機器要複雜的多！

## 16.3.1 涉及美國公司之國際收購

美國工業化之歷史有一系列的合併動作。隨著石油、鐵路、煙草、鋼鐵產業的發展，第一波合併動作發生於 1890 年代晚期。電信與設備公司開始合併，第二波合併發生於1920年代。第三波是1960年代集團企業之合併。第四波發生於 1980 年代。

　　1980年代之合併潮由幾個因素引起：80年代初期股市表現相對不振、70年代與 80 年代快速的通貨膨脹、雷根政府對合併之容忍態度以及相信收購公司比自行擴展新產品便宜的態度。

　　圖16.2顯示有關美國公司跨國收購的價值。美國收購他國公司之價值與他國收購美國公司之價值在 1980 年代都增加。然而前者顯然超越後者。事實上，許多年來前者價值是後者的數倍。兩者差異部份是因為美國公司借款不易、國外較少優惠稅法、銀根緊縮的國家障礙增加、與美國更好的投資風氣。

　　有兩個原因使趨勢在1990年代初期改變。第一，西歐之整合及東歐轉為自由企業體制，使歐洲國家成為國際收購之主目標。第二，整體收購活動降低。依圖16.2所示，1994年後，涉及美國公司之國際收購再次增加。此增加與美國境內整體併購活動增加情形一致。

　　美國新的合併風潮發生於 1994 年，風起雲湧的提案與成功的合併、收買、惡性接收橫掃華爾街。最近這波合併包括 1996 年九月，在費城之 Crown Cork & Seal 公司以 52 億美金收購法國之包裝公司 Caarnaudmetalbox；到 1997 年十一月 WorldCom 公司以 380 億美金收購 MCI 公司。但收購風潮在1980年代的融資槓桿收購風潮達到最高峰後開始下降。因為大家熱中於公司的效率簡化，且預期不再出現快速與大量的利潤。

圖 *16.2*　國際收購之價值

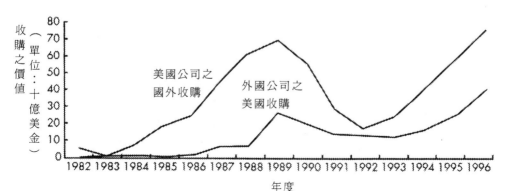

　　如圖 16.3 所示，在 1997 年，連續三年美國與海外之購併創下新高。合併案因股市活絡、科技與政府管制之改變、與公司傾向做出大的策略性交易而增加。「這是合理化、全球化、合併化」J.P. 摩根公司的合併案共同領導人尼可拉斯‧包姆加頓（Nicholas Paumgarten）如是說。美國合併案價值由 1996 年的 6260 億美金增至 1997 年的 9190 億美金，成長 47%。1997 年，全球交易也由 1996 年的 1 兆 1 千億美金增加到 1 兆 6 千 3 百億美金，成長 48%。

　　基本上，這一回之合併與1980年代的狂潮不同。它部份是策略性考量，部份是因為某些產業中公司領導人的擔憂——在電信業、金融服務業、醫療業、房地產業與能源業中，公司擔心在急速成長的市場裏，會因競爭者提高市場地位的併購行動而落居下風。合併的動作也因政府態度的改變而增加。在華盛頓的政策制訂者倡議政府在經濟上扮演行動主義的角色，並開始尋求大企業之合併。

圖 *16.3* 已公布之併購案的價值(以一兆美金為單位)

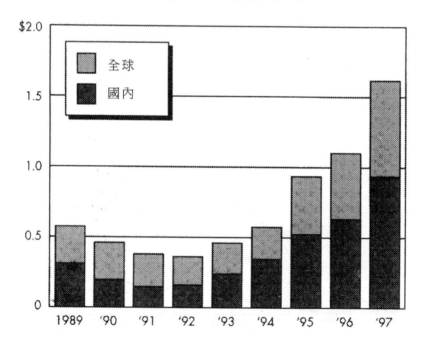

　　最近之合併行動涉及外國公司在美國收購與美國公司到外國收購。無數之美國跨國公司，如洛克威爾國際公司、福特汽車公司、道化學公司等最近都從事國際收購。無數之日本與歐洲公司亦從事國際收購。此外，進行中的經濟整合與改革使國際收購也在歐洲上演。

## 16.3.2 影響國際收購之因素

　　經濟學告訴我們，只有在公司總價值增加時才會使公司對外收購。傳統上，對公司評價的方法包含四個基本步驟：

1. 決定公司未來想達到的稅後盈餘。
2. 決定盈餘的股利保留比率（再投資比率）。
3. 決定公司融資的範圍或適當的舉債額度。
4. 以下列式子計算公司總價值：

　　　　公司的價值＝稅前盈餘（1－稅率）／盈餘保留比率

　　我們可以檢驗合併對每個影響公司價值的因素的效果。

　　**稅前盈餘**　合併擴大了公司規模，並創造產生綜效效果的機會。企業合併的綜效效果（synergistic effects）是公司製造費用降低後的規模經濟。合併使公司獲得必要的管理技巧並應用在更廣的作業層面。公司也能取消重複的設備並合併生產、行銷、購買機能。這些形式的營運節省與優質的管理除了增加公司的利潤外，也可以減少風險。

　　**例 16.1**　假設拜可公司的資金成本為 10%，預計以一百萬美金收購每年淨現金流量為十萬美金的賽爾可公司（稅後盈餘加上折舊）。此外，合併之綜效效果（在此案例中是指生產設施的合併）每年約增加兩萬美金之淨現金流量。

　　此合併案現金流量之淨現值是一百二十萬美金。〔（$100,000 ＋ $20,000）／0.1〕。結果此合併案是一個令人滿意之選擇，因為合併有二十萬美金的利益（$1,200,000－$1,000,000）。

　　對公司而言，國際購併常比國內購併更能改善公司風險的表現（相對於報酬）。關鍵因素在於併購者與被併購者的相關係數。當低度相關的公司合併時，併購者可降低其預計報酬之風險。不同國家之公司比國內公司的相關性低。例如，不同國家之經濟循環不會完全一致。另一方面，多數國內的公司因為依賴同一個經濟體形勢，相關程度較高。

**租稅考量** 除非公司有足夠利潤來抵掉虧損，合併後租稅的利益來自於稅上虧損會長達數年（美國為十五年）。在兩種情形下，合併可以規避上公司之所得稅。第一，高獲利之公司收購大額虧損的公司可降低有效稅率，因此增加淨現金流量。第二，稅上虧損的公司可以收購有獲利之公司來增加現金流量。

**例 16.2** 此例中，我們假設所有的損失都可以虧損預報。公司 A 收購有 $220,000 稅上虧損預報之公司 B。公司 A 適用稅率為 40%，預計未來三年每年賺 $100,000。

如表 16.3，虧損預報之稅盾價值等於所涉損失乘上稅率（$220,000 = 0.4 = $88,000）。依據虧損預報公司 A 可以將稅由 $120,000 降至 $32,000，因此公司最多可支付 $88,000 以取得虧損預報。稅後盈餘也增加了 $88,000（$268,000 − $180,000）。但是很明顯的，公司 B 未來幾年預期的營業收益與損失也必須加以考慮以分析收購交易的可行性。

在某些國家，會計與稅法可以為購併者創造出更多競爭的優勢。如果併購者付出較被併購者淨值更高的價錢，其差額被視為商譽。在某些國家，商譽註銷不能課徵所得稅。此種會計處理使得報表上之盈餘被低估多年。然而，在多數工業化國家，商譽並不影響併購者的盈餘。因此，外國公司若有較優惠之會計或稅法制度，可以出較高之價錢收購到目標公司。

**例 16.3** 假設公司 C 與公司 D 欲以六百萬美金收購帳面淨值四百萬之回音公司。在 C 公司所處國家，商譽註銷不能扣所得稅。但 D 公司可以商譽攤銷扣稅。C、D 公司稅率皆為 40%。

因為公司以六百萬購併四百萬的公司，帳上有兩百萬的商譽。如果最晚十年內要註銷商譽，會導致每年報表上的盈餘減少二十萬。（$ 兩百萬／10 年）。對 C 公司而言，商譽之註銷不是可扣稅之費用，公司承受商譽全額之減少卻無任何稅的減免。但 D 公司十年內卻可節省 $800,000（$2,000,000 ×

表 *16.3* 稅上虧損預報的效果

|  | 第一年 | 第二年 | 第三年 | 總值 |
|---|---|---|---|---|
| **沒有合併之公司 A** | | | | |
| 稅前盈餘 | $100,000 | $100,000 | $100,000 | $300,000 |
| 稅（40%） | 40,000 | 40,000 | 40,000 | 120,000 |
| 稅後盈餘 | $60,000 | $60,000 | $60,000 | $180,000 |
| **合併後之公司 A** | | | | |
| 稅前盈餘 | $100,000 | $100,000 | $100,000 | $300,000 |
| 稅上虧損預報 | 100,000 | 100,000 | 20,000 | 220,000 |
| 稅前盈餘 | $ 0 | $ 0 | $80,000 | $80,000 |
| 稅（40%） | 0 | 0 | 32,000 | 32,000 |
| 稅後盈餘 | $100,000 | $100,000 | $68,000 | $268,000 |

0.4）的現金，因爲 D 公司之商譽攤銷可以扣稅。所以 D 公司可以因爲商譽稅上的優勢，比 C 公司多付 $800,000 來爭取併購交易。

**資本化比率**　合併的一個重要優勢是大公司的盈餘能以較低的比率資本化（再投資）。比起小公司，大公司的股票有較佳的市場性，也較爲投資人所熟知。購併者利用這些因素，可要求較低的必要報酬率與較高的本益比。因此，併購者的價值超過併購雙方單獨經營價值之和。

國際收購另一潛在利益是併購者的要求回收報酬率會更低。各國資金成本不同，故要求回收報酬率不同。所以，在部份國家的收購案較他國更具吸引力。

**舉債能力**　債務與業主權益之適當組合會降低資金成本，進而提高公司市場價值。兩種情形下，合併可以提高收購者的舉債能力，使其超過合併前個別公司舉債能力總和。第一，部份公司舉債太少。第二，併購者舉債額度經常超過併購雙方的總和。

公司通常以借來的資金支應部份國際收購案金額。有些國家的借款力比較有彈性，因爲該國的投資人與借貸者願意接受比較高的負債比例。多數丹麥、芬蘭、挪威、瑞典公司的負債比例比美國公司高。換句話說，北歐國家公司比美國公司的借款更有彈性。因此，美國公司在國際收購上可能會更成功。因爲美國可以在融資槓桿比率更高的國家舉債。

**例 16.4** 假設舉債成本是 6%，股東權益的成本是 10%，稅率是 50%，而且 X 公司與 Y 公司年度稅後盈餘皆為 $10,000。X 公司的最適資本結構是 20% 負債，80% 業主權益。Y 公司是跨國公司，在相同風險下享有較高之舉債比例 60%。比較這兩間公司的資本成本與市場價值。

X 公司的加權平均資金成本是 8.6% [(0.20 × 0.06)(1 - 0.50) + (0.80 × 0.10)]，而 Y 公司是 5.8% [(0.60 × 0.06)(1 - 0.50) + (0.40 × 0.10)]。X 公司市場價值為 $116,279 ($10,000 / 0.086)。Y 公司市場價值為 $172,414 ($10,000 / 0.058)。跨國公司因為有較高之舉債能力，故享有較低之資金成本，較高之市價、與較高的股價。當資本結構中，舉債成本降低時，資金成本將下降，如此將增加公司的價值。因為公司價值的增加會增加股東權益，並且提高公司股價。

**其他考量** 尚有其他因素，如：匯率波動、國家障礙、策略選擇等也會引響國際間的收購。

日本投資者購買美國公司的理想時點是在美元即期匯率到低點時，且預期未來將升值的時候。許多研究認為國際收購確實與匯率有關。洛哈坦恩（Rohatyn, 1989）發現在 1980 年代晚期，美金弱勢與日本股市走強對日本人收購美國公司產生鼓舞的作用。

許多政府設下障礙來對付外國公司收購本國公司。這些障礙確實發生作用。所有國家或多或少都設有監管併購的行政機構，且國家間差異甚大。國際收購在美國比在日本更容易被接受。故日本投資者要買美國公司，比美國投資人買日本公司容易。

為使公司成長，現今的公司視整個世界為一整合的商業社會。現今的公司認為國際收購是達到公司成長的方式之一。紐曼（Newman, 1990）倡議一個成長導向的公司，可以全球化地填補四種銷售潛力與目前實際表現間的缺口。生產線缺口可以經由導入改良產品或新產品來填補。配銷缺口可以經由擴充既有配銷網路來減小。使用量缺口可透過引入非使用者來減小。競爭缺口可以透過入侵直接競爭者的市場位置來填補。這些策略選擇鼓勵公司進行國際併購。

# 總結

當一公司決定進入新的外國市場，接下來便是考慮如何進行。理論上進入外國的選擇包括：直接投資、授權、與國際貿易。本章主要討論直接投資。此外，本章涵蓋一系列外國直接投資的實務議題。例如：外資的優缺點、在美的外資部位、開發中國家的外資流入、與國際購併。

---

## 問題

---

1. 進入外國市場的選擇方案有哪些？
2. 美國政府對進口之限制有可能減少在美之外國直接投資嗎？
3. 克萊斯勒與福特皆是追求規模經濟利益之汽車公司。假設克萊斯勒決定在外國建立經銷關係，福特決定在外國設立子公司加入生產線。哪家公司較有可能由規模經濟中獲益？若合資失敗哪一家公司損失會較少？
4. 1960 與 1970 年代當人們提到外國直接投資，有兩個熟悉的模式，請解釋此兩模式。
5. 對在美之外國直接投資的主要研究發現什麼？美國政府對外國直接投資應該要有長期之限制嗎？
6. 討論最近第三世界外國直接投資成長的原因。
7. 解釋為何合併通常比建立新生產設施更難加以評估。
8. 影響國際收購的因素是什麼？

---

## 習題

---

1. 通用公司欲以一百萬美金收購一家英國公司。此公司每年預計產生現金流量九萬美金，合併之綜效利益每年帶來一萬美金之現金流量。通用公司可以馬上使用英國公司五萬美金的稅上虧損預報。通用公司適用稅率 40%，資本成本 10%，通用公司應否收購英國公司？
2. 舉債成本 10%，股東權益成本 15%，稅率 50%。且跨國公司與國內

公司年度稅後盈餘皆為一萬美金。國內公司目標負債比率（最適資本
結構）為 20%，跨國公司則為 50%。

a．計算兩公司之加權平均資本成本。

b．計算兩公司之市場價值。

3. 假設福特公司全球獲利明細是 85% 在美國，5% 在日本，10% 在其他
國家。另一方面，豐田汽車之獲利明細則是 40% 在日本，35% 在美
國，25% 在其他國家。兩公司的每股盈餘都是在美國 5 美金，日本 8
美金，其他國家 10 美金。

a．福特與豐田的加權平均每股盈餘各是多少？

b．哪一家公司可能有國際競爭優勢？

4. 假設 IBM 欲收購一家法國私人公司。這家公司很像股票公開市場上的
LT 公司。為算出此公司之合理市價，IBM 收集了如下表之資料。以
下列三種方式估計此法國公司的市價：（a）本益比（b）市場價值
／帳面價值（c）股利成長模式。

| 變數 | 法國公司 | LT 公司 |
| --- | --- | --- |
| 每股盈餘 | $2.00 | $4.00 |
| 第一年每股股利 | $1.50 | $2.00 |
| 年股利成長率 | 0.04 | 0.04 |
| 每股市價 | ? | $40.00 |
| 每股帳面價值 | $16.00 | $20.00 |
| 股東權益成本 | ? | 0.14 |
| 在外流通股數 | 1 million | 1.2 million |

## 案例十六　*BT* 嘗試併購 *MCI* 的失敗

　　英國電信（BT）前身是國營公司，在 1994 年 9 月以 43 億美金買下 MCI 公司 20% 股權。 1996 年 11 月 3 日，BT 決定再付 240 億美金買下原本沒有準備購買的 80% 股權。 BT 在 30 個國家營運，是兼營當地與長途電話業務的公司。而 MCI 在 70 個國家營運，專營長途電話。這宗名為 Concert 的 BT-MCI 合併案可與世界最大電話公司 AT & T 匹敵：收入 420 億美金，獲利 5 億美金，18 萬 2 千員工，市價 550 億美金，全球網路服務 4300 萬客戶。但諷刺的是，MCI 指控 old Ma Bell 導致 AT & T 在 1980 年代中期之分裂。 BT 收購 MCI 是最大的外資收買美國公司的案例，其金額是以前記錄之三倍。

　　若以下兩個趨勢打開國內與國外之電信市場，則合併案會加速電信市場之競爭。第一，美國、西歐、南美、亞洲的管制鬆綁使無效率之國營獨佔轉為大規模之競爭。例如，1996 年開始，美國的當地與長途電話公司可以進入彼此之市場。另一巨大商機是 1998 年 1 月，歐盟開放國營獨佔電信市場（經營不善），市場競爭全面加劇。第二，無國界之科技使電信公司跨足有線電視與資訊服務。

　　Concert 合併案的第一個商機是美國一千億美金的當地電話網路。美國當地電話市場是獲利率高居世界第一，為長途電話之兩倍。 MCI 在 1997 年 1 月要進入 25 個當地市場。當 AT & T 與歐洲公司集團 Unisource 以及美國第三名之長途電話公司 Sprint（法國與德國公司有 20% 股權）合作時，MCI-BT 預料將與他們有激烈的競爭。以合併案為基礎，MCI 想要提昇在美國 650 億美金長途電話市場中第二名的位置。在 1996 年 4 月時，在此市場中 AT & T 佔 53%，MCI 佔 17.8%。

　　最初，新公司必須註銷 140 億美金之大額商譽（指交易之買價與帳面價值間的差價），不像美國可花 40 年註銷商譽，英國會計準則考慮到從公司業主權益一次立刻扣掉商譽，但並不影響從此之後的盈餘。藉著營運合併，BT 與 MCI 宣稱在未來五年可將營運成本減少 25 億美金，提升稅前利潤 7 億 6 千 5 百萬美金，並減少可觀之資本成本。

　　AT & T 主席羅伯‧艾倫（Robert Allen），馬上抱怨市場競爭不公平。

他堅稱 AT & T 在英國因為隔離障礙無法提供全面服務，而 BT 控制了 90% 的英國當地電話線路。艾倫主張監督者應以全球性之最優先順序，仔細檢查該合併案。這種檢查可花上一年。在美國，BT 與其他外國公司可以要求撤回對美國電信公司所有權最多達 25%。

1997 年 8 月 22 日，BT 減少對 MCI 80% 股權之付款，從 240 億美金減至 190 億美金。1997 年 10 月 1 日，WorldCom 公司突然對 MCI 出價，要以 300 億美金 WorldCom 公司股票併購 MCI。1997 年 10 月 15 日，GTE 公司願以現金 280 億美金 100% 買下 MCI。1997 年 11 月 11 日，MCI 接受 WorldCom 公司更好的條件，WorldCom 以 380 億美金公司股票接管 MCI。雖然 BT 併購 MCI 失敗，但這個個案涉及許多實務上的議題可供討論。

## 案例習題

1. 解釋 BT-MCI 合併案在合併後五年內，如何減少 25 億美金成本，並增加稅前利益達 7 億 6 千 5 百萬美金。

2. 解釋 BT-MCI 合併案如何地減少資本成本。

3. 解釋 BT-MCI 合併案如何能從股價上增加股東財富。

4. 假設 MCI 可能併購 BT，如何併購才能對新公司的盈餘產生更好的租稅優勢：BT 併購 MCI 或 MCI 併購 BT？

5. 密西根州大的國際企業教育及研究中心的網站 http://ciber.bus.msu.edu/ 提供各國家之資訊、調查、與資料集。用這個網站去：(1) 檢視不同市場中，外國直接投資（FDI）的潛在利益。(2) 找出具有吸引 FDI 特徵的新興市場。

# 參 考 書 目

Bendaniel, D. A and A. H. Rosenbloom, eds, *The Handbook of International Mergers and Acquisitions*, Englewood Cliffs, NJ: Prentice Hall, 1990, pp. 1–24.

Contractor, R., "A Generalized Theorem for Joint-Venture and Licensing Negotiations," *Journal of International Business Studies*, Summer 1985, pp. 23–50.

Ferdows, K., "Making the Most of Foreign Factories," *Harvard Business Review*, March–April 1997, pp. 74–88.

Krugman, G. R., *Foreign Direct Investment in the United States*, Washington, DC.: Institute for International Economics, 1991.

Lehner, U. C., "Money Hungary," *The Wall Street Journal*, Sept. 18, 1997, p. R1 and p. R4.

Newman, L. R., "Strategic Choices," in D. J. Bendaniel and A. H. Rosenbloom, eds., *The Handbook of International Mergers and Acquisitions*, Englewood Cliffs, NJ: Prentice Hall, 1990, pp. 1–24.

Porcano, T. and C. E. Price, "The Effects of Government Tax and Nontax Incentives on Foreign Direct Investment," *Multinational Business Review*, Spring 1996, pp. 9–19.

Rohatyn, F., "America's Economic Dependence," *Foreign Affairs*, Winter 1989, pp. 53–65.

*Wall Street Journal*, Jan. 2, 1998, Section R.

World Bank, *Global Development Finance*, Washington, DC: World Bank, 1997.

# 第十七章

多國資本支出分析

無論是國內或國外投資方案，其基本的分析大致相同，但其中仍有部分差異。與分析有關的現金流量是子公司匯回母公司的股利和權利金，因為這些現金流量將轉換成母公司所使用的貨幣，所以會產生匯率風險。此外，國外投資計畫會受到政治風險的威脅，例如匯兌控制和差別待遇。正常來說，國外計畫的資金成本比相似的國內計畫高，原因有二：政治風險和匯兌風險。

　　本章包含三個主要章節。第一個章節描述一年以上計畫性資本支出的海外投資其決策的過程；第二個章節則檢視如何以國際多角化來減少整體風險；第三個章節則是比較資本預算理論與資本預算的實際運作。

# 17.1 國外投資決策過程

　　國外投資決策過程涉及在國外一年以上計畫性資本支出的整個過程。決策過程中有許多步驟和要素，這些都是資本預算系統的子系統，因此，國外投資決策可以被視為是許多相關要素的整合體。我們假設整個國外投資決策過程包含11個階段：（1）尋找國外投資的決策；（2）評估當地國家的政治氣候；（3）公司整體策略的檢視；（4）現金流量分析；（5）必要報酬率；（6）經濟的評估；（7）選擇；（8）風險分析；（9）進行投資；（10）支出控制和（11）事後稽核。

## 17.1.1 尋求國外投資

　　好的投資機會是成功投資方案的基石，因此，必須建立一套系統來激盪國外資本支出構想的產生以及辨識好的投資機會。好的投資機會來自於努力思考、小心計畫和龐大的研究發展經費。

　　國外投資決策的第一階段就是分析國外投資吸引許多公司的原因。公司一旦認為國外投資是理想的，它就會進行投資計畫的搜尋。當地國家的經濟和政治勢力對於國外投資的擴展有很大的影響，許多公司也渴望國外投資能尋找新市場、原物料和生產效率。第二章將詳細地描述這些和其他國外投資的動機。

　　指出投資海外的動機或獲知國外計畫的發起並不容易。尋求國外投資的決策通常都來自於一連串研究的結果，並且是數種激勵力量和不同組織活動的結合。通常來說，國際投資的決策依賴許多力量的交互作用，如獲利機會、稅率政策和多角化策略的考量，都是可能影響國際投資的變數。除此之外，環境力量、組織因素和某位公司高層也有可能是引導公司投資海外的主要力量。

## 17.1.2 政治環境

　　國內投資可能存在著政治風險。價格管制可能被建立或抬高，一些被控管的企業可能會解除管制或在低價的原物料進口上有配額或課以關稅，而國外投資則有更多的政治風險，因為就單一事件來說，至少有兩個國家的政府涉及到國外投資計畫-母公司的國家和子公司的當地國家。這兩國的目標也許不同、法律可能改變、資本返國權利可能被修改，而且在極端的情形下，資產可能在未獲得補償的情況下就被當地政府扣押。

　　多國籍企業（MNCs）關心的事是當地的政治環境及惡化的可能性。財務經理人必須分析當地國家的政治環境，並決定該環境是否能接納此一計畫。一般而言，能減少當地進口需求的計畫被當地政府接受的程度最高。

　　類似匯兌管制和差別待遇等政治行為，對公司營運會產生不利的影響。因此，分析家應該認清當地政府對國外投資的態度、當地國家對國外管制的渴望和政治穩定性等因素。假如為政府利益而使國外資產國有化時，分析家也應該了解是否能得到適當的補償。

## 17.1.3 公司整體策略

　　假如政治環境的審查結果是有利的，多國籍企業就可以進行下一個階段。分析者在整體公司策略之中，評估每一個選擇方案的適用性，決定國外營運如何延續現今的優勢或彌補弱點。這個方法使得公司將選擇標的減至最低。此一階段，公司必須檢查這項計畫是否與公司的目標、策略和資源相抵觸，而分析者也必須評量公司是否有經驗來處理這項計畫及如何將新計劃整合到現存計畫中。

　　公司整體策略包括了目標、策略和資源。在資本支出分析中，有欲達成目標和為達到這些目標而設計的策略，假如一套特定策略無法和指定的目標一致時，不管是策略或目標都應該要修正，另外，公司也必須要有足夠的資源來實現它的方案，假使資源不足，則必須獲取資源或是修正政策或目標。

公司目標（Company Goal） 多國企業的主要目標為股票價格極大化。公司股票的市場價格反映出市場對它未來盈餘和風險的評價，因此，公司必須試圖著去接受那些利潤較高和風險較低的計畫。

公司政策（Company Policy） 假如公司已經小心地建立達成目標的政策，便能克服競爭者的威脅和使用寡占所帶來的優勢。

公司應該系統性地評估個別進入國外市場的策略，持續地審查現今進入作法的效果和使用適當評價準則。

公司資源（Company Resource） 資源就是能用以完成目標和政策的資產，包括行銷技巧，管理時間和知識、資金資源、技術能力和強勢的品牌名稱。

## 17.1.4 現金流量分析

審查過程的第四個階段為現金流量分析。評估所有與計畫直接相關的現金流量，以便評價可供選擇的方案。多國籍公司必須預測計畫的預期支出，它通常可由風險相似的其他事業中獲得。公司也可藉由使用銷售百分比法或直線回歸分析等技巧來預測。現金流量分析運用於海外投資的重要差異是，公司必須做兩套的現金流量分析；一個是為計畫本身，而另一個則是為了母公司。

需求預測（Demand Forecast） 無論是任何投資方案，其現金流量分析的第一步都是需求的預測。預測的結果和歷史的需求、人口、所得、替代性產品、競爭、靠近市場服務的可行性以及經濟情況有高度關係。

在投資過程中，強調市場規模的重要性是有以下原因。第一，預期的市場規模可作為投資計畫的獲利指標；第二，小市場不確定性較高，假如市場很小，當發生有預測錯誤時，已沒有轉圜的餘地；第三，小市場並不值得投資。因為管理人才是公司珍貴資源之一，提出的方案應該要大到足以支持在管理計畫分析上花費的時間。

**關稅與稅**（Duties and Taxes） 國外投資跨越國界，因此會涉及到稅法和進口關稅。多國企業必須檢討當地的租稅結構。在此分析中，評估包括課稅實體的定義、法定稅率、租稅條約、雙重課稅的處理和租稅獎勵方案。多國企業也應知道，當地政府是否會對當地無法取得的進口生產設備和原料課徵關稅。

**匯率**（Exchange Rate） 國外投資分析的另一個重要因素是與投資相關的資金常受到匯率影響而無法投入計劃。若當地國家匯市穩定，將不會發生問題。然而，假使匯率預期會變動或允許浮動時，現金流量分析就變得更複雜；因為分析者必須預測將現金流量兌換為強勢貨幣的匯率。

當地政府對外匯的管制也是相當重要的。管制條例通常會要求公司以當地貨幣購買外匯，以支付借貸利息、管理費用、權利金和支付國外供應商的費用。申請購買外匯可能會花費很長的時間。此外，購買外匯的許可並不保證相關外匯即時可用，因為商業銀行的外匯數量均由中央銀行分配。

影響外匯管制的因素很多，包括預期外匯短缺、長期外匯不足和某種國內政治壓力型態。假如資金被永遠管制，那這個計畫的價值對母公司而言為零，然而，實際上資金只可能部份被管制，因為多國企業有許多方法來移動受限資金，這些方法包括轉移價格的調整、借貸付還、權利金調整和費用調整，何況，大多數當地政府只是暫時性地限制資金轉移至國外的數量或封鎖資金轉移，不過，多國企業仍須分析受限資金對計劃報酬的影響。分析者決定被封鎖的資金數量、它們的投資報酬率和資金轉移的方法是相當重要的。

**計畫與母公司的現金流量**（Project versus Parent Cash Flows） 為了決定計畫的稅後利潤，多國籍公司必須發展需求預測、預測它未來的支出和審視當地國家租稅結構。預估銷售額減掉預估費用加非現金費用，像是折舊，即為營運現金流入的估算。

典型地，多國籍公司渴望能以全球基礎，建立最大化的現金流量效用。但必須重視那些可以返國的資金，因為只有那些資金可以被使用來投資在新事業、支付股利和負債與再投資在其他子公司。計畫現金流量如果沒有辦法自由運用，將不會有任何價值。

計畫現金流量（Project cash flows）和母公司現金流量（parent cash flows）可能因為租稅條例和匯兌控管而有本質上的不同。此外，一些計畫的費用，像是管理費用和權利金，對母公司而言反而是報酬。

通常來說，母公司所增加的現金流量指的是投資後母公司現金流量，減去投資前母公司現金流量。這些差異引起了在計畫評估中，那些現金流量應該被當作相關現金流量的問題，因為計畫的價值決定於未來現金流量的淨現值。國外投資分析家應該使用可返國的現金流量當成相關的現金流量，因此，多國籍公司必須分析稅收、匯兌控管和其他到母公司現金流量上的營運限制。

**資本預算與轉移定價（Capital Budgeting and Transfer Pricing）** 國外投資計畫的現金流量分析涉及許多特殊的環境變數。他們包括了（1）相異的稅率系統；（2）外匯風險；（3）計畫與母公司現金流量；（4）資金匯款的限制；（5）政治、金融和商業風險。在這五個環境變數中，轉移定價政策是以下三點的整合：第一，多國籍企業應該知道他們能從國外投資提取的資金數量。轉移價格調整、鼓勵、權利金和管理費用只是從資金移動有限制的地方提取資金的技巧而已；第二，轉移定價政策被認為是減少各項稅款，像是所得稅、關稅和其他稅項的方式之一；第三，轉移定價政策是減少外匯損失的工具之一，因為他能使多國籍公司將資金從一國移動到另一國家。使用市場基礎的轉移價格可以導致較好的投資決策，因為移轉定價的調整會扭曲一國外投資計畫的獲利性。

## 17.1.5 資金成本

資金成本（cost of capital）是一個計畫為能被公司接受的最低報酬率，這個最低報酬率有時稱之為貼現率或必要報酬率。資金成本是一個非常重要的金融概念，它在公司國外投資決策和由全球市場投資人間扮演連結的角色。實際上，它是一個用來決定國外投資將增加或減少公司股票價格的"神奇數字"，而明顯地，這些計畫如果預期可以提高公司股票的價格，便會被接受。因為它在國際資本支出分析中扮演重要角色，18章將詳細地探討在國外投資計畫的資金成本。

## 17.1.6 經濟評估

　　一旦決定現金流量和必要報酬率，公司就開始評估投資計畫的正式過程。許多用來評估確定情況下的計畫的技巧已被發展出來。他們的範圍從簡單的經驗法則到複雜的數學方法，其中四個最常用來對個別計畫的經濟評估方法是回收期、平均報酬率、內部報酬率和淨現值。

　　資本支出分析的文獻贊同淨現值和內部報酬率的方法，這些方法有時被稱之為現金流量折現法（discounted cash flows approaches）。因為回收期和平均報酬率法有不同的限制，這兩個現金流量折現法提供更複雜的基礎來排序和選擇投資計畫。此兩種方式的特點在於，貨幣有時間價值以及眼前的金錢比起在未來的金錢更具價值。他們同時評估計畫生命週期中所有的現金流量。分析者可以避免使用現金做所得評估時的困難問題，減少像是折舊法和存貨評價的不相關影響。

　　計畫淨現值（net present value）是預期現金流入的現值減去預期現金流出的現值。內部報酬率（internal rate of return）就是使淨現金流量的現值等於淨現金投資的現值的貼現率，或是淨現值為零的貼現率。決策準則告訴我們（1）接受一淨現值為正的計畫和（2）接受內部報酬率比公司的資金成本高的計畫。

　　在下列情況下，這兩種方法會導致相同的決策：

1. 考量下的投資計畫互相獨立，同時免於資本配額的考慮。
2. 所有計畫都是有相同的風險，以至於任何計畫的接受或拒絕都不會影響資金成本。
3. 一個有意義的資金成本是指公司有辦法在此成本下獲得資本。
4. 只有一個內部報酬率存在；每一個計畫只有一個內部報酬率。

　　只要缺少這些假設，這兩種貼現現金流量方法可能導致不同的決策，因此使得資本預算更加複雜。

　　當淨現值法與內部報酬率法產生不同的答案時，有數個理由支持淨現值法較好：

1. 淨現值比內部報酬率容易計算。

2. 假如公司主要目標是最大化公司價值，則淨現值法會導致正確的決策，但是內部報酬率法可能導致不正確的決策。

3. 單一計畫可能在特定情形下有超過一個以上的內部報酬率，但是同樣的計畫在特定的貼現率下只有一個淨現值。

4. 一旦計算起來，內部報酬率在整個計畫生命週期中保持相同。這個靜態的假設在利率和通貨膨脹上升的期間很難與現實相符，然而在使用淨現值法的時候，不同的貼現率不會有問題。

5. 在淨現值法中，隱藏的再投資比率接近再投資的機會成本。但是若是內部報酬率法，隱藏的再投資比率並不全接近再投資的機會成本。

雖然淨現值法在理論上較優越，但是內部報酬率法有幾個優點。第一，內部報酬率較容易被經理人理解，因為它的概念與債券報酬率相同；第二，我們並不需要在計算時給定一個特定的報酬率，換言之，它並不需要資金成本事前的計算；第三，企業的經理人對內部報酬率較感到熟悉；因為它可直接與公司資金成本比較。

## 17.1.7 選擇

在前面的章節所描述的每一個資本預算技巧都是在同一基礎下，測量所有計畫的報酬率。假如計畫符合下列三個假設，則此計畫將在這個階段被列入考慮：第一，公司有一個所有計畫必須符合且明確的臨界點；第二，已明確認知來自計畫的所有現金流入和流出；第三，公司的投資計畫不能被資金短缺所限制。計畫的最後選擇決定於三種資本預算決策：接受或拒絕決策、互斥選擇決策和資金配額決策。

被選擇的計畫必須成功地通過接受或拒絕決策的階段。假如投資計畫是相互獨立且無資金配額限制時，公司為了使股東財富最大化；就必須接受所有報酬率超過最低報酬率的計畫。最低報酬率（hurdle rate）的決定可能是基於資金成本、機會成本或一些其他任意的標準。然而，下列事項是必須承認的：（1）計畫可能彼此排斥和（2）可用的計畫可能超過可用的資金。互斥和資金配額的限制是有利可圖的計畫遭拒絕的兩種情形。假如一計畫被接受意味著另一些計畫要被拒絕的話，則投資方案被稱為互斥。資金配額是指在一定的時間內，資金支出的上限。

## 17.1.8 風險分析

　　直到目前為止，我們已經假設現金流量必然發生。現實中，所有國外投資計畫都受限於商業和金融風險、通貨膨脹和通貨與政治風險，這些風險的改變可能會對一計畫的結果產生決定性的影響。況且，風險從國家到國家間變化很大。

　　只有一些金融變數可以預知。投資人基本上是風險的趨避者，假如投資人無法事先獲知會發生哪一個事件，他們必須決定風險和報酬的取捨以選擇具有吸引力的計畫。

　　許多多國籍企業使用風險調整的貼現率和確定等額法來調整計畫的預測。風險調整的貼現率（risk-adjusted discount rate）就是包含無風險報酬率加上風險貼水的報酬率。假設一公司的資金成本是10％，而無風險報酬率是7％，則在資金成本和無風險報酬率的差異3％反映了公司的風險水準。公司可以增加一個較謹慎的風險性計畫增加貼現率2％到總共12％，為一更具風險性的計畫增加5％到15％等等。因此，風險調整的貼現率說明貨幣的時間價值以及以風險貼水來說明計畫相對的風險。

　　確定等額法（certainty equivalent approach）是用來調整在淨現值公式中分子的一種方法。換言之，當風險調整貼現率調整淨現值公式中的分母時，確定等額法則是調整同樣公式中的分子的方法。

　　當分析家使用確定當額方法時，每年的現金流量被乘上一確定當額係數；它是把一確定的現金流量除以一不確定的現金流量。

　　假如分析家在確定的＄140和不確定的＄200之間無差異時，它的係數是0.70（＄140/＄200）。這個係數介在0跟1之間。它與風險反向變動。假如公司意識到較高的風險，他使用可以減低報酬價值的係數。一旦所有風險性的現金流量透過係數的使用來向下修正以反映不確定性時，然後以無風險利率

折現這些確定的現金流量以決定淨現值。

## 17.1.9實行、控制和事後稽核

資本預算系統的最後三個步驟是實行、控制和事後稽核。

**實行（Implementation）** 運用資金的許可，可以透過預算執行者所設定的程序所提出來的資本支出要求加以獲得。典型的程序包括標準格式的使用、提案和審查的管道、要求的允許和提案的限制。

**控制（Control）** 國外投資計畫從提案至完成間的成本控制十分重要。支出控制被設計用來增加在已經建立的指導方針下完成計畫的可能性。這個階段對國外投資計畫特別重要；因為營運管理是從遠處開始著手的。

**事後稽核（Post Audit）** 因為多國資本預算決策是在假設在國外基礎下成立，所以預測和實際的結果可能有出入，因此，當國外計畫完成後；公司應由計畫執行後的稽核工作來決定計劃的成敗。這個事後稽核的結果可以幫助公司去比較國外計畫的實際績效。假如多國籍公司使用的資本預算是成功的，那麼這個系統就有可能被擴大使用。假如這個系統並不如人意，在今後的計畫中可能被置換掉。

**例 17.1** 假設一個情形。在 1999 年 9 月，約旦政府要求國際電視公司在約旦建立一座組裝電視的工廠，這家公司希望投資 1,500 約旦幣在這家工廠，以回報在其行業中其他公司逐漸增加的關稅保護。

這 1,500 約旦幣將只以普通股的形式融資，所以這些股票將由母公司持有；這家工廠為了節稅，而在這五年中以直線折舊。它預期在五年後有750約旦幣的剩餘價值。公司將在約旦的淨利潤上付20%的稅，並且在返國股利上不用支付保留稅。在這情形下，美國在直接借貸上課徵50%的稅率，意味著由美國公司在約旦所賺取的淨利潤將遭受50%的總稅率。預期收入、營運成本和適用的匯率在表17.1到17.3中給定。在返國股利上沒有限制，但是直到公司被清算時折舊的現金流量才可返國。這些現金流量可以再被用來投資約旦政府的債券以賺取 8%的免稅利息。公司的資金成本則為 15%。

表17.1顯示提案工廠預計的現金流量。很重要的一點是，第一年的50%

表 17.1　提案計畫的稅後預計盈餘

| | 第一年 | 第二年 | 第三年 | 第四年 | 第五年 |
|---|---|---|---|---|---|
| 收入 | JD1,500 | JD1,650 | JD1,800 | JD1,950 | JD2,100 |
| 　營運成本 | 900 | 900 | 1,050 | 1,050 | 1,200 |
| 　折舊 | 150 | 150 | 150 | 150 | 150 |
| 含稅收入 | JD 450 | JD 600 | JD 600 | JD 750 | JD 750 |
| 　50%的總稅額 | 225 | 300 | 300 | 375 | 375 |
| 稅後盈餘 | JD 225 | JD 300 | JD 300 | JD 375 | JD 375 |

總稅額（225 約旦幣）將會被徵收：20%的約旦稅（90 約旦幣）和30%的美國稅（135 約旦幣）。

　　表 17.2 顯示折舊的現金流量和五年計畫期滿的複利折舊現金流量。因此，總共880約旦幣將被隨著工廠第五年盈餘375約旦幣，在五年後被匯回美國。

表 17.2　折舊現金流量

| 年 | 折舊 | 利息因子8% | 第五年的期末價值 |
|---|---|---|---|
| 1 | JD150 | 1.360 | JD204 |
| 2 | 150 | 1.260 | 189 |
| 3 | 150 | 1.166 | 178 |
| 4 | 150 | 1.080 | 162 |
| 5 | 150 | 1.000 | 150 |
| | | | JD880 |

　　分析的最後兩個步驟是（1）將現金流量從約旦幣兌換成美元和（2）決定工廠的淨現值。表 17.3 顯示這兩個計算的步驟。應該注意的是，第五年的現金流量 2,005 約旦幣，包括有股利（375 約旦幣）、工廠預估的剩餘價值（750 約旦幣）和複利折舊現金流量（880 約旦幣）。

　　現今約旦幣對美元的匯率是五比一。預計在第一年中都維持該匯率，但是約旦幣在第一年後預計以每年5%的速率貶值。預期的美元現金流量可以用約旦幣現金流量除以匯率得到，然後將美元現金流量以資金成本（15%）折現

表 17.3　母公司的淨現值

| 年 | 現金流量 | 匯率 | 現金流量 | 15%下的現值 | 累積淨現值 |
|---|---|---|---|---|---|
| 0 | -JD1,500 | 5.00 | -$300 | -$300 | -$300 |
| 1 | 225 | 5.00 | 45 | 39 | -261 |
| 2 | 300 | 5.25 | 57 | 43 | -218 |
| 3 | 300 | 5.51 | 54 | 36 | -182 |
| 4 | 375 | 5.79 | 65 | 37 | -145 |
| 5 | 2,005 | 6.08 | 330 | 164 | 19 |

以得到每年的淨現值數字，累積淨現值就是表 17.3 最後的數目。我們知道從
母公司的觀點看來，工廠在第五年期間便會達到收支平衡，而因為這個計畫的
淨現值是正的（＄19），國際電視公司為了將公司價值極大化，將接受這提
案。這項計畫的內部報酬率大約是 17%。因為內部報酬率（17%）高於資金
成本（15%），內部報酬率準則也支持接受這項計畫。

# 17.2 投資組合理論

　　在現實世界中，沒有一個公司和個人會在單一計畫上投資一切，因此，值
得去考慮一特定計畫與在現存資產獲新投資機會相似的計畫的風險與報酬。投
資組合理論（Portfolio Theory）是在處理在一給定報酬率下最小化風險或
在一給定風險水準下最大化報酬率的投資方案選擇。這樣的投資組合有時也稱
之為最佳投資組合。

　　馬可威斯(Markowitz)和夏普(Sharp)發展針對多個計畫同時作風險 - 報
酬分析且相當有效的技巧。雖然這個技巧首先被應用來選擇普通股的投資組
合，它也可以被用來做資本投資方案的評估。這個方法使用兩個基本的測量
值：期望值和風險指標。投資組合的期望值就是構成投資組合計畫的個別計畫
現值加總。然而，作為投資組合風險的標準差並不是觀測，有許多個別計畫的
風險多會被彼此抵銷。因此，成功的多角化使得公司擁有少於個別計畫風險加
總的投資組合風險。

　　例 17.2　計畫 A 有 ＄800 的成本，而計畫 B 有 ＄1,000 的成本。這兩個

表17.4 不同經濟情況下淨現金流量

| 經濟情況 | 機率 | 淨現金流量 | |
| | | 計畫 A | 計畫 B |
| --- | --- | --- | --- |
| 景氣 | 0.50 | $2,000 | $0 |
| 蕭條 | 0.50 | 0 | 2,000 |

計畫彼此獨立，一年後可能的淨現金流量列於表17.4。假設資金成本是5%。

因為對每一計畫的淨現金流量是 $1,000（$2000*0.5+$0*0.5）；他們的淨現值計算如下：

$$\text{NPV}_A = \$1,000 \,/ (1.05)^1 - \$800 = \$152$$

$$\text{NPV}_B = \$1,000 \,/ (1.05)^1 - \$1,000 = -\$48$$

計畫的標準差（$\delta$）計算如下：

$$\delta = \sqrt{\sum_{i=1}^{n} (R_i - R)^2 P_i} \tag{17.1}$$

這裡，$R_i$ 為有關第 I 事件的淨現值流量（相當於一特定的經濟情況，像是景氣或蕭條），R 為預期現金流量和 Pi 為第 I 事件的機率。因此，計畫 A 和 B 的標準如下：

$$\delta_A = \sqrt{(\$2,000 - \$1,000)^2 (0.50) + (\$0 - \$1,000)^2 (0.50)} = \$1,000$$

$$\delta_B = \sqrt{(\$0 - \$1,000)^2 (0.50) + (\$2,000 - \$1,000)^2 (0.50)} = \$1,000$$

計畫 A 有淨現值 $152 而計畫 B 有淨現值 -$48 。兩個計畫都有相同的 $1,000 的標準差。計畫 B 將沒有機會被接受，因為它的預期淨現值是負的。計畫 A 有 $152 正的淨現值，但是大多數投資人可能拒絕這項計畫；因為它的風險太高。

我們可以藉由結合這項計畫完全地消除非系統性風險，因為個別計畫的非系統性風險可以互相抵銷。不管是在經濟景氣或蕭條情形下，這個組合的預期淨現金流量是＄2,000，而且他們合併的淨現值是＄104（＄152-＄48）。這兩項計畫投資組合的標準差是 0；因為這個投資組合總是產生＄104 的淨現值。當我們分開考慮計畫 A 和 B 時，這兩項計畫都是不被接受的，但是一旦我們將他們視為一投資組合時，我們發現投資組合是可以接受的。

## 17.3 資本預算理論與實施

史通希爾（Stonehill）和納謝森（Nathanson）（1968）運用大約三十年的時間調查110家美國和非美國的多國籍公司如何決定國外資本預算的實施，相關研究主題已不僅在精粹它的理論基礎而且已被多國籍公司實際演練與使用。

在國外直接投資理論的文獻上的回顧顯示下列各點：

1. 多國籍公司應該重視那些可以匯回國內的現金流量，因為只有那些現金流量可以用來再投資在其他子公司、支付股利、支付債券或投資在新事業。

2. 多國籍公司應該使用現金流量折現法來排序和選擇投資方案，因為這些方法明確地認定貨幣的時間價值，同時也使用整個計畫的生命週期來預估現金流量。

3. 多國籍公司應該使用加權後的資金成本來評估國外投資計畫，唯有投資報酬率高於加權平均資金成本的計畫能增加公司的價值。

4. 多國籍公司為了調整在國外計畫計量不同程度風險下計畫的預估價值，應該使用風險調整貼現率或確定等額法，因為理論上這兩種方法較其他方法複雜。

自從史通希爾（Stonehill）和納謝森（Nathanson）的研究之後，獨立研究顯示了國外投資分析的技巧大量地改進。一些研究學者針對美國和非美國公司做調查，以決定當上述四項原則列入考量時，他們如何因應。這四項原則是國外所得的計算、使用的資本預算技巧、折現率的測量和使用的風險調整方法。

這些實證研究發現，整體而言，美國公司使用的資本預算程序較非美國公司複雜。當我們比較這些近來的發現與 1966 年史通希爾（Stonehill）和納謝森（Nathanson）的研究時，發現相較三十年前，更多多國籍公司使用現金流量折現法和淨現金流量。但是沒有證據顯示多國籍公司已經改變他們如何測量適當的折現率和他們如何調整風險。

這些研究描述著多國籍公司以淨現金流量衡量他們國外計畫所得、使用貼現現金流量技巧、以各種方式計算資金成本和客觀地調整風險。因此，我們有理由相信在所得衡量和資本預算技巧的領域裡，多國籍公司遵從理論的方法，但是他們在貼現率的選擇和風險分析上尚未接納學術界所贊同的分析技巧。

## 總結

這章將焦點集中在資本投資決策過程。雖然我們將國外投資計畫決策過程分成可以詳細檢查的構成要素，但不表示這些步驟該機械化的進行。某些步驟可以合併、某些可以再細分，而其他則在不危害資本預算系統的品質下可被省略。然而，這其中的幾個步驟有可能在考量任何計畫下同時進行。例如，假使支出控制和事後稽核直到計畫完成的經濟評估後才規劃，那麼資本預算過程將很難用於現實生活，因此，資本預算過程應是連續重疊且同時進行，而非遵守前述理想順序的決策過程。因為所有在資本投資決策過程的步驟是相互交織的，所以他們的關係不應限於一序列的第一或最後一個階段。

國外投資計畫涉及到許多國內計畫所沒有的複雜變數。在國外投資計畫中兩個主要風險是政治風險和外匯風險。在第 9 章，我們說明外匯風險的特性和避險的方法。在第 19 章，我們將會描述政治風險的特性和歸避的技巧。

在辨別出國外投資選擇後，接著就要分析計畫現金流入和流出。然後，母公司的現金流量是可以藉由將計畫現金流量除以匯率得之。如此，一國外計畫，必須是母公司現金流量淨現值為正的才可能接受。而在分析早期的幾個階段裡，一些調整可用於降低風險。

# 問題

1. 列出11個國外投資計畫決策過程的11個階段。那決策者應該一步一步地考慮每個階段，或是應該同時地分析數個步驟呢？

2. 給予存在於海外的附加的政治和經濟風險，多國籍公司比起同一產業中純粹的國內公司具有更多或較少的風險？純粹的國內公司可以免除於國際事件的影響嗎？

3. 為什麼子公司的計畫要從母公司的角度去考量呢？

4. 列出在一國外計畫分析中值得考量的額外因素，但是它們卻與純粹國內計畫不相關。

5. 為什麼在國外投資計畫的現金流量分析中轉移定價政策是重要的？

6. 大多數學術界人士爭論著淨現值比起內部報酬率好。然而，大多數實務界人士認為內部報酬率比起淨現值好。試陳述雙方論點。

7. 列出一般風險評估和風險調整的技巧。在這兩種風險分析中主要的差異為何？

8. 什麼是資本預算決策技巧(理論上)？國外資本預算實務與理論描述的技巧相符嗎？

# 習題

1. 假設美國電器公司（AEC）正考慮在西班牙建立一座冰箱的製造工廠。美國電器公司想投資總額 10,000 的西班牙披索在這個工廠。這 10,000個披索將只以普通股的形式融資，而全部由母公司所擁有。這家工廠將為節稅的目的以直線折舊法折舊。它預期在第五年結束後有 5,000披索的殘值。西班牙有35%的公司所得稅並且在股利支付尚沒有保留稅。美國在直接給西班牙稅的借貸上有50%公司所得稅。西班牙在返國股利上沒有任何限制，但是直到這家公司被清算時，才允許母公司將折舊現金流量匯回美國。這些折舊現金流量可以再投資在西班牙的政府債券上以賺取免稅的 8% 利息。分析這個計畫的資金成本設定為 15%。在第一年期間預計持有的匯率為 1 美元對 5.00 披索。但是西班牙披索預期在往後幾年以每年 5% 的速率貶值。假設以西班牙披索的形式表示的收入和營運成本如下：

|  | 第一年 | 第二年 | 第三年 | 第四年 | 第五年 |
|---|---|---|---|---|---|
| 收入 | 10,000 | 11,000 | 12,000 | 13,000 | 14,000 |
| 營運成本 | 6,000 | 6,000 | 7,000 | 7,000 | 8,000 |

a. 決定這家提案的工廠預計稅後盈餘。

b. 決定在五年後複利折舊現金流量。

c. 決定這家工廠的淨現值、獲利指標和以美元表示的內部報酬率。

2. 維尼公司（Wayne Company）現在以 $60 的價格，每月出口 500 個計算機到約旦，而計算機的變動成本是 $40。在 1990 年 5 月這家公司被約旦政府告知，要在約旦建立一家小型製造工廠。在一個審慎的分析後，這家公司決定投資 1 百萬美元，一半是流動資金，另一半是固定資產。公司將在五年結束後並將這家工廠以 $1 賣給當地的投資人，約旦的中央銀行則將償還流動資金 $500,000 給這家公司。為了回報對其公司增加的關稅，維尼公司願意以每單位 $50 的價格在約旦銷售計算機。除此之外，公司必須向當地供應商購買原料並且雇用當地經理人。當地經理人和原料的總成本是每一計算機 $15。其他原料將從母公司以 $10 的價格購得，母公司將在每銷售單位 $5 的變動成本後得到直接管銷的回饋。在這種安排下，公司預計每月可以賣出 1,000 台計算機。固定資產將在五年期間直線折舊。這家公司將必須在約旦賺取的利潤上支付 50% 的所得稅。美國政府對直接給約旦稅的借貸上也有 50% 的稅率。現今的匯率是每美元對十個約旦幣並且預期在接下來五年的時間都保持相同。而在現金流量匯回美國上沒有限制。

a. 以 10% 決定這個計畫的淨現值。

b. 維尼公司已經被通知，如果他決定拒絕這項計畫；他將會損失他整個出口銷售額。這將如何影響維尼公司的決定呢？

3. 習題1、2強調涉及在國外投資決策上的複雜性。試辨別這些問題。

4. 一個原始成本 $15,000 的計畫預期在接下來的四年分別產生 $8,000、$9,000、$10,000 和 $11,000 的淨現金流量。這家公司的資金成本是 12% 但是財務經理卻意識到這計畫的風險比 12% 高出許多。財務經理覺得 20% 的貼現率較適合這項計畫。

   a. 以這家公司的資金成本計算這項計畫的淨現值。

   b. 計算這項計畫風險調整的淨現值。

5. 一計畫有 $1,400 的成本。他預期在接下來的三年的淨現金流量分別為 $900、$1,000、$1,400。個別的確定當額係數預計為 0.75、0.55 和 0.35。在無風險貼現率 6% 內，決定確定的淨現值。

6. 計畫 F 有 $3,000 的成本，而計畫 G 有 $4,000 的成本。這兩項計畫是相互獨立的，並且他們可能的淨現金流量被給定如下。假設資金成本是 10%。

| 經濟情況 | 機率 | 淨現金流量 | |
| --- | --- | --- | --- |
| | | 計畫 F | 計畫 G |
| 景氣 | 0.50 | $8,000 | $ 0 |
| 蕭條 | 0.50 | 0 | 8,000 |

   a. 決定計畫 F 和 G 的淨現值。

   b. 決定計畫 F 和 G 的標準差。

   c. 決定投資組合的淨現值和投資組合的標準差。

   d. 討論在國際關聯下，投資組合影響的重要性。

# 案 例 十七：多國資本預算實務

　　在國外資本投資理論上的文獻顯示，企業應該使用貼現現金流量的技巧來排序和選擇海外計畫，因爲這些方法承認貨幣的時間價值和使用計畫生命週期間的現金流量。表 17.5 說明貼現現金流量的方法從 1980 年到 1994 年被受調查的公司所使用的程度。這些經驗研究顯示出兩個重點：第一，貼現現金流量方法比經驗法則更普遍；第二，內部報酬率比淨現值更普遍。

　　因此，大多數多國籍公司使用貼現現金流量的方法來排序和選擇海外計畫。在表 17.5 中引證的研究顯示至少有一半以上的研究使用現金流量折現法，範圍從 Kelly 研究的 50％到 Stanley 研究的 81％。雖然數據在這些研究中並不相同，但他們最重要的提示是，現金流量折現法比經驗法則更受歡迎是事實。事實上，被學術界所推崇的技巧在近年來已經變得如此普遍，以致於我們不需要更多的實證研究來確認大多數的多國籍公司採用貼現現金流量的事實。

　　結果並不是可完全地可比較；因爲一些研究所使用的字眼，像是「排外地」、「最重要的」和「主要的」並不是同義的。另一方面，大多數理論的主要特徵類似，以致於有利我們的推論。調查的公司大多數是從大企業類別中抽取，樣本的數目相對地就很大，而且參與公司和樣本群是以信件調查的，研究的方法也是小心地經過篩選。這些結果顯示大多數公司使用貼現現金流量方法來評估國外投資計畫。在這個事實下，我們可以相當合理的預期使用如此

表 *17.5* 主要計畫評估技巧的使用

| 評估方法 | Oblak (1980) | Kelly (1982) | Stanley (1984) | Kim (1984) | Shao (1994) |
|---|---|---|---|---|---|
| 回收期 | 10% | 18% | 5% | 12% | 25% |
| 平均報酬率 | 14 | 27 | 11 | 14 | 14 |
| 內部報酬率 | 60 | 36 | 65 | 62 | 40 |
| 淨現值 | 10 | 14 | 16 | 9 | 17 |
| 其他 | 6 | 5 | 3 | 3 | 4 |
| 總和 | 100% | 100% | 100% | 100% | 100% |

複雜技巧,像是內部報酬率的公司應該會幫助企業做出較好的投資決策,並且表現的比那些使用不複雜的技巧,像是回收期法的公司還要好。

## 案例問題

1. 什麼是回收期法和平均報酬率法的缺點?

2. 在什麼樣的情況下,淨現值法和內部報酬率法會導致相同的資本預算決策?

3. 爲什麼淨現值法理論上比內部報酬率法來的好呢?

4. 爲什麼內部報酬率法在實務上比淨現值法更受歡迎呢?

5. 國際清算銀行的網址是 www.bis.org/cbank.htm。新加坡政府的網址是 www.singstat.gov.sg 而美國州政府的網址是 www.state.gov 提供全球大多數國家的經濟資訊。透過這些網站來獲取經濟資訊,指出哪些可以被用來評估一國外計畫的可行性?

# 參考書目

Baker, J. C. and L. J. Beardsley, "Multinational Companies' Use of Risk Evaluation and Profit Measurement for Capital Budgeting Decisions," *Financial Review*, March 1984, pp. 36–54.

Kelly, M. E. and G. Philippatos, "Comparative Analysis of the Foreign Investment Evaluation Practices by US-Based Manufacturing Multinational Companies," *Journal of International Business Studies*, Winter 1982, pp. 19–42.

Kim, S. H. and T. Crick, "Foreign Capital Budgeting Practices Used by the US and Non-US Multinational Companies," *Engineering Economist*, Spring 1984, pp. 207–15.

Kim, S. H. and G. Ulferts, "A Summary of Multinational Capital Budgeting Practices," *Managerial Finance*, Spring 1995.

Markowtiz, H., *Portfolio Selection: Efficient Diversification of Investment*, New York: John Wiley & Sons, 1959.

MaCauley, R. N. and S. Zimmer, "Explaining International Differences in the Cost of Capital," *Quarterly Review*, Federal Reserve Bank of New York, Spring 1989, pp. 7–28.

Oblak, D. J. and R. J. Helm, Jr., "Survey and Analysis of Capital Budgeting Methods Used by Multinationals," *Financial Management*, Winter 1980, pp. 37–41.

Shao, L. P., "Capital Investment Evaluation Procedures: North and Latin American Affiliates," *Multinational Business Review*, Spring 1994, pp. 11–18.

Sharp, W. F., "Capital Asset Prices: A Theory of Market Equilibrium Under Conditions of Risk," *Journal of Finance*, Sept. 1964, pp. 425–42.

Stanley, M. T. and S. B. Block, "A Survey of Multinational Capital Budgeting," *Journal of Business Finance*, Spring 1984, pp. 38–43.

Stonehill, A. I. and L. Nathanson, "Capital Budgeting and the Multinational Corporation," *California Management Review*, Summer 1968, pp. 39–54.

Tole, T. M., J. H. Hand, and S. O. McCord, "The Multinational Firms's Bias for Risky Capital Projects," *Multinational Business Review*, Fall 1997, pp. 10–15.

# 第十八章
境外計畫之資金成本

我們在第十七章已經討論過兩種現金流量分析法：淨現值法以及內部報酬率法。它們使用要求報酬率來折現現金流量並以此衡量一個計畫的可行性。實際上一個多國籍公司中所使用的要求報酬率可能是經過政治與匯率風險調整過的資金成本。

我們在這章將討論許多主題。首先，我們討論加權平均資金成本及其組成因素（負債成本與權益成本）。除此之外，這裡也會解釋在多國籍公司的情形中，公司與國家的不同特性將如何影響資金成本。第二，我們將分析公司的資本結構，包括其長期負債與股東權益。經由這個動作，我們可解釋多國籍公司（MNC）如何根據公司與國家的特性來建立資本結構。第三，我們將描述邊際資金成本與境外投資分析的關係。邊際資金成本指的是企業再募集資金的成本。第四，我們將比較美國與日本的資金成本。

# 18.1 加權平均資金成本

公司以加權平均資金成本(weighted average cost of capital, WACC)當成計劃的資金成本有以下加權幾點理由：。第一，若僅使用單一資金的成本作為接受計畫與否的衡量標準，則低報酬率的計畫可能會被接受而高報酬率的計畫反而可能會被拒絕。有些低報酬率的計畫可能會被接受是因為它們可以用較便宜的方法融資，例如舉債。有些高報酬率的計畫會被拒絕是因為它們必須要以較貴的資金管道融資，例如權益資金。第二，如果一個公司接受報酬率高於其WACC的的計畫，此計畫將會增加公司普通股的市價。而公司股票之所以增值，是因計畫的預期報酬率較融通計畫的資金成本高。

WACC是各類資金成本乘上其佔公司資本結構的比例。

$$k = \frac{S}{B+S}(k_e) + \frac{B}{B+S}(k_t) \qquad (18.1)$$

其中 K 指加權平均資金成本，Ke 指權益資金成本，Kt 指稅後負債資金成本，B 指公司負債的市場價值，S 指公司權益的市場價值。

## 18.1.1權益資金成本

　　負債與特別股的成本是可以直接衡量的（利息及特別股股利），但是普通股的成本無法直接衡量。因為普通股的股利經是由公司股東會的討論而決定，因此，權益（普通股）資金成本較難衡量。

　　股東權益成本(cost of equity)是能吸引投資人來購買或是持有公司普通股的最低報酬率。這個要求的報酬率是所有（預期的）未來股利的現值等於目前股價的折現率。若是預期未來股利將以一固定成長率無限期成長，則可用下面的公式衡量權益資金成本：

$$k_e = D_1 / P + g \qquad (18.2)$$

　　其中$D_1$指一年之後預期被支付的每股股利，P指目前每股市價，G指年股利成長率。

　　另外一個在股利評價模型(dividend valuation model)中可作為估計資金成本的方法是十五章中介紹過的資產定價模型（CAPM）。在國際財管的領域中，系統風險指的是像全球性蕭條、世界大戰、與全球能源供應變動等全球性的事件。非系統風險是指土地徵用、貨幣控制、通貨膨脹與匯率變動等單一國家的事件。

　　如果市場是處於一個均衡狀態，則個別證券 J 的期望報酬率將被表示為下式：

$$R_j = R_f + (R_m - R_f) \beta_j \qquad (18.3)$$

　　其中 $R_j$ 是指證券 J 的期望報酬率；$R_f$指無風險利率；$R_m$為預期市場投資組合報酬率，指的是一組像史坦普500股票的無風險證券組合；$\beta_j$指的是證券 J 的系統風險。這個等式便是一般瞭解的證券市場線（security market line），包括了無風險利率（$R_f$）與特定公司 j 的風險溢酬（$R_m$-$R_f$）$\beta_j$）；其中（$R_m$-$R_f$）這一項便是市場風險溢酬（market risk premium）。

　　CAPM奠基於風險趨避者會盡可能分散風險的假設，而只有承擔系統風險（不可分散）才能獲得報償。這個理論認為，多國籍公司的資金成本將比當地公司低。在第十五章，我們已經見到一個多國籍公司能降低當地公司無法降低

無法降低的系統風險。

CAPM 一個潛在的問題是如何計算貝它係數 $\beta$。貝它係數可以用客觀的機率分配計算。但是通常以過去的貝它係數去估計未來的貝它係數。若根據歷史資料算出的貝它係數是未來貝它係數值得可靠估計值，財務經理便有了一個規範獲利性投資決策的重要工具。實證研究指出過去的貝它係數對預測未來貝它係數很有幫助。當投資組合中的證券數量越大或是研究期間越長時，貝它係數會呈現更穩定的趨向。

另一個衡量權益資金成本的方法是本益比(price-earnings ratio)，也就是每股市價除以每股盈餘。更精確的說，本益比可以用來決定股票持有者要求的報酬率。如果我們將本益比以 P-E Ratio 表示，我們便可以用下面的公式計算權益資金成本：

$$k_e = \frac{1}{P - E\ ratio} \qquad (18.4)$$

如同18.4式表示的，權益資金成本是一除以本益比。因此，高的本益比表示較低的資金成本。這個模型假設獲利成長率爲零，且股利發放率爲百分之百，因此 18.4 式相當於 18.2 式。

這三個權益成本的計算方法其主要差異在於股利評價模型與本益比重視期望報酬的總風險，而 CAPM 法僅重視期望報酬的系統性風險。但在任何情形下，權益資金成本一定是市場對風險與報酬偏好的函數。

## 18.1.2 負債資金成本

一個公司的外顯負債資金成本(explicit cost of debt)被定義爲使舉債淨所得等於利息與本金償還的淨現值的折現率。若我們想將所有的資金成本以稅後基礎表現之，我們必須用稅率來調整負債成本，這是因爲利息支出是可以抵稅的。我們用 Kt 表示稅後負債資金成本然後用下面的等式去估計之：

$$k_t = k_i\ (1 - t) \qquad (18.5)$$

其中 $k_i$ 指稅前負債資金成本， t 指稅率。

多國籍企業在衡量負債成本的過程中必須考慮許多複雜的因素。第一，多國籍公司可以在境外貨幣市場、國際債券市場或當地資本市場借貸。因此，為了衡量稅前負債資金成本，它們必須估計每個市場的利率與在此市場發行的債務比率。第二，為了估計稅後負債資金成本，多國籍公司必須估計每個市場的稅率並經稅務當局決定利息的稅額抵減。第三，當多國籍公司發行以外幣計價的債務時，以外幣計價的名目本金與利息必須要經過匯兌損失或利得的調整。

　　舉例來說，外幣計價的負債其稅前成本等於將本金與利息以本國幣償還時的稅前資金成本。此稅前資金成本包括了以外幣表示的本金與利息的名目成本，再以匯兌損益來加以調整：

$$k_i = (k_f \times k_a) + k_p \qquad (18.6)$$

　　其中 $k_f$ 指以外幣表示的稅前資金成本；$k_a$ 表示因為匯率變動增加的利息；$k_p$ 表示因為匯率變動增加的本金。

　　**例18.1**　一個美國公司用7%的利率借了一年期的法國法郎。在這一年間，法郎對美元升值了9%。美國的稅率是35%。這個債務以美元表示的稅後資金成本為何？

　　這個債務的稅前資金成本之計算如下：

$$\begin{aligned} k_i &= (k_f \times k_a) + k_p \\ &= (0.07 \times 1.09) + 0.09 \\ &= 16.63\% \end{aligned}$$

　　這個債務以美元表示增加的 9.63% 成本為外匯交易的損失。7%的名目利率與增加的9.63%成本都是在稅務上可抵免的。因此，這個債務的稅後資金成本為：

$$\begin{aligned} k_t &= k_i (1-t) \\ &= 0.1663 (1 - 0.35) \\ &= 10.81\% \end{aligned}$$

### 18.1.3 適當的資金成本

如果多國籍公司對國外投資計畫依不同的風險程度而作個別的損失準備。它們必須要用 WACC 作為一個適當的資金成本。它們在決定分公司的資金成本時有三個選擇：（1）母公司的資金成本，（2）子公司的資金成本，（3）上述兩者的加權平均。

如果母公司自行融通其境外計畫所有的成本，則母公司的資金成本便可用作為適當的資金成本。如果子公司在海外自行募集計畫的資金，則國外的資金成本便是適當的資金成本。因為多國籍公司的資金來源分佈世界各地，故適當的資金成本通常是所有上述兩者的加權平均。

如果分析者想要將當地的通貨膨脹適度表現於計畫中，經通貨膨脹調整過的折現率也可視為適當的資金成本。然而，因為 WACC 已經反映了這種預期的物價變動，通貨膨脹傾向被併入一個公司的權益與負債資金成本中。因此，多國籍公司不應該為了考量通貨膨脹而輕易調整其資金成本。

## 18.2 最適資本結構

最適資本結構（optimum capital structure）定義為能產生最低資金成本的負債－權益組合。通常權益資本的數量是固定的，故由調整負債額度來維持最適資本結構。舉例來說，唐與布萊史崔特，羅伯莫理斯關係機構與其他組織出版的財務比率，顯示同產業中的公司的資本結構相似。因為國際經營的環境有許多不同的變數，所以不同國家的同一產業不能一視同仁。證據亦顯示國與國之間相同產業的資本結構相差甚大。

### 18.2.1 帳面價值或市場價值加權

為了衡量WACC，我們先計算資本結構中個別部分的成本。一旦我們計算出資本結構中個別部分的成本，我們便可資金權重加以平均。有兩種決定資本結構比例的方法常被採行：帳面價值加權法與市場價值加權法。

**帳面價值加權法** 帳面價值加權（book-value weights）衍生自資

產負債表內資本結構中個別成分的既定價值。帳面價值加權有兩個主要的優點。首先，因爲帳面價值加權不受市價影響，資本結構的比例在這段時間中是穩定的。其次，因爲帳面價值加權是經由公司資產負債表中穩定的價值中導出的，故其較容易決定。然而，因爲債券與股票的市價隨時間會變動，帳面價值加權可能導致錯估 WACC 因而沒有反應合理的資本結構。

**市場價值加權法** 市場價值加權（market-value weights）以目前債券與股票的市價爲基礎。因爲公司的主要目標是將其市場價值極大化，市價加權法便與公司的目標一致。企業現存的證券市價決定於公司的預期獲利與投資者認爲這個證券的風險程度。換言之，市場價值反映了目前買方與賣方對未來獲利與風險的推算。因此對公司證券投資者而言，由市場價值加權的 WACC 應該是一個有效的要求報酬率。

## 18.2.2 隱含意義

傳統評價與槓桿的方法都假設存在有最適資本結構。這個模型暗示在受到許多影響之下，公司明智的利用槓桿（負債）策略可降低其資金成本。負債有兩種成本：外顯成本與內隱成本或破產成本（bankruptcy cost）。外顯成本便是票面利率，而內隱成本指的是增加的負債對舊有負債與權益成本的增加。

若我們從一個零負債的資本結構開始，負債的引入將會使公司降低其資金成本。WACC 會隨著槓桿而降低因爲權益資金成本的增加並沒有完全抵銷較低成本的負債的使用效果。傳統方法暗示超過某一點之後，權益資金成本與負債成本會同時增加。在過度槓桿的使用之下，權益資金成本的增加抵銷了低成本負債資金的使用。因此，在一個如圖 18.1 中 40% 的轉折點上，持續槓桿的引入將會增加整體資金成本。最適的資本結構便是 WACC 最低的那一點。

**例18.2** 一個公司正在計畫爲了國外投資籌資兩億美金。它希望資金的數量固定，但只想改變融資管道的組合。如同圖 18.1 所示，目前公司有三種不同的融資結構可供考慮：A、B 與 C。

公司最初以槓桿來降低資金成本，但在超過 B 計畫後，負債的增加將會

圖 18.1　三個不同的融資計畫

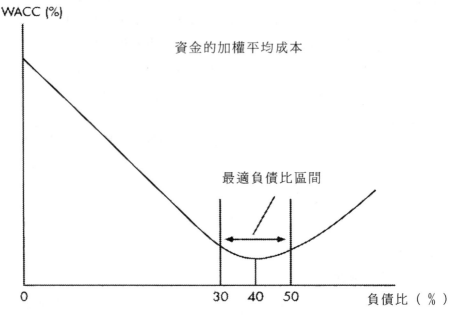

總結來說，一個公司的最適資本結構同時（a）使公司的WACC極小化，（b）使公司價值極大化與（c）使公司股價極大化。隨著負債加入資本結構之中，WACC隨之下降。這使公司的價值增加。因為公司價值的增加終將歸於

增加其資金成本。許多理論家相信，公司的負債權益組合存在著一個 U 型的資金成本曲線。圖 18.1 表示這個最適的資本結構發生在負債比率爲 40%時。

　　若沒有股東或其他利害關係人的限制，公司的資本結構中多保有30到50%的負債。負債比率的範圍相當寬廣（圖 18.1 中的 30%到 50%）通常被當成最適或是標的負債區間，因爲在此區間中資金成本的差異相當小。此平坦區域的最適區間與特定公司的負債比率要落於最適區間的何處取決於許多非成本變數，例如資本取得的難易與財務風險。

　　對一個多國籍公司而言，即便要籌措大額資金，越容易取得的國際資金與越低的財務風險將會允許它維持其想要的負債比率。換言之，在資本預算過程中，多國籍公司邊際資金成本在相當寬廣範圍內是固定的。

　　總結來說，一個公司的最適資本結構同時（a）使公司的 WACC 極小化，（b）使公司價值極大化與（c）使公司股價極大化。隨著負債加入資本結構之中，WACC 隨之下降。這使公司的價值增加。因爲公司價值的增加終將歸於

公司的所有者，公司股票的價格將會上升。

## 18.2.3 邊際資金成本與投資決策

　　當公司為新的投資計畫募集資金時，它們關心的是新資金的邊際成本。公司應該以最適資本結構的比例來募集新資金並支應其投資計畫，然而，隨著其資本預算的增加，它們的邊際資金成本終將上升。這意味著短期中，即便維持著同樣的最適資本結構，公司只能在邊際資金成本增加前在某個有限的額度上向資本市場爭取資金。

　　**最適資本預算**　　在分析中，我們將資金總額保持不變而只改變其來源的組合。我們接著尋找能使資金成本最低的最適或是目標資本結構。在第二個分析中，我們試圖決定資本預算的規模與邊際資金成本間的關係，如此方能決定出最適的資本預算。最適資本預算（optimum capital budget）被定義為能使公司價值極大化的投資金額。它可以經由內部報酬率（IRR）與邊際資金成本（MCC）的相交點求得；在這點上公司的總利潤被極大化。

　　許多因素影響一個公司的資金成本：它的規模、進入資本市場的管道多

表 18.1

| 融資計畫 | 稅後成本 | 加權 | 加權平均成本 |
|---|---|---|---|
| A 計畫 | | | |
| 　負債 | 6.5% | 20% | 1.3% |
| 　權益 | 12.0 | 80 | 9.6 |
| 　　WACC | | | 10.9% |
| B 計畫 | | | |
| 　負債 | 7.0% | 40 | 2.8% |
| 　權益 | 12.5 | 60 | 7.5 |
| 　　WACC | | | 10.3% |
| C 計畫 | | | |
| 　負債 | 9.0% | 60 | 5.4% |
| 　權益 | 15.0 | 40 | 6.0 |
| 　　WACC | | | 11.4% |

寡、分散經營的程度、租稅減免、匯率風險與政治風險。前四個因素對跨國企業有利,而後面兩個因素只對當地企業有利。如同圖 18.2 顯示,跨國企業通常因為以下的原因而享有較當地公司低的資金成本。首先,跨國公司因為其規模較大,故可以用較低的利率借錢。第二,它們可以在許多的資本市場募集資金,例如境外本國貨幣市場、當地資本市場與國外資本市場。第三,它們的整體資金成本可能因為經營上較分散而較當地公司來的低。第四,因為跨國公司可以利用租稅天堂、節稅控股公司與移轉訂價來避稅,它們的整體稅率也得以降低。

對一個美國公司來說,其對國外投資的風險較國內投資大似乎是合理的。然而,由於外國投資的報酬與美國投資的報酬未必呈現完全正相關,上面的假設未必完全正確。換言之,跨國企業的風險仍然可能比僅在任何一個單一國家經營的公司小。因此,為了使風險極小化,一個公司不僅僅在國內計畫上要分散風險,同時也要將風險分散到不同國家。跨國企業較低的整體風險常使它們的整體資金成本跟著降低。

圖 18.2 顯示一個典型的跨國企業的最適資本預算 (M) 比一個純粹當地企業的最適資本預算 (D) 高。當本國資本市場飽和時,跨國企業可以轉向國

圖*18.2* 最適資本預算:當地企業與跨國企業

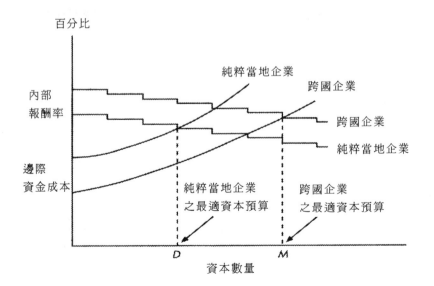

外的資本市場且它們的風險將比當地企業來的低。國際資本的取得與較低的風
險允許跨國企業降低其資金成本與在它們的資本預算內的一個區間維持固定的
邊際資金成本。它們較純粹當地企業有較多的投資機會。這兩個因素—較低的
資金成本與較多的投資機會，給了跨國企業較當地企業更高的最適資本預算額
度。

# 18.3 美國與日本的最適資金成本

　　1980 年代美日之間鉅額的貿易赤字促使學界、政策制訂者與商界人士探
討美國競爭力下滑的原因。許多人認為美國的資金成本明顯高於日本的水準。
因此，日本的經營者發現進行長期計畫對它們而言是有利的，而這些計畫往往
會被美國經營者拒絕。換言之，因為美國經營者採取的是短期的觀點，他們錯
失投資計畫或是不進行未來高獲利的研究以維持現在的獲利。

　　表18.2顯示三組對美國與日本資金成本的估計。所有的研究結論都指出
美國的資金成本明顯比日本高。支持這項結論的證據包括美國的高利率、日本
的高槓桿與日本高的本益比。

## 18.3.1 美國的高利率

　　在歷史上，美國的利率因為下面幾個原因都較日本的高。首先，高儲蓄
率與鉅額的貿易順差使日本的資本較充裕。其次，日本央行經由商業銀行提供

表*18.2*　美國與日本估計的資金成本

| 研究 | 年份 | 美國 | 日本 |
|------|------|------|------|
| 赫索波洛司＆布魯克斯 | 1980 | 14.1% | 4.0% |
|  | 1988 | 9.7 | 3.8 |
| 麥考雷＆席莫 | 1980 | 11.5 | 8.8 |
|  | 1988 | 11.2 | 7.8 |
| 伯罕＆索文 | 1980 | 18.7 | 11.0 |
|  | 1988 | 11.1 | 4.1 |

主要工業長期優惠利率貸款。第三,在日本,許多公司為部分國有或是與政府
有相當密切的營運關係。因此,對政府來說,利用直接補貼與長期貸款來解救
瀕臨危機的公司可能合乎其最大利益。第四,雖然在 1980 年代,日本經濟規
模只有美國的一半,它的資本市場卻與美國的資本市場有類似的規模。

### 18.3.2 日本的高槓桿

　　許多分析者指出日本的高槓桿是日本資金成本優勢的另一個原因。日本公
司因為它們的債權人可容忍較高的財務槓桿 ( financial leverage ) 而有較
高的借貸能力。事實上,日本公司乃是因為它們與債權人或政府的特殊關係才
得以使用高度財務槓桿。隨著負債比率增加,加權平均資金成本因為低成本的
負債比例增加而降低。當然,負債的低成本是因為利息的租稅扣抵。

　　**例18.3**　　假設有X與Y兩國。兩國的負債成本 ( 10% )、權益成本 ( 15% )
與稅率 ( 50% ) 都相同。然而,X國的資本結構是 20% 的負債與 80% 的權益,
Y國的資本結構卻是 50% 的負債與 50% 的權益。比較一下這兩國的資金成本。

　　X國的加權平均資金成本是13%,如果我們用相同的負債與權益成本計算
較高槓桿國家的資金成本,將會得到10%的加權平均資金成本。因此,較高槓
桿的國家 ( Y ) 比較低槓桿的國家 ( X ) 有較低的資金成本。

### 18.3.3 日本的高本益比

　　在1980年代中期日本股市的迅速上漲使日本的本益比變的比美國的高。
日本這種高本益比是許多日本公司有較低權益資金成本的基礎。日本的本益比
在 1989 年達到高峰的六十,並自此之後急速下滑。然而,目前日本在三十五
左右的本益比仍然比其他主要國家的要高,其中包國美國公司平均二十的本益
比。18.4 式顯示三十五的本益比隱含 2.86% 的權益資金成本,而二十的本益
比隱含 5% 的權益資金成本。如果我們將這些本益比視為面值,日本高的本益
比暗示較低的權益資金成本。

## 18.3.4 日本低資金成本的迷思

　　並非所有研究都支持美國製造業部門的平均資金成本長久以來比日本製造業部門者爲高。許多研究者，例如開斯特與盧爾曼（1992）認爲，這種信念起源於許多支持日本資金成本優勢的學術研究，但其研究卻充滿了破綻與誤導。以他們觀點來看，能支持他們論點的證據包括國家間風險的差異、國家間會計習慣的差異、錯誤的加權與不可靠的統計估計。

　　**國家間風險的差異**　第一個破綻產生於許多的研究都沒能考慮日本與美國不同的風險程度。國家間的風險情況可能因爲經濟情況、公司與債權人間關係、政府的干預與財務槓桿程度的不同而產生相當大的差異。風險是很難精確衡量的，但有足夠的證據顯示在很多方面上，美國與日本的製造業並不相同。一般來說，忽略風險的研究顯示日本擁有較便宜的資本。然而在那些考慮風險的研究中，兩國的資金成本並沒有明顯的不同。

　　**國家間會計慣例的差異**　在一國的資金成本的估計中，公司財務報表的總體資料是必須的。因爲美國的會計慣例與日本差異甚大，可比較的資料非常難以取得。許多的日本會計慣例常常使日本公司的槓桿程度遠較實際情形爲高。這些高槓桿往往錯誤的使日本的資金成本較美國低。

　　**錯誤的加權**　資本結構的衡量（負債比率）通常以帳面價值而非以市值進行。如同更早之前指出的，計算加權平均資金成本的權數應該適度的反應市場價值而不是歷史圖表。帳面價值因爲國家間不同的會計條文與慣例，尤其是在進行跨國間的比較時顯的不可靠。利用市值加權，日本公司的負債比率自從1985年來已經不斷降低，而美國公司的負債比率仍維持穩定。在1987年，美國的負債比率已經超過了日本的負債比率。波特巴（1991）將美國與日本槓桿的接近歸於兩個因素。第一，美國公司在1985到90年間每年買回了將近一千億美金的權益。第二，在1980年代，日本股價的上漲程度較債券價格快。因此，日本企業以市值爲基礎的負債比率在這段期間就會下降。

　　**不可靠的統計估計**　從統計上的角度來看，對美日資金成本間差距的估計是不可靠的。這些研究並沒有提供一個估計誤差的區間。估計一國的資金成本中用到許多的隨機資料。這些資料的變異程度會隨著時間而改變，同時也產生了從資料中可以得到多少的統計參考價值的問題。只有經過多年美國與日本一致的資料可以解決這個問題。但是這種資料在日本並不存在。

結論 為了避免上述的問題。開斯特與盧爾曼將資金成本視爲政府債券提供的無風險利率與爲補償投資者投資於風險性行業的溢酬兩者之間的總和。利用此法，它們發現不論是日本或美國都沒有享受到持續性明顯的成本優勢。他們也懷疑在過去的二十年間的任何一段時間，持續有利於日本的差異是否存在。

# 結論

資金成本，最適資本結構與最適資本預算對一個跨國企業的價值影響很大。資本成本被用來評估國外的投資計畫。最適資本結構是一個同時達到（A）使公司的加權平均資金成本最小化（B）使公司價值極大化（C）使股價極大化的特定負債比率。最適資本預算是能夠使跨國企業利潤極大化的投資金額。

雖然在處理多國事務時能以分析當地資金成本的主要議題當基礎，對匯率風險與國外環境變數等特殊影響的分析也有其必要性。較易取得國際資金、較低的風險與更多的投資機會使跨國企業能降低其資金成本與賺取更多利潤。

許多實證研究，根據美國較高的利率、日本較高的槓桿與較高的本益比，而做出美國的資金成本比日本高的結論。然而，有些其他的分析者爭議，因爲忽略了許多變數，諸如：國家間風險差異、國家間會計慣例差異、用錯權數與統計上不可靠的估計等，這些研究的結論而並不精確。

# 問 題

1. 解釋在國際經營內容中的系統與非系統風險。
2. 哪些是衡量跨國企業負債成本中的複雜因素。
3. 列出三種決定國外分公司資金成本的方法。這三種方法中哪一個常被許多跨國企業採用。
4. 哪些因素影響一個公司的資金成本。為何跨國企業的資金成本常常較純粹當地公司低。
5. 許多觀察者相信美國公司可以在日本以較低的利率借到錢。試評論這個論點。
6. 一般而言，美國公司與日本公司兩者資本結構的主要差異在哪裡。你能解釋這些差異嗎？
7. 解釋一個美國公司的國外投資的風險為何會比其在投資美國資產的風險小。
8. 為什麼一個跨國企業的最適資本預算通常比純粹當地企業大？
9. 為什麼多數的研究者作出美國的資金成本比日本高的結論？
10. 開斯特與盧爾曼堅持美國的製造業部門並沒有持續性面對比日本製造業部門明顯較高的資金成本。列出支持他們論點的證據。

# 習 題

1. 一個國外計畫有 0.50 的貝它係數，無風險利率為 8%，市場投資組合的預期報酬率是 15%。這個計畫的資金成本是多少？
2. 一個美國公司用 8%借了一年德國馬克。在這一年中，馬克對美元升值了 10%。美國的稅率是 50%。以美金表示的稅後負債成本為何？
3. 在 A、B 兩國中都一樣的，負債成本是 10%、權益成本是 15% 而稅率是 50%。然而，A 國的資本結構是 0%的負債與 100%的權益，而 B 國的資本結構是 50%的負債與 50%的權益。比較這兩國的資金成本。

4. 一個公司每年稅後賺三百美金並且預期未來每年都會賺一樣的錢。此公司正在考慮三個財務計畫：A是20％的負債比率與15％的加權平均資金成本。B是40％的負債比率與10％的加權平均資金成本。C是80％的負債比率與20％的加權平均資金成本。哪一個負債比率會使公司價值極大化？

5. 假設一個公司想要出售價值六百萬美金的債券與一千四百萬美金的普通股。債券有13％的稅前利率而股票預期要支付一百四十萬的股利。股利成長率是8％同時也預期會持續相同的成長率。在稅率是50％的情形下，試決定加權平均資金成本。

## 案例十八　　跨國企業較當地企業有較低的負債比率嗎？

　　國際財務管理教科書的作者已經提出了不少有用的觀念。首先，跨國企業的負債比例應該較純粹當地企業高。他們指出跨國企業由於其規模、對資本市場的管道暢通、經營分散與租稅減免，目標負債比率應該較其相似當地企業高。目標的負債比率是最適資本結構，也就是被定義為能產生最低資金成本的負債－權益的組合。第二，跨國企業的企業風險應該較當地企業為低。企業風險，例如金融蕭條的成本與預期破產的成本，指的是營運利潤的變動或是企業無法回收其固定成本的可能性。一個跨國企業是在許多國家運作的，這種分散也可解釋為較低的獲利變動性。

　　有些財務分析師爭論，在企業風險與最適負債程度之間有一反向關係存在。在不使企業的風險增加的前提下，企業風險較低的公司應該能承擔更多的負債。負債有兩種成本：外顯成本與內隱或是破產成本。外顯成本是利率，而內隱成本指的是隨負債增加，一個企業清算的可能性。因此，給定傳統典範下負債租稅屏蔽與預期破產成本的取捨關係，跨國企業應該有較低的破產成本而因此該有較高的槓桿比率。換言之，跨國企業因為在國際經濟體間能分散其企業風險，故應該有能力負載更多的債務。

　　第三，一個跨國企業對匯率波動遠較當地企業敏感。因為只在一個國家內經營，一個純粹當地企業可能完全不用面對匯率風險。最後，一個跨國企業的代理成本應該較純粹當地企業大，這是因為跨國企業有較高的審計成本、語言差異、主權不確定性、分歧的政治經濟系統與多種會計系統之故。

為了求得這四個概念的真確性，布格曼（Burgman, 1996）進行過包括251個當地企業與236個跨國企業的廣泛實證研究。他的發現如下：第一，在1%的信心水準下，跨國企業的平均槓桿比率比當地企業高。第二，跨國樣本的營運利潤波動比當地樣本的大，然而這個差異在統計上的顯著性很微弱。第三，在5%的信心水準下，當地企業比跨國企業對匯率變動更具敏感性。最後，在1%的信心水準下，跨國企業較它們當地企業的對照組有較高的代理成本。因此，布格曼的研究只確定了第四項觀念，但卻否定了其他三個觀念。

## 案例問題

1. 何謂代理成本？有哪些代理成本？為何跨國企業產生的代理成本較當地企業多？

2. 與一般預期相反，布格曼 1996 的研究發現跨國企業比純粹當地企業有較低的負債比率與較高的企業風險。哪些是這個發現可能的解釋。

3. 何謂經濟匯率風險？規避這個風險簡單嗎？與一般預期相反，布格曼1996的研究做出跨國企業的經濟匯率風險比當地企業低的結論。哪些是這個發現可能的解釋。

4. 案例十八有許多是從聯合學院財務教授陶德布格曼博士的文章中摘錄出來的。請到他的網站（gmi.union.edu/faculty/burgman.htm）上並利用它來回答下面的問題。他目前的研究計畫為何？指出他列出有用的熱門站台。找出並回答他在公司財務期刊1995春季與1996冬季的 GMI215 上的總和測驗問題。

# 參考書目

Bernheim, D. B. and J. B. Shoven, "Comparisons of the Cost of Capital in the US and Japan: The Role of Risk and Taxes," Stanford University, Center for Economic Research, Mimeo, 1989.

Hatsopoulos, G. N. and S. H. Brooks, "The Gap in the Cost of Capital: Causes, Effects, and Remedies," in R. Landau and D. Jorgenson, eds, *Technology and Economic Policy*, Cambridge, Mass.: Ballinger Publishing Co., 1986.

Kester, W. C. and T. A. Luehrman, "The Myth of Japan's Low-Cost Capital," *Harvard Business Review*, May–June 1992, pp. 131–8.

McCauley, R. N. and S. A. Zimmer, "Explaining International Differences in the Cost of Capital," *Quarterly Review*, Federal Reserve Bank of New York, Summer 1989, pp. 7–26.

McCauley, R. N. and S. A. Zimmer, "Exchange Rates and International Differences in the Cost of Capital," in Y. Amihud and R. Levich, eds, *Exchange Rates and Corporate Performance*, Burr Ridge, Irwin, 1994, pp. 119–48.

Proterba, J. A., "Comparing the Cost of Capital in the United States and Japan: A Survey of Methods," *Quarterly Review*, Federal Reserve Bank of New York, Winter 1991, pp. 20–32.

Sekely, W. S. and J. M. Collins, "Cultural Influences on International Capital Structure," *Journal of International Business Studies*, Spring 1988, pp. 87–100.

# 第十九章

政治風險管理

今日進行境外投資計畫的決策時必須同時考量未來的政治氣候。政治風險（political risk）是指政治對經濟的影響。故多國籍企業的政治風險評估需同時估計經濟與政治指標。政治風險管理指為保護公司不因政治事件產生而虧損失措施。

當多國籍企業與政府的目標不同時，將面臨許多的政治風險。企業的主要目標就是使其股東的財富極大化，所在地國家則希望能利用當地的生產要素來促進經濟發展，如此可控制關鍵產業並減少外資與技術的依賴程度。同時它們也希望能改善貿易條件並提升國家地位。

跨國的投資者應該知道當政治不確定性的運作方式，才能預測未來產業的動向並適度的因應·在這一章，我們會討論政治風險的本質與種類，政治風險的預測與對政治風險的因應措施。

## 19.1 政治風險的本質

傳統上，多國籍企業與國家的衝突有下面幾個情形：政治體系的轉換、創業投資、關鍵產業的控制、對國際收支帳的貢獻、國家主權以及經濟發展。這衝突不只存在於發展中國家，亦存在於多國籍企業與已開發國家間。

區分政治與經濟風險並不容易。雖然政府決策是政治方面的考量，但決策之後則是純粹經濟的力量。舉例來說，非當地居民的資金可能因為國家臨時的外匯短缺或是長期外匯不足而被綁住，而非政治壓力；故政府決策部分為政治力量，部分為經濟層面的力量。在 1986 年，雷根政府因為南非的種族隔離政策而進行經濟制裁。另一個例子是，聯合國在 1990 年秋天因為伊拉克入侵科威特，對其進行經濟制裁。最後，美洲國家組織在 1994 年也為了海地對人權的侵犯而對其進行經濟制裁。

國內的政治風險決定於三大類的變數：政治氣氛、經濟情勢與對一外關係。政治氣氛可以用謀反、叛亂與政治混亂之程度衡量。跨國的投資人應該考慮諸如政治暴力的程度、黨派間極端的政治傾向與一再發生的政府危機等因素。

　　投資分析者應該評估整體經濟情勢以保護投資不受政治風險的危險。相關的因素包括政府介入經濟的可能性、利率與通貨膨脹率的水準、持續的國際收支帳赤字、外債水準與惡化的貨幣準備。

　　最後，跨國投資者應該決定當地國對他國的敵意。這裡重要的因素有當國與鄰國的衝突事件、軍備競賽與國防預算。

# 19.2 政治風險的種類

　　以下是一些關於美國與英國多國籍企業對政治風險的實證研究。凱利與菲利派托斯（1982）對六十七家美國公司作研究而得出五種政治風險的變數。葛達（1991）對五十一家英國公司的研究指出六種政治風險因素的重要性。它們的發現依重要性被列於表19.1。這些政治風險可依據實務目的分為兩大類：限制外國公司經營行動的自由與導致接收外國人資產的行動。

## 19.2.1 營運的限制

　　限制外國公司自由的措施包括了營運上限制（operational restriction），如員工雇用政策；當地股份比率限制；轉換自由的損失；匯兌控制；財務、人事與股份權利的損失；合約與協議的違反行為或任意修改；強制性提供創業投資的歧視；暴動、革命與戰爭造成財產與人員的損失。

表19.1　政治風險的種類與其重要性

| 美國 | | 英國 | |
|---|---|---|---|
| 排序 | 變數 | 排序 | 變數 |
| 1 | 對國際匯款的限制 | 1 | 國家徵收或國有化 |
| 2 | 對所有權、員工雇用與市場佔有的經營限制 | 2 | 國內的政治穩定性 |
| 3 | 徵收或國有化 | 3 | 對國際股利與權利金匯款的限制 |
| 4 | 歧視 | 4 | 貨幣穩定性 |
| 5 | 違約行為 | 5 | 租稅變動 |
| 6 | 其他 | 6 | 匯兌管制 |

當營運受到限制時，資金通常會受限。但仍有許多移動受限資金的方法，最常見的是安排公司間的資產交換。在資金受限的國家，每家公司互相給對方貸款。其他的方法包括轉移價格的調整與其他費用、權利金、債務償付的調整。當然，這些方法都有嚴重的道德與法律問題，而且，鉅額的金錢通常不易於交易，例如終止在一個小型發展中國家的業務。

## 19.2.2 徵收

**徵收**（expropriation）包括了將資產出售給當地的股東、強制將營運資產出售給地方與中央單位，甚至沒收。

伯爾與麥克羅（1993）認為許多政府基於以下幾個原因而將國外或國內的公司國有化：

1. 政府相信其能使企業營運更有效率
2. 政府相信企業在隱藏獲利
3. 左翼政權會贊成將企業國有化
4. 政客想藉由支持垂死企業的過程來保護工作機會，並贏得大衆的支持。
5. 政府能經由注入金錢控制公司或產業

企業在國外的經營也會受當地政治勢力的影響。慣例是在沒有歧視及適當補償的前提下將外國資產收回。雖然這二個原則是根據國際法的傳統原則而來的，它們卻常常被一些發展中國家忽略。

甘乃迪（1993）根據政體與徵收政策分析了七十九個國家。這份研究顯示在1960至87年間，這七十九個發展中國家在五百九十九次不同的動作中將1118家外國公司國有化。徵收的情形是由政府推行政治取向的法案。事實上，三百個政府中有二十八個政府要爲三分之二的徵收法案負責。

表19.2呈現了1960至87年間的國家徵收趨勢。我們可以將多國籍企業與所在地國政府的關係分成下面三個年代：多國籍企業掌握主導權（1945至60年代初）；多國籍企業與當地政府對抗（1960中期到1980）；多國籍企業與當地政府重新合作（1980年代）。低度開發國家的徵收行動相當符合這

三個時期。在 1960 年代中，徵收法案的數目快速的增加，但是真正使得外國
直接投資開始撤資則是在 1970 到 79 年。在 1980 年代，徵收法案的數目又快
速的下降。

　　有六個原因解釋為何在 1990 年之後徵收不再顯著的增加（甘乃迪，
1993）。首先，國際示範效果阻止了徵收行動，這是因為即使是最社會主義的
國家，都已採行了自由市場導向的機制與私有化。第二，歷史證明大量徵收的
經濟效果通常是負面的。第三，由於缺乏過去社會主義國家的援助作緩衝，不
良的經濟效果會更進一步惡化。第四，若市場導向機制與私有化的方向為多數
人民帶來實質成長與繁榮的話，政治上或許可以接受關鍵部門主導權的喪失。
第五，發展中國家經濟力量的提升減少了對外來要素的依賴，同時也增加了管
理多國籍企業的政策選擇度。第六，外國直接投資產生在政治上所帶來的殖民
與新殖民衝擊近來已經很少了。

# 19.3 政治風險的預測

　　一旦經營者檢視過政治風險與其隱含風險時，便會將焦點轉移到預測
其與公司有利益關係國家的政治風險上。隨著多國籍企業經驗的成長及分散
程度增高，它們會將負責政治預測部門的規模提升至與經濟預測部門相同。
在政治風險的分析中，經營者會特別注意所在地國家的「國家主義」。國
家主義表現出來的是對一個國家的忠誠與因為分享相同種族、語言、宗教或
意識型態而產生的自傲。換言之，這是一種會妨礙或阻止與外國人理性協商
的情緒。國家主義對多國籍企業的影響包括：（1）對當地人股份比例的
最低要求；（2）保留某些產業給當地的公司；（3）政府契約會偏愛當
地的供給商；（4）對外國員工的數目與種類加以限制；（5）以配額與
關稅進行保護主義；（6）對資產的徵收。

　　政治風險的預測包括四個基本步驟：

1. 多國籍企業對目前當局對外國投資的態度與政策加以調查。

2. 評估此國的政治穩定性。

表*19.2* 每年的徵收法案

| 年份 | 法案數 | 進行徵收的國家數 |
|---|---|---|
| 1960 | 7 | 6 |
| 1961 | 8 | 5 |
| 1962 | 8 | 5 |
| 1963 | 11 | 7 |
| 1964 | 22 | 10 |
| 1965 | 4 | 11 |
| 1966 | 5 | 3 |
| 1967 | 25 | 8 |
| 1968 | 13 | 8 |
| 1969 | 24 | 14 |
| 1970 | 48 | 18 |
| 1971 | 51 | 20 |
| 1972 | 56 | 30 |
| 1973 | 30 | 20 |
| 1974 | 68 | 29 |
| 1975 | 83 | 28 |
| 1976 | 41 | 14 |
| 1977 | 18 | 14 |
| 1978 | 15 | 7 |
| 1979 | 28 | 13 |
| 1980 | 12 | 7 |
| 1981 | 5 | 1 |
| 1982 | 4 | 1 |
| 1983 | 3 | 3 |
| 1984 | 1 | 1 |
| 1985 | 1 | 1 |
| 1986 | 1 | 1 |
| 1987 | 0 | 0 |

3. 將政治風險的評估加入此公司的策略規劃中。

4. 發展策略來降低該公司暴露在政治風險的部位。

## 19.3.1 政府對外國投資的態度

在預測政治干涉程度時，預測者必須瞭解所在地政府對私人國外公司政策的態度。關鍵是辨認出分公司經營地點的傾向是友善或是不友善，這將會影響經營氣氛。政府通常會在全面進行經營管制之前顯示出對國外投資態度的轉

變。其他重要的因素包括所在地國對外國投資者母國經濟或政治援助的依賴程
度、政府決策制訂首腦被施壓的種類、政府高層中左派團體的存在與否以及政
府經濟發展計畫與國外投資的關係程度。

## 19.3.2 政治穩定性

　　評估一個公司受政治風險傷害難易的第二步是去瞭解政府目前的權力型
態、政治行為的模式與其穩定的程度。事實上，政治穩定是大型多國籍企業在
考慮國外直接投資時的重要基本前提。對所在國的政治環境背景資訊的收集比
瞭解當局對國外投資的態度更重要。多國籍企業的經營者應該瞭解在國外直接
投資時曾實行過哪些政策。

　　最近由一個研討會對主要資本輸出國投資者進行的研究發現，許多投資者
因為政治因素而將數國甚至整個地理區域都排除在投資考慮之外。政治不穩定
則是最常見的政治障礙。因為政治因素常常在變，建立一個有智慧的系統來監
視與評估政治發展是重要的。這個智慧系統應該考慮兩件事：（1）瞭解所在
國內部的可靠專家與 （2） 對所有黨派必要相關資訊的收集與傳佈。

## 19.3.3 政治風險與策略規劃

　　政治風險衡量的第三步是將其考量整合到公司的策略規劃中。一個多國籍
企業可以依不同程度的政治風險建立國外計畫的停損點。除此之外，多國籍企
業也可以為反應政治風險的變動設計不同的資本預算計畫。

　　多變的政治風險將會迫使多國籍企業修正它們的投資分析。因為在某些國
家，政治風險是相當高的。多國籍企業可能為了補償這些風險而要求較高的風
險溢酬。多出的風險溢酬將使在這些國家的新計畫遭到裁撤。

　　如果國外計畫是可分離的，可以建立不同的資本預算計畫來反應不同程度
的政治風險。舉例來說，石油公司會將它們石油探勘的資金分散到政治風險程
度不同的國家，除此之外，多國籍企業也可將它們的投資分散到風險程度不同
的計畫中。舉例而言，石油公司可以將它們的部分資金投資在例如管線等安全
的計畫；而另一部份投資在例如石油探勘等較具風險性的計畫。

### 19.3.4 因應政治風險的策略

第四步是考量分公司自己的相對實力與安全。一個多國籍企業必須檢視其經營環境與議價能力。這種檢視使多國籍企業學習如何使國外支部成為所在國的良好公民，同時決定所在國是否會繼續需要它的存在。

為了成為所在國的良好公民，多國籍企業可以儘可能大量使用當地供給的原料，雇用當地員工至管理階層，以及使得分公司的股權可以分散到當地投資者手中。分公司維持在所在國中地位的能力決定於它的競爭力，當地政府對它的產品評價程度，以及相對於進口而言，該經濟體在當地生產此產品的成本。

### 19.3.5 估算政治風險的工具

多國籍企業擁有許多估算政治風險的工具。一些普及的策略包括德爾菲策略、長征、老手與計量分析。

**德爾菲法**　「德爾菲法」（delphi technique）將許多獨立專家的意見結合，得出關於特定國外計畫或特定國家的政治風險程度。這些專家對政治風險的意見將被蒐集與平均。這個方法的優點之一是很容易做成政治風險的估算；然而，它的主要缺點是它完全只依靠專家意見而不是以事實與分析為依據。

**長征**　「長征」（grand tour）依賴公司的執行者訪問考慮投資地點之後的意見。它們的訪問通常包括一系列與政府官員、當地商人與潛在客戶的會晤。這個方法將政治風險的責任交在執行提案中投資計畫的人身上。但是一趟訪問的結果可能很膚淺且只產生片面的資訊。

**老手**　「老手」（old hand）則依靠外部顧問的建議。一般而言，這種顧問常是學校教授、外交官、當地政客或商人。顧問的知識與經驗決定了政治風險估算的品質。

**計量分析**　許多公司利用統計工具來估算政治風險。這些統計方法的基本目的是輔助人為的決策並增加預測的精確程度。不同專家間在計量分析方法中要考慮的因素也不盡相同。但這些方法都有三個要素：外部經濟指標、內部經濟指標與政治指標。

　　**多重方法**　上述的任何方式都可以用來估算政治風險。一公司可能使用許多方法試圖去獲得關於狀況的完整描繪。如果這些方法都產生相同的結果，對其結論可以給予更大的信心。若是它們產生大相逕庭的結果，則需要更小心的調查。因為政治風險的估算對計畫的成敗來說是極端重要的，所以多重方法的估算方式可能是較安全的策略。

# 19.4 政治風險的因應

　　政治風險的預測對多國籍企業在特定計畫的決策十分重要。多國籍企業可以利用政府的保險政策與保護計畫來保護自己免受政治風險損害。十二與十三章中已經在某些細節上描述過這些措施。

## 19.4.1 投資前的防衛措施

　　有三種投資前的防衛措施：持續性協議、有計畫的脫產與適應所在國的政策。

　　**持續性協議**　許多所在地國最近都增加了對在其境內的國外企業經營情形的監視。一個多國籍企業應該協調出一個持續性協議，以使持續性政治風險最小。持續性協議將國外投資者與所在國政府的契約義務都明白加以規範。謹慎的協商將會產生與重要議題有關的共識，包括解決衝突仲裁、資金匯款、移轉價格、當地股份比例、課稅方法、價格管制、出口權與員工國籍限制的條款。

　　**有計畫的脫產**　有計畫的脫產常用來避免持續性經營限制與國家徵收的策略。有計畫的脫產（planned divestment）指的是將國外分部的股份在一個事前協議的期限內出售給當地人民，它對多國籍企業而言是相當重要的。

　　有計畫的脫產最主要的地方是，所在地國在最初幾年可以從國外直接投資受益，但成功的國外企業將會在後來的幾年取代本國企業。這些益處包括新的資本、企業家精神、新管理方法與新科技。外國資本使本國公司得以發展自己的資本、企業家精神、管理與科技。如果成功的國外企業持續主導有獲利性的成長地區，所在地國傾向問這公司下面的問題：你為我們作了什麼？

**適應所在國的政策**　持續性協議明訂了多國籍企業與其所在國的權利與義務，但通常需要不斷調整以適應所在國優先政策的變化。當外國公司堅持於對持續性協議的法律解釋時，所在地國家將會使用協議沒有包括的部份加以施壓。如果施壓無效，所在國政府將重新解釋協議以取得外國公司的改變。因此，對多國籍企業來說，應盡量適應投資所在國政策優先的變動。

## 19.4.2 投資後的防衛措施

一旦經營者決定投資並作了投資前的防衛措施之後，它們可以使用許多經營策略來解決政治風險。我們為了方便將它們分為兩大類：成為所在國良好公民的策略為使徵收困難與不可行的策略。

**成為良好公民**　許多國外分公司都試圖調配其政策與所在國的優先政策與目標加以調配。它們可能雇用越來越多當地人來擔任那些本來由母公司管理代表掌握的職位。它們也可能將所有權與所在國私人或國家公司分享。它們可能會發展以當地的資源來供給其原料與零件的需求。它們會試著用產品出口來增加所在國的外匯準備。

**使徵收困難**　許多營運政策與組織方法會使徵收行動變的極端困難與不可行。多國籍企業可以維持技術上相對於當地公司與其他競爭外國企業的優勢。這裡的挑戰是以一個持續的基礎引進科技到所在國。多國籍企業可以將個別分公司經由高度關連的國際經營整合成世界性的生產與後勤系統。在這樣的整合下，一個單獨的分公司並無法成功的經營，如同石油業的情形一樣。對關鍵專利與製程的掌握、合資創投協議、低權益與高負債的資本結構以及對分公司產品關鍵出口市場的掌握都是使徵收行動的可能性降低的例子。

**創業投資**　與當地伙伴合作的創業投資通常被建議為解決國家對某些產業所有權需求的解決方法。創業投資可以增進分公司的大眾形象、提供更多資本與削弱國有化。與許多不同國家，例如美國、義大利、英國合作的創業投資可以使徵收成本變的很大，這是因為國有化可能同時使這三國的投資者不滿，也因此會損害與這些國家的企業經營者團體與本國的關係。

### 19.4.3 對強制權益稀釋的反應

許多政府並不希望完全消除或沒收外國企業，但它們會通過要求多國籍企業稀釋其國外分公司股份的法案。為了許多目的，大多數這些規範將國外股權佔當地營運的比例限制在49%或更低，如此這些公司就會變成當地公司。最好的情形下，這種立法宣示了股權的分享；而最壞的情形下，這可能意味自所在國不情願的撤出。但是這種立法的結果有時會出乎意外的，這是因為多國籍企業可能利用當地有敵意的股權法案的增加而獲利。這些利益包括新的產品線與市場、市場風險分散與更高的盈餘。

恩卡耐森與瓦錢尼（Encarnation & Vachani, 1985）研究了印度的外匯管制法案以及十二家印度的外資公司以探索經營者在稀釋其當地分公司股權壓力下可能的反應。這個立法將在印度經營事業的股權限制在40%。這兩個研究者發現無論其策略為何，這十二家公司都顯示了在公司與所在國目標間求取平衡的意願。被迫使減少它們的外國股權的多國籍企業經營者有至少四個選擇：先發制人的行動、協商、嚴格的遵守以及撤資。

**先發制人的行動** 多國籍企業可以主動開始例如先發制人的分散、逐漸本土化以及與當地人成為合作伙伴等防禦性的策略。先發制人的分散可以讓多國籍企業保持對企業投資組合與母公司不同的分公司之多數股權。這個策略牽涉到增加高科技生產與出口銷售的持續性努力。如果公司不是在高度優先的產業或無法增加出口銷售，則對它們而言，要維持它們分公司的多數股份較不可能。它們可能選擇要藉由自願，但漸進的脫產來尋找新的投資機會。有一些多國籍企業會尋求當地投資人在一開始共同投資，如此它們便不用擔心權益稀釋法案。

**協商** 多國籍企業可以利用權益稀釋限制來作為達成進一步目的的協商工具。經由滿足政府稀釋權益的要求，這些公司通常可以從政府得到例如新的擴充或分散許可、補貼貸款與關稅保護等特權。如果公司是在一個高度優先的產業或產品出口比例很大時，它們可能因為執行權益稀釋法案時有例外而保持對分公司的多數股份。

**嚴格的遵守** 想要維持現有營運的多國籍企業通常會將它們多數股權賣給當地投資者而保持權益不變。經由將其權益稀釋到 49％ 或以下，一個國外分公司在官方看法中成為一個當地公司而因此能藉著進入障礙的保護維持其在一個獲利性市場的主導地位。

**撤資** 一些多國籍企業可能決定離開該國家而不去遵守本國所有權限制。典型例子中，離開並不是經營者的第一選擇，但第一選擇也不是去和政府官員進行過程很長的協商。經營者可能總結各種情形之後認為，公司因為給當地伙伴優先股份控制的損失可能比繼續在新規則下經營的收益大。

## 結論

一個公司可能因為政府干預外國公司與本國政府契約義務的完成而從政治風險產生損失。政治風險的預測方式不同與信用損失的預測方式，因此也不能以可衡量的方法精確抵銷掉。因此，多國籍企業必須瞭解它們預期會面對的政治風險的種類，估算遭遇這風險的可能性，並且採取多樣的措施來使風險最小化。

政治風險從最輕微的動作，例如匯兌控制到最極端的動作，例如徵收。然而，徵收自從1990年以來因為兩個主要原因而逐漸消失。第一，冷戰在1990年終止。第二，許多發展中國家已經擁抱市場基礎的資本主義，例如私有化、對國外投資正面的態度與嚴格國家控制的放鬆。

一旦政治風險的本質與它們隱含的問題被估算之後，多國籍企業應將重點擺在預測它們企業利益所在的外國的這些風險。政治風險的預測關係到四個基本步驟。首先，多國籍企業檢驗現存政府對外國投資的態度與政策。第二，它會評估此國的政治穩定性。第三，他將政治風險評估整合到公司的策略規劃中。第四，它會發展減少公司暴露在政治風險的策略。

## 問　題

1. 討論政治風險的本質。
2. 列出兩種政治風險的主要種類。
3. 哪些是決定一個所在國政治評等的步驟。
4. 何謂國家主義?為何國家主義對估算一個國家的政治風險是重要的。
5. 為何一些多國籍企業在國際間分散它們的投資。
6. 描述一個公司解決政治風險的策略給化過程。
7. 為何多重方法的估算方式似乎是一個較佳的預測方式?
8. 列出一些形式的在投資之前預防徵收的防衛性措施。
9. 多國籍公司如何能使徵收變的困難?
10. 為何徵收數目在 1980 年代有減少?
11. 對強制的權益稀釋有哪些反應措施?

## 案例十九　福特在南非的再投資

　　因為美國對南非實行貿易制裁與反投資政策,許多美國公司開始在 1984 年而從南非退出。在 1986 年,美國與歐洲共同體通過對南非許多進口品與一些出口品的禁運的貿易制裁。然而在 1990 年,東歐共產主義的瓦解與蘇聯的解體對南非政府官員的觀點產生了未被預期的影響:南非政府在二十八年的因禁後釋放了尼爾遜曼德拉(Nelson Mandela),並使非洲民族議會合法化。在 1991 年 8 月,美國與其他國家解除了自從 1986 年以來對南非的經濟制裁。

　　加拿大福特動力公司在 1923 年開始在南非經營。福特在南非的結構在 1985 年因為其合併益格魯亞美利堅公司而成立南非動力公司（SAMCOR）而有所改變。因為它是一個不用申報的企業實體,並沒有關於 SAMCOR 的官方印製的獲利能力資料。這個合併的目的是在減少此國生產中產能過剩的問題。

　　在 1988 年,福特正式上撤出了它在 SAMCOR 的 42% 股份;SAMCOR 24% 的股份給了由四千九百位工人擁有的員工控制基金。這項交易對福特值五千兩百萬美金。剩下 SAMCOR 的 18% 股份用美金一元的代價賣給益格魯亞美利堅公司。福特也承諾將自己的四百萬美元資金放在共同信託基金中。盎格魯亞美利堅公司威脅要將 SAMCOR 的營運終止，並強迫福特放棄對其六千一百萬美元的債權以保留四千九百個工作機會。

福特的撤資產生了一些正面的結果。第一，它保留了四千九百個工作機會。第二，兩席 SAMCOR 董事會的席次被保留給四千九百位員工的代表。第三，福特捐了四百萬美金給這個共同計畫。第四，福特同意提供技術協助以確保 SAMCOR 的繼續成功經營。而在天平的另一邊，有些國會議員便控告福特因為放棄六千一百萬美金以確保 SAMCOR 的成功，違反了 1986 年的反種族隔離法。

在 1994 年 11 月，福特同意重新收回 SAMCOR 45％的股權，也因此成為第一個在種族隔離法案結束後，於南非進行大型投資的美國汽車商。福特並沒有揭露它在 SAMCOR 的投資，但南非的新聞報導估計有四千五百萬美金。根據此協議，福特與南非公司在汽車製造的投資上會有相同的股權，即是眾所周知的 SAMCOR。一個代表公司員工與退休員工的信託基金會繼續作為少數股東。在 1994 年，SAMCOR 每年製造了將近六萬輛福特、馬自達與三菱汽車；或者是將近整個南非汽車製造市場的 20％。在 1994 年，南非三十萬輛的汽車市場包括豐田（27.0％）、日產／飛雅特（17.7％）、BNW ／奧迪（14.2％）、歐寶／五十鈴（10.8％）、馬自達／三菱／ SAMCOR（8.7％）、賓士／本田（7.2％）、BMW（5.5％）與福特／ SAMCOR（8.9％）。

福特是世界第二大的汽車製造商，在 1996 年估計佔有世界市場的 14％。公司兩個主要核心事業是福特動力營運部與福特理財服務。在 1996 年，福特在全球的銷售額有一千四百億美金，它的三十五萬名員工在超過兩百個國家中為顧客進行服務。

# 案例問題

1. 為何福特在 1987 年從南非抽出投資？

2. 在 1995 年之前南非多年來使用一種雙元匯率制度。試討論雙元匯率制度對多國籍企業現金計畫的影響。

3. 利用下面列出的服山與赫布斯的文章以及其他資訊，解釋為何許多多國籍企業雖然在近年南非的改革之後仍然沒有回到南非。

4. 為何福特重新回南非投資？你覺得福特對 SAMCOR 的部分收購以政治風險來說是一個明智的投資嗎？

5. 國際清算銀行的網址 www.bis.org/cbanks.htm 與美國國務院網址 www.state.gov 提供了關於經濟政策、貿易實務與其他資訊的國家報告。利用這兩個網址來估算目前南非的經濟狀況。

# 參考書目

Ball, D. A. and W. H. McCulloch, *International Business*, Homewood, Ill.: Irwin, 1993, pp. 342–3.

Encarnation, D. J. and S. Vachani, "Foreign Ownership: When Hosts Change the Rules," *Harvard Business Review*, Sept./Oct., 1985, pp. 152–60.

Goddard, S., "Political Risk in International Capital Budgeting," in Robert W. Kolb, ed., *The International Financial Reader*, Boulder, Colo.: Kolb Publishing, 1991, pp. 357–62.

Kelly, W. and M. E. Philippatos, "Comparative Analysis of Foreign Investment Evaluation Practices Used by US-Based Manufacturing Multinational Companies," *Journal of International Business Studies*, Winter 1982, pp. 19–42.

Kennedy, C. R., "Multinational Corporations and Expropriation Risk," *Multinational Business Review*, Spring 1993, pp. 44–55.

Kobrin, S. J., "Expropriation as an Attempt to Control Foreign Firms in LDCs: Trends from 1969 to 1979," *International Studies Quarterly*, Fall 1984, pp. 329–48.

# 第五部分
# 全球通報與內部控制

　　第五部份（從二十到二十二章）敘述的是控制多國籍企業運作的方法。

　　第二十章討論的是跨國會計理論與實務。或許將跨國會計視為一個單獨的學習領域還太早，然而近年來有許多的資源用在發展與改善國際會計之上。有意義的財務報表是管理的基石。對於由遠方控管的國際企業來說，正確的財務資料尤其重要。

　　第二十一章探討國家租稅系統在國際企業經營上的重要性。也許跨國租稅對跨國經營的各方面均有影響。投資在哪裡，如何融資以及如何匯入流動性資金都是跨國租稅對影響企業管理的例子。

　　第二十二章討論國際移轉價格。因為企業間轉帳佔了世界貿易額將近三分之一，跨國企業必須試圖滿足許多目標。本章將檢視一些目標，例如租稅、關稅、競爭、通貨膨脹率、匯率與資金轉移之限制。除此之外，二十二章也介紹美國政府在 1994 年對最終移轉價格規範的一些重要條文。

# 第二十章

跨國會計

　　為了達成股東財富極大化的目標，財務經理執行下列幾項業務：（1）財務規劃與控制；（2）投資決策；與（3）融資決策。然而在缺乏適當與即時的會計資料下這些功能都無法有效執行。資產負債表與損益表是最基本的報表，資產負債表（balance sheet）衡量一個特定時點企業的資產、負債與業主權益。損益表（income statement）配合費用與收入以決定企業在一段時間中的利潤。除了這兩個報表之外，還有一個用來將實際表現與事先目標結合的控制系統。

　　國際間的資產流動使跨國企業的會計功能更形複雜。多國籍企業必須學習處理例如不同的通貨膨脹率與匯率的變動等經營環境的不同。如果跨國企業想以一致的步調經營，它也必須衡量其國外分公司的表現。同樣重要的是，分公司的經營者必須根據已界定的目標來經營企業。

　　本章包括三個主要部份。第一個部份敘述一些國際會計上的議題：財務報表、合併報表與會計資訊系統；第二個部份討論跨國控制系統以及績效評估；第三個部份將檢視1977年的國外賄賂行為法案，它的1988修正版本與對美國企業的衝擊。

# 20.1 跨國會計的主要議題

　　以下兩個問題使跨國會計複雜化：首先，跨國企業因為在許多國家經營而面不同的經濟狀況，因此，在某一國令人滿意的會計慣例可能在另一國不適用；第二，跨國經營在會計上有許多特別的問題，包括了移轉價格、租稅與關稅、變動的通貨膨脹率、在不同的資本市場顯著的負債比率、存貨評價與貨幣轉換。在這一部份，我們將討論跨國會計中重要的議題：財務報表、合併報表與會計資訊系統。

## 20.1.1 財務報表

　　跨國企業跨越了國家的範疇以尋求資源或市場。因此，不同國家的公司發布的報表與格式、表現方式與揭露細節程度上都不盡相同。

**雙元會計通報系統**　國際會計研究團體建議（1975年），首要與次要財務報表都應該被認定為正式的一般公認會計準則的一部份。首要財務報表（Primary financial statement）是根據公司登記地的會計與通報準則來製作。它們也需以該國的語言以及貨幣來表示。

次要財務報表（Secondary financial statement）是根據另一國的會計與通報準則製作的。此次要報表接著被轉換成另一國的貨幣；它們也會被另一國的語言表示；它們會與以外國經常格式寫成的獨立審計報告合在一起作為參考之用。

如果主要報表滿足其他國家財務報表讀者對於財務資訊的要求，次要報表便不需要。然而，許多擁有超過一國財務報表讀者的跨國企業會為了其他國家的利益團體準備次要報表。一個雙元的通報系統可能產生高品質的公司財務資訊，它可能對公司有事先察覺到個別財務資訊需求的使用者有更充分的反應，它也為國際貨幣與資本市場提供較好的資訊服務。雙元通報系統也有問題存在於：（1）當合併與投資決策是著眼於財務報表表面效果而進行時；（2）當在貨幣轉換過程中有匯兌盈餘或損失產生與存貨評價限制次要報表的變動時。

**主要歧異發生之處**　國與國之間的會計準則與慣例明顯的存在差異。雖然有些相同處，但至少存在與國家數目相同的會計系統數目且沒有兩個系統是完全相同的。因為會計資料與報表是公司基本資訊的一部份以及管理決策制訂的一個整合環節，故其對企業的管理者而言十分重要。目前，國家間在會計準則與慣例上不同的原因必然是環境上的因素，換言之，會計與報表系統從它們運作的環境中演化出來，同時也反映了這個環境。世界上任何一國的會計與報表原則是許多環境因素交互作用的結果，這些因素包括：教育系統、法律系統、政治系統與社會文化的特徵。

世界上有許多不同的會計原則。在某些國家，例如美國，損益表被視為最重要的財務報表，但在許多歐洲與拉丁美洲國家，資產負債表卻被視為財務報表中之首要。美國之所以重視損益表是因為許多大型美國公司是大眾公開持有的。美國的持股者較喜愛財富的增加，也就是以增加的股價或（與）增加的股利可以衡量的為主。相反的，歐洲與拉丁美洲的持股者主要考慮的是相對於債權人而言對財富與勢力的掌握。

　　許多歐洲國家會建立很多準備以使各年所得波動平穩化，因為與美國公司相比，他們在財務報表的呈現上較為保守。對或有事項的準備可能在盈餘較高的年度提列，然後它們在盈餘低時便被派上用場。這些準備有時因法令要求由盈餘提列而產生。

　　帳戶間的合併是另一個不同之處。在已開發國家，例如美國與英國經營的公司會遵循合併財務報表的慣例。然而，許多發展中國家並沒有要求公司一定要將國外分公司的報表合併進來。它們是考慮到母公司可能決定只將賺錢的分公司報表合併進來，而這將使一個外界人士更加難以評估其公司整體的表現。

　　**財務揭露**　　在國際間缺乏一致性的會計準則下，許多經營者與投資人相信財務資訊的適當揭露對相關分析是重要的。一般而言，財務報表的發行者會限制揭露程度以減少準備成本與保留機密，但是財務報表的使用者要求的揭露會比發行者願意作的多。就像一般會計準則與慣例一樣，在揭露準則的進步源自各國在教育、法律、政治、社會文化與經濟的力量。

　　財務報表的一個重要目的是將資訊運用於投資決策上。這樣目標必須經由公司揭露適當的財務資料及相關資訊而達成。目前，有許多多國籍企業已經上市，為了保護投資者，許多證券交易所及官方管制機關均對於尋求進入其證券市場的本國或國外企業要求揭露的標準。

　　在公司揭露財務資料之前，他們必須先決定誰是使用這些資訊的人、多少資料必須被揭露，以及使用這些資訊的目的為何。財務報表的使用者包括股東、債權人、員工、顧客、官方機構以及一般社會大眾；而被揭露的資料的數量決定於使用者及所要求的標準，這些標準可為適當、允當及完整。揭露了適切的財務報表，投資人才得以使用這些資訊作決策。

　　美國公司有向社會大眾揭露財務資訊的義務，財務會計準則公報第14號規定了當多國營運佔所有營運活動的 10% 時的財務揭露。第14號公報「商業團體的財務報表」於1977年發佈，焦點集中在四個範圍：企業、海外營運、出口銷售及主要客戶。但是揭露在各個國家可能不盡相同。整體而言，因為美國證券交易管理委員會及紐約股票交易所的上市要求，多數的美國企業會向他們的股東及社會大眾揭露財務資訊。

　　相較於美國企業，歐洲公司傾向於揭露較少的財務資料及提供較少關於資產評價方式的資訊。損益表通常沒有揭露銷售額及銷貨成本，而因為無法獲知銷售額及毛利率的走向，損益表的讀者通常難以決定一公司的相對優勢；除此之外，折舊計算方式及合併程度也未被解釋。

　　歐洲的保密來自於傳統。除了傳統之外，因為法律規定、來自於銀行、債權人的壓力、公開證券融資的需要以及權益市場等的缺乏，使得歐洲公司只會揭露極少的資訊。歐洲公司還會因為數個原因而低報盈餘。發佈較高的盈餘會使股東要求較高的股利，而避稅也是另一個使歐洲公司隱瞞盈餘的原因。

　　事實上，美國的執行者要求較為嚴苛的美國會計準則，如揭露的要求，使得美國公司居於競爭上的劣勢。由聯合國所做的一些調查及其他研究（Agami，1993）發現，美國的會計準則較世界上的其他國家嚴格及透徹，另外因為欲符合會計準則而耗費的成本及時間，使許多國外的公司未達要求而無法在美國股票市場上市。

　　**審計**　投資者、債權人、管理人以及計畫者有多種理由使用公開發行財務報表。因為在報表裡有既定利益的經理人在負責編制財務報表時會修飾數據，使他們看起來較事實上樂觀，而我們可以利用內部控制的適當制度及獨立、高度適任的審計員之意見來解決這個內部控制或是外部可靠度的問題。

　　因為各國會計實務差異極大，欲維持國際財務報表的可信度，一個適任、專業且獨立的審計員的意見是相當重要的。審計員核閱財務報表，並且驗證其可靠及允當程度，因此審計可以建立並維持公開發行財務報表的公正性。

　　審計準則因國而異，但分歧較會計準則少，在許多國家也相當類似，如美國、加拿大、德國、紐西蘭、英國、日本、挪威及瑞典，這些國家的絕大多數上市公司之財務報表都必須經由具獨立性的會計師查核，然而在比利時和法國的公司則是指定一個或兩個法定的審查人，這個審查人卻並不一定是具獨立性的會計師；此外，巴哈馬、印度尼西亞、巴拿馬及烏拉圭對於多數公司都沒有審計的規定。

　　絕大多數的美國會計師事務所在許多國家都有分所，因此在肯亞及宏都拉斯的美國分公司通常由查核美國母公司帳的同一家公司查核，而海外公司使用此種服務，將會促進各國之間審計準則的一致性。另外一個審計準則較會計準則具一致性的原因是，專業的審計員是建立此準則的唯一團體。

　　審計程序會些許偏離國際審計準則。在美國，貿易應收帳款需函證，並而經常盤點；相反地，這些程序在許多歐洲國家並不需要。貿易應付帳款在美國並不需函證，但是在許多國家卻有。在許多歐洲及拉丁美洲的公司難以驗證其支出，因為已蓋銷的支票成為銀行的財產，並且不再歸還給原開票公司。

## 20.1.2 合併報表

　　合併報表呈現若將本國及海外營運視為單一經濟體後的營運結果，因此這樣的財務報表忽略在兩個不同國家法令規定下成立的公司之法令差異。合併報表對於母公司的股東及債權人相當有用。母公司將子公司的資產、負債、淨值、收入及費用逐項加入其科目內以合併報表。

　　**合併之方法**　當母公司擁有其分公司的 50％以上的股權時，美國多國籍企業便被要求合併分公司的財務報表。如果擁有分公司的 20％至 50％的股權，則以權益法認定其海外投資，在權益法（equity method）下，分公司在母公司的帳上價值為原始投資額加上應當所分得的利潤或損失。如果母公司擁有分公司之股數低於 20％，則帳上價值便以成本法計算，所謂成本法（cost method），分公司在母公司的帳上價值需以原始投資額加上已分得的股利來計算。

　　**合併報表的選擇**　即使合併報表在各國均異，但是呈現一公司營運結果的方法可有三種選擇：（1）只有合併報表；（2）只有母公司報表；（3）母公司報表及合併報表。根據 Price Waterhouse International 的調查，在巴哈馬、百慕達、加拿大、巴拿馬、菲律賓及美國只揭露合併報表結果；將近 10 個國家，包括巴西及西班牙要求其多國籍企業只公佈母公司財務報表；絕大多數的國家則要求母公司報表及合併報表兩者，這些國家包括法國、德國、日本、紐西蘭、瑞典和英國。

　　**合併報表之使用者**　在每一個國家，多國籍企業合併財務報表（consolidated financial statement)的主要使用者爲母公司之股東及債權人、分公司之股東及債權人以及母公司的管理階層。母公司的股東需要使用合併財務報表來衡量經母公司而擁有這一個集團公司之資產及收入總額的份額。從實務的觀點來看，若一個特定公司的海外資產及盈餘大部分以弱勢貨幣計價時，股東權益會遭到扭曲。分公司的股東則不太可能獲得合併報表的利益，因爲他們的福利只依據其所擁有股票的那一個分公司之財務性成功；但是他們可能從合併報表取得間接利益，因爲此報表顯示了母公司及其分公司整體的財務強度。

　　全球性、眾多的團體欲制訂國際會計準則，也許國際會計準則最重要的四個來源爲國際會計準則委員會（International Accounting Standards Committee, IASC）、國際會計師公會（International Federation of Accountants, IFAC）、聯合國（United Nations, UN），以及歐盟（European Union, EU）。在1973年，專業會計機構成立國際會計準則委員會以一致化規範、會計原則及會計程序。在1977年，來自49個國家的63個專業團體成立IFAC處理除準則之外的會計及審計相關議題。UN則從1977年開始，試圖發展國際會計及報表準則。在1988年，在聯合國贊助之下的專家小組公布了他在全球企業會計及報表準則的結論(Conclusion on Accounting and Reporting by Transnational Corporations)（1994年修正）。

　　歐盟爲15個歐洲國家的區域經濟整合形式。爲了加速資金的自由流動，歐盟發佈了一連串使其會員國的準則一致化的原則，而歐盟預期在1999年度完成經濟整合時，能夠採用單一會計制度。

　　在1995年8月，國際會計準則委員會同意在1999年中前發展會計準則，供爲了籌集海外資金而使其股票在全球市場上市的公司使用。美國的財務會計準則委員會加入加拿大、墨西哥及智利的準則設立者，共同研究四個國家會計準則一致化的方法。在1994年，證券管理委員會（SEC）接受了關於現金流量、過渡通膨率的影響及經由海外股票的企業結合的三個國際會計準則。

　　證管會官員發現5500萬股的未登記海外股票已在美國上櫃交易，而他們相信，海外股票若未在紐約上市的話，美國股票市場將會落後於倫敦及其他歐

洲國家。如今,只有 204 家公司的股票在紐約交易所(NYSE)上市,而證管
會及紐約交易所意欲允許其他200個大型企業的股票在國際準則之下,於紐約
交易所交易。如此一來,這將會使大告示牌(Big Board)上的非美國企業
資本額由目前的 5.5 兆美元增加兩倍爲 10 兆美元。

## 20.1.3 會計資訊系統

　　會計資訊系統爲多國籍企業成功的關鍵,它是一家公司的中央神經系統。
大型的多國籍企業必須在複雜的環境下營運及面對不同的政府、規範、競爭、
貨幣、顧客、員工以及複雜的股東和債權人。管理階層必需利用資訊來計畫、
控制、評估及協調所有的商業活動。多國籍企業的會計資訊系統必須具體表現
及報告出經濟及政治環境、法令限制、文化差異以及在每一個國家營運的多元
文化差異的改變。

　　**資訊需求**　多國籍企業的資訊需求和本土企業相同,資訊被收集並運用
來向不同的使用者報告。但是,多國籍企業有其他的獨特資訊需求。第一,每
一個國家的財務性部位及營運必須個別地報告並分析;第二,關於每一個國家
資產的經濟風險之資訊都必須提及,同時不但以其對當地營運的影響來衡量,
也要考慮其對全球營運的影響;第三,對於每一個營運都必須制訂個別的目標
及策略。

　　**組織的形式**　一個標準的多國籍企業會有多層級的經理人,各有其授權
及職責。管理階層的分佈形成組織的架構,並且決定各層級計畫及控制其營運
所需的資料。多國籍企業的組織形式爲國際部門、產品線別、功能別、區域別
以及全球矩陣式組織。

　　國際部門區分海外營運和本國營運,他通常被以獨立的營運來衡量績效,
並且和其他本國的部門作比較;產品別組織則整合本國及海外營運並且以全球
結果來衡量產品線;若以功能來組織公司,如行銷、製造及會計,稱爲功能別
公司,在這種公司裡,管理階層維持對這些功能的集中控制;區域別公司將營
運化分成幾個區域,如北美、亞洲及歐洲,若公司擁有大量的海外營運,但是
並沒有特定國家支配時,便會採用此種形式;最後,全球矩陣式組織則是混和

以上所提的兩種至三種形式。

　　**公司特性及會計資訊系統**　當多國籍企業選擇組織架構之後，他會自己分成幾個組織單位，而單位所需的資訊因其被賦予目標的功能而不同。會計資訊系統的設計者必須瞭解公司的本質及目的、公司架構的微妙、中央集權或分權的程度、決策制訂的層級以及每一個決策者的需求。換句話說，會計資訊系統的設計者必須知道這些因素，因為公司的主要特性影響其會計資訊系統，故每一個特性都必須被分辨、研究並且衡量，然後合併至基本會計資訊系統的設計中。

# 20.2 全球控制系統及績效衡量

　　一個多國籍企業由母公司及在國外的分公司所組成，為了使多國籍企業有系統的運作，母公司及分公司需要資料的持續流通，因此，控制系統的主要內容便是以全球為基礎，蒐集並散播資料的公司系統。母公司及分公司之間的資訊系統通常包括：（1）非親自的溝通，如預算、計畫、程序及一般報告；（2）親自的溝通，如會議、拜訪及電話交談。

　　溝通對於衡量組織表現十分重要，通常會依循組織內的通道。一個有效的溝通必須先有足夠的報告系統，以便蒐集真實營運的結果及揭露與預定標準的差異。系統越是有效率，經理人越能快速的展開行動。

　　傳統上，利潤是衡量商業營運績效的標準之一，但是，當多國籍企業跨國擴大營運範圍時，標準本身會受到營運環境的影響。通貨膨脹率及匯率影響多國籍企業所有的財務性績效衡量。為了比較多國籍企業的分公司的營運結果，跨國財務經理人必須瞭解以傳統的財務報表衡量來績效時，通貨膨脹率及匯率如何影響營運績效的衡量。

## 20.2.1 通貨膨脹率及匯率的波動

　　每一個控制系統都會建立一套績效標準，並且將實際情形與此標準相較。最常使用的標準為預算性財務報表，編制此報表為計畫性功能，但是管理他們的卻是控制性功能,我們將會比較預算性財務報表及眞實財務報表,藉以判定通貨膨脹率及匯率變動對於財務報表的影響。編制計畫性財務報表時可能沒有考慮到通貨膨脹或是匯率變動,但是眞實的財務報表卻是在這些變動之後編制的。

**通貨膨脹率對財務報表的影響**　表 20.1 顯示 10% 及 20% 的通貨膨脹率對於資產負債表及損益表科目上的影響。假設每月銷售額爲一單位,且全年價格以穩定的比率增加,反映在銷售的年通貨膨脹率將會是 5% 或 10%,而非 10% 或 20%。在年通貨膨脹率爲 10% 或是月通貨膨脹率爲 0.83% 的結果中,年銷售額爲 2100 ,亦即超過預算價格 5% ;銷貨成本則由預算成本的 1500 增加至眞實成本的 1560 ,只增加了 4% ,這是因爲銷貨成本以歷史成本計價的關係;假設利息費用維持不變;預算折舊費用的計算亦基於歷史成本,則較高價格及兩個主要科目以歷史成本計價的總影響爲稅後盈餘由 100 增加至 120 ,共增加了 20% 。

通貨膨脹率對於資產負債表的影響決定於購買資產或負債發生的時點,固定資產及存貨以成本計價,但是應收科目及應付科目卻以在交易進行時的價格計價。400 的現金包括稅後利潤( 100 )、應付稅額( 100 )及折舊( 200 )。

**匯率變動對於財務報表的影響**　假設一分公司由國家 A 買進原料,並且銷售成品至國家 B,進出口均以國外貨幣計價。在這樣的情況下,匯率變動將會影響轉換成以國內貨幣計價的收入及成本。表 20.2 顯示,假設成本不變,則收入的計價貨幣 ( 國家 B 的貨幣 ) 升值使利潤增加;相反地,除非反應成本增加而調整銷售價格,否則成本的計價貨幣( 國家 A 的貨幣 )升值時,將會減少稅後利潤。

通貨膨脹率及匯率的變動對於帳上利潤的影響有些相似。假設以當地貨幣計價的價格增加的百分比同於進口成本的增加,則匯率變動對於利潤的影響和當地通貨膨脹率變動的影響是一樣的。假設出口價格增加,伴隨著部份進口成本的增加,則將會有 120 的利潤;這樣的情況和在表 20.1 中,當地通貨膨脹率爲 10% 的例子所獲得利潤是一樣的。

我們不能確定匯率變動對於國外營運的影響,除非母國帳目及各分公司的

表20.1　通貨膨脹率對於財務報表的影響

**損益表**
（以國外貨幣計價）

| | 預算性 | 年通貨膨脹率之下的眞實性報表 | |
| --- | --- | --- | --- |
| | | 10% | 20% |
| 銷售 | 2,000 | 2,100 | 2,200 |
| 銷貨成本 | 1,500 | 1,560 | 1,620 |
| 毛利 | 500 | 540 | 580 |
| 折舊 | 200 | 200 | 200 |
| 營運收入 | 300 | 240 | 380 |
| 利息費用 | 100 | 100 | 100 |
| 稅前利潤 | 200 | 240 | 280 |
| 稅(50%) | 100 | 120 | 140 |
| 稅後利潤 | 100 | 120 | 140 |

**資產負債表**
（以國外貨幣計價）

| | 起始 | 預算性 | 年通貨膨脹率之下的眞實性報表 | |
| --- | --- | --- | --- | --- |
| | | | 10% | 20% |
| 現金 | 0 | 400 | 440 | 480 |
| 應收帳款 | 200 | 200 | 220 | 240 |
| 存貨 | 100 | 100 | 110 | 120 |
| 總流動資產 | 300 | 700 | 770 | 840 |
| 機器及設備 | 350 | 350 | 350 | 30 |
| 減：折舊 | - | (200) | (200) | (200) |
| 總資產 | 650 | 850 | 920 | 990 |
| 應付資產 | 300 | 300 | 330 | 360 |
| 應付票據 | 300 | 300 | 300 | 300 |
| 應付稅額 | - | 100 | 120 | 140 |
| 總流動負債 | 600 | 700 | 750 | 800 |
| 股東權益 | 50 | 50 | 50 | 50 |
| 保留盈餘 | - | 100 | 120 | 140 |
| 總負債及股東權益 | 650 | 850 | 920 | 990 |

帳目均以同樣的貨幣單位計價。當以當地貨幣計價的財務報表轉換成以母國貨幣計價時，當地貨幣相對於母國貨幣價值的變化都會影響帳目上的利潤。這個

表20.2 貨幣變動對於利潤的影響

| | 預算性 | B 國貨幣<br>升值 10% | A 國貨幣<br>升值 10% | 兩國貨幣<br>均升值 10% |
|---|---|---|---|---|
| 銷售 | 2,000 | 2,100 | 2,000 | 2,100 |
| 銷貨成本 | 1,500 | 1,500 | 1,560 | 1,560 |
| 毛利 | 500 | 600 | 400 | 540 |
| 折舊 | 200 | 200 | 200 | 200 |
| 營運收入 | 300 | 400 | 240 | 340 |
| 利息成本 | 100 | 100 | 100 | 100 |
| 稅前利潤 | 200 | 300 | 140 | 240 |
| 稅額（50%） | 100 | 150 | 70 | 120 |
| 稅後利潤 | 100 | 150 | 70 | 120 |

已經在第九章討論過的轉換過程受到會計領域的規範。

## 20.2.2 績效衡量

　　績效衡量為有效的管理資訊系統的主要特徵。管理資訊系統是全面性的系統，提供資訊給管理階層，使得生產、行銷、財務性功能可以有效地達到公司的目標。管理階層必須事先計畫經濟活動、執行計畫，並且確定所有偏離計畫的情況已經適當地被處理，因此績效衡量以和管理過程基本原則相關的管理資訊系統為基礎，所謂管理過程為計畫、執行及控制。

　　因為每一個分公司在許多層面都是獨立的，因此每個分公司都應以不同的標準及目標來評估績效。在柏森及來辛（Person & Lessig, 1979）對 125 個多國籍企業所做的調查中，將內部績效衡量分成四個目的：（1）確保獲利；（2）建立及時警示系統；（3）建立資源分配的標準；及（4）評量個別經理的績效。這個研究亦顯示多國籍企業通常以多個標準來評估分公司的績效。當然，績效衡量系統是設計來評估真實表現與預算性目標或是前一年結果的比較，在最佳情況下，績效衡量系統能以循序漸進、有系統的方式來監視及控制表現。

　　**績效標準**　多國籍企業使用多重的績效標準，因為沒有任何單一標準可以充分代表績效的所有層面，而這正是最高經理人最感興趣的，另外，也沒有一個衡量標準可適用於多國籍企業的所有單位，例如，公司可以成本降低、品質控制以及達成運送目標來衡量生產單位，但是對於銷售單位，成本降低及品質控制不如市場佔有率或佔有數等標準來得適當，因此多國籍企業需要使用多種標準來衡量績效，也就是說，不同國家的不同營運有不同的標準。

財務性標準及非財務性標準這兩大歸類是最常用來評估海外營運績效的衡量標準。投資報酬率（return on investment）聯繫公司收益與某些特定投資「如總資產」之間的關係。許多公司將他們的真實表現和預期表現相互比較；預算是對應控制功能執行者所欲評估、比較及調整的營運所事先設立的標準。亞伯拉罕和凱樂（Abdallah & Keller, 1985）調查 64 家多國籍企業，辨別他們用來評估海外營運績效所使用的財務性標準。亞伯拉罕及凱樂認為最重要的四個標準為：（1）投資報酬率（ROI）；（2）利潤；（3）預計投資報酬率和真實投資報酬率比較；以及（4）預計利潤與真實利潤比較。

多數多國籍企業並不將衡量標準限制於財務性考量。非財務性標準可以彌補財務性標準的不足，因為他們雖不直接影響短期利潤，但是卻可能對長期利潤有顯著的影響。市場佔有率以銷售或已收訂單除以市場的總銷售額的百分比來計算；銷售成長則是以單位數量利得、銷售價格和匯率變量來評估；其他重要的非財務性標準包括品質管理、改善生產力、和當地政府的關係、和母公司的合作、雇傭情況、員工安全及社區服務。

一旦解決了績效標準的問題，公司必須確定這樣的績效標準是否適合用來比較海外營運單位與其在同一國家或是不同國度的競爭者表現的比較，而即使營運目標相同，不同的國家風險，如外匯管制或出口補貼，也會扭曲了績效比較結果。在這些比較中仍有許多缺點。例如，幾乎不可能確定對方的移轉訂價以及會計準則，而跨國的比較想當然爾會使這個問題更加嚴重。在母國或是海外擁有許多分支的公司必須注意是否有比較上的問題出現，除非這些公司為直屬關係，否則分公司間的相異點將會扭曲績效。

**績效衡量的相關事務** 在績效衡量過程中尚有些重要且複雜的要素，

如同前述，兩個多國籍企業衡量績效碰到的共同問題便是匯率及通貨膨脹。

　　在績效衡量中最關鍵的要素可能便是如何處理以非母國貨幣計價的問題。海外營運的財務性表現可以當地貨幣表示，或是以母國貨幣，或是兩者皆用，如果最主要的變動來自於匯率時，選擇使用何種貨幣計價便會在瞭解海外營運表現時有巨大的影響。譬如說，一分公司在用當地貨幣計價時可能有利潤，但是以母國貨幣計價時卻有損失。大多數的多國籍企業是以美元為單位來分析海外營運的結果，但是也有幾家公司用不同匯率做預算及績效追蹤，因為他們認為真實結果和預計的不同單純來自於匯率變動的影響。

　　匯率變化也許是績效評估的最大障礙，但並非唯一的環境因素。各國間通貨膨脹率巨大且快速的變動，在績效衡量過程中通常也很複雜。美國的一般公認會計準則是以價格穩定的假設為基礎，但是在其他通貨膨脹嚴重的國家，便必須調整當地資產為變動價格，而這樣的重估價會直接影響不同 ROI（投資報酬率）內容及績效統計數據的評估，因為如果不考慮通貨膨脹，將會高估資產報酬率，而公司資源將不會用於最理想的用途，但是不幸地，關於這樣的問題尚未有解決公式。除此之外，多國籍企業考慮到兩種法律、兩個競爭市場和兩個政府，最後在跨國營運中，價格考量較單純國內營運更為多、複雜而具更高風險。

## 20.2.3 組織架構

　　來自於內部及外部的壓力，逼使公司的組織架構由單純的國內企業，演進至多國籍企業。某些權責改變、出現，而某些既存的卻消失；另外，國家中多元經濟環境的改變，使得控制及財務功能隨著時間而變化。企業必須持續地改進組織架構以因應在其成長、多角化、國際化過程中出現的機會及挑戰。

　　擁有海外營運的公司之財務幕僚本身如何完成國際財務管理的工作？這裡有三個組織架構的基本形式：中央集權、地方分權及混和性架構。

　　所謂中央集權式財務性功能（centralized financial function）是由在母公司的強勢幕僚控制實質的財政決策，而分公司的財務人員則只是執行母公司的決定。在地方分權式財務性功能（decentralized financial function）中，母公司發佈某些指導原則，多數的決策工作則在分公司中作成。許多公司將國際財務管理的職責劃分成中央及地區兩層級，中央層級主要決定政策以及在最後批准主要財務決策，但是日常執行政策的決定則是由地區經理人負責。

　　無論是中央集權或地方分權都有其好處。中央集權式財務性功能的好處包括總裁對於財務的直接控制、高層管理人員對主要事務的注意以及強調母公司的目標。但是地方分權的公司可能會認為這些優勢亦為劣勢。蒐集資料的成本相當大，而集權式決策缺乏彈性，同時也會因慢動作而喪失機會。

　　**決策種類**　某一特定組織架構的最終選擇大部份決定於有哪些決策類型：（1）移轉訂價及績效衡量；（2）稅務規畫；（3）匯率風險管理；（4）資金的取得；（5）資金用途。

　　首先，為了省稅而制訂的移轉訂價可能會惡化海外分公司的表現，這樣的問題通常會強迫公司編制另一本供績效衡量的帳本，而事實上，多國籍企業通常有三種以上的帳本：一本報稅、一本做財務報表、一本供績效衡量，而兩種移轉價格也可能有必要：一種供總部報稅，另一種則由分公司之間直接洽商，以作為績效評量之用。

　　第二，中央集權組織通常能有效地減低全球總稅賦，因為當稅務規畫為集權式時，更容易利用免稅國家、較低稅率的公司或是移轉訂價。因此多國籍企業將稅務規畫功能中央集權管理，會較由各區域建立自己的節稅方式有效率。

　　第三，大多數公司的外匯風險管理為中央集權式的，因為區域或國家經理人難以知道他們相對於其他分公司的外匯風險。

　　第四，多國籍企業從當地籌錢作為流動資本，另一方面，所謂較便宜的資金來源決定於所有資金市場的選擇及外匯利得及損失的成本。區域經理難以知道當地市場之外的所有資金來源選擇。

　　第五，資金的利用包括支付股利及公司內貸款，從而減少大量組織總稅賦、外匯風險及資金的取得。結果，大多數公司從中央集權式的觀點，而非區域性觀點來控制資金的用途。

# 20.3 國外行賄法案

證券交易管理委員會在1974年調查在前總統尼克森的改選競選活動中，美國公司令人質疑的捐獻金過程裡，發現第一宗非法國外支付。在證管會、法院及聖那提國外關係委員會不斷地質詢後，發現了450家公司令人可疑的3億美元的支付款項，而這個揭露美國公司給國外分公司可疑支付的事件，震驚了日本及紐西蘭的政府。

國會認為美國企業的賄賂行為（1）玷污了美國企業的誠信原則；（2）面對邦交或敵國時均感到窘迫；（3）使外交困難；以及（4）破壞美國的世界形象。結果，國會在 1977 年 12 月 19 日通過並簽訂了國外行賄法案（Foreign Corrupt Practice Act, FCPA），作為 1934 年證券交易法的修正案。而在 1988 年再次修正。1997 年經濟合作及發展組織（Organization of Economic Cooperation and Development）的會員國以及其他五個國家簽訂合約，宣告在跨國商務中行賄為非法的。

## 20.3.1 國外行賄法案的內容

國外行賄法案包括兩部分，分別處理反賄賂及會計問題。美國公司賄賂以影響國外政府官員，或是支付款項給「有門道」的人，而這些款項的部分便流入國外官員手中，反賄賂部分是美國歷史中，第一個認定這些行為有罪的法律。另外，法國人貪污法案只適用於美國公司，不及於其代理商或是分公司。然而，美國公司或是公民如果有理由知道其分公司或代理商背著母公司行賄的話，也視為違反法律。

在會計部分則建立兩個相關的會計要求。第一，上市公司對於資產必須「保存帳本、記錄及帳目，並且詳細、正確且允當地反映交易及其配置」。第二，企業必須「檢視並維持足夠的內部會計控制系統，以便提供合理的保證」，使得交易的執行能配合管理階層授權及政策。

國會總結出反賄賂及會計部分可以有效地杜絕支付賄賂款項及表外資金，而違反的處罰則是處以罰金或刑期，因此反賄賂及會計部分均可以利用刑責加以執行。

## 20.3.2 國外行賄法案的修正

雷根總統（President Reagan）在 1998 年簽訂貪污法案的修正案使其成為法令，作為綜合性貿易政見的一部份。絕大多數的支持者相當肯定法案的原始目的，他們發現該法案有效地減少了美國公司的賄賂、回扣及其他不道德行為。另外，1988 年的修正案移除了此法案中最大的貿易阻礙之一：因在保留某些會計記錄偶然或無意的忽略所可能引起的刑罰責任，因此，只有故意躲避企業會計控制或是偽造公司支付記錄的員工才會有刑罰責任。事實上，舊法及新法在一些顯著的地方不同：

1. 舊法在故意或無意違反會計部分時，均可能涉及民事或刑事責任；新法在忽略或無意違反會計部分時，只會涉及民事（非刑事）責任，但是故意欺騙的違反者則仍有刑事責任。

2. 舊法並未定義在會計部分的「合理地詳細」（reasonable detail），以及在反賄賂中的「有理由知道」（reason to know）；舊法將他們定義為在同樣情況下，滿足「審慎的個人」（prudent Individual）的條件。

3. 舊法並未定義「賄賂性支付」（grease payments），而實際上排除了給予國外官員賄賂性支付的所有形式。事實上，賄賂性支付由民事及刑事刑罰強制執行。新法特別允許賄賂性支付：（1）他們幫助加速政府的日常行為；（2）在外國他們是合法的；或是（3）他們是為了表達感謝，或是退還在協商合約時發生的費用。

4. 舊法相當受批評的一點是模糊及難以執行，尚未有政府機構發行釋義的指導原則；但是新法則制訂清楚的指導原則，當商業團體需要進一步的解釋時，政府將會送出這些指導原則。

5. 舊法並不要求政府機構對一個預期交易之合法性發表意見；新法則要求法院在收到相關資料的 30 天內，對於已計畫交易提供意見。

6. 違反的罰金在公司為 100 萬美元到 200 萬美元，個人則為 $10000 到

$100000 及／或五年有期徒刑。美國國稅局（Internal Revenue Service）不允許企業為了省稅用途，將國外賄金視為商務支出：這樣的賄賂現在於美國稅法中被視為利潤。企業不被允許將因為違反貪污法案的罰金，退還個人。

7. 反賄賂條款的審判權統一在法院內，而證券管理委員會則負責在會計部分的執行。

## 20.3.3 34個國家的反賄賂協議

賄賂事件的揭發震驚許多美國公司（如 Lockheed, Exxon, Mobil），並且使由義大利到日本的領導者下台，已經過了 20 年，從那時起，美國三個前內閣（雷根、布希及柯林頓）（Reagan, Bush, Clinton）都致力於使 1977 年禁止美國多國籍企業賄賂外國官員行為的嚴苛法令及於國外企業。然而，許多經濟合作及發展組織的成員，包括德國和法國，不斷地鼓勵其多國籍企業在國際商務中利用賄賂，另外他們還允許多國籍企業將賄賂的費用作為減稅費用。但是全世界的許多國家大部分都已採用他們自己的嚴厲法令，取締利用賄賂贏得國外合約的公司。

OECD 在 1996 年 4 月集合會員國，撤銷賄賂性支付的減稅規定，除此之外，由美國領導的 OECD 會員，自 1980 年代晚期開始協調反賄賂協議。美國在這些會談中為驅動力。在 1997 年 12 月，34 個國家簽訂強制性的合約，禁止在國際商務中賄賂，在這一個協定之下，34 個國家必須在 1998 年 4 月前，將反賄賂法提交國會討論，並希望在 1998 年底通過。這 34 個國家包括 OECD 的 29 個國家，以及另外 5 個國家—阿根廷、巴西、智利、保加利亞及斯洛伐克。反賄賂合約對於賄賂處理重罰，並有一套嚴格的會計程序，使得隱藏非法支付更為困難。其他的組織也希望全球採用賄賂禁令，例如世界銀行（World Bank）、聯合國（United Nations）及國際貨幣基金（International Monetary Fund）已經有自有團隊，討論嚴格的反貪污政策。

反賄賂法令是一項歷史性記錄，確定了是價格及品質—而非賄賂—決定誰在海外市場中獲勝。美國企業及工人將會從此協議中獲利，證據顯示多年來國

圖 *20.1* 賄賂最嚴重的國家

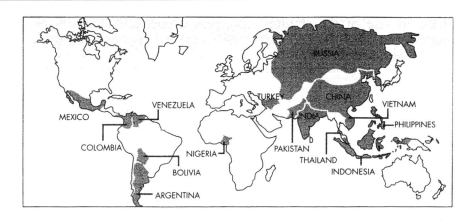

外行賂法案使美國的多國籍企業處於競爭的不利地位。根據美國商業部門在美國情報機構幫助下所做的報告顯示，國外的多國籍企業在 1994 年中至 1996 年中，因為賄賂獲得約 180 件商業合約，價值為 800 億美元。這個報告發現美國公司失去一大半的合約，至少有一部份是因為國外多國籍企業使用賄賂的關係。

## 總結

　　因為海外投資、資金流動及貿易的大量增加，國際會計在近幾年越形重要。為了讓股東及債權人了解現今營運活動的價值，必須編制財務報表。他們對於營運通常由遠方監督的國際企業更為重要。

　　有意義的財務報表是有效地國際財務管理的基石。本章討論國際會計、控制系統、績效衡量以及美國 1977 年的國外行賂法案的主要事務。重要的國際會計主題包括財務報表、合併報表及管理資訊系統。財務控制系統必須配合國際環境，以全球性基礎為標準來審視績效。

　　1977 年的國外行賂法案欲停止對美國企業及機構的國際信心的破壞。國外行賂法案認定美國企業經由付錢而影響國外官員是非法的行為，並且要求對於資產維持嚴格的會計控制。許多美國企業經理人認為年來，貪污法案是阻礙

貿易的最大法令之一,因此,國會在 1988 年修正貪污,使美國企業在世界市
場上更具競爭力。

---

# 問題

---

1. 解釋兩個使國際會計變得複雜的主要問題。

2. 爲何會計資訊系統對於多國籍企業是重要的?

3. 爲何在不同國家的公司所發佈的財務報表有所不同?

4. 解釋認定主要及次要財務報表爲一般公認會計原則的原因。

5. 會計準則及審計準則有何不同?爲何國與國之間,審計準則較會計準則差異小?

6. 在財務報表的使用者及編制者之間在財務揭露上的利益衝突爲何?爲何會有這樣的衝突發生?

7. 討論衆多團體欲一致化國際會計及審計準則的活動的背後邏輯。

8. 解釋爲何多國籍企業必須編制合併財務報表。

9. 爲何預算及投資報酬率在績效衡量系統中,較其他指標更廣爲使用?

10. 討論中央集權及地方分權,與關於移轉定價與績效衡量、匯率風險管理、資金取得及資金用途的決定之關係。

11. 什麼是國外行賄法案?此法令的兩個部分爲何?

---

# 習題

---

1. AT&T 從德國購買原料,並將完成品銷往日本。出口及進口均表示 60
   天內實價(net 60 days),以國外貨幣計價(日圓及馬克),但
   是收入及成本均以美元計算。 AT&T 有:銷售= $4000;銷貨成本=
   $3000;折舊= $400;利息費用= $200;以及稅率= 50%。假設德國
   馬克及日圓在賒帳交易付清前升值 10%。

   a. 利用上列資料編制如表 20.2 的損益表。

   b. 在什麼情況下,日圓 10%的升值會增加 AT & T 的利潤?

c. 在什麼情況下，馬克10%的升值會增加 AT & T 的利潤？

d. 假設售價及成本均因應日圓及馬克10%的升值而調整，則AT & T 的利潤如何？

|  | 母公司 | 分公司 |
|---|---|---|
| 現金 | $180 | $80 |
| 應收帳款 | 380 | 200 |
| 保留盈餘 | 245 | 110 |
| 律師工資 | 790 | 680 |
| 收入 | 4,980 | 3,520 |
| 租金收入 | 0 | 200 |
| 股利收入 | 250 | 0 |
| 費用 | 4,160 | 2,960 |

2. 以下部分科目取自美國母公司及分公司的個別財務報表：

補充假設：1.母公司積欠分公司＄70；2.母公司100％擁有分公司；3.在此年，分公司支付母公司＄250的股利；4.分公司有母公司以＄200承租的建築物；以及5.在此年中，母公司將部分存貨以＄2200售與子公司，對於母公司，其成本為＄1500；而分公司將此存貨以＄3200售予無關連的團體。

a. 母公司未合併淨收入為多少？

b. 分公司的淨收入為多少？

c. 母公司售予分公司的存貨的合併利潤為多少？

d. 在合併的基礎，以下項目的數量為多少：應收帳款、應付帳款、收入、費用、股利收入、租金收入及保留盈餘。

# 參考書目

Abdallah, W. M. and D. E. Keller, "Measuring the Multinationals' Performance," *Management Accounting*, Oct. 1985, pp. 25–30.

Agami, A. M., "Global Accounting Standards and Competitiveness of US Corporations," *Multinational Business Review*, Spring 1993, pp. 38–43.

Arpan, J. A. and L. H. Radebaugh, *International Accounting and Multinational Enterprise*, New York: Wiley, 1985.

Choi, F. D. S. and G. G. Mueller, *International Accounting*, Englewood Cliffs, NJ: Prentice Hall, 1984.

Evans, T. C., M. E. Taylor, and O. J. Holzmann, *International Accounting and Reporting*, Cincinnati: South-Western Publishing Co., 1994.

Kim, S. H., "On Repealing the Foreign Corrupt Practices Act," *Columbia Journal of World Business*, Fall 1981, pp. 75–80.

Mueller, G. G., H. Germon, and G. Meek, *Accounting: An International Perspective*, Homewood, Ill.: Richard Irwin, 1991.

Persen, W. and V. Lessig, *Evaluating the Performance of Overseas Operations*, New York: Financial Executive Institute, 1979.

Radebaugh, L. H. and S. J. Gary, *International Accounting and Multinational Enterprises*, New York: Wiley, 1997.

United Nations Center on Transnational Corporations, *International Accounting and Reporting Issues*, New York: United Nations, 1990.

# 第二十一章

國際稅務

稅務是跨國經營常見的變數之一。除了匯率之外，可能沒有其它的環境變數像它一樣廣泛的影響跨國經營的各個層面，這些層面包括：（1）投資決策中經營區位的選擇；（2）新企業的形式；（3）融資方法以及（4）移轉價格訂價的方法。

　　因為各國的稅法都不盡相同且經常變動，因為國際稅務如此複雜，故國際經營者難以理解並不意外。舉例來說，跨國企業的財務經理需要瞭解下面的事實：

　　1. 外國與當地公司的股東受不同規範的限制。

　　2. 對國外經營的國外會計事項與本國的經營的會計並不相同。

　　3. 存在著避免所得雙重課稅的雙邊稅務協議與國外租稅減免。

　　4. 許多國家提供租稅獎勵措施以吸引國外資本與技術。

　　5. 在低租稅國家抵減的租稅可能被對未分配盈餘的課稅所抵銷。

　　由於各國政府間未能在租稅政策上達成一致性的協議，因此產生更多的複雜性。各國都有其課稅的原則、租稅獎勵措施、對移轉價格的政策等等。跨國企業的財務經理必須將它們加以調和以使獲利能力與現金流量極大化。為達成此目的，他們必須熟悉整體的租稅環境。因此，本章包含了許多一般性主題，諸如各國租稅環境、母公司跨國經營之課稅、租稅獎勵措施與美國境外公民的課稅。

# 21.1 各國租稅環境

　　每個國家都有其租稅的制度。這使得跨國企業會在每個經營的地點尋求當地的稅務顧問。這個部份將敘述許多將課稅原則、租稅種類、租稅道德與租稅負擔的具體化例子。

## 21.1.1 租稅原則

　　一個國家可以用全球基礎或本國基礎對可課稅所得宣示其課稅權。全球課稅權（global claims）即此國有權力對一個公司及其所有的國外分公司課稅。這些公司可能是在當地設籍、在當地登記或是其企業總部在此國境內。在此制度之下，海外的獲利可能被課稅兩次。一個美國公司的德國分公司可能要為德國境內的獲利同時繳付美國與德國的所得稅。還好許多課稅基礎為全球基礎的國家對雙重課稅提供一些補救方法，然而，許多跨國企業還是認為全球基礎的課稅使其處於不利的競爭地位。租稅協定與針對繳付給外國政府的租稅制訂的減免並沒有完全消除雙重課稅，畢竟本國公司只需要繳本國的稅就可以了。

單一稅制（unitary taxes）是建立在全球性租稅原則下的一種特別形式。加州與美國許多其他州使用的單一租稅方法是設計來對公司在全世界的收入課稅。單一租稅方法適用於有國外經營活動的美國公司，以及在採取單一租稅的州有經營活動的外國公司。在一個美國最高法院的案例中，康坦能公司試圖免除對其源於外國收入的租稅支付。但是最高法院判定加州有權推行其租稅理念。殼牌石油 NV，也就是美國殼牌石油的荷蘭母公司也曾試圖抗辯，宣稱單一租稅的理念並不適用外國公司，但最高法院再度做出對加州有利的判決。

單一租稅的爭論在1980年間更加擴大，這也成為美國政府與諸如英國與荷蘭等他國政府強烈衝突的原因之一。對全球性單一租稅概念最普遍的讓步是水邊理念。在此讓步之下，可課稅所得僅被定義為在美國境內賺取的收入而不是在全球賺取的收入。這個方法很快被許多過去採用單一租稅方法的州所採用。

然而，以英國為基地的巴克萊銀行以及以美國為基地的哥傑.帕摩夫銀行最近已經在美國最高法院中提出對加州單一租稅法律憲法合理性的挑戰。這些公司為了在1970與80年代被徵收的金錢而與加州當局抗爭，這些包含原支付額與利息的總金額達 60 億美金。然而在 1994 年 6 月 21 日，最高法院卻支持加州的法律。最高法院在美國跨國企業的適用性上一致通過，在以國外為基地的集團之適用性上則以 7 比 2 通過。

在維持國家主權的原則之下，國家對在其領土內賺取的所得有課稅的權力。對跨國企業而言，這些租稅是受歡迎的，但跨國企業當然沒有各國政府那麼歡迎它。有些金融中心，例如香港、瑞士，與許多拉丁美洲國家都沒有對它們公司的海外盈餘課稅。

## 21.1.2 租稅的種類

　　跨國企業面對多種直接與間接稅。直接稅包括公司所得稅與資本利得稅。間接稅包括加值型租稅、關稅與事先扣繳的稅款。除了這些直接與間接稅之外，跨國企業可能需要支付財產稅、薪資稅、印花稅、各種形式的契約登記稅、銷售與消費稅（去除加值稅之後）以及對未分配盈餘所課的稅。

　　**所得與資本利得**　與個人所得稅一樣，公司所得稅是許多國家財政收入的重要來源。因為許多發展中國家的平均每人所得很低，個人所得稅與銷售稅並不是很充裕。因此與工業化國家相較，發展中國家的政府收入有更多部份來自公司所得稅。

　　資本資產出售產生的收益或損失稱爲資本利得與損失（capital gains and losses）。資本資產指的是非爲特定再出售且不是在企業正常的經營活動中取得的資產。這些資產包括股票與債券。如果資本資產被持有超過一特定期限，出售這些資產的利得可能會適用一些優惠的租稅待遇。

　　**加值型租稅**　加值型租稅是一種特別的銷售稅。銷售稅是在生產過程中的一個或多個階段加入的租稅。在加拿大，銷售稅課徵的時點是在生產完成之後；英國則是在產品批發時；在美國爲產品零售時；在德國則是在生產循環中的每個過程。許多歐洲國家採用加值型租稅爲主要收入來源以避免銷售稅的累積效果。舉例來說，如果一個汽車經銷商以美金一萬元從汽車製造公司買了一輛車而後以美金一萬五千元賣出，其增加的價值是五千美金，而租稅課徵的對象就是這五千美金的增加。

　　**關稅**　關稅簡單上指，針對平行稅與其他間接稅已經由本國相似品廠商支付的進口商品課徵的租稅。關稅的課徵可能是爲了國家財政收入或保護的目的。當關稅被用來增加財政收入時，它們通常很低；然而，當關稅被用來保護本國公司免於外國公司威脅時，它們通常會很高。雖然保護性關稅並不會完全消除外國商品的進口，它們明顯的將外國的銷售者置於較不利的地位。在這個例子之中，消費者必須爲外國商品付出更多代價，接著他們便會減少對進口商品的消費。

**扣繳稅款** 扣繳稅款是政府事先對企業支付給海外投資者（債權人）的
股利（利息）所扣除的稅款。此稅款是在收到所得之前就先課徵的。換言之，
它們通常在所得來源的公司就被先保留下了。舉例而言，針對美金一萬元利息
的20%扣繳稅對投資者意味有兩千美金的稅款被從對資金貸出方的利息支付中
扣除，這稅款由資金借方爲政府的利益而代收。因此，債券的購買者只能收到
美金八千元，或是原來美金一萬元利息的80%。扣繳稅通常會經由雙邊租稅協
定而修正，這是因爲這種稅常常限制了用於長期投資的資本的移動。

## 21.1.3 租稅道德

目前討論的這個問題是存在於經濟（利益）與操守（公司道德）間的
衝突。有些企業經理人認爲利益與公司道德是兩回事；因此，他們認爲最終必
須在兩者間作一抉擇。在許多國家，公司與個別納稅人並不完全對租稅當局誠
實，這是衆所周知的。跨國企業必須決定是否志願遵守當地的稅法。雖然許多
跨國企業完全遵守稅法，有些公司卻覺得必須與他們的競爭者在逃漏稅上不相
上下，以保護他們的競爭地位。個人、公司與社會的操守標準都不盡相同，這
是因爲企業操守是文化型態與歷史發展的一部份。因此，針對此問題並不存在
一個放諸四海皆準的答案。

企業所在國政府也有相同的道德問題。兩個基本的課稅原則是租稅必須公
平與中立。換言之，租稅對每個人應該是公平的，而且它們不應改變經濟體系
內的決策。然而，許多國家都曾經對跨國企業課徵懲罰性的租稅，只因爲事先
假設跨國企業有違反當地稅法的情形。許多發展中國家有許多針對國外私人投
資者的租稅獎勵措施。這些租稅獎勵措施放棄了經濟體系在租稅上中立的原
則。在一個中立的租稅體系之下，如果我們想要一個最有效的經濟體系的話，
應該放任供給與需求決定價格與經濟活動。

## 21.1.4 租稅負擔

　　因爲不同的國家對所得稅有不同的法定稅率，所以整體租稅負擔的差異也是國際企業經營的另一項自然特徵。公司稅的稅率從例如巴哈馬之類租稅天堂（tax haven countries）的零到例如利比亞的 60% 都有。

　　因爲對可課稅公司所得定義的不同，而產生了比名目公司稅率差異更大的不一致性。因此，稅率的差異僅透露了事情的一部份。可課稅所得在一國可能是以現金基礎計算，而在另一國可能就是以實現基礎計算。投資扣抵與減免、準備、折舊扣減的時點與資產評價在各國間都大不相同。有些國家對在他國支付的稅款提供完全的扣抵。

　　租稅體系也影響國際間相對租稅負擔。一般而言，有三種體系存在：單一租稅、雙重租稅與部份雙重租稅。在單一租稅體系之下，所得只被課稅一次。如果公司不用繳稅，它們的股東便必須對股利繳稅。在雙重租稅體系中，公司以一定的稅率對利潤繳稅，而之後股利又做爲股東所得的一部份，以個人所得稅率被課徵所得稅。在部份雙重租稅體系之下，公司所得需被課稅，但是股利所得被以較其他個人所得低的稅率再課徵一次所得稅，或者是公司分配出去的盈餘將被以較未分配盈餘（保留盈餘）低的稅率課稅。

　　表 21.1 列出了外國投資人若是在當地做生意或投資時，可能適用的法定所得與扣繳稅率。所有列出的公司所得與扣繳稅率都表示每一項中最高可能的稅率。所有這些稅率直到 1997 年 12 月 31 日都還有效。

　　**虧損抵前措施與虧損遞延措施**　營業損失是費用超過收入毛利的部份。營業損失常常可以用抵前或遞沿的方式來抵銷其他年度盈餘。各國租稅法規對抵前與遞沿的規定各不相同。許多國家並不允許營運損失的抵前。但理論上所有的國家都容許公司在有限的年份之內遞沿其損失。

　　美國公司可以將其多餘的境外租稅減免用來將美國本身對境外來源收入的稅前抵三年或遞延二十五年。（公司）如何選擇則大都決定於公司是否在存在多餘境外租稅減免的前兩年中有境外來源所得。如果有的話，公司將多餘的境外租稅減免前抵以加速稅款支付的償付。

　　此條款的目的是允許公司去平均逐年波動的營運成果。然而，有些獲利高的跨國企業會將本公司與其他有相當鉅額營運損失或多餘境外租稅減免的公司合併，藉以利用前抵與遞延來作為減低可課稅所得的工具。

表21.1 境外所得與其扣繳稅率

| 國家 | 本國所得 | 境外所得 | 股利 | 利息 | 工資 |
|------|---------|---------|------|------|------|
| **歐洲** | | | | | |
| 比利時 | 40% | 40% | 25% | 15% | 15% |
| 丹麥 | 34 | 34 | 25 | 0 | 30 |
| 法國 | 33 | 33 | 25 | 15 | 33 |
| 德國 | 45 | 42 | 25 | 0 | 25 |
| 希臘 | 40 | 40 | 0 | 15 | 20 |
| 愛爾蘭 | 33 | 33 | 10 | 10 | 42 |
| 義大利 | 37 | 37 | 32 | 27 | 22 |
| 荷蘭 | 35 | 35 | 25 | 0 | 0 |
| 挪威 | 28 | 28 | 25 | 0 | 0 |
| 波蘭 | 38 | 38 | 20 | 20 | 20 |
| 西班牙 | 35 | 35 | 25 | 25 | 25 |
| 瑞典 | 28 | 28 | 30 | 0 | 0 |
| 瑞士 | 27 | 27 | 35 | 35 | 0 |
| 英國 | 33 | 33 | 0 | 20 | 23 |
| **美洲** | | | | | |
| 阿根廷 | 30 | 30 | 0 | 30 | 10 |
| 巴哈馬 | 0 | 0 | 0 | 0 | 0 |
| 巴西 | 15 | 15 | 0 | 15 | 15 |
| 加拿大 | 29 | 25 | 25 | 25 | 25 |
| 哥倫比亞 | 35 | 35 | 7 | 39 | 39 |
| 墨西哥 | 34 | 34 | 0 | 35 | 35 |
| 美國 | 35 | 35 | 30 | 30 | 30 |
| 委內瑞拉 | 45 | 25 | 10 | 0 | 15 |
| **其它** | | | | | |
| 澳洲 | 36 | 36 | 30 | 10 | 30 |
| 香港 | 17 | 17 | 0 | 0 | 17 |
| 日本 | 37 | 37 | 20 | 20 | 20 |
| 韓國 | 28 | 28 | 0 | 20 | 0 |
| 俄羅斯 | 35 | 35 | 15 | 15 | 20 |
| 新加坡 | 26 | 26 | 0 | 15 | 15 |
| 南非 | 35 | 40 | 0 | 0 | 12 |

## 21.2 跨國企業的母國租稅

各國對其跨國企業境外所得的租稅待遇各不相同。主要的差別包括了對租稅中立性的多種解釋、對已繳的外國所得稅的抵減方法以及在雙邊租稅條約中取得的讓步。

### 21.2.1 租稅中立性

中立的租稅指的是不會影響投資區位與投資者國籍的租稅。如果資本流動的方向是從報酬率低的國家流向報酬率高的國家的話，全世界的福利將會全面提升。租稅中立性便是以此為基礎而證明其合理性的。

租稅中立性包括本國中立性與外國中立性。本國中立性指的是投資在美國企業的美國人與投資在外國的美國投資人都享有相同的租稅待遇。這種中立性涉及到所有關於利潤的租稅的公平性。

外國中立性指出，對於每一家美國公司的境外分公司的租稅應該與其在同一國中的外國競爭者負擔的租稅相等。所在國居民擁有的公司與非美國公司的境外分公司是美國境外分公司面對的兩種主要競爭者。

租稅中立性被設計來達成租稅體系中平等的狀態。然而在實際上，要去定義與估計租稅中立性是很困難的。租稅平等的議題也很難被定義或衡量。許多政府宣稱它們對外國收入與本國收入都課以相同的稅率。然而，世界上的許多國家都與理論上的租稅中立性有相當大的重要差異。

### 21.2.2 租稅條約

國家間為了避免雙重課稅與藉此鼓勵國際間的自由資本流動而產生了雙邊租稅條約。簽約國在如何課徵租稅、分享或者是一國國民在另一租稅管轄國賺取的所得的租稅減免等等議題達成共識。

租稅條約被設計來達成下面四個目的：

1. 防止對相同所得的雙重課稅。
2. 防止國家對另一條約國國民的租稅歧視。

表 21.2　與美國簽訂的租稅條約中的扣繳稅率

| 國家 | 股利 | 利息 | 專利權與技術權利金 |
|---|---|---|---|
| 澳洲 | 15% | 10% | 10% |
| 奧地利 | 15 | 0 | 0 |
| 巴貝多 | 15 | 15 | 15 |
| 比利時 | 15 | 15 | 0 |
| 加拿大 | 15 | 15 | 10 |
| 中國 | 10 | 10 | 10 |
| 賽浦路斯 | 15 | 10 | 0 |
| 捷克共和國 | 15 | 0 | 0 |
| 丹麥 | 15 | 0 | 0 |
| 埃及 | 15 | 15 | 15 |
| 芬蘭 | 15 | 0 | 0 |
| 法國 | 15 | 0 | 5 |
| 德國 | 15 | 0 | 0 |
| 希臘 | 30 | 0 | 0 |
| 匈牙利 | 15 | 0 | 0 |
| 冰島 | 15 | 0 | 0 |
| 印度 | 25 | 15 | 15 |
| 印尼 | 15 | 15 | 15 |
| 愛爾蘭 | 15 | 0 | 0 |
| 以色列 | 25 | 17.5 | 15 |
| 義大利 | 15 | 15 | 0 |
| 牙買加 | 15 | 12.5 | 10 |
| 日本 | 15 | 10 | 10 |
| 哈薩克斯坦 | 15 | 10 | 10 |
| 南韓 | 15 | 12 | 15 |
| 盧森堡 | 15 | 0 | 0 |
| 墨西哥 | 15 | 15 | 5 |
| 摩洛哥 | 15 | 15 | 10 |
| 荷蘭 | 15 | 0 | 0 |
| 紐西蘭 | 15 | 0 | 0 |
| 挪威 | 15 | 0 | 0 |
| 巴基斯坦 | 30 | 30 | 0 |
| 菲律賓 | 25 | 15 | 15 |
| 波蘭 | 15 | 0 | 0 |
| 葡萄牙 | 15 | 10 | 10 |
| 羅馬尼亞 | 10 | 10 | 15 |
| 俄羅斯聯邦 | 5 | 0 | 0 |
| 斯洛伐克共和國 | 15 | 0 | 10 |
| 西班牙 | 15 | 10 | 10 |
| 瑞典 | 15 | 0 | 0 |
| 瑞士 | 15 | 5 | 0 |
| 西印度群島 | 30 | 30 | 15 |
| 突尼西亞 | 20 | 15 | 10 |
| 土耳其 | 25 | 15 | 10 |
| 烏克蘭 | 15 | 0 | 10 |
| 俄羅斯 | 30 | 0 | 0 |
| 英國 | 15 | 0 | 0 |
| 無條約國家 | 30 | 30 | 30 |

3. 藉由明訂租稅義務來增加簽約國國民對租稅的預測能力。可預測性也可以減少逃漏稅的機會。

4. 明訂簽約國雙方都互相可以接受的租稅補貼種類。

　　大部分租稅條約的條文效力都大於其國內所得稅法的效力。舉例來說，美國國內稅法條文第 8894 項規定：「無論何種所得，只要在任何美國對外條約限制的範圍之內，都不應被列為所得毛額，且在合乎此項的情形下都應免稅。」 因此，美國的租稅條約保證美國公司在外國賺得的利潤都是免稅的，除非他們已經在該國有永久編制了。租稅條約也會降低對股利、利息與權利金的扣繳稅。

　　表 21.1 列出了與美國有租稅條約國家執行的各種稅率的扣繳稅。如果該美國公司在此條約國有永久的編制，則扣繳稅可能可以免除。除此之外，所有的扣繳稅都是在 1997 年 12 月 31 日前有效的數字。這些扣繳稅率明顯低於法定上沒有與美國簽訂約國家的的股利、利息與權利金 30% 的扣繳稅率。在 1998 年初，美國與 47 個國家有租稅條約，這與其他工業化國家比起來仍是相當少。舉例來說，英國與 104 國有租稅條約，且與其餘國家有有限的租稅協定。

## 21.2.3 國外租稅抵減

　　國外租稅抵減的目的是避免當境外賺取的利潤成為兩個或兩個以上國家課稅的對象時，因而產生的國際間雙重課稅。在國外租稅抵減制度（foreign tax credit） 之下，美國將境外獲利的租稅用其被課徵的外國租稅額度來加以減免。因此，外國政府對在其管轄權中的公司賺取的利潤有第一手課稅的權力。除此之外，受此條款規範的租稅也包括對股利、利息與其他所得的扣抵稅。

　　例 21.1　假設一家美國公司在阿根廷賺了美金一千元的境外所得。如同表 21.1 所示，美國的稅率是 35%，阿根廷的稅率則是 30%。從下面計算可得出淨美國稅收美金五十元：

| | |
|---|---:|
| 境外所得 | $1,000 |
| 外國稅率(30%) | 300 |
| 稅後淨所得 | $700 |
| 美國可課稅所得 | $1,000 |
| 美國稅率(30%) | $350 |
| 外國租稅抵減 | 300 |
| 美國應付稅額 | $50 |
| 總外國與美國稅負 | $350 |
| 有效稅率 | 35% |

　　如同此例所示，外國租稅抵減的目的是將境外收入的總稅收限制在兩國間稅率較高者。如果境外所得的國外稅率與匯回美國的金額低於或等於美國的稅率，此收入便會適用於整體而言35%的稅率。因此，如果外國稅率比美國稅率低，美國政府會從這境外所得中收到一些租稅收益。如果外國稅率比美國稅率要高，美國政府就不會從境外所得收到任何租稅收益。

　　美國公司可以將其支付的任何國外稅賦直接視為可減除的費用，以作為另一種國外租稅抵減的選擇。因為租稅抵減與費用扣除不能在同時同一年提出，所以美國公司必須決定使用外國租稅抵減或費用扣除來處理外國所得稅。一般而言，使用外國租稅抵減來減免聯邦所得稅會比用費用扣抵法有利。

　　**例21.2** 假設一家美國公司在希臘賺得美金一千元的境外所得。如同表21.1所示，西班牙與美國有相同的35%的稅率。下面的計算顯示租稅抵減比直接費用扣除好：

| | 外國租稅抵減 | 外國租稅費用減項 |
|---|---:|---:|
| 境外所得 | $1,000 | $1,000 |
| 外國稅率(35%) | 350 | 350 |
| 稅後淨所得 | 650 | 650 |
| 美國可課稅所得 | $1,000 | $650 |
| 美國稅率(35%) | $350 | $227 |
| 外國租稅抵減 | 350 | 0 |
| 美國應付稅額 | $0 | $227 |
| 總外國與美國稅負 | $350 | $577 |
| 有效稅率 | 35% | 57.7% |

### 21.2.4 在美國的外國公司及其稅賦

美國曾經在三十年之間（50、60與70年代）是世界上主要的境外直接投資者，但是自從1980年代開始，它開始成為全球最大的境外直接投資資金接收者。因此，外資擁有的公司正逐漸在各個部門增加其可見度與其影響力。

一個合理的經濟前提是，在擁有的資產數目與被徵收的稅額之間應該有一個合理的關係。證據顯示這個目標在美國境內外國公司身上並沒有實現。美國住家道路與工具監督附屬委員會最近發現許多在美國的外國公司並沒有付出他們真正的公平美國租稅。此附屬委員會的一項調查發現超過一半的外國公司繳付很少甚至沒有繳美國的所得稅。此附屬委員會調查的36家公司中的一家申報了超過三百五十億美金的銷售額與將近六億美金的毛利，但它只付了五百美金的聯邦所得稅。這些外國公司一向使用許多技巧來逃避美國的所得稅，例如租稅條約、外國租稅抵減、租稅情境的不同與移轉價格之政策。

# 21.3 對外國投資的租稅獎勵措施

外國投資的區位選擇受到下面三個主要因素影響：租稅獎勵措施、稅率與租稅條約。租稅獎勵措施的存在會明顯的減少一項投資計畫需要的現金流出。而同時也會增加計畫的淨現值。熟悉當地的稅法是相當重要的，這是因為在許多國家中，課稅用的收益與費用常是由稅法的一些公式決定。租稅條約也很重要，這表現在這些條約如何影響關係到股利、利息與權利金的扣繳稅。對租稅條約加以注意可以幫助投資者明智的選擇他們合法投資活動的地點。

### 21.3.1 政府特許權

發展中國家常會提供許多特許權以吸引多國籍企業。大部分的特許權是以「租稅假期」，也就是在營運的最初幾年完全免稅的形式存在。許多其他形式的暫時租稅特許權包括較低的所得稅率、對新投資的租稅抵減、租稅遞沿以及降低許多間接稅的稅率。租稅特許權再加上與發展中國家有關的較廉價的工資，已經使的許多發展中國家對組裝與製造業的吸引力大增。

## 21.3.2 租稅天堂

　　有國家會為了吸引多國籍企業而做出永久減稅的承諾。身為一般所知的租稅天堂（tax haven），這國家有很少的天然資源。除了低稅率之外，租稅天堂必須有（1）一個穩定的政府；（2）良好的通訊建設；（3）貨幣兌換的自由與（4）方便的金融服務。租稅天堂可被分為下面四大類：

1. 沒有所得稅的國家。例如巴哈馬、百慕達與開曼群島。
2. 稅率非常低的國家。例如瑞士、列支登斯敦、香港以及海峽群島
3. 有本國來源的租稅所得，但沒有境外來源的租稅所得的國家。例如賴比瑞亞與巴拿馬。
4. 為了某些特定的目的使自己合於租稅天堂的條件而允許一些特權的國家。

　　有大量的非美國多國籍企業擁有以作為公司資金租稅天堂為目的的境外分公司。這些公司資金一直被位在租稅天堂的分公司所持有，直到要被投資於新計畫或要被輸到別處為止。在租稅天堂的分公司是一些跨國企業的母國允許其跨國企業將境外盈餘遞延的特性之下的自然產物。每個公司通常可以將其境外盈餘的租稅遞延到這些盈餘以股利的方式收回為止。

## 21.3.3 美國稅務法規的F附件

　　美國政府原來允許美國公司將他們境外盈餘的租稅遞延，使它們能在國外投資並與外國公司在平等的地位上競爭。不幸的，這些租稅遞延的措施卻常常被美國公司用來逃避美國的稅負。最典型的例子，就是美國的母公司會設立一個在租稅天堂設籍的境外控股公司，而這個位在租稅天堂的公司其主要目的是接受其他國外分公司賺取的免稅利潤。舉例來說，這家公司會享有單獨出口母公司產品的能力，可能使得部份的獲利從母公司移轉到此境外控股公司。同樣的手法通常被一些美國公司用來避免權利金與其他境外來源收入所產生的租稅。

1962 年的美國租稅法案 F 附件 加入國家稅務法規中以避免美國跨國企業利用租稅天堂來逃避美國與外國的租稅。在 1962 年稅務法案中的 F 附件規定所有美國境外的分公司無論是否有公司內部跨國性的交易，都有對於美國的納稅義務。 1975 年的減稅法案與 1976 年的稅務改革法案使 F 附件的規定更加嚴謹。 1986 年的租稅改革法案保留了附屬部份 F 附件對所得的基本概念，但是 1986 年法案同時擴充了適用租稅的所得種類並減少了例外的情形。

　　在這項條款之下，受控制的外國公司之屬於附屬部份 F 附件的所得與未分配的境外設立公司之所得都要課稅。一個受控制的外國公司指的是美國股東持有50% 投票權以上股份的外國公司。只有持有超過10% 投票權以上的股東被計算在達到控制百分比的部份之內。

　　「境外設立公司」指的是一家公司的設立或登記地是在一個公司並沒有從事實際營運的國家。境外設立公司的收入包括了境外個人控股公司的所得、境外設立公司的銷售收入、境外設立公司的服務收入與境外設立公司的運貨收入。

　　這個通則有幾個例外：

1. 如果在發展中國家註冊的受控制境外公司將他們的盈餘再投資到這些國家，F 附件並不適用。

2. 如果境外受控制公司對所有所得繳納的美國與外國稅負的總和接近美國的稅率，F 附件並不適用。

3. 如果境外設立公司的所得比受控制境外公司毛收入的 10% 少，F 附件並不適用。

### 21.3.4 美國的租稅獎勵措施

　　在近幾年來，美國已經將不少租稅獎勵措施引入租稅規定之中以鼓勵在世界上某些區域的某些企業經營活動。但是大部分租稅獎勵措施都從 1976 年的稅務改革法案後慢慢的消失。美國現在仍有兩類的租稅獎勵措施：在美國屬地經營的企業 （屬地公司） 與促進出口措施 （境外銷售公司） 。

　　**屬地公司**　一個在美國屬地之內經營企業的美國公司如果符合某些特殊

要求的話將可以得得租稅優惠,要求如下:

　　1. 它是一個美國本土的公司。

　　2. 過去三年毛收入至少有 80% 以上是從美國屬地的來源中取得的。

　　3. 它的毛所得至少 75% 是因為積極從事於貿易與企業活動而來的。

　　屬地公司(possessions corporation)指的是在美國屬地內從事企業行為的美國公司。美國的屬地包括美屬薩摩亞、巴拿馬運河區、波多黎各、威克島、維京群島與中途島。

　　然而,維京群島並沒有為了這特別的原因而被視為美國的屬地,這是因為其特殊的租稅地位之故。在維京群島的租稅獎勵法令之下,符合其標準的公司將從島方接受其繳納租稅的75%的補貼。因此,合格的公司只需要對其在維京群島的所得繳納 8.75% 的稅率(35% 乘以 0.25)。為了符合其標準,此公司必須符合上述的要求二與三。

　　屬地公司並不納入在美國境外賺得的美國國內毛所得金額,除非該所得是在美國境內收到的。因此,這些公司會儘量在美國境外接收其所得,即使是它們可能必須持續從外國銀行的帳戶中將所得轉到美國銀行中也在所不惜。當屬地公司支付股利給他們在美國的母公司時,母公司視這些所得如同是從外國公司收到的一樣,便能藉此要求直接支付或視同的境外租稅抵減。

　　屬地公司在許多方面被視為外國公司,但是有兩種主要例外。首先,它們在為了組織、重整與清算的目的時會被視為本國公司。第二,它們在為了附屬部份 F 的目的時並不被視為受控制的外國公司。

　　**境外銷售公司**　為提供美國公司增加出口的租稅誘因,1971年的租稅法案為一種新型態的公司引進了一種租稅遞延的系統,這種公司稱為本國國際銷售公司(DISC)。在這規定之下,本國國際銷售公司的盈餘並不會被課稅,但是相對的則是在盈餘被分配到或視同分配到股東時會對股東課徵。本質上,本國國際銷售公司可以將其50%的可課稅所得產生的美國賦稅遞延,而另外一半的所得被視同已分配並對股東收到的股利課稅。本國國際銷售公司的股東被提供了對本國國際銷售公司的國外租稅有境外租稅抵減的優惠。

1984 年的境外銷售公司法案在 1984 年 7 月 18 日被簽署生效，而作爲 1984 年赤字縮減法案的一部份，它在 1985 年 1 月 1 日才正式生效。這項法案大量的用境外銷售公司（foreign sales corporation, FSC）取代本國國際銷售公司（DISC）。本國國際銷售公司一直是美國主要貿易伙伴的批評目標，這是因爲本國國際銷售公司違反了關稅暨貿易總協定（GATT）訂下的補貼規則。關稅暨貿易總協定的規則要求國家不得用租稅作爲一種補貼的形式。境外銷售公司是被設計來合乎關稅暨貿易總協定的規範並同時持續促進美國出口的。不像其前身本國國際銷售公司，境外銷售公司必須滿足下列八個條件：

1. 它必須是在美國屬地或外國成立的公司。
2. 任何時點都不得有超過 25 位以上的股東。
3. 不能有特別股。
4. 它必須在美國以外的官方保持記錄。
5. 董事會必須有至少一位美國居民。
6. 它不得成爲一個也包含其他本國國際銷售公司爲成員的企業控制集團的一份子。
7. 它必須經篩選方能成爲一家境外銷售公司。
8. 必須要符合外國的管理與經濟程序的要求。

要達成對外國管理的要求有三種規定。第一，此境外銷售公司必須在美國之外舉行所有的董事會與股東大會。第二，它必須將主要的銀行帳戶設在美國之外的銀行。第三，它必須要用外國銀行帳戶來支付所有的股利、法律及會計費用與管理階層的薪水。

要達成對外國經濟程序的要求也有兩種規定。第一，此境外銷售公司或其代理人必須參與在美國之外交易的請求、協商與簽約。第二，境外直接成本必須佔此交易總直接成本至少 50% 或兩個以上的這類成本至少 85%：廣告與促銷、處理成本、運輸成本、會計與蒐集成本與假設的信用成本。

如果一個公司合乎境外銷售公司的條件，其所得的一部份將會免除美國公司所得稅。從一個出口商的角度，境外銷售公司比本國國際銷售公司的狀態好的地方是前者的免稅是永久的。如果在未來年度中付了股利或是此境外銷售公司不再滿足其條件之後，這些優惠並不會被追回。境外銷售公司的另一個特點是一種特別的移轉價格規定使出口商能以很接近的價格賣東西給境外銷售公司。

# 21.4 美國境外公民的租稅

美國的跨國企業必須提供它們的海外員工很高的薪水以吸引他們移往外國。他們的薪資通常包括了基本工資再加上以購屋津貼、高難度工作津貼、員工子女的教育津貼，以及生活水準的差距等形式支付的額外補助。這多餘的補助能明顯的增加海外員工的薪資，但同時也是員工所得要接受如同在美國一樣較高的海外所得稅。

每個國家都有權對其公民的利得課稅。然而，許多國家並不對其持續居住在其母國外並從國外賺取利潤的公民的個人所得課稅。這是與所得的課稅權應該屬於收益發生地國家的原則一致。但是美國卻較其他工業化國家先一步對其公民在全球的所得都加以課稅。全球企業組織最近的一項調查顯示，美國是八個西方主要國家中唯一對旅居國外者在全世界的所得都課稅者。這促使了美國的跨國企業去支付給旅居國外員工更高的薪水或是以當地居民來取代外派員工。

為了合乎法律規定的條件，此納稅人必須已經在外國居住了一個納稅年度或者是在連續十二個月中的至少三百三十天。境外所得排除條款允許美國境外公民以下面較少者免除美國的租稅：

1. 個人境外賺取所得。
2. 美金七萬或是每日免稅額（$70,00/365）之總和。

# 總結

對於跨國的營運活動來說，租稅對於起始投資決策的區位決定、新企業的型態、融資方法、與許多其他許多跨國融資決策都有明顯的影響。跨國公司的稅務規劃涉及到諸如國家租稅環境、雙重課稅與許多租稅獎勵措施等複雜的問題。因此，跨國企業對不論是在母國或投資國的法律與稅務顧問的尋求方面都是相當需要的。然而，為了保留國外的獲利機會與取得特別的租稅獎勵措施，跨國企業的財務經理對企業經營所在國的國家租稅環境與其他租稅問題的熟悉也是很重要的。

## 問題

1. 為何租稅是跨國營運中最重要的變數之一。
2. 在一般的分類中國家之間在其租稅制度上有何不同。
3. 從跨國企業與所在國政府的觀點解釋租稅道德。
4. 何謂雙重課稅。它的效果如何能被降低。
5. 美國政府有給予美國為基地的跨國公司哪些租稅獎勵措施。這些租稅獎勵措施的目的為何。

## 習題

1. 假設：（1）一個跨國公司有美金一千元的境外所得；（2）外國的稅率是 40% ；（3）本國稅率是 50% 。本國應繳租稅應為多少。
2. 假設：（1）一個跨國公司有美金一千元的境外所得；（2）外國的稅率是 50% ；（3）本國稅率是 50% 。此跨國公司可以將任何已付的外國租稅視為費用加以扣除或是視為租稅扣抵。此跨國公司在租稅扣抵與費用減除兩者下的實質稅率為多少。
3. 一家美國公司有美金一百元在比利時賺進的所得。表 21.1 顯示美國的稅率是 35% ，而比利時的稅率是 40% 。呈現出其美國應繳租稅在雙重課稅、租稅費用扣除與租稅扣抵三種情形下的不同。

4. 假設加值稅率爲10%。如果下列是各階段增加的價值，每個階段的銷售價格與稅爲何。

| 銷售者 | 銷售者使其增加的價值 |
|--------|----------------------|
| 開採 | $300 |
| 處理 | 500 |
| 批發 | 75 |
| 零售 | 75 |

# 參考書目

Bittker, B. I. and L. Lokken, *Fundamentals of International Taxation and 1991 Supplement*, Boston: Warren, Gorham & Lamont, 1991.

"DISC/FSC Legislation: The Impact of the Phantom Profits," *Journal of Accountancy*, Jan. 1985, pp. 83–97.

Ernst & Young, *Worldwide Corporate Tax Guide and Directory*, New York: Ernst & Young, 1998.

Evans, T. G., M. E. Taylor, and O. J. Holzmann, *International Accounting and Reporting*, Cincinnati: South-Western Publishing Company, 1993.

Feld, D. E., *The Journal of Taxation Digest*, Boston: Warren, Gorham, & Lamont, 1995.

Hartman, D. G., "Tax Policy and Foreign Direct Investment in the United States," *National Tax Journal*, Dec. 1984, pp. 475–87.

Hufbauer, G. C., *US Taxation of International Income*, Washington, DC: Institute for International Economics, 1992.

Kaplan, W. S., "Foreign Sales Corporations: Politics and Pragmatics," *Tax Executive*, April 1985, pp. 203–20.

Price Waterhouse, *Corporate Taxes: A Worldwide Summary*, New York: Price Waterhouse, 1998.

Radebaugh, L. H. and S. J. Gray, *International Accounting and Multinational Enterprises*, New York: Wiley, 1997.

# 第二十二章

國際移轉價格之制訂

移轉價格（transfer prices）是母公司與子公司間購買，銷售商品與勞務的價格。國際間的移轉包括原料、半成品、成品、固定成本之攤銷、貸款、費用、商標使用的權利金與版權等。隨著公司增加其在國外分公司、聯合投資者與母公司擁有的配送系統間國際交易的參與程度，國際移轉價格制訂的政策更顯得複雜。公司所採用的與稅捐機關所允許的移轉價格制訂方法會因為稅捐機關與公司有不同的目標而不同。舉例來說，跨國企業試圖將獲利極大化並利用操縱內部移轉價格來改善績效評估的結果。在另一方面，稅捐機關試圖將銷售的利潤經由公平市價在本國與其他國家間分配。因此，跨國企業的財務經理必須瞭解移轉價格的目的以及它們對移轉價格的影響。

本章有三個部份。第一部份討論移轉價格的主要目的。第二部份敘述美國租稅法規第 482 節以及其對國際移轉價格的影響。必三部份敘述 1994 年最終規範的主要條文。

## 22.1 移轉價格制訂的目的

移轉價格制訂策略是公司內部相當敏感的議題，因為成功的制訂價格是獲利的關鍵因素。移轉價格制訂也幫助跨國企業決定利潤將如何在部門間分配。政府也對移轉價格制訂有興趣，這是因為這些價格會決定租稅收入與其他政府收益。因此，許多企業所在國政府已經有了定期評估跨國企業移轉價格制訂政策的政策性機制。

移轉價格制訂有下面幾個目的：

1. 使所得稅極小化。
2. 使進口稅極小化。
3. 避免財務問題。
4. 調整幣值波動。

## 22.1.1所得稅極小化

　　許多諸如亞潘與羅得巴（1985）的研究指出，稅負極小化是影響國際移轉價格制訂決策的重要變數。他們的發現並不令人意外，因為相關企業實體間帳戶的移轉佔了將近世界總貿易額的35%。如果移轉價格可以將利潤從一所得稅率較高的國家轉移到一個稅率較低的國家，其帶來的經濟利益是馬上可見的。然而一個利用移轉價格制訂來極大化利潤的公司也必須在此法與租稅當局規範的價格制訂間求得平衡。

　　例22.1　為顯示移轉價格變化對公司盈餘產生的租稅效果，我們作下面的假設：（1）分公司 A 是在一低稅率的國家（20% 的稅率）而分公司 B 是在高稅率的國家（50% 的稅率）。（2）分公司 A 製造一百台收音機並以每台五美元的價格賣給分公司 B。（3）分公司 B 將這些收音機以每台二十美元賣給其他無關的客戶。表 22.1 呈現了高移轉價格與低移轉價格下公司盈餘受的的租稅效果的影響的不同。

　　在較低的移轉價格之下，A 繳了六十美元的稅而 B 繳了三百美元的稅，總和的納稅額為三百六十美元，兩公司合併的淨利則為五百四十美元。在較高的移轉價格之下，A 繳了一百六十美元的稅而 B 繳了五十美元的稅，總和的納稅額為二百一十美元，兩公司合併的淨利則為六百九十美元。雖然A用不同的價格將收音機移轉給B，兩者的稅前淨利同樣是九百美元。但是較高的移轉價格一樣能降低一百五十美元的總租稅負擔（360-210）並使合併後的淨利增加同樣的金額。

## 22.1.2進口稅極小化

　　分公司 A 賣東西給分公司 B。所得稅最小化的基本原則是：（1）若 A 的稅率比 B 的稅率低，將移轉價格儘可能訂高；以及（2）若 A 的稅率比 B 的高，將移轉價格儘可能降低。進口稅的引入使此原則更加複雜，因為多樣的目標可能相互衝突。舉例來說，較低的移轉價格降低了進口稅，但它同時增加了所得稅。較高的移轉價格減少了所得稅，但同時增加了進口稅。假設B必需支付 10% 的進口稅。進口稅通常以發票價（移轉價格）為課徵的標的。較高的移轉價格增加了五十美元的關稅，也因此以增加關稅的形式抵銷了五十美元的租稅效果。

　　進口稅的最小化不難達成，但卻會增加所得稅減少的複雜性，例如：一個有低進口稅的國家可能有較高的所得稅，而有高進口稅的國家可能有低的所得稅。如果跨國企業在某些國家使用高或低的移轉價格，它們必須在進口稅與所得稅之間取得平衡以從關稅與所得稅的減免中達到利潤的極大化。

## 22.1.3 避免財務問題

　　移轉價格可以用來避免財務問題或改善財務狀況。移轉價格的制訂常常可以閃避所在國的經濟限制與匯兌管制。舉例而言，有些發展中國家會限制獲利輸出的金額。規避此限制的一個方法就是對進口制訂較高的價格。也因為如此，有這種限制的國家會密切監視商品的進口價與出口價。

表22.1　高、低移轉價格下的租稅效果

|  | 低稅率 A | 高稅率 B | 加總 A＋B |
|---|---|---|---|
| **低移轉價格** |  |  |  |
| 銷售價 | $1,000 | $2,000 | $2,000 |
| 銷貨成本 | 500 | 1,000 | 500 |
| 銷貨毛利 | $500 | $1,000 | $1,500 |
| 營業費用 | 200 | 400 | 600 |
| 稅前盈餘 | $300 | $600 | $900 |
| 所得稅 | 60 | 300 | 360 |
| 稅後淨利 | $240 | $300 | $540 |
| **高移轉價格** |  |  |  |
| 銷售價 | $1,500 | $2,000 | $2,000 |
| 銷貨成本 | 500 | 1,500 | 500 |
| 銷貨毛利 | $1,000 | $500 | $1,500 |
| 營業費用 | 200 | 400 | 600 |
| 稅前盈餘 | $800 | $100 | $900 |
| 所得稅 | 160 | 50 | 210 |
| 稅後淨利 | $640 | $50 | $690 |

有些國家不允許跨國企業以某些費用來減少可課稅所得。舉例來說，它們不允許在別處進行的研發成本列入費用。母公司為降低子公司收入對其子公司收取的權利金費用通常也不被允許。因為所在國並不允許這些費用，這些費用可以經由增加運入此國的貨物的移轉價格重新被記入成本中。

移轉價格也可以將獲利輸送到一家分公司以對其財務狀況灌水，也藉此提供一個美好的獲利情形，以滿足外國資金提供者的標準。就算是分公司被要求對其貸款有所保障，母公司也因此不用將大量資本移轉給其國外分公司。除此之外，低的移轉價格使分公司在面臨開始一個新聯合投資的需求，或對經濟衰退的反應上有一個競爭邊際存在。

## 22.1.4 調整幣值波動

幣值大幅度的波動可能影響國外分公司的營運報告。許多美國的多國籍企業使用以美元為單位的報表評估國外分公司的表現。如果匯率發生波動，則分公司營運表現的評估會變得困難。分公司的管理階層通常偏好以當地貨幣而非美元計價的報表來評估其績效。讓移轉價格隨匯率波動而調整可以解決這個績效評估的問題。然而，當目標是租稅極小化或在匯率波動時績效評估都是困難的。在某一國分公司的獲利可能比在另一國分公司的獲利高，但這可能不是因為有較佳的管理，而是因為移轉價格之故。一個解決此問題的方法是維持兩套帳目，一套應付外國政府，另一套則作為績效評估之用。

## 22.1.5 移轉價格制訂之總結目標

這一部份討論許多移轉價格制訂的目標，諸如所得稅與進口稅的極小化、歸避財務問題、及匯率波動的調整等等。所得稅與進口稅的極小化十分重要的。許多國家的稅捐機關都密切注意轉移其獲利到低稅率國家的公司。如同一些不幸的公司發現的，過份熱中於此可能導致短期的獲利與長期的損失。許多跨國企業也會操縱移轉價格以避免外國分公司的財務問題。它們會對幣值波動加以調整評估分公司的營運績效。根據我們的討論，移轉價格的變動似乎輕易的能達到目標。然而，許多國家都有規定來限制移轉價格的制訂。一個公司應該經由制訂合乎企業所在國規範的移轉價格制訂政策,在其移轉價格制訂的目標間取得一個平衡。

　　如同上面的探討顯示的,國際移轉價格制訂必須符合管理控制的目標與其他目標。這些其他目標有時因重要性太強而使獲利極大化或績效評估等其他目標成爲次要,甚或不可行。因此,多國籍企業必須建立一個有效率的移轉價格制訂機制。阿不達拉(1989)提出了一個有效率的國際移轉價格制訂機制的評估標準:

1. 它應該衡量分公司的獲利與它們管理階層的績效,其中包括控制下分區公司的貢獻。

2. 它應該提供最高管理階層有關管理決策制訂準則的資訊。

3. 它應該增進公司的營運績效。

4. 它應該促使分公司與母公司的最高管理階層目標一致的追求效率的提升與分區獲利的極大化。

5. 它應該藉由減少所得稅支出、匯兌損失與貨幣操縱損失來使國際交易成本極小化。

　　研究者指出稅賦最小化是移轉價格制訂的最重要目標。然而,其他的研究顯示一個特定變數的影響程度會隨著環境而改變。舉例來說,伯恩斯(1980)調查了六十二家在工業化國家有分公司的美國企業以指出十四項影響移轉價格制訂決策的變數。金恩與米勒(1979)調查了三百四十二家在八個在發展中國家有分公司的美國企業而確認了九個事先認定的變數的重要性。根據伯恩斯的說法,影響移轉價格制訂決策的五項最重要變因是:(1)外國的市場狀況;(2)外國的競爭狀況;(3)外國分公司的合理獲利;(4)美國的聯邦稅與(5)外國的經濟狀況。金恩與米勒發現五個最重要的因素爲:(1)所在國對利潤輸送回母國的限制;(2)外匯管制;(3)所在國對聯合投資的限制;(4)所在國的關稅與(5)所在國的所得稅。

　　所得稅極小化在伯恩斯的調查中排名第四高,而在金恩與米勒的調查中排名第五。一個移轉價格制訂決策的問題使的許多的目標容易互相衝突。因此,跨國財務經理必須瞭解移轉價格制訂的目標與移轉價格對這些目標的影響。

# 22.2 美國稅務法規第四百八十二節與移轉價格制訂

　　國際移轉價格制訂對跨國企業的全球銷售、租稅負擔與利潤有重要的影響。許多國家的稅務當局要求跨國企業用公平市價作為移轉價格制訂的政策。它們的目標是：（1）防止跨國企業界由將利潤從一國輸送到另一國企圖減少租稅負擔；（2）使稅務當局可以在國內調整所得與扣除額以反應正確的可課稅所得與（3）反制移轉價格制訂政策的濫用。

　　很少政府是完全相同的，當然其關切移轉價格的影響的程度也不相同。美國、加拿大與發展中國家表現了最大的關切。舉例來說，在美國稅務法規的第四百八十二節（section482）授權美國國稅局（Internal Revenue Service, IRS）去對相關公司之間的「毛所得、扣抵稅額、租稅減免與折讓進行配置、分攤與分配」以避免逃稅。美國國稅局傾向所有相關企業個體的交易都以「公平交易價格」（arm's-length price）成交，此價格就是無關聯企業個體交易時會達成的價格。1986 年稅務法規的第四百八十二節將集團內移轉價與「公平交易價格」進行了比較。美國國稅局會對下面五個範圍的移轉進行監督：

1. 貸款與預支款
2. 服務的表現
3. 有形財產的使用
4. 無形財產的使用
5. 無形財產的銷售

　　本章只涵蓋第三部份，也就是有形財產移轉價格之制訂。

　　第四百八十二節假設分公司與母公司在法律與經濟上都是分離的個體。在另一方面，它並沒有考慮到多國籍企業可能將公司內部的價格建立在整個組織是一個經濟單位的假設時的情形。這個基礎上的不同，也正是最近造成爭論的來源，已經造成在美國國稅局接受的移轉價格制訂方法與那些美國跨國企業採用的方法之間嚴重的差異。

　　租稅最小化的一個重要特徵就是確保移轉價格可以儘可能反映公平交易之

進行。四百八十二節與其他的規定允許美國公司在決定有形財產銷售中的「公平交易價格」時使用六種方法。這些方法是相當非控制下價格法、再出售價格法、成本加成法、相當獲利法、獲利分割法與其他可接受的方法。

## 22.2.1 相當非控制下價格法

在相當非控制下價格法（comparable uncontrolled method）之下，非控制下的銷售若是在它們有形的財產、情境與控制下銷售的有形財產與情境相同，則相當於控制下的銷售。此法最精確的接近了「公平交易」的標準，這是因為它反映了：（1）對無關聯客戶的銷售價格；（2）無關聯出售者賣給本公司的價格以及（3）其他無關聯個體間的銷售價格。當市場是完全競爭時，相當非控制價格與目前的市場價格是相同的。第四百八十二節允許在市場不是完全競爭時對市場價格加以調整。

雖然理論上看似容易，相當非控制價格法常常是不可行的。在相關企業個體間交易的產品的完全競爭市場很少存在。有許多非控制下交易有用的證據並不存在的案例。在相關企業實體間交易的東西對此集團來說太特別了，以致於沒有一個此商品的公開市場。這可能發生在半成品或是技術移轉的案例中。在沒有完全競爭市場的時候，要調整諸如運費與保險的項目是很容易的。但是對其他像是商標與品牌的項目來說，便不可能進行精確的調整。

## 22.2.2 再出售價格法

在再出售價格法（resale price method）之下，「公平交易價格」乃是經由從可適用銷售價格歸納出的一個適當的加成而取得的。可適用銷售價格是買方在一個控制下銷售中可再把東西賣出去的價格。一個公司只有在下面三種條件成立時可以利用再銷售價格法：首先，沒有任何相當的非控制銷售。第二，存在可適用的再銷售價格。第三，買方只在此財產上增加了不顯著的價值。

加成的百分比應該從控制下銷售中再出售者的非控制購買與再出售導出。但是，如果賣方是同樣的再出售者，加成百分比也可以從其他再出售者的再出售交易中取得。雖然再出售價格幾乎適用於多數市場活動，美國國稅局可能因難以找出哪一個加成才是正確的而否決此方法。換言之，當一個再出售者對此產品增加價值時，美國國稅局可能會否決這個方法。

## 22.2.3 成本加成法

在成本加成法（cost-plus method）之下，「公平交易價格」是由對出售者成本作一適當的加價而決定。加成百分比則是在參考無關聯實體間相似的交易之後決定。美國國稅局規定，成本必須由不會優待或虧待控制下銷售的會計慣例決定。美國國稅局在出售者的成本與利潤較再出售者的成本與利潤容易衡量的話，會選擇成本加成法，而非再出售價格法。因此，當再出售者在再出售之前對此財產增加了顯著的價值時，成本加成法是有用的。這種情形會發生在相關實體間出售半成品時，或是一個實體是另一個相關實體的轉包商時。

如同一些法院判例顯示的，成本加成法相當隨意。要去估算產品的成本或是求出適當的加成百分比都相當困難。美國稅務法規並沒有定義上述所有的成本，也沒有一個將分攤成本平均到聯合產品的統一公式。因此，跨國公司會操縱成本的加權百分比。

## 22.2.4 相當獲利法

1994 年對第四百八十二節的最終規範引進了一個新的定價方法，也就是一般所知的相當獲利法。根據此法，以某些獲利指標區分的相近公司的獲利結果被用來算出納稅人的標準化或是指標營運結果。這個方法是基於相似狀況的納稅人通常會在一段合理的期間內賺得相同的盈餘的基本原則。在下面的部分會討論到的最佳方法原則之下，此法會提供一個衡量「公平交易」交易結果的精確結論，除非受試的團體使用了從非控制下的納稅者取得的有價、非一般的無形資產或是自行發展之。

納稅人應該在使用相當獲利法時遵循下列步驟。首先，他們應該決定「試驗團體」。這個團體通常是控制下的納稅者中從事最簡單，也最容易比較的的營運活動者。第二，他們應該決定一個恰當的「企業部門」來評估受試團體。通常相當獲利法適用於每個單獨的產業。第三,他們應該爲了指標的作用而挑選一些相當的公司。雖然相當獲利法允許功能上與產品上的差異,相當團體的相似程度越大,它作爲評估「公平交易」價格也更爲可靠。第四,它們應該爲了增加相當團體與受試團體之間的相似性,與增進一致性而做一些調整。這些調整只是爲了使它們對營運獲利有一個確定與肯定合理的效果能達到一個程度。第五,一旦進行過調整,它們就必須決定適當的獲利水準指標。獲利水準指標是一些能衡量獲利、相關的成本以及使用的資源的財務比率,例如資本報酬率或營運資產報酬率。第六,相對於公司的實際結果,納稅人應該採用一個單一最佳的價格水準指標去模擬一個範圍的「建構的營運所得」結果。換言之,如果納稅者採用這六個步驟並做出所有必要的調整,它們「公平交易」的範圍將會包括所有從這些相當公司導出的建構的營運獲利。

## 22.2.5 獲利分割法

獲利分割法(profit-split method)是另一個 1994 年第四百八十二節最終規範採用的另一個新的訂價方法。這個估計「公平交易」收益的方法包含兩個步驟:(1)藉由比較此團體對此項風險投資的成功相對於經濟貢獻的方式;或(2)藉由在這些團體間以這類貢獻的相對價值來分配風險投資報酬的方式。有兩種獲利分割的方法,相當獲利分割法與剩餘獲利分割法。在相當獲利分割法之下,分割是以涉及與控制下納稅者相似的交易與功能的非控制納稅人的相對獲利爲基礎達成的。剩餘獲利分割法是一種兩階段的方法。第一階段要求這些團體確認它們的一般功能並對這些一般功能指定市場報酬。在第二階段,剩餘獲利便可依據每個團體對無形財產的相對貢獻程度區分出來。

## 22.2.6 其他方法

美國國稅局在前面五個方法都不適用時允許第六個選擇。第六個選案可能跟前面在規定中已經敘述過的五個方法完全不同。我們並不知道美國國稅局何時才會允許用這些其他方法,但是有可能納稅者的方法會經過分析來看是否它能導出一個「公平交易價格」。這些方法的一部份是投資報酬率法、獲利比率法以及評價法。報酬率法是再銷售價格法與成本加成法的變化。在報酬率法之下，加成百分比取決於總資產的某些報酬率。獲利比率法允許公司以完全成本為基礎在部門間分配總獲利。在評價法之下，「公平交易價格」便是一個無關聯團體會同意在一非受控制銷售中購買此產品的價格。

## 22.2.7 移轉價格制訂方法的總結

美國國稅局可能決定送到分公司的商業價格低於「公平交易價格」，也就是無關聯團體會在獨立交易中收取的金額。因此，當局會調升母公司的可課稅所得以反應此較高的「公平交易價格」。而分公司既然在估計其國外稅負時會以較低的價格計算銷貨成本，實際上便產生了雙重課稅的情形。美國的境外租稅抵減規定抵銷了一部份這個問題。境外所得被以與當地所得同樣的稅率課稅，並會根據當地租稅中立原則，對任何付給外國政府的租稅提供租稅抵減。然而，並沒有很多雙重課稅的問題被完全解決，這是因為存在許多與理論租稅中立性相背離的情形。

雙重課稅的威脅已經不像在美國政府同意許多雙編租稅條約之前一樣的嚴重。在相似於稅務法規第四百八十二節的熱潮之下，許多外國政府已經承認了在相關團體間分配所得與扣除額的原則。美國國稅局當它認為公司內部的交易並非「公平交易」時會這樣做。此規定也承認其他國家基於當地法令進行會反應「公平交易」交易的權利。

## 22.2.8 受偏好方法間的比較

表22.2顯示美國國稅局允許的移轉價格制訂方法以及其使用。這六個方法是相當非控制下價格法（CUPM）、再出售價格法（RPM）、成本加成法（CoPM）、相當獲利法（CPM）、獲利分割法（PSM）與其他方法。

從表22.2可得出許多結論。首先，四個實證研究顯示成本加成法最常被使用。第二，最終規範中引入的新方法：相當獲利法在答覆者中最不被偏好。第三，雖然最終規範中引入了兩個新方法：相當獲利法與獲利分割法，許多美國跨國企業仍傾向繼續使用其他方法。

表22.2 美國國稅局之移轉方法與其使用情形

| 研究 | 相當非控制價格法 | 再出售價格法 | 成本加成法 | 相當獲利法 | 獲利分割法 | 其他 | 總和 |
|---|---|---|---|---|---|---|---|
| 美國財政部報告 | 20 | 11 | 28 | N/A | N/A | 41 | 100 |
| 伯恩斯報告 | 24 | 14 | 31 | N/A | N/A | 61 | 100 |
| 美國國稅局研究 | 32 | 8 | 27 | N/A | N/A | 36 | 100 |
| 金恩報告 | 21 | 14 | 27 | 9 | 15 | 13 | 100 |

　　許多論點支持廣泛使用成本加成法的情形。首先，這是一個較自由的方法，稅捐當局可以簡單的查證此法。在完全競爭市場，一個公司可以以產品差異為基礎查證其與目前市價的差異。當沒有穩定一致的市價存在時，一個公司可以根據現有穩定的資料來為其移轉價格辯護。接著，成本加成法避免了常常伴隨人為系統而來的內部摩擦。既然多數多國籍企業是高度的分權化，並有加諸在它們移轉價格制訂決策上的沈重負擔，成本加成法使每個分公司經理在估計其產品成本與適當的獲利加成時處在一個良好的地位。更進一步的是，此法防範了在移轉價格制訂過程中的人為操縱。

## 22.3 1994年最終規範

　　美國政府近來研究了外國企業在美國分公司的移轉價格制訂習慣，並且加強了對外國公司移轉價格制訂的規範。雖然美國政府一直否認此事，這些研究與新的規範似乎都指向日本公司。政府研究的主要發現包括：

1. 美國進口額的三分之二可被追溯到兩種因素。三分之一左右美國的商業進口是美國公司外國分公司製造的產品。另外三分之一則包含了外國公司在美國分公司進口的外國製造產品。

2. 在1987年中，美國國內的外國企業少繳了相當於其收入毛額1%的稅，這遠遠低於美國當地公司的稅負水準。

3. 美國財政部估計僅僅三十家外國公司對移轉價格制訂的操縱在1980年代導致了將近一百八十億美金的稅收損失。

4. 在美國境內的日本所有公司對美國的銷售額在 1987 年將近 50%，但是它們申報的可課稅所得下降了三分之二。

5. 在 1990 年，日本在美國的汽車轉投資製造商生產了估計價值達兩百二十億美金的一百三十萬輛汽車與卡車，但它們只付了一千兩百萬的稅。

6. 美國國稅局應該有一個單位來監督外國母公司的財務狀況，而不只監督其美國子公司。

7. 外國公司雇用許多前任美國國稅局與美國財政部的官員以對抗美國政府想從它們身上再多徵收幾十億美金租稅的努力。

8. 柯林頓總統在 1994 年還是總統候選人時，曾經估計美國政府可以在四年內藉由破解外國公司對移轉價格的操縱並由此收回其對美國政府的租稅債務而收到四百五十億美金。

　　爭論的焦點是外國公司與其美國分公司間在公司內部交易使用的，也是一般所稱有問題的「移轉價格制訂」政策。政府宣稱外國公司藉由對其支付給外國子公司商品或勞務的價格灌水，使它們美國子公司的利潤有納稅太少的情形。這些發現加速了美國國稅局對外國公司查帳的速度。它們也迫使美國國稅局更嚴格的管理外國公司的申報與帳目編製。

## 22.3.1 1994 年最終規範的重要條文

　　美國國稅局在 1994 年 7 月 1 日發佈了冗長的移轉價格制訂最終規範。除了前面已經討論過的兩個新的移轉價格制訂方法，1994 年最終規範還包含了兩個重要條文：最佳方法法則與事先訂價協議。

　　**最佳方法法則**　在舊規定之下，有四個方法被允許，但受限於事先決定的官方次序。除非前一個方法被否決或是不適用，便不能使用下一個方法。第一個方法是相當非控制下價格法，如果第一個方法被拒絕的話接著是再出售價格法。如果前面兩個方法不適用，下一個方法是成本加成法。如果前面三種方法都不能在一特定案例中被合理的採用，其他的方法也許會被採用。然而，1994 最終規範放棄了這種嚴格的次序並採用了「最佳方法」法則。

最佳方法（best method）被定義爲能最精確的提供在回顧交易的事實
與狀況下的「公平交易」營運結果。這個改變是合理的，因爲它允許納稅人
採用可以最適配合目前手中狀況的方法。1994 年最終規範列出了一些幫助選
擇最佳方法的因素。它們包括：（1）用來決定方法的資料的精確性與完整
性；（2）在控制下與非控制下交易間的可比較性；（3）選擇方法時所需要
作的調整的數目、程度與精確度。如果如果下面的條件被都被做到了，最佳方
法法則便不該有爭議，這情形包括：誠實的選擇方法、此法被正確的歸檔以及
此法產生合理的結果。

最佳方法法則允許納稅人利用任何可行的方法來決定公平交易營運結果，
而不用先證明其他方法的不可行。然而，它的確留給國稅局質疑選用方法與採
用另一個方法的空間。因此，這個法則非但沒有修除關於移轉價格制訂的爭
論，反而產生了新的衝突。雖然此法對移轉價格制訂的分析而言是有彈性的，
最佳方法法則的採用可能導致許多問題（恩斯特與楊格，1994；利德慢與賀
許，1993）。首先，重新考慮一次所有可行的方法對跨國的納稅人而言不但
費時且費力。這種過程可能在程序上需要經濟與稅務的專家參與之，而因此增
加了遵守規定的成本。第二，最佳方法法則增加了在國稅局稽核作業中產生衝
突的潛在可能性。第三，美國的法則並不一定會被他國遵守。

**事先訂價協議**　1991 年 3 月 1 日發行的 Rev.Proc.91-22 允許納稅人
與政府簽訂影響範圍達美國公司與其外國分公司的事先訂價協議。自此之後，
超過一百家美國跨國企業已經與美國國稅局簽訂了事先訂價協議，現在則有數
百家甚至上千家的公司是事先訂價協議的潛在候選人。這個訂價過程僅適用國
際間公司內的交易。這種協議包含三個步驟：納稅人向國稅局提出有關訂價的
提議；國稅局會加以考慮後接受其訂價提議或建議其修正；之後此團體會執行
此訂價協議。

事先訂價協議已經成功的幫助納稅者、國稅局與其他的利益團體避免了許
多因爲美國國稅局在第四百八十二節提出的調整而產生的耗時與耗費的爭論。
這種型態的訂價協議有許多好處。（恩斯特與楊格，1994；價格 Water-
house，1993）。首先，事先訂價協議使納稅者取得關於以美國的租稅前提會

如何處理它的移轉價格制訂活動確定性。第二，因爲因爲納稅者與國稅局事先爲了事先訂價協議的緣故已經在何爲相關資訊上取得共識，事先定價協議可以減少納稅人保持記錄的負擔。第三，事先訂價協議的過程創造了一個環境，這使得納稅者、國稅局、與其他利益團體可以合作，決定何種移轉價格制訂方法應該適用於其移轉價格制訂活動。第四，避免了稽查的成本與可能的法律過程。第五，私下協商的結果可以避免法律過程公開的負面結果。

然而，事先訂價協議也有其缺點。首先，國稅局斷言沒有任何保密性上的問題，但是納稅人應該衡量在簽約國內容揭露的風險。第二，納稅人必須自願經由提供詳細的產業與納稅特定資料將它自己暴露在國稅局的檢查下。 第三，事先訂價協議並沒有保護納稅人，使其免於國稅局持續關於此個體移轉價格制訂活動的詳細檢查。

## 總結

許多國際間交易，包括商品的銷售、服務的提供、專利權與專門技術的認證與貸款的提供等，都會在集團內部發生。這種移轉的價格爲必定源於市場力量的自由運作。這些價格可能與無關聯團體會協議的差距很大。第四百八十二節的最終規範應該給予跨國企業在本國企業單位與外國單位交易的會計過程有更多的彈性。這些影響本國與外國公司的最終規範目的在於澄清如何在公司內部移轉資產的訂價中多種方法的使用。最終規範取代了自從 1968 年以來書面建立的守則，這守則已經不再具備因應與日遽增的全球商業世界的能力。這些規範的完全衝擊在幾年內將不會完全爲人所知。仍然確定的是，美國國稅局持續對公司內部訂價的關切可能是美國政府與非美國跨國企業在二十一世紀會面臨的主要議題。

# 問題

1. 解釋母公司與其外國分公司有哪些可能的利益衝突。
2. 列出一些移轉價格制訂的關鍵目標。
3. 跨國公司可能同時使所得稅與進口稅最小化嗎?
4. 跨國企業如何利用移轉價格去避免它們分公司面臨的財務問題。
5. 為何許多國家的稅捐當局要求跨國公司使用公平價格來作為移轉價格制訂的政策。
6. 描述一些對跨國公司而言市場基礎的移轉價格比成本基礎的移轉價格佳的情形。
7. 為何美國租稅法規第四百八十二節會影響影響價格之制訂。
8. 為何成本加成法在實務中最常被使用。
9. 1994 年最終移轉價格制訂規範的三項重要條文。

# 習題

1. 歐廣公司有兩家境外分公司:A 在低稅率國家(稅率 30%),而 B 在高稅率國家(稅率 50%)。A 分公司製造半完成品並將它們賣給 B 分公司並在此完成製造。下面是這兩家分公司格式化的損益表。假設這家公司將其移轉價格從三千美元增加到三千六百美元。決定此較高的移轉價格對公司合併淨利的所得稅效果。

兩家分公司的格式化損益表

|  | 低稅率 A | 高稅率 B | 加總 A＋B |
|---|---|---|---|
| **低移轉價格** |  |  |  |
| 銷售價 | $3,000 | $4,400 | $4,400 |
| 銷貨成本 | 2,000 | 3,000 | 2,000 |
| 進口稅(10%) | - | 300 | 300 |
| 銷貨毛利 | $1,000 | $1,100 | $2,100 |
| 營業費用 | 200 | 200 | 400 |
| 稅前盈餘 | $800 | $900 | $1,700 |
| 所得稅(30%或 50%) | 240 | 450 | 690 |
| 稅後淨利 | $560 | $450 | $1,010 |

2. 歐廣公司有兩家境外分公司：A 在低稅率國家（稅率 30%）而 B 在高稅率國家（稅率 50%）。A 分公司製造半完成品並將它們賣給 B 分公司並在此完成製造。分公司 B 必需支付進口物品價值的 10% 為進口稅。下面是這兩家分公司格式化的損益表。假設這家公司將其移轉價格從三千美元增加到三千六百美元。決定此較高的移轉價格對公司合併淨利的所得稅與關稅效果。

兩家分公司的格式化損益表

|  | 低稅率 A | 高稅率 B | 加總 A＋B |
|---|---|---|---|
| **低移轉價格** | | | |
| 銷售價 | $3,000 | $4,400 | $4,400 |
| 銷貨成本 | 2,000 | 3,000 | 2,000 |
| 銷貨毛利 | $1,000 | $1,400 | $2,400 |
| 營業費用 | 200 | 200 | 400 |
| 稅前盈餘 | $800 | $1,200 | $2,000 |
| 所得稅(30%或50%) | 240 | 600 | 840 |
| 稅後淨利 | $560 | $600 | $1,160 |

3. 假設 IBM 的加拿大分公司每月以每部兩千七百美元出售一千五百台個人電腦給德國分公司。加拿大稅率為 45%，而德國的稅率是 50%。移轉價格可以被訂在兩千五百美金與三千美金之間。

   a. IBM 的稅在何種移轉價格下會最少。解釋之。

   b. 如果德國政府對進口的個人電腦課徵 15% 的進口稅，IBM 的稅在何種移轉價格下會最少。解釋之。

4. 假設福特汽車每月以每輛兩萬七千美元出售一百輛卡車給其墨西哥分公司。福特汽車的移轉價格可以訂在兩萬五千美元與三萬美元之間。

   a. 在何種移轉價格之下福特能從墨西哥移出最多的資金。解釋之。

   b. 在何種價格之下福特最能對其分公司的財務狀況灌水。解釋之。

# 參考書目

Abdallah, W. M., *International Transfer Pricing Policies: Decision Making Guidelines for Multinational Companies*, New York: Quorum Books, 1989.

Arpan, J. S. and L. H. Radebaugh, *International Accounting and Multinational Enterprise*, New York: Wiley, 1985.

Benke, R. L. and J. D. Edwards, *Transfer Pricing: Techniques and Uses*, New York: National Association of Accountants, 1980.

Burns, J. O., "How the IRS Applies the Intercompany Pricing Rules of Section 482: A Corporate Survey," *Journal of Taxation*, May 1980, pp. 308–14.

Burns, J. O. and R. S. Ross, "Establishing International Transfer Pricing Standards for Tax Audits of Multinational Enterprises," *Journal of International Business Studies*, Fall 1980, pp. 23–39.

Engle, H. S., "Transfer Pricing: The New Section 482 Temporary and Proposed Regulations," *Journal of Corporate Taxation*, Autumn 1993, pp. 223–36.

Ernst & Young, *International Transfer Pricing 1994*, New York: Economist Intelligence Unit, 1994.

Feinschreiber, R., "Advance Pricing Agreements: Advantages or Not?" *CPA Journal*, June 1992, pp. 58–62.

Kim, S. H. and S. W. Miller, "Constituents of the International Transfer Pricing Decision," *Columbia Journal of World Business*, Spring 1979, pp. 69–77.

Kim, S. H., G. Swinnerton, and G. Ulferts, "1994 Transfer Pricing Regulations of the United States," *Multinational Business Review*, Spring 1997, pp. 17–25.

Lederman, A. S. and B. Hirsh, "Temporary Transfer Pricing Regs. Adopted Best Method Rule," *Taxes*, March 1993, pp. 131–40.

Mueller, G. G., H. Gernon, and G. Meek, *Accounting: An International Perspective*, Homewood, Ill.: Irwin, 1991.

Price Waterhouse, *Transfer Pricing*, New York: Fordham University, 1993.

# 第六部分
# 國際財務管理個案

# 個案一

北美自由貿易協定

（貿易區塊）

以美金、馬克、日圓來區分的三個貿易區塊正快速形成。分析家指出，以美金為單位的自由貿易區架構促使南美洲、北美洲逐漸統合成一區域貿易體，因此不少人認為北美自由貿易協定是達成一個美洲的第一步。

　　在1990年的時候，美國總統布希宣佈試著成立一個自由貿易區，將所有的美洲國家都納入此一體系中，而這也是他貿易政策的終極目標。支持者評論說，自由貿易區將促使美國的資本與技術輸出到拉丁美洲國家，進而徹底重建它們的經濟，同時也給予美國企業在當地從事商業活動的機會，另外自由貿易也將逐漸改善拉丁美洲數百萬人的貧困狀況。

　　因為認知到合作的好處，人們在數百年前已開始經濟合作。近年來發生的事件可歸納成兩部分。第一，國家間的合作，企圖使會員國家形成單一經濟同盟；第二，歷史上成功的貿易區塊都是由有相同水準的資本、同一地理範圍、相近的貿易系統與政治承諾所組成，但仍必須靠聯合的政治力量來克服種種相左的狀況。國家間經濟整合的形式共可分為五種：自由貿易協定、關稅同盟、共同市場、經濟同盟、政治同盟。

　　**三極的經濟系統**　　主要根基於經濟合作基礎下的區域組織成為世界貿易最常被討論的話題。各國領袖試著以區域利益的觀點來抑制國家利益，區域組織也幾乎被認為是不可避免的趨勢。近年來的協定中，組織成員多受地理位置所影響。經濟學家宣稱，從 1990 年代後，世界經濟會更加朝向三極化發展，他們警告這種三極化的現象將導致歐洲、北美、亞洲三個區域間的貿易量減少，因而增加個別區塊和地區內的貿易量，同時在區域與區域間大部分的議題都以雙邊會談來決定，最後世界必須找出一條路來整合雙邊會談的結果。

　　六個歐洲國家－比利時、法國、西德、義大利、盧森堡與荷蘭六國，於1957年三月簽署羅馬條約，成立了歐洲經濟共同體，並去除會員國間的貿易障礙。此後丹麥、希臘、愛爾蘭、葡萄牙、西班牙與英國相繼加入。這 12 個會員國在1987年歐洲單一法案的基礎下於1993年1月成立單一市場，即歐聯。1993 年 12 月歐聯簽訂成立歐洲經濟區域（EEA）的條約，而這個條約在 1994年1月1日生效，並立法使奧地利、瑞典、芬蘭也加入。歐洲經濟區域期望在1990年代以前擁有一個單一的中央銀行，並且使用單一貨幣；自此之後，原有的 15 個中央銀行將轉變成區域銀行，就像是美國聯邦準備系統中的 12 個聯邦準備銀行一樣。我們猜想這 15 個國家將因歐聯成立的利益，走在世界經濟的最前線。雖然他們在政治上仍是獨立的國家，但它們將在 20 世紀末前成立一個單一的經濟體。雖然一個世界性、完全整合的經濟體並不存在，但是這樣的經濟整合將產生自由的企業體系。

　　形成北美自由貿易協定的第一步是美加自由貿易協定（UCFTA）。它在 1989 年 1 月生效，美國與加拿大互為對方最重要的貿易伙伴。美加自由貿易協定成為世界最大的貿易關係，1990 年代間，美加自由貿易協定逐漸撤除關稅、投資法案自由化，並給予兩國企業界同等的國家待遇。1994 年 1 月 1 日，加拿大、墨西哥與美國成立北美自由貿易協定（NAFTA）。北美自由貿易協定成為世界上最大的貿易區塊，擁有 3 億 6 千 5 百萬的人口與 70 兆的購買力。在 1994 年 12 月的時後，西半球 34 國領袖誓言在 2005 年成立世界最大的自由貿易區，稱為美洲自由貿易區，這個計畫中的貿易區塊包括 8 億 5 千萬的人口與 130 兆的購買力。

　　日本與其它亞洲國家猛烈地抨擊區域貿易區塊是一種貿易的保護主義，他們承認貿易區塊不合宜，但卻是新興的趨勢。亞洲的發展與歐洲和北美有很大的差別，政治是推動北美與歐洲整合的最大因素，而市場力量則是推動亞洲政治家從事整合的力量。雖然日本在這區域有支配性的力量，可以成為推動經濟合作的領袖，但不管是日本自己或是其他亞洲國家都不希望這種狀況發生。如果亞洲國家持續以單一國家在世界市場中競爭，它們將可能喪失競爭力。因此亞洲領導人認為非正式的經濟區塊在亞洲是個既知的結果，日本政府試著畫出區域經濟合作的輪廓，其他亞洲國家則企圖以日圓為主軸與日本合作創造非正式的經濟區塊。

　　**北美自由貿易協定的組成**　加拿大、墨西哥與美國的領導人在北美自由貿易協定成立過程中克服了許多障礙，如墨西哥在 1990 年說服美國設立兩國貿易協定，而早已與美國簽署自由貿易協定的加拿大稍後也加入協商，這三國在 1992 年 8 月 12 日同意先前的自由貿易協定將於 1994 年 1 月 1 日生效。

　　在未來的 15 年內，北美自由貿易協定要求三個會員國去除彼此間所有的關稅,但它們對其他非會員國仍容許有各自關稅稅率,協定中關鍵的條款包含下列七點:第一,半數美國出口到墨西哥的關稅要立即取消,剩下來的則要在 15 年內取消;第二,墨西哥的汽車關稅要立即減少到 10%,且須在 10 年內取消;第三,汽車與卡車必須在北美有 62.5% 的自製率才能取得免稅資格;第四,墨西哥對能源與石油製品的貿易與投資限制必須解除;墨西哥必須准許美加兩國公司銷售貨物給 Pemex (國營獨佔的石油公司) 與墨西哥國家電子委員會;第五,美國與加拿大的金融機構允許在墨西哥境內設立子公司,同時對於服務業的限制要在 2000 年前取消;第六,墨西哥政府自從 1995 年起,允許美國與加拿大的貨運公司運送國際貨櫃通過墨西哥邊界,而在 1999 年必須讓美國與加拿大的貨運公司運送國際貨櫃通過墨西哥;最後,墨西哥必須提昇其製藥專利及保護智慧財產權法律包括電影、電腦軟體、錄音帶提昇至國際標準。

北美自由貿易協定試圖擴大控制北美經濟成長與通貨膨脹的可能性,而歐洲與日本則是另外兩個考量焦點。第一,北美新興大陸市場所生產的貨品與勞務是歐、日產品可畏的競爭對手;第二,歐洲與日本相信北美自由貿易協定將使北美在未來與日本和歐洲的貿易談判中佔有優勢。

此外,美國的一些利益團體非常關注北美自由貿易協定對它們福利上的影響,例如工會與工會支持者相信貿易協定會傷害美國勞工,因為大部分的美國製造商會將部分工廠遷移到墨西哥;第二,環保人士認爲環境將蒙受損害,因爲自由貿易將導致企業將轉移至墨西哥而使其成爲污染的蔽護所,用盡當地的資源;第三,企業家認爲北美自由貿易協定可能造成"木馬屠城計"的效應,也就是說外國企業會把墨西哥當成組裝或是配送基地,然後外銷給美國以取得免關稅的優惠。

最後,亞洲國家有很好的理由擔憂北美自由貿易協定的成立,因爲亞洲的經濟成長有大部分是因其可以輕易的出口到北美市場。在許多的亞洲市場中,這個比例可以超過年度出口的25%。亞洲並沒有泛亞洲的貿易區,同時也不期望有一個對等的勢力來抗衡北美自由貿易協定或歐聯。

**一個美洲的成形**　有很多人期望北美自由貿易區能快速擴張,甚至包

括智利及其他南美洲國家。停滯性通貨膨脹、通貨膨脹與負債問題使得
1980 年代的拉丁美洲拋棄舊有的經濟模型，然後視自由貿易與企業自由化
爲解決的方案。大部分拉丁美洲國家企圖達到四個標準，以便能符合成立一
個美洲的首要條件。這四個標準分別是民主政府、總體經濟的穩定、市場導
向政策與減免關稅，而大部分的拉丁美洲國家已完成這些標準。

布希政權希望以（the Enterprise for the Americas Initiative）
成立西半球自由貿易區作爲其主要的貿易政策目標。這個提議在近年來已逐漸
成型，拉丁美洲國家受到區域經濟整合趨勢的影響，幾乎所有的拉丁美洲國家
都至少加入一個區域組織，分別爲安地斯協定、加勒比共同市場、中美洲共同
市場、南錐共同市場。

安地斯的國家共有五國，包括玻利維亞、哥倫比亞、厄瓜多爾、祕魯、委
內瑞拉，這五個國家在 1969 年簽署安地斯協定。加勒比共同市場則包括巴拿
馬與其他加勒比海國家；中美洲共同市場包含哥斯大黎加、薩爾瓦多、瓜地馬
拉、宏都拉斯、尼加拉瓜。而巴西、阿根廷、烏拉圭、巴拉圭，在 1994 年底
成立關稅同盟，叫做南錐共同體。南錐共同體在 1996 年與智利和玻利維亞簽
署自由貿易協定。同時，智利在與墨西哥於 1991 年簽訂自由貿易協定後也希
望與美國簽訂相同的協定。墨西哥與委內瑞拉正致力和中美共同市場簽署自由
貿易協定。

1997 年 6 月，柯林頓總統宣佈他的政策是要求國會通過擴大北美自由貿
易協定的法案。貿易專家認爲在協商貿易協定時國會授權是必要的，在快速追
蹤（fast-track）法案下，國會可以批准或否決貿易協定，但不能修改它。
快速追蹤法案的存在是有其必要的，因爲是沒有一個國家會簽署一個國會可以
隨時修改的條約。

# 問題

1. 仔細討論五個經濟合作:自由貿易協定、關稅同盟、共同市場、經濟同盟、政治同盟的細節。

2. 經濟整合的原因是什麼?列出對北美自由貿易協定三個會員國的利益。

3. 列出並討論與北美自由貿易協定有關的利益團體。

4. 描述亞洲對北美自由貿易協定可能有的因應措施。

5. 美國企業家可能採取什麼樣的策略來經營三個市場?那些因素會影響到美國、墨西哥與加拿大的選擇。

6. 美加自由貿易協定的主要內涵是什麼?

7. 在美加於 1965 年簽訂的自動條約 (auto pact) 是什麼?

# 個案二

## 凱特比勒拖拉機公司

## （美金匯率波動下的競爭態勢）

1982 年晚期，商業觀察家察覺一個美國的優良企業將要隕歿，負面的情緒漫布在位於依利諾州的凱特比勒拖拉機公司（Caterpillar Tractor Co., Cat）總部，因為 Cat 的獲利 50 年來首度呈現負值，公司在未來的 11 季中仍繼續處於虧損狀態。直到 1984 年之前，過去的半個多世紀，Cat 只在 1932 年的經濟大蕭條中虧損過。

Cat 是世界上最大的推土機（EME）製造商。美金匯率的波動與日本小松電機（Komatsu）的競爭是 Cat 遭遇最主要的兩個問題。1990 年 4 月，Cat 的經營者對於在 1988 年 12 月到 1990 年 3 月間，美元對日圓的匯率升值了 30%感到失望，因為不同的匯率使得它的對手小松能夠減少比現代化方案所能節省的 20 億美金的成本還要多，因此 Cat 的經營者試著想出一個策略，以因應自 1981 年以來第二次美元走強的狀況。

**公司概況** Cat 是主要從事建築工地用大型機器與引擎的設計、生產、行銷的多國籍公司，另外財務金融商品則是 Cat 第三個事業部，業務由兩家子公司：凱特比勒金融服務公司（CFSC）與凱特比勒保險公司（CICL）所掌有。CFSC 提供顧客多元化的服務，來取得 Cat 與其他非競爭者的相關產品；CICL 則提供 Cat＇s 各個經銷商、供應商與最終使用者多樣化的保險。

Cat 早期能在全球擁有獨佔的地位因為其有好的運氣、精明的判斷與政治因素，但是 Cat 早期所累積的財富在 1980 年代早期因大肆擴張、國外競爭、勞資關係與美元波動中大量消耗。1980 中晚期美國自動機器工會（United Auto Worker，UAW）與 Cat 聯合解決國外競爭與美元波動的問題。工會同意放棄原有的地位並放寬工作條件，而公司則採納工會的意見。這些動作都是為了要改善公司的生產力與企業競爭力，但是過去數年，彼此間的合作仍處於混亂的狀態

1991 年 10 月，UAW 希望和 Cat 簽訂一份三年的契約，而這份契約與 Cat 的競爭者約翰地爾公司（John Deere & Co）相同，但是 Cat 總是稱其自己為「國際級的競爭者」，其主要的對手是日本的小松電機，而非約翰地爾，因此 Cat 拒絕接受與工會的協定，並承受關掉部分工廠的命運。Cat 因反對罷工而升高與勞工間的爭執，而後在五個月產能完全停擺的狀況下，Cat 打出了

它的王牌：員工可以選擇在原本提供的工作條件下返回崗位工作，或者是永遠失去工作。許多渴望在Cat工作的人不斷湧入與原來員工陸續返回工作崗位，因此 UAW 在 1992 年四月結束罷工。但在隨後的兩年內，工會因為不公平的條件，陸續發動了兩次非正式的罷工。1995 年 11 月時 Cat 的提議遭大多數 UAW 會員否決，再度引發大規模的罷工。在 1995 年 12 月 3 日， UAW 要求 8000 名Cat的員工返回工作崗位，但長達17個月的罷工使得Cat的成本大為增加。

　　**競爭**　在 EME 產業中有 8 個主要的競爭者。分別是 Cat 、J.I Case 、約翰地爾、 克拉科設備（Clark Equipment）、義大利的飛雅特 - 愛立司（Fiat-Alis）、國際哈司特（International Harvester ）、IBH Holding 與日本的小松電機。這 8 家公司佔了世界總銷售額的 90%，而近年來的競爭態勢從美國前五大間的競爭轉為與非美籍企業的競爭。

　　在 1993 年 7 月與華爾街日報的訪問中，Cat 的集團總裁說「我們公司的策略是以美國為基礎成為世界級的競爭者」 。Cat 依賴大量的美國貿易資源來出口貨品到全球各地，但Cat的總裁多次抱怨美國總讓它們的企業在困境下與別國競爭，因為它主要的競爭者來自於國外，這些困境包含工資與福利差異、貿易保護、多邊貿易架構、政府出口融資、美國出口政策與美元的波動等。

　　Cat 原先並不在意小松電機，但在 1980 年代早期後，Cat 在傳統市場的佔有率開始下滑，尤其是在北美洲。小松為了要成為Cat的主要競爭者，特別在產品改良、成本控制與其他行動下功夫，而在這段期間，Cat 於 1982-3 、1991-2、 1994-5 卻一連發生三次罷工事件，甚至 1980 年代早期、1989 與 1995-6 年美元升值的狀況，更使得 Cat 的競爭力仍停滯不前。

　　1971 年，小松電機首次以牽引機與裝貨機打入長期被 Cat 所獨佔的美國市場。1986 年早期，小松電機於田納西州的 Chattanoona 以 2 千 1 百萬美金開設組裝廠來擴大生產線。1988 年 1 月 Dresser Industries 與小松電機成立策略聯盟— Komatsu Dresser Co 。這兩個公司聯合起來不是為了要取得新科技或是對抗匯率，而是為了一起打擊 Cat ，正是所謂「敵人的敵人便是我的朋友」。Komatsu Dresser Co其他策略聯盟最大的不同在於專業分工，由日本來負責生產與提供大部分的產品科技，美國則負責廠房與行銷部分。

　　**美元的匯率波動**　　自從1973年開始，布列敦梧茲協定釘住美元的固定匯率制度崩潰，匯率開始每日波動。從那時候開始，因為受到無法預期的事件影響國際貨幣，使得匯率變動更加劇烈也更難預測，而最重要的事件莫過於下列各項：1973 年晚期的石油危機、 1979 年第二次石油危機、 1979 年歐洲貨幣系統的出現、 1980 到 1985 年與 1988 年 12 月到 1990 年 3 月間美金非預期的強勢、 1990 年馬克斯主義的失敗、 1991 年 12 月蘇聯解體、 1990 年中到 1995 年中美元持續性的貶值、 1995 年中到 1997 年初美元的升值、 1992 年 9 月的歐元危機、 1993 年歐洲單一市場的成立、 1994 年 12 月到1995 年初的墨西哥危機與 1997 年的亞洲金融風暴。

　　圖 4.4 顯示 1971 年到 1997 年美金的有效匯率。所謂美元的有效匯率是以貿易量為權數來計算美元相對於其他主要貿易國家的貨幣價值。 1971 和1973 年美元兩次的低估，使得美元匯率低於1971 年以前的水準。如圖 4.1 所示，在 1973 年與 1979 年末時有效匯率達到低點。造成美金於 1970 年代弱勢的原因有很多，例如在1960 年代末期美元的高估與強盛的美國經濟、1973年的石油危機、 1970 年代開發中國家外債的劇烈增加、美國貿易經常帳的赤字與 1979 年的石油危機。

　　1980 年美元的狀況有180 度的轉變。在 1980 到 1985 年間，美元無預期的維持強勢，這是因為幾個因素，如緊縮貨幣政策所造成的高利率、預算赤字、國際收支帳上經常科目的改善、低通貨膨脹、在世界的危機當中美國是最好的天堂、美國股票市場維持榮景以及跨國企業對美金的需求…等

　　1985 年秋天，美元開始衰弱。 1985 年 9 月五國（法國、日本、西德、英國與美國）的財經首長與央行官員在紐約的廣場（Plaza）飯店碰面，並發表廣場非正式協定。它們同意讓美元對其他主要貨幣貶值，並誓言干預外匯市場來達成此一目標。因為在 1995 年春，美元開始呈現弱勢的狀態，這個協定加速了美元的貶值。除了 1989 年以外，雖然美元走勢仍持續上下波動，但大體上是維持貶值的趨勢。如圖 4.4 所示， 1972 年到 1997 年，美日匯率與美元有效匯率出現同步的走勢。

**Cat 所遭遇的問題** Cat 從美國大量出口零組件與產品來服務全球的市場，和所有的美國大型企業比較，只有波音公司的外銷比例比 Cat 更高，Cat 的外銷佔其總銷售量大約 60%，而 80% 的外銷都是從美國出口，這表示半數在美國所製造的產品都是用來外銷的，Cat 有 2/3 的員工在美國境內的工廠工作，而 80% 的資產都在美國內，我們可以說 Cat 是典型的依靠外銷生存，結果美元的強勢使 Cat 更難在世界市場上競爭。

1980 年開始的匯率波動使得美國的出口商的報價較貴，也使得進口到美國變得更有利。在 1985 年初，美元相對於其他主要 10 個工業國家升值了 87%，美元的升值使得 Cat 的主要競爭者——小松電機獲得很大的優勢。因為美元的強勢，小松電機可以提出極為優惠的價格來奪取 EME 的市場；再來，小松在美國的市場佔有率上升使得 Cat 利潤的減少。另外，石油價格的崩跌防礙了 Cat 在第三世界的國家的銷售。

為了要解決這些問題，Cat 採用四項策略。首先是遊說官員讓美元貶值。Cat 在 1985 年的年報中指出，美元貶值可以使得美國出口商增加競爭力，去除大量的貿易赤字並降低國會偏好的貿易保護主義。Cat 第二個策略是關廠與遣散員工來降低成本。第三個是（1）將工廠遷移到海外以取得低廉的勞工成本與匯率的優勢；（2）向外尋求零組件的供應商來降低直接成本與減少整體的投資。最後一個策略則是在 1990 年從事企業組織再造，以確保各部門能適切的服務不同的顧客。Cat 將其原有集權式與功能導向的組織改成分權與地區導向。

1985 年 3 月美元匯率開始反轉，美元在往後的三年內貶值了 43%，達到 8 年前的水準，因此小松電機在 1980 年代末期所享受的成本與價格優勢消失了，但是 1988 年 12 月到 1990 年 3 月美元又再度升值。美元在 1990 年代晚期持續性的上下波動，這種匯率不穩定的狀況仍帶給 Cat 帶來不利的狀況。

# 問 題

1. 影響 1973 年美元價值評價的因素爲何？

2. 會影響美元波動的關鍵因素爲何？

3. 衡量 Cat 因應美元升值所訂定策略的優缺點。

4. 討論美元弱勢時對應策略所隱含的意涵。

5. 在設備製造工業中主要的改變爲何？

6. 如果你是 Cat 該如何制定策略以抵抗產業趨勢的改變？

7. 爲何 UAW 長期罷工無法減少 Cat 的產出？

# 個案三

夏普機器工具公司

（交易風險管理）

1994年4月19日早上4點鐘，夏普機器工具公司（Sharp Machine Tools Inc.）的總財務長－威廉喬治（William George）－預定與東方銀行國際部門（East Bank's International Division）的總經理－喬治亞拜爾（Gregory Byrne）－討論公司海外銷售合約的外匯風險。4月19日稍早，夏普獲知他已經得到以£417400爲英國大汽車製造商建造10具精密機器的合約，這一個合約是夏普30年來的第一宗海外銷售，同時也是夏普在拓展海外顧客的決定性事件。合約內容規定，夏普首先將收到電匯£42400，並在到期日90天內交送儀器，之後夏普會在1994年7月18日收到應收帳款剩下的£375000。

　　**公司歷史**　夏普機器工具是一家中型的精密機器製造商，由總裁也是唯一所有者－威廉夏普（William Sharp）－於1967年成立。機器由公司的系統發展部門（System Development Department）負責設計，以符合每一個顧客的特殊需求。夏普爲各種不同行業的顧客製造機器，例如汽車製造商、鋼鐵公司及合成纖維製造商。但從1976年開始，爲了擴大規模，公司開始專注與美國鋼鐵公司的合作，銷售額由1977年的＄314000增加至1989年的＄1000萬，但是隨著鋼鐵業的每況愈下及機器工具公司的價格競爭，夏普遭遇收入及利潤的劇減。

　　1950年，美國的鋼鐵原料生產佔全球的50％，但是在1976年下降至20％，接著到1992年甚至下降至大約10％，而美國鋼鐵業的工作機會也從1979年的453000變成1992年的180000。然而，鋼鐵業在最近幾年劇烈地變動：成本下降、製造工人大量減少、企業盛行連續製造、日本公司科技及管理的連結、小型製造商興盛。這些改變加上美元疲軟、一般的經濟反彈，以及政府的協助，使得企業從一連串的虧損中逐漸改善。

　　1993年，夏普公司在3年來首次出現盈餘，而管理階層也相當有信心地認爲情況正逐漸好轉，他們相信未來最好前景在對歐洲鋼鐵及汽車的銷售。1993年春天，夏普展開海外行銷，但是在1994年合約確定前仍未見成效，而這新的合約本身不但相當大型，且具有未來發展的潛力，因爲夏普的英國顧客均是在許多國家擁有製造廠的大型國際企業公司。

表C3.1　夏普的銷售及收入簡表

|  | 銷售（＄000） | 收入（＄000） |
|---|---|---|
| 1981 | 314 | 28 |
| 1982 | 397 | 34 |
| 1983 | 521 | 43 |
| 1984 | 918 | 86 |
| 1985 | 2,127 | 179 |
| 1986 | 3,858 | 406 |
| 1987 | 5,726 | 587 |
| 1988 | 7,143 | 702 |
| 1989 | 9,068 | 857 |
| 1990 | 8,646 | 309 |
| 1991 | 5,471 | −108 |
| 1992 | 5,986 | −16 |
| 1993 | 6,427 | 82 |

　　**外匯風險及避險**　1994年4月19日，夏普的出價已被接受，同時英鎊的價格為＄1.4782。但是英鎊價格在過去幾年不斷地下跌，威廉喬治擔心在未來的90天內，英鎊價格仍會下降，這也是他和在銀行的喬治亞拜爾討論的原因。他希望可以找出可供夏普減低由英鎊應收帳款引起的外匯風險的方法。

　　拜爾告訴喬治有兩個方法可供選擇：不避險（接受風險）及避險（趨避風險）。第一個，喬治不用作任何事，任由英鎊漲跌，即在貶值時承受損失，升值時獲得利潤。1994年4月19日，倫敦的外匯分析員預測90天後的英鎊即期匯率大約在＄1.42至＄1.55之間。

　　拜爾解釋說，避險工具是可以減低或消除影響資產及負債的價值因匯率變動所造成的損失，他告知喬治，如果夏普決定規避此交易風險，可以從眾多工具中選擇：遠期市場、貨幣市場及選擇權市場。

　　夏普考慮10％為其平均資金成本，流動資本目前借貸的成本為8％。拜爾向喬治保證東方銀行將會協助完成夏普所做的任何決定。夏普擁有＄150萬的信貸，而拜爾指出，東方銀行可以毫無困難地經由在倫敦的銀行，幫夏普處理英鎊貸款,而他認為此貸款將會高於英國的主要利率1.5%。為了協助喬治做出決定,拜爾提供他在利率、即期和遠期匯率以及貨幣選擇權的相關資訊(見表C3.4及C3.5)。

喬治知道在準備這次的招標時,夏普允許僅有10%的毛利率,以便有更高的機會爭取到合約。合約於1994年3月1日擬定,計算方式是以美元計價,並且以1994年3月1日的即期匯率(見表C3.3)轉換成英鎊,因為英國公司規定以英鎊付款。

考慮了這份合約的成本,夏普決定所有的零組件及技術均由美國提供。而夏普希望可以經由此合約而在英國建立墊腳石,在夏普與當地供應商更為熟悉後,未來的合約部分直接成本將直接在當地取得。

表 C3.2　夏普 1993 年 12 月 31 日之資產負債表

**資產**

| | |
|---|---:|
| 現金與證券 | $147,286 |
| 應收帳款 | 859,747 |
| 存貨 | 1,113,533 |
| 　總流動性資產 | $2,120,566 |
| 財產、廠房&設備成本 | $4,214,906 |
| 減:累積折舊 | 1,316,702 |
| 　淨財產、廠房&設備 | $2,898,204 |
| 其他資產 | $225,000 |
| 　總資產 | $5,243,770 |

**負債及股東權益**

| | |
|---|---:|
| 應付帳款 | $467,291 |
| 應付銀行票據 | 326,400 |
| 　總流動性負債 | $793,691 |
| 長期負債 | 275,000 |
| 　總負債 | $1,068,691 |
| 普通股 | $1,126,705 |
| 資本公積 | 313,622 |
| 保留盈餘 | 2,734,752 |
| 　總股東權益 | $4,175,079 |
| 　總負債及股東權益 | $5,243,770 |

表C3.3 夏普競價表

| | |
|---|---:|
| 原料 | $302,791 |
| 直接人工 | 152,745 |
| 運費 | 24,314 |
| 直接費用* | 45,824 |
| 間接費用分攤 | 27,647 |
| 　總成本 | $553,321 |
| 利潤加價（成本的10%） | 55,332 |
| 　總價格 | $608,653 |

1994年3月1日的英鎊即期匯率：$1.4582/£
出價以英鎊計價：£417400（$608653/1.4582）

*直接人工的30%

表C3.4 利率及匯率比較（*1994年4月19日*）

| | 美國 | 英國 |
|---|---|---|
| 三個月貨幣利率 | 4.12% | 5.13% |
| 主要借出利率 | 6.75% | 6.25% |
| 三個月存款（大額） | 5.00% | 5.06% |
| 三個月歐元存款 | | 4.19% |
| 三個月英鎊存款 | 5.16% | |
| 91天期國庫券 | | 4.94% |
| 英鎊即期匯率 | $1.4782 | |
| 英鎊三個月遠期匯率 | $1.4747 | |
| 過去12月的最高及最低即期匯率 | $1.5840 | $1.4595 |

表C3.5　選擇權市場資訊( *1994年4月19日* )

---

費城交易所的 90 天賣權：

| | |
|---|---|
| 合約規模 | £ 31250 |
| 履約價 | $ 1.475 |
| 權利金 | $ 0.0256/£ |
| 手續費 | $ 40.00/£ |

芝加哥商品交易所的 90 天賣權：

| | |
|---|---|
| 合約規模 | £ 62500 |
| 履約價 | $ 1.475 |
| 權利金 | $ 0.0190/£ |
| 手續費 | $ 87.00/£ |

上櫃市場的 90 天賣權：

| | |
|---|---|
| 合約規模 | £ 375000 |
| 履約價 | $ 1.475 |
| 權利金 | 合約數量的 1.9% |
| 手續費 | $ 97.00/賣權合約 |

---

# 問題

1. 夏普可以不避險嗎？

2. 夏普的交易風險的避險工具有哪些？

3. 哪一個是最好的避險選擇？

# 個案四

香港股市導致全球股票市場的動盪不安（連結的全球資本市場）

在1997年十月二十七日，華爾街股票市場因稍早香港股票市場大跌百分之五點八而陷入了一片騷亂。香港股市下跌在世界上的已開發以及新興國家股票市場產生了滾雪球般的效應，大多數亞太地區的股市也發生了相同的情形，澳洲下跌百分之三點四，東京下跌百分之一點九，而南韓下跌了百分之三點三。

　　歐洲從倫敦到法蘭克福的股市依序地應聲下挫。倫敦下跌了百分之二點六，而德國、法國和義大利都下跌了百分之二點八。在較小的股市中，芬蘭下跌了百分之五點七，而西班牙下滑了百分之四點一。

　　當這個下滑的趨勢延伸到美國時變得更為驚人。微軟公司（Microsoft）的總裁比爾蓋茲從十月二十四日到十月二十七日之中損失了十八億元；華倫巴菲特在同一期間內損失了七億五千萬元。伴隨著美國股市百分之七點二的下跌，紐約證券交易所（New York Stock Exchange, Big Board）並在盤中停止交易兩次，而同時巴西下跌了百分之十五，阿根廷百分之十三點七，而墨西哥下跌了百分之十三點三。

　　在1997年十月十七日，亞洲股市經歷了一輪投機買賣的衝擊，以至於香港放棄盯住美元。香港股市從十月二十七日下跌百分之五點七以來已經損失了市值的百分之二十三。然而，直到十月二十七日為止，亞洲的金融風暴似乎籠罩著該區的大部份國家，而世界上其他的地方只稍稍感受到這個風暴的的熱力，並未受到波及。由於世界經濟在1990年代中區域化（regionalized）的趨勢，故這並不使人驚異。儘管如此，全球化、國際貿易、資本流動、以及橫跨國界的投資在主要區域內成長的比區域間來的更為迅速。

　　很清楚的是即使這個危機可能在1997年十二月三十一日午夜終止，世界上其他的地方也無法躲避亞洲動盪所帶來的後果。由七月份泰銖貶值開始產生的危機威脅了整個世界。在這個資本自由流動的年代，沒有市場可以毫髮無傷的躲過。

　　在這個年代你可以輕易的成為一個全球的投資者。你只需要將一些存款放到七百六十六個投資全球的共同基金之一即可。上百萬的美國人如此，因此在這類的基金共募集了三千五百億以上的資金。但是他們對海外投資的熱情可能會有一個並不想要得到的結果：這將觸發世界股票市場以及全球經濟的風暴。

資本流動─國際投資基金的移動─攸關世界經濟的發展。當投資者在國家間移動資金，促進了經濟的波動。亞洲危機代表著從 1980 年以來世界的第三階段。拉丁美洲經濟體在 1980 年代由於債務危機而停滯，而 1994 年墨西哥因資金外流，導致 1995 年嚴重的經濟衰退。亞洲泡沫經濟破裂之後將會變得多糟，而且這樣將對世界上其他國家造成多大的衝擊。這個問題並沒有人知道，但是相信餘波將會大得令人吃驚。

在 1990 年代，貧困的國家流入了大量的外國私人投資。根據世界銀行的報導，在 1990 年資本流入四百四十億元。在 1996 年這數字提高到兩千四百四十億元。在這七年期間，資金流入總額達到九千三百八十億元。在這之中，大約一半是直接投資，五分之一進入當地股票市場；而剩餘中的大部份都是以銀行貸款或債券的形式流入。

在 10 月 27 日，道瓊工業指數（Dow Jones Industrial Average, Dow Average）下跌了 554.26 變成 7161.15，下跌了百分之七點一八，成為有史以來的最大點數跌幅，但在其下跌百分比中名列十二。當天美國股市的狂瀉，使得美國市場依據法規進行的第一次和第二次的關閉。該法規在 1987 年股票崩盤下跌了 508 點，下跌幅度達百分之二十二點六之後制訂。而 1997 年 10 月 27 日第一次關閉是在東岸標準時間下午兩點三十五分，而在三點零五分開啓，道瓊工業指數旋即迅速的下跌兩百點，促使了下午三點半的第二次關閉，並結束了當天的股票交易。

這種被稱為中斷交易（circuit breakers）的交易法規，要求每當一天之中道瓊工業指數下跌三百五十點時，交易暫停三十分鐘。而若下跌幅度增加到五百五十點十交易，則暫停一個小時。許多市場參與者對於證交當局在十月二十七日和十月二十八日對混亂交易的處理感到讚賞。但是同時也存在的對交易暫停的批評，因為在十月二十七日因市場下跌所引發的交易暫停，依照百分比來看，遠低於中斷交易的法規當初設計來避免的幅度。另外，過早關閉市場將剝奪投資者交易和評價股票的重要的時間。

1987 年以來股票市場的成長，使得依照百分比的基礎來計算當日股市的波動幅度變得較為不重要，10月27日證交當局在下跌百分之七點一八時關閉股票市場，只有大約 1987 年崩盤水準的三分之一。批評者指出，第二次暫停交易加速了股市的下跌，當時投資者紛紛爭取在有限的時間之內將股票脫手。大多數的分析師認為 350 和 550 點的限制應該放寬。在 1997 年 12 月 4 日，證交當局採取了新的暫停交易法規，即證交當局在下跌幅度達到 1998 年平均道瓊工業指數的百分之十和百分之二十執行新的暫停交易。

# 問 題

1. 國際資本移動導致泰國經濟的「波動」（booms and bust）。一個在開發中經濟體，如泰國，所發生的經濟危機如何傳播到全世界？

2. 討論1997年在亞洲發生的貨幣危機對美國經濟產生什麼潛在的影響。

3. 詳細敘述「舊的中斷交易」（the old circuit breakers）和「新的中斷交易」（new circuit breakers）。

4. 為了防止在一天之中大幅度的股價波動，世界上的許多股票交易市場採行每日股價限制（daily price limits）。何謂每日股價限制？他們是否達到他們本來的目的？每日股價限制和美國的中斷交易法則有什麼重大的不同？

# 個案五

世界電子公司

（國際財務功能）

世界電子公司（World Electric Corporation）是世界上電子公司的領導者之一。其營運活動從 Robert Guin 1960 年在英國南方（Southland）設立之後有很大的改變，產品多角化和區域性分散生產設施持續的成長。世界電子公司從小型的電晶體收音機到完整的迴轉加速設備，生產種類眾多的電子消費品以及工業用品，目前製造七千種以上不同的產品。雖然這家公司的總部位在英國的倫敦，他生產活動中大部份則在其他國家進行，其幾乎在世界上所有的國家中產銷以及服務。世界電子公司的總公司在四分之一世紀中擁有堅實的財務陣容，總公司控制幾乎所有國際資金的決策。在這高度集權的公司，在過去二十五年來在總資產、收益以及股價都能達到很高的成長率。

　　然而，榮景在 1985 年反轉。公司主要的問題在於面對一個不確定的未來，當主要的競爭對手宣佈創紀錄的收益以及主要的擴充計畫時，不利的趨勢因此展開。這個不利的情況一直持續到 1990 年早期，新任總裁 Thomas Hart，其擁有密西根大學財務方面的企管碩士學位，畢業後曾在紐約重要的國際銀行擁有五年的工作經驗，並曾加入西屋公司的財務幕僚，二十年中在公司的國際部門經歷了不同的職位。Hart 先生瞭解在幾年前當大部份大公司規模變得更大且更多角化時，將使他們的營運更加的分散。他直覺地認為國際電子公司差勁表現的主要原因是由於其不合時宜的國際財務組織結構。儘管經歷三十年穩定的成長和新產品與新市場的多角化，他不敢相信公司可以保持如此集權的財務組織這麼久。

　　在 Hart 先生接位之前，前位總裁因為不適當的國際資金管理而被解職。在他接任之後，決定細察前任總裁在 1992 年一月發表的一套「新營運準則」。這個計畫是用來改善計畫、預算以及控制，其中包含五個主要的條款：

1. 每個國外子公司銷售和收益的成長目標都將由總公司依據公司的策略計畫而設定。國外子公司則發展方案並達成目標。

2. 為了改善國外子公司預算的品質，國外子公司的經理當計畫的與實際上的預算有著持續性的大幅落差時，將會導致其去職。

3. 將設立一個系統，在其中資金將依照國外子公司過去四季的平均投資報酬（return on investment, ROI）來分配。由於資金短缺，有高投資報酬的國外子公司將獲得大部份可用的資金。

4. 每個國外子公司經理現在的報酬只有大約三分之二會當作薪水來發放。剩餘的部份將會依據子公司該季的平均投資報酬計算，以紅利的方式發放。

5. 每一個國外子公司必須提報總公司所有資本費用的需要、生產排程、以及價格的改變，並由總公司核准。

在研究公司的營運數週後，Hart先生提出三點結論：（1）資金的調度功能變得太複雜也太分散，以至於難以在總公司做有效的管理；（2）資金管理者被結稅的工作佔去了大部份的時間，而用太少的精力來降低資金的成本；（3）財務部門所使用的財務資料和講求表現的控制部門資料有極大的差異。以這些發現為基礎，他計畫了重大的組織改變：將總公司的國際部門打散為數個國外區域部門，每個區域部門和美國的產品部門平行，並在各區域創設新的資金管理者、控制者和稅務代理人階級。然而，他決定延遲對這個公司特殊組織結構的改變，直到資金管理者更詳細的描述一些重要的決策變數，如內部移轉價格與績效評估、外匯風險管理、資金的取得、資金的分配以及稅務的計畫。

# 問題

1. 你認爲在 Hart 先生之前的總裁所提出的新方案將會改善預算預測的精確性嗎？是否所有的國外子公司應保持相同程度的準確性？還有什麼方式可以設定預算？

2. 使用投資報酬作爲在國外子公司中分配資金的準則和獎勵國外子公司經理的準則有什麼問題？

3. 討論當涉及內部移轉價格與績效評估、外匯風險管理、資金的取得、資金的分配以及稅務的計畫時，集權和分權的差異爲何？

4. 你對於 Hart 先生這三點結論有什麼看法？

5. 迪吉多 （Digital Equipment Corporation） 在 1982 年採行重大的組織改革，並在 1984 年將財務功能分權。試對迪吉多的組織改革進行個案研究。

# 個案六

高等科技公司

（國際財務的道德）

高等科技公司( Advanced Technology, AT )的管理委員會─總裁Robert Smith、財務副總 Linda Humphrey、行銷副總 Sam Miller 以及生產副總 Susan Crum─排定在1996年9月1日共進午餐以討論公司的兩個重大問題：(1) 如何融資公司生產設備的快速增加；(2) 如何因應主要海外市場中加劇的競爭。此外，美國司法部要求高等科技公司針對與其國際銷售有關的賄賂、送禮、行賄基金以及賄賂款項等問題提出說明。這個調查起因於高等科技公司的海外競爭者長達 100 頁的不滿聲明，其競爭者宣稱高等科技公司違反1977 年的國外賄賂行為法案 （Foreign Corrupt Practices Act） 。

　　高等科技公司進來享有業務方面迅速的成長，其預期銷售數字在未來幾年內將會顯著的增加。然而，若它想要維持數年銷售的快速成長，它必須解決兩個主要的問題─產能以及海外營運的強勁競爭。

　　高等科技公司生產辦公室自動系統以及設備。除了引進新式的大型電腦外，公司積極地增加中型電腦和文字處理器的研究。由於這些產品處於一個高度成長的市場，因此公司在這些方案上投入大量的金額，這些花費原比其給公司的帶來的利潤還要高。事實上，公司的主要的問題是如何加速生產的速度以迎合它亞洲顧客的需求。公司的產能從 1980 年起已經逐漸的增加，但是它時常因為產能不足而失掉了銷售的機會。

　　產業界視高等科技公司為這個市場中快速成長的公司之一，高科技產業的專家預測未來十年在中型電腦和文字處理器上有潛在的大市場。因此，這個公司計畫在未來五年之中在研發方面大量投資。並計畫要藉由併購已經存在的電腦製造公司和建造新的生產設備以增加生產。

　　高等科技公司是一個總部位在加州洛杉磯的多國籍公司。這個公司在美國擁有五個製造基地，三個在海外，並在十三個國家設立辦公室。在 1995 年幾乎百分之四十的銷售來自於國外營運─主要來自於南美洲和亞洲。但公司最近在這些地方遭遇其競爭對手，如 IBM、迪吉多 （Digital Equipment） 以及奧利維第 （Olivetti） 的激烈競爭。

　　**財務上的利益衝突**　Thomas Nickerson是財務副總Linda Humphrey的特別助理。他是密蘇里州聖路易大學財務方面的企管碩士，在聖路易一家大型會計公司 Ernst & Young，工作兩年後，他加入了高等科技公司的會計部門，並在五年中經歷了數個會計與財務的職位。由於他傑出的財務和溝通才華，在兩年前被任命為 Humphrey 小姐的特別助理。 Thomas Nickerson 本身擁有一個大家庭以及一筆四十五萬元的貸款，由於他在公司前途看好，沈重的債務和大量的金錢需求對他而言並不構成問題。

Humphrey 小姐在 1991 年 8 月 1 日給 Thomas 一個特別的工作。她通知他將與其他的副總會面，並決定要購買電腦工程公司（Computer Engineering）以緩和公司的產能問題。她認為這個併購案對於高等科技公司而言十分的有利，但是她需要說服董事會的其他兩位成員。 Humphrey 要求 Thomas 對這間公司的併購案準備一個報告。併購的條件為高等科技公司將提供電腦工程公司自己兩百萬股的股票，這些股票每股市價 20 元。

一如往常Thomas接受這項任務，但是使他不安的是，電腦工程公司的財務報表顯現出其在同產業中並不具備競爭優勢。他得知Humphrey 小姐和其他副總正協助電腦工程公司的總裁設立他們的公司，因此他懷疑高等科技公司的副總們擁有大量的電腦工程公司未公開交易的股票。為了評估電腦工程公司的公平市價，他編纂了如表 C6.1 的簡表。高科技公司（High Tech）與電腦工程公司的相似性大於其他股票在公開市場中交易的電腦公司。

**國際企業的道德與利潤問題**　1977 年的國外賄賂行為法案（FCPA）鼓勵美國企業引進政策對抗國外賄賂與改善內部控制。 FCPA 禁止非法地支付

表C6.1　電腦工程公司與高科技公司的主要統計數字

| 變數 | 電腦工程公司 | 高科技公司 |
|---|---|---|
| 每股盈餘 | $1.00 | $2.00 |
| 在第一年的每股股利 | $0.75 | $1.00 |
| 每年股利成長率 | 0.04 | 0.09 |
| 每股股價 | ? | $20.00 |
| 每股帳面價值 | $8.00 | $10.00 |
| 權益成本 | ? | 0.14 |
| 發行股數 | 一百萬股 | 一百二十萬股 |

外國官員、監控會計過程並對違規者處以重罰。FCPA 強迫高等科技公司思考它們海外營運的形式。這個公司很快速的擴張它們海外的營運,在 1960 年代,僅有少於百分之二的銷售來自國外的營運,但是在 1970 年代末期,它的國外營運已經佔總銷售的百分之三十。

就如同其它的公司一般,高等科技公司採取正面的方法去防止非法賄賂外國官員並改善內部控制。在 1978 年,公司公佈第一個公司準則以及兩個地區準則:一個針對美國地區,另一個則針對國外地區。對海外員工的商業行為準則反映了 FCPA 的大部份規定,因此這個公司並無觸犯這個法律。

行銷副總 Miller 一直受到總裁 Smith 的強大壓力,要求其在未來的五年中公司國外銷售每年須增加百分之三十。Miller 先生認為在各國發展得入境隨俗。換句話說,他認為 FCPA 是不必要的且將因下列理由而撤銷。首先,FCPA 強迫美國公司增加稽核的費用。其次,司法部和證管會未能建立清楚的準則。第三,FCPA 使美國公司處於競爭的不利地位。第四,在許多國家中,國外的支付並不是違法的,而且是被鼓勵的。第五,因為美國的法律執行機構已經有許多法規去防止美國公司非法的國外支付。

Kevin Hart 是南美洲中高等科技公司的獨家配銷商,他有著可靠與有效率的聲譽。但是最近的稽核顯示他可能以賄賂海關官員的方式為高等科技公司的產品得到較低的關稅稅率。在這樣的行為下,他同時違反了 FCPA 與公司的行為準則。

高等科技公司已經要求 Kevin 簽署遵守公司的規範,但是他拒絕這樣做。他認為這些賄款的支付在這些國家之中是一種慣例。他堅持沒有賄款將無法有效率地完成交易。Kevin 已經代表高等科技公司許多年了,而且每年為公司創造出將近一千萬元的業務。他的獨家代理合約將在幾個月之內到期更新,高等科技公司建議拒絕更新合約直到他同意遵守這個準則。Miller 瞭解要解決這個問題將十分的困難,而他卻在很大的壓力下必須要每年增加公司海外銷售達百分之三十。

# 問 題

1. 依照以下三種方法使用表 C6.1 估計電腦工程公司的市值： (1) 本益比 （price-earnings ratio） ， (2) 市值／帳面價值，以及 (3) 股利成長模式。

2. 列出並討論 Thomas Nickerson 可行的選擇方案。

3. 討論 FCPA 的兩個主要的部份—反賄賂行為與會計稽核。

4. 列出並討論關於公司行為準則的優點和缺點。

5. 若你是Sam Miller，在這種情況下在這些南美洲國家你將會怎麼作？

# 習題部份解答

## ▪ | Chapter 2 _____

1a  1 food = 3 clothings.
1b  1 food = 4 clothings.
1c  The US in food, while Taiwan in clothing.

## ▪ | Chapter 3 _____

1b  A balance-of-payment deficit by $10,000.
2a  A balance-of-payment surplus by $2,000.
3a  The service trade balance of −$10,000.
4   Private investment = $500.

## ▪ | Chapter 5 _____

3   Canadian dollar: −1.0%.
    German mark: 5.7%.
5a  Premium = 16%
5b  A profit of $400; requires $4,000 of capital.
6a  A premium of 40%; interest differential of 5% in favor of the US; yes, there is an incentive for arbitrage transaction.
6b  The profit on this interest arbitrage = $360.
6c  Yes, because the net profit of $360 is greater than the transaction cost of $100.
6e  The forward market approach: $4,400; the money market approach: $4,048.74.

7a　Investment in the U.S: $102,000.
　　Investment in the U.K: $101,360.
7b　Equilibrium forward rate = $1.7910.
7c　Equilibrium interest rate = 12.44%.

## ■ | Chapter 6 _____

1a.　$15,000.
1c　$6,000.
2a　151.51%
2b　−$5,156.25
2c　98.48%.
3c　A windfall gain of $2,625.
4a　Net profit = $5,000.
4b　Net loss = $5,000.
6　　No hedge: $103,750
　　Hedge:　　$102,500
5　　$2,500.
8　　$5,000.
9　　$1,250.
10a　Out of the money.
10b　Intrinsic value = 0.
10c　Return on investment = 50%.
11a　In the money.
11b　$0.05
11c　Return on investment = 100%.

## ■ | Chapter 7 _____

1　　$10,000.
2　　$100,000.
3　　An annual net cash flow of 2 percent.

## ■ | Chapter 8 _____

1a　0.10
1b　−0.09
2a　−0.10
2b　0.11
3a　11.89%
3b　$0.67134

4   BP = 5.4%
5   $0.6000
6   $0.0728
7   0.4472

## Chapter 9

1a  Net exposure = 300 million yen.
1b  Potential exchange loss = −$1 million.
1c  Potential exchange gain = $0.5 million.
2a  Potential exchange gain = $200,000.
2b  Potential exchange loss = $400,000.
3a  Potential exchange gain = $5 million.
3b  Total gain = $15 million.
4b  Dollar net income = $100.
4c  Translation gain under FASB No. 8: $75.
    Translation gain under FASB No. 52: $175.
4d  Use FASB No. 8; increases net income by $75.
4e

|  | Francs | FASB No. 8 | FASB No. 52 |
|---|---|---|---|
| Debt ratio | 57.14% | 49.23% | 57.14% |
| Return on investment | 3.21% | 10.77% | 7.14% |
| Long-term debt to equity | 1.00x | 0.75x | 1.00x |

5b  $878 million.
5c  $615 million.
6   No hedging position: maximum expected cost = $520; lowest expected
    cost = $460.
    Forward market hedge    = $510.
    Money market hedge      = $509.66.
8a  Exchange rate = 2.20.
8b  Either direct loan or credit swap.
8c  Credit swap.
8d  Exchange rate = 2.095238.

## Chapter 10

2a  $400.
2b  $400.
2d  $2,000.
2f  $38,000.
3   $108.

4a $386.
4b $463.
4c $322.
5 $30.

## ▉ | Chapter 11 —————————————————

1a  Total external debt to GNP      = 0.35.
    Total external debt to exports    = 1.79.
    Debt service ratio          = 0.30.
    Interest service ratio         = 0.11
2   Total external debt = $45 billion; exports = $16 billion; debt service
    = $1.6 billion; and interest service 5 $0.96 billion.
3a  A compound growth rate of 6 percent per year.
3b  A simple growth rate of 6.5 percent per year.
4a  A compound growth rate of 31 percent per year.
4b  A simple growth rate of 57 percent per year.

## ▉ | Chapter 12 —————————————————

1a  (1) 36.73%; (2) 37.50%; (3) 111.34%; and (4) 12.24%.
1b  (1) March 20: $490; (2) March 30: $3,360; (3) April 10: $1,455; and (4)
    March 20: $4,312.
2a  $19,600.
2b  $18,600.
2c  Hold the bankers' acceptance until maturity.
3a  $7,623.
3b  16.06%

## ▉ | Chapter 13 —————————————————

1a  24.5%.
1b  8.8%.
1c  8.9%.
2a  11.1%.
2b  14.3%.
2c  13.3%,
3a  20%.
3b  26%.
4   7.5%.

5a  Dollar loan:   6.00%.
    Franc loan:    5.06%.
    Mark loan:     7.12%.

## ▦ | Chapter 14 _____

1b. $3,200.
1c  73%.
2   The total tax payment falls from $900 to $660.
3   The unbundled situation reduces taxes by $48 and increases net income
    by $48.
4   US investment: $10,100.
    German investment: $8,120.

## ▦ | Chapter 15 _____

1   15%.
2   A: undervalued; B: undervalued; C: overvalued; D: undervalued; and E:
    overvalued.
3   Average stock price = $50.
    Standard deviation = $10.
4   Portfolio return = 12.75%.
    Portfolio standard deviation = 7.93%.
5a  4.0%.
5b  3.1%.
5c  0.0%.

## ▦ | Chapter 16 _____

2a  The cost of capital for the domestic firm: 13%.
    The cost of capital for the multinational company: 10%.
2b  Market value: domestic firm: $76,923.
    Market value: multinational company: $100,000.
3a  EPS of GM     = $5.65.
    EPS of Toyota = $7.45.
4a  $20.
4b  $32.
4c  $25.

## Chapter 17

1a　Year 1 = 1,500; year 2 = 2,000; year 3 = 2,000; year 4 = 2,500; and year 5 = 2,500.
1b　5,866.
1c　Net present value = $127.
　　Profitability index = 1.0635.
　　Internal rate of return = 17%.
2a　Net present value = −$45,200.
2b　Net present value = $182,200.
4a　$13,433.
4b　$9,002.
5　$138.
6a　F = $636; G = −$364.
6b　F = $4,000; G = $4,000.
6c　Portfolio return = $272.
　　Portfolio standard deviation = $0.

## Chapter 18

1　11.5%.
2　9.4%.
3　The cost of capital for A: 15%.
　　The cost of capital for B: 10%.
4　40%.
5　14.55%.

## Chapter 20

2a　$760.
2b　$1,070.
2c　$1,700.
2d　Cash 5 $260; accounts receivable = $510; accounts payable = $285; retained earnings $1,720; revenues = $6,300; rent income = $0; dividend income = $0; and expenses = $4,720.

## Chapter 21

1　$100.
2　Tax rate under the credit: 50%.

Tax rate under the deduction = 75%.

3　Total taxes under the double taxation　= $75.
　　Total taxes under the deduction　　　= $61.
　　Total taxes under the credit　　　　= $40.

4

| Seller | Tax | Selling price |
| --- | --- | --- |
| Extractor | $30 | $330 |
| Processor | 50 | 880 |
| Wholesaler | 7.5 | 962.5 |
| Retailer | 7.5 | 1,045 |

# Chapter 22

1　Higher transfer price reduces total taxes by $120 and increases net income by $120.
3a　$3,000.
3b　$2,500.
4a　$35,000.
4b　$25,000.

# 重要網站

## I. The International Financial System

| Name | WWW Address (http://) | Remarks |
|---|---|---|
| Bank for International Settlements | www.bis.org/cbanks.htm | Provides on-line economic performance data on economic growth by industrial sector |
| Bank of Canada | www.bank-banque-Canada.ca | |
| Bank of England | www.bankofengland.co.uk | |
| Bank of Japan | www.boj.go.jp | |
| Bundesbank | www.bundesbank.de | |
| Europa (EU) Home Page | europa.eu.int/ | Tracks, reports and aid international economic and financial development |
| European Bank for Reconstruction & Development | www.ebrd.org/ | Tracks international capital flows |
| European Monetary Institute | europa.eu.int/emi/general | Everything about the path to EMU |
| Export–Import Bank of the United States | www.exim.gov/ | Provides financing for US-based firms exporting |
| Federal Reserve Bank of New York | www.ny.frb.org/pihome/mktrates/ | Provides on-line data for world currencies, interest rates and market volatilities |
| Federal Reserve Board of Governors | www.bog.frb.fed.us | |
| International Monetary Fund | www.imf.org/ | |
| Links to central banks | www.bis.org/cbanks.htm | Links via the Bank for International Settlements |
| Mark Bernkopf's Central Banking Resource Center | adams.patriot.net/~bernkopf | Links to nearly all central banks, and much more. |
| Organization for Economic Cooperation and Development | www.oecd.org | |
| Overseas Private Investment Corp | www.opic.gov/ | Provides risk insurance and financing aid for US abroad investments. |
| Questions and answers on EMU | www.deutsche-bank.de/leistung/ewu2/index_e.htm | A critical Assessment of the path to EMU |
| United Nations | www.unsystem.org/ | Tracks, reports and aid international economic and financial development |
| World Bank | www.worldbank.org | |

## II. Foreign Exchange Markets

| Name | WWW Address (http://) | Remarks |
|---|---|---|
| European Economic Data from Europages | www.europages.com/business-info-en.html | Macroeconomic data |
| Financial Times | www.ft.com | Current financial news and analysis |
| J. P. Morgan Currency indices | jpmorgan.com/MarketDataInd/Forex/CurrIndex.html | Exchange-rate indices of J. P. Morgan |
| Links to Governments' Statistical Servers | www.isds.duke.edu/sites/archive.html | Macroeconomic data |
| Morgan Stanley & Co., Inc. | www.ms.com | Market commentary |
| National Bureau of Economic Research | www.nber.org | Academic research on international finance |

| | | |
|---|---|---|
| Olsen and Associates | www.olsen.ch | Market commentary, technical forecasts, currency converter |
| Reuters Business Headlines on Yahoo | www.yahoo.com/headlines/business | Current prices and news |
| The Economist | www.economist.com | Current financial news and analysis |
| The Wall Street Journal | www.wsj.com/ | Periodical publication |
| US Economic Data from USA Today | 167.8.29.8/money/economy/econ0001.htm | Macroeconomic data |
| USA Today Money Section | www.usatoday.com/money/mfront.htm | Current prices and news |

# III. Futures, Options, and Swaps

| Name | WWW Address (http://) | Remarks |
|---|---|---|
| Chicago Mercantile Exchange | www.cme.com | Description of contracts; trading, data, market links |
| International Swap Dealers Association | www.isda.com | Information about swap market practices |
| London International Financial Futures Exchange | www.liffe.com | Description of contracts; trading, data, market links |
| Philadelphia Stock Exchange | www.phlx.com/ | Tracks currency volatilities |
| Singapore International Financial Futures Exchange | www.simex.com | Description of contracts; trading, data, market links |

# IV. International Asset Portfolios

| Name | WWW Address (http://) | Remarks |
|---|---|---|
| Fidelity | personal.fidelity.com/funds/ | International diversification via mutual funds |
| International Finance Corporation | www.ifc.org | World Bank arm for private sector investing |
| Merrill Lynch | www.ml.com/ | International diversification via mutual funds |
| The Bank of New York Global Investing | www.bankofny.com/adr | Listings of all ADRs |

# International Asset Portfolios and Financial Risk Management

| Name | WWW Address (http://) | Remarks |
|---|---|---|
| International Treasurer | www.intltreasurer.com | Journal of global treasury and financial risk management |
| Moody's | www.moodys.com/repldata/ratings/ratsov.htm | Sovereign credit ratings criteria |

# VI. Regulatory Issues

| Name | WWW Address (http://) | Remarks |
|---|---|---|
| Bank for International Settlements | www.bis.org | International banking regulation, market surveys, capital adequacy regulations |
| International Organization of Securities Commissions | www.iosco.org | Association of National SECs |
| NAFTA | www.nafta.net/naftagre.htm | Updated regulatory implications between Canada, USA and Mexico |
| US Securities and Exchange Commission | www.sec.gov | Association responsible for US accounting standards |

# VII. The Clearing Houses Systems

| Name | WWW Address (http://) | Remarks |
|---|---|---|
| Clearing House Interbank Payments System | www.chips.org/ | International financial association |
| New York Clearinghouse Association | www.theclearinghouse.org/ | International financial association |
| Society for Worldwide Interbank Financial Telecommunications (SWIFT) | www.digital.com/info/swift/partners.htm | Provides domestic and international financial data communication, processing services and interface |

# 各國貨幣及其符號

| Country | Currency | Abbrev. |
|---|---|---|
| Afghanistan | Afghani | Af |
| Albania | Lek | L |
| Algeria | Dinar | DA |
| Antigua and Barbuda | E.C. dollar | E.C.$ |
| Argentina | Peso | Arg$ |
| Australia | Dollar | $A |
| Austria | Schilling | S |
| Bahamas | Dollar | B$ |
| Bahrain | Dinar | BD |
| Bangladesh | Taka | Tk |
| Barbados | Dollar | BDS$ |
| Belgium | Franc | BEF |
| Belize | Dollar | BZ$ |
| Bermuda | Dollar | Ber$ |
| Bolivia | Boliviano | Bs |
| Botswana | Pula | P |
| Brazil | Real | R |
| Bulgaria | Lev | Lw |
| Burma | Kyat | K |
| Canada | Dollar | Can$ |
| Cayman Islands | Dollar | C$ |
| Central African Currency Union | | |
|   Cameroon | | |
|   Central African Republic | | |
|   Chad | | |
|   Congo People's Republic, | | |
|   Gabon | Franc | CFAF |

| Country | Currency | Abbrev. |
|---|---|---|
| West African Currency union | | |
| Benin, | | |
| Ivory coast, | | |
| Niger, | | |
| Senegal, | | |
| Togo, | | |
| Upper Volta | Franc | CFAF |
| Chile | Peso | Ch$ |
| China | Yuan | Y |
| Columbia | Peso | Po |
| Cyprus | Pound | £C |
| Czech Republic | Koruna | Kč |
| Denmark | Krone | DKK |
| Dominican Rep | Peso | RD$ |
| Ecuador | Sucre | S/ |
| Egypt | Pound | LE |
| El Salvador | Colon | ¢ |
| Ethiopia | Dollar | Eth$ |
| Fiji | Dollar | F$ |
| Finland | Maarkka | FIM |
| France | Franc | FF |
| Germany | Mark | DM |
| Ghana | New Cedi | N¢ |
| Greece | Drachma | Dr |
| Guatemala | Quetzal | Q |
| Guinea | Syli | GF |
| Haiti | Gourde | G |
| Honduras | Lempira | L |
| Hong Kong | Dollar | HK$ |
| Hungary | Forint | HUF |
| Iceland | Króna | IKr |
| India | Rupee | Rs |
| Indonesia | Rupiah | Rp |
| Iran | Rial | Rls |
| Iraq | Dinar | ID |
| Ireland | Pound | £IR |
| Israel | Pound | I£ |
| Italy | Lira | Lit |
| Jamaica | Dollar | J$ |
| Japan | Yen | ¥ |
| Jordan | Dinar | JD |
| Kenya | Shilling | KSh |
| Khmer(Cambodia) | Riel | CR |
| Korea, North | Won | Wn |
| Korea, South | Won | W |

| Country | Currency | Abbrev. |
|---|---|---|
| Kuwait | Dinar | KD |
| Laos | Kip | K |
| Lebanon | Pound | LL |
| Liberia | Dollar | L$ |
| Libya | Dinar | LD |
| Liechtenstein | Franc | SwF |
| Macao | Pataca | P |
| Malawi | Kwacha | MK |
| Malaysia | Ringgit | M$ |
| Mali | Franc | MF |
| Malta | Lira | Lm |
| Mauritania | Ouguiya | UM |
| Mexico | Peso | N$ |
| Mongolia | Tughrik | Tug |
| Morroco | Dirham | DH |
| Namibia | Rand(S.Af) | R |
| Nepal | Rupee | NRe |
| Netherlands Ant. | Guilder | NAf |
| Netherlands | Guilder | Fl |
| New Zealand | Dollar | $NZ |
| Nicaragua | Cordoba | C$ |
| Nigeria | Naira | ₦ |
| Norway | Krone | NOK |
| Oman | Rial Omani | RO |
| Pakistan | Rupee | PRs |
| Panama | Balboa | B |
| Paraguay | Guarani | ₲ |
| Peru | New Sol | S/. |
| Philiipines | Peso | ₱ |
| Poland | Zloty | zɣ |
| Portugal | Escudo | Esc |
| Qatar | Riyal | QR |
| Russia | Rouble | Rb |
| Saudi Arabia | Riyal | SR |
| Singapore | Dollar | S$ |
| Somalia | Shilling | So.Sh. |
| South Africa | Rand | R |
| Spain | Peseta | Ptas |
| Sri Lanka | Rupee | SLRe |
| Sudan | Pound | LSd |
| Surinam | Guilder | Sur f. |
| Sweden | Krona | SKr |
| Switzerland | Franc | SFr |
| Syria | Pound | LS |
| Taiwan | Dollar | NT$ |

| Country | Currency | Abbrev. |
|---------|----------|---------|
| Tanzania | Shilling | TSh |
| Thailand | Baht | Bht |
| Trinidad and Tobago | Dollar | TT$ |
| Tunisia | Dinar | D |
| Turkey | Lira | TL |
| Uganda | Shilling | USh |
| Ukraine | Ruble | rub |
| UAE | Dirham | Dh |
| UK | Pound | £ |
| United States | Dollar | US$ |
| Uruguay | New Peso | N$ |
| Vanuatu | Vatu | VT |
| Venezuela | Bolivar | Bs |
| Vietnam | Dong | D |
| Western Samoa | Tala | WS$ |
| Yugoslavia | Dinar | Din |
| Zaire | Zaire | Z |
| Zambia | Kwacha | K |
| Zimbabwe | Dollar | Z$ |

國際財務管理 ／Suk H. Kim, Seung H. Kim 作
；謝棟梁，蘇秀雅 譯 -- 初版. -- 臺北市
：弘智文化，2000〔民89〕
　　面；　　公分. --（企業管理叢書；4）
譯自：Internation Finance
ISBN 957-0453-14-1（精裝）
1. 財務管理　2. 國際企業－管理

494.7　　　　　　　　　　　　　　　89012689

## 國際財務管理　　　　　　　　　　企業管理叢書④

【原　　著】Suk H. Kim & Seung H. Kim
【譯　　者】謝棟梁・蘇秀雅
【出 版 者】弘智文化事業有限公司
【登 記 證】局版台業字第 6263 號
【地　　址】台北市丹陽街 39 號 1 樓
【E-Mail】hurngchi@ms39.hinet.net
【郵政劃撥】19467647　　戶名：馮玉蘭
【電　　話】( 02 ) 23959178 . 23671757
【傳　　眞】( 02 ) 23959913 . 23629917
【發 行 人】邱一文
【總 經 銷】旭昇圖書有限公司
【地　　址】台北縣中和市中山路 2 段 352 號 2 樓
【電　　話】( 02 ) 22451480
【傳　　眞】( 02 ) 22451479
【製　　版】信利印製有限公司
【版　　次】2000 年 8 月初版一刷
【定　　價】650 元
ISBN　957-0453-14-1（精裝）